"双一流"高校建设"十四五"规划系列教材

全国普通高等学校优秀教材

U0960352

Unit Operations of Chemical Engineering (Ⅱ)

化工原理（下册）

第 3 版

夏清 姜峰 主编

天津大学出版社
TIANJIN UNIVERSITY PRESS

内容提要

本书重点介绍化工单元操作的基本原理、典型设备的结构，以及工艺计算方法、设备选型等。全书分为上、下两册。下册包括传质分离过程概论、蒸馏、吸收、蒸馏和吸收塔设备、液—液萃取、干燥、结晶和膜分离及附录。本书对基本概念的阐述力求严谨，注重理论联系实际，并突出工程观点，每章均编入较多的例题，章末有习题及思考题，并增加了综合练习题（标注*的习题），以培养学生分析问题和解决问题的能力，书中还以二维码形式融入了课程思政元素，增加了与之配套的数字化资源。

本书专业适用面宽，可作为高等院校“化工原理”课程的教材，也可作为从事科研、设计和生产的相关技术人员的参考书。

图书在版编目（CIP）数据

化工原理. 下册 / 夏清, 姜峰主编. -- 3版. -- 天津 : 天津大学出版社, 2024.3（2025.2重印）
“双一流”高校建设“十四五”规划系列教材
ISBN 978-7-5618-7667-1

Ⅰ. ①化… Ⅱ. ①夏… ②姜… Ⅲ. ①化工原理－高等学校－教材 Ⅳ. ①TQ02

中国国家版本馆CIP数据核字(2024)第042825号

HUAGONG YUANLI

出版发行 天津大学出版社
地　　址 天津市卫津路92号天津大学内（邮编：300072）
电　　话 发行部：022-27403647
网　　址 www.tjupress.com.cn
印　　刷 天津泰宇印务有限公司
经　　销 全国各地新华书店
开　　本 787mm×1092mm　1/16
印　　张 23.5
字　　数 586千
版　　次 2005年1月第1版　2024年3月第3版
印　　次 2025年2月第2次
定　　价 48.00元

第3版前言

本教材自问世以来，已经多次再版，具有广泛的读者群，受到广大师生和相关科技人员的厚爱，曾在 2002 年获评教育部全国普通高等学校优秀教材。“化工原理”课程重点介绍化工单元操作的基本原理与工艺计算，以及主要设备类型、设计和选型，是化工及其相近专业的重要基础课程。党的二十大报告指出“培养造就大批德才兼备的高素质人才，是国家和民族长远发展大计”，应该“引导广大人才爱党报国、敬业奉献、服务人民”。为契合时代发展的需要，培养德才兼备的复合型和创新型人才，教材在编写中除力求基本概念阐述科学严谨，内容编排系统完整外，还特别注重理论联系实际，在例题、习题中强调工程观点，希望学生在解决问题的过程中深化对知识的理解，培养学生的工程师素养，提高学生的综合素质。本次修订在保持原教材总体结构和风格的基础上，对部分内容进行了更新和调整。第 3 版教材主要修订内容如下。

（1）根据近年来的教学实践，对部分内容进行增删与调整，力求反映化工领域的新进展、新成果，进一步提高教材的严谨性和科学性，更便于教与学。

（2）每章前增加“本章学习指导”，简要阐述本章应重点掌握的内容和一般了解的内容，学习中的难点和应注意的问题，特别指出完成本章学习后应具有的能力，方便学生学习。

（3）对各章的例题、习题做适当调整，习题中增加综合性练习题（题号右上角标注 *），在例题和习题中注重结合工程实际，将节能降碳、绿色低碳的理念融入其中，以培养学生的家国情怀和社会责任感，使其成为建设祖国的高技能人才。

本教材分上、下两册出版，参与下册修订工作的具体人员及其分工为: 姜峰（蒸馏），张缨、王军（吸收），马红钦（蒸馏和吸收塔设备、附录），柴诚敬（传质分离过程概论、液—液萃取、结晶和膜分离），夏清（干燥）。夏清、姜峰担任主编。本教材的修订得到天津大学化工学院有关教师的大力帮助和支持，在此表示衷心感谢。

本教材承蒙天津大学贾绍义教授审阅，对书稿提出许多宝贵意见，在此致以诚挚的谢意。

感谢选用本教材的全国各高校的师生，读者的支持是我们持续改进的动力。由于水平有限，书中疏漏与错误在所难免，欢迎批评指正，以使本教材日臻完善。

编者

2023 年 8 月

目 录

Chapter 0 传质分离过程概论

Chapter 1 第1章 蒸馏

Chapter 4

第 4 章

液—液萃取

Appendix
附录

Reference
参考书目

Chapter 0

传质分离过程概论

0.1 传质分离过程概述

演示文稿

0.1.1 传质分离过程在过程工业中的重要性

分离过程是指将由不同组分组成的混合物分离成两种及以上不同组成产品的操作过程。根据待分离组分在原料中含量的多少,可将分离过程划分为富集浓缩、纯化、除杂等几类。原料或产品的成分分析也属于分离过程。

在近代工业的发展中,传质分离过程起到了特别重要的作用。从航天飞机到核潜艇的制造,从绿色食品到珍贵药品的生产,从生物化工到环境保护,从燃料油、润滑油到各种石油化工原料的提取,都离不开对均相混合物的分离,主要表现为以下三方面。

①为化学反应提供符合质量要求的原料,清除对化学反应或对催化剂有害的杂质,减少副反应,提高目的产品的收率。

②分离或提纯反应产物,以获得目的产品,并使未反应组分得以循环利用。

③在环境保护、绿色化工和充分利用资源、实现可持续发展方面发挥重要作用。

有资料显示,在典型的化工企业中,分离过程的投资通常占总投资的1/3,对炼油行业而言,分离方面的投资占总投资的70%以上。分离过程的强化和分离方法的改进,通常会带来显著的社会效益与经济效益。分离技术的进步和创新,推动了过程工业的拓展和生产规模的日益大型化。

实现分离过程需要消耗能量。完成同一分离任务,采用不同的分离过程,需要消耗的能量可能差别很大。能耗大小是评价分离过程是否先进的首要指标。产品收率、分离精度及绿色安全也是评价分离过程性能的重要指标。

0.1.2 传质分离方法的分类

1. 均相混合物分离的基本条件

实现均相混合物有效分离,需要如下基本条件。

①混合物中不同组分物理化学性质的差异。如挥发度、溶解度、吸附性及扩散速率的差异等,这是选择分离方法的主要依据。

②分离过程需要借助分离剂的作用。分离剂可以是物质(如吸收剂、萃取剂、吸附剂),也可以是能量(如热能),或者是物质与能量的组合。

分离过程可以在内场或外场下进行,包括重力场、离心力场、电场、磁场、温度场及化学位等。

③分离设备。如精馏塔、吸收塔、萃取器、干燥器、结晶器及膜组件等。

在化工、石油、生物、制药、食品等工业过程中,质量传递是均相混合物分离的物理基础,同时,也是反应过程中几种反应物互相接触及反应产物分离的基本依据。

2. 传质分离方法

依据分离原理的不同,传质分离过程可分为平衡分离、速率分离和场分离三大类。

1)平衡分离过程

平衡分离过程系借助分离媒介(如热能、溶剂、吸附剂等)使均相混合物系统变为两相体系,再以混合物中各组分在处于平衡的两相中分配关系的差异为依据而实现分离。因此,平衡分离属于相际传质过程,主要分为如下几种类型。

(1)气液传质过程　气液传质过程是指物质在气、液两相间的转移,它主要包括气体的吸收(或脱吸)、气体的增湿(或减湿)、液体的蒸馏(或精馏)等单元操作过程。其中,蒸馏操作的气相由液相经过汽化而得。

(2)液液传质过程　液液传质过程是指物质在两个不互溶的液相间的转移,它主要包括液体的萃取等单元操作过程。

(3)液固传质过程　液固传质过程是指物质在液、固两相间的转移,它主要包括结晶(或溶解)、液体吸附(或脱附)、浸取等单元操作过程。

(4)气固传质过程　气固传质过程是指物质在气、固两相间的转移,它主要包括气体吸附(或脱附)、固体干燥等单元操作过程。

应予指出,上述的固体干燥、气体的增湿(或减湿)、结晶等单元操作过程同时遵循热量传递和质量传递的规律,一般将其列入传质单元操作。

在上述的平衡分离过程中,i 组分在处于平衡的两相中的组成关系常用相平衡常数(又称分配系数)K_i 来表示,即

$$K_i = y_i / x_i \tag{0-1}$$

式中 y_i、x_i 分别表示 i 组分在两相中的组成。K_i 值的大小通常取决于物系特性及操作条件(如温度和压力等)。i 和 j 两个组分的相平衡常数 K_i 和 K_j 之比称为分离因子 α_{ij},即

$$\alpha_{ij} = K_i / K_j \tag{0-2}$$

通常将大的 K 值当作分子，故 α_{ij} 一般大于1。当 α_{ij} 偏离1时，便可采用平衡分离过程使均相混合物得以分离，α_{ij} 越大，越容易分离。在某些传质单元操作中，分离因子又有专用名称，如蒸馏中称作相对挥发度，萃取中称作选择性系数等。

应予指出，相际传质过程的进行是以达到相平衡为极限的，而两相平衡的建立往往需要经过相当长时间的接触。在实际操作中，相际的接触时间一般是有限的，某组分由一相迁移到另一相的量则由传质速率所决定。因此，在研究传质过程时，一般都要涉及两个主要问题：其一是相平衡，决定物质传递过程进行的极限，并为选择合适的分离方法提供依据；其二是传递速率，决定在一定接触时间内传递物质的量，并为传质设备的设计提供依据。只有将相平衡与传递速率二者统一考虑，才能获得最佳工程效益。

对传统的分离方法加以改造或发展，产生了一些新的分离技术，如络合吸收、变压吸附、盐析精馏、超临界流体萃取等。

2）速率分离过程

速率分离过程是指借助某种推动力（如压力差、温度差、电位差等）的作用，利用各组分扩散速率的差异而实现混合物分离的单元操作过程。这类过程的特点是所处理的物料和产品通常属于同一相态，仅有组成的差别。速率分离过程的典型代表即膜分离。

膜分离是指在选择性透过膜中，利用各组分扩散速率的差异而实现混合物分离的单元操作过程，它主要包括超滤、反渗透、渗析和电渗析、渗透蒸发、膜蒸馏及液膜萃取等。

3）场分离过程

场分离过程是指在外场（如电场、磁场等）作用下，利用各组分扩散速率的差异而实现混合物分离的单元操作过程，它主要包括电泳、热扩散、高梯度磁场分离等。

应予指出，传质分离过程的能量消耗通常是构成单位产品成本的主要因素之一，因此降低传质分离过程的能耗，受到全球性普遍重视。膜分离和场分离是一类新型的分离操作，其由于具有节约能耗、不破坏物料、不污染产品和环境等突出的优点，在稀溶液、生化产品及热敏性物料分离方面有着广阔的应用前景。

3. 分离方法的选择

对于一种均相混合物，有时可采用不同的方法进行分离，选择分离方法时应考虑以下主要因素。

（1）被分离物系的相态　通常，不同的分离方法适用于不同相态（气态、液态和固态）混合物的分离。譬如，吸收方法用于气体混合物的分离，萃取方法用于液体混合物的分离等，故选择分离方法时应考虑被分离物系的相态。

（2）被分离物系的特性　被分离物系的特性通常是指热敏性、流动性、可燃性、挥发性及毒性等，这些特性对分离方法的选择往往具有决定性的作用。譬如，对热敏性（物料受热易分解、聚合或氧化等）物系的分离，不宜采用蒸馏方法等。

（3）产品的质量要求　大多数化工产品都是经过分离过程获得的，产品的质量（包括纯度、外观等）通常与采用的分离方法密切相关。譬如，对某些沸点差较小而熔点差较大的物系，若采用精馏方法分离，一般很难获得高纯度的产品，而采用结晶方法分离，则可获得高纯度的产品。

(4)经济程度　分离过程的经济程度主要取决于设备投资及操作费用等,选择分离方法时应予以充分考虑。譬如,对某些液体混合物的分离,采用精馏方法通常能耗高,操作费用较高。

应予指出,选择分离方法除考虑上述的主要因素外,还应考虑场地和环境条件、环境保护的要求、可变因素(如原料组成、温度等)的影响。应根据具体条件,选择技术上先进,经济上合理,有利于可持续发展的最佳方案,以便充分调动有利因素,因地制宜,取得最高的经济效益和社会效益。

0.1.3　传质设备简介

1. 传质设备的性能要求和分类

1)传质设备的性能要求

对于各类传质设备,其主要功能是提供两相密切接触及快速分离的条件,有利于相际传质的进行,从而达到组分分离的目的。性能优良的传质设备,一般应满足以下要求:

①在单位体积中,两相的接触面积应尽可能大;

②两相分布均匀,可避免或抑制沟流、短路及返混等现象发生;

③流体的流量大, 单位设备体积的处理量大;

④流动阻力小,运转时动力消耗低;

⑤操作弹性大,对物料的适应性强;

⑥结构简单,造价低廉,操作调节方便,运行安全可靠,绿色环保。

应予指出,传质设备在化工、石油、轻工、冶金、食品、医药、环保等工业部门的整个生产设备中占很大比例,因此,合理选择设备,完善设备设计,优化设备操作,对于节省投资、减少能耗、降低成本、提高经济效益有着十分重要的意义。

2)传质设备的分类

应用于传质单元操作过程的设备统称为传质设备。因传质单元操作具有不同的类型,对设备的要求亦不尽相同,故传质设备种类繁多,而且不断有新型设备问世。传质设备通常按以下方法分类。

(1)按所处理物系的相态分类　可分为气(汽)液传质设备(用于蒸馏、吸收等)、液液传质设备(用于萃取等)、气固传质设备(用于干燥、吸附等)、液固传质设备(用于吸附、浸取、离子交换等)。

(2)按两相的接触方式分类　可分为逐级接触式设备(如各种板式塔、多级混合—澄清槽等)和微分(或连续)接触式设备(如填料塔、膜式塔、喷淋塔等)。在逐级接触式设备中,两相组成呈阶梯式变化;而在微分接触式设备中,两相组成呈连续式变化。

(3)按促使两相混合与接触的动力分类　可分为无外加能量式设备和有外加能量式设备两类。前者是一相流体依靠自身所具有的能量分散到另一相中去的设备(如大多数的板式塔、填料塔、流化床等);后者是依靠外加能量促使两相密切接触的设备(如搅拌式混合—

澄清槽、转盘塔、脉冲填料塔等)。

此外,对于气固传质设备和液固传质设备,还可按固体的运动状态分为固定床、移动床、流化床和搅拌槽等。其中流化床传质设备采用流态化技术,使固体颗料悬浮在流体中,使两相均匀接触,以达到强化传热、传质和化学反应的目的。

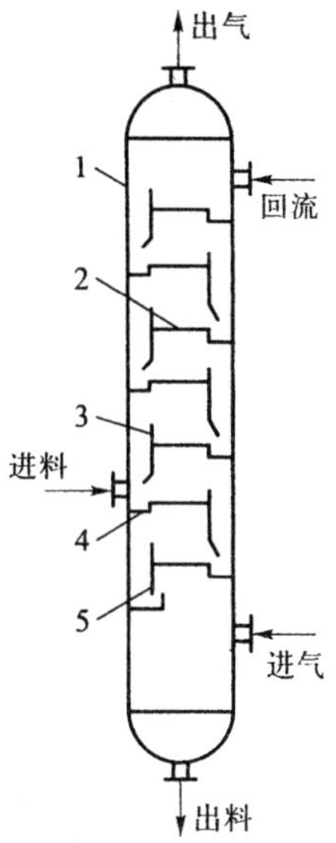

图 0-1 板式塔结构示意图
1—壳体 2—塔板 3—溢流堰
4—受液盘 5—降液管

2. 典型的传质设备

如上所述,传质设备的形式多样,但其中用得最多的为塔设备。下面分别对板式塔和填料塔作简要的介绍。

1)板式塔

板式塔结构示意图如图 0-1 所示。板式塔是由圆柱形壳体、塔板、溢流堰、受液盘及降液管等部件组成的,其中塔板是最主要的部件,它提供了气、液两相接触的场所。操作时,塔内流体依靠重力作用,由上层塔板的降液管流到下层塔板的受液盘,然后横向流过塔板,从另一侧的降液管流至下一层塔板。溢流堰的作用是使塔板上保持一定高度的流动液层。气体则在压力差的推动下,自下而上穿过各层塔板的升气道(泡罩、筛孔或浮阀等),分散成小股气流,鼓泡通过各层塔板的液层。在塔板上,气、液两相密切接触,进行热量和质量的交换。在板式塔中,气、液两相逐级接触,两相的组成沿塔高呈阶梯式变化,在正常操作下,液相为连续相,气相为分散相。

一般而论,板式塔的空塔气速较高,因而生产能力较大,塔板效率稳定,操作弹性大,且造价低,检修、清洗方便,故在工业上应用较为广泛。

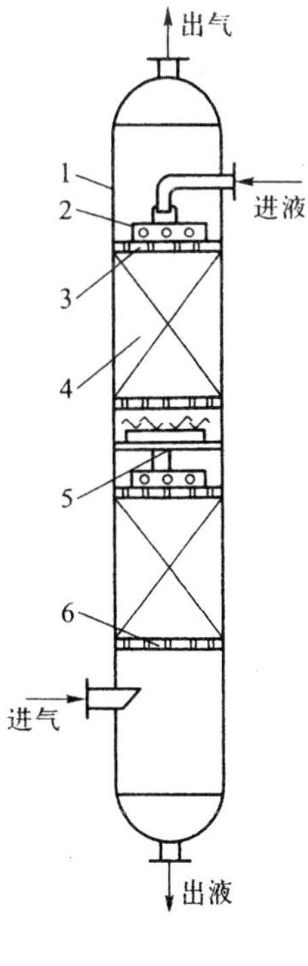

图 0-2 填料塔结构示意图
1—壳体 2—液体分布器
3—填料压板 4—填料
5—液体再分布装置 6—填料支承板

2)填料塔

填料塔是以塔内的填料作为气、液两相接触构件的传质设备,其结构示意图如图 0-2 所示。填料塔的塔身是一个直立式圆筒,底部装有填料支承板,填料以乱堆(或整砌)的方式放置在填料支承板上。填料的上方安装填料压板,以防填料层被上升的气流吹动。液体从塔顶经液体分布器喷淋到填料上,在填料表面形成均匀的液膜,并沿填料表面流下。气体从塔底送入,与液体呈逆流连续通过填料层的空隙。在填料表面,气、液两相密切接触进行传质。填料塔属于连续接触式气液传质设备,两相组成沿塔高呈连续变化,在正常操作状态下,气相为连续相,液相为分散相。

与板式塔相比,填料塔具有生产能力大、分离效率高、压降小、持液量小、操作弹性大等优点。填料塔也有一些不足之处，如填料造价高；当液体负荷较小时不能有效地润湿填料表面，使传质效率降低；不能直接用于有悬浮物或容易聚合的物系的分离等。

有关板式塔、填料塔的详细内容，将在第3章予以讨论。

0.1.4 传质分离过程的研究重点

自20世纪50年代以来，随着化工领域的拓展和生产规模的日益大型化，分离技术和设备得到飞速发展，分离设备的处理能力大幅度提高，大规模分离工艺操作得到很大改善，而且能耗大为降低。目前，分离过程研究的重点内容如下。

研究的总目标是：提高传质设备的处理能力（通量）及分离效率，节能降耗，安全环保。具体内容是：

①现代分离科学理论（如质量迁移动力学、平衡分离的分子学、分离过程中的计量置换理论等）的研究；

②基于新原理、新设计理念的分离设备（如高效率、低压降、大通量板式塔及填料塔等）的研究与开发；

③绿色分离技术（如高性能新型绿色分离剂、分离过程的节能与减排、组合式分离工艺等）的研究与开发；

④分离过程强化技术（如采取措施提高物系的分离因子、采用“外场”及加强化学作用对分离过程进行强化等）的研究与开发；

⑤分离过程的模拟和优化，以实现分离设备的设计、放大、操作参数的整体优化。

0.2 相组成的表示方法

演示文稿

对于各种传质与分离过程，为了分析问题与过程计算的方便，通常采用不同的组成表示方法，常用的有以下几种。

1. 质量浓度与物质的量浓度

1）质量浓度

单位体积混合物中某组分的质量称为该组分的质量浓度，以符号ρ表示，其定义式为

$$\rho_A = \frac{m_A}{V} \tag{0-3}$$

式中 ρ_A——组分A的质量浓度（或密度），kg/m^3；

m_A——混合物中组分A的质量，kg；

V——混合物的体积，m^3。

若混合物由N种组分组成，则混合物的总质量浓度为

$$\rho_{总} = \sum_{i=1}^{N} \rho_i \tag{0-4}$$

2）物质的量浓度

单位体积混合物中某组分的物质的量称为该组分的物质的量浓度，以符号c表示，其定

义式为

$$c_A = \frac{n_A}{V} \tag{0-5}$$

式中 c_A——组分 A 的物质的量浓度,$kmol/m^3$;

n_A——混合物中组分 A 的物质的量,kmol。

若混合物由 N 种组分组成,则混合物的总物质的量浓度为

$$c_{总} = \sum_{i=1}^{N} c_i \tag{0-6}$$

组分 A 的质量浓度与物质的量浓度的关系为

$$c_A = \frac{\rho_A}{M_A} \tag{0-7}$$

式中 M_A——组分 A 的摩尔质量,kg/kmol。

2. 质量分数与摩尔分数

1)质量分数

混合物中某组分的质量占混合物的总质量的分数称为该组分的质量分数,以符号 w 表示,其定义式为

$$w_A = \frac{m_A}{m} \tag{0-8}$$

式中 w_A——组分 A 的质量分数;

m——混合物的总质量,kg。

若混合物由 N 种组分组成,则有

$$\sum_{i=1}^{N} w_i = 1 \tag{0-9}$$

2)摩尔分数

混合物中某组分的物质的量占混合物的总物质的量的分数称为该组分的摩尔分数,以符号 x 表示,其定义式为

$$x_A = \frac{n_A}{n} \tag{0-10}$$

式中 x_A——组分 A 的摩尔分数;

n——混合物的总物质的量,kmol。

若混合物由 N 种组分组成,则有

$$\sum_{i=1}^{N} x_i = 1 \tag{0-11}$$

应予指出,当混合物为气液两相体系时,常以 x 表示液相中组分的摩尔分数,y 表示气相中组分的摩尔分数。

组分 A 的质量分数与摩尔分数的关系为

$$x_A = \frac{w_A/M_A}{\sum_{i=1}^{N} (w_i/M_i)} \tag{0-12}$$

及
$$w_A = \frac{x_A M_A}{\sum_{i=1}^{N}(x_i M_i)} \tag{0-13}$$

3. 质量比与摩尔比

在某些传质单元操作过程(如吸收、萃取等)中,混合物的总质量(或总物质的量)是变化的。此时,若用质量分数(或摩尔分数)表示气液相组成,计算很不方便。为此引入以惰性组分为基准的质量比(或摩尔比)来表示气液相的组成。

1)质量比

混合物中某组分质量与惰性组分质量的比值称为该组分的质量比,以符号 $\bar{X}$ 表示。若混合物中除组分 A 外,其余为惰性组分,则组分 A 的质量比定义式为

$$\bar{X}_A = \frac{m_A}{m - m_A} \tag{0-14}$$

式中 $\bar{X}_A$——组分 A 的质量比;

$m - m_A$——混合物中惰性组分的质量,kg。

质量比与质量分数的关系为

$$\bar{X}_A = \frac{w_A}{1 - w_A} \tag{0-15}$$

或
$$w_A = \frac{\bar{X}_A}{1 + \bar{X}_A} \tag{0-15a}$$

2)摩尔比

混合物中某组分物质的量与惰性组分物质的量的比值称为该组分的摩尔比,以符号 X 表示。若混合物中除组分 A 外,其余为惰性组分,则组分 A 的摩尔比定义式为

$$X_A = \frac{n_A}{n - n_A} \tag{0-16}$$

式中 X_A——组分 A 的摩尔比;

$n - n_A$——混合物中惰性组分的物质的量,kmol。

摩尔比与摩尔分数的关系为

$$X_A = \frac{x_A}{1 - x_A} \tag{0-17}$$

或
$$x_A = \frac{X_A}{1 + X_A} \tag{0-17a}$$

同样,当混合物为气液两相体系时,常以 X 表示液相的摩尔比,Y 表示气相的摩尔比。

【例 0-1】 含乙醇(A)20%(质量分数)的水溶液,其温度为 20 ℃,试计算乙醇的摩尔分数、摩尔比及物质的量浓度。

解:乙醇的摩尔分数为

$$x_A = \frac{w_A/M_A}{\sum_{i=1}^{N}(w_i/M_i)} = \frac{0.20/46}{0.20/46 + 0.80/18} = 0.089\ 1$$

乙醇的摩尔比为

$$X_A=\frac{x_A}{1-x_A}=\frac{0.089\ 1}{1-0.089\ 1}=0.097\ 8$$

溶液的平均摩尔质量为

$$\bar{M}=0.089\ 1\times46+0.910\ 9\times18=20.49\ \text{kg/kmol}$$

在 20 ℃下，乙醇的密度 $\rho_A=789\ \text{kg/m}^3$，水的密度 $\rho_B=1\ 000\ \text{kg/m}^3$，混合液的质量浓度为

$$\rho_{总}=1\Big/\left(\frac{0.2}{789}+\frac{0.8}{1\ 000}\right)=949.2\ \text{kg/m}^3$$

乙醇的物质的量浓度为

$$c_A=x_A c_{总}=x_A\frac{\rho_{总}}{\bar{M}}=0.089\ 1\times\frac{949.2}{20.49}=4.128\ \text{kmol/m}^3$$

思考题

1. 均相混合物分离的基本条件是什么？评价分离过程性能的指标是什么？
2. 平衡分离、速率分离与场分离各有哪些主要类型？它们的共性与各自特点是什么？
3. 何谓分离剂？如何选择？
4. 传质分离设备如何分类？对其性能有哪些要求？
5. 相组成有哪些表示方法？质量分数与质量比、摩尔分数与摩尔比有何不同？它们之间的关系如何？

Chapter 1

第1章 蒸馏

本章符号说明

英文字母

b——操作线截距；

c——比热容，kJ/(kmol·℃)或kJ/(kg·℃)；

C——独立组分数；

D——塔顶产品(馏出液)流量，kmol/h；

D——瞬间馏出液量，kmol；

D——塔径，m；

E——塔效率，%；

f——组分的逸度，Pa；

F——自由度数；

$HETP$——理论板当量高度，m；

I——物质的焓，kJ/kg；

K——相平衡常数；

L——塔内下降的液体流量，kmol/h；

m——平衡线斜率；

m——提馏段理论板层数；

M——摩尔质量，kg/kmol；

n——精馏段理论板层数；

N——理论板层数；

p——组分的分压，Pa；

p——压力，Pa；

p——系统总压或外压，Pa；

q——进料热状况参数；

Q——传热速率或热负荷，kJ/h 或 kW；

r——加热蒸汽冷凝热，kJ/kg；

R——回流比；

t——温度，℃；

T——温度，℃；

u——气相空塔速度，m/s；

v——组分的挥发度，Pa；

V——上升蒸气的流量，kmol/h；

W——塔底产品(釜液)流量，kmol/h；

W——瞬间釜液量，kmol；

x——液相中易挥发组分的摩尔分数；

y——气相中易挥发组分的摩尔分数；

Z——塔高，m。

希腊字母

α——相对挥发度；

γ——活度系数；

θ——式(1-96)的根；

μ——黏度，Pa · s；

ρ——密度，kg/m^3；

τ——时间，h 或 s；

ϕ——相数。

下标

A——易挥发组分；

B——难挥发组分；
B——再沸器；
c——冷却或冷凝；
C——冷凝器；
D——馏出液；
e——最终；
F——原料液；
h——加热；
h——重关键组分；
i——组分序号；
j——基准组分序号；
l——轻关键组分；
L——液相；
m——平均；
m——提馏段塔板序号；
min——最小或最少；
n——塔板序号；
n——精馏段塔板序号；
o——直接蒸汽；
P——实际的；
q——*q* 线与平衡线的交点；
s——时间，秒；
s——塔板序号；
T——理论的；
V——气相；
W——釜液；
0——标准状况。

上标

°——纯态；
*——平衡状态；
′——提馏段。

本章学习指导

在本章学习中，应重点掌握气液平衡关系的表达和应用；两组分连续精馏过程的计算与优化，包括物料衡算和操作关系，进料热状况参数和回流比等操作参数的确定，理论板层数及塔板效率的计算，热量衡算及节能措施；影响精馏过程的因素分析和操作调节等。

掌握单级蒸馏、间歇精馏、特殊精馏及其他几种特殊类型两组分精馏过程的特点及适用场合。

一般了解多组分精馏流程的选择及计算的简化思路。

本章的难点是精馏的操作因素分析和调节，以及精馏过程的操作型计算。蒸馏是分离液体混合物的主要单元操作，但其能耗较高，在学习中要注重学习和探索蒸馏的节能途径。蒸馏与吸收、萃取等操作均属于传质过程，应注意其共性和个性，如相平衡关系的表达方法、传质机理和设备的异同等。

通过本章学习，应能够根据给定的分离任务确定理论板层数，再由总板效率求实际板层数，从而获得塔的有效高度；能够在分析精馏过程影响因素的基础上，预测精馏操作调节中可能出现的问题并提出对策。

1.1 概述

演示文稿

混合物的分离是化工生产中的重要过程。混合物可分为非均相物系和均相物系。非均相物系的分离主要依靠质点运动与流体流动原理来实现，这已在《化工原理（上册）》第3章中作了介绍。而化工中遇到的大多是均相混合物，例如，石油是由许多碳氢化合物组成的液相混合物，空气是由氮气、氧气等组成的气相混合物等。

均相物系的分离条件是必须形成一个两相体系，然后依据体系中不同组分间某种物性的差异，使其中某个组分或某些组分从一相向另一相转移，以达到分离的目的。通常，将物质在相间的转移过程称为传质（分离）过程。化学工业中常见的传质过程有蒸馏、吸收、萃取和干燥等单元操作。这些操作的不同之处在于形成两相的方法和相态的差异。

蒸馏是分离液体混合物的典型单元操作。它通过加热形成气、液两相体系，利用体系中各组分挥发度不同的特性达到分离的目的。例如，加热苯和甲苯的混合液，使之部分汽化，由于苯的沸点较甲苯的低，即其挥发度较甲苯的高，故苯较甲苯易于从液相中汽化出来。若将汽化的蒸气全部冷凝，即可得到苯组成高于原料的产品，从而使苯和甲苯得以初步分离。通常，将沸点低的组分称为易挥发组分（或轻组分），沸点高的称为难挥发组分（或重组分）。

1. 蒸馏分离的特点

①通过蒸馏操作，可以直接获得所需要的组分（产品），而吸收、萃取等操作还需要外加其他组分，并需进一步将提取的组分与外加组分再行分离，因此一般蒸馏操作流程较为简单。

②蒸馏分离应用较广泛，历史悠久。它不仅可分离液体混合物，而且可分离气体混合物和固体混合物。例如，将空气等加压液化，建立气、液两相体系，再用蒸馏方法使它们分离；又如，对于脂肪酸的混合物，可以加热使其熔化，并在减压条件下建立气、液两相体系，也同样可用蒸馏方法分离。

③在蒸馏过程中，由于要产生大量的气相或液相，因此需消耗大量的能量。能耗的大小是决定能否采用蒸馏分离的主要因素，蒸馏过程的节能是个值得重视的问题。此外为建立气液体系，有时需要高压、真空、高温或低温等条件，这些条件带来的技术问题或困难，常是不宜采用蒸馏分离某些物系的原因。

2. 蒸馏过程的分类

由于待分离混合物中各组分挥发度的差别、要求的分离程度、操作条件（压力和温度）等各有不同，因此蒸馏方法也有多种，有如下分类。

（1）按操作流程分为间歇蒸馏和连续蒸馏　生产中多以连续蒸馏为主，间歇蒸馏主要应用于小规模生产或某些有特殊要求的场合。连续蒸馏通常为稳态操作，间歇蒸馏为非稳态操作。

（2）按蒸馏方式分为简单蒸馏、平衡蒸馏、精馏和特殊精馏　当混合物中各组分的挥发度差别很大，且分离要求不高时，可采用简单蒸馏和平衡蒸馏。它们是最简单的蒸馏方法。

当混合物中各组分的挥发度相差不大，而又有较高的分离要求时，宜采用精馏。当混合物中各组分的挥发度差别很小或形成共沸液时，采用普通精馏方法达不到分离要求，则应采用特殊精馏。特殊精馏有萃取精馏和恒沸精馏等。工业生产中以精馏的应用最为广泛。

(3)按操作压力分为常压蒸馏、减压蒸馏和加压蒸馏　通常，对常压下沸点在室温至150 ℃左右的混合液，可采用常压蒸馏。对常压下沸点为室温的混合物，一般可加压提高其沸点，如对常压下的气态混合物，则采用加压蒸馏。对常压下沸点较高或在较高温度下易发生分解、聚合等变质现象的混合物（称为热敏性物系），常采用减压蒸馏，以降低操作温度。

(4)按待分离混合物中组分的数目分为两组分精馏和多组分精馏　工业生产中以多组分精馏最为常见，但两者在精馏原理、计算原则等方面均无本质区别，只是处理多组分精馏过程更为复杂，因此常以两组分精馏为基础。

本章重点讨论常压下两组分连续精馏的原理和计算方法。

演示文稿

1.2　两组分溶液的气液平衡

1.2.1　两组分理想物系的气液平衡

1. 相律

相律是研究相平衡的基本规律。相律表示平衡物系中的自由度数、相数及独立组分数间的关系，即

$$F = C - \phi + 2 \tag{1-1}$$

式中　F——自由度数；

C——独立组分数；

ϕ——相数。

式(1-1)中的数字 2 表示外界只有温度和压力这两个条件可以影响物系的平衡状态。

对两组分的气液平衡，其中独立组分数为 2，相数为 2，故由相律可知该平衡物系的自由度数为 2。由于气液平衡中可以变化的参数有 4 个，即温度 t、压力 p、一组分在液相和气相中的组成 x 和 y（另一组分的组成不独立），因此在 t、p、x 和 y 4 个变量中，任意规定其中 2 个变量，此平衡物系的状态就被唯一地确定了。若再固定某个变量（例如压力，通常蒸馏可视为在恒压下操作），则该物系仅有一个独立变量，其他变量都是它的函数。所以两组分的气液平衡可以用一定压力下的 t-x（或 y）及 x-y 的函数关系或相图表示。

气液平衡数据可由实验测定，也可由热力学公式计算得到。

2. 两组分理想物系的气液平衡函数关系（气液相组成与平衡温度间的关系）

所谓理想物系是指液相和气相符合以下条件的物系。

①液相为理想溶液，遵循拉乌尔定律。根据溶液中同分子间与异分子间作用力的差异，将溶液分为理想溶液和非理想溶液。严格地说，理想溶液是不存在的，但对于性质极相近、分子结构相似的组分所组成的溶液，例如苯—甲苯、甲醇—乙醇、烃类同系物等，都可视为理

想溶液。

②气相为理想气体，遵循道尔顿分压定律。当总压不太高（一般不高于 10^4 kPa）时，气相可视为理想气体。

1）用饱和蒸气压和相平衡常数表示的气液平衡关系

根据拉乌尔定律，理想溶液上方的平衡分压为

$$p_A = p_A^\circ x_A \tag{1-2}$$

$$p_B = p_B^\circ x_B = p_B^\circ (1 - x_A) \tag{1-2a}$$

式中 p——溶液上方组分的平衡分压，Pa；

p°——在溶液温度下纯组分的饱和蒸气压，Pa；

x——溶液中组分的摩尔分数；

下标 A 表示易挥发组分，B 表示难挥发组分。

为简单起见，常略去上式中的下标，习惯上以 x 表示液相中易挥发组分的摩尔分数，以 $1-x$ 表示难挥发组分的摩尔分数；以 y 表示气相中易挥发组分的摩尔分数，以 $1-y$ 表示难挥发组分的摩尔分数。

当溶液沸腾时，溶液上方的总压等于各组分的蒸气压之和，即

$$p = p_A + p_B \tag{1-3}$$

联立式(1-2)和式(1-3)，可得

$$x_A = \frac{p - p_B^\circ}{p_A^\circ - p_B^\circ} \tag{1-4}$$

式(1-4)表示气液平衡时液相组成与平衡温度间的关系，称为泡点方程。

当外压不太高时，平衡的气相可视为理想气体，遵循道尔顿分压定律，即

$$y_A = \frac{p_A}{p} \tag{1-5}$$

于是 $$y_A = \frac{p_A^\circ}{p} x_A \tag{1-5a}$$

将式(1-4)代入式(1-5a)可得

$$y_A = \frac{p_A^\circ}{p} \frac{p - p_B^\circ}{p_A^\circ - p_B^\circ} \tag{1-6}$$

式(1-6)表示气液平衡时气相组成与平衡温度间的关系，称为露点方程。

式(1-4)和式(1-6)即为用饱和蒸气压表示的气液平衡关系。

若引入相平衡常数 K，则式(1-5a)可写为

$$y_A = K_A x_A \tag{1-7}$$

其中 $$K_A = \frac{p_A^\circ}{p} \tag{1-7a}$$

由式(1-7a)可知，在蒸馏过程中，相平衡常数 K 并非常数，当总压不变时，K 随温度而变。当混合液组成改变时，必引起平衡温度的变化，因此相平衡常数不能保持为常数。

式(1-7)即为用相平衡常数表示的气液平衡关系。在多组分精馏中多采用此种平

衡方程。

对任一两组分理想溶液，恒压下若已知某一温度下的组分饱和蒸气压数据，就可求得平衡的气液相组成。反之，若已知总压和一相组成，也可求得与之平衡的另一相组成和平衡温度，但一般需用试差法计算。

纯组分的饱和蒸气压 p° 和温度 t 的关系通常可用安托尼（Antoine）方程表示，即

$$\lg p^{\circ} = A - \frac{B}{t + C} \tag{1-8}$$

式中 A、B、C 为组分的安托尼常数，可由有关手册查得，其值因 p、t 的单位而异。

2）用相对挥发度表示的气液平衡关系

在两组分蒸馏的分析和计算中，应用相对挥发度来表示气液平衡关系更为简便。前已指出，蒸馏是利用混合液中各组分挥发度的差异达到分离的目的。通常，纯液体的挥发度是指该液体在一定温度下的饱和蒸气压。而溶液中各组分的蒸气压因组分间的相互影响要比纯态时的低，故溶液中各组分的挥发度 v 可用它在蒸气中的分压和与之平衡的液相中的摩尔分数之比表示，即

$$v_{\mathrm{A}} = \frac{p_{\mathrm{A}}}{x_{\mathrm{A}}} \tag{1-9}$$

$$v_{\mathrm{B}} = \frac{p_{\mathrm{B}}}{x_{\mathrm{B}}} \tag{1-9a}$$

式中 v_{A} 和 v_{B} 分别为溶液中 A、B 两组分的挥发度。

对于理想溶液，因符合拉乌尔定律，则有

$$v_{\mathrm{A}} = p_{\mathrm{A}}^{\circ}, v_{\mathrm{B}} = p_{\mathrm{B}}^{\circ}$$

由此可知，溶液中组分的挥发度是随温度而变的，因此在使用上不甚方便，故引出相对挥发度的概念。

习惯上将溶液中易挥发组分的挥发度与难挥发组分的挥发度之比称为相对挥发度，以 α 表示，即

$$\alpha = \frac{v_{\mathrm{A}}}{v_{\mathrm{B}}} = \frac{p_{\mathrm{A}}/x_{\mathrm{A}}}{p_{\mathrm{B}}/x_{\mathrm{B}}} \tag{1-10}$$

若操作压力不高，气相遵循道尔顿分压定律，式（1-10）可改写为

$$\alpha = \frac{p y_{\mathrm{A}}/x_{\mathrm{A}}}{p y_{\mathrm{B}}/x_{\mathrm{B}}} = \frac{y_{\mathrm{A}} x_{\mathrm{B}}}{y_{\mathrm{B}} x_{\mathrm{A}}} \tag{1-11}$$

通常，将式（1-11）作为相对挥发度的定义式。相对挥发度的数值可由实验测得。对理想溶液，则有

$$\alpha = \frac{p_{\mathrm{A}}^{\circ}}{p_{\mathrm{B}}^{\circ}} \tag{1-12}$$

式（1-12）表明，理想溶液中组分的相对挥发度等于同温度下两个纯组分的饱和蒸气压之比。由于 p_{A}° 和 p_{B}° 随温度沿相同的方向变化，因而两者的比值变化不大，故一般可将 α 视为常数，计算时可取操作温度范围内的平均值。

对于两组分溶液，当总压不高时，由式(1-11)得

$$\frac{y_A}{y_B}=\alpha\frac{x_A}{x_B} \quad 或 \quad \frac{y_A}{1-y_A}=\alpha\frac{x_A}{1-x_A}$$

由上式解出 y_A，并略去下标，可得

$$y=\frac{\alpha x}{1+(\alpha-1)x} \tag{1-13}$$

若 α 已知，可利用式(1-13)求得 x-y 关系，故式(1-13)称为气液平衡方程。

相对挥发度 α 值的大小可以用来判断某混合液能否用蒸馏方法来分离以及分离的难易程度。若 $\alpha>1$，表示组分 A 较 B 容易挥发，α 愈大，挥发度差异愈大，分离愈容易。若 $\alpha=1$，由式(1-13)可知 $y=x$，即气相组成等于液相组成，此时不能用普通精馏方法分离该混合液。

3. 两组分理想溶液的气液平衡相图

气液平衡用相图来表达比较直观、清晰，应用于两组分蒸馏中更为方便，而且影响蒸馏的因素可在相图上直接反映出来。蒸馏中常用的相图为恒压下的温度—组成图和气相、液相组成图。

1) 温度—组成(t-x-y)图

蒸馏操作通常在一定的外压下进行，溶液的平衡温度随组成而变。溶液的平衡温度—组成图是分析蒸馏原理的理论基础。

在总压为 101. 33 kPa 下，苯—甲苯混合液的平衡温度—组成图如图 1-1 所示。图中以 t 为纵坐标，以 x 或 y 为横坐标。图中有两条曲线，上曲线为 t-y 线，表示混合液的平衡温度 t 和气相组成 y 之间的关系。此曲线称为饱和蒸气线。下曲线为 t-x 线，表示混合液的平衡温度 t 和液相组成 x 之间的关系。此曲线称为饱和液体线。上述的两条曲线将 t-x-y 图分成 3 个区域。饱和液体线以下的区域代表未沸腾的液体，称为液相区；饱和蒸气线上方的区域代表过热蒸气，称为过热蒸气区；两条曲线包围的区域表示气液两相同时存在，称为气液共存区。

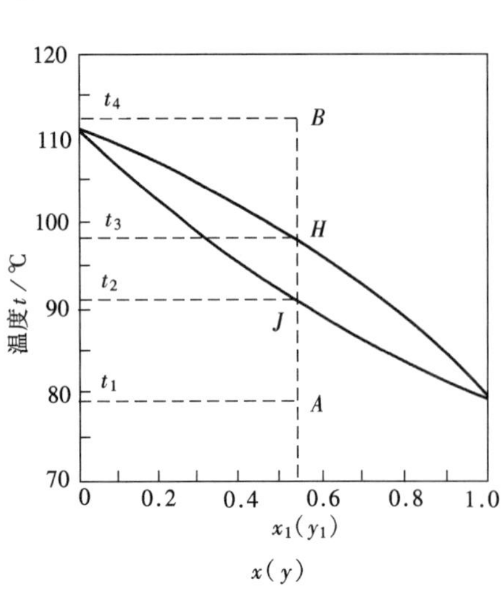

图 1-1 苯—甲苯混合液的 t-x-y 图

如图 1-1 所示，若将温度为 t_1、组成为 x_1（点 A）的混合液加热，当温度升高到 t_2（点 J）时，溶液开始沸腾，此时产生第一个气泡，相应的温度称为泡点，因此饱和液体线又称泡点线。同样，若将温度为 t_4、组成为 y_1（点 B）的过热蒸气冷却，当温度降到 t_3（点 H）时，混合气开始冷凝产生第一滴液体，相应的温度称为露点，因此饱和蒸气线又称露点线。

由图 1-1 可见，气、液两相呈平衡状态时，气、液两相的温度相同，但气相组成大于液相组成。若气、液两相组成相同，则气相的露点总是高于液相的泡点。

2) x-y 图

在蒸馏计算中,经常应用一定外压下的 x-y 图。图 1-2 为苯—甲苯混合液在总压为 101.33 kPa 下的 x-y 图。图中以 x 为横坐标,y 为纵坐标,曲线表示液相组成和与之平衡的气相组成间的关系。例如,图中曲线上的任意点 D 表示组成为 x_1 的液相与组成为 y_1 的气相互成平衡,且表示点 D 有一个确定的状态。图中对角线 $x=y$ 的直线,作查图时参考用。对于大多数溶液,两相达到平衡时,y 总是大于 x,故平衡线位于对角线上方,平衡线偏离对角线愈远,表示该溶液愈易分离。

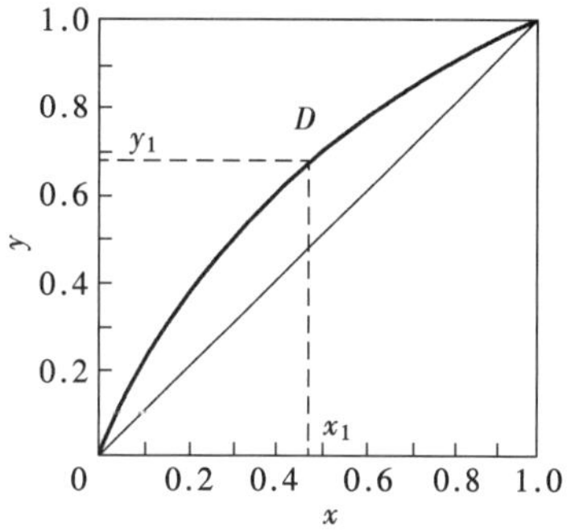

图 1-2 苯—甲苯混合液的 x-y 图

x-y 图可以通过 t-x-y 图作出。图 1-2 就是依据图 1-1 中相对应的 x 和 y 的数据标绘而成的。许多常见的两组分溶液在常压下实测出的 x-y 平衡数据,可从气液平衡数据手册或相关的化工数据手册中查取。

应予指出,x-y 曲线是在恒定压力下测得的,但实验表明,在总压变化范围为 20% ~30% 下,x-y 曲线变动不超过 2% 。因此,在总压变化不大时,外压对 x-y 曲线的影响可忽略。还应指出,在 x-y 曲线上,各点所对应的温度是不同的。

1.2.2 两组分非理想物系的气液平衡

化工生产中遇到的物系大多为非理想物系。非理想物系分为几种情况:①液相为非理想溶液,气相为理想气体;②液相为理想溶液,气相为非理想气体;③液相为非理想溶液,气相为非理想气体。

非理想溶液,其表现是溶液中各组分的平衡分压与拉乌尔定律发生偏差,此偏差可正可负,相应地,溶液分别称为正偏差溶液和负偏差溶液。实际溶液中以正偏差溶液为多。各种实际溶液与理想溶液的偏差程度可能不同。例如,乙醇—水、正丙醇—水等物系是具有很大正偏差溶液的典型例子;硝酸—水、氯仿—丙酮等物系是具有很大负偏差溶液的典型例子。

非理想溶液的平衡分压可用修正的拉乌尔定律表示,即

$$p_A = p_A^\circ x_A \gamma_A \tag{1-14}$$

$$p_B = p_B^\circ x_B \gamma_B \tag{1-14a}$$

式中 γ 为组分的活度系数。各组分的活度系数还与其组成有关,一般可用热力学公式和少量实验数据求得。

当总压不高时,气相为理想气体,则平衡气相组成为

$$y_A = \frac{p_A^\circ x_A \gamma_A}{p} \tag{1-15}$$

当蒸馏操作在高压或低温下进行时,平衡物系的气相不是理想气体,则应对气相的非理想性进行修正,此时应用逸度代替压力,以进行相平衡计算。

两组分非理想物系的气液平衡也可用相图表示。

图 1-3 为常压下乙醇—水混合液的 t-x-y 图。由图 1-3 可见,液相线和气相线在点 M 重合,即点 M 所示的两相组成相等。常压下点 M 的组成为 0.894,称为恒沸组成;相应的温度为 78.15 ℃,称为恒沸点。此溶液称为恒沸液。因点 M 的温度较任何组成下溶液的泡点都低,故这种溶液称为具有最低恒沸点的溶液。图 1-4 是其 x-y 图,平衡线与对角线的交点 M 与图 1-3 中的点 M 相对应,该点溶液的相对挥发度等于 1。

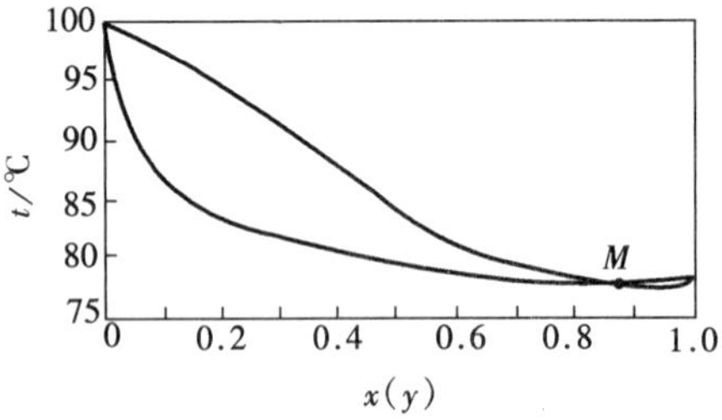

图 1-3 常压下乙醇—水混合液的 t-x-y 图

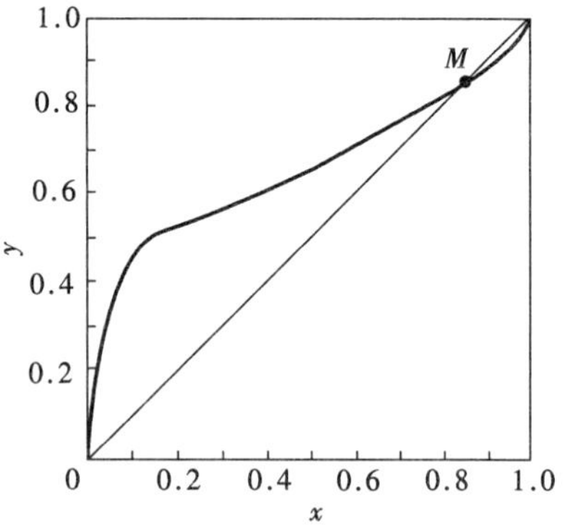

图 1-4 常压下乙醇—水混合液的 x-y 图

图 1-5 为常压下硝酸—水混合液的 t-x-y 图。图 1-5 与图 1-3 相似,不同的是恒沸点 N 处的温度(121.9 ℃)比任何组成下溶液的泡点都高,故这种溶液称为具有最高恒沸点的溶液。点 N 所对应的恒沸组成为 0.383。图 1-6 是其 x-y 图,平衡线与对角线的交点 N 与图 1-5 中的点 N 相对应,该点溶液的相对挥发度等于 1。

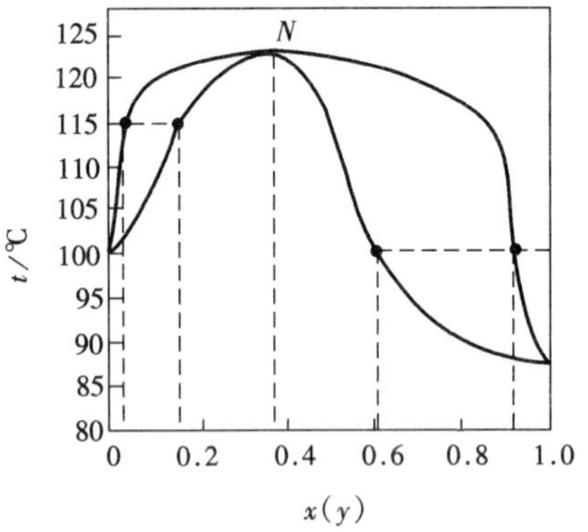

图 1-5 常压下硝酸—水混合液的 t-x-y 图

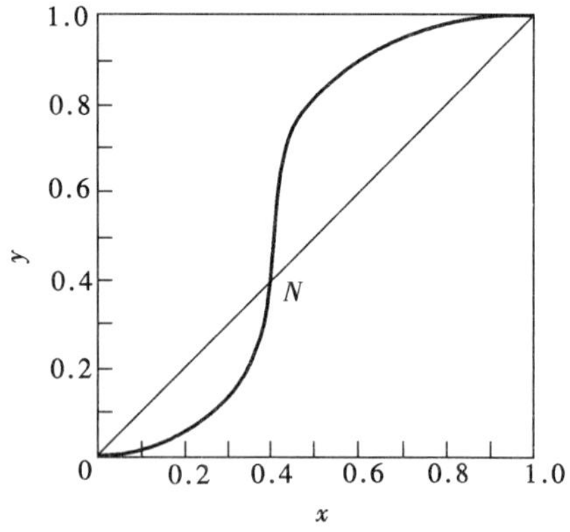

图 1-6 常压下硝酸—水混合液的 x-y 图

同一种溶液的恒沸组成随压力而变,乙醇—水系统的变化情况如表 1-1 所示。由表 1-1 可见,在理论上可以用改变压力的方法来分离恒沸液,但是在实际使用时,则应考虑经济性和操作可能性。

各种恒沸液的恒沸组成的数据,可从有关手册中查得。

表 1-1 乙醇—水溶液的恒沸组成随压力变化情况

压力/kPa	恒沸点/℃	恒沸液中乙醇的摩尔分数
13.33	34.2	0.992
20.0	42.0	0.962
26.66	47.8	0.938
53.32	62.8	0.914
101.33	78.15	0.894
146.6	87.5	0.893
193.3	95.3	0.890

由上述讨论可知,气液平衡可用不同方法表示,但是气液平衡数据或关系是解决蒸馏问题所不可缺少的。气液平衡数据的来源如下:①实验测定或从有关手册中查得;②由纯组分的某些物性按经验的或理论的公式进行估算;③根据少量实验数据,由经验的或理论的公式进行估算。

【例 1-1】 苯(A)与甲苯(B)的饱和蒸气压和温度的关系数据如本例附表 1 所示。试利用拉乌尔定律和相对挥发度,分别计算苯—甲苯混合液在总压 p 为 101.33 kPa 下的气液平衡数据,并作出温度—组成图。该溶液可视为理想溶液。

例 1-1 附表 1

t/℃	80.1	85	90	95	100	105	110.6
p_A°/kPa	101.33	116.9	135.5	155.7	179.2	204.2	240.0
p_B°/kPa	40.0	46.0	54.0	63.3	74.3	86.0	101.33

解:(1)利用拉乌尔定律计算气液平衡数据

由本例附表 1 查得某一温度下纯组分苯与甲苯的饱和蒸气压p_A°与p_B°,由于总压 p 为定值,即 $p=101.33$ kPa,则应用式(1-4)求液相组成 x,再应用式(1-5a)求与之平衡的气相组成 y,即可得到一组标绘平衡温度—组成(t-x-y)图的数据。

以 $t=95$ ℃为例,计算过程如下:

$$x=\frac{p-p_B^\circ}{p_A^\circ-p_B^\circ}=\frac{101.33-63.3}{155.7-63.3}=0.412$$

$$y=\frac{p_A^\circ}{p}x=\frac{155.7}{101.33}\times 0.412=0.633$$

其他温度下的计算结果列于本例附表 2 中。

例 1-1 附表 2

t/℃	80.1	85	90	95	100	105	110.6
x	1.000	0.780	0.581	0.412	0.258	0.130	0
y	1.000	0.900	0.777	0.633	0.456	0.262	0

根据以上数据，即可标绘得到如图 1-1 所示的 t-x-y 图。

(2)利用相对挥发度计算气液平衡数据

因苯—甲苯混合液为理想溶液，故其相对挥发度可用式(1-12)计算，即

$$\alpha=\frac{p_A^\circ}{p_B^\circ}$$

以 95 ℃为例，则

$$\alpha=\frac{155.7}{63.3}=2.46$$

其他温度下的 α 值列于本例附表 3 中。

通常，在利用相对挥发度求 x-y 关系时，可取温度范围内的平均相对挥发度，在本例条件下，附表 3 中两端温度下的 α 数据应除外（因对应的是纯组分，即为 x-y 曲线上两端点），因此可取温度为 85 ℃和 105 ℃下的 α 平均值，即

$$\alpha_m=\frac{2.54+2.37}{2}=2.46$$

将平均相对挥发度代入式(1-13)，即

$$y=\frac{\alpha x}{1+(\alpha-1)x}=\frac{2.46x}{1+1.46x}$$

按附表 2 中的各 x 值，由上式即可算出气相平衡组成 y，计算结果也列于本例附表 3 中。

比较本例附表 2 和附表 3，可以看出用两种方法求得的 x-y 数据基本一致。对两组分物系，利用平均相对挥发度表示气液平衡关系比较简便。

例 1-1 附表 3

t/℃	80.1	85	90	95	100	105	110.6
α		2.54	2.51	2.46	2.41	2.37	
x	1.000	0.780	0.581	0.412	0.258	0.130	0
y	1.000	0.897	0.773	0.633	0.461	0.269	0

由本例附表 3 可知，随着平衡温度升高，相对挥发度减小，对分离不利。因此在某种情况下，可考虑降低操作压力，使平衡温度降低，进而增大相对挥发度。

1.3 平衡蒸馏和简单蒸馏

演示文稿

1.3.1 平衡蒸馏

平衡蒸馏（或闪蒸）是一种单级蒸馏操作。当在单级釜内进行平衡蒸馏时，釜内液体混合物被部分汽化，并使气相与液相处于平衡状态，然后将气液两相分开。这种操作既可以间歇又可以连续方式进行。

化工生产中多采用图 1-7 所示的连续操作的平衡蒸馏装置。混合液先经加热器升温，使液体温度高于分离器压力下液体的沸点，然后通过减压阀使其降压后进入分离器中，此时过热的液体混合物即被部分汽化，平衡的气液两相在分离器中得到分离。通常分离器又称为闪蒸罐（塔）。

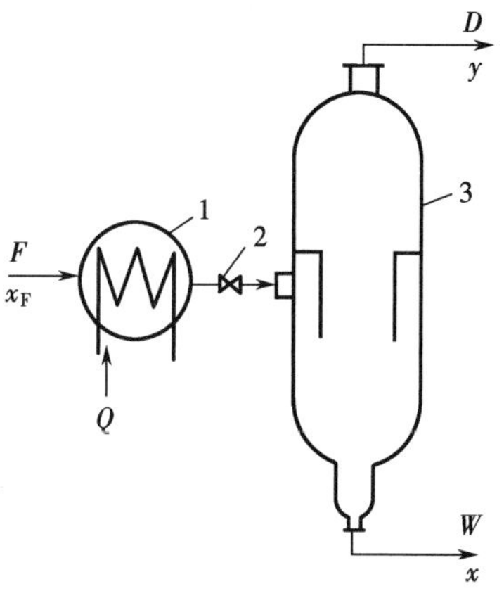

图 1-7 平衡蒸馏装置

1—加热器 2—减压阀 3—分离器

平衡蒸馏计算所应用的基本关系是物料衡算、热量衡算和气液平衡关系。以两组分混合液的闪蒸为例分述如下。

1. 物料衡算

对图 1-7 所示的连续平衡蒸馏装置作物料衡算，可得

总物料 $$F = D + W \tag{1-16}$$

易挥发组分 $$Fx_F = Dy + Wx \tag{1-16a}$$

式中 F、D、W——原料液、气相与液相产品流量，kmol/h 或 kmol/s；

x_F、y、x——原料液、气相与液相产品的组成、摩尔分数。

联立式(1-16)和式(1-16a)，得

$$y = \left(1 - \frac{F}{D}\right)x + \frac{F}{D}x_F \tag{1-17}$$

若令$\frac{W}{F} = q$，则$\frac{D}{F} = 1 - q$，代入式(1-17)可得

$$y = \frac{q}{q-1}x - \frac{x_F}{q-1} \tag{1-18}$$

式(1-18)表示平衡蒸馏中气液相平衡组成的关系。式中 q 称为液化分率，因在平衡蒸馏中 q 为恒定值，故式(1-18)为直线方程。在 x-y 图上，式(1-18)代表通过点(x_F, x_F)的直线，其斜率为$\frac{q}{q-1}$。

2. 热量衡算

对图 1-7 所示的加热器作热量衡算，若加热器的热损失可忽略，则

$$Q = Fc_p(T - t_F) \tag{1-19}$$

式中 Q——加热器的热负荷，kJ/h 或 kW；

F——原料液的流量，kmol/h 或 kmol/s；

c_p——原料液的平均比热容，kJ/(kmol · ℃)；

t_F——原料液的温度，℃；

T——通过加热器后原料液的温度，℃。

原料液节流减压后进入分离器，此时物料放出的显热等于部分汽化所需的潜热，即

$$Fc_p(T - t_e) = (1 - q)Fr \tag{1-20}$$

式中 t_e——分离器中的平衡温度，℃；

r——平均摩尔汽化热,kJ/kmol。

原料液离开加热器的温度可由式(1-20)求得,即

$$T=t_e+(1-q)\frac{r}{c_p} \tag{1-21}$$

3. 气液平衡关系

平衡蒸馏中,气液两相处于平衡状态,即两相温度相同,组成互为平衡。若为理想溶液,则有

$$y=\frac{\alpha x}{1+(\alpha-1)x}$$

及 $$t_e=f(x) \tag{1-22}$$

应用上述三个基本关系,可解决闪蒸的各种计算问题。例如,若已知原料液流量 F、组成 x_F、温度 t_F 及汽化率,则联立式(1-13)、式(1-18)和式(1-22),即求得平衡的气液相组成及温度。图解计算方法见例1-2。

【例1-2】 对某两组分理想溶液进行常压闪蒸,已知 x_F 为0.5(原料液中易挥发组分的摩尔分数),若要求汽化率为60%,试求闪蒸后平衡的气液相组成及温度。

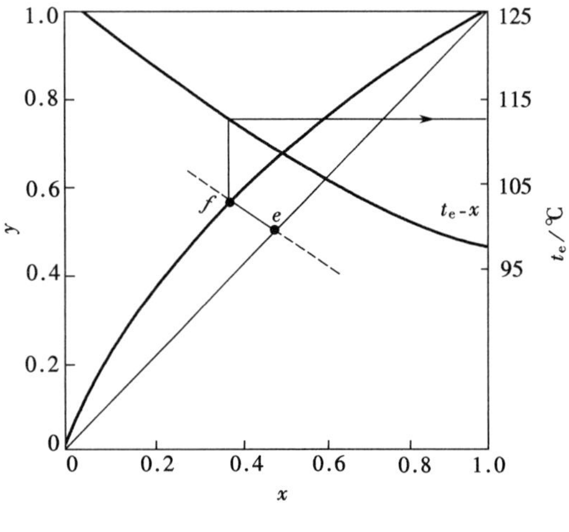

例1-2 附图

常压下该两组分理想溶液的 x-y 及 t_e-x 关系如本例附图所示。

解: 由题意知 $1-q=0.6$,所以

$$q=0.4$$

$$\frac{q}{q-1}=-\frac{0.4}{0.6}=-0.667$$

在本例附图(x-y 图)中通过点 e(0.5, 0.5)作斜率为 -0.667 的直线 ef,由该直线与 x-y 平衡曲线交点 f 的坐标,即可求得平衡的气液相组成,即

$$x\approx 0.387,\quad y\approx 0.575$$

再由本例附图中的 t_e-x 曲线,根据 $x=0.387$ 求得平衡温度,即 $t_e=113$ ℃。

求解本例的关键是,掌握物料衡算关系和平衡关系在平衡蒸馏中的联合应用。

1.3.2 简单蒸馏

简单蒸馏又称微分蒸馏,也是一种单级蒸馏操作,常以间歇方式进行。简单蒸馏装置如图1-8所示。混合液在蒸馏釜1中受热后部分汽化,产生的蒸气随即进入冷凝器2中冷凝,冷凝液不断流入接收器3中,作为馏出液产品。由于气相组成 y 大于液相组成 x,因此随着过程的进行,釜中液相组成不断下降,使得与之平衡的气相组成(馏出液组成)亦随之降低,而釜内液体的泡点逐渐升高。通常当馏出液平均组成或釜液组成降至某规定值后,即停止蒸馏操作。在一批操作中,馏出液可分批收集,以得到不同组成的馏出液。简单蒸馏多用于

混合液的初步分离。

简单蒸馏是非稳态过程，虽然瞬间形成的蒸气与液体可视为互相平衡，但形成的全部蒸气并不与剩余的液体相平衡。因此简单蒸馏的计算应该作微分衡算。

简单蒸馏计算的主要内容是根据原料液的量和组成，确定馏出液与釜液的量和组成间的关系。计算中需用的基本关系为物料衡算和气液平衡关系。

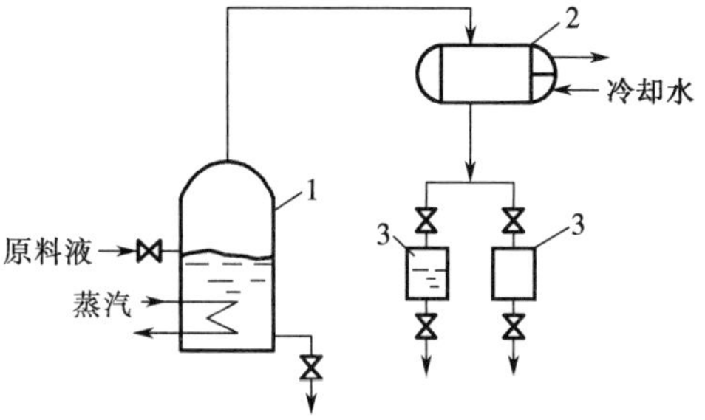

图 1-8　简单蒸馏装置

1—蒸馏釜　2—冷凝器　3—接收器

假设简单蒸馏某瞬间釜液量为 L、组成为 x，经微元时间 $d\tau$ 后，釜液量变为 $L-dL$、组成变为 $x-dx$，而蒸出的馏出液量为 dD、组成为 y，且 y 与 x 呈平衡关系。在 $d\tau$ 时间内作物料衡算，即

总物料　$dD = dL$　(1-23)

易挥发组分　$Lx = (L-dL)(x-dx) + ydD$　(1-23a)

将式(1-23)代入式(1-23a)，展开式(1-23a)，并忽略 $dLdx$ 项，可得

$$\frac{dL}{L} = \frac{dx}{y-x}$$

积分上式，并取积分上、下限为

$$L = F, x = x_F$$

$$L = W, x = x_2$$

则可得

$$\ln\frac{F}{W} = \int_{x_2}^{x_F}\frac{dx}{y-x} \tag{1-24}$$

式(1-24)表示馏出液组成、釜液组成与釜液量(或馏出液量)之间的关系。式(1-24)中右边的积分项可根据 x-y 平衡关系进行计算，一般有以下几种方法。

①若 x-y 平衡关系用曲线或表格表示，则可应用图解积分法或数值积分法。

②若蒸馏的溶液为理想溶液，平衡关系可用式(1-13)表示，则将此关系代入式(1-24)中，积分可得

$$\ln\frac{F}{W} = \frac{1}{\alpha-1}\left(\ln\frac{x_F}{x_2} + \alpha\ln\frac{1-x_2}{1-x_F}\right) \tag{1-25}$$

③若在操作范围内，x-y 平衡关系为直线，即 $y = mx + b$，则将此关系代入式(1-24)中，积分可得

$$\ln\frac{F}{W} = \frac{1}{m-1}\ln\frac{(m-1)x_F + b}{(m-1)x_2 + b} \tag{1-26}$$

若平衡线为通过原点的直线，即 $y = mx$，则式(1-26)可简化为

$$\ln\frac{F}{W} = \frac{1}{m-1}\ln\frac{x_F}{x_2} \tag{1-26a}$$

馏出液的平均组成 $\bar{y}$(或 $x_{D,m}$)可通过一批操作的物料衡算求得,即

总物料 $D=F-W$

易挥发组分 $D\bar{y}=Fx_F-Wx_2$ (1-27)

【例 1-3】 对例 1-2 中的液体混合物进行简单蒸馏,若汽化率仍为 60%,试求釜液组成和馏出液平均组成。已知常压下该混合液的平均相对挥发度为 2.16。

解:设原料液量为 100 kmol,则

$D=100\times0.6=60\ \text{kmol}$

$W=F-D=100-60=40\ \text{kmol}$

因该混合液的平均相对挥发度为 $\alpha=2.16$,则可用式(1-25)求釜液组成 x_2,即

$$\ln\frac{F}{W}=\frac{1}{\alpha-1}\left(\ln\frac{x_F}{x_2}+\alpha\ln\frac{1-x_2}{1-x_F}\right)$$

即 $$\ln\frac{100}{40}=0.916=\frac{1}{2.16-1}\left(\ln\frac{0.5}{x_2}+2.16\ln\frac{1-x_2}{1-0.5}\right)$$

试差解得 $x_2\approx0.328$。

馏出液的平均组成由式(1-27)求得,即

$60\bar{y}=100\times0.5-40\times0.328$

所以 $\bar{y}=0.615$

计算结果表明,若汽化率相同,简单蒸馏较平衡蒸馏可获得更好的分离效果,即馏出液组成更高。这是因为平衡蒸馏实现了过程的连续操作,造成了物料的混合。若要求两种蒸馏保持相同的分离程度,则简单蒸馏的汽化率较平衡蒸馏的高。

1.4 精馏原理和流程

演示文稿

1.4.1 精馏过程原理

1. 多次部分汽化和冷凝

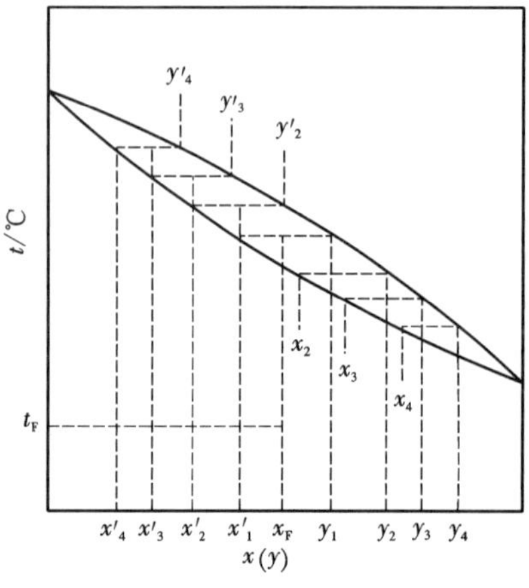

图 1-9 精馏原理示意图

精馏过程原理可用 t-x-y 图来说明。如图 1-9 所示,将组成为 x_F、温度为 t_F 的某混合液加热至泡点以上,则该混合物部分汽化,产生气液两相,其组成分别为 y_1 和 x_1,此时 $y_1>x_F>x_1$。将气液两相分离,并将组成为 y_1 的气相混合物部分冷凝,则可得到组成为 y_2 的气相和组成为 x_2 的液相,继续将组成为 y_2 的气相部分冷凝,又可得到组成为 y_3 的气相和组成为 x_3 的液相,显然 $y_3>y_2>y_1$。如此进行下去,最终气相经全部冷凝后,即可获得高纯度的易挥发组分产品。同时,将组成为 x_1 的液相部分汽化,则可得到组成为 y_2' 的气相和组成为 x_2' 的液相,继续

将组成为 x_2' 的液相部分汽化，又可得到组成为 y_3' 的气相和组成为 x_3' 的液相，显然 $x_3' < x_2' < x_1'$。如此进行下去，最终的液相即为高纯度的难挥发组分产品。

由此可见，液体混合物经多次部分汽化和冷凝后，便可实现几乎完全的分离，这就是精馏过程的基本原理。

2. 精馏塔模型

上述的多次部分汽化和冷凝过程是在精馏塔内进行的，图 1-10 所示为精馏塔模型。在精馏塔内通常装有一些塔板或一定高度的填料，前者称为板式塔，后者则称为填料塔。现以板式塔为例，说明在塔内进行的精馏过程。

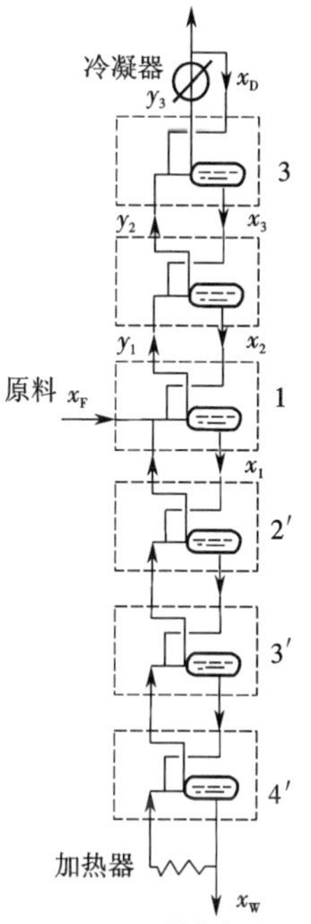

图 1-10 精馏塔模型

图 1-11 所示为精馏塔中第 n 层塔板上的操作情况。在塔板上设置有升气道（泡罩、筛孔或浮阀等），由下层塔板（第 $n+1$ 层板）上升的蒸气通过第 n 板的升气道；而上层塔板（第 $n-1$ 层板）上的液体通过降液管下降到第 n 层板上，在该板上横向流动而流入下一层板。蒸气鼓泡穿过液层，与液相进行热量和质量的交换。

设进入第 n 层板的气相组成和温度分别为 y_{n+1} 和 t_{n+1}，液相组成和温度分别为 x_{n-1} 和 t_{n-1}，且 t_{n+1} 高于 t_{n-1}，x_{n-1} 大于与 y_{n+1} 呈平衡的液相组成 x_{n+1}。由于存在温度差和组成差，气相发生部分冷凝，因难挥发组分更易冷凝，故气相中部分难挥发组分冷凝后进入液相；同时液相发生部分汽化，因易挥发组分更易汽化，故液相中部分易挥发组分汽化后进入气相。其结果是离开第 n 层板的气相中易挥发组分的组成较进入该板时升高，即 $y_n > y_{n+1}$，而离开该板的液相中易挥发组分的组成较进入该板时降低，即 $x_n < x_{n-1}$。由此可见，每通过一层塔板，即进行了一次部分汽化和冷凝过程。当经过多层塔板后，则进行了多次部分汽化和冷凝过程，最后在塔顶气相中获得较纯的易挥发组分，在塔底液相中获得较纯的难挥发组分，从而实现了液体混合物的分离。

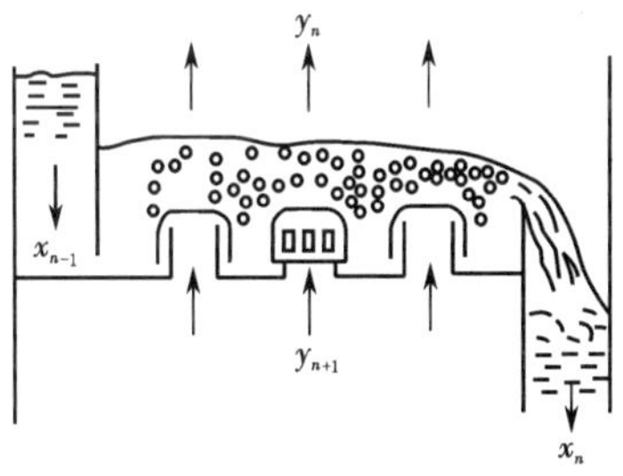

图 1-11 塔板上的操作情况

应予指出，在每层塔板上所进行的热量交换和质量交换是密切相关的，气液两相温度差越大，则所交换的质量越多。气液两相在塔板上接触后，气相温度降低，液相温度升高，液相部分汽化所需要的潜热恰好等于气相部分冷凝所放出的潜热，故每层塔板上不需设置加热器和冷凝器。

还应指出，塔板是气液两相进行传热与传质的场所，每层塔板上必须有气相和液相流过。为实现上述操作，必须从塔顶引入下降液流（即回流液）和从塔底产生上升蒸气流，以建立气液两相体系。因此，塔顶液体回流和塔底上升蒸气流是精馏过程连续进行的必要条件。回流是精馏与普通蒸馏的本质区别。

1.4.2 精馏操作流程

课程思政

根据精馏原理可知，单有精馏塔尚不能完成精馏操作，还必须有提供回流液的塔顶冷凝器、提供上升蒸气流的塔底再沸器及其他附属设备。将这些设备进行安装组合，即构成了精馏操作流程。精馏过程根据操作方式的不同分为连续精馏和间歇精馏两种流程。

1. 连续精馏操作流程

图 1-12 所示为典型的连续精馏操作流程。操作时，原料液连续加入精馏塔内。连续地从再沸器中取出部分液体作为塔底产品（称为釜液）；部分液体被汽化，产生上升蒸气，依次通过各层塔板。塔顶蒸气进入冷凝器被全部冷凝，将部分冷凝液用泵（或借重力作用）送回塔顶作为回流液，其余部分作为塔顶产品（称为馏出液）采出。

通常，将原料液加入的那层塔板称为进料板。在进料板以上的塔段，上升气相中难挥发组分向液相中传递，易挥发组分的含量逐渐升高，最终实现了上升气相的精制，因而称为精馏段。进料板以下的塔段（包括进料板）完成了下降液体中易挥发组分的提出，从而提高了塔顶易挥发组分的收率，同时获得了高含量的难挥发组分塔底产品，因而将之称为提馏段。

2. 间歇精馏操作流程

图 1-13 所示为间歇精馏操作流程。与连续精馏的不同之处是，原料液一次加入精馏塔中，因而间歇精馏塔只有精馏段而无提馏段。在精馏过程中，精馏塔的釜液组成不断变化，在塔底上升蒸气量和塔顶回流液量恒定的条件下，馏出液的组成也逐渐降低。当精馏塔的釜液达到规定组成后，精馏操作即被停止。

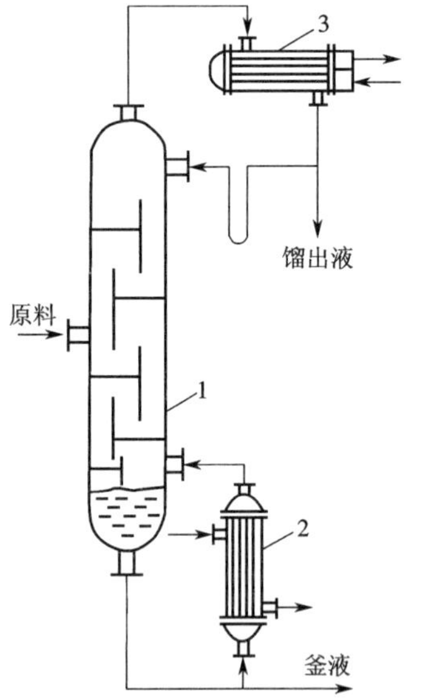

图 1-12 连续精馏操作流程

1—精馏塔 2—再沸器 3—冷凝器

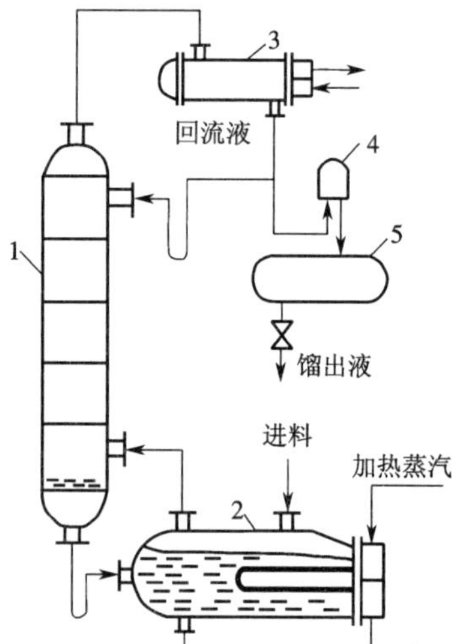

图 1-13 间歇精馏操作流程

1—精馏塔 2—再沸器 3—冷凝器

4—观察罩 5—储槽

演示文稿 演示文稿

1.5 两组分连续精馏的计算

精馏过程的计算可分为设计型计算和操作型计算两类。本节重点讨论板式精馏塔的设计型计算。

对精馏过程的设计型计算,通常已知条件为原料液流量、组成和分离程度,需要计算或确定的项目有:①确定产品的流量或组成;②选择或确定适宜的操作条件,如操作压力、回流比和进料热状况等;③确定精馏塔的类型,选择板式塔或填料塔,根据塔型计算理论板数或填料层高度;④确定塔高和塔径及塔的其他结构尺寸,并进行流体力学验算;⑤计算再沸器和冷凝器的热负荷,并确定两者的类型和尺寸。

本节重点介绍前3项,第④项将在本书第3章中详细介绍。

1.5.1 理论板的概念及恒摩尔流假定

1. 理论板的概念

精馏操作涉及气、液两相间的传热和传质过程。塔板上两相间的传热速率和传质速率不仅取决于物系的性质和操作条件,而且还与塔板结构有关,因此它们很难用简单方程描述。引入理论板的概念,可使问题简化。

所谓理论板,是指在其上气、液两相充分混合,各自组成均匀,且传热及传质过程阻力均为零的理想化塔板。因此不论进入理论板的气、液两相组成如何,离开该板时气、液两相都达到平衡状态,即两相温度相等,组成互成平衡。

实际上,由于板上气、液两相接触面积和接触时间是有限的,因此在任何形式的塔板上,气、液两相都难以达到平衡状态,即理论板是不存在的。理论板仅用作衡量实际板分离效率的依据和标准。通常,在精馏计算中,先求得理论板数,然后利用塔板效率予以修正,即求得实际板数。引入理论板的概念,对精馏过程的分析和计算十分有用。

若已知某物系的气液平衡关系,即离开任意理论板(第 n 层板)的气、液两相组成 y_n 与 x_n 之间的关系已被确定,同时已知由任意板(第 n 层板)下降的液相组成 x_n 与由下一层板(第 $n+1$ 层板)上升的气相组成 y_{n+1} 之间的关系,则精馏塔内各板的气、液相组成可逐板予以确定,因此即求得在指定分离要求下的理论板数。上述的 y_{n+1} 和 x_n 间的关系是由精馏条件决定的,这种关系可由塔板间的物料衡算求得,称为操作关系。

2. 恒摩尔流假定

为简化精馏计算,通常引入塔内恒摩尔流动的假定。

(1)恒摩尔气流　精馏操作时,在精馏塔的精馏段内,每层板的上升蒸气摩尔流量都是相等的,在提馏段内也是如此,但两段的上升蒸气摩尔流量却不一定相等,即

$$V_1 = V_2 = \cdots = V_n = V, V_1' = V_2' = \cdots = V_m' = V'$$

式中　V——精馏段中上升蒸气的摩尔流量,kmol/h;

V'——提馏段中上升蒸气的摩尔流量,kmol/h;

下标表示塔板序号。

(2)恒摩尔液流　精馏操作时,在精馏塔的精馏段内,每层板的下降液体摩尔流量都是相等的,在提馏段内也是如此,但两段的下降液体摩尔流量却不一定相等,即

$$L_1 = L_2 = \cdots = L_n = L, L'_1 = L'_2 = \cdots = L'_m = L'$$

式中　L——精馏段中下降液体的摩尔流量,kmol/h;

L'——提馏段中下降液体的摩尔流量,kmol/h。

若在塔板上气、液两相接触时有 n kmol 的蒸气冷凝,相应地就有 n kmol 的液体汽化,这样恒摩尔流的假定才能成立。为此,必须满足的条件是:①各组分的摩尔汽化热相等;②气液接触时因温度不同而交换的显热可以忽略;③塔设备保温良好,热损失可以忽略。

精馏操作时,恒摩尔流虽是一项假定,但某些系统基本上能符合上述条件,因此,可将这些系统在精馏塔内的气、液两相视为恒摩尔流动。以后介绍的精馏计算均是以恒摩尔流为前提的。

1.5.2 物料衡算和操作线方程

1. 全塔物料衡算

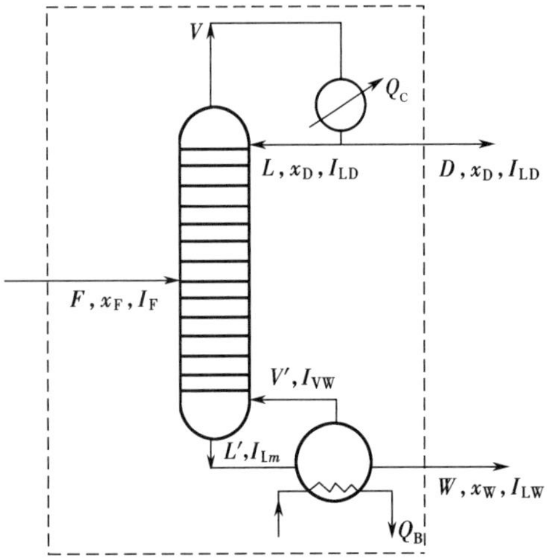

图 1-14　精馏塔的物料衡算

通过全塔物料衡算,可以求出精馏产品的流量、组成和进料的流量、组成之间的关系。

对图 1-14 所示的连续精馏塔作全塔物料衡算,并以单位时间为基准,即

总物料　$F = D + W$　(1-28)

易挥发组分　$Fx_F = Dx_D + Wx_W$　(1-28a)

式中　F——原料液流量,kmol/h;

D——塔顶产品(馏出液)流量,kmol/h;

W——塔底产品(釜液)流量,kmol/h;

x_F——原料液中易挥发组分的摩尔分数;

x_D——馏出液中易挥发组分的摩尔分数;

x_W——釜液中易挥发组分的摩尔分数。

在精馏计算中,分离程度除用两产品的摩尔分数表示外,有时还用回收率表示,即

$$\text{塔顶易挥发组分的回收率} = \frac{Dx_D}{Fx_F} \times 100\% \quad (1\text{-}29)$$

$$\text{塔底难挥发组分的回收率} = \frac{W(1 - x_W)}{F(1 - x_F)} \times 100\% \quad (1\text{-}29a)$$

【例 1-4】　每小时将 15 000 kg 含苯 40%(质量分数,下同)和甲苯 60% 的溶液在连续精馏塔中进行分离,要求釜液中含苯不高于 2%,塔顶馏出液中苯的回收率为 97.1%。试求馏出液和釜液的流量和组成,以摩尔流量和摩尔分数表示。

解:苯的摩尔质量为 78 kg/kmol,甲苯的摩尔质量为 92 kg/kmol。

进料组成 $x_F=\dfrac{40/78}{40/78+60/92}=0.44$

釜液组成 $x_W=\dfrac{2/78}{2/78+98/92}=0.0235$

原料液的平均摩尔质量 $M_F=0.44\times78+0.56\times92=85.8\ \text{kg/kmol}$

原料液流量 $F=15\,000/85.8=175\ \text{kmol/h}$

依题意知 $Dx_D/Fx_F=0.971$

所以 $Dx_D=0.971\times175\times0.44$ (a)

全塔物料衡算 $D+W=F=175$ (b)

$Dx_D+Wx_W=Fx_F$

即 $Dx_D+0.0235W=175\times0.44$ (c)

联立式(a)、式(b)、式(c),解得

$D=80\ \text{kmol/h}$,$W=95\ \text{kmol/h}$,$x_D=0.935$

求解本例的关键是理解回收率的概念。

2. 操作线方程

在连续精馏塔中,因原料液不断地进入塔内,故精馏段和提馏段的操作关系是不相同的,应分别予以讨论。

1)精馏段操作线方程

按图1-15虚线范围(包括精馏段的第 $n+1$ 层板以上的塔段及冷凝器)作物料衡算,以单位时间为基准,即

总物料 $V=L+D$ (1-30)

易挥发组分 $Vy_{n+1}=Lx_n+Dx_D$ (1-30a)

式中 x_n——精馏段第 n 层板下降液体中易挥发组分的摩尔分数;

y_{n+1}——精馏段第 $n+1$ 层板上升蒸气中易挥发组分的摩尔分数。

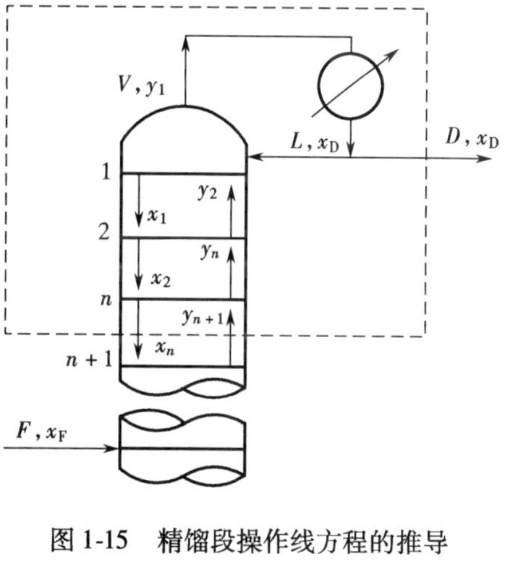

图1-15 精馏段操作线方程的推导

将式(1-30)代入式(1-30a),并整理得

$$y_{n+1}=\frac{L}{L+D}x_n+\frac{D}{L+D}x_D \tag{1-31}$$

式(1-31)等号右边两项的分子及分母同时除以 D,则

$$y_{n+1}=\frac{L/D}{L/D+1}x_n+\frac{1}{L/D+1}x_D$$

令 $R=\dfrac{L}{D}$,代入上式得

$$y_{n+1}=\frac{R}{R+1}x_n+\frac{1}{R+1}x_D \tag{1-32}$$

式中 R 称为回流比。根据恒摩尔流假定,L 为定值,且在稳态操作时 D 和 x_D 也为定值,故 R

也是常量，其值一般由设计者选定。R 值的确定将在后面讨论。

式(1-31)与式(1-32)均称为精馏段操作线方程。此两式表示在一定的操作条件下，精馏段内自第 n 层板下降液体的组成 x_n 和与其相邻的下一层板(第 $n+1$ 层板)上升蒸气的组成 y_{n+1} 之间的关系。该式在 x-y 直角坐标图上为直线，其斜率为 $R/(R+1)$，截距为 $x_D/(R+1)$。

2)提馏段操作线方程

按图1-16虚线范围(包括提馏段第 m 层板以下的塔段及再沸器)作物料衡算，以单位时间为基准，即

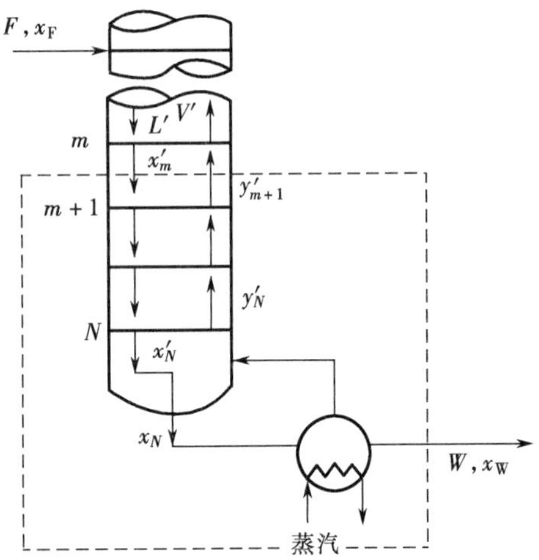

图1-16 提馏段操作线方程的推导

总物料 $L' = V' + W$ (1-33)

易挥发组分 $L'x'_m = V'y'_{m+1} + Wx_W$ (1-33a)

式中 x'_m——提馏段第 m 层板下降液体中易挥发组分的摩尔分数；

y'_{m+1}——提馏段第 $m+1$ 层板上升蒸气中易挥发组分的摩尔分数。

将式(1-33)代入式(1-33a)，并整理得

$$y'_{m+1} = \frac{L'}{L'-W}x'_m - \frac{W}{L'-W}x_W \quad (1\text{-}34)$$

式(1-34)称为提馏段操作线方程。此式表示在一定的操作条件下，提馏段内自第 m 层板下降液体的组成 x'_m 和与其相邻的下一层板(第 $m+1$ 层板)上升蒸气的组成 y'_{m+1}之间的关系。根据恒摩尔流假定，L'为定值，且在稳态操作时 W 和 x_W 也为定值，故式(1-34)在 x-y 图上也是直线。

应予指出，提馏段的液体流量 L'不如精馏段的回流液流量 L 那样容易求得，因为 L'除与 L 有关外，还受进料量及进料热状况的影响。

1.5.3 进料热状况的影响

1. 精馏塔的进料热状况

在实际生产中，加入精馏塔中的原料液可能有5种热状况：①温度低于泡点的冷液体；②泡点下的饱和液体；③温度介于泡点和露点之间的气液混合物；④露点下的饱和蒸气；⑤温度高于露点的过热蒸气。

不同进料热状况使从进料板上升的蒸气量及下降的液体量发生变化，也即上升到精馏段的蒸气量及下降到提馏段的液体量发生了变化。图1-17定性地表示在不同的进料热状况下，由进料板上升的蒸气及由该板下降的液体的摩尔流量变化情况。

(1)冷液进料 对于冷液进料，提馏段回流液流量 L'包括3部分：①精馏段的回流液流量 L；②原料液流量 F；③为将原料液加热到板上温度，必然会有一部分自提馏段上升的蒸气被冷凝下来，冷凝液量也成为 L'的一部分。由于这部分蒸气的冷凝，上升到精馏段的蒸气量

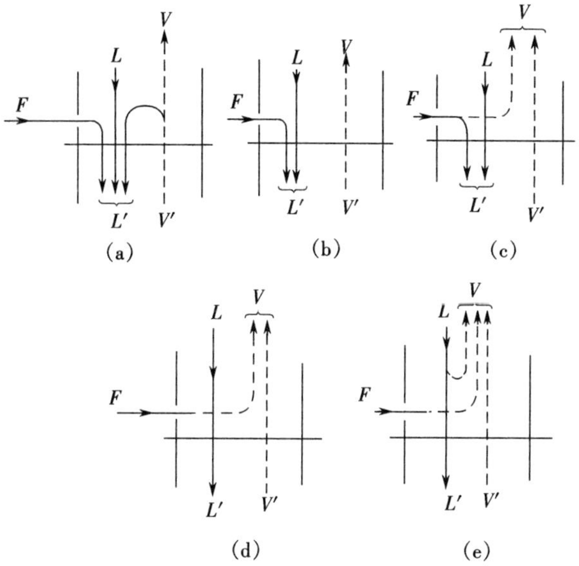

图 1-17 进料热状况对进料板上、下各流股的影响

(a)冷液进料 (b)饱和液体进料 (c)气液混合物进料 (d)饱和蒸气进料 (e)过热蒸气进料

V 比提馏段的 V'要少，其差额即为冷凝的蒸气量。

(2)饱和液体进料 对于饱和液体进料，由于原料液的温度与板上液体的温度相近，因此原料液全部进入提馏段，作为提馏段的回流液，而两段的上升蒸气流量则相等，即

$$L' = L + F, V' = V$$

(3)气液混合物进料 对于气液混合物进料，进料中液相部分成为 L'的一部分，而蒸气部分则成为 V 的一部分。

(4)饱和蒸气进料 对于饱和蒸气进料，整个进料变为 V 的一部分，而两段的液体流量则相等，即

$$L = L', V = V' + F$$

(5)过热蒸气进料 对于过热蒸气进料，此种情况与冷液进料恰好相反，精馏段上升蒸气流量 V 包括 3 部分：①提馏段的上升蒸气流量 V'；②原料液流量 F；③为将进料温度降至板上温度，必然会有一部分来自精馏段的回流液体被汽化，汽化的蒸气量也成为 V 的一部分。由于这部分液体的汽化，下降到提馏段的液体量 L'将比精馏段的 L 少，其差额即为汽化的液体量。

2. 进料热状况参数

由以上分析可知，精馏塔中两段的气、液摩尔流量之间的关系与进料热状况有关，为了定量地分析进料量及进料热状况对精馏塔内气、液摩尔流量的影响，引入进料热状况参数的概念。

对图 1-18 所示的进料板分别作总物料衡算及热量衡算，即

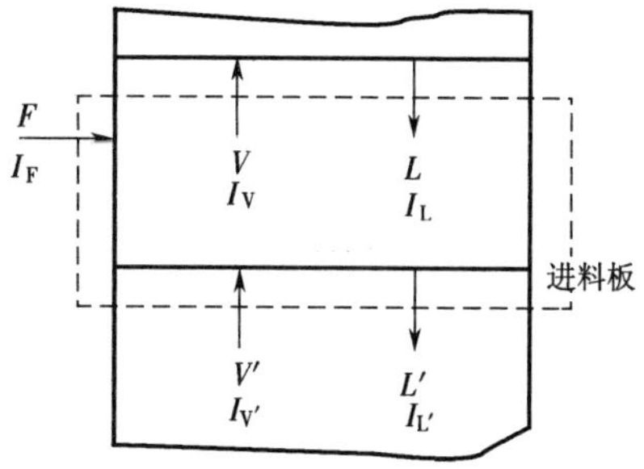

图 1-18 进料板上的物料衡算和热量衡算

$$F + V' + L = V + L' \tag{1-35}$$

$$FI_F + V'I_{V'} + LI_L = VI_V + L'I_{L'} \tag{1-36}$$

式中 I_F——原料液的焓，kJ/kmol；

I_V、$I_{V'}$——进料板上、下处饱和蒸气的焓，kJ/kmol；

I_L、$I_{L'}$——进料板上、下处饱和液体的焓，kJ/kmol。

由于塔中液体和蒸气都呈饱和状态，且进料板上、下处的温度及气、液相组成各自都比较相近，故

$$I_V \approx I_{V'}, I_L \approx I_{L'}$$

于是，式(1-36)可改写为

$$FI_F + V'I_V + LI_L = VI_V + L'I_L$$

整理得 $(V - V')I_V = FI_F - (L' - L)I_L$

将式(1-35)代入上式，可得

$$[F - (L' - L)]I_V = FI_F - (L' - L)I_L$$

或

$$\frac{I_V - I_F}{I_V - I_L} = \frac{L' - L}{F} \tag{1-37}$$

令

$$q = \frac{I_V - I_F}{I_V - I_L} \approx \frac{\text{将 1 kmol 进料变为饱和蒸气所需的热量}}{\text{原料液的千摩尔汽化热}} \tag{1-38}$$

q 称为进料热状况参数。对各种进料热状况，均可用式(1-38)计算 q 值。

根据 q 的定义，可得

冷液进料 $q > 1$

饱和液体(泡点)进料 $q = 1$

气液混合物进料 $0 < q < 1$

饱和蒸气(露点)进料 $q = 0$

过热蒸气进料 $q < 0$

在实际生产中，以接近泡点的冷液进料和泡点进料者居多。

3. 进料热状况对操作线方程的影响

由式(1-37)可得

$$L' = L + qF \tag{1-39}$$

将式(1-35)代入式(1-39)，并整理得

$$V' = V + (q - 1)F \tag{1-40}$$

式(1-39)和式(1-40)表示在精馏塔内精馏段和提馏段的气液相流量及进料热状况参数之间的基本关系。将式(1-39)代入式(1-34)，则提馏段操作线方程可改写为

$$y'_{m+1} = \frac{L + qF}{L + qF - W} x'_m - \frac{W}{L + qF - W} x_W \tag{1-41}$$

对一定的操作条件而言，式(1-41)中的 L、F、W、x_W 及 q 为已知值或易于求算的值。式(1-41)与式(1-34)物理意义相同，在 x-y 图上为同一条直线，其斜率为 $(L + qF)/(L + qF - W)$，截距为 $-Wx_W/(L + qF - W)$。

【例 1-5】　分离例 1-4 中的溶液时，若进料为饱和液体，选用的回流比 $R=2.0$，试求提馏段操作线方程，并说明操作线的斜率和截距的数值。

解：由例 1-4 知 $x_W=0.0235$，$W=95\ \text{kmol/h}$，$F=175\ \text{kmol/h}$，$D=80\ \text{kmol/h}$。而

$$L=RD=2.0\times80=160\ \text{kmol/h}$$

因泡点进料，故

$$q=\frac{I_V-I_F}{I_V-I_L}=1$$

将以上数值代入式(1-41)，即求得提馏段操作线方程

$$y'_{m+1}=\frac{160+1\times175}{160+1\times175-95}x'_m-\frac{95}{160+1\times175-95}\times0.0235$$

即

$$y'_{m+1}=1.4x'_m-0.0093$$

该操作线的斜率为 1.4，在 y 轴上的截距为 -0.0093。由计算结果可看出，本例提馏段操作线的截距值是很小的，在一般情况下也是如此。

求解本例的关键是理解进料热状况参数的定义。通过本例的计算，可进一步了解提馏段操作线方程的特点。

1.5.4　理论板层数的计算

通常，采用逐板计算法或图解法确定精馏塔的理论板层数。求算理论板层数时，必须已知原料液组成、进料热状况、操作回流比和分离程度，并利用：①气液平衡关系；②相邻两板之间气、液两相组成的操作关系，即操作线方程。

1. 逐板计算法

参见图 1-19，若塔顶采用全凝器，从塔顶最上一层板（第 1 层板）上升的蒸气进入冷凝器中被全部冷凝，则塔顶馏出液组成及回流液组成均与第 1 层板的上升蒸气组成相同，即

$$y_1=x_D=\text{已知值}$$

由于离开每层理论板的气、液两相是互成平衡的，故可由 y_1 用气液平衡方程求得 x_1。由于从下一层（第 2 层）板上升的蒸气组成 y_2 与 x_1 符合精馏段操作关系，故用精馏段操作线方程可由 x_1 求得 y_2，即

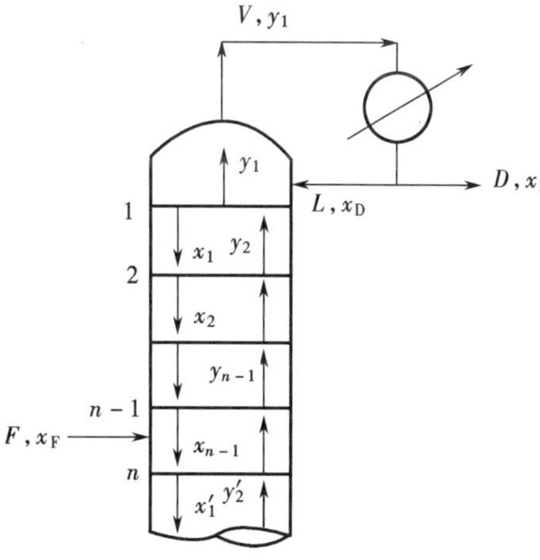

图 1-19　逐板计算法示意图

$$y_2=\frac{R}{R+1}x_1+\frac{x_D}{R+1}$$

同理，y_2 与 x_2 互成平衡，即可用平衡方程由 y_2 求得 x_2，再用精馏段操作线方程由 x_2 求得 y_3，如此重复计算，直至计算到 $x_n\leqslant x_F$（仅指饱和液体进料情况），说明第 n 层理论板是加料板，因此精馏段所需理论板层数为 $n-1$。应予注意，在计算过程中，每使用一次平衡关系，表示需要一层理论板。对其他进料热状况，应计算到 $x_n\leqslant x_q$（x_q 为两条操作线交点的横坐标）。

此后，改用提馏段操作线方程，继续用与上述相同的方法求提馏段的理论板层数。因$x_1'=x_n=$已知值，故可用提馏段操作线方程求y_2'，即

$$y_2'=\frac{L+qF}{L+qF-W}x_1'-\frac{W}{L+qF-W}x_W$$

然后利用平衡方程由y_2'求x_2'，如此重复计算，直至计算到$x_m'\leqslant x_W$为止。因在再沸器内液体被部分汽化，故再沸器可视为一层理论板，故提馏段所需理论板层数为$m-1$。

应予指出，逐板计算法是求解理论板层数的基本方法。该方法概念清晰，计算结果准确，且同时可得到各层塔板上的气、液相组成及对应的平衡温度。逐板计算法更适用于计算机计算，在精馏塔的计算软件中被广泛采用。

2. 图解法

图解法求理论板层数的基本原理与逐板计算法的完全相同，只不过是用平衡曲线和操作线分别代替平衡方程和操作线方程，用简便的图解法代替繁杂的计算而已。虽然图解法的准确性较差，但因其简便，目前在两组分精馏计算中仍被广泛采用。

1）操作线的作法

如前所述，精馏段和提馏段操作线方程在x-y图上均为直线。根据已知条件分别求出两线的截距和斜率，便可绘出这两条操作线。实际作图还可简化，即分别找出两条直线上的固定点，例如，操作线与对角线的交点及两条操作线的交点等，然后由这些点及各线的截距或斜率就可以分别作出两条操作线。

（1）精馏段操作线的作法　若略去精馏段操作线方程中变量的下标，则精馏段操作线方程可写为

$$y=\frac{R}{R+1}x+\frac{1}{R+1}x_D$$

$$y=x（对角线方程）$$

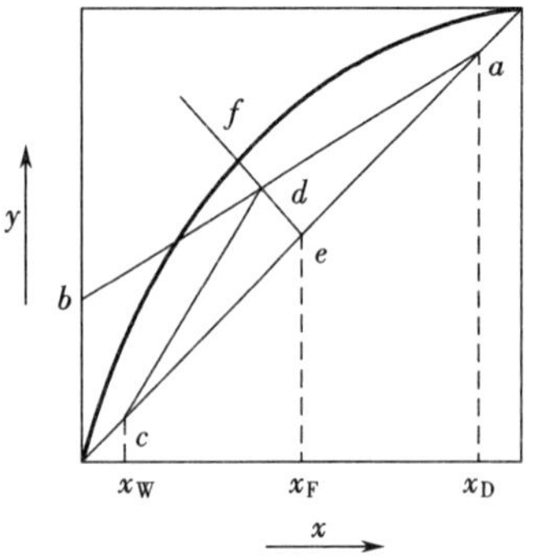

图1-20　操作线的作法

上两式联立求解，可得到精馏段操作线与对角线的交点，交点的坐标为$x=x_D$、$y=x_D$，如图1-20中的点a所示。根据已知的R及x_D，算出精馏段操作线的截距为$x_D/(R+1)$，依此值定出该线在y轴上的截距，如图1-20上点b所示。直线ab即为精馏段操作线。当然也可以从点a作斜率为$R/(R+1)$的直线ab，得到精馏段操作线。

（2）提馏段操作线的作法　若略去提馏段操作线方程中变量的上、下标，则提馏段操作线方程可写为

$$y=\frac{L+qF}{L+qF-W}x-\frac{W}{L+qF-W}x_W$$

上式与对角线方程联解，得到提馏段操作线与对角线的交点坐标为$x=x_W$、$y=x_W$，如图1-20上的点c所示。由于提馏段操作线截距的数值往往很小，交点$c(x_W,x_W)$与代表截距的点可能离得很近，作图不易准确。若利用斜率$(L+qF)/(L+qF-W)$作图，不仅较麻烦，且在图上不能直接反映出进料热状况的影响。故

通常先找出提馏段操作线与精馏段操作线的交点，将点 c 与此交点相连即可得到提馏段操作线。两条操作线的交点可通过联解两个操作线方程而得。

精馏段操作线方程和提馏段操作线方程可分别用式(1-30a)和式(1-33a)表示，因在交点处两式中的变量相同，故可略去式中变量的上、下标，即

$$Vy = Lx + Dx_D, V'y = L'x - Wx_W$$

两式相减，可得

$$(V' - V)y = (L' - L)x - (Dx_D + Wx_W) \tag{1-42}$$

由式(1-28a)、式(1-39)及式(1-40)知

$$Dx_D + Wx_W = Fx_F, L' - L = qF, V' - V = (q-1)F$$

将以上三式代入式(1-42)，并整理可得

$$y = \frac{q}{q-1}x - \frac{x_F}{q-1} \tag{1-43}$$

式(1-43)称为 q 线方程或进料方程，为代表两条操作线交点的轨迹方程。该式也是直线方程，其斜率为 $q/(q-1)$，截距为 $-x_F/(q-1)$。

式(1-43)与对角线方程联立，解得交点坐标为 $x = x_F$、$y = x_F$，如图 1-20 上点 e 所示。再从点 e 作斜率为 $q/(q-1)$ 的直线，如图上的 ef 线，该线与 ab 线交于点 d，点 d 即为两条操作线的交点。连接 c 和 d，cd 线即为提馏段操作线。

(3)进料热状况对 q 线及操作线的影响　进料热状况不同，q 值及 q 线的斜率也就不同，故 q 线与精馏段操作线的交点因进料热状况不同而变动，从而提馏段操作线的位置也就随之而变化。当进料组成、回流比及分离要求一定时，进料热状况对 q 线及操作线的影响如图 1-21 所示。

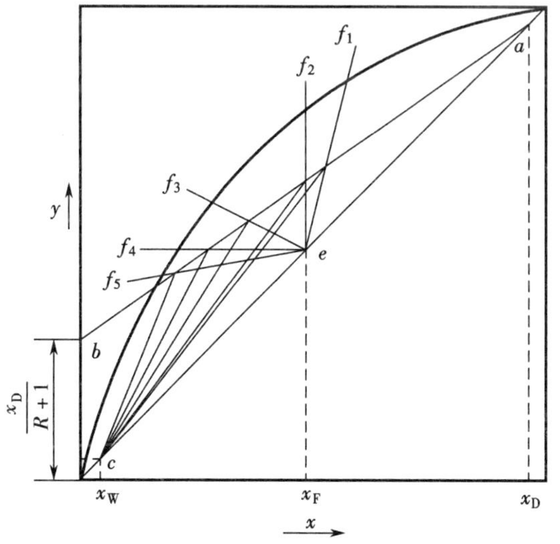

图 1-21　进料热状况对 q 线及操作线的影响

进料热状况对 q 值及 q 线的影响列于表 1-2 中。

表1-2 进料热状况对 q 值及 q 线的影响

进料热状况	进料的焓 I_F	q 值	$\frac{q}{q-1}$	q 线在 x-y 图上的位置
冷液	$I_F < I_L$	>1	+	ef_1(↗)
饱和液体	$I_F = I_L$	1	∞	ef_2(↑)
气液混合物	$I_L < I_F < I_V$	$0<q<1$	-	ef_3(↖)
饱和蒸气	$I_F = I_V$	0	0	ef_4(←)
过热蒸气	$I_F > I_V$	<0	+	ef_5(↙)

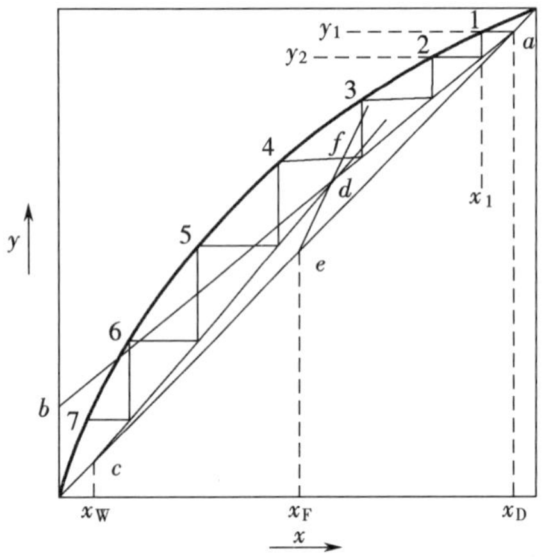

图1-22 求理论板层数的图解法

2)图解法求理论板层数

求理论板层数的图解法如图1-22所示。首先在 x-y 图上作平衡线和对角线,并依上述方法作精馏段操作线 ab、q 线 ef 和提馏段操作线 cd。然后从点 a 开始,在精馏段操作线与平衡线之间绘由水平线和铅垂线构成的梯级。当梯级跨过两条操作线的交点 d 时,则改在提馏段操作线与平衡线之间绘梯级,直至梯级的铅垂线达到或越过点 $c(x_W,x_W)$ 为止。每一个梯级代表一层理论板。在图1-22中,梯级总数为7,第4级跨过点 d,即第4级为加料板,故精馏段理论板层数为3;因再沸器相当于一层理论板,故提馏段理论板层数为3。该过程共需6层理论板(不包括再沸器)。应予指出,图解时也可从点 c 开始绘梯级,所得结果相同。这种图解理论板层数的方法称为麦卡布—蒂利(McCabe-Thiele)法,简称M-T法。

有时从塔顶出来的蒸气先在分凝器中部分冷凝,冷凝液作为回流,未冷凝的蒸气再用全凝器冷凝,冷凝液作为塔顶产品。因为离开分凝器的气相与液相可视为互相平衡,故分凝器也相当于一层理论板。此时精馏段的理论板层数应比相应的梯级数少1。

3)适宜的加料位置

如前所述,在图解过程中当某梯级跨过两条操作线的交点时,应更换操作线。跨过交点的梯级即代表适宜的加料板,这是因为对一定的分离任务而言,如此作图所需的理论板层数最少。

如图1-23(a)所示,若梯级已跨过两条操作线的交点 d,而仍在精馏段操作线和平衡线之间绘梯级,由于在交点 d 以后精馏段操作线与平衡线更为接近,故所需的理论板层数增多。反之,如没有跨过交点而过早更换操作线,同样会使理论板层数增加,如图1-23(b)所示。由此可见,当梯级跨过两条操作线的交点后便更换操作线作图,如图1-23(c)所示,所定出的加料板为适宜的加料位置。

应予指出,上述求理论板层数的方法,都是基于塔内恒摩尔流假定。这个假定能够成立的主要条件是混合液中各组分的摩尔汽化热相等或相近。偏离这个条件较远的物系就不能采用上述方法,而应采用焓浓图等其他方法求理论板层数。

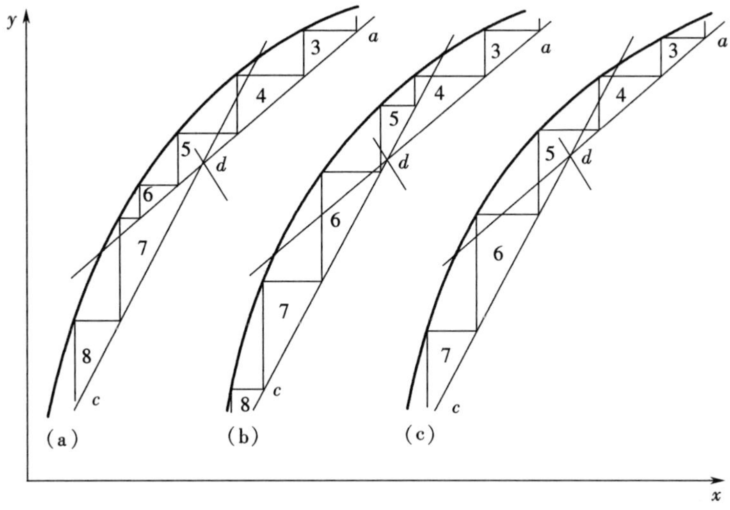

图 1-23 适宜的加料位置

【例 1-6】 用一个常压操作的连续精馏塔分离含苯 0.44(摩尔分数,以下同)的苯—甲苯混合液,要求塔顶产品中含苯不低于 0.975,塔底产品中含苯不高于 0.023 5。操作回流比为 3.5。试用图解法求以下 2 种进料情况时的理论板层数及加料板位置:(1)原料为 20 ℃ 的冷液体;(2)原料为液化率等于 1/3 的气液混合物。

已知数据如下:操作条件下苯的汽化热为 389 kJ/kg,甲苯的汽化热为 360 kJ/kg。苯和甲苯的比热容均为 1.84 kJ/(kg·℃)。苯—甲苯混合液的气液平衡数据及 t-x-y 图见例 1-1 和图 1-1。

解:(1)温度为 20 ℃的冷液进料

①利用平衡数据,在直角坐标图上绘平衡曲线及对角线,如本例附图 1 所示。在图上定出点 $a(x_D, x_D)$、点 $e(x_F, x_F)$ 和点 $c(x_W, x_W)$ 3 点。

②精馏段操作线截距 $=\dfrac{x_D}{R+1}=\dfrac{0.975}{3.5+1}=0.217$,在 y 轴上定出点 b。连 ab,即得到精馏段操作线。

③先按下法计算 q 值。原料液的汽化热为

$$r_m = 0.44\times389\times78+0.56\times360\times92=31\ 898\ \text{kJ/kmol}$$

故原料液的平均比热容为

$$c_p = 1.84\times78\times0.44+1.84\times92\times0.56=158\ \text{kJ/(kmol}\cdot℃)$$

所以 $$q=\frac{c_p\Delta t+r_m}{r_m}=\frac{158\times(93-20)+31\ 898}{31\ 898}=1.362$$

$$\frac{q}{q-1}=\frac{1.362}{1.362-1}=3.76$$

再从点 e 作斜率为 3.76 的直线,即得 q 线。q 线与精馏段操作线交于点 d。

④连 cd,即为提馏段操作线。

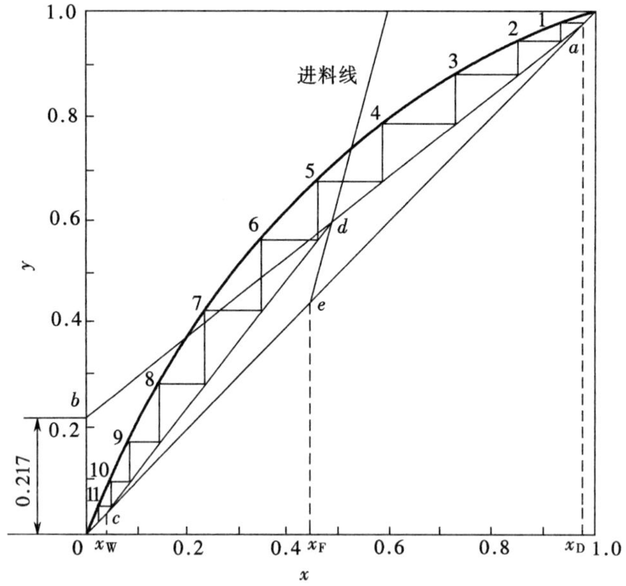

例 1-6 附图 1

⑤自点 a 开始在操作线和平衡线之间绘梯级，图解得理论板层数为 11（包括再沸器），自塔顶往下数第 5 层板为加料板，如本例附图 1 所示。

（2）气液混合物进料

①与上述的①项相同。

②与上述的②项相同。

①和②两项的结果如本例附图 2 所示。

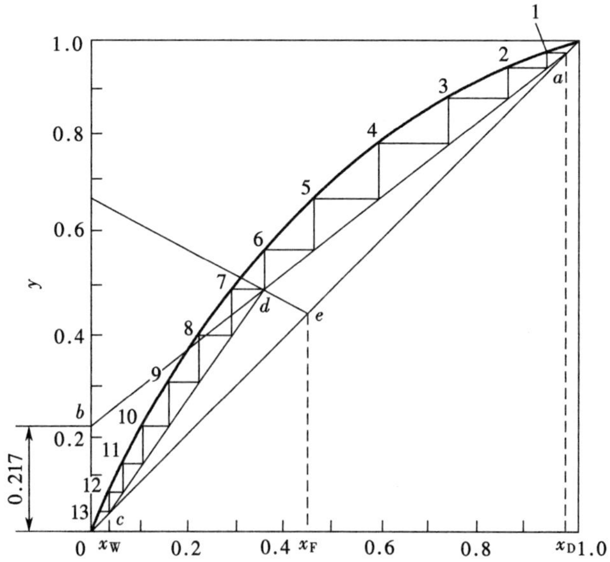

例 1-6 附图 2

③由 q 值的定义知，$q=1/3$，故

$$q\text{ 线斜率}=\frac{q}{q-1}=\frac{1/3}{1/3-1}=-0.5$$

过点 e 作斜率为 -0.5 的直线，即得 q 线。q 线与精馏段操作线交于点 d。

④连 cd，即为提馏段操作线。

⑤按上法图解得理论板层数为 13（包括再沸器），自塔顶往下的第 7 层为加料板，如本例附图 2 所示。

由计算结果可知，对一定的分离任务和要求，若进料热状况不同，所需的理论板层数和加料板的位置均不相同。冷液进料较气液混合物进料所需的理论板层数少。这是因为精馏塔提馏段内循环量增大，使分离程度增高或理论板数减少。

求解本例的关键是，理解进料热状况对提馏段操作线的影响，进而对求解理论板层数的影响。

1.5.5　回流比的影响及选择

前已述及，回流是保证精馏塔连续稳定操作的必要条件之一，且回流比是影响精馏操作费用和投资费用的重要因素。对于一定的分离任务（即 F、x_F、q、x_D、x_W 一定）而言，应选择适宜的回流比。

回流比有两个极限值，上限为全回流时的回流比，下限为最小回流比，实际回流比为介于两极限值之间的某适宜值。

1. 全回流和最少理论板层数

塔顶上升蒸气经冷凝后全部回流至塔内，这种方式称为全回流。此时，塔顶产品 D 为 0，通常 F 和 W 也均为 0，即既不向塔内进料，亦不从塔内取出产品，全塔也就无精馏段和提馏段之分，两段的操作线合二为一。全回流时的回流比为

$$R=\frac{L}{D}=\frac{L}{0}\rightarrow\infty$$

因此，精馏段操作线的斜率 $=\frac{R}{R+1}=1$，在 y 轴上的截距 $\frac{x_D}{R+1}=0$。此时在 x-y 图上操作线与对角线相重合，操作线方程式为 $y_{n+1}=x_n$。显然，此时操作线和平衡线的距离最远，因此达到给定分离程度所需的理论板层数最少，以 N_{min} 表示。N_{min} 可在 x-y 图上的平衡线与对角线间直接图解求得，也可由芬斯克（Fenske）方程式计算得到，该式的推导过程如下。

全回流时，求算理论板层数的公式可由气液平衡方程和操作线方程导出。

设气液平衡关系用下式表示：

$$\left(\frac{y_A}{y_B}\right)_n=\alpha_n\left(\frac{x_A}{x_B}\right)_n$$

全回流时操作线方程为

$$y_{n+1}=x_n$$

若塔顶采用全凝器，则

$$\left(\frac{y_A}{y_B}\right)_1=\left(\frac{x_A}{x_B}\right)_D$$

第1层板的气液平衡关系为

$$\left(\frac{y_A}{y_B}\right)_1=\alpha_1\left(\frac{x_A}{x_B}\right)_1=\left(\frac{x_A}{x_B}\right)_D$$

第1层板和第2层板之间的操作关系为

$$\left(\frac{y_A}{y_B}\right)_2=\left(\frac{x_A}{x_B}\right)_1$$

所以

$$\left(\frac{x_A}{x_B}\right)_D=\alpha_1\left(\frac{y_A}{y_B}\right)_2$$

同理,第2层板的气液平衡关系为

$$\left(\frac{y_A}{y_B}\right)_2=\alpha_2\left(\frac{x_A}{x_B}\right)_2$$

所以

$$\left(\frac{x_A}{x_B}\right)_D=\alpha_1\alpha_2\left(\frac{x_A}{x_B}\right)_2$$

若将再沸器视为第 $N+1$ 层理论板,重复上述的计算过程,直至再沸器为止,可得

$$\left(\frac{x_A}{x_B}\right)_D=\alpha_1\alpha_2\cdots\alpha_{N+1}\left(\frac{x_A}{x_B}\right)_W$$

若令 $\alpha_m=\sqrt[N+1]{\alpha_1\alpha_2\cdots\alpha_{N+1}}$,则上式可改写为

$$\left(\frac{x_A}{x_B}\right)_D=\alpha_m^{N+1}\left(\frac{x_A}{x_B}\right)_W$$

因全回流时所需理论板层数为 N_{min},以 N_{min} 代替上式中的 N,并将该式等号两边取对数,经整理得

$$N_{min}+1=\frac{\lg\left[\left(\frac{x_A}{x_B}\right)_D\left(\frac{x_B}{x_A}\right)_W\right]}{\lg\alpha_m} \tag{1-44}$$

对两组分溶液,上式可略去下标A、B而写为

$$N_{min}+1=\frac{\lg\left[\left(\frac{x_D}{1-x_D}\right)\left(\frac{1-x_W}{x_W}\right)\right]}{\lg\alpha_m} \tag{1-44a}$$

式中 N_{min}——全回流时最少理论板层数(不包括再沸器);

α_m——全塔平均相对挥发度,当 α 变化不大时,可取塔顶和塔底的几何平均值。

式(1-44)和式(1-44a)称为芬斯克方程式,用以计算全回流下采用全凝器时的最少理论板层数。将式中的 x_W 换成进料组成 x_F,α 取塔顶和进料的平均值,则该式也可用以计算精馏段的理论板层数,并可确定进料板位置。

应予指出,全回流是回流比的上限。由于在这种情况下得不到精馏产品,即生产能力为零,因此对正常生产无实际意义。但是在精馏的开工阶段或实验研究时,多采用全回流操作,以便于过程的稳定或控制。

2. 最小回流比

由图 1-24 可以看出，当回流比从全回流逐渐减小时，精馏段操作线的截距随之逐渐增大，两操作线的位置将向平衡线靠近，因此达到相同分离程度时所需理论板层数亦逐渐增多。当回流比减小到使两操作线交点（如图 1-24 上点 d 所示）正好落在平衡曲线时，所需理论板层数就要无穷多。这是因为在点 d 前后各板之间（进料板上下区域）的气液两相组成基本上不发生变化，即无增浓作用，故这个区域称为恒浓区（或称为夹紧区），点 d 称为夹紧点。此时若在平衡线和操作线之间绘梯级，就需要无限多梯级才能达到点 d，这种情况下的回流比称为最小回流比，以 R_{min} 表示。最小回流比是回流比的下限。当回流比较 R_{min} 还要低时，操作线和 q 线的交点就落在平衡线之外，精馏操作无法完成。但若回流比较 R_{min} 稍高一点，就可以进行实际操作，不过所需塔板层数很多。

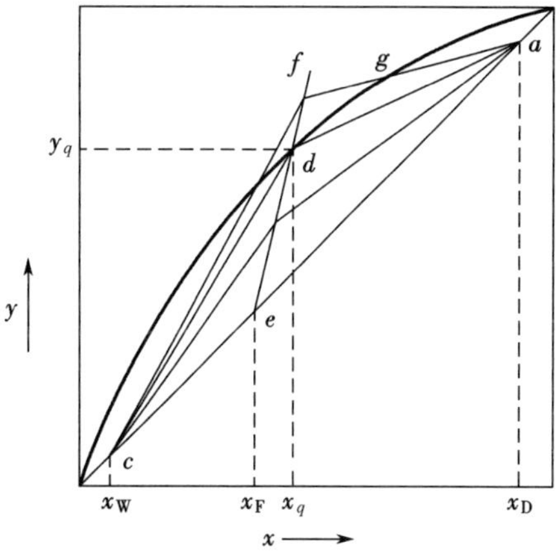

图 1-24 最小回流比的确定

最小回流比有以下两种求法。

（1）作图法 依据平衡曲线形状不同，作图方法有所不同。对于正常的平衡曲线（参见图 1-24），由精馏段操作线斜率知

$$\frac{R_{min}}{R_{min}+1}=\frac{x_D-y_q}{x_D-x_q} \tag{1-45}$$

式中 x_q、y_q——q 线与平衡线的交点坐标，可由图中读得。

某些不正常的平衡曲线，如图 1-25(a) 所示的平衡曲线，具有下凹的部分。当操作线与 q 线的交点尚未落到平衡线上之前，操作线已与平衡线相切，如图 1-25(a) 中点 g 所示。此时恒浓区出现在点 g 附近，对应的回流比为最小回流比。这种情况下 R_{min} 的求法是由点 a (x_D, x_D) 向平衡线作切线，再由切线的斜率或截距求 R_{min}。图 1-25(b) 所示也是不正常的平衡曲线，R_{min} 求法相似。

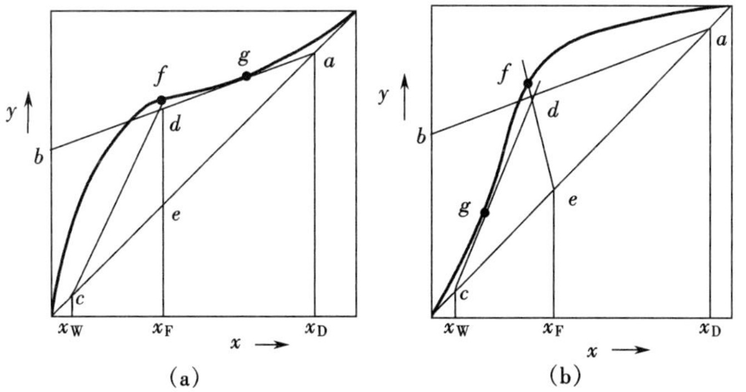

图 1-25 不正常平衡曲线的 R_{min} 的确定

(2)解析法　因在最小回流比下,操作线与 q 线交点坐标(x_q,y_q)位于平衡线上,对于相对挥发度为常量(或取平均值)的理想溶液,气液平衡关系可用式(1-13)表示,即

$$y_q=\frac{\alpha x_q}{1+(\alpha-1)x_q}$$

将上式代入式(1-45),可得

$$R_{\min}=\frac{x_D-\dfrac{\alpha x_q}{1+(\alpha-1)x_q}}{\dfrac{\alpha x_q}{1+(\alpha-1)x_q}-x_q}$$

简化上式得

$$R_{\min}=\frac{1}{\alpha-1}\left[\frac{x_D}{x_q}-\frac{\alpha(1-x_D)}{1-x_q}\right] \tag{1-46}$$

对于某些进料热状况,式(1-46)可进一步简化:

饱和液体进料时,$x_q=x_F$,故

$$R_{\min}=\frac{1}{\alpha-1}\left[\frac{x_D}{x_F}-\frac{\alpha(1-x_D)}{1-x_F}\right] \tag{1-47}$$

饱和蒸气进料时,$y_q=y_F$,联立式(1-13)及式(1-46)可得

$$R_{\min}=\frac{1}{\alpha-1}\left(\frac{\alpha x_D}{y_F}-\frac{1-x_D}{1-y_F}\right)-1 \tag{1-48}$$

式中　y_F——饱和蒸气原料中易挥发组分的摩尔分数。

3. 适宜回流比的选择

由上面讨论可以知道,对于一定的分离任务,若在全回流下操作,虽然所需理论板层数为最少,但是得不到产品;若在最小回流比下操作,则所需理论板层数为无限多。因此,实际回流比总是介于两种极限情况之间。适宜的回流比应通过经济衡算决定,即操作费用和设备折旧费用之和为最低时的回流比,是适宜的回流比。

精馏的操作费用,主要取决于再沸器中加热蒸汽(或其他加热介质)的消耗量及冷凝器中冷却水(或其他冷却介质)的消耗量,而此两量均取决于塔内上升蒸气量。因

$$V=L+D=(R+1)D,V'=V+(q-1)F$$

故当 F、q、D 一定时,上升蒸气量 V 和 V' 与回流比 R 成正比。当 R 增大时,加热和冷却介质消耗量亦随之增多,操作费用相应增加,如图1-26中的线2所示。

设备折旧费是指精馏塔、再沸器、冷凝器等设备的投资费(设备费)乘以折旧率。如果设备类型和材料已经选定,此项费用主要取决于设备的尺寸。当 $R=R_{\min}$ 时,塔板层数 $N\to\infty$,故设备费用为无限大。但 R 稍大于 $R_{\min}$ 后,塔板层数从无限多减至有限层数,设备费急剧降低。当 R 继续增大时,塔板层数虽然仍可减少,但减少速率变得缓慢(参见图1-27)。另一方面,由于 R 增大,上升蒸气量也随之增加,从而使塔径、塔板面积、再沸器及冷凝器等的尺寸相应增大,因此 R 增至某一值后,设备费及其折旧费反而上升,如图1-26中的线1所示。总费用为设备折旧费和操作费之和,如图1-26中线3所示。总费用中最低点所对应的回流

比即为适宜回流比。

在精馏设计中，一般并不进行详细的经济衡算，而是根据经验选取。通常，操作回流比可取最小回流比的 1.1 ~2 倍，即 $R=(1.1\sim2)R_{min}$。

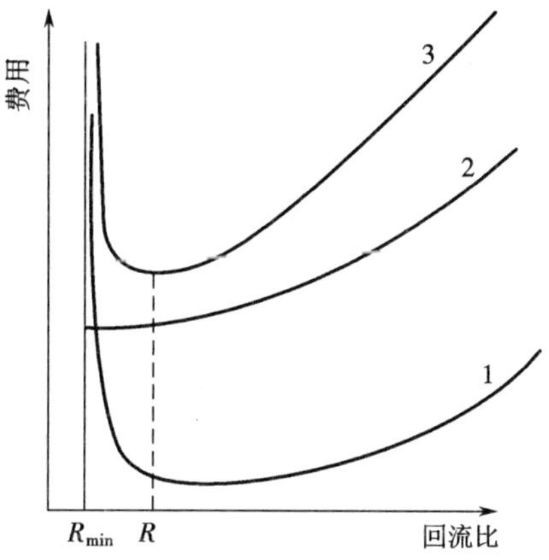

图 1-26　适宜回流比的确定

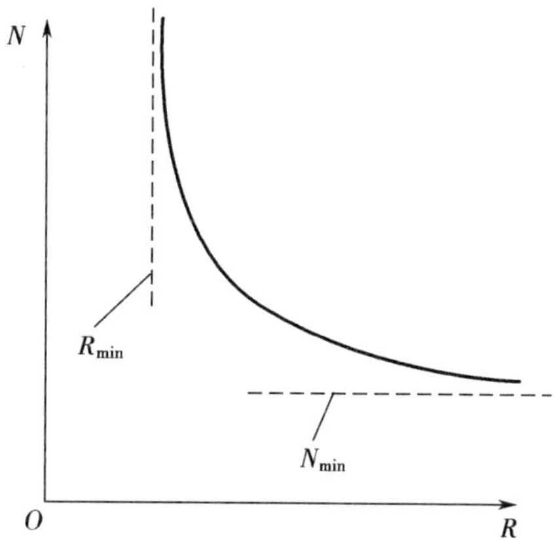

图 1-27　*N* 和 *R* 的关系

应予指出，上述考虑的是一般原则，实际回流比还应视具体情况选定。例如，对于难分离的混合液应选用较大的回流比；又如，为了减少加热蒸汽消耗量，就应采用较小的回流比。

【例 1-7】　根据例 1-6 的数据，试求实际回流比为最小回流比的倍数。

解：R_{min}由下式计算，即

$$R_{min}=\frac{x_D-y_q}{y_q-x_q}$$

（1）冷液进料

由例 1-6 附图 1 查出 q 线与平衡线的交点坐标为 $x_q=0.53$，$y_q=0.74$，故

$$R_{min}=\frac{0.975-0.74}{0.74-0.53}=1.12$$

实际回流比 $R=3.5$，则

$$\frac{R}{R_{min}}=\frac{3.5}{1.12}\approx3.1$$

即　　$R=3.1R_{min}$

（2）气液混合物进料

由例 1-6 附图 2 查出 q 线与平衡线的交点坐标为 $x_q=0.29$，$y_q=0.51$，故

$$R_{min}=\frac{0.975-0.51}{0.51-0.29}=2.11$$

$$\frac{R}{R_{min}}=\frac{3.5}{2.11}\approx1.7$$

即　　$R=1.7R_{min}$

计算结果表明，进料热状况不同，最小回流比并不相同。本例条件下，冷液进料时实际回流比为最小回流比的3.1倍，所取的倍数稍大。气液混合物进料时 R 为 R_{min} 的 1.7 倍，一

般可视为比较适宜。由此可见,对不同的进料热状况,应选取不同的操作回流比。当然,适宜的回流比应通过经济衡算决定。

本例主要考核最小回流比的确定方法,关键是理解和掌握由平衡线方程和 q 线方程确定关键点(x_q,y_q)。

1.5.6 简捷法求理论板层数

精馏塔理论板层数除了可用前述的图解法和逐板计算法求算外,还可以采用简捷法计算。下面介绍一种采用经验关联图的简捷算法,此法准确度稍差,但因简便,特别适用于初步设计计算。

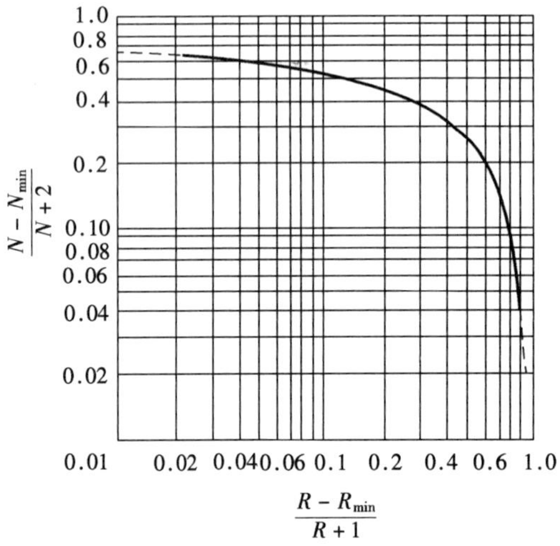

图1-28 吉利兰图

1. 吉利兰(Gilliland)图

如前所述,精馏塔是在全回流和最小回流比两个极限之间进行操作的。最小回流比时,所需理论板层数为无限多;全回流时,所需理论板层数最少;采用实际回流比时,则需要一定层数的理论板。为此,人们对 R_{min}、R、N_{min} 及 N 4 个变量之间的关系进行了广泛的研究。图1-28 所示即为上述4个变量的关联图,该图称为吉利兰图。

吉利兰关联图为双对数坐标图,横坐标表示 $(R-R_{min})/(R+1)$,纵坐标表示 $(N-N_{min})/(N+2)$。其中 N、N_{min} 为不包括再沸器的理论板层数及最少理论板层数。

由图1-28 可见,曲线左端延线表示在最小回流比下的操作情况,此时,$(R-R_{min})/(R+1)$ 接近于零,而 $(N-N_{min})/(N+2)$ 接近于1,即 $N\to\infty$;而曲线右端表示在全回流下的操作状况,此时 $(R-R_{min})/(R+1)$ 接近1(即 $R\to\infty$),$(N-N_{min})/(N+2)$ 接近零,即 $N=N_{min}$。

吉利兰图是用8个物系在下面的精馏条件下,由逐板计算得出的结果绘制而成的。这些条件是:组分数目为2~11;进料热状况包括冷料至过热蒸气等5种情况;R_{min} 为0.53~7.0;组分间相对挥发度为1.26~4.05;理论板层数为2.4~43.1。

吉利兰图可用于两组分和多组分精馏的计算,但其条件应尽量与上述条件相似。

为了避免由吉利兰图读数引起的误差,或便于用计算机计算,李德(Liddle)将吉利兰的原始数据进行回归,对于常用的范围,可得如下方程式:

$$Y=0.545\ 827-0.591\ 422X+0.002\ 743/X \tag{1-49}$$

其中 $X=\frac{R-R_{min}}{R+1}$, $Y=\frac{N-N_{min}}{N+2}$

式(1-49)的适用条件为 $0.01<X<0.9$。

2. 求理论板层数的步骤

通常，简捷法求理论板层数的步骤如下。

①应用式(1-46)至式(1-48)算出 R_{min}，并选择 R。

②应用式(1-44)算出 N_{min}。

③计算 $(R-R_{min})/(R+1)$ 之值，在吉利兰图横坐标上找到相应点，由此点向上作铅垂线与曲线相交，由交点的纵坐标 $(N-N_{min})/(N+2)$ 之值，算出理论板层数 N(不包括再沸器)。N 也可由式(1-49)直接求得。

④确定进料板位置，方法见例 1-8。

【例 1-8】 利用例 1-7 的结果，用简捷法重算例 1-6 中气液混合物进料时的理论板层数和加料板位置。

塔顶、进料和塔底条件下纯组分的饱和蒸气压 p_i° 列于本例附表中。

例 1-8 附表

组分	饱和蒸气压/kPa		
	塔顶	进料	塔底
苯	104	146.7	226.6
甲苯	40	60	97.3

解： 例 1-6 已知条件为：$x_D=0.975$，$x_F=0.44$，$x_W=0.023\,5$，$R=3.5$。

例 1-7 算出的结果为 $R_{min}=2.11$。

(1)求平均相对挥发度

塔顶 $\alpha_D=\dfrac{p_A^\circ}{p_B^\circ}=\dfrac{104}{40}=2.6$

进料 $\alpha_F=\dfrac{146.7}{60}=2.45$

塔底 $\alpha_W=\dfrac{226.6}{97.3}=2.33$

全塔平均相对挥发度为

$$\alpha_m=\sqrt{\alpha_D\alpha_W}=\sqrt{2.6\times2.33}=2.46$$

精馏段平均相对挥发度为

$$\alpha'_m=\sqrt{\alpha_D\alpha_F}=\sqrt{2.6\times2.45}=2.52$$

(2)求全塔理论板层数

由芬斯克方程式知

$$N_{min}=\frac{\lg\left[\left(\dfrac{x_D}{1-x_D}\right)\left(\dfrac{1-x_W}{x_W}\right)\right]}{\lg\alpha_m}-1=\frac{\lg\left[\left(\dfrac{0.975}{1-0.975}\right)\left(\dfrac{1-0.023\,5}{0.023\,5}\right)\right]}{\lg 2.46}-1=7.21$$

且 $$\frac{R-R_{min}}{R+1}=\frac{3.5-2.11}{3.5+1}=0.31$$

由吉利兰图查得$\frac{N-N_{\min}}{N+2}=0.37$，即

$$\frac{N-7.21}{N+2}=0.37$$

解得　$N=13$（不包括再沸器）

若用式（1-49）计算 N，则

$$\frac{N-N_{\min}}{N+2}=0.545\ 827-0.591\ 422\times0.31+0.002\ 743/0.31=0.371$$

解得　$N=13$（不包括再沸器）

因$\frac{R-R_{\min}}{R+1}=0.31$，在式（1-49）的适用条件以内，故计算结果与查图所得的结果一致。

（3）求精馏段理论板层数

$$N'_{\min}=\frac{\lg\left[\left(\frac{x_D}{1-x_D}\right)\left(\frac{1-x_F}{x_F}\right)\right]}{\lg\alpha'_m}-1=\frac{\lg\left[\left(\frac{0.975}{1-0.975}\right)\left(\frac{1-0.44}{0.44}\right)\right]}{\lg 2.52}-1=3.22$$

前已查出$\frac{N-N_{\min}}{N+2}=0.37$，即$\frac{N-3.22}{N+2}=0.37$，由此解得

$$N=6.3$$

故加料板为从塔顶往下的第7层理论板。以上计算结果与例1-6的图解结果基本一致。

本例是简捷法的基本运用，关键是掌握如何确定最小回流比和全回流时用芬斯克方程确定最小理论板层数。

1.5.7 几种特殊情况下理论板层数的求法

1. 直接蒸汽加热

若待分离的混合液为水溶液，且水是难挥发组分，即馏出液中主要为非水组分，釜液近于纯水，这时可采用直接加热方式，以省掉再沸器，并提高加热蒸汽的热效率。

直接蒸汽加热时理论板层数的求法，原则上与上述的方法相同。精馏段的操作情况与常规塔的没有区别，故其操作线不变。q 线的作法也与常规塔的作法相同。但由于塔底中增多了一股蒸汽，故提馏段操作线方程应予修正。

对图1-29所示的虚线范围内作物料衡算，即

总物料　$L'+V_0=V'+W$

易挥发组分　$L'x'_m+V_0y_0=V'y'_{m+1}+Wx_W$

式中　V_0——直接加热蒸汽的流量，kmol/h；

y_0——加热蒸汽中易挥发组分的摩尔分数，一般 $y_0=0$。

若塔内恒摩尔流动仍能适用，即 $V'=V_0$，$L'=W$，则上式改写为

$$Wx'_m=V_0y'_{m+1}+Wx_W$$

或

$$y'_{m+1}=\frac{W}{V_0}x'_m-\frac{W}{V_0}x_W \tag{1-50}$$

式(1-50)即为直接蒸汽加热时的提馏段操作线方程。该式与间接蒸汽加热时的提馏段操作线方程形式相似,它和精馏段操作线的交点轨迹方程仍然是 q 线,但与对角线的交点不在点 $c(x_W, x_W)$ 上。由式(1-50)可知,当 $y'_{m+1}=0$ 时,$x'_m=x_W$,因此提馏段操作线通过横轴上的 $x=x_W$ 的点,如图 1-30 中的点 $g(x_W, 0)$,连接 gd,即为提馏段操作线。此后,便可从点 a 开始绘梯级,直至 $x'_m \leqslant x_W$ 为止,如图 1-30 所示。

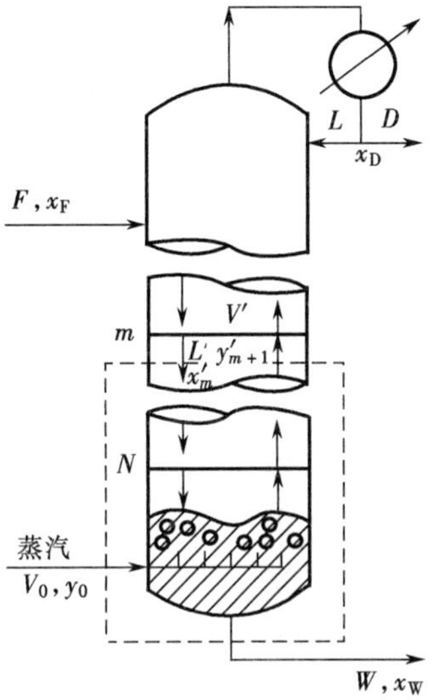

图 1-29　直接蒸汽加热时提馏段操作线方程的推导

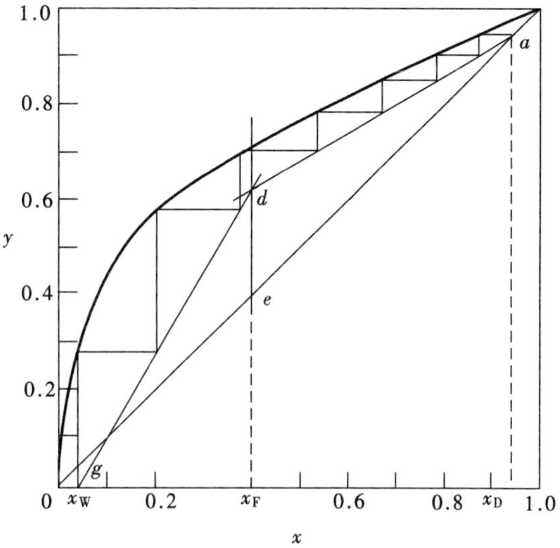

图 1-30　直接蒸汽加热时理论板层数图解法

应予指出,对于同一种进料组成、热状况及回流比,若希望得到相同的馏出液组成及回收率,利用直接蒸汽加热时所需理论板层数比用间接蒸汽加热时要稍多些,这是因为直接蒸汽的稀释作用,故需增加塔板层数来回收易挥发组分。

【例 1-9】 在常压连续精馏塔中,分离甲醇—水混合液。原料液组成为 0.3(甲醇摩尔分数,下同),冷液进料(进料热状况参数为 1.2),馏出液组成为 0.9,塔顶甲醇回收率为 90%,操作回流比为 2.5。试分别写出间接蒸汽加热和直接蒸汽加热时的操作线方程,并对两种加热方式予以比较。

解:(1)间接蒸汽加热的操作线方程

精馏段操作线方程为

$$y_{n+1}=\frac{R}{R+1}x_n+\frac{x_D}{R+1}=\frac{2.5}{2.5+1}x_n+\frac{0.9}{2.5+1}=0.714x_n+0.257$$

提馏段操作线方程为

$$y_{m+1}=\frac{L+qF}{L+qF-W}x_m-\frac{W}{L+qF-W}x_W=\frac{RD/F+q}{RD/F+q-W/F}x_m-\frac{W/F}{RD/F+q-W/F}x_W$$

其中　$\dfrac{D}{F}=\dfrac{\eta_D x_F}{x_D}=\dfrac{0.9\times 0.3}{0.9}=0.3$

$$\frac{W}{F}=1-0.3=0.7$$

$$x_W=\frac{Fx_F-Dx_D}{F-D}=\frac{x_F-\frac{D}{F}x_D}{1-\frac{D}{F}}=\frac{0.3-0.3\times0.9}{1-0.3}\approx0.043$$

则 $$y_{m+1}=\frac{2.5\times0.3+1.2}{2.5\times0.3+1.2-0.7}x_m-\frac{0.7}{2.5\times0.3+1.2-0.7}\times0.043=1.56x_m-0.0241$$

(2)直接蒸汽加热的操作线方程

精馏段操作线方程与(1)中的相同。

提馏段操作线方程为

$$y_{m+1}=\frac{L'}{V'}x_m-\frac{W}{V'}x_W=\frac{W}{V_0}x_m-\frac{W}{V_0}x_W$$

其中 $W=L'=RD+qF$

设 $F=1$ kmol/h,则

$$W=2.5\times0.3+1.2\times1=1.95\ \text{kmol/h}$$

$$V_0=V'=(R+1)D-(1-q)F=(2.5+1)\times0.3-(1-1.2)\times1=1.25\ \text{kmol/h}$$

$$x_W=\frac{(1-\eta_D)Fx_F}{W}=\frac{(1-0.9)\times1\times0.3}{1.95}=0.0154$$

则 $$y_{m+1}=\frac{1.95}{1.25}x_m-\frac{1.95}{1.25}\times0.0154=1.56x_m-0.024$$

(3)两种加热方式的比较

当 F、x_F、q、R、x_D 及 η_D 相同时,两种加热方式的精馏段操作线位置相同,提馏段操作线也是斜率相同的直线,但两者端点不同。对间接蒸汽加热,端点在对角线上;对直接蒸汽加热,端点在 x 轴上。直接蒸汽加热时理论板数较间接蒸汽加热时的稍多,这是由于直接蒸汽的稀释作用,故需增加理论板数来回收易挥发组分。

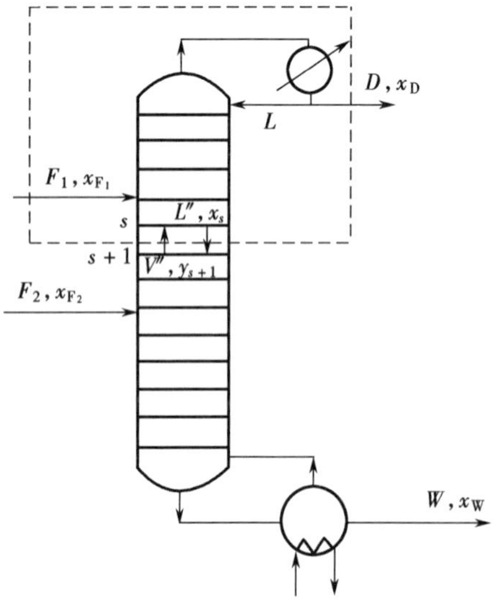

图1-31 两股进料的精馏塔

2. 多侧线的精馏塔

在工业生产中,有时为了获得不同规格的精馏产品,可根据所需的产品浓度在精馏段(或提馏段)不同位置上开设侧线出料口;有时为分离不同浓度的原料液,则宜在不同塔板位置上设置不同的进料口。这些情况均构成多侧线的塔。若精馏塔中共有 i 个侧线(进料口亦计入),则计算时应将全塔分成 $i+1$ 段。通过每段的物料衡算,可分别写出相应段的操作线方程。图解理论板层数的原则与常规塔的相同。

1)多股加料

如图1-31所示,两股不同组成的原料被分别加入精馏塔的相应塔板,构成两股进料的精馏塔。该塔可分成3段,每段均可用物料衡算推得其操作线方程。第一股进料以上塔段为精馏段,第二股进料以下塔段为提馏段,它们的操作线方程与单股进料的常规塔相同。两股进料之间的塔段为中间段,其操作线方程可按图中虚线范围作物料衡算求得,即

总物料 $V'' + F_1 = L'' + D$ (1-51)

易挥发组分 $V''y_{s+1} + F_1x_{F1} = L''x_s + Dx_D$ (1-51a)

式中 V''——中间段各层板的上升蒸气流量,kmol/h;

L''——中间段各层板的下降液体流量,kmol/h;

下标 s、$s+1$ 为中间段各层板的序号。

由式(1-51a)可得

$$y_{s+1} = \frac{L''}{V''}x_s + \frac{Dx_D - F_1x_{F1}}{V''} \tag{1-52}$$

式(1-52)为中间段的操作线方程,它也是直线方程。

各股进料的 q 线方程与单股进料的相同。

对于两股进料的精馏塔,在确定最小回流比时,夹紧点可能出现在精馏段和中间段两操作线的交点,也可能出现在中间段和提馏段两操作线的交点。在设计计算中,先求出两个最小回流比后,再取其中较大者为设计值。对于不正常的平衡曲线,夹紧点也可能出现在塔的某中间位置。

【例1-10】 在常压连续精馏塔中,分离乙醇—水溶液,组成为 $x_{F1} = 0.6$(易挥发组分摩尔分数,下同)及 $x_{F2} = 0.2$ 的两股原料液分别被送到不同的塔板,进入塔内。两股原料液的流量之比 F_1/F_2 为0.5,均为饱和液体进料。操作回流比为2。若要求馏出液组成 x_D 为0.8,釜液组成 x_W 为0.02,试求理论板层数及两股原料液的进料板位置。

常压下乙醇—水溶液的平衡数据示于本例附表中。

例1-10 附表

液相中乙醇的摩尔分数	气相中乙醇的摩尔分数	液相中乙醇的摩尔分数	气相中乙醇的摩尔分数
0.00	0.000	0.45	0.635
0.01	0.110	0.50	0.657
0.02	0.175	0.55	0.678
0.04	0.273	0.60	0.698
0.06	0.340	0.65	0.725
0.08	0.392	0.70	0.755
0.10	0.430	0.75	0.785
0.14	0.482	0.80	0.820
0.18	0.513	0.85	0.855
0.20	0.525	0.894	0.894
0.25	0.551	0.90	0.898
0.30	0.575	0.95	0.942
0.35	0.595	1.00	1.000
0.40	0.614		

解:由于有两股进料,故全塔可分为3段。组成为 x_{F1} 的原料液从塔较上部位的某加料板引入,该加料板以上塔段的操作线方程与无侧线塔的精馏段操作线方程相同,即

$$y_{n+1}=\frac{R}{R+1}x_n+\frac{1}{R+1}x_D$$

该操作线在 y 轴上的截距为

$$\frac{x_D}{R+1}=\frac{0.8}{2+1}=0.267$$

中间段操作线方程可由式(1-52)求得。因进料为饱和液体,故

$$V''=V=(R+1)D,L''=L+F_1$$

则式(1-52)变为

$$y_{s+1}=\frac{L+F_1}{(R+1)D}x_s+\frac{Dx_D-F_1x_{F1}}{(R+1)D}$$

设 $F_1=100$ kmol/h,则 $F_2=\frac{100}{0.5}=200$ kmol/h。

对全塔作总物料及易挥发组分的衡算,得

$$F_1+F_2=D+W=300\ \text{kmol/h}$$

$$F_1x_{F1}+F_2x_{F2}=Dx_D+Wx_W$$

即 $$0.6\times100+0.2\times200=0.8D+0.02W$$

联立上两式解得 $D=120$ kmol/h,所以

$$\frac{Dx_D-F_1x_{F1}}{(R+1)D}=\frac{120\times0.8-100\times0.6}{(2+1)\times120}=0.1$$

对原料液组成为 x_{F2} 的下一股进料,其加料板以下塔段的操作线方程与无侧线塔的提馏段操作线方程相同。

上述各段操作线交点的轨迹方程分别为

$$y=\frac{q_1}{q_1-1}x-\frac{x_{F1}}{q_1-1},y=\frac{q_2}{q_2-1}x-\frac{x_{F2}}{q_2-1}$$

在 x-y 直角坐标图上绘平衡曲线和对角线,如本例附图所示。依 $x_D=0.8,x_{F1}=0.6,x_{F2}=0.2$ 及 $x_W=0.02$ 分别作铅垂线,与对角线分别交于 a、e_1、e_2 及 c 4点,按原料 F_1 之加料口以上塔段操作线的截距(0.267)在 y 轴上定出点 b,连接 ab,即为精馏段操作线。过点 e_1 作铅垂线(q_1 线)与 ab 线交于点 d_1,再按中间段的操作线方程的截距(0.1)在 y 轴上定出点 b',连接 $b'd_1$,即为该段的操作线。过点 e_2 作铅垂线(q_2 线)与 $b'd_1$ 线交于点 d_2,连接 cd_2 即得提馏段操作线。然后在

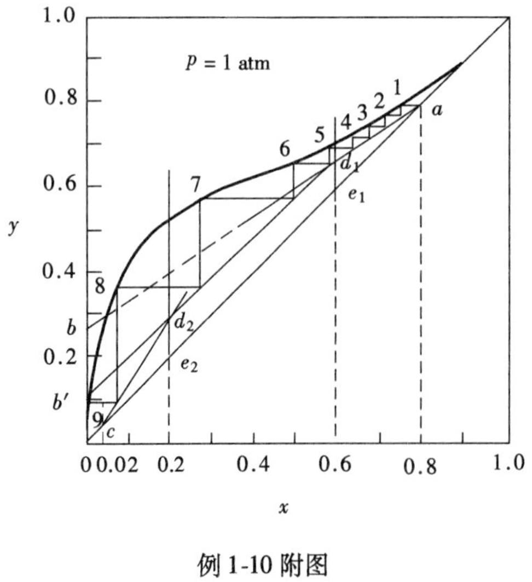

例1-10附图

平衡曲线和各操作线之间绘梯级，共得理论板层数为9（包括再沸器），自塔顶往下的第5层为原料 F_1 的加料板，自塔顶往下的第8层为原料 F_2 的加料板。

本例主要考察多侧线进料时理论板数的求取，关键是掌握多侧线时中间段操作线方程的确定。

【例1-11】 有两股苯-甲苯混合液，组成 x_{F1} 为0.6（摩尔分数，下同）、x_{F2} 为0.3，进料的摩尔流量比 F_1/F_2 为1/3，进料状况分别为饱和蒸气和饱和液体。它们分别从适宜位置加入精馏塔中。要求馏出液组成为0.9，釜液组成为0.05。在操作条件下两组分的相对挥发度为2.47，试求该精馏过程的最小回流比。

解： 最小回流比所对应的操作线与平衡线交点可能为夹紧点（恒浓区），只是夹紧点的位置不同，如本例附图所示，夹紧点可能在点 d_1 或点 d_2，因此可分别按操作线 ad_1 和 cd_2 求出最小回流比 R_{min1} 和 R_{min2}，然后比较两者的大小，其中的较大值即为所求的最小回流比。

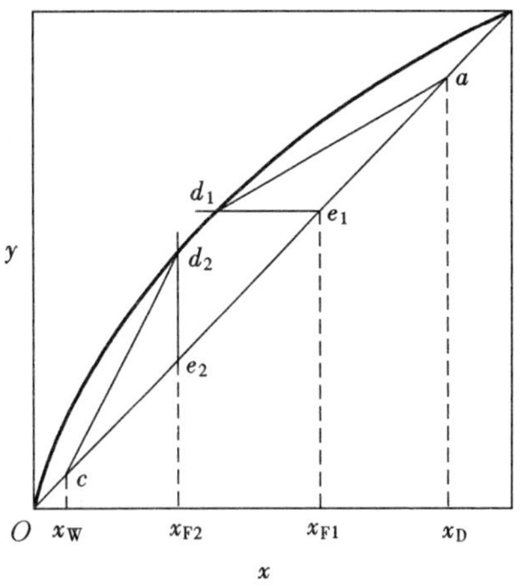

例1-11 附图

（1）依操作线 ad_1 求最小回流比 R_{min1}

因饱和蒸气进料，故

$$R_{min1}=\frac{x_D-y_{q1}}{y_{q1}-x_{q1}}=\frac{x_D-x_{F1}}{x_{F1}-x_{q1}}=\frac{0.9-0.6}{0.6-x_{q1}}$$

其中 $$y_{q1}=x_{F1}=\frac{\alpha x_{q1}}{1+(\alpha-1)x_{q1}}$$

$$=\frac{2.47x_{q1}}{1+(2.47-1)x_{q1}}=0.6$$

解得 $$x_{q1}=0.378$$

则 $$R_{min1}=\frac{0.9-0.6}{0.6-0.378}=1.351$$

（2）依操作线 cd_2 求最小回流比 R_{min2}

因饱和液体进料，故操作线的斜率为

$$\frac{L''}{V''}=\frac{y_{q2}-x_W}{x_{F2}-x_W}$$

塔内各段气、液流量关系为

$$L''=L+q_1F_1+q_2F_2=L+F_2 \quad (因\ q_1=0, q_2=1)$$

$$V''=(R_{min2}+1)D-(1-q_1)F_1-(1-q_2)F_2=(R_{min2}+1)D-F_1$$

即 $$\frac{L''}{V''}=\frac{R_{min2}D+F_2}{(R_{min2}+1)D-F_1}=\frac{R_{min2}D/F_1+3}{(R_{min2}+1)D/F_1-1} \quad (因\ F_2/F_1=3)$$

$$=\frac{y_{q2}-0.05}{0.3-0.05}$$

其中 $$y_{q2}=\frac{\alpha x_{F2}}{1+(\alpha-1)x_{F2}}=\frac{2.47\times0.3}{1+1.47\times0.3}=0.514$$

D/F_1 可由全塔物料衡算求得,即

$$F_1x_{F1}+F_2x_{F2}=Dx_D+Wx_W=Dx_D+(F_1+F_2-D)x_W$$

由上式整理,得

$$\frac{D}{F_1}=\frac{x_{F1}+\frac{F_2}{F_1}x_{F2}-\left(1+\frac{F_2}{F_1}\right)x_W}{x_D-x_W}=\frac{0.6+3\times0.3-(1+3)\times0.05}{0.9-0.05}=1.529$$

则 $$\frac{1.529R_{min2}+3}{1.529(R_{min2}+1)-1}=\frac{0.514-0.05}{0.3-0.05}=1.856$$

解得 $R_{min2}=1.542$

因 $R_{min2}>R_{min1}$,故该精馏过程的最小回流比为1.542。

本例考察多侧线进料的最小回流比的确定,关键是理解此时有多个操作线与进料线的交点,需确定多个最小回流比,进而选择最终的操作回流比。

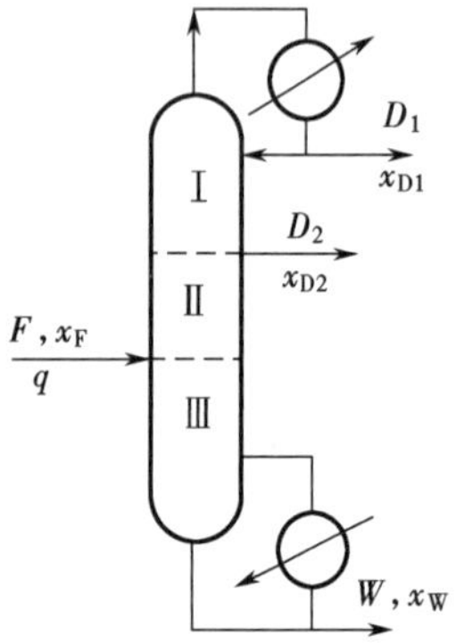

图1-32 侧线出料的精馏塔

2)侧线出料

具有一个侧线出料的精馏塔如图1-32所示。侧线取出的产品可以为饱和液体或饱和蒸气。工业生产中,侧线出料的精馏塔可以得到不同馏分的产品。

与两股进料的精馏塔类似,塔内三段的操作线方程分别为精馏段操作线方程、两侧口间(侧线出料口与进料板之间)的中间段操作线方程及提馏段操作线方程。

中间段操作线方程可由中间段任意相邻两板 s、$s+1$ 间的以上塔段作物料衡算求得,即

$$V''y_{s+1}=L''x_s+D_1x_{D1}+D_2x_{D2}$$

或 $$y_{s+1}=\frac{L''}{V''}x_s+\frac{D_1x_{D1}+D_2x_{D2}}{V''}\tag{1-53}$$

若侧线出料为饱和液体时,则

$$V''=V=(R+1)D_1$$

$$L''=L-D_2=RD_1-D_2$$

此时式(1-53)变为

$$y_{s+1}=\frac{RD_1-D_2}{(R+1)D_1}x_s+\frac{D_1x_{D1}+D_2x_{D2}}{(R+1)D_1}\tag{1-53a}$$

式中 x_{D2}——侧线产品组成,摩尔分数;

D_1——塔顶馏出液流量,kmol/h;

D_2——侧线产品流量,kmol/h。

应指出,多侧线的精馏塔的计算原则与简单塔的完全相同,计算时应注意塔内各流股的关系。

1.5.8　塔高和塔径的计算

1. 塔高的计算

1）板式塔有效高度计算

对于板式塔，通过塔效率将理论板层数换算为实际板层数，再选择板间距（指相邻两层实际板之间的距离，选择方法见第 3 章），由实际板层数和板间距可计算板式塔的有效高度，即

$$Z=(N_p-1)H_T \tag{1-54}$$

式中　Z——板式塔的有效高度，m；

N_p——实际板层数；

H_T——板间距，m。

由式（1-54）算得的塔高为安装塔板部分的高度，不包括塔底和塔顶空间等高度。

2）塔板效率

塔板效率反映了实际塔板的气、液两相传质的完善程度。塔板效率有几种不同的表示方法，即总板效率、单板效率和点效率等。

（1）总板效率 E_T　总板效率又称全塔效率，它是指达到指定分离效果所需理论板层数与实际板层数的比值，即

$$E_T=\frac{N_T}{N_p} \tag{1-55}$$

式中　E_T——总板效率，%；

N_T——理论板层数；

N_p——实际板层数。

通常，板式塔内各层塔板的传质效率并不相同，总板效率简单地反映了全塔的平均传质效果，其值恒小于100%。对一定结构的板式塔，若已知在某种操作条件下的总板效率，便可由式（1-55）求得实际板层数。

影响塔板效率的因素很多，概括起来有物系性质、塔板结构及操作条件 3 个方面。物系性质主要指黏度、密度、表面张力、扩散系数及相对挥发度等。塔板结构主要包括塔板类型、塔径、板间距、堰高及开孔率等。操作条件是指温度、压力、气体上升速度及气液流量比等。影响塔板效率的因素多而复杂，很难找到各种因素之间的定量关系。设计中所用的板效率数据，一般是从条件相近的生产装置或中试装置中取得的经验数据。此外，人们在长期实践的基础上，积累了丰富的生产数据，加上理论研究的不断深入，逐渐总结出一些估算塔板效率的经验关联式。

目前，塔板效率的估算方法大体分两类。

一类是较全面地考虑各种传质和流体力学因素的影响，从点效率的计算出发，逐步地推算出塔板效率。目前，被认为较能反映实际情况的是美国化工学会提出的一套预测塔板效率的计算方法（简称A. I. Ch. E法）。该方法不仅考虑了较多的影响因素，而且能反映塔径放

大对效率的影响，对于过程开发很有意义。但是，这套计算方法程序颇为繁复，此处不具体介绍。

另一类是简化的经验计算法。该法归纳了试验数据及工业数据，得出总板效率与少数主要影响因素的关系。奥康奈尔(O'connell)法目前被认为是较好的简易方法。例如，对于精馏塔，奥康奈尔法将总板效率对液相黏度与相对挥发度的乘积进行关联，得到如图1-33所示曲线，该曲线可用式(1-56)表达：

$$E_T = 0.49(\alpha\mu_L)^{-0.245} \tag{1-56}$$

式中 α——塔顶与塔底平均温度下的相对挥发度，对多组分系统，应取关键组分间的相对挥发度；

μ_L——塔顶与塔底平均温度下的液相黏度，mPa·s。

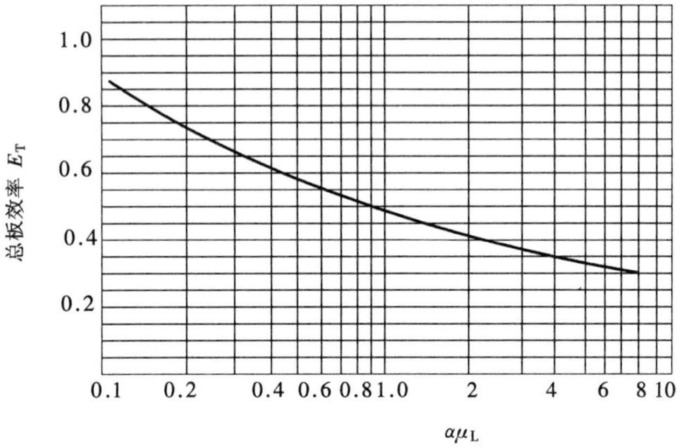

图1-33 精馏塔效率关联曲线

对于多组分系统，μ_L 可按式(1-57)计算，即

$$\mu_L = \sum x_i \mu_{Li} \tag{1-57}$$

式中 μ_{Li}——液相中任意组分 i 的黏度，mPa·s；

x_i——液相中任意组分 i 的摩尔分数。

应指出，图1-33及式(1-56)是根据若干老式的工业塔及试验塔的总板效率关联的。因此，对于新型高效的精馏塔，总板效率要适当提高。

(2)单板效率 E_M 单板效率又称为默弗里(Murphree)板效率，是指气相或液相经过一层塔板前后的实际组成变化与经过该层塔板前后的理论组成变化的比值，参见图1-34。图中第 n 层塔板的效率有以下两种表达方式。

按气相组成变化表示的单板效率为

$$E_{MV} = \frac{y_n - y_{n+1}}{y_n^* - y_{n+1}} \tag{1-58}$$

按液相组成变化表示的单板效率为

$$E_{ML} = \frac{x_{n-1} - x_n}{x_{n-1} - x_n^*} \tag{1-59}$$

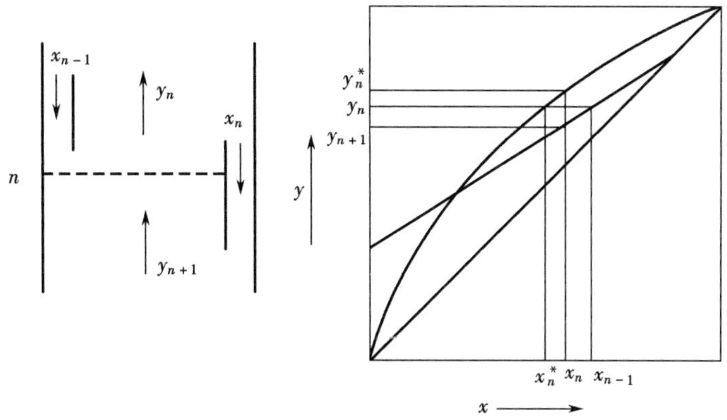

图 1-34　单板效率定义附图

式中　y_n^*——与 x_n 成平衡的气相组成；

x_n^*——与 y_n 成平衡的液相组成。

一般说来，同一层塔板的 E_{MV} 与 E_{ML} 数值并不相同。在一定的简化条件下通过对第 n 层塔板作物料衡算，可以得到 E_{MV} 与 E_{ML} 的关系如下：

$$E_{MV}=\frac{E_{ML}}{E_{ML}+\frac{mV}{L}(1-E_{ML})} \tag{1-60}$$

式中　m——第 n 层塔板所涉及浓度范围内的平衡线斜率；

$\frac{L}{V}$——气液两相摩尔流量比，即操作线斜率。

可见，只有当操作线与平衡线平行时，E_{MV} 与 E_{ML} 才会相等。

单板效率可直接反映某层塔板的传质效果，各层塔板的单板效率通常不相等。即使塔内各板效率相等，全塔效率在数值上也不等于单板效率。这是因为二者定义的基准不同，全塔效率基于所需理论板数的概念，而单板效率基于该板理论增浓程度的概念。

还应指出，单板效率的数值有可能超过 100%，在精馏操作中，液体沿精馏塔板面流动时，易挥发组分浓度逐渐降低，对第 n 层板而言，其上液相组成由 x_{n-1} 的高浓度降为 x_n 的低浓度，尤其塔板直径较大、液体流径较长时，液体在板上的浓度差异更加明显，这就使得穿过板上液层而上升的气相有机会与浓度高于 x_n 的液体相接触，从而得到较大程度的增浓。y_n 为离开第 n 层板上各处液面的气相平均浓度，而 y_n^* 是与离开第 n 层板的最终液相浓度 x_n 成平衡的气相浓度，y_n 有可能大于 y_n^*，致使 y_n-y_{n+1} 大于 $y_n^*-y_{n+1}$，此时，单板效率 E_{MV} 就超过 100%。

(3) 点效率 E_O　点效率是指塔板上各点的局部效率。以气相点效率 E_{OV} 为例，其表达式为

$$E_{OV}=\frac{y-y_{n+1}}{y^*-y_{n+1}} \tag{1-61}$$

式中　y——与流经塔板某点的液相（组成为 x）相接触后而离去的气相组成；

y_{n+1}——由下层塔板进入该塔板某点的气相组成；

y^*——与液相组成 x 成平衡的气相组成。

点效率与单板效率的区别在于：点效率中的 y 为离开塔板某点的气相组成，y^* 为与塔板上某点液体组成 x 相平衡的气相组成；而单板效率中的 y_n 是离开塔板气相的平均组成，y_n^* 为与离开塔板液体平均组成 x_n 相平衡的气相组成。只有当板上液体完全混合时，点效率 E_{OV} 与板效率 E_{MV} 才具有相同的数值。

3）填料塔填料层高度的计算

由于填料塔中填料是连续堆积的，上升蒸气和回流液体在塔内填料表面上进行连续逆流接触，因此两相在塔内的组成是连续变化的。计算填料层高度，常引入理论板当量高度的概念。

设想在填料塔内，将填料层分为若干相等的高度单位，每一单位的作用相当于一层理论板，即通过这一高度单位后，上升蒸气与下降液体互成平衡。此单位填料层高度称为理论板当量高度，或称等板高度，以 *HETP* 表示。将理论板数乘以等板高度即可求得所需的填料层高度。

与塔板效率一样，等板高度通常由实验测定，在缺乏实验数据时，可用经验公式估算，有关内容将在第3章中讨论。

2. 塔径的计算

精馏塔的直径，可由塔内上升蒸气的体积流量及其通过塔截面的空塔气速求得，即

$$V_s = \frac{\pi}{4} D^2 u$$

或

$$D = \sqrt{\frac{4V_s}{\pi u}} \tag{1-62}$$

式中 D——精馏塔内径，m；

u——空塔气速，m/s；

V_s——塔内上升蒸气的体积流量，m^3/s。

空塔气速是影响精馏操作的重要因素，适宜空塔气速的确定将在第3章中讨论。

由于精馏段和提馏段内的上升蒸气体积流量 V_s 可能不同，因此两段的 V_s 及直径应分别计算。

1）精馏段 V_s 的计算

若已知精馏段的摩尔流量 V，则可按式（1-63）换算为体积流量，即

$$V_s = \frac{VM_m}{3\,600\rho_V} \tag{1-63}$$

式中 V——精馏段摩尔流量，kmol/h；

ρ_V——在精馏段平均操作压力和温度下气相的密度，kg/m^3；

M_m——平均摩尔质量，kg/kmol。

精馏操作压力较低时，气相可视为理想气体混合物，则

$$V_s=\frac{22.4VTp_0}{3\ 600T_0p} \tag{1-63a}$$

式中 T、T_0——操作的平均温度和标准状况下的热力学温度，K；

p、p_0——操作的平均压力和标准状况下的压力，Pa。

2)提馏段 V_s' 的计算

若已知提馏段的摩尔流量 V'(kmol/h)，则可按式(1-63)或式(1-63a)的方法计算提馏段的体积流量 V_s'。

由于进料热状况及操作条件的不同，两段的上升蒸气体积流量可能不同，故塔径也不相同。但若两段的上升蒸气体积流量或塔径相差不太大时，为使塔的结构简化，两段宜采用相同的塔径，设计时通常选取两者中较大者，并经圆整后作为精馏塔的塔径。

1.5.9 连续精馏装置的热量衡算和节能

对连续精馏装置进行热量衡算，可以求得冷凝器和再沸器的热负荷以及冷却介质和加热介质的消耗量，并为设计这些换热设备提供基本数据。

1. 冷凝器的热负荷

对图 1-14 所示的全凝器作热量衡算，以单位时间为基准，并忽略热损失，则

$$Q_C=VI_{VD}-(LI_{LD}+DI_{LD})$$

因 $V=L+D=(R+1)D$，代入上式并整理，得

$$Q_C=D(R+1)(I_{VD}-I_{LD}) \tag{1-64}$$

式中 Q_C——全凝器的热负荷，kJ/h；

I_{VD}——塔顶上升蒸气的焓，kJ/kmol；

I_{LD}——塔顶馏出液的焓，kJ/kmol。

冷却介质消耗量可按式(1-65)计算，即

$$W_c=\frac{Q_C}{c_{pc}(t_2-t_1)} \tag{1-65}$$

式中 W_c——冷却介质消耗量，kg/h；

c_{pc}——冷却介质的比热容，kJ/(kg·℃)；

t_1、t_2——冷却介质在冷凝器的进出口处的温度，℃。

2. 再沸器的热负荷

对图 1-14 所示的再沸器作热量衡算，以单位时间为基准，则

$$Q_B=V'I_{VW}+WI_{LW}-L'I_{Lm}+Q_L \tag{1-66}$$

式中 Q_B——再沸器的热负荷，kJ/h；

Q_L——再沸器的热损失，kJ/h；

I_{VW}——再沸器中上升蒸气的焓，kJ/kmol；

I_{LW}——釜液的焓，kJ/kmol；

I_{Lm}——提馏段底层塔板下降液体的焓，kJ/kmol。

若近似取 $I_{LW}=I_{Lm}$，因 $V'=L'-W$，则

$$Q_B=V'(I_{VW}-I_{LW})+Q_L \tag{1-67}$$

加热介质消耗量可用式(1-68)计算：

$$W_h=\frac{Q_B}{I_{B1}-I_{B2}} \tag{1-68}$$

式中 W_h——加热介质消耗量，kg/h；

I_{B1}、I_{B2}——加热介质进、出再沸器的焓，kJ/kg。

若用饱和蒸汽加热，且冷凝液在饱和温度下排出，则加热蒸汽消耗量可按式(1-69)计算，即

$$W_h=\frac{Q_B}{r} \tag{1-69}$$

式中 r——加热蒸汽的汽化热，kJ/kg。

应予指出，再沸器的热负荷也可通过全塔的热量衡算求得。

【例1-12】 试求例1-6中两种进料情况下的再沸器热负荷和加热蒸汽消耗量以及全凝器的热负荷和冷却水消耗量，并讨论应如何选择进料热状况。已知数据如下：①原料液流量为15 000 kg/h；②加热蒸汽绝压为200 kPa，冷凝液在饱和温度下排出；③冷却水进、出冷凝器的温度为25 ℃和35 ℃。

假设再沸器及冷凝器的热损失可忽略。

解：(1)精馏段和提馏段上升蒸气量

先由精馏塔物料衡算求 D 和 W，即

$$D+W=F$$

$$Dx_D+Wx_W=Fx_F$$

而原料液平均摩尔质量为

$$M_m=78\times0.44+92\times0.56=85.84\ \text{kg/kmol}$$

故

$$D+W=\frac{15\ 000}{85.84}=174.7\ \text{kmol/h}$$

$$0.975D+0.023\ 5W=174.7\times0.44$$

解得

$$D=76.47\ \text{kmol/h},\quad W=98.23\ \text{kmol/h}$$

精馏段上升蒸气量为

$$V=(R+1)D=(3.5+1)\times76.47=344.1\ \text{kmol/h}$$

提馏段上升蒸气量为

$$V'=V+(q-1)F=344.1+(q-1)\times174.7=169.4+174.7q$$

对冷液进料，$q=1.362$，则

$$V'=169.4+174.7\times1.362=407.3\ \text{kmol/h}$$

对气液混合物进料，$q=1/3$，则

$$V'=169.4+174.7\times\frac{1}{3}=227.6\ \text{kmol/h}$$

(2)再沸器热负荷和加热蒸汽消耗量

再沸器的热负荷为

$$Q_B = V'(I_{VW} - I_{LW})$$

因釜液几乎为纯甲苯,故其焓可按纯甲苯进行计算,即

$$I_{VW} - I_{LW} = r'_B = 360 \times 92 = 33\ 120\ \text{kJ/kmol}$$

则对冷液进料

$$Q_B = 407.3 \times 33\ 120 = 1.349 \times 10^7\ \text{kJ/h}$$

对气液混合物进料

$$Q_B = 227.6 \times 33\ 120 = 7.538 \times 10^6\ \text{kJ/h}$$

加热蒸汽消耗量为

$$W_h = \frac{Q_B}{r}$$

由本教材上册附录 8 查得 p 为 200 kPa 时水的汽化热为 2 205 kJ/kg。则对冷液进料

$$W_h = \frac{1.349 \times 10^7}{2\ 205} = 6\ 118\ \text{kg/h}$$

对气液混合物进料

$$W_h = \frac{7.538 \times 10^6}{2\ 205} = 3\ 419\ \text{kg/h}$$

(3)全凝器热负荷和冷却水消耗量

冷凝器的热负荷为

$$Q_C = V(I_{VD} - I_{LD})$$

因塔顶馏出液几乎为纯苯,故其焓可近似按纯苯进行计算,则全凝器的热负荷为

$$Q_C = V\ r_A = 344.1 \times 389 \times 78 \approx 1.05 \times 10^7\ \text{kJ/h}$$

冷却水消耗量为

$$W_c = \frac{Q_C}{c_{pc}(t_2 - t_1)} = \frac{1.05 \times 10^7}{4.174 \times (35 - 25)} = 2.516 \times 10^5\ \text{kg/h}$$

Q_C 和 W_c 均与进料热状况无关。

根据例 1-6 和本例的有关计算结果,列表如下。

例 1-12 附表

进料热状况 q	理论板数	W_h/(kg/h)	W_c/(kg/h)
冷液,q = 1.362	11	6 118	2.516×10^5
气液混合物,q = 1/3	13	3 419	2.516×10^5

由例 1-6 图解理论板数过程和例 1-12 附表可见,进料由冷液变为气液混合物,q 值由大变小,此时精馏段的操作线斜率不变,而提馏段操作线斜率变大,使两操作线更靠近平衡线,即传质推动力减小,使理论板数增加。由此可知,从传质角度而言,宜将热量加入塔底,即选

择冷进料，这样可提供更多的气相回流。

由全塔热量衡算可知，进料带入的热量、塔底再沸器提供的热量及塔顶全凝器带出的热量，三者具有一定的关系。当回流比 R 一定时，全凝器带出的热量和冷却水用量均为定值。

随着进料带入的热量增加（即 q 值减小），塔底再沸器供热必将减小，加热蒸汽消耗量降低，但全塔总的耗热量是一定的。从废热回收利用和能量品位而言，加热原料所需能量的品位较低，且多可利用废热。因此生产实际中仍多采用热进料。

3. 精馏过程的节能

前已述及，精馏过程需要消耗大量的能量，即加入再沸器的大部分热量要在塔顶冷凝器中被取走。在完成精馏分离任务的前提下，如何降低精馏过程的能耗，是一个重要课题。

精馏过程的优化设计和优化操作（控制）是节能的基本途径，具体的措施如下。

①选择经济合理的回流比，是精馏过程节能的首要因素。选用一些新型的板式塔或高效的填料塔，有可能使回流比大为降低。

②回收精馏装置的余热，将其用做本装置或其他系统的热源，也是精馏过程节能的有效途径。例如利用塔顶蒸气的潜热或釜液的显热直接预热原料，亦可用作其他热源等。

③对精馏过程进行优化控制，减小操作裕度，使其在最佳工况下操作，可确保过程能耗最低。此外在多组分精馏中，合理地选择操作流程，也可达到节能的目的。

从精馏过程的热力学分析可知，减少有效能损失，是精馏过程节能的有效手段。目前工程上应用的方式有以下几种。

1）热泵精馏

热泵精馏利用热泵来提高塔顶蒸气的品位使之能作为再沸器的热源，这样就回收了塔顶低温蒸气的潜热，起到了节能效果。

热泵精馏可分为直接蒸气压缩式和间接蒸气压缩式两种。前者的流程如图 1-35 所示。将塔顶蒸气绝热压缩后升温，然后作为再沸器的热源，使再沸器中的液体部分汽化。而压缩气体本身被冷凝为液体，经节流阀后一部分液体作为塔顶回流液，另一部分作为塔顶产品。除开工阶段外，基本上不需向再沸器提供另外的热源，该法节能效果显著，但对热泵的密封性能要求高，以防止分离系统受污染。间接蒸气压缩法则采用中间介质循环，该法不会污染物系，但降低了节能效果。

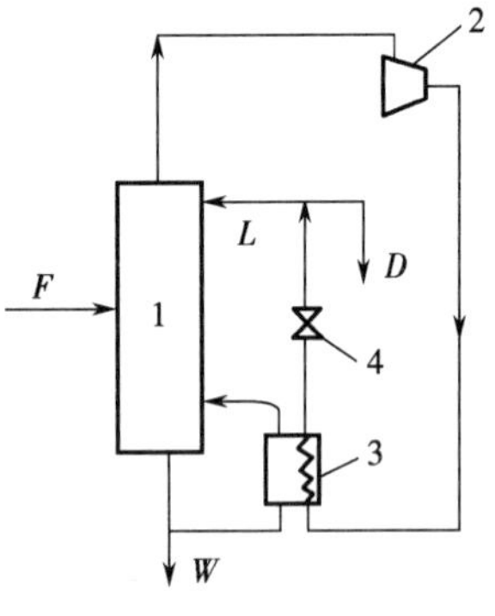

图 1-35 热泵精馏流程

1—精馏塔 2—压缩机

3—再沸器 4—节流阀

2）多效精馏

多效精馏的原理与多效蒸发的相似。它将前级塔顶蒸气直接作为后级塔釜的加热蒸气，这样可充分利用不同品位的热源。

多效精馏的流程是采用压力依次降低的若干个精馏塔串联操作，前一精馏塔（高压塔）塔顶蒸气在后一精馏塔（低压塔）的再沸器中冷凝，同时作为低压塔的热源。这样仅第一效需要外部加热，末效需要塔顶冷凝，中间精馏塔不必引入加热介质和冷却介质。应指出，在多效精馏中，进料是分别引入各塔中进行并联操作的。

多效精馏的效数（塔数）受到第一效加热蒸气压力和末效冷却介质温度的限制，常见的是采用双效精馏。

3）设置中间再沸器和中间冷凝器

通常，精馏塔是在温度最高的塔底再沸器加入热量，而在温度最低的塔顶冷凝器处移出热量。这种操作的缺点是热力学效率低、操作费用高。在提馏段设置中间再沸器和在精馏段设置中间冷凝器，可以部分克服上述缺点，达到节能和节省操作费用的目的。这是因为精馏过程的热能费用取决于传热量和载热体的温位。在塔内设置中间冷凝器，可利用温位较高、价格较便宜的冷却介质，使塔内上升蒸气部分冷凝，这样可以减少塔顶低温位冷却介质的用量；同理，在塔内设置中间再沸器，可利用温位较低的加热介质，使塔内下降液体部分汽化，从而可减少塔底再沸器中高温位加热介质的用量。采用中间冷凝器和中间再沸器对沸点差大的精馏操作尤为有利。

1.5.10 精馏塔的操作和调节

1. 影响精馏操作的主要因素简析

精馏塔操作的基本要求是在连续稳态和最经济的条件下处理更多的原料液，达到预定的分离要求（规定的 x_D 和 x_W）或组分的回收率，即在允许范围内采用较小的回流比和较大的再沸器传热量。

通常，对特定的精馏塔和物系，保持精馏稳态操作的条件是：①塔压稳定；②进、出塔系统的物料量平衡和稳定；③进料组成和热状况稳定；④回流比恒定；⑤再沸器和冷凝器的传热条件稳定；⑥塔系统与环境间散热稳定等。由此可见，影响精馏操作的因素十分复杂，以下就其中主要因素予以分析。

1）物料平衡的影响和制约

保持精馏装置的物料平衡是精馏塔稳态操作的必要条件。前曾述及，根据全塔物料衡算可知，对于一定的原料液流量 F，只要确定了分离程度 x_D 和 x_W，馏出液流量 D 和釜液流量 W 也就被确定了。而 x_D 和 x_W 取决于气液平衡关系（α）、x_F、q、R 和理论板数 N_T（适宜的进料位置），因此 D 和 W 或采出率 $\frac{D}{F}$ 与 $\frac{W}{F}$ 只能根据 x_D 和 x_W 确定，而不能任意增减，否则进、出塔的两个组分的量不平衡，必然导致塔内组成变化，操作波动，使操作不能达到预期的分离要求。

2）回流比的影响

回流比是影响精馏塔分离效果的主要因素，生产中经常用改变回流比的方法调节、控制产品的质量。例如当回流比增大时，精馏段操作线斜率 $\frac{L}{V}$ 变大，该段内传质推动力增加，因此在一定的精馏段理论板数下馏出液组成变大。同时，回流比增大，提馏段操作线斜率 $\frac{L'}{V'}$ 变小，该段的传质推动力增加，因此在一定的提馏段理论板数下，釜液组成变小。反之，当回流比减小时，x_D 减小，而 x_W 增大，使分离效果变差。

回流比增大，使塔内上升蒸气量及下降液体量均增加，若塔内气液负荷超过允许值，则应减小原料液流量。回流比变化时，再沸器和冷凝器的传热量也应相应发生变化。

应予指出，在采出率$\frac{D}{F}$一定的条件下，若增大 R 来提高 x_D，则有以下限制。

①受精馏塔理论板数的限制。因为对一定的板数，即使 R 增到无穷大（全回流），x_D 也有一最大极限值。

②受全塔物料平衡的限制，其极限值为 $x_D=\frac{Fx_F}{D}$。

3）进料组成和进料热状况的影响

当进料状况（x_F 和 q）发生变化时，应适当改变进料位置。一般精馏塔常设几个进料位置，以适应生产中进料状况的变化，保证在精馏塔的适宜位置下进料。如进料状况改变而进料位置不变，必然引起馏出液和釜液组成的变化。

对特定的精馏塔，若 x_F 减小，则 x_D 和 x_W 均减小；欲保持 x_D 不变，则应增大回流比。

以上对精馏过程的主要影响因素进行了定性分析，若需要定量计算（或估算）时，则所用的计算基本方程与前述设计计算的完全相同，不同之处仅是操作型的计算更为繁杂，这是由于众多变量之间呈非线性关系，一般都要用试差计算或试差作图方法求得计算结果。

2. 精馏塔的产品质量控制和调节

精馏塔的产品质量通常是指馏出液及釜液的组成。生产中某些因素的干扰（如传热量、x_F 等发生变动）将影响产品的质量，因此应及时予以调节控制。

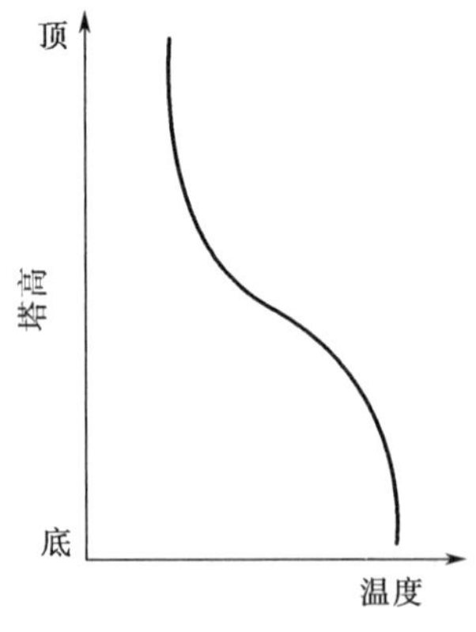

图 1-36 精馏塔内沿塔高的温度分布

在一定的压力下，混合物的泡点和露点都取决于混合物的组成，因此可以用容易测量的温度来预示塔内组成的变化。对于馏出液和釜液也有对应的露点和泡点，通常可用塔顶温度反映馏出液组成，用塔底温度反映釜液组成。但对高纯度分离，在塔顶（或塔底）相当一段高度内，温度变化极小，典型的温度分布如图 1-36 所示。因此当发现塔顶（或塔底）温度有可觉察的变化时，产品的组成可能已明显改变，再设法调节就很难了。可见对高纯度分离，一般不能通过测量塔顶温度来控制塔顶组成。

分析塔内沿塔高的温度分布可以看到，在精馏段或提馏段的某塔板上温度变化最显著，也就是说，这块塔板的温度对于外界因素的干扰反映最为灵敏，通常将它称为灵敏板。因此生产上常通过测量和控制灵敏板的温度来保证产品的质量。

3. 精馏过程的操作型计算

精馏过程的操作型计算的任务是对特定的塔设备（已知全塔理论板数和进料位置），在指定的操作条件下预计精馏操作的结果。一般在生产实际中可用于预计：①可获得产品的质量;②操作条件变化时产品质量或采出量的变化;③为保证产品质量,应采取的措施等。

操作型计算所应用的基本关系与设计型计算相同。操作型计算具有以下特点。

①众多变量之间呈非线性关系,因此操作型计算一般采用试差(迭代)计算,也可根据图解法所示关系试差作图,求得计算结果。

②加料板位置(或其他操作条件)一般不满足优化条件。

在设计精馏塔时,也可应用操作型的计算方法来确定所需的理论板数,这种计算方法对于非理想体系的多组分精馏计算往往是十分有效的。

【例 1-13】 在一常压精馏塔中共有 12 层理论板,用来分离苯—甲苯混合液。原料液组成为 0.44(苯的摩尔分数,下同),饱和液体进料。馏出液组成为 0.975,釜液组成为 0.023 5。物系的平均相对挥发度为 2.46,试估算操作回流比。

解:本题为精馏过程的操作型计算,一般要用试差法求解。本例利用吉利兰图估算操作回流比,可避免采用试差法。

先用芬斯克方程求得全回流下的最少理论板数,然后利用吉利兰图回归方程估算回流比 R。

由芬斯克方程知

$$N_{\min}=\frac{\lg\left[\left(\frac{x_D}{1-x_D}\right)\left(\frac{1-x_W}{x_W}\right)\right]}{\lg\alpha_m}-1=\frac{\lg\left[\left(\frac{0.975}{1-0.975}\right)\left(\frac{1-0.0235}{0.0235}\right)\right]}{\lg 2.46}-1=7.21$$

由吉利兰图回归方程知

$$Y=0.545\,827-0.591\,422X+0.002\,743/X$$

其中 $Y=\frac{N-N_{\min}}{N+2}=\frac{12-7.21}{12+2}=0.342$

即 $0.342=0.545\,827-0.591\,422X+0.002\,743/X$

简化上式得

$$X^2-0.345X-0.004\,64=0$$

解得 $X=0.358$ (舍去负根)

即 $\frac{R-R_{\min}}{R+1}=0.358$,其中 $R_{\min}=\frac{x_D-y_q}{y_q-x_q}$

因饱和液体进料,$q=1$,故

$$x_q=x_F=0.44$$

$$y_q=\frac{\alpha x_F}{1+(\alpha-1)x_F}=\frac{2.46\times0.44}{1+1.46\times0.44}=0.659$$

$$R_{\min}=\frac{0.975-0.659}{0.659-0.44}=1.44$$

则 $\frac{R-1.44}{R+1}=0.358$

解得 $R=2.80$

若用图解试差法可获得较准确的结果。图解试差步骤如下:首先设一 R,依已知的 x_D、

x_W、x_q 和 q 在 x-y 图上进行图解，可得理论板数 N_T。若图解得到的 N_T 与已知的 N_T 相符，则所设的 R 即为所求。否则再设一 R，直至满足要求为止。这样同时可求得适宜的加料位置。

本例为精馏的操作型计算，一般情况下需试差获得准确解；但若精度要求不高，可采用吉利兰简捷法进行求解，无需试差。关键是掌握最小回流比和最小理论板数的求取。

工程案例

1.6 间歇精馏

演示文稿

间歇精馏又称分批精馏，其流程如前述的图 1-13 所示。间歇精馏操作开始时，全部物料加入精馏塔中，再逐渐加热汽化，自塔顶引出的蒸气经冷凝后，一部分作为馏出液产品，另一部分作为回流送回塔内，待釜液组成降到规定值后，将其一次排出，然后进行下一批的精馏操作。因此，间歇精馏与连续精馏相比，具有以下特点。

①间歇精馏为非稳态过程。由于釜中液相的组成随精馏过程的进行而不断降低，因此塔内操作参数（如温度、组成）不仅随位置而变，也随时间而变。

②间歇精馏塔只有精馏段。

间歇精馏有两种基本操作方式：其一是馏出液组成恒定的间歇精馏操作，即馏出液组成保持恒定，而相应的回流比不断地增大；其二是回流比恒定的间歇精馏操作，即回流比保持恒定，而馏出液组成逐渐减小。实际生产中，有时可采用联合操作方式，即某一阶段（如操作初期）采用恒馏出液组成的操作，另一阶段（如操作后期）采用恒回流比的操作。联合的方式可视具体情况而定。

应予指出，化工生产中虽然以连续精馏为主，但是在某些场合却宜采用间歇精馏操作。例如：精馏的原料液是分批生产得到的，这时分离过程也要分批进行；在实验室或科研室的精馏操作一般处理量较少，且原料的品种、组成及分离程度经常变化，采用间歇精馏，更为灵活方便；多组分混合液的初步分离，要求获得不同馏分（组成范围）的产品，这时也可采用间歇精馏。

1.6.1 回流比恒定时的间歇精馏计算

间歇精馏时由于釜中溶液的组成随过程进行而不断降低，因此在恒定回流比下，馏出液组成必随之减低。通常，当釜液组成或馏出液的平均组成达到规定值时，就停止精馏操作。恒回流比下的间歇精馏的主要计算内容如下。

1. 确定理论板层数

间歇精馏理论板层数的确定原则与连续精馏的完全相同。通常，计算中已知原料液组成 x_F、馏出液平均组成 x_{Dm} 或最终釜液组成 x_{We}，设计者选择适宜的回流比后，即可确定理论板层数。

(1)计算最小回流比 R_{min} 和确定适宜回流比 R　恒回流比间歇精馏时,馏出液组成和釜液组成具有对应的关系,计算中以操作初态为基准,此时釜液组成为 x_F,最初的馏出液组成为 x_{D1}(此值高于馏出液平均组成,由设计者假定)。根据最小回流比的定义,由 x_{D1}、x_F 及气液平衡关系可求出 R_{min},即

$$R_{min}=\frac{x_{D1}-y_F}{y_F-x_F} \tag{1-70}$$

式中　y_F——与 x_F 呈平衡的气相组成,摩尔分数。

前已述及,操作回流比可取为最小回流比的某一倍数,即 $R=(1.1\sim2)R_{min}$。

(2)图解法求理论板层数　在 x-y 图上,由 x_{D1}、x_F 和 R 即可图解求得理论板层数,图解步骤与前述相同,如图 1-37 所示。图中表示需要 3 层理论板。

2. 确定操作参数

对具有一定理论板层数的精馏塔,可根据操作型计算确定如下操作参数。

1)确定操作过程中各瞬间的 x_D 和 x_W 的关系

由于间歇精馏操作过程中回流比不变,因此各个操作瞬间的操作线斜率 $R/(R+1)$ 都相同,各操作线为彼此平行的直线。若在馏出液的初始和终了组成的范围内,任意选定若干 x_{Di} 值,通过各点(x_{Di},x_{Di})作一系列斜率为 $R/(R+1)$ 的平行线,这些直线分别为对应于某 x_{Di} 的瞬间操作线。然后,在每条操作线和平衡线间绘梯级,使其等于所规定的理论板层数,最后一个梯级所达到的液相组成,就是与 x_{Di} 相对应的 x_{Wi} 值,如图 1-38 所示。

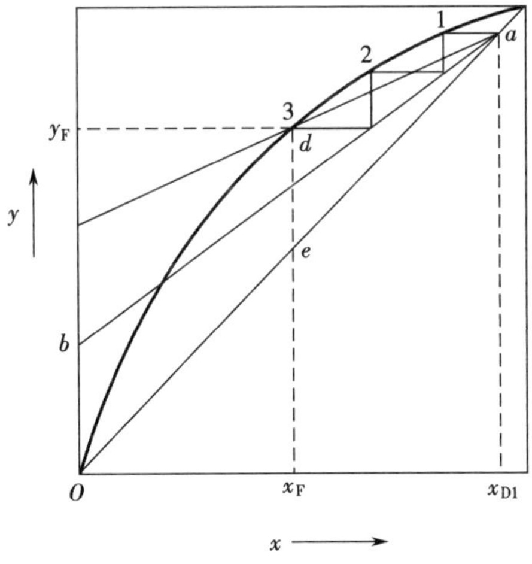

图 1-37　恒回流比间歇精馏时理论板层数的确定

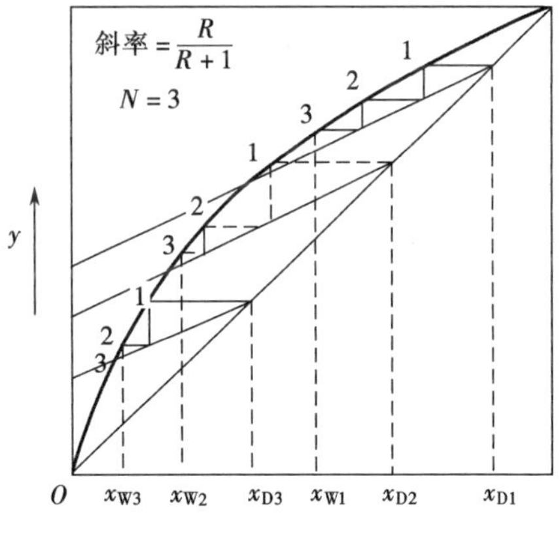

图 1-38　恒回流比间歇精馏时 x_D 和 x_W 的关系

2)确定操作过程中 x_D(或 x_W)与釜液量 W、馏出液量 D 间的关系

恒回流比间歇精馏时,x_D(或 x_W)与 W、D 间的关系应通过微分物料衡算得到。这一衡算结果与简单蒸馏时导出的式(1-24)形式完全相同,仅需将式(1-24)中的 y 和 x 用瞬时的 x_D 和 x_W 来代替,即

$$\ln\frac{F}{W_e}=\int_{x_{We}}^{x_F}\frac{dx_W}{x_D-x_W} \tag{1-71}$$

式中 W_e——与釜液组成 x_{We} 相对应的釜液量，kmol。

式(1-71)等号右边积分项中 x_D 和 x_W 均为变量，它们间的关系可用上述的第二项作图法求出，积分值则可用图解积分法或数值积分法求得，从而由该式可求出与任一 x_W(或 x_D)相对应的釜液量 W。

应予指出，前面第一项计算中所假设的 x_{D1} 是否合适，应以整个精馏过程中所得的 x_{Dm} 是否能满足分离要求为准。当按一批操作物料衡算求得 x_{Dm} 等于或稍大于规定值时，则上述计算正确。

间歇精馏时一批操作的物料衡算与连续精馏的相似，即

总物料 $D=F-W$

易挥发组分 $Dx_{Dm}=Fx_F-Wx_W$

联立上两式解得

$$x_{Dm}=\frac{Fx_F-Wx_W}{F-W} \tag{1-72}$$

由于间歇精馏过程中回流比 R 恒定，故一批操作的汽化量 V 可按下式计算，即

$$V=(R+1)D$$

若将汽化量除以汽化速率，就可求得精馏过程所需的时间。应予指出，汽化速率和精馏时间是相互制约的，前者与塔径、塔釜传热面积有关，后者影响生产能力，因此汽化速率和精馏时间应视具体情况选定。汽化速率可通过塔釜的传热速率及混合液的潜热计算。

1.6.2 馏出液组成恒定时的间歇精馏计算

间歇精馏时，釜液组成不断下降，为保持恒定的馏出液组成，回流比必须不断地变化。在这种操作方式中，通常已知原料液量 F 和组成 x_F、馏出液组成 x_D 及最终的釜液组成 x_{We}，要求设计者确定理论板层数、回流比范围和汽化量等。

1. 确定理论板层数

对于馏出液组成恒定的间歇精馏，由于操作终了时釜液组成 x_{We} 最低，所要求的分离程度最高，因此需要的理论板层数应按精馏最终阶段进行计算。

1)计算最小回流比 R_{min} 和确定操作回流比 R

由馏出液组成 x_D 和最终的釜液组成 x_{We}，按式(1-73)求最小回流比，即

$$R_{min}=\frac{x_D-y_{We}}{y_{We}-x_{We}} \tag{1-73}$$

式中 y_{We}——与 x_{We} 呈平衡的气相组成，摩尔分数。

同样，由 $R=(1.1\sim2)R_{min}$ 的关系确定精馏最后阶段的操作回流比 R_e。

2)图解法求理论板层数

在 x-y 图上，由 x_D、x_{We} 和 R_e 即可图解求得理论板层数，图解方法如图 1-39 所示。图中

表示需要4层理论板。

2. 确定操作参数

1）确定 x_W 和 R 的关系

在一定的理论板层数下，不同的釜液组成 x_W 与回流比 R 之间具有固定的对应关系。若已知精馏过程某一时刻的回流比为 R_1，对应的 x_{W1} 可按下述步骤求得（参见图1-40）。

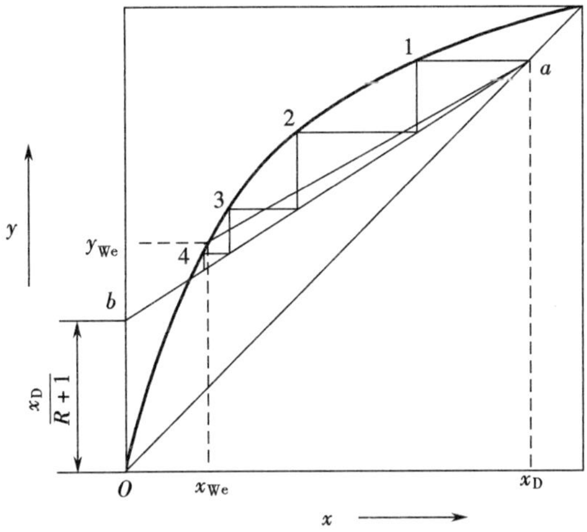

图1-39 恒馏出液组成下间歇精馏理论板层数的确定

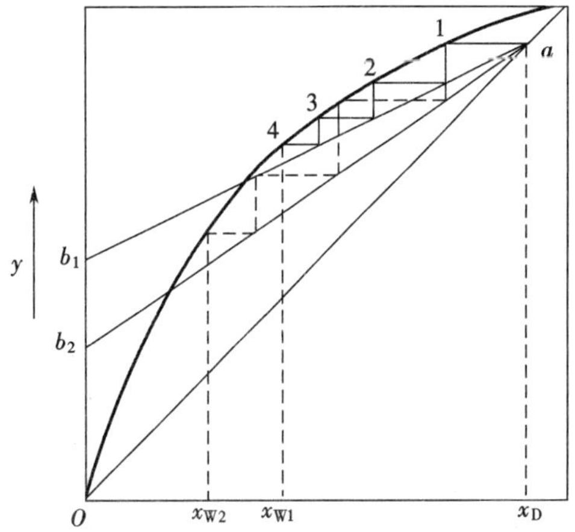

图1-40 恒馏出液组成下间歇精馏的 R 和 x_W 的关系

①计算操作线截距 $x_D/(R_1+1)$ 值，在 x-y 图的 y 轴上定出点 b_1。

②连接点 $a(x_D, x_D)$ 和点 b_1，所得的直线即为回流比 R_1 下的操作线。

③从点 a 开始在平衡线和操作线间绘梯级，使其等于给定的理论板层数，最后一个梯级所达到的液相组成即为釜液组成 x_{W1}。

依相同的方法，可求出不同回流比 R_i 下的釜液组成 x_{Wi}。操作初期可采用较小的回流比。

若已知精馏过程某一时刻下的釜液组成 x_{W1}，对应的 R 可用上述的相同步骤求得，不过应采用试差作图的方法，即先假设一 R 值，然后在 x-y 图上图解求理论板层数。若梯级数与给定的理论板层数相等，则 R 即为所求，否则重设 R 值，直至满足要求为止。

2）计算一批操作的汽化量

设在 $d\tau$ 时间内，溶液的汽化量为 dV，馏出液量为 dD，回流液量为 dL，则回流比为

$$R=\frac{dL}{dD}$$

对塔顶冷凝器作物料衡算，得

$$dV = dL + dD = \frac{dL}{dD}dD + dD = (R+1)dD \tag{1-74}$$

一批操作中任一瞬间前馏出液量 D 可由物料衡算得到（忽略塔内滞液量），即联立式

(1-28)及式(1-28a),可得

$$D = F\left(\frac{x_F - x_W}{x_D - x_W}\right) \tag{1-75}$$

$$W = F - D \tag{1-76}$$

微分式(1-75)得

$$dD = F\frac{x_F - x_D}{(x_D - x_W)^2}dx_W \tag{1-77}$$

将式(1-77)代入式(1-74),得

$$dV = F(x_F - x_D)\frac{R+1}{(x_D - x_W)^2}dx_W$$

积分上式,得

$$V = \int_0^V dV = F(x_D - x_F)\int_{x_{We}}^{x_F}\frac{R+1}{(x_D - x_W)^2}dx_W \tag{1-78}$$

式中 V 为对应釜液组成为 x_{We} 时的汽化总量,而 x_W 和 R 的对应关系可由上述第二项的方法求出,于是式(1-78)中右边积分项可用图解积分法或数值积分法求得。

精馏过程的时间可按1.6.1中所述的方法进行计算。

【例1-14】 对二硫化碳和四氯化碳混合液进行恒馏出液组成的间歇精馏。原料液量为50 kmol,组成为0.4(摩尔分数,下同),馏出液组成为0.95(维持恒定),釜液组成达到0.079时即停止操作,设最终阶段操作回流比为最小回流比的1.76倍。试求:(1)理论板层数;(2)汽化总量。

操作条件下物系的平衡数据列于本例附表1中。

例1-14 附表1

液相中二硫化碳摩尔分数 x	气相中二硫化碳摩尔分数 y	液相中二硫化碳摩尔分数 x	气相中二硫化碳摩尔分数 y
0.000 0	0	0.390 8	0.634 0
0.029 6	0.082 3	0.531 8	0.747 0
0.061 5	0.155 5	0.663 0	0.829 0
0.110 6	0.266 0	0.757 4	0.879 0
0.143 5	0.332 5	0.860 4	0.932 0
0.258 0	0.495 0	1.000 0	1.000 0

解:(1)求理论板层数

在 x-y 图上绘平衡曲线和对角线,如本例附图1所示。在该图上查得:当 $x_{We}=0.079$ 时,与之平衡的 $y_{We}=0.2$,则

$$R_{min} = \frac{x_D - y_{We}}{y_{We} - x_{We}} = \frac{0.95 - 0.2}{0.2 - 0.079} = 6.2$$

所以 $R = 1.76R_{min} = 1.76 \times 6.2 = 10.9$

而 $\dfrac{x_D}{R+1} = \dfrac{0.95}{10.9+1} = 0.08$

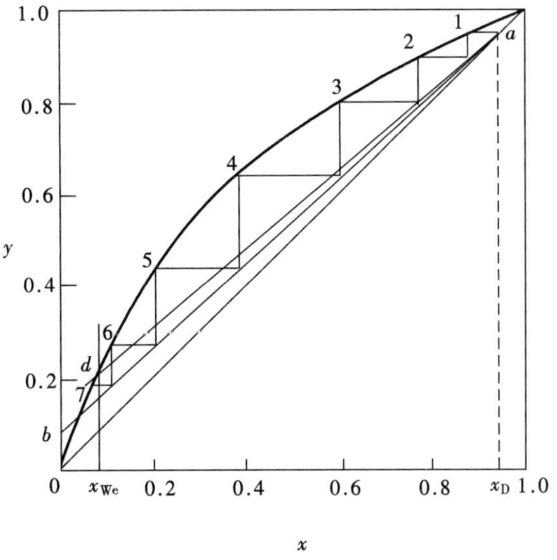

例 1-14 附图 1

在附图 1 上，连接点 $a(x_D=0.95, y_D=0.95)$ 和点 b（在 y 轴上的截距为 0.08），直线 ab 即为操作线。从点 a 开始在平衡线和操作线间绘梯级，直至 $x_n \leqslant x_{We}(0.079)$ 为止，共需 7 层理论板。

(2)求汽化总量

由式(1-78)知

$$V=F(x_D-x_F)\int_{x_{We}}^{x_F}\frac{R+1}{(x_D-x_W)^2}dx_W$$

以 $x_D/(R+1)$ 为截距在 x-y 图上作操作线，然后从点 a 开始绘 7 层梯级，最后一级对应的液相组成为 x_W，所得结果列于本例附表 2 中。

例 1-14 附表 2

$x_D/(R+1)$	R	x_W(由图中读出)	$(R+1)/(x_D-x_W)^2$	备注
0.345	1.75	0.4($=x_F$)	9.09	$x_{W1}=0.4$
0.292	2.26	0.312	8.01	$x_{W2}=0.079$
0.250	2.80	0.258	7.94	$h=5$
0.200	3.75	0.185	8.12	$\Delta x_W=0.064\ 2$
0.140	5.79	0.126	10.00	
0.080	10.90	0.079	15.70	

在直角坐标上标绘 x_W 和 $(R+1)/(x_D-x_W)^2$ 的关系曲线，如本例附图 2 所示。由图可读得釜液组成从 $x_F=0.4$ 变至 $x_{We}=0.079$ 时，曲线所包围的面积为 2.9 个单位，即

$$\int_{0.079}^{0.4}\frac{R+1}{(x_D-x_W)^2}dx_W=2.9$$

所以 $V=50\times(0.95-0.4)\times2.9=80.0\ \text{kmol}$

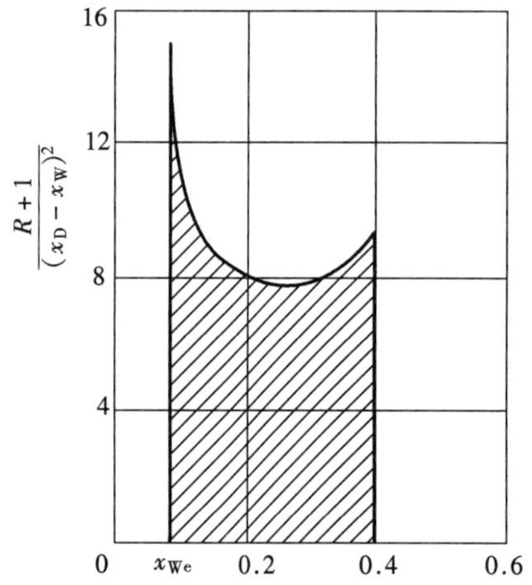

例 1-14 附图 2

题中积分项也可用数值积分法求得。根据附表2中的数据选用梯形公式计算，即

$$\int_{0.079}^{0.4}\frac{R+1}{(x_D-x_W)^2}dx_W$$

$$=0.0642\times\left(\frac{9.09+15.7}{2}+8.01+7.94+8.12+10\right)$$

$$=2.98$$

计算结果与图解积分法的结果相近。

本例为馏出液组成恒定时理论板数目的计算，其计算方法与连续精馏相似，区别在于全塔只有精馏段。解题关键在于理解确定理论板数目时如何确定要达到的分离程度。此外，同连续精馏过程相比，间歇精馏为非稳态操作，相关计算需要查图或数值积分，较为烦琐。

1.7 恒沸精馏和萃取精馏

演示文稿

如前所述，一般的精馏操作是以液体混合物中各组分的挥发度不同为依据的。组分间挥发度差别愈大，分离愈易。但若溶液中两组分的挥发度非常接近，为完成一定分离任务所需的塔板层数就非常多，故经济上不合理或在操作上难于实现；又若待分离的为恒沸液，则根本不能用普通的精馏方法实现分离。上述两种情况可采用恒沸精馏或萃取精馏来处理。这两种特殊精馏的基本原理都是在混合液中加入第三组分，以提高各组分间相对挥发度的差别，使其得以分离。因此，两者都属于多组分非理想物系的分离过程。本节仅介绍恒沸精馏及萃取精馏的流程和特点。

1.7.1 恒沸精馏

若在两组分恒沸液中加入第三组分（称为夹带剂），该组分能与原料液中的一个或两个组分形成新的恒沸液，从而使原料液能用普通精馏方法分离，这种精馏操作称为恒沸精馏。

图1-41为分离乙醇—水混合液的恒沸精馏流程示意图。在原料液中加入适量的夹带剂苯，苯与原料液形成新的三元非均相恒沸液（相应的恒沸点为64.85 ℃，恒沸摩尔组成为苯0.539、乙醇0.228、水0.233）。只要苯量适当，原料液中的水分可全部转移到三元恒沸液中，从而使乙醇—水溶液得到分离。

由图1-41可见，原料液与苯进入恒沸精馏塔1中，由于常压下此三元恒沸液的恒沸点为64.85 ℃，故由塔顶蒸出，塔底产品为近于纯态的乙醇。塔顶蒸气进入冷凝器4中冷凝后，部分液相回流到塔1，其余的进入分层器5，在器内分为轻重两层液体。轻相返回塔1作为补充回流。重相送入苯回收塔2的顶部，以回收其中的苯。塔2的蒸气由塔顶引出也进入冷

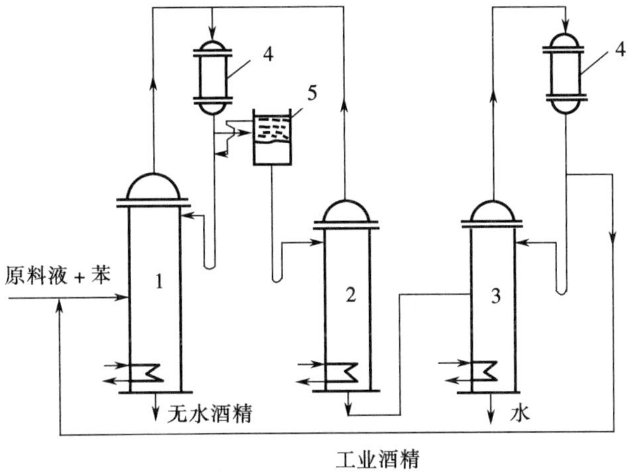

图 1-41 乙醇—水恒沸精馏流程示意图

1—恒沸精馏塔 2—苯回收塔 3—乙醇回收塔 4—冷凝器 5—分层器

凝器 4 中；塔 2 底部的产品为稀乙醇，被送到乙醇回收塔 3 中。塔 3 中塔顶产品为乙醇—水恒沸液，送回塔 1 作为原料，塔底产品几乎为纯水。在操作中苯是循环使用的，但因有损耗，故隔一段时间需补充一定量的苯。

恒沸精馏可分离具有最低恒沸点的溶液、具有最高恒沸点的溶液以及挥发度相近的物系。恒沸精馏的流程取决于夹带剂与原有组分所形成的恒沸液的性质。

在恒沸精馏中，需选择适宜的夹带剂。对夹带剂的要求是：①夹带剂应能与被分离组分形成新的恒沸液，其恒沸点要比纯组分的沸点低，一般两者沸点差不小于 10 ℃；②新恒沸液所含夹带剂的量愈少愈好，以便减少夹带剂用量及汽化、回收时所需的能量；③新恒沸液最好为非均相混合物，便于用分层法分离；④无毒性、无腐蚀性，热稳定性好；⑤来源容易，价格低廉。

1.7.2 萃取精馏

萃取精馏和恒沸精馏相似，也是向原料液中加入第三组分（称为萃取剂或溶剂），以改变原有组分间的相对挥发度而得以分离。不同的是，要求萃取剂的沸点较原料液中各组分的沸点高很多，且不与组分形成恒沸液。萃取精馏常用于分离各组分沸点（挥发度）差别很小的溶液。例如，在常压下苯的沸点为 80.1 ℃，环己烷的沸点为 80.73 ℃，若在苯—环己烷溶液中加入萃取剂糠醛，则溶液的相对挥发度发生显著的变化，如表 1-3 所示。

表 1-3 苯—环己烷溶液加入糠醛后 α 的变化

溶液中糠醛的摩尔分数	0.0	0.2	0.4	0.5	0.6	0.7
相对挥发度	0.98	1.38	1.86	2.07	2.36	2.7

由表 1-3 可见，相对挥发度随萃取剂量加大而增高。

图1-42为分离苯—环己烷溶液的萃取精馏流程示意图。原料液进入萃取精馏塔1中，萃取剂（糠醛）由塔1顶部加入，以便在每层板上都与苯相结合。塔顶蒸出的为环己烷蒸气。为回收微量的糠醛蒸气，在塔1上部设置回收段2（若萃取剂沸点很高，也可以不设回收段）。塔底釜液为苯—糠醛混合液，再将其送入苯回收塔3中。由于常压下苯的沸点为80.1 ℃，糠醛的沸点为161.7 ℃，故两者很容易分离。塔3中釜液为糠醛，可循环使用。在精馏过程中，萃取剂基本上不被汽化，也不与原料液形成恒沸液，这些都是有异于恒沸精馏的。

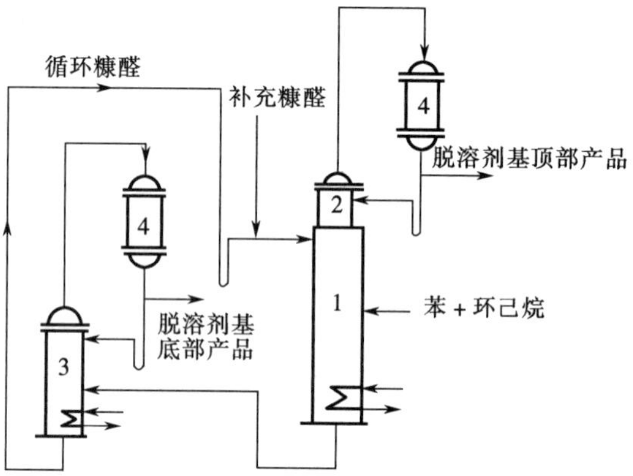

图1-42 苯—环己烷萃取精馏流程示意图

1—萃取精馏塔 2—萃取剂回收段 3—苯回收塔 4—冷凝器

选择适宜萃取剂时，主要应考虑：①萃取剂应使原组分间相对挥发度发生显著的变化；②萃取剂的挥发性应低些，即其沸点应较纯组分的高，且不与原组分形成恒沸液；③无毒性、无腐蚀性，热稳定性好；④来源方便，价格低廉。

萃取精馏与恒沸精馏的特点比较：①萃取剂比夹带剂易于选择；②萃取剂在精馏过程中基本上不汽化，故萃取精馏的能耗较恒沸精馏的少；③萃取精馏中，萃取剂加入量的变动范围较大，而在恒沸精馏中，适宜的夹带剂量多为一定，故萃取精馏的操作较灵活，易控制；④萃取精馏不宜采用间歇操作，而恒沸精馏则可采用间歇操作方式；⑤恒沸精馏操作温度较萃取精馏要低，故恒沸精馏较适用于分离热敏性溶液。

1.8 多组分精馏

演示文稿

前已述及，化工厂中的精馏操作大多是分离多组分溶液。虽然多组分精馏与两组分精馏在基本原理上是相同的，但因多组分精馏中溶液的组分数目增多，故影响精馏操作的因素也增多，计算过程就更为复杂。本节重点讨论多组分精馏的流程、气液平衡关系及理论板数简化的计算方法。

1.8.1 流程方案的选择

1. 精馏塔的数目

若用普通精馏塔(指仅分别有一个进料口、塔顶和塔底出料口的塔)以连续精馏的方式将多组分溶液分离为纯组分,则需多个精馏塔。分离三组分溶液时需要 2 个塔,分离四组分溶液时需要 3 个塔,……,分离 n 组分溶液时需要 $n-1$ 个塔。若不要求将全部组分都分离为纯组分,或原料液中某些组分的性质及数量差异较大时,可以采用具有侧线出料口的塔,此时塔数可减少。此外,若分离少量的多组分溶液,可采用间歇精馏,塔数也可减少。

2. 流程方案的选择

如图 1-43 所示,用两个塔分离三组分溶液时,可能有两种流程安排(方案)。组分数目增多,不仅塔数增多,而且可能操作的流程方案数目也增多。

对于多组分精馏,首先要确定流程方案,然后才能进行计算。一般较佳的方案应考虑的因素有:①能保证产品质量,满足工艺要求,生产能力大;②流程短,设备投资费用少;③能耗低,收率高,操作费用低;④操作管理方便。

下面以分离三组分溶液的流程为例,予以简单分析。

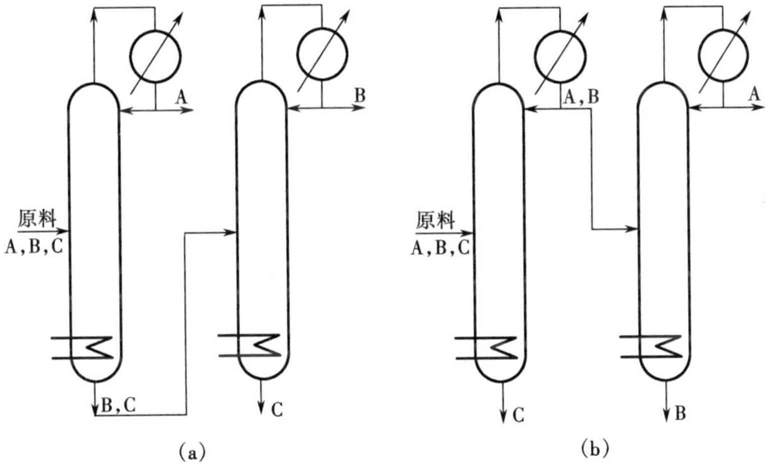

图 1-43 三组分溶液精馏流程方案比较

由图 1-43 可以看出,流程(a)是按组分挥发度递降的顺序,将各组分逐个从塔顶蒸出,仅最难挥发组分从最后塔的塔釜分离出来。因此,在这种方案中,组分 A 和 B 都被汽化一次和冷凝一次,而组分 C 既没有被汽化也没有被冷凝。流程(b)是按组分挥发度递增的顺序,将各组分逐个从塔釜中分离出来,仅最易挥发组分从最后塔的塔顶蒸出。因此,在这种方案中,组分 A 被汽化和冷凝各两次,组分 B 被汽化和冷凝各一次,组分 C 没有被汽化和冷凝。

比较流程方案(a)和(b)可知,方案(b)中组分被汽化和冷凝的总次数较方案(a)的多,因而加热和冷却介质消耗量大,即操作费用高;同时,方案(b)的上升蒸气量比方案(a)的要多,因此所需的塔径、再沸器与冷凝器的传热面积均较大,即投资费用也较高。所以若从操作和投资费用考虑,方案(a)要优于方案(b),但实际生产中还需综合考虑其他因素,具体如下。

①考虑多组分溶液的性质。许多有机化合物在加热过程中易分解或聚合，因此除了在操作压力、温度及设备结构等方面予以考虑外，还应在流程安排上减少这种组分的受热次数，尽早将它们分离出来。

②考虑产品的质量要求。某些产品如高分子单体及有特殊用途的物质，要求有非常高的纯度，由于固体杂质易存留在塔釜中，故不希望从塔底得到这种产品。

应予指出，多组分精馏流程方案的确定是比较困难的，通常设计时可初选几个方案，通过计算、分析比较后，再从中择优选定。

1.8.2 多组分物系的气液平衡

与两组分精馏一样，气液平衡是多组分精馏计算的理论基础。由相律可知，对含有 n 个组分的物系，共有 n 个自由度，除了压力恒定外，还需知道 $n-1$ 个其他变量，才能确定此平衡物系。可见，多组分物系的气液平衡关系较两组分物系要复杂得多。

1. 理想系统的气液平衡

多组分溶液的气液平衡关系，一般采用平衡常数法和相对挥发度法表示。

1）平衡常数法

当系统的气液两相在恒定的压力和温度下达到平衡时，液相中某组分 i 的组成 x_i 与该组分在气相中的平衡组成 y_i 的比值，称为组分 i 在此温度、压力下的平衡常数，通常表示为

$$K_i = \frac{y_i}{x_i} \tag{1-79}$$

式中 K_i——平衡常数；

下标 i 表示溶液中任意组分。

式(1-79)是表示气液平衡关系的通式，它既适用于理想系统，也适用于非理想系统。

对理想气体，任意组分 i 的分压 p_i 可用分压定律表示，即

$$p_i = py_i$$

对理想溶液，任意组分 i 的平衡分压可用拉乌尔定律表示，即

$$p_i = p_i^\circ x_i$$

气液两相达到平衡时，上两式等号左侧的 p_i 相等，则

$$py_i = p_i^\circ x_i$$

所以

$$K_i = \frac{y_i}{x_i} = \frac{p_i^\circ}{p} \tag{1-80}$$

式(1-80)仅适用于理想系统。由该式可以看出，理想物系中任意组分 i 的相平衡常数 K_i 只与总压 p 及该组分的饱和蒸气压p_i°有关，而p_i°又直接由物系的温度所决定，故 K_i 随组分性质、总压及温度而定。

2）相对挥发度法

在精馏塔中，由于各层板上的温度不相等，因此平衡常数也是变量，利用平衡常数法表

达多组分溶液的平衡关系就比较麻烦。而相对挥发度随温度变化较小，全塔可取定值或平均值，故采用相对挥发度法表示平衡关系可使计算大为简化。

用相对挥发度法表示多组分溶液的平衡关系时，一般取较难挥发的组分 j 作为基准组分，根据相对挥发度定义，可写出任一组分和基准组分的相对挥发度为

$$\alpha_{ij}=\frac{y_i/x_i}{y_j/x_j}=\frac{K_i}{K_j}=\frac{p_i^\circ}{p_j^\circ} \tag{1-81}$$

气液平衡组成与相对挥发度的关系可推导如下：

因为 $y_i=K_ix_i=\frac{p_i^\circ}{p}x_i$

而 $p=p_1^\circ x_1+p_2^\circ x_2+\cdots+p_n^\circ x_n$

所以 $y_i=\frac{p_i^\circ x_i}{p_1^\circ x_1+p_2^\circ x_2+\cdots+p_n^\circ x_n}$

上式等号右边的分子与分母同除以 p_j°，并将式(1-81)代入，可得

$$y_i=\frac{\alpha_{ij}x_i}{\alpha_{1j}x_1+\alpha_{2j}x_2+\cdots+\alpha_{nj}x_n}=\frac{\alpha_{ij}x_i}{\sum\limits_{i=1}^{n}\alpha_{ij}x_i} \tag{1-82}$$

同理可得

$$x_i=\frac{y_i/\alpha_{ij}}{\sum\limits_{i=1}^{n}(y_i/\alpha_{ij})} \tag{1-83}$$

式(1-82)及式(1-83)为用相对挥发度法表示的气液平衡关系。显然，只要求出各组分对基准组分的相对挥发度，就可利用式(1-82)和式(1-83)计算平衡时的气相或液相组成。

上述两种气液平衡表示法，没有本质的差别。一般，若精馏塔中相对挥发度变化不大，则用相对挥发度法计算平衡关系较为简便；若相对挥发度变化较大，则用平衡常数法计算较为准确。

2. 非理想系统的气液平衡

非理想系统的气液平衡可分为以下三种情况。

1）气相是非理想气体，液相是理想溶液

若系统的压力较高，气相不能视为理想气体，但液相仍是理想溶液，此时需用逸度代替压力，修正的拉乌尔定律和道尔顿定律可分别表示为

$$f_{iL}=f_{iL}^\circ x_i,\ f_{iV}=f_{iV}^\circ y_i$$

式中 f_{iL}、f_{iV}——液相及气相混合物中组分 i 的逸度，Pa；

f_{iL}°、f_{iV}°——液相和气相的纯组分 i 在压力 p 及温度 t 下的逸度，Pa。

两相达到平衡时，$f_{iL}=f_{iV}$，所以

$$K_i=\frac{y_i}{x_i}=\frac{f_{iL}^\circ}{f_{iV}^\circ} \tag{1-84}$$

比较式(1-84)和式(1-80)可以看出，在压力较高时，只要用逸度代替压力，就可以计算得到平衡常数。逸度的求法可参阅有关资料。

2）气相为理想气体，液相为非理想溶液

非理想溶液遵循修正的拉乌尔定律，即

$$p_i = \gamma_i p_i^{\circ} x_i \tag{1-85}$$

式中 γ_i——组分 i 的活度系数。

对理想溶液，活度系数等于1；对非理想溶液，活度系数可大于1，也可小于1，相应的溶液分别称为正偏差或负偏差的非理想溶液。

理想气体遵循道尔顿定律，即

$$p_i = p y_i$$

将上式代入式(1-85)中，并整理得

$$K_i = \frac{\gamma_i p_i^{\circ}}{p} \tag{1-86}$$

活度系数随压力、温度及组成而变，其中压力影响较小，一般可忽略，而组成的影响较大。活度系数的求法可参阅有关资料。

3）气相为非理想气体，液相为非理想溶液

两相均为非理想状态时，式(1-86)相应变为

$$K_i = \frac{\gamma_i f_{i\mathrm{L}}^{\circ}}{f_{i\mathrm{V}}^{\circ}} \tag{1-87}$$

此外，对于由烷烃、烯烃所构成的混合液，经过实验测定和理论推算，得到了如图1-44所示的 p-T-K 列线图。该图左侧为压力标尺，右侧为温度标尺，中间各曲线为烃类的 K 值标尺。使用时只要在图上找出代表平衡压力和温度的点，然后连成直线，由此直线与某烃类曲线的交点，即可读得 K 值。应予指出，由于 p-T-K 列线图仅涉及压力和温度对 K 的影响，而忽略了各组分之间的相互影响，故由此求得的 K 值与实验值有一定的偏差。

3. 相平衡常数的应用

在多组分精馏的计算中，相平衡常数可用来计算泡点温度、露点温度和汽化率等。

1）泡点温度及平衡气相组成的计算

$$y_1 + y_2 + \cdots + y_n = 1$$

或
$$\sum_{i=1}^{n} y_i = 1 \tag{1-88}$$

将式(1-79)代入式(1-88)，可得

$$\sum_{i=1}^{n} K_i x_i = 1 \tag{1-88a}$$

利用式(1-88)可计算液体混合物的泡点温度和平衡气相组成。显然，计算时要应用试差法，即先假设泡点温度，根据已知的压力和所设的温度，求出平衡常数，再校核 $\sum K_i x_i$ 是否等于1。若是，即表示所设的泡点温度正确，否则应另设温度，重复上面的计算，直至 $\sum K_i x_i \approx 1$ 为止，此时的温度和气相组成即为所求。

2）露点温度和平衡液相组成的计算

$$x_1 + x_2 + \cdots + x_n = 1$$

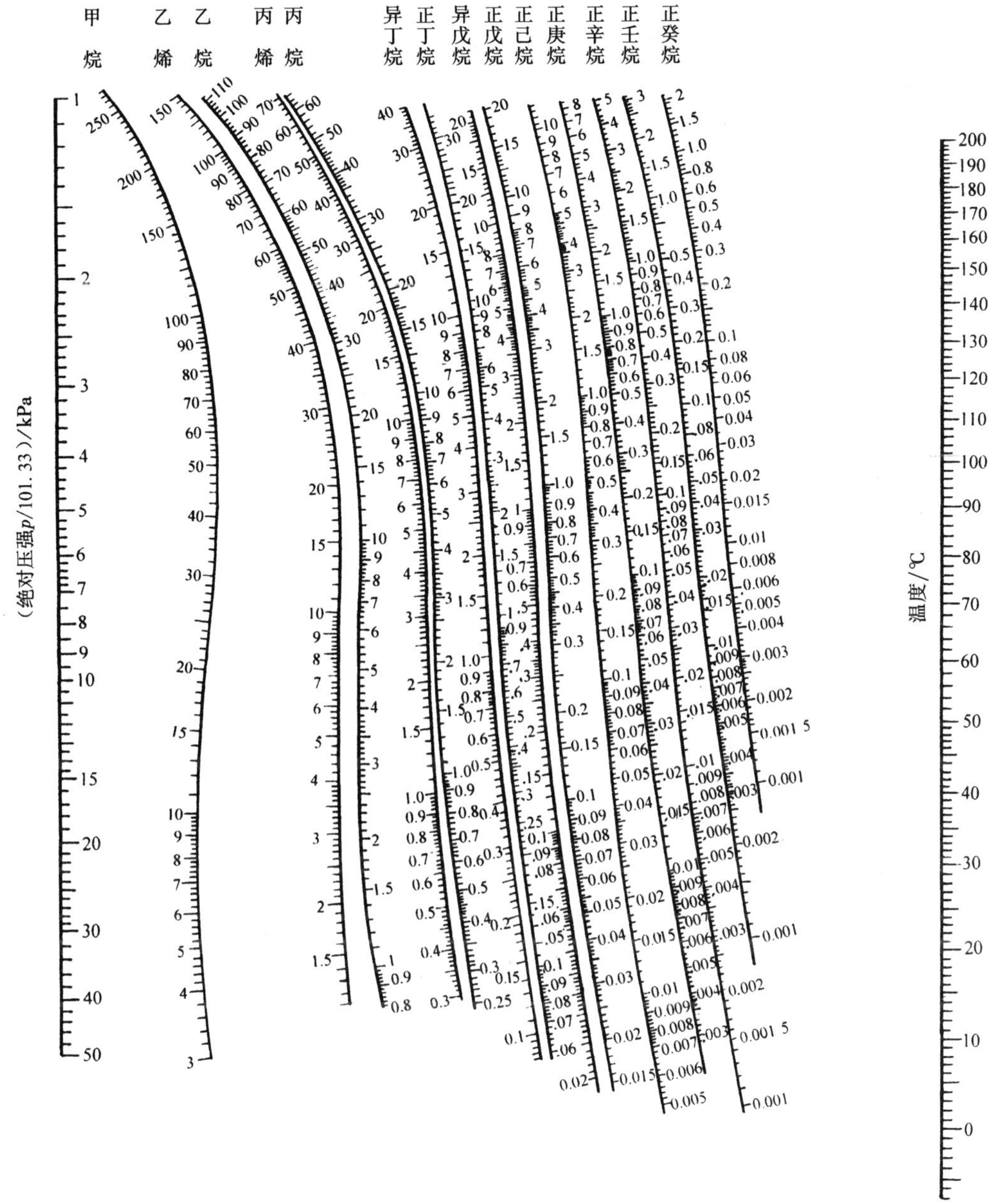

图1-44 烃类的 *p-T-K* 图(高温段)

或
$$\sum_{i=1}^{n} x_i = 1 \tag{1-89}$$

将式(1-79)代入式(1-89),可得

$$\sum_{i=1}^{n} \frac{y_i}{K_i} = 1 \tag{1-89a}$$

利用式(1-89)可计算气相混合物的露点温度及平衡液相组成。计算时也应用试差法。试差原则与计算泡点温度时的完全相同。

应予指出,利用相对挥发度法进行上述计算,可得到相似的结果。

3）多组分溶液的部分汽化

将多组分溶液部分汽化后，两相的量和组成随压力及温度而变化，它们的定量关系可推导如下。

对一定量的原料液作物料衡算，即

总物料 $F = V + L$

任一组分 $Fx_{Fi} = Vy_i + Lx_i$

而 $y_i = Kx_i$

由以上三式联立解得

$$y_i = \frac{x_{Fi}}{\frac{V}{F}\left(1 - \frac{1}{K_i}\right) + \frac{1}{K_i}} \tag{1-90}$$

式中 $\frac{V}{F}$——汽化率；

x_{Fi}——液相混合物中任意组分 i 的组成，摩尔分数。

当物系的温度和压力一定时，可用式（1-90）及式（1-88）计算汽化率及相应的气液相组成。反之，当汽化率一定时，也可用式（1-90）及式（1-88）计算汽化条件。

【例1-15】 有一含正丁烷0.2、正戊烷0.5和正己烷0.3（均为摩尔分数）的混合液，试求压力为 101.33×10^4 Pa 时的泡点温度及平衡的气相组成。

解：假设该混合液的泡点温度为130 ℃，由图1-44查出 101.33×10^4 Pa、130 ℃下各组分的平衡常数：正丁烷 $K_1 = 2.05$；正戊烷 $K_2 = 0.96$；正己烷 $K_3 = 0.50$。所以

$$\sum y_i = K_1x_1 + K_2x_2 + K_3x_3 = 2.05 \times 0.2 + 0.96 \times 0.5 + 0.5 \times 0.3 = 1.04$$

由于 $\sum y_i > 1$，故再设泡点温度为127 ℃，查得 K_i 值及计算结果列于本例附表中。

例1-15 附表

组分	x_i	K_i（127 ℃，$1.013\,3 \times 10^3$ kPa）	$y_i = K_ix_i$
正丁烷	0.2	1.95	0.390
正戊烷	0.5	0.92	0.460
正己烷	0.3	0.49	0.147
Σ	1.0		0.997

因 $\sum y_i \approx 1$，故所设泡点温度正确，表中所列的气相组成即为所求。

求解本例的关键是，理解在确定多组分蒸馏体系的相平衡关系时相平衡常数法较为便捷。

【例1-16】 若将例1-15中的液体混合物部分汽化，汽化压力为 101.33×10^4 Pa、温度为135 ℃，试求汽化率及气、液两相组成。

解：由图1-44查出在 101.33×10^4 Pa、135 ℃下各组分的平衡常数为：正丁烷 $K_1 = 2.18$；正戊烷 $K_2 = 1.04$；正己烷 $K_3 = 0.56$。

假设 $V/F = 0.49$，代入式（1-90），可得

$$y_1=\frac{x_{F1}}{\frac{V}{F}\left(1-\frac{1}{K_1}\right)+\frac{1}{K_1}}=\frac{0.2}{0.49\times\left(1-\frac{1}{2.18}\right)+\frac{1}{2.18}}=0.2762$$

$$y_2=\frac{0.5}{0.49\times\left(1-\frac{1}{1.04}\right)+\frac{1}{1.04}}=0.51$$

$$y_3=\frac{0.3}{0.49\times\left(1-\frac{1}{0.56}\right)+\frac{1}{0.56}}=0.2142$$

$$\sum y_i=0.2762+0.51+0.2142=1.0004\approx1$$

计算结果表明所设汽化率符合要求。再用式(1-79)求平衡液相组成,即

$$x_1=\frac{y_1}{K_1}=\frac{0.2762}{2.18}=0.1267$$

$$x_2=\frac{y_2}{K_2}=\frac{0.51}{1.04}=0.4904$$

$$x_3=\frac{y_3}{K_3}=\frac{0.2142}{0.56}=0.3825$$

$$\sum x_i=0.9996\approx1$$

应予指出,一般试算时可能要有重复的计算过程,本例为简明起见,将中间试算的部分略去。

1.8.3 关键组分的概念及各组分在塔顶和塔底产品中的预分配

与两组分精馏一样,为求精馏塔的理论板层数,需要知道塔顶和塔底产品的组成。在两组分精馏中,这些组成通常由工艺条件规定。但在多组分精馏中,对两产品的组成,一般只能规定馏出液中某组分的含量不能高于某一限值,釜液中另一组分的含量不能高于另一限值,两产品中其他组分的含量都不能任意规定,而要确定它们又很困难。针对这种情况,为了简化计算,引入关键组分的概念。

1. 关键组分

在待分离的多组分溶液中,选取工艺中最关心的两个组分(一般是选择挥发度相邻的两个组分),规定它们在塔顶和塔底产品中的组成或回收率,即分离要求,那么在一定的分离条件下,所需的理论板层数和其他组分的组成也随之而定。由于所选定的两个组分对多组分溶液的分离起控制作用,故称它们为关键组分,其中挥发度高的那个组分称为轻关键组分,挥发度低的称为重关键组分。

所谓轻关键组分,是指在进料中比其还要轻的组分(即挥发度更高的组分)及其自身的绝大部分进入馏出液中,而它在釜液中的含量应加以限制。所谓重关键组分,是指进料中比其还要重的组分(即挥发度更低的组分)及其自身的绝大部分进入釜液中,而它在馏出液的含量应加以限制。例如,分离由组分 A、B、C、D 和 E(按挥发度降低的顺序排列)所组成的混合液,根据分离要求,规定 B 为轻关键组分,C 为重关键组分。因此,在馏出液中有组分 A、B

及限量的 C，而比 C 还要重的组分（D 和 E）在馏出液中只有极微量或没有。同样，在釜液中有组分 E、D、C 及限量的 B，比 B 还轻的组分 A 在釜液中含量极微或不出现。

此外，有时因相邻的轻重关键组分之一的含量很低，也可选择与它们邻近的某一组分为关键组分，如上述的组分 C 含量若很低，就可选择 B、D 分别为轻、重关键组分。

2. 组分在塔顶和塔底产品中的预分配

在多组分精馏中，一般先规定关键组分在塔顶和塔底产品中的组成或回收率，其他组分的分配应通过物料衡算或近似估算得到，待求出理论板层数后，再核算塔顶和塔底产品的组成。根据各组分间挥发度的差异，可按以下两种情况进行组分在产品中的预分配。

1）清晰分割的情况

若两关键组分的挥发度相差较大，且两者为相邻组分，此时可认为比重关键组分还重的组分全部在塔底产品中，比轻关键组分还轻的组分全部在塔顶产品中，这种情况称为清晰分割。

清晰分割时，非关键组分在两产品中的分配可以通过物料衡算求得，计算过程见例 1-17。

【例 1-17】 在连续精馏塔中，分离由组分 A、B、C、D、E、F 和 G（按挥发度降低的顺序排列）所组成的混合液。若 C 为轻关键组分，在釜液中的组成为 0.004（摩尔分数，下同）；D 为重关键组分，在馏出液中的组成为 0.004。试估算其他组分在产品中的组成。假设本例为清晰分割。

原料液的摩尔组成列于本例附表 1 中。

例 1-17 附表 1

组分	A	B	C	D	E	F	G	Σ
x_F	0.213	0.144	0.108	0.142	0.195	0.141	0.057	1.000

解：基准为 $F=100$ kmol/h。C 为轻关键组分，且 $x_{W,C}=0.004$，D 为重关键组分，且 $x_{D,D}=0.004$。

因本例为清晰分割，即比重关键组分还重的组分在塔顶产品中不出现，比轻关键组分还轻的组分在塔底产品中不出现，故对全塔作各组分的物料衡算，即

$$F_i = D_i + W_i$$

计算结果列于本例附表 2 中。

例 1-17 附表 2

组分	A	B	C	D	E	F	G	Σ
进料量/(kmol/h)	21.3	14.4	10.8	14.2	19.5	14.1	5.7	100
塔顶产品流量/(kmol/h)	21.3	14.4	$(10.8-0.004W)$	$0.004D$	0.0	0.0	0.0	D
塔底产品流量/(kmol/h)	0.0	0.0	$0.004W$	$(14.2-0.004D)$	19.5	14.1	5.7	W

由上表可知馏出液流量为

$$D=21.3+14.4+(10.8-0.004W)+0.004D$$

即 $$0.996D=46.5-0.004W$$

又由总物料衡算得

$$D=100-W$$

联立上两式解得：$D=46.5\ \text{kmol/h}$，$W=53.5\ \text{kmol/h}$。

计算得到的各组分在两产品中的预分配情况列于本例附表3中。

例1-17 附表3

组分		A	B	C	D	E	F	G	Σ
塔顶产品	流量/(kmol/h)	21.30	14.40	10.6	0.19	0	0	0	46.5
	组成	0.458	0.310	0.228	0.004	0	0	0	1.000
塔底产品	流量/(kmol/h)	0	0	0.21	14.0	19.5	14.1	5.7	53.5
	组成	0	0	0.004	0.262	0.364	0.264	0.107	1.000

本例求解的关键在于理解清晰分割的概念和掌握多组分蒸馏的物料衡算。

2）非清晰分割的情况

若两关键组分不是相邻组分，则塔顶和塔底产品中必有中间组分；或者，若进料中非关键组分的相对挥发度与关键组分的相差不大，则塔顶产品中就含有比重关键组分还重的组分，塔底产品中就会含有比轻关键组分还轻的组分，上述两种情况称为非清晰分割。

非清晰分割时，各组分在塔顶和塔底产品中的分配情况不能用上述的物料衡算求得，但可用芬斯克全回流公式进行估算。计算中需作假设：①在任何回流比下操作时，各组分在塔顶和塔底产品中的分配情况与全回流操作时的相同；②非关键组分在产品中的分配情况与关键组分的也相同。

多组分精馏时，全回流操作下芬斯克方程式可表示为

$$N_{\min}+1=\frac{\lg\left[\left(\frac{x_l}{x_h}\right)_D\left(\frac{x_h}{x_l}\right)_W\right]}{\lg\alpha_{lh}} \tag{1-91}$$

式中 下标 l——轻关键组分；

h——重关键组分。

$$\left(\frac{x_l}{x_h}\right)_D=\frac{D_l}{D_h},\quad \left(\frac{x_h}{x_l}\right)_W=\frac{W_h}{W_l}$$

式中 D_l、D_h——馏出液中轻、重关键组分的流量，kmol/h；

W_l、W_h——釜液中轻、重关键组分的流量，kmol/h。

将上两式代入式(1-91)得

$$N_{\min}+1=\frac{\lg\left[\left(\frac{D_l}{D_h}\right)\left(\frac{W_h}{W_l}\right)\right]}{\lg\alpha_{lh}}=\frac{\lg\left[\left(\frac{D}{W}\right)_l\left(\frac{W}{D}\right)_h\right]}{\lg\alpha_{lh}} \tag{1-92}$$

式(1-92)表示全回流下轻、重关键组分在塔顶和塔底产品中的分配关系。根据前述的假设,式(1-92)也适用于任意组分 i 和重关键组分之间的分配,即

$$N_{\min}+1=\frac{\lg\left[\left(\frac{D}{W}\right)_i\left(\frac{W}{D}\right)_h\right]}{\lg\alpha_{ih}} \tag{1-93}$$

由式(1-92)及式(1-93)可得

$$\frac{\lg\left[\left(\frac{D}{W}\right)_l\left(\frac{W}{D}\right)_h\right]}{\lg\alpha_{lh}}=\frac{\lg\left[\left(\frac{D}{W}\right)_i\left(\frac{W}{D}\right)_h\right]}{\lg\alpha_{ih}} \tag{1-94}$$

因 $\alpha_{hh}=1,\lg\alpha_{hh}=0$,故上式可改写为

$$\frac{\lg\left(\frac{D}{W}\right)_l-\lg\left(\frac{D}{W}\right)_h}{\lg\alpha_{lh}-\lg\alpha_{hh}}=\frac{\lg\left(\frac{D}{W}\right)_i-\lg\left(\frac{D}{W}\right)_h}{\lg\alpha_{ih}-\lg\alpha_{hh}} \tag{1-95}$$

式(1-95)表示全回流下任意组分在两产品中的分配关系。根据前述的假设,式(1-95)可用于估算任何回流比下各组分在两产品中的分配。这种估算各组分在塔顶和塔底产品中分配的方法称为亨斯特别克(Hengstebeck)法。

式(1-95)也可使用图解法求算,图解步骤如下。

①在双对数坐标上,以 α_{ih} 为横坐标,$\left(\frac{D}{W}\right)_i$ 为纵坐标。根据$\left[\alpha_{lh},\left(\frac{D}{W}\right)_l\right]$、$\left[\alpha_{hh},\left(\frac{D}{W}\right)_h\right]$定出相应的 a、b 两点,如图1-45所示。

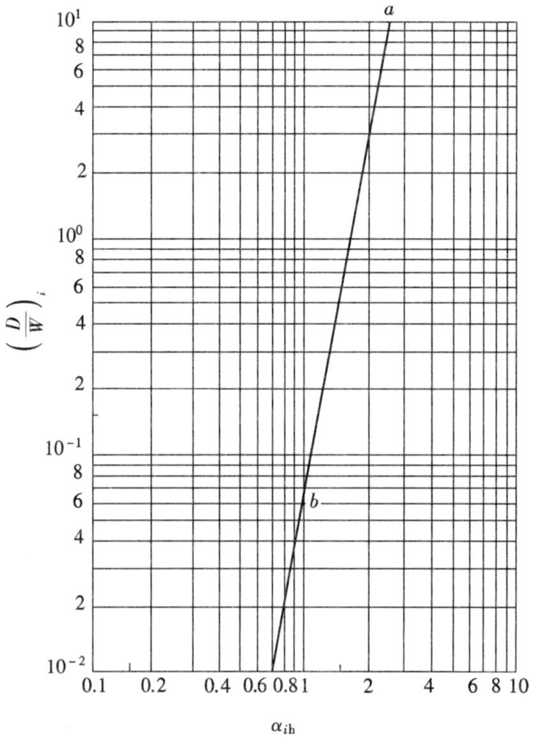

图1-45 组分在两产品中的分配与相对挥发度的关系

②连接 a、b 两点，其他组分的分配点必落在 ab 或其延长线上。由 α_{ih} 即可求得 $\left(\frac{D}{W}\right)_i$。

应予指出，式(1-95)中相对挥发度可取为塔顶和塔底的或塔顶、进料口和塔底的几何平均值。但在开始估算时，塔顶和塔底的温度均为未知值，故需要用试差法，即先假设各处的温度，由此算出平均相对挥发度，再用亨斯特别克法算出馏出液和釜液的组成，而后由此组成校核所设的温度是否正确，如两者温度不吻合，则根据后者算出的温度，重复前述的计算，直到前后两次温度基本相符为止。为了减少试差次数，初值可按清晰分割计算得到的组成来估计。

【例 1-18】 在连续精馏塔中，分离本例附表 1 所示的液体混合物。操作压力为 2 776.4 kPa。若要求馏出液中回收进料中 91.1% 的乙烷，釜液中回收进料中 93.7% 的丙烯，试估算各组分在两产品中的组成。

原料液的组成及平均操作条件下各组分对重关键组分的相对挥发度列于本例附表 1。

例 1-18 附表 1

组分	甲烷	乙烷	丙烯	丙烷	异丁烷	正丁烷
组成 x_{Fi}	0.05	0.35	0.15	0.20	0.10	0.15
平均相对挥发度 α_{ih}	10.950	2.590	1.000	0.884	0.422	0.296

解：以原料液 100 kmol/h 为基准。根据题意知：乙烷为轻关键组分，丙烯为重关键组分。

(1)轻、重关键组分在两产品中的分配比

塔顶产品中乙烷流量为

$$D_l = 100 \times 0.35 \times 0.911 = 31.89 \text{ kmol/h}$$

塔底产品中乙烷流量为

$$W_l = F_l - D_l = 100 \times 0.35 - 31.89 = 3.11 \text{ kmol/h}$$

所以 $$\left(\frac{D}{W}\right)_l = \frac{31.89}{3.11} = 10.25$$

又塔底产品中丙烯流量为

$$W_h = 100 \times 0.15 \times 0.937 = 14.06 \text{ kmol/h}$$

塔顶产品中丙烯流量为

$$D_h = F_h - W_h = 100 \times 0.15 - 14.06 = 0.94 \text{ kmol/h}$$

所以 $$\left(\frac{D}{W}\right)_h = \frac{0.94}{14.06} = 0.067$$

(2)标绘组分的分配关系线

在双对数坐标上以 α_{ih} 为横坐标，$\left(\frac{D}{W}\right)_i$ 为纵坐标，然后由 $\left[\alpha_{lh} = 2.59, \left(\frac{D}{W}\right)_l = 10.25\right]$ 定出点 a，由 $\left[\alpha_{hh} = 1, \left(\frac{D}{W}\right)_h = 0.067\right]$ 定出点 b，连接 ab 并延长，所得直线即为分配关系线，如图

1-45 所示。因该图的纵坐标拉得很长,故书中没有全部绘出。若为了作图方便,也可改用直角坐标,只要将 α_{ih} 和 $\left(\frac{D}{W}\right)_i$ 改为对数值即可。

(3)各组分在两产品中的分配

利用图 1-45 所示的分配关系,由各组分的 α_{ih} 找出相应的 $\left(\frac{D}{W}\right)_i$,结果列于本例的附表 2 中。

例 1-18 附表 2

组分	甲烷	乙烷	丙烯	丙烷	异丁烷	正丁烷	Σ
α_{ih}	10.95	2.59	1	0.884	0.422	0.296	
$\left(\frac{D}{W}\right)_i$	20 000	10.25	0.067	0.034	0.000 66	0.000 082	
D_i/(kmol/h)	5	31.89	0.942	0.657	0.006 6	0	38.5
x_{Di}	0.130	0.828	0.024 5	0.017 1	0.000 171	0	1.00
W_i/(kmol/h)	0	3.11	14.06	19.342	9.993	15	61.51
x_{Wi}	0	0.050 6	0.229	0.314	0.162	0.244	1.00

产品中各组分流量 D_i 和 W_i 可根据分配比和物料衡算求得,计算结果也列于本例附表 2 中。下面以丙烷为例,计算如下:

$$\left(\frac{D}{W}\right)_{丙烷}=0.034(由题查得)$$

$$D_{丙烷}+W_{丙烷}=F_{丙烷}=100\times0.2=20\ \text{kmol/h}$$

联立上两式解得

$$D_{丙烷}=0.657\ \text{kmol/h},\quad W_{丙烷}=19.343\ \text{kmol/h}$$

应予指出,欲得到更准确的结果,可用此次计算得到的组成,再求出相应的温度及平均相对挥发度,重复上面的计算,直至先后两次的计算结果相符(或满足一定精度要求)为止。

本例考察亨斯特别克法的应用,关键是能合理确定轻重关键组分并计算相关的相对挥发度,同时能正确进行多组分体系的物料衡算。

1.8.4 最小回流比

在两组分精馏计算中,通常用图解法确定最小回流比。对于有正常形状平衡曲线的物系,当在最小回流比下操作时,一般来说进料板附近区域为恒浓区(亦称夹紧区),即在此处精馏无增浓作用,因此为完成一定分离任务就需无限多层理论板。

在多组分精馏计算中,必须用解析法求最小回流比。在最小回流比下操作时,塔内也会出现恒浓区,但常常有两个恒浓区。一个在进料板以上某一位置,称为上恒浓区;另一个在进料板以下某一位置,称为下恒浓区。具有两个恒浓区的原因是,进料中所有组分并非全部出现在塔顶或塔底产品中。例如,比重关键组分还重的某些组分可能不出现在塔顶产品中,这些组分在精馏段下部的几层塔板中被分离，其组成便达到无限低，而后其他组分才进入上恒浓区。同样，比轻关键组分还轻的某些组分可能不出现在塔底产品中，这些组分在提馏段上部的几层塔板中被分离，其组成便达到无限低，而后其他组分才进入下恒浓区。若所有组分都出现在塔顶产品中，则上恒浓区接近于进料板；若所有组分都出现在塔底产品中，则下恒浓区接近于进料板；若所有组分同时出现在塔顶产品和塔底产品中，则上下恒浓区合二为一，即进料板附近为恒浓区。

计算最小回流比的关键是确定恒浓区的位置。显然，这种位置是不容易定出的，因此严格或精确地计算最小回流比就很困难。一般多采用简化公式估算，常用的是恩德伍德（Underwood）公式，即

$$\sum_{i=1}^{n}\frac{\alpha_{ij}x_{Fi}}{\alpha_{ij}-\theta}=1-q \tag{1-96}$$

$$R_{min}=\sum_{i=1}^{n}\frac{\alpha_{ij}x_{Di}}{\alpha_{ij}-\theta}-1 \tag{1-97}$$

式中 α_{ij}——组分 i 对基准组分 j（一般为重关键组分或重组分）的相对挥发度，可取塔顶和塔底的几何平均值；

θ——式(1-96)的根，其值介于轻重关键组分对基准组分的相对挥发度之间。

若轻重关键组分为相邻组分，θ 仅有一个值；若两关键组分之间有 k 个中间组分，则 θ 将有 $k+1$ 个值。

在求解上述两方程时，需先用试差法由式(1-96)求出 θ 值，然后再由式(1-97)求出 R_{min}。当两关键组分有中间组分时，可求得多个 R_{min} 值，设计时可取 R_{min} 的平均值。

应予注意，恩德伍德公式的应用条件：①塔内气液相作恒摩尔流动；②各组分的相对挥发度为常量。

1.8.5 简捷法确定理论板层数

用简捷法求理论板层数时，基本原则是将多组分精馏简化为轻重关键组分的“两组分精馏”，故可采用芬斯克方程及吉利兰图求理论板层数。简捷法求算理论板层数的具体步骤如下。

①根据分离要求确定关键组分。

②根据进料组成及分离要求进行物料衡算，初估各组分在塔顶产品和塔底产品中的组成，并计算各组分的相对挥发度。

③根据塔顶和塔底产品中轻重关键组分的组成及平均相对挥发度，用芬斯克方程式计算最小理论板层数 N_{min}。

④用恩德伍德公式确定最小回流比 R_{min}，再由 $R=(1.1\sim2)R_{min}$ 的关系选定操作回流比 R。

⑤利用吉利兰图求算理论板层数 N。

⑥可仿照两组分精馏计算中所采用的方法确定进料板位置。若为泡点进料，也可用下

面的经验公式计算,即

$$\lg \frac{n}{m} = 0.206\lg\left[\left(\frac{W}{D}\right)\left(\frac{x_{hF}}{x_{lF}}\right)\left(\frac{x_{lW}}{x_{hD}}\right)^2\right] \tag{1-98}$$

式中 n——精馏段理论板层数;

m——提馏段理论板层数(包括再沸器)。

简捷法求理论板层数虽然简单,但因没有考虑其他组分存在的影响,计算结果误差较大。简捷法一般适用于初步估算或初步设计。

【例 1-19】 在连续精馏塔中分离多组分混合液。进料和产品的组成以及平均操作条件下各组分对重关键组分的相对挥发度示于本例附表 1 中,进料为饱和液体。试求:(1)最小回流比 R_{min};(2)若回流比 $R=1.5R_{min}$,用简捷法求理论板层数。

解:(1)最小回流比

因饱和液体进料,故 $q=1$。先用试差法求下式中的 θ 值($1<\theta<2.5$),即

$$\sum_{i=1}^{4} \frac{\alpha_{ih}x_{Fi}}{\alpha_{ih}-\theta} = 1-q = 0$$

例 1-19 附表 1

组分	进料组成 x_{Fi}	馏出液组成 x_{Di}	釜液组成 x_{Wi}	相对挥发度 α_{ih}
A	0.25	0.50	0.00	5.0
B(轻关键组分)	0.25	0.48	0.02	2.5
C(重关键组分)	0.25	0.02	0.48	1.0
D	0.25	0.00	0.50	0.2

假设若干 θ 值,计算得到的结果列于本例附表 2 中。

例 1-19 附表 2

假设的 θ 值	1.30	1.310	1.306	1.307
$\sum_{i=1}^{4} \frac{\alpha_{ih}x_{Fi}}{\alpha_{ih}-\theta}$	−0.020 1	0.012 5	−0.000 310	−0.002 87

由附表 2 可知,$\theta \approx 1.306$。

最小回流比 R_{min} 由下式计算,即

$$R_{min} = \sum_{i=1}^{4} \frac{\alpha_{ih}x_{Di}}{\alpha_{ih}-\theta} - 1 = \frac{5\times0.5}{5-1.306} + \frac{2.5\times0.48}{2.5-1.306} + \frac{1\times0.02}{1-1.306} + \frac{0.2\times0}{0.2-1.306} - 1 = 0.62$$

取 $R=1.5R_{min}=1.5\times0.62=0.93$。

(2)理论板层数

由芬斯克方程式求 N_{min},即

$$N_{\min}=\frac{\lg\left[\left(\frac{x_l}{x_h}\right)_D\left(\frac{x_h}{x_l}\right)_W\right]}{\lg\alpha_{lh}}-1=\frac{\lg\left[\left(\frac{0.48}{0.02}\right)\left(\frac{0.48}{0.02}\right)\right]}{\lg 2.5}-1=5.9$$

而
$$\frac{R-R_{\min}}{R+1}=\frac{0.93-0.62}{0.93+1}=0.161$$

查吉利兰图得

$$\frac{N-N_{\min}}{N+2}=0.47$$

解得 $N=13$（不包括再沸器）。

本例考察多组分精馏过程最小回流比的确定和采用简捷法获取理论板数。关键是可以灵活运用恩德伍德方程确定最小回流比和利用芬斯克方程确定最小理论板数。此处要注意芬斯克方程在两组分和多组分精馏中应用的不同。

习 题

综合性练习题解析

1. 已知含苯 0.5（摩尔分数）的苯—甲苯混合液，若外压为 99 kPa，试求该溶液的泡点温度。苯和甲苯的饱和蒸气压数据见例 1-1 附表。〔答：92 ℃〕

2. 正戊烷（C_5H_{12}）和正己烷（C_6H_{14}）的饱和蒸气压数据列于本题附表，试求 $p=13.3$ kPa 下该溶液的平衡数据。假设该溶液为理想溶液。

习题 2 附表

温度/K	C_5H_{12}	223.1	233.0	244.0	251.0	260.6	275.1	291.7	309.3
	C_6H_{14}	248.2	259.1	276.9	279.0	289.0	304.8	322.8	341.9
饱和蒸气压/kPa		1.3	2.6	5.3	8.0	13.3	26.6	53.2	101.3

〔答：略〕

3. 利用习题 2 的数据，计算：(1) 平均相对挥发度；(2) 在平均相对挥发度下的 x-y 数据，并与习题 2 的结果相比较。〔答：(1) $\alpha_m=4.51$；(2) 略〕

4. 在常压下将某原料液组成为 0.6（易挥发组分的摩尔分数）的两组分溶液分别进行简单蒸馏和平衡蒸馏，若汽化率为 1/3，试求两种情况下的釜液和馏出液组成。假设在操作范围内气液平衡关系可表示为

$$y=0.46x+0.549$$

〔答：(1) $x=0.498$，$\bar{y}=0.804$；(2) $x=0.509$，$y=0.783$〕

5. 在连续精馏塔中分离由二硫化碳和四氯化碳所组成的混合液。已知原料液流量为 4 000 kg/h，组成为 0.3（二硫化碳的质量分数，下同）。若要求釜液组成不大于 0.05，馏出液回收率为 88%。试求馏出液的流量和组成，分别以摩尔流量和摩尔分数表示。〔答：$D=14.3$ kmol/h，$x_D=0.97$〕

6. 在常压操作的连续精馏塔中分离含甲醇0.4与水0.6(均为摩尔分数)的溶液,试求以下各种进料状况下的 q 值。(1)进料温度为40 ℃;(2)泡点进料;(3)饱和蒸气进料。

常压下甲醇—水溶液的平衡数据列于本题附表中。

习题6 附表

温度 t/℃	液相中甲醇的摩尔分数	气相中甲醇的摩尔分数	温度 t/℃	液相中甲醇的摩尔分数	气相中甲醇的摩尔分数
100.0	0.00	0.000	75.3	0.40	0.729
96.4	0.02	0.134	73.1	0.50	0.779
93.5	0.04	0.234	71.2	0.60	0.825
91.2	0.06	0.304	69.3	0.70	0.870
89.3	0.08	0.365	67.6	0.80	0.915
87.7	0.10	0.418	66.0	0.90	0.958
84.4	0.15	0.517	65.0	0.95	0.979
81.7	0.20	0.579	64.5	1.00	1.000
78.0	0.30	0.665			

已知甲醇的汽化潜热为1 055 kJ/kg,水的汽化潜热为2 320 J/kg。甲醇的比热容为2.68 kJ/(kg·℃),水的比热容为4.19 kJ/(kg·℃)。〔答:(1)$q=1.073$;(2)$q=1$;(3)$q=0$〕

7. 对习题6中的溶液,若原料液流量为100 kmol/h,馏出液组成为0.95,釜液组成为0.04(以上均为易挥发组分的摩尔分数),回流比为2.5。试求产品的流量、精馏段的下降液体流量和提馏段的上升蒸气流量。假设塔内气、液相均为恒摩尔流动。〔答:$D=39.6$ kmol/h,$L=99$ kmol/h,(1)$V'=145.9$ kmol/h;(2)$V'=138.6$ kmol/h;(3)$V'=38.6$ kmol/h〕

8. 某连续精馏操作中,已知操作线方程式为:精馏段 $y=0.723x+0.263$;提馏段 $y=1.25x-0.0187$。若原料液于露点温度下进入精馏塔中,试求原料液、馏出液和釜液的组成及回流比。

〔答:$x_D=0.95$,$x_W=0.0748$,$x_F=0.65$,$R=2.61$〕

9. 在常压连续精馏塔中,分离苯—甲苯混合液。若原料为饱和液体,其中含苯0.5(摩尔分数,下同)。塔顶馏出液组成为0.9,塔底釜液组成为0.1,回流比为2.0,试求理论板层数和加料板位置。苯—甲苯混合液的平衡数据见例1-1。〔答:$N_T=8$(包括再沸器)〕

10. 若原料液组成和热状况、分离要求、回流比及气液平衡关系均与习题9的相同,但回流温度为20 ℃,试求所需理论板层数。已知回流液体的泡点温度为83 ℃,平均汽化热为 3.2×10^4 kJ/kmol,平均比热容为140 kJ/(kmol·℃)。〔答:$N_T=7$(包括再沸器)〕

11. 用一连续精馏塔分离由组分A、B所组成的理想混合液。原料液中含A 0.44,馏出液中含A 0.957(以上均为摩尔分数)。已知溶液的平均相对挥发度为2.5,最小回流比为1.63,试说明原料液的热状况,并求出 q 值。〔答:气液混合物,$q=2/3$〕

12. 在连续精馏塔中分离某组成为0.5(易挥发组分的摩尔分数,下同)的两组分理想溶液。原料液于泡点下进入塔内。塔顶采用分凝器和全凝器。分凝器向塔内提供回流液,其组成为0.88,全凝器提供组成为0.95的合格产品。塔顶馏出液中易挥发组分的回收率为96%。若测得塔顶第一层板的液相组成为0.79,试求:(1)操作回流比和最小回流比;(2)若馏出液量为100 kmol/h,则原料液流量为多少?〔答:(1)$R=1.593$,$R_{min}=1.032$;(2)$F=198$ kmol/h〕

13. 在常压连续精馏塔内分离乙醇—水混合液，原料液为饱和液体，其中含乙醇 0.15(摩尔分数，下同)，馏出液组成不低于 0.8，釜液组成为 0.02，操作回流比为 2。若于精馏段某一塔板处侧线取料，其摩尔流量为馏出液摩尔流量的 1/2，侧线产品为饱和液体，组成为 0.6。试求所需的理论板层数、加料板及侧线取料口的位置。物系平衡数据见例 1-10。〔答：$N_T = 13$(包括再沸器)，加料板为第 11 层，侧线取料口为第 6 层〕

14. 在常压连续提馏塔中分离含乙醇 0.033(摩尔分数)的乙醇—水混合液。饱和液体进料，直接蒸汽加热。若要求塔顶产品中乙醇回收率为 99%，试求：(1)在理论板层数为无限多时，计算 1 mol 进料所需蒸汽量；(2)若蒸汽量取为最小蒸汽量的 2 倍，求所需理论板层数及两产品的组成。

假设塔内气、液相为恒摩尔流动。常压下气液平衡数据列于本题附表中。

习题 14 附表

x	0.000 0	0.008 0	0.020 0	0.029 6	0.033 0
y	0.000 0	0.075 0	0.175 0	0.250 0	0.270 0

〔答：(1) $V_{min} = 0.121$ mol；(2) $N_T = 5$，$x_D = 0.135$〕

15. 在连续操作的板式精馏塔中分离苯—甲苯混合液。在全回流条件下测得相邻板上的液相组成分别为 0.28、0.41 和 0.57，试求三层板中较低的两层的单板效率 E_{mV}。

操作条件下苯—甲苯混合液的平衡数据如下：

x	0.26	0.38	0.51
y	0.45	0.60	0.72

〔答：$E_{mV2} = 73\%$，$E_{mV3} = 67\%$〕

16. 在常压连续提馏塔中分离两组分理想溶液。原料液加热到泡点后从塔顶加入，原料液组成为 0.20(摩尔分数，下同)。提馏塔由蒸馏釜和一块实际板构成。现测得塔顶馏出液中易挥发组分的回收率为 80%，且馏出液组成为 0.28，物系的相对挥发度为 2.5。试求釜液组成和该层塔板的板效率(用气相表示)。蒸馏釜可视为一层理论板。〔答：$x_W = 0.094$，$E_{mV} = 65.5\%$〕

17. 在连续精馏塔中分离二硫化碳—四氯化碳混合液。原料液在泡点下进入塔内，其流量为 4 000 kg/h、组成为 0.3(二硫化碳摩尔分数，下同)。馏出液组成为 0.95，釜液组成为 0.025。操作回流比取为最小回流比的 1.5 倍，操作压力为常压，全塔操作平均温度为 61 ℃，空塔速度为 0.8 m/s，塔板间距为 0.4 m，全塔效率为 50%。试求：(1)实际塔板层数；(2)两产品的质量流量；(3)塔径；(4)塔的有效高度。

常压下二硫化碳—四氯化碳溶液的平衡数据见例 1-14。

〔答：(1) $N_P = 20$；(2) $D' = 732$ kg/h，$W' = 3\ 268$ kg/h；(3) $D = 0.627$ m；(4) $H = 7.6$ m〕

18. 求习题 17 中冷凝器的热负荷和冷却水消耗量及再沸器的热负荷和加热蒸汽消耗量。假设热损失可忽略。已知条件：(1)塔的各截面上的操作温度为进料 62 ℃、塔顶 47 ℃、塔底 75 ℃，回流液和馏出液温度为 40 ℃。47 ℃下 CS_2 的汽化潜热为 345 kJ/kg，CCl_4 的汽化潜热为 190 kJ/kg；同温度下 CS_2 的比热容为 0.95 kJ/(kg·K)，CCl_4 的比热容为 0.8 kJ/(kg·K)。75 ℃下 CS_2 的汽化潜热为 300 kJ/kg，CCl_4 的汽化潜热为 185 kJ/kg。(2)加热蒸汽表压力为 100 kPa，冷凝水在饱和温度下排出；(3)冷却水进、出口温度分别为25 ℃和30 ℃。〔答：Q_C = 872 300 kJ/h，W_c ≈ 42 000 kg/h，Q_B ≈ 918 500 kJ/h，W_h = 416 kg/h〕

19. 若将含有苯、甲苯和乙苯的三组分混合液进行一次部分汽化，操作压力为常压，温度为120 ℃，原料液中含苯0.05（摩尔分数），试分别用相平衡常数法和相对挥发度法求平衡的气液相组成。混合液可视为理想溶液。苯、甲苯和乙苯的饱和蒸气压可用安托尼（Antoine）方程求算，即

$$\lg p^\circ = A - \frac{B}{t + C}$$

式中 t——物系温度，℃；

p°——饱和蒸气压，kPa；

A、B、C——安托尼常数。

苯、甲苯和乙苯的安托尼常数见本题附表。

习题19附表

组分	安托尼常数		
	A	B	C
苯	6.023	1 206.35	220.24
甲苯	6.078	1 343.94	219.58
乙苯	6.079	1 421.91	212.93

〔答：略〕

20. 在连续精馏塔中，分离由A、B、C、D（挥发度依次下降）所组成的混合液。若要求在馏出液中回收原料液中95%的B，釜液中回收95%的C，试用亨斯特别克法估算各组分在产品中的组成。假设原料液可视为理想物系。原料液的组成及平均操作条件下各组分的相平衡常数列于本题附表中。

习题20附表

组分	A	B	C	D
组成 x_{Fi}	0.06	0.17	0.32	0.45
相平衡常数 K_i	2.17	1.67	0.84	0.71

〔答：略〕

21. 在连续精馏塔中，将习题20的原料液进行分离。若原料液在泡点温度下进入精馏塔内，回流比取为最小回流比的1.5倍。试用简捷法求所需的理论板层数及进料口的位置。

〔答：N_T ≈ 14，进料板为第8层〕

22*. 在一常压连续精馏塔中分离某二元理想混合物。已知原料液的流量为100 kmol/h，组成为0.5（易挥发组分的摩尔分数，下同）。塔顶采用分凝器和全凝器，分凝器中液相泡点回流。塔顶全凝器中蒸气冷凝潜热为3.2×10^4 kJ/kmol；冷却水流量为3.8×10^4 kg/h，其进、出口温度分别为20 ℃和30 ℃，平均定压比热容为4.178 kJ/（kg · ℃）。塔顶馏出液中易挥发组分的回收率为95%。离开塔

顶第一块塔板的气、液组成分别为 0.92 和 0.86，进入第一块塔板的气相组成为 0.89。操作回流比为最小回流比的 2 倍。试解决以下问题：

(1)画出精馏系统内气、液流动路径的示意图；

(2)确定精馏塔的进料热状况；

(3)确定塔顶第一块塔板的气相单板效率 E_{MV1}；

(4)若塔底再沸器中加热蒸汽的压力为 40 kPa(表压)，进入再沸器中液体物料的汽化潜热为 2.8×10^4 kJ/kmol，再沸器热损失为 10%，确定加热蒸汽的耗量(kg/h)；

(5)若塔板间距为 0.4 m，总板效率为 0.6，选择一种计算机语言，编程计算所需精馏塔的有效高度(m)；

(6)对上述精馏塔，通过分析给出一些可能的节能途径。

〔答：略〕

23*. 在常压连续精馏塔中分离苯—甲苯混合液。原料液流量为 100 kmol/h，组成为 0.42(苯的摩尔分数，下同)；泡点进料；塔顶采用全凝器，泡点回流，操作回流比为最小回流比的 1.6 倍；要求馏出液组成为 0.98，苯的回收率为 92%；全塔效率为 52%；空塔气速近似取为 0.85 m/s；塔板间距为 450 mm。现场测得一组操作数据：$x_{n-1}=0.270$，$x_n=0.230$。试求：

(1)精馏塔的有效高度；

(2)精馏塔的直径；

(3)再沸器和全凝器的热负荷(再沸器热损失按 20% 计)；

(4)第 n 块塔板气相单板效率。

注：①计算中忽略塔板压降；

②安托尼方程为 $\lg p^\circ = A - \dfrac{B}{t+C}$，苯和甲苯的安托尼常数如习题 19 附表所示。

③苯的汽化潜热为 393.9 kJ/kg，甲苯的汽化潜热为 363.0 kJ/kg。

[答：(1)10.3 m；(2)1.3 m；(3)5.6×10^6 kJ/h，4.2×10^6 kJ/h；(4)0.5]

思考题

1. 压力对气液平衡有何影响？一般如何确定精馏塔的操作压力？
2. 进料量对精馏塔板层数有无影响？为什么？
3. 在精馏计算中，恒摩尔流假定成立的条件是什么？如何简化精馏计算？
4. 比较精馏塔冷凝方式(全凝器冷凝和分凝器冷凝)，它们有何特点和适用场合？
5. 比较精馏塔加热方式(直接蒸汽加热和间接蒸汽加热)，它们有何特点和适用场合？
6. 对不正常形状的气液平衡曲线，是否必须通过曲线的切点来确定最小回流比 R_{min}？为什么？
7. 通常，精馏操作回流比 $R=(1.1\sim2)R_{min}$，试分析根据哪些因素确定倍数的大小。
8. 如何选择进料热状况？
9. 若精馏塔加料偏离适宜位置(其他操作条件均不变)，将会导致什么结果？
10. 试比较简单蒸馏和平衡蒸馏的异同。
11. 试比较简单蒸馏和间歇精馏的异同。
12. 影响精馏操作的主要因素有哪些？它们遵循哪些基本关系？

Chapter 2

第2章　吸收

本章符号说明

英文字母

a——填料层的有效比表面积，m^2/m^3；

A——吸收因数，量纲为1；

c_i——i组分的浓度，$kmol/m^3$；

c——总浓度，$kmol/m^3$；

d——直径，m；

d_e——填料层的当量直径，m；

D——在气相中的分子扩散系数，m^2/s；

D——塔径，m；

D'——在液相中的分子扩散系数，m^2/s；

D_E——涡流扩散系数，m^2/s；

E——亨利系数，kPa；

g——重力加速度，m/s^2；

G——气相的空塔质量速度，$kg/(m^2 \cdot s)$；

G_A——吸收负荷，即单位时间吸收的A物质的量，kmol/s；

H——溶解度系数，$kmol/(m^3 \cdot kPa)$；

H_G——气相传质单元高度，m；

H_L——液相传质单元高度，m；

H_{OG}——气相总传质单元高度，m；

H_{OL}——液相总传质单元高度，m；

J——扩散通量，$kmol/(m^2 \cdot s)$；

k_G——气膜吸收系数，$kmol/(m^2 \cdot s \cdot kPa)$；

k_L——液膜吸收系数，$kmol/(m^2 \cdot s \cdot kmol/m^3)$或m/s；

k_x——液膜吸收系数，$kmol/(m^2 \cdot s)$；

k_y——气膜吸收系数，$kmol/(m^2 \cdot s)$；

K_G——气相总吸收系数，$kmol/(m^2 \cdot s \cdot kPa)$；

K_L——液相总吸收系数，$kmol/(m^2 \cdot s \cdot kmol/m^3)$或m/s；

K_X——液相总吸收系数，$kmol/(m^2 \cdot s)$；

K_Y——气相总吸收系数，$kmol/(m^2 \cdot s)$；

l——特性尺寸，m；

L——吸收剂用量，kmol/s；

m——相平衡常数，量纲为1；

N——总体流动通量，$kmol/(m^2 \cdot s)$；

N_A——组分A的传质通量，$kmol/(m^2 \cdot s)$；

N_G——气相传质单元数，量纲为1；

N_L——液相传质单元数，量纲为1；

N_{OG}——气相总传质单元数，量纲为1；

N_{OL}——液相总传质单元数，量纲为1；

N_T——理论板层数；

p_i——i组分的分压，kPa；

p——总压，kPa；

R——通用气体常数,kJ/(kmol·K);
s——表面更新率,量纲为1;
T——热力学温度,K;
u——气体的空塔速度,m/s;
u_o——气体通过填料空隙的平均速度,m/s;
U——喷淋密度,$m^3/(m^2 \cdot s)$;
v——分子体积,cm^3/mol;
v——物质传递速度,m/s;
V——惰性气体的摩尔流量,kmol/s;
V_s——混合气体的体积流量,m^3/s;
V_P——填料层体积,m^3;
W——液相的空塔质量速度,$kg/(m^2 \cdot s)$;
x——组分在液相中的摩尔分数,量纲为1;
X——组分在液相中的摩尔比,量纲为1;
y——组分在气相中的摩尔分数,量纲为1;
Y——组分在气相中的摩尔比,量纲为1;
z——扩散距离,m;
z_G——气膜厚度,m;
z_L——液膜厚度,m;
Z——填料层高度,m。

希腊字母

α、β、γ——常数;
ε——填料层的空隙率,量纲为1;
θ——时间,s;
μ——黏度,Pa·s;
ρ——密度,kg/m^3;
φ——相对吸收率,量纲为1;
φ_A——吸收率或回收率,量纲为1;
Ω——塔截面积,m^2。

下标

A——组分A;
B——组分B;
D——分子扩散;
E——涡流扩散或当量;
G——气相;
i——组分i;
i——相界面处;
L——液相;
m——对数平均;
N——第N层板;
P——填料;
max——最大;
min——最小;
1——塔底的或截面1;
2——塔顶的或截面2。

本章学习指导

在本章的学习中,应重点掌握平衡关系、吸收机理和双膜理论;气体吸收过程的速率关系;低组成气体吸收过程的计算,包括物料衡算、操作线方程、吸收剂用量、塔径、填料层高度和理论板层数。

掌握菲克定律、吸收系数关联式。

了解脱吸及其他条件下的吸收过程。

通过本章的学习,应掌握气体吸收的基本原理和传质机理,能够运用这些原理对低组成气体物理吸收过程进行计算和分析。

使混合气体与适当的液体接触,气体中的一个或几个组分便溶解于液体内而形成溶液,于是原混合气体的组分得以分离。这种利用混合气体各组分在液体溶剂中的溶解度不同而分离气体混合物的操作称为吸收。混合气体中,能够溶解的组分称为吸收物质或溶质,以A表示;不被溶解的组分称为惰性组分或载体,以B表示;吸收操作所用的溶剂称为吸收剂,以S表示;吸收操作所得到的溶液称为吸收液或溶液,其成分为溶剂S和溶质A;排出的气体称为吸收尾气,其主要成分除惰性气体B外,还有未溶解的溶质A。

吸收过程常在吸收塔中进行,图2-1为逆流操作的吸收塔示意图。

气体的吸收在化工生产中主要用来达到以下几种目的。

①分离混合气体以回收所需的组分。例如用硫酸处理焦炉气以回收其中的氨,用洗油处理焦炉气以回收其中的芳烃,用液态烃处理裂解气以回收其中的乙烯、丙烯等。

②除去有害组分以净化气体。例如用水或碱液脱除合成氨原料气中的二氧化碳,用丙酮脱除裂解气中的乙炔等。

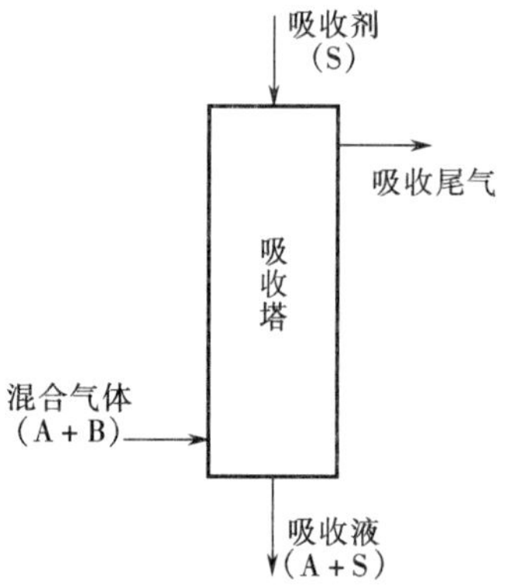

图2-1 吸收操作示意图

③制备某种气体的溶液。例如用水吸收二氧化氮以制造硝酸,用水吸收氯化氢以制取盐酸,用水吸收甲醛以制备福尔马林溶液等。

④工业废气的治理。在工业生产所排放的废气中常含有SO_2、NO、NO_2、HF等有害成分,其组成一般都很低,但若直接排入大气,则对人体和自然有很大危害,因此,在排放之前必须处理。吸收就是净化工业废气常用的方法之一。可见,吸收在化工、环保、能源领域有非常广泛的应用,在二氧化碳捕集、封存与利用(CCUS)中也有很重要的地位。

在吸收过程中,如果溶质与溶剂之间不发生显著的化学反应,可以当做是气体单纯地溶解于液相的物理过程,则称为物理吸收;如果溶质与溶剂发生显著的化学反应,则称为化学吸收。前面提到的用水吸收二氧化碳、用洗油吸收芳烃等过程都属于物理吸收,用硫酸吸收氨、用碱液吸收二氧化碳等过程都属于化学吸收。

若混合气体中只有一个组分进入液相,其余组分皆可认为不溶解于吸收剂,这样的吸收过程称为单组分吸收;如果混合气体中有两个或多个组分进入液相,则称为多组分吸收。例如合成氨原料气含有N_2、H_2、CO及CO_2等几种成分,其中唯独CO_2在水中有较为显著的溶解,这种原料气用水吸收的过程即属于单组分吸收;用洗油处理焦炉气时,气体中的苯、甲苯、二甲苯等几种组分都在洗油中有显著的溶解,这种吸收过程则应属于多组分吸收。

气体溶解于液体之中,常常伴随着热效应,当发生化学反应时还会有反应热,结果是使液相温度逐渐升高,这样的吸收过程称为非等温吸收。但若热效应很小,或被吸收的组分在气相中组成很低而吸收剂的用量相对很大时,温度升高并不显著,可认为是等温吸收。如果吸收设备散热良好,能及时引出热量而维持液相温度大体不变,自然也应按等温吸收处理。

吸收过程只能使混合气中的溶质溶解于吸收剂中而得到一种溶液,就溶质的存在形态而言，仍然是一种混合物，并没有得到纯度较高的气体溶质，在工业生产中大多要将吸收液进行脱吸（解吸），以便得到纯净的溶质或使吸收剂再生后循环使用。

吸收过程进行的方向与限度取决于溶质在气液两相中的平衡关系。当气相中溶质的实际分压高于与液相成平衡的溶质分压时，溶质便由气相向液相转移，即发生吸收过程。反之，如果气相中溶质的实际分压低于与液相成平衡的溶质分压时，溶质便由液相向气相转移，即发生吸收的逆过程，这种过程称为脱吸（或解吸）。脱吸与吸收的原理相同，所以，对于脱吸过程的处理方法也完全可以对照吸收过程考虑。

随着膜分离技术的迅速发展，该技术已成为重要的化工操作单元。在20世纪70年代出现的膜基气体吸收就是在气、液相间置以疏水膜，则气、液两相界面固定在疏水膜孔的液体侧，当气体侧的压力大于液体侧，气体中的组分通过该相界面进入吸收液，而液相不可能透过膜孔。这样既可防止液体透过膜孔进入气相，又防止气体通过液体进行鼓泡。膜基气体吸收（解吸）可替代绝大多数气体吸收（解吸），目前主要应用于生物医学、生物化工和化工生产中。

本章的基本内容是介绍低组成单组分等温物理吸收的原理与计算。在此基础上，再对脱吸和其他条件下的吸收过程，如高组成气体吸收、非等温吸收、多组分吸收及化学吸收的原理和计算作概略介绍。

气体的吸收与液体的蒸馏同为分离均相物系的气、液传质操作，但是，二者有重要的差别。

一般说来，为使均相混合物分离成较纯净的组分，必须出现第二个物相。蒸馏操作中采用改变状态参数的办法（如加热与冷却），使混合物系内部产生出第二个物相。吸收操作中则采用从外界引入另一相物质（吸收剂）的办法形成两相系统。因此，经过蒸馏（精馏）操作可以直接获得较纯净的轻、重组分；经过吸收操作，混合气中的溶质却进入吸收液中，而不能以较纯净的状态直接得到，要取得较纯净的溶质组分，还需经过再次的分离操作（例如精馏）才能实现。

精馏操作中液相的部分汽化与气相的部分冷凝同时发生，每层塔板上的液体和蒸气都接近饱和温度。在相界面两侧，轻、重组分同时向相反的方向传递，即气相中的重组分向液相一侧传递过去，液相中的轻组分则向气相一侧传递过来。但是在吸收操作中，液相温度远远低于其沸点，溶剂没有显著的汽化现象。因此，只有溶质分子由气相进入液相的单向传递，而气相中的惰性组分及液相中的溶剂组分则处于“停滞”状态。

2.1 气体吸收的相平衡关系

演示文稿

2.1.1 气体的溶解度

在恒定的温度与压力下，使一定量的吸收剂与混合气体接触，溶质便向液相转移，直至液相中溶质达到饱和，组成不再增加为止。此时并非没有溶质分子继续进入液相，只是任何瞬间内进入液相的溶质分子数与从液相逸出的溶质分子数恰好相抵，在宏观上过程就像“停止"了。这种状态称为相际动平衡,简称相平衡或平衡。平衡状态下气相中的溶质分压称为平衡分压或饱和分压,液相中的溶质组成称为平衡组成或饱和组成,所谓气体在液体中的溶解度,就是指气体在液体中的饱和组成,习惯上常以单位质量(或体积)的液体中所含溶质的质量来表示。

气体在液体中的溶解度表明一定条件下吸收过程可能达到的极限程度。要确定吸收设备内任何位置上气、液实际组成与其平衡组成的差距,从而计算过程进行的速率,也需明了物系的平衡关系。

互成平衡的气、液两相彼此依存,而且任何平衡状态都是有条件的。所以,一般而言,气体溶质在一定液体中的溶解度与整个物系的温度、压力及该溶质在气相中的组成密切相关。对于单组分的物理吸收,涉及由A、B、S 3个组分构成的气、液两相物系,根据相律可知其自由度数应为3,所以在一定的温度和总压之下,溶质在液相中的溶解度取决于它在气相中的组成。但是,在总压不很高的情况下,可以认为气体在液体中的溶解度只取决于该气体的分压,而与总压无关。

在同一溶剂中,不同气体的溶解度有很大差异。图2-2、图2-3、图2-4示出常压下氨、二氧化硫和氧在水中的溶解度与其在气相中分压之间的关系(以温度为参数)。图中的关系线称为溶解度曲线。由图可以看出,对于同一气体溶质,其溶解度随温度的升高而减小。

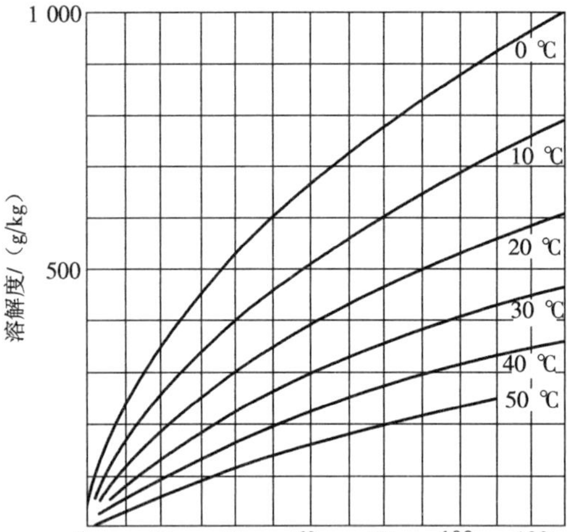

图2-2 氨(NH_3)在水中的溶解度

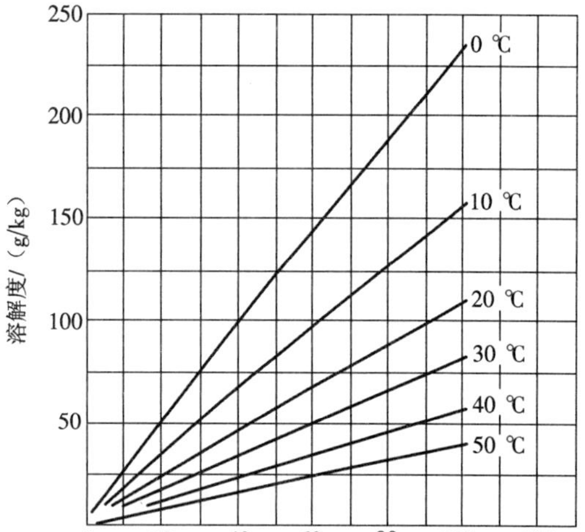

图2-3 二氧化硫(SO_2)在水中的溶解度

从图2-2、图2-3、图2-4还可以看出,当温度为20 ℃、溶质分压为20 kPa时,每1 000 kg水中所能溶解的氨、二氧化硫或氧的质量分别为170 kg、22 kg或0.009 kg。这表明氨易溶于水,氧难溶于水,而二氧化硫的溶解度居中。从图中也可看出,在20 ℃时,若分别有100 kg的氨和100 kg的二氧化硫各溶于1 000 kg水中,则氨在溶液上方的分压仅为9.3 kPa,而二氧化硫在溶液上方的分压为93 kPa。至于氧,即使在1 000 kg水中只溶有0.1 kg氧,在此溶液上方的氧分压已超过120 kPa。显然,对于同样组成的溶液,易溶气体溶液上方的分压小,而难溶气体溶液上方的分压大。换言之,如欲得到一定组成的溶液,对易

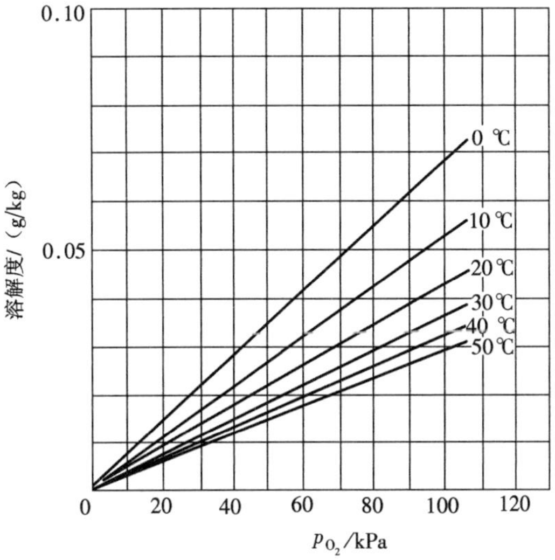

图 2-4 氧(O_2)在水中的溶解度

溶气体所需的分压较低,而对难溶气体所需的分压则很高。

从相平衡的角度而言,总压、y 一定时,同一溶剂中,溶质的溶解度 x 随温度下降而增加,有利于吸收;温度、y 一定时,在同一溶剂中,总压增加,溶质的溶解度随之增加,有利于吸收。所以降温和加压对吸收操作有利,而升温和减压则有利于脱吸过程。

2.1.2 亨利定律

亨利定律给出当总压不高(一般不超过 5×10^5 Pa)时,在恒定的温度下,稀溶液上方的气体溶质平衡分压与该溶质在液相中的组成之间的关系。由于互成平衡的气、液两相组成各可采用不同的表示法,因而亨利定律有不同的表达形式。

1. p_i-x_i 关系

$$p_i^* = E x_i \tag{2-1}$$

式中 p_i^*——溶质在气相中的平衡分压,kPa;

x_i——溶质在液相中的摩尔分数;

E——亨利系数,其数值随物系的特性及温度而异,单位与压力单位一致。

式(2-1)称为亨利(Henry)定律。此式表明,稀溶液上方的溶质分压与该溶质在液相中的摩尔分数成正比,比例常数即为亨利系数。

凡理想溶液,在压力不高及温度不变的条件下,p_i^*-x_i 关系在整个组成范围内都符合亨利定律,而亨利系数即为该温度下纯溶质的饱和蒸气压,此时亨利定律与拉乌尔定律一致。但吸收操作所涉及的系统多为非理想溶液,此时亨利系数不等于纯溶质的饱和蒸气压,且只在液相中溶质组成很低的情况下才是常数。在同一种溶剂中,不同的气体维持其亨利系数恒定的组成范围是不同的。对于某些较难溶解的系统来说,当溶质分压不超过 1×10^5 Pa,恒定温度下的 E 值可视为常数;当分压超过 1×10^5 Pa 后,E 值不仅是温度的函数,且随溶质本身的分压而变。

亨利系数由实验测定。在恒定的温度下，对指定的物系进行实验，测得一系列平衡状态下的液相溶质组成 x_i 与相应的气相溶质分压 p_i^*，将测得的数值在普通直角坐标纸上进行标绘，据此求出组成趋近于零时的 p_i^*/x_i 值，便是系统在该温度下的亨利系数 E。常见物系的亨利系数也可以从有关手册中查得。表 2-1 列出了若干种气体水溶液的亨利系数。

表 2-1 若干气体水溶液的亨利系数

气体	温度/℃															
	0	5	10	15	20	25	30	35	40	45	50	60	70	80	90	100
	$E\times10^{-6}$/kPa															
H_2	5.87	6.16	6.44	6.70	6.92	7.16	7.39	7.52	7.61	7.70	7.75	7.75	7.71	7.65	7.61	7.55
N_2	5.35	6.05	6.77	7.48	8.15	8.76	9.36	9.98	10.50	11.00	11.4	12.20	12.70	12.80	12.80	12.80
空气	4.38	4.94	5.56	6.15	6.73	7.30	7.81	8.34	8.82	9.23	9.59	10.20	10.60	10.80	10.90	10.80
CO	3.57	4.01	4.48	4.95	5.43	5.88	6.28	6.68	7.05	7.39	7.71	8.32	8.57	8.57	8.57	8.57
O_2	2.58	2.95	3.31	3.69	4.06	4.44	4.81	5.14	5.42	5.70	5.96	6.37	6.72	6.96	7.08	7.10
CH_4	2.27	2.62	3.01	3.41	3.81	4.18	4.55	4.92	5.27	5.58	5.85	6.34	6.75	6.91	7.01	7.10
NO	1.71	1.96	2.21	2.45	2.67	2.91	3.14	3.35	3.57	3.77	3.95	4.24	4.44	4.54	4.58	4.60
C_2H_6	1.28	1.57	1.92	2.66	2.90	3.06	3.47	3.88	4.29	4.69	5.07	5.72	6.31	6.70	6.96	7.01
	$E\times10^{-5}$/kPa															
C_2H_4	5.590	6.620	7.780	9.070	10.300	11.600	12.900	—	—	—	—	—	—	—	—	—
N_2O	—	1.190	1.430	1.680	2.010	2.280	2.620	3.060	—	—	—	—	—	—	—	—
CO_2	0.738	0.888	1.050	1.240	1.440	1.660	1.880	2.120	2.360	2.600	2.870	3.46	—	—	—	—
C_2H_2	0.730	0.850	0.970	1.090	1.230	1.350	1.480	—	—	—	—	—	—	—	—	—
Cl_2	0.272	0.334	0.399	0.461	0.537	0.604	0.669	0.740	0.800	0.860	0.900	0.97	0.99	0.97	0.96	—
H_2S	0.272	0.319	0.372	0.418	0.489	0.552	0.617	0.686	0.755	0.825	0.890	1.04	1.21	1.37	1.46	1.50
	$E\times10^{-4}$/kPa															
SO_2	0.167	0.203	0.245	0.294	0.355	0.413	0.485	0.567	0.661	0.763	0.871	1.110	1.390	1.700	2.010	—

从表 2-1 可知：对于给定物系，即气体和溶剂一定，亨利系数 E 随温度变化，一般 E 随温度的增加而增加。另外，在同一溶剂中，难溶气体的 E 值大，而易溶气体的 E 值则相对较小。以 20 ℃的水溶液为例，空气、CO_2 和 SO_2 在水中的亨利系数分别为 6.73×10^6、1.44×10^5 和 3.55×10^3 kPa。

在应用亨利定律时，除要求溶液为理想溶液或稀溶液以外，还要求溶质在气相和液相中的分子状态必须相同。如把 HCl 溶解在苯、氯仿、甲苯或四氯化碳里，溶质在气、液相中都是 HCl 分子，此时可应用亨利定律；但当 HCl 气体溶解于水时，由于 HCl 在水中解离，就不能应用亨利定律。

2. p_i-c_i 关系

若将亨利定律表示成溶质在液相中的体积摩尔浓度 c_i 与其在气相中的分压 p_i^* 之间的关系，则可写成如下形式：

$$p_i^* = \frac{c_i}{H} \tag{2-2}$$

式中 c_i——单位体积溶液中溶质的摩尔数，$kmol/m^3$；

p_i^*——气相中溶质的平衡分压，kPa；

H——溶解度系数，$kmol/(m^3 \cdot kPa)$。

溶解度系数 H 与亨利系数 E 的关系可推导如下。若含溶质 A 的溶液的组成为 c_i $kmol/m^3$、密度为 ρ kg/m^3，则 1 m^3 溶液中所含的溶质 A 为 c_i kmol，而溶剂 S 为 $\dfrac{\rho - c_i M_A}{M_S}$ kmol（M_A 及 M_S 分别为溶质 A 及溶剂 S 的摩尔质量），于是可知溶质在液相中的摩尔分数为

$$x_i = \frac{c_i}{c_i + \dfrac{\rho - c_i M_A}{M_S}} = \frac{c_i M_S}{\rho + c_i(M_S - M_A)} \tag{2-3}$$

将式(2-3)代入式(2-1)，可得

$$p_i^* = \frac{E c_i M_S}{\rho + c_i(M_S - M_A)}$$

将此式与式(2-2)比较，可知

$$\frac{1}{H} = \frac{E M_S}{\rho + c_i(M_S - M_A)}$$

对于稀溶液来说，c_i 值很小，此式等号右端分母中的 $c_i(M_S - M_A)$ 与 ρ 相比可以忽略不计，故上式简化为

$$H = \frac{\rho}{E M_S} \tag{2-4}$$

溶解度系数 H 当然也是温度的函数。对于一定的溶质和溶剂，H 值随温度升高而减小。易溶气体有很大的 H 值，难溶气体的 H 值则很小。

3. y_i-x_i 关系

若溶质在液相和气相中的组成分别用摩尔分数 x_i 及 y_i 表示，亨利定律可写成如下形式，即

$$y_i^* = m x_i \tag{2-5}$$

式中 y_i^*——与该液相成平衡的气相中溶质的摩尔分数；

m——相平衡常数，或称分配系数，量纲为 1；

x_i——液相中溶质的摩尔分数。

若系统总压为 p，则由理想气体的分压定律可知溶质在气相中的分压为

$$p_i = p y_i$$

同理

$$p_i^* = p y_i^*$$

将上式代入式(2-1)可得

$$p y_i^* = E x_i, \quad y_i^* = \frac{E}{p} x_i$$

将此式与式(2-5)相比较，可知

$$m=\frac{E}{p} \tag{2-6}$$

相平衡常数 m 也是由实验结果计算出来的数值。对于一定的物系，它是温度和总压力的函数。由 m 的数值大小同样可以比较不同气体溶解度的大小，m 值愈大，表明该气体的溶解度愈小。由式(2-6)可以看出，温度升高或总压下降，则 m 值变大，不利于吸收操作。

4. Y_i-X_i 关系

在吸收计算中常认为惰性组分不进入液相，溶剂也没有显著的挥发现象，因而在塔的各个横截面上，气相中惰性组分 B 的摩尔流量和液相中溶剂 S 的摩尔流量不变。若以 B 和 S 的量作为基准分别表示溶质 A 在气、液两相中的组成，对吸收的计算会带来一些方便。为此，常用摩尔比 Y_i 和 X_i 分别表示气、液两相的组成。摩尔比的定义如下：

$$X_i=\frac{\text{液相中溶质的摩尔数}}{\text{液相中溶剂的摩尔数}}=\frac{x_i}{1-x_i} \tag{2-7}$$

$$Y_i=\frac{\text{气相中溶质的摩尔数}}{\text{气相中惰性组分的摩尔数}}=\frac{y_i}{1-y_i} \tag{2-8}$$

由上两式可知

$$x_i=\frac{X_i}{1+X_i} \tag{2-7a}$$

$$y_i=\frac{Y_i}{1+Y_i} \tag{2-8a}$$

将式(2-7a)及式(2-8a)代入式(2-5)，可得

$$\frac{Y_i^*}{1+Y_i^*}=m\frac{X_i}{1+X_i}$$

整理后得到

$$Y_i^*=\frac{mX_i}{1+(1-m)X_i} \tag{2-9}$$

式(2-9)是由亨利定律导出的，此式在 Y_i-X_i 直角坐标系中的图形总是曲线。但是，当溶液组成很低时，式(2-9)等号右端分母趋近于1，于是该式可简化为

$$Y_i^*=mX_i \tag{2-10}$$

式(2-10)是亨利定律的又一种表达形式。它表明当液相中溶质组成足够低时，平衡关系在 Y_i-X_i 图中也可近似地表示成一条通过原点的直线，其斜率为 m。

亨利定律的各种表达式所描述的都是互成平衡的气、液两相组成间的关系，它们既可用来根据液相组成计算平衡的气相组成，同样可用来根据气相组成计算平衡的液相组成。从这种意义上讲，上述亨利定律的几种表达形式也可改写如下：

$$x_i^*=\frac{p_i}{E} \tag{2-1a}$$

$$c_i^*=Hp_i \tag{2-2a}$$

$$x_i^*=\frac{y_i}{m} \tag{2-5a}$$

$$X_i^* = \frac{Y_i}{m} \tag{2-10a}$$

以分压表示的溶解度曲线直接反映了相平衡的本质,方便用于分析问题,以摩尔分数 x 和 y 表示的相平衡关系,可方便与物料衡算等关系式一起对整个吸收过程进行数学描述。

【例 2-1】 含有 30%(体积分数)CO_2 的某种混合气与水接触,系统温度为 30 ℃,总压为 101.33 kPa。试求液相中 CO_2 的平衡浓度 c_i^*(kmol/m³)。

解:令 p_i 代表 CO_2 在气相中的分压,则由分压定律可知

$$p_i = py_i = 101.33 \times 0.3 = 30.4\ \text{kPa}$$

在本题的浓度范围内亨利定律适用。

依式(2-2)可知 $c_i^* = Hp_i$,其中 H 为 30 ℃时 CO_2 在水中的溶解度系数。

由式(2-4)可知

$$H = \frac{\rho}{EM_S}$$

故 $$c_i^* = \frac{\rho}{EM_S}p_i$$

查表 2-1 可知 30 ℃时 CO_2 在水中的亨利系数 $E = 1.88 \times 10^5$ kPa。又因 CO_2 为难溶于水的气体,故知溶液浓度甚低,所以溶液密度可按纯水计算,即取 $\rho = 1\ 000\ \text{kg/m}^3$,则

$$c_i^* = \frac{\rho}{EM_S}p_i = \frac{1\ 000}{1.88 \times 10^5 \times 18} \times 30.4 = 8.98 \times 10^{-3}\ \text{kmol/m}^3$$

【例 2-2】 已知在 101.33 kPa 及 20 ℃时,氨在水中的溶解度数据如本例附表 1 所示。试按附表 1 中的数据标绘出 p_i^*-x_i 曲线及 Y_i^*-X_i 曲线,并据以计算亨利系数 E 及相平衡常数 m 值,再指出该溶液服从亨利定律的组成范围。

例 2-2 附表 1

氨分压 p_i/kPa	0.00	0.40	0.80	1.20	1.60	2.00	2.43	3.32	4.23	6.67	9.28
氨的组成(100 g 水中)/g	0.0	0.5	1.0	1.5	2.0	2.5	3.0	4.0	5.0	7.5	10.0

解:以第三组数据($p_i = 0.80$ kPa,100 g 水中溶解氨 1.0 g)为例,计算如下:

$$x_i = \frac{\frac{1.0}{17}}{\frac{1.0}{17} + \frac{100}{18}} = 0.010\ 48$$

$$X_i = \frac{x_i}{1 - x_i} = \frac{0.010\ 48}{1 - 0.010\ 48} = 0.010\ 59$$

$$Y_i = \frac{p_i}{p - p_i} = \frac{0.80}{101.33 - 0.80} = 0.007\ 96$$

各组数据的计算结果列于本例附表 2 中。

根据表中数据标绘的 p_i-x_i 曲线及 Y_i-X_i 曲线如本例附图 1、2 所示。

例 2-2 附表 2

p_i^*/kPa	0	0.40	0.80	1.20	1.60	2.00
x_i	0	0.005 27	0.010 48	0.015 63	0.020 74	0.025 80
X_i	0	0.005 30	0.010 59	0.015 88	0.021 18	0.026 50
Y_i^*	0	0.003 96	0.007 96	0.011 98	0.016 00	0.020 13
p_i^*/kPa		2.43	3.32	4.23	6.67	9.28
x_i		0.030 79	0.040 63	0.050 28	0.073 57	0.095 74
X_i		0.031 77	0.042 35	0.052 94	0.079 40	0.105 90
Y_i^*		0.024 53	0.033 87	0.043 53	0.070 40	0.100 80

由附图 1 可见，从原点作平衡曲线的切线 OE，其斜率为

$$E=\frac{p_i^*}{x_i}=\frac{0.8}{0.010\ 48}=76.3\ \text{kPa}$$

由附图 2 可见，从原点作平衡曲线的切线 OM，其斜率为

$$m=\frac{Y_i^*}{X_i}=\frac{0.007\ 96}{0.010\ 59}=0.752$$

由两图可见，当 x_i（及 X_i）值在 0.04 以下时，平衡曲线与切线的偏差不超过 5%，即对应于同一 x_i（及 X_i）值的 p_i^*（及 Y_i^*）值的相对偏差在 5% 以内，可认为亨利定律适用。因而，在此组成范围内平衡关系可写为

$$p_i^*=76.3x_i \text{ 及 } Y_i^*=0.752X_i$$

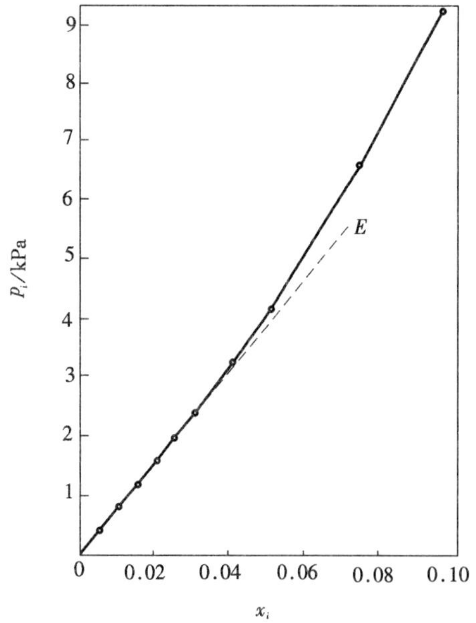

例 2-2 附图 1

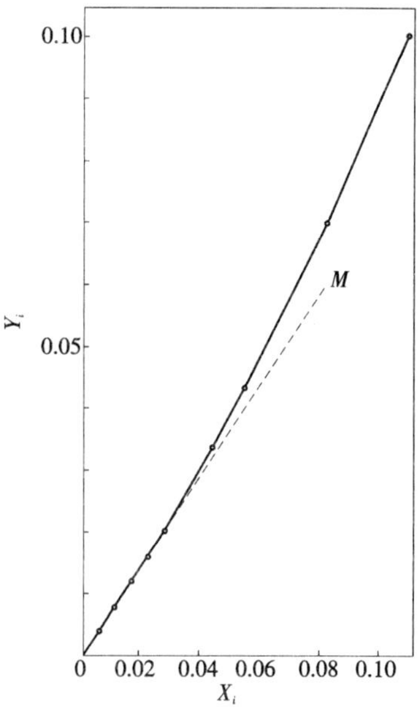

例 2-2 附图 2

2.1.3 吸收剂的选择

吸收剂性能的优劣,往往成为决定吸收操作效果是否良好的关键。在选择吸收剂时,应注意考虑以下方面的问题。

(1)溶解度 吸收剂对于溶质组分应具有较大的溶解度,这样可以提高吸收速率并减小吸收剂的耗用量。当吸收剂与溶质组分间有化学反应发生时,溶解度可以大大提高,但若要循环使用吸收剂,则化学反应必须是可逆的;对于物理吸收也应选择其溶解度随着操作条件改变而有显著差异的吸收剂,以便回收,例如改变温度或压力可实现脱吸。

(2)选择性 吸收剂要在对溶质组分有良好吸收能力的同时,对混合气体中的其他组分却基本上不吸收或吸收甚微,否则不能实现有效的分离。

(3)挥发度 操作温度下吸收剂的蒸气压要低,因为离开吸收设备的气体往往被吸收剂蒸气所饱和,吸收剂的挥发度愈高,其损失量便愈大。

(4)黏性 操作温度下吸收剂的黏度要低,这样可以改善吸收塔内的流动状况,从而提高吸收速率,且有助于降低泵的功耗,还能减小传热阻力。

(5)其他 所选用的吸收剂还应尽可能无毒性,无腐蚀性,不易燃,不发泡,冰点低,价廉易得,并具有化学稳定性。

MDEA(N-甲基二乙醇胺)法脱碳技术是利用活化 MDEA 水溶液在高压常温下将天然气或合成气中的 CO_2 吸收,并在降压和升温的条件下,使 CO_2 又从溶液中解吸出来,同时使溶液得到再生的一种技术。MDEA 毒性小,沸点为 247 ℃,在一定条件下,对 CO_2 等酸性气体有很强的吸收能力,反应热小,化学性质稳定,可以用减压闪蒸的方法再生,从而节省大量热量;蒸气分压较低,净化气和再生气的夹带少,具有选择性高、溶剂消耗少、节能效果显著等特点。目前在工业应用的众多脱碳方法中,使用以 MDEA 为主体的混合胺溶液吸收 CO_2 的方法仍然具有一定优越性。在今后的研究中,研发吸收能力大、吸收速率快、腐蚀性低、再生能耗低的吸收体系是完善 CO_2 吸收工艺的主要目标。

2.1.4 相平衡关系在吸收过程中的应用

相平衡关系描述的是气、液两相接触传质的极限状态。根据气、液两相的实际组成与相应条件下平衡组成的比较,可以判断传质进行的方向,确定传质推动力的大小,并可指明传质过程所能达到的极限。

1. 判断传质进行的方向

若气液相平衡关系为 $y_i^* = mx_i$ 或 $x_i^* = y_i/m$,如果气相中溶质的实际组成 y_i 大于与液相溶质组成相平衡的气相溶质组成 y_i^*,即 $y_i > y_i^*$(或液相的实际组成 x_i 小于与气相组成 y_i 相平衡的液相组成 x_i^*,即 $x_i < x_i^*$),说明溶液还没有达到饱和状态,此时气相中的溶质必然要继续溶解,传质的方向为由气相到液相,即进行吸收;反之,传质方向则为由液相到气相,即发生解吸(或脱吸)。

总之,一切偏离平衡的气液系统都是不稳定的,溶质必由一相传递到另一相,其结果是使气、液两相逐渐趋于平衡，溶质传递的方向就是使系统趋于平衡的方向。

2. 确定传质的推动力

传质过程的推动力通常用一相的实际组成与其平衡组成的偏离程度表示。

如图2-5(a)在吸收塔内某截面 $A—A$ 处，溶质在气、液两相中的组成分别为 y_i、x_i，若在操作条件下气液平衡关系为 $y_i^* = mx_i$，则在 y_i-x_i 坐标上可标绘出平衡线 OE 和 $A—A$ 截面上的操作点 A，如图2-5(b)所示。从图中可看出，以气相组成差表示的推动力为 $\Delta y_i = y_i - y_i^*$，以液相组成差表示的推动力为 $\Delta x_i = x_i^* - x_i$。

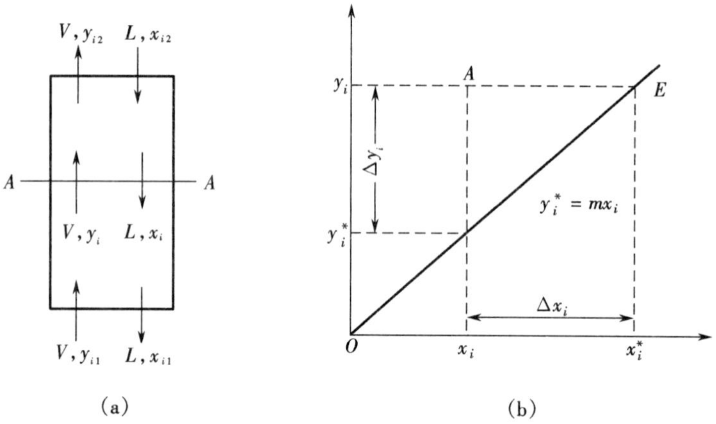

图2-5 吸收推动力示意图

(a)吸收塔内两相的量与组成变化 (b)吸收过程推动力

同理，若气、液组成分别以 p_i、c_i 表示，并且相平衡方程为 $p_i^* = \dfrac{c_i}{H}$ 或 $c_i^* = Hp_i$，则以气相分压差表示的推动力为 $\Delta p_i = p_i - p_i^*$，以液相组成表示的推动力为 $\Delta c_i = c_i^* - c_i$。

实际组成偏离平衡组成的程度越高，过程的推动力就越大，其传质速率也将越大。

3. 指明传质过程进行的极限

平衡状态是传质过程进行的极限。对于以净化气体为目的的逆流吸收过程，无论气体流量有多小，吸收剂流量有多大，吸收塔有多高，出塔净化气中溶质的组成 y_{i2} 最低都不会低于与入塔吸收剂组成 x_{i2} 相平衡的气相溶质组成 y_{i2}^*，即

$$y_{i2,\,\min} \geqslant y_{i2}^* = mx_{i2}$$

同理，对以制取液相产品为目的的逆流吸收，即使塔很高，液体流量很小，出塔吸收液的组成 x_{i1} 也不可能大于与入塔气相组成 y_{i1} 相平衡的液相组成 x_{i1}^*，即

$$x_{i1,\,\max} \leqslant x_{i1}^* = \frac{y_{i1}}{m}$$

由此可见，相平衡关系限定了被净化气体离塔时的最低组成和吸收液离塔时的最高组成。一切相平衡状态都是有条件的，通过改变平衡条件可以得到有利于传质过程的新的相平衡关系。

值得注意的是：传热过程是冷、热两流体间的热量传递，传递的是热量，传递的推动力是

两流体间的温度差，过程的极限是温度相等。吸收过程是气液两相间的物质传递，传递的是物质，但传递的推动力不是两相的浓度差，过程的极限也不是两相浓度相等。这是由于气液之间的相平衡不同于冷热流体之间的热平衡。

【例 2-3】 在总压为 101.3 kPa，温度为 30 ℃的条件下，CO_2摩尔分数为 0.05 的混合气体与CO_2摩尔浓度为 2 mol/m^{3}的水溶液相接触，试求：

(1) CO_2的传质方向。

(2) 其他条件不变，总压提高到 202.6 kPa 时CO_2的传质方向，并计算以液相摩尔浓度差及气相分压差表示的传质推动力。

解：(1) 在总压为 101.3 kPa，温度为 30 ℃时，CO_2摩尔分数为 0.05 的混合气体中，CO_2的分压为

$$p = Py = 101.3 \times 0.05 = 5.065 \text{ kPa}$$

查表 2-1 可知，总压为 101.3 kPa、温度为 30 ℃时，CO_2 的亨利系数 $E = 1.88 \times 10^5$ kPa，所以

$$x^* = \frac{p}{E} = \frac{5.065}{1.88 \times 10^5} = 2.69 \times 10^{-5}$$

因为 CO_2 在溶液中浓度很低，可视溶液为纯水，密度为 1 000 kg/m^3，则溶液的总浓度为

$$C = \frac{1\ 000}{18} = 55.6 \text{ kmol/m}^3$$

与气相呈平衡的液相组成为

$$c^* = Cx^* = 55.6 \times 2.69 \times 10^{-5} = 1.50 \times 10^{-3} \text{ kmol/m}^3$$

当气相与CO_2浓度为 2 mol/m^{3}的水溶液相接触时，由于 $c > c^*$，所以 CO_2会从液相向气相传递，即为解吸过程。

也可以从气相来计算，$p^* = Ex = E\dfrac{c}{C} = 1.88 \times 10^5 \times \dfrac{2}{55.6 \times 1\ 000} = 6.763$ kPa

$p^* > p$，应该是 CO_2 从液相向气相传递，为解吸过程。

(2) 若总压提高到 202.6 kPa，则 CO_2摩尔分数为 0.05 的混合气体中，CO_2 的分压为

$$p = Py = 202.6 \times 0.05 = 10.13 \text{ kPa}$$

假设 E 不随压力改变，$E = 1.88 \times 10^5$ kPa，则与气相平衡的液相组成为

$$x^* = \frac{p}{E} = \frac{10.13}{1.88 \times 10^5} = 5.39 \times 10^{-5}$$

$$c^* = Cx^* = 55.6 \times 5.39 \times 10^{-5} = 3.0 \times 10^{-3} \text{ kmol/m}^3$$

气相与CO_2浓度为 2 mol/m^{3}的水溶液相接触时，由于 $c < c^*$，所以 CO_2会从气相向液相传递，为吸收过程。

同样可从气相来计算，$p^* = Ex = E\dfrac{c}{C} = 1.88 \times 10^5 \times \dfrac{2}{55.6 \times 1\ 000} = 6.763$ kPa

$p^* < p$，应该是 CO_2 从气相向液相传递，为吸收过程。

以液相摩尔浓度差表示的传质推动力为 $c^* - c = 3.0 - 2 = 1.0$ mol/m^3。

以气相分压差表示的传质推动力为 $p - p^* = 10.13 - 6.763 = 3.367$ kPa。

可见，调节压力和温度，有可能改变传质方向，从而实现吸收和解吸。

2.2 传质机理与吸收速率

演示文稿

吸收操作是溶质从气相转移到液相的过程，其中包括溶质由气相主体向气、液界面的传递及由界面向液相主体的传递。因此，要研究传质机理，首先就要搞清物质在单一相（气相或液相）里的传递规律。

物质在一相里的传递是靠扩散作用完成的。发生在流体中的扩散有分子扩散与涡流扩散两种：前者是凭借流体分子无规则热运动而传递物质的，发生在静止或层流流体里的扩散就是分子扩散；后者是凭借流体质点的湍动和旋涡而传递物质的，发生在湍流流体里的扩散主要是涡流扩散。将一勺砂糖投于杯内水中，整杯的水片刻就会变甜，这就是分子扩散的表现；若用勺搅动，则水甜得更快更匀，那便是涡流扩散的效果。

2.2.1 分子扩散与菲克定律

分子扩散是在一相内部有组成差异的条件下，由于分子的无规则热运动而形成的物质传递现象。习惯上常把分子扩散简称为扩散。

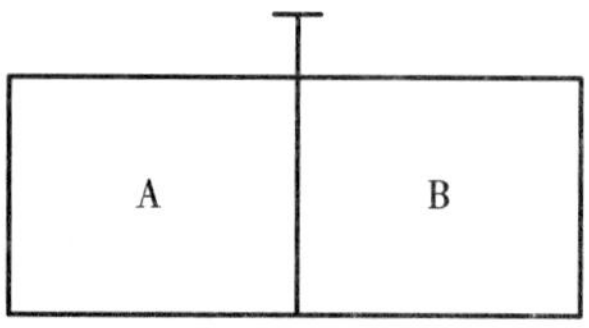

图2-6 扩散现象

如果用一块板将容器隔为左右两室（如图2-6所示），两室中分别充入温度及压力相同的A、B两种气体。当隔板抽出后，由于气体分子的无规则运动，左侧的A分子会窜入右半部，右侧的B分子也会窜入左半部。左右两侧交换的分子数虽相等，但因左侧A的组成高而右侧A的组成低，故在同一时间内A分子进入右侧较多而返回左侧较少。同理，B分子进入左侧较多而返回右侧较少。净结果必然是物质A自左向右传递而物质B自右向左传递，即两种物质各自沿其组成降低的方向发生了传递现象。产生这种传递现象的推动力是不同部位上的组成差异，实现这种传递凭借的是分子的无规则热运动。

上述扩散过程将一直进行到整个容器里A、B两种物质的组成完全均匀为止，这是一个非稳态的分子扩散过程。随着容器内各部位上组成差异逐渐变小，扩散的推动力也逐渐趋近于零，过程将进行得越来越慢。

扩散过程进行的快慢可用扩散通量来度量。单位面积上单位时间内扩散传递的物质的量称为扩散通量，其单位为 $kmol/(m^2 \cdot s)$。

当物质A在介质B中发生扩散时，任一点处物质A的扩散通量与该位置上A的浓度梯度成正比，即

$$J_A = -D_{AB}\frac{dc_A}{dz} \tag{2-11}$$

式中 J_A——物质A在 z 方向上的分子扩散通量，$kmol/(m^2 \cdot s)$；

$\frac{dc_A}{dz}$——物质A的浓度梯度，即物质A的浓度 c_A 在 z 方向上的变化率，$kmol/m^4$；

D_{AB}——物质 A 在介质 B 中的分子扩散系数，m^2/s。

式中负号表示扩散是沿着物质 A 浓度降低的方向进行的。

式(2-11)称为菲克(Fick)定律。菲克定律是对物质分子扩散现象基本规律的描述。它与描述热传导规律的傅里叶定律以及描述黏性流体内摩擦(滞流流体中的动量传递)规律的牛顿黏性定律在表达形式上有共同的特点，因为它们都是描述某种传递现象的方程。但应注意，热量与动量并不单独占有任何空间，而物质本身却是要占据一定空间的，这就使得物质传递现象较其他两种传递现象更为复杂。

当分子扩散发生在 A、B 两种组分构成的混合气体中时，尽管组分 A、B 各自的摩尔组成皆随位置不同而变化，但只要系统总压不甚高且各处温度均匀，则单位体积内的 A、B 分子总数便不随位置而变化，即

$$c = \frac{p}{RT} = \text{常数}$$

而总摩尔浓度 c 等于组分 A 的摩尔浓度 c_A 与组分 B 的摩尔浓度 c_B 之和，即

$$c = c_A + c_B = \text{常数}$$

因此，任一时刻在系统内任一点处组分 A 沿任意方向 z 的浓度梯度与组分 B 沿 z 方向的浓度梯度互为相反值，即

$$\frac{dc_A}{dz} = -\frac{dc_B}{dz} \tag{2-12}$$

而且，组分 A 沿 z 方向的扩散通量必等于组分 B 沿 $-z$ 方向的扩散通量，即

$$J_A = -J_B \tag{2-13}$$

根据菲克定律可知

$$J_A = -D_{AB}\frac{dc_A}{dz}, J_B = -D_{BA}\frac{dc_B}{dz}$$

将上两式及式(2-12)代入式(2-13)，得到

$$D_{AB} = D_{BA} \tag{2-13a}$$

式(2-13a)表明，在由 A、B 两种气体所构成的混合物中，A 与 B 的扩散系数相等，故后面对两组分系统，其扩散系数均简写为 D。

物质传递通量也可表示为该物质的浓度与其传递速度的乘积。譬如对于任一点处物质 A 的扩散通量，可写出如下关系式：

$$J_A = c_A u_{DA} \tag{2-14}$$

式中 c_A——该点处物质 A 的浓度，$kmol/m^3$；

u_{DA}——该点处物质 A 沿 z 方向的扩散速度，m/s。

虽然扩散是物质分子热运动的结果，但物质 A 的扩散速度 u_{DA} 并不等于在扩散温度下单个 A 分子的热运动速度。以气体而论，尽管气体分子热运动的速度很大，但由于分子间的碰撞极其频繁，分子不断地改变其热运动方向，所以，扩散物质的分子沿特定方向(扩散方向)前进的平均速度，即扩散速度，却是很小的。

2.2.2 气相中的稳态分子扩散

1. 等分子反向扩散

设想用一段粗细均匀的直管将两个很大的容器连通,如图 2-7 所示。两容器内分别充有组成不同的 A、B 两种气体的混合物,其中 $p_{A1} > p_{A2}$,$p_{B1} < p_{B2}$,但两容器内混合气的温度及总压都相同,两容器内均装有搅拌器,用以保持各自组成均匀。显然,由于两端存在组成差异,连通管中将发生分子扩散现象,使物质 A 向右传递而物质 B 向左传递。由于容器很大而连通管较细,故在有限时间内扩散作用不会使两容器内的气体组成发生明显的变化,可以认为 1、2 两截面上的 A、B 分压都维持不变,因此连通管中发生的分子扩散过程是稳态的。

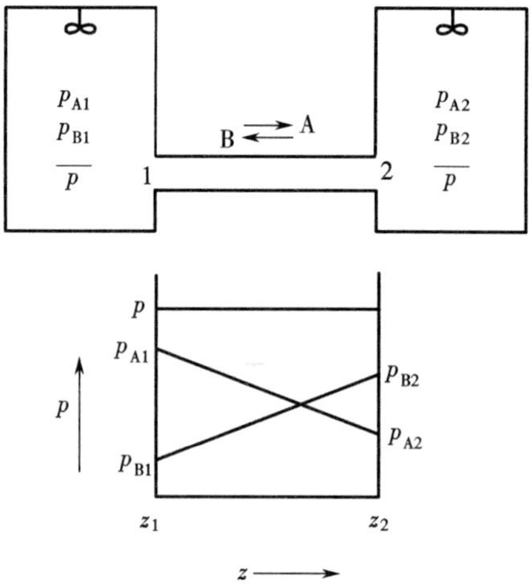

图 2-7 等分子反向扩散

因为两容器内气体总压相同,所以连通管内任一截面上,单位时间、单位面积向右传递的 A 分子数与向左传递的 B 分子数必定相等。这种情况属于稳态的等分子反向扩散。

这里应说明:在传质过程计算中涉及的传质速率(又称传质通量),是指在任一固定的空间位置上,单位时间通过单位面积的 A 物质的量,以 N_A 表示。在单纯的等分子反向扩散中,物质 A 的传质速率应等于 A 的扩散通量,即

$$N_A = J_A = -D\frac{dc_A}{dz} = -\frac{D}{RT}\frac{dp_A}{dz} \tag{2-15}$$

而且,对于上述条件下的稳态过程,连通管内各横截面上的 N_A 值应为常数,因而$\frac{dp_A}{dz}$也是常数,故 p_A-z 应为直线关系(见图 2-7)。

将式(2-15)分离变量并进行积分,积分限为

$z_1 = 0, p_A = p_{A1}$(截面 1)

$z_2 = z, p_A = p_{A2}$(截面 2)

则可得到

$$N_A\int_0^z dz = -\frac{D}{RT}\int_{p_{A1}}^{p_{A2}} dp_A$$

$$N_A z = -\frac{D}{RT}(p_{A2} - p_{A1})$$

解得传质速率为

$$N_A = \frac{D}{RTz}(p_{A1} - p_{A2}) \tag{2-16}$$

【例2-4】 在图2-7所示的左、右两个大容器内，分别装有组成不同的NH_3和N_2两种气体的混合物。连通管长为0.61 m，内径为24.4 mm，系统的温度为25 ℃，压力为101.33 kPa。左侧容器内NH_3的分压为20 kPa，右侧容器内NH_3的分压为6.67 kPa。已知在25 ℃、101.33 kPa的条件下，NH_3-N_2的扩散系数为$2.30\times10^{-5}\ m^2/s$。试求：(1)单位时间内自容器1向容器2传递的NH_3的量(kmol/s)；(2)连通管中与截面1相距0.305 m处NH_3的分压(kPa)。

解：(1)自容器1向容器2传递的NH_3的量

根据题意可知，应按等分子反向扩散计算传质速率N_A。依式(2-16)，单位截面积上单位时间内传递的NH_3的量为

$$N_A=\frac{D}{RTz}(p_{A1}-p_{A2})=\frac{2.30\times10^{-5}}{8.314\times298\times0.61}\times(20-6.67)=2.03\times10^{-7}\ \text{kmol/(m}^2\cdot\text{s)}$$

又知连通管截面积为

$$A=\frac{\pi}{4}d^2=\frac{\pi}{4}\times0.0244^2=4.68\times10^{-4}\ \text{m}^2$$

所以单位时间内由截面1向截面2传递的NH_3的量为

$$N_AA=2.03\times10^{-7}\times4.68\times10^{-4}=9.50\times10^{-11}\ \text{kmol/s}$$

(2)连通管中与截面1相距0.305 m处NH_3的分压

因传递过程处于稳态状况下，故连通管各截面在单位时间内传递的NH_3的量应相等，即$N_AA=$常数，又知$A=$常数，故$N_A=$常数。若以p'_{A2}代表与截面1的距离为$z'=0.305$ m处NH_3的分压，则依式(2-16)可写出下式：

$$\frac{D}{RTz'}(p_{A1}-p'_{A2})=N_A$$

因此
$$p'_{A2}=p_{A1}-\frac{N_ART z'}{D}=20-\frac{2.03\times10^{-7}\times8.314\times298\times0.305}{2.30\times10^{-5}}=13.3\ \text{kPa}$$

2. 一组分通过另一停滞组分的扩散

设在图2-7所示系统中的截面2位置上，有一层能够允许A分子通过但不允许任何其他分子通过的膜(此处所设想的膜，实际上是指吸收过程中气液两相间的接触表面)。在此情况下，凭借1、2两截面间的组成差异，仍可使物质A的分子不断地自左向右扩散，连通管内物质B的分子也应有自右向左的扩散运动。单从分子扩散的角度来看，两种物质的扩散通量仍然是数值相等而方向相反的，即$J_A=-J_B$。

但是，为了研究物质传递的速率关系，截面2左侧的情况是值得注意的(见图2-8)。这里的A分子不断地通过膜层进入右侧空间，却没有任何其他分子能够通过膜层返回左侧，因此必将在截面2左侧附近不断地留下相应的空缺，于是，连通管中各截面上的混合气体便会自动地向膜的表面依次递补过来，以便随时填充穿过膜层而进入膜右侧的A分子所遗留的空缺。这样就发生了A、B两种分子并行的向右递补的运动。这种递补运动称为“总体流动”。稳定状况下，物质A以恒定的速率进入膜的右侧，这种总体流动也就按同样的恒定速率持续进行。

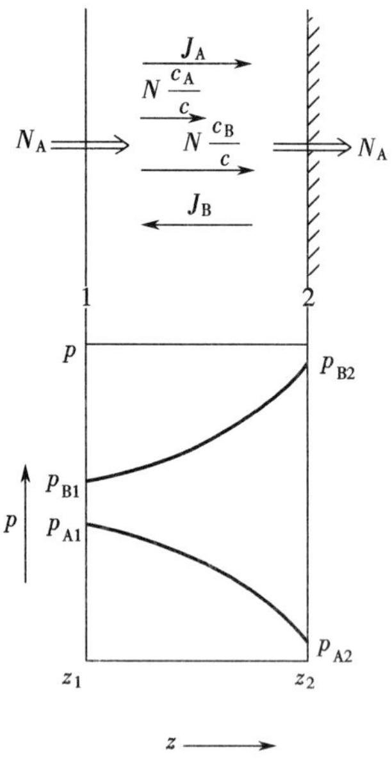

图2-8 组分A通过停滞组分B的扩散

总体流动是A、B两种物质并行的传递运动。因此,单从总体流动的角度看,两种物质具有相同的传递方向和传递速度。若以N代表总体流动的通量,即单位面积上单位时间内向右递补的A和B的总物质量,c为A和B的总浓度,则$N\frac{c_A}{c}$代表A在总体流动中所占的份额,$N\frac{c_B}{c}$为B在总体流动中所占的份额。

综上所述,在扩散运动与总体流动两种传递作用下,对组分A而言,因其扩散运动方向与总体流动方向一致,所以单位时间通过单位膜层面积而进入右侧的物质量N_A,应等于连通管内任意横截面上A的扩散通量与A在总体流动中的传递通量之和,即

$$N_A = J_A + N\frac{c_A}{c} \tag{2-17}$$

同理

$$N_B = J_B + N\frac{c_B}{c} \tag{2-18}$$

前曾提及,传递通量等于物质浓度与其传递速度的乘积(见式(2-14)),故总体流动通量可写成总体流动速度u与总体摩尔浓度c的乘积,由式(2-17)得

$$u_A c_A = J_A + uc\frac{c_A}{c}$$

则

$$J_A = c_A(u_A - u) \tag{2-17a}$$

式(2-17a)说明,组分A的扩散速度是相对于总体流动测量的。

对组分B而言,其扩散运动的方向与总体流动方向相反。按照前面所规定的条件,截面2上的膜层不允许A以外的任何物质通过,因而在稳定状况下,截面2以及整个连通管的各截面上物质B的传质速率应为零,即$N_B = 0$。这意味着物质B的扩散运动速度与总体流动速度恰好相抵。于是,由式(2-18)可知

$$-J_B = N\frac{c_B}{c}$$

即

$$J_A = N\frac{c_B}{c}$$

代入式(2-17),得

$$N_A = N\frac{c_B}{c} + N\frac{c_A}{c}$$

所以

$$N = N_A$$

这就印证了前面言及“总体流动”时所指出的:在稳定情况下,总体流动通量等于组分A的传质通量。

将此关系及式(2-11)代入式(2-17),得到

$$N_A = -\frac{Dc}{c-c_A}\frac{dc_A}{dz}$$

若扩散在气相中进行,则 $c_A = \frac{p_A}{RT}$ 及 $c = \frac{p}{RT}$,所以

$$N_A = -\frac{D}{RT}\frac{p}{p-p_A}\frac{dp_A}{dz} \tag{2-19}$$

或 $$N_A = \frac{Dp}{RT}\frac{dp_B}{p_B dz} \tag{2-19a}$$

由式(2-19)可以看出,p_A-z 及 p_B-z 皆为对数曲线关系(见图 2-8)。

将式(2-19a)分离变量后积分:

$$N_A\int_0^z dz = \frac{Dp}{RT}\int_{p_{B1}}^{p_{B2}}\frac{dp_B}{p_B}$$

解得 $$N_A = \frac{Dp}{RTz}\ln\frac{p_{B2}}{p_{B1}}$$

又因截面 1、2 上的总压相等,即

$$p_{A1}+p_{B1}=p_{A2}+p_{B2}$$

故 $$p_{A1}-p_{A2}=p_{B2}-p_{B1}$$

则 $$N_A = \frac{Dp}{RTz}\ln\frac{p_{B2}}{p_{B1}}\left(\frac{p_{A1}-p_{A2}}{p_{B2}-p_{B1}}\right) = \frac{\dfrac{Dp(p_{A1}-p_{A2})}{RTz(p_{B2}-p_{B1})}}{\ln\dfrac{p_{B2}}{p_{B1}}} = \frac{D}{RTz}\frac{p}{p_{Bm}}(p_{A1}-p_{A2}) \tag{2-20}$$

$$p_{Bm} = \frac{p_{B2}-p_{B1}}{\ln\dfrac{p_{B2}}{p_{B1}}} \tag{2-21}$$

式中 p_{Bm}——1、2 两截面上物质 B 分压的对数平均值,kPa;

$\frac{p}{p_{Bm}}$——漂流因数,量纲为 1。

漂流因数反映总体流动对传质速率的影响。因 $p > p_{Bm}$,所以漂流因数 $\frac{p}{p_{Bm}} > 1$。这表明,由于有总体流动,物质 A 的传质速率较之单纯分子扩散速率 $\frac{D}{RTz}(p_{A1}-p_{A2})$ 要大一些。当混合气体中组分 A 的组成很低时,$p_{Bm} \approx p$,因而 $\frac{p}{p_{Bm}} \approx 1$,式(2-20)便简化为式(2-16)。

式(2-16)适合于描述理想的精馏过程中的传质速率关系。在这样的精馏过程中,易挥发组分 A 与难挥发组分 B 有近乎相等的摩尔汽化热,故在两相接触过程中,A 组分进入气相的速率与 B 组分进入液相的速率大体相等。换言之,每有 1 kmol 的 B 转入液相,同时必有 1 kmol 的 A 转入气相,所以在相界面附近的气相中总不会因某种分子转入另一相而造成空缺,因而不会发生总体流动,传质速率即等于扩散通量。

式(2-20)适合于描述吸收及脱吸等过程中的传质速率关系。在比较简单的吸收过程中,气相中的溶质A不断进入液相,惰性组分B则不能进入液相,而且溶剂S是不汽化的,即液相中也没有任何溶剂分子逸出。这种情况恰属于一组分通过另一停滞组分的扩散。另外,当一种液态的物质汽化时,发生在液体表面附近静止(或滞流)的气相中的扩散过程,也属于这种情况。

【例2-5】 若设法改变条件,使图2-7所示的连通管中发生 NH_3 通过停滞的 N_2 向截面2稳定扩散的过程,且维持1、2两截面上 NH_3 的分压及系统的温度、压力仍与例2-4中的数值相同,求:(1)单位时间内传递的 NH_3 的量(kmol/s);(2)连通管中与截面1相距0.305 m处 NH_3 的分压(kPa)。

解:(1)单位时间内传递的 NH_3 的量

按式(2-20)计算连通管中 NH_3 的传质速率

$$N_A = \frac{D}{RTz}\frac{p}{p_{Bm}}(p_{A1} - p_{A2})$$

$$p_{Bm} = \frac{p_{B2} - p_{B1}}{\ln \dfrac{p_{B2}}{p_{B1}}}$$

$$p_{B2} = p - p_{A2} = 101.33 - 6.67 = 94.7\ \text{kPa}$$

$$p_{B1} = p - p_{A1} = 101.33 - 20 = 81.3\ \text{kPa}$$

则
$$p_{Bm} = \frac{94.7 - 81.3}{\ln \dfrac{94.7}{81.3}} = 87.8\ \text{kPa}$$

在例2-4中已算出

$$\frac{D}{RTz}(p_{A1} - p_{A2}) = 2.03 \times 10^{-7}\ \text{kmol/(m}^2 \cdot \text{s)}$$

故
$$N_A = 2.03 \times 10^{-7} \times \frac{101.33}{87.8} = 2.34 \times 10^{-7}\ \text{kmol/(m}^2 \cdot \text{s)}$$

单位时间内传递的氨的量为

$$N_A A = 2.34 \times 10^{-7} \times 4.68 \times 10^{-4} = 1.10 \times 10^{-10}\ \text{kmol/s}$$

(2)连道管中与截面1相距0.305 m处 NH_3 的分压

以 p'_{A2}、p'_{B2} 及 p'_{Bm} 分别代表与截面1的距离为 $z' = 0.305$ m处的 NH_3 分压、N_2 分压及1、2′两截面上 N_2 分压的对数平均值,则依式(2-20)可知

$$N_A = \frac{D}{RTz'}\frac{p}{p'_{Bm}}(p_{A1} - p'_{A2})$$

则
$$\frac{p_{A1} - p'_{A2}}{p'_{Bm}} = \frac{N_A RTz'}{Dp}$$

将上式左端化简得

$$\ln \frac{p'_{B2}}{p_{B1}} = \frac{N_A RTz'}{Dp} = \frac{2.34 \times 10^{-7} \times 8.314 \times 298 \times 0.305}{2.30 \times 10^{-5} \times 101.33} = 7.59 \times 10^{-2}$$

则 $\dfrac{p'_{B2}}{p_{B1}}=e^{0.0759}=1.08$

又知 $p_{B1}=p-p_{A1}=101.33-20=81.3\ kPa$

所以 $p'_{B2}=1.08\times81.3=87.8\ kPa$

则 $p'_{A2}=p-p'_{B2}=101.33-87.8=13.5\ kPa$

2.2.3 液相中的稳态分子扩散

物质在液相中的扩散与在气相中的扩散同样具有重要的意义。一般说来，液相中的扩散速度远远小于气相中的扩散速度，亦即液体中发生扩散时分子定向运动的平均速度更缓慢。

与气相中的扩散不同，液相中的扩散系数随浓度而变，且总浓度在整个液相并非均匀一致，在工程实践中一般作以下处理以得到液相中的扩散系数，即扩散系数以平均扩散系数代替，总浓度以平均总浓度代替。就数量级而论，物质在气相中的扩散系数较在液相中的扩散系数约大 10^5 倍。但是，液体的密度往往比气体大得多，因而液相中的物质浓度以及浓度梯度便远远高于气相中的物质浓度及浓度梯度，所以在一定条件下，气、液两相中仍可达到相同的扩散通量。

对液体的分子运动规律远不及对气体研究得充分，因此只能仿效气相中的扩散速率关系式写出液相中的相应关系式。

与气相中的扩散情况一样，液相中的扩散也分两种情况，即等分子反向扩散和一组分通过另一停滞组分的扩散。相对而言，液相中发生等分子反向扩散的机会很少，而一组分通过另一停滞组分的扩散则较为多见。譬如，吸收质 A 通过停滞的溶剂 S 而扩散，就是吸收操作中发生于界面附近液相内的典型情况。仿照式(2-20)可写出此种情况下组分 A 在液相中的传质速率关系式，即

$$N'_A=\frac{D'c}{zc_{Sm}}(c_{A1}-c_{A2}) \tag{2-22}$$

式中 N'_A——溶质 A 在液相中的传质速率，$kmol/(m^2\cdot s)$；

D'——溶质 A 在溶剂 S 中的扩散系数，m^2/s；

c——溶液的总浓度，$c=c_A+c_S$，$kmol/m^3$；

z——1、2 截面间的距离，m；

c_{A1}、c_{A2}——1、2 两截面上的溶质浓度，$kmol/m^3$；

c_{Sm}——1、2 两截面上溶剂 S 浓度的对数平均值，$kmol/m^3$。

2.2.4 扩散系数

分子扩散系数简称扩散系数，它是物质的特性常数之一。同一物质的扩散系数随介质的种类、温度、压力及组成的不同而变化。对于气体中的扩散，组成的影响可以忽略；对于液体中的扩散，组成的影响不可忽略，而压力的影响不显著。

物质的扩散系数可由实验测得，或从有关的资料中查得，有时也可由物质本身的基础物性数据及状态参数估算。

实验测定是求得物质扩散系数的根本途径，具体方法可参见本章例2-6。

一些常用物质的扩散系数可从有关资料、手册中查到。某些双组分气体混合物和液体混合物的扩散系数列于本教材附录1中。

但是，在许多情况下，对于面临的物系，既找不到现成的扩散系数数据，又缺乏进行实验测定的条件，此时可借助某些经验的或半经验的公式进行估算。

例如，对于气体A在气体B中（或B在A中）的扩散系数，可按麦克斯韦—吉利兰（Maxwell-Gilliland）公式进行估算，即

$$D=\frac{4.36\times10^{-5}T^{\frac{3}{2}}\left(\frac{1}{M_A}+\frac{1}{M_B}\right)^{\frac{1}{2}}}{p\left(v_A^{1/3}+v_B^{1/3}\right)^2} \tag{2-23}$$

式中 D——扩散系数，m^2/s；

p——总压力，kPa；

T——温度，K；

M_A、M_B——A、B两种物质的摩尔质量，g/mol；

v_A、v_B——A、B两种物质的分子体积，cm^3/mol。

分子体积 v 是1 mol物质在正常沸点下呈液态时的体积（cm^3）。它表征分子本身所占据空间的大小。表2-2右侧列举了某些结构较简单的气体物质的分子体积。

表2-2 一些元素的原子体积与简单气体的分子体积

原子体积/(cm^3/mol)			分子体积/(cm^3/mol)	
H		3.7	H_2	14.3
C		14.8	O_2	25.6
F		8.7	N_2	31.2
Cl	（最末的，如R—Cl）	21.6	空气	29.9
	（中间的，如R—CHCl—R′）	24.6	CO	30.7
Br		27.0	CO_2	34.0
I		37.0	SO_2	44.8
N		15.6	NO	23.6
	（在伯胺中）	10.5	N_2O	36.4
	（在仲胺中）	12.0	NH_3	25.8
O		7.4	H_2O	18.9
	（在甲酯中）	9.1	H_2S	32.9
	（在乙酯及甲、乙醚中）	9.9	Cl_2	48.4
	（在高级酯及醚中）	11.0	Br_2	53.2
	（在酸中）	12.0	I_2	71.5
	（与N、S、P结合）	8.3		
S		25.6		
P		27.0		

对于结构较复杂的物质，其分子体积可用克普（Koop）加和法则作近似估算。表2-2左侧列举了若干元素的原子体积数值。将物质分子中各种元素的原子体积按各自的原子数目加和起来，便得到该物质分子体积的近似值，这就是克普加和法则。例如，醋酸（CH_3COOH）的分子体积即可按表2-2中查得的C、H及O的原子体积加和：

$$v_{CH_3COOH}=14.8\times2+3.7\times4+12\times2=68.4\ cm^3/mol$$

麦克斯韦—吉利兰公式虽然误差较大(可达20%),但使用比较方便,由此式也可看出温度和压力对气体扩散系数的影响。对于一定的气体物质,扩散系数与总压成反比,而与绝对温度的$\frac{3}{2}$次方成正比,即

$$D=D_0\left(\frac{p_0}{p}\right)\left(\frac{T}{T_0}\right)^{3/2} \tag{2-24}$$

根据此式可由已知温度 T_0、压力 p_0 下的扩散系数 D_0,推算出温度为 T、压力为 p 时的扩散系数 D。

液体中的扩散系数也可用经验公式来估算。例如,非电解质稀溶液中的扩散系数可用下式粗略估算:

$$D'=\frac{7.7\times10^{-15}T}{\mu(v_A^{1/3}-v_0^{1/3})} \tag{2-25}$$

式中 D'——物质在其稀溶液中的扩散系数,m^2/s;

T——温度,K;

μ——液体的黏度,Pa · s;

v_A——扩散物质的分子体积,cm^3/mol;

v_0——常数,对于扩散物质在水、甲醇或苯中的稀溶液,v_0 值可分别取为 8、14.9 及 22.8,cm^3/mol。

用于估算液体中扩散系数的经验公式很多,式(2-25)只是其中之一。它的形式比较简单,但准确性较差。

【例 2-6】 用温克尔曼法(Winkelmann's Method)测定 CCl_4 蒸气在空气中的扩散系数,其装置示意图见本例附图 1。

在恒温的竖直细管中盛有 CCl_4 液体,令空气在横管中快速流过,以保证竖管管口处空气中的 CCl_4 分压接近于零。可以认为 CCl_4 由液面至竖管管口的传递是靠扩散实现的。实验在 48 ℃ 及 101.33 kPa 下进行,测得的数据列于本例附表 1 中。

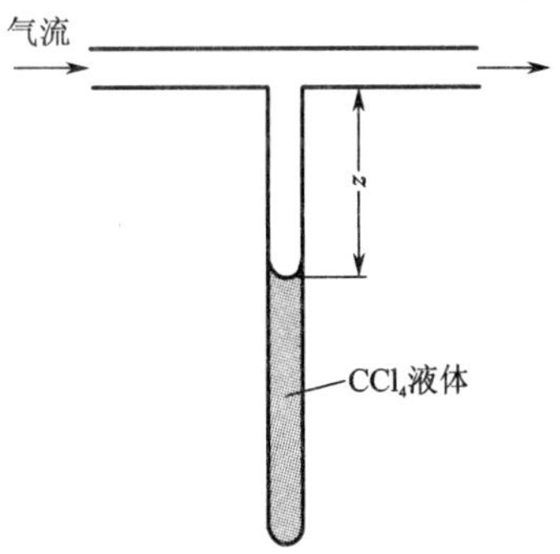

例 2-6 附图 1

例 2-6 附表 1

时间 θ/s	液体下降的距离 $(z-z_0)^*$/mm	时间 θ/s	液体下降的距离 $(z-z_0)^*$/mm
0	0.0	117.5×10^3	54.7
1.6×10^3	2.5	168.6×10^3	67.0
11.1×10^3	12.9	199.7×10^3	73.8
27.4×10^3	23.2	289.3×10^3	90.3
80.2×10^3	43.9	383.1×10^3	104.8

* z_0 代表测定开始时的扩散距离。

48 ℃下 CCl_4 的饱和蒸气压 $p^* = 37.6$ kPa，液体 CCl_4 的密度 $\rho_L = 1\,540\ kg/m^3$。

计算 48 ℃、101.33 kPa 下 CCl_4 蒸气在空气中的扩散系数。

解：因竖管中的气体并不受管口外水平气流的干扰，故 CCl_4 蒸气由液面向管口的传递可视为 CCl_4 通过停滞的空气层的扩散，液面上随时处于平衡状态，CCl_4 液体汽化的速率即等于竖管内 CCl_4 蒸气向管口传质的速率。

CCl_4 的传质速率可按式(2-20)计算，即

$$N_A = \frac{Dp}{RTzp_{Bm}}(p_A^* - 0) \tag{1}$$

式中 p_A^*——CCl_4 的平衡分压，kPa；

p_{Bm}——管口与液面两处空气分压的对数平均值，kPa。

$$p_{Bm} = \frac{p - (p - p_A^*)}{\ln \dfrac{p}{p - p_A^*}} = \frac{p_A^*}{\ln \dfrac{p}{p - p_A^*}} \tag{2}$$

则
$$N_A = \frac{Dp}{RTz}\ln\frac{p}{p - p_A^*} \tag{3}$$

随着 CCl_4 液体的汽化，液面下降而扩散距离 z 逐渐增大。液面下降的速度 $\frac{dz}{d\theta}$ 与竖管中 CCl_4 的传质速率有如下关系：

$$N_A = \frac{\rho_L dz}{M_A d\theta} \tag{4}$$

式中 M_A——CCl_4 的摩尔质量，$M_A = 154$ kg/kmol。

比较式(3)、式(4)可知

$$\frac{Dp}{RTz}\ln\frac{p}{p - p_A^*} = \frac{\rho_L dz}{M_A d\theta}$$

则
$$\frac{M_A Dp}{RT\rho_L}\ln\frac{p}{p - p_A^*}d\theta = zdz \tag{5}$$

式(5)等号左端除 $d\theta$ 外，所余各物理量皆为常数。对式(5)进行积分，积分限为

$$\theta = 0, z = z_0$$

$$\theta = \theta, z = z$$

$$\frac{M_A Dp}{RT\rho_L}\ln\frac{p}{p - p_A^*}\int_0^\theta d\theta = \int_{z_0}^z zdz$$

得
$$\frac{M_A Dp}{RT\rho_L}\ln\frac{p}{p - p_A^*}\theta = \frac{1}{2}(z^2 - z_0^2) \tag{6}$$

必须指出，对于扩散的有效距离 z 及 z_0，很难测量得准确可靠，但对液面降落的高度 $(z - z_0)$ 则可读出足够精确的数值。为此作如下处理：

$$z^2 - z_0^2 = (z - z_0)(z + z_0) = (z - z_0)[(z - z_0) + 2z_0]$$

将此关系代入式(6)，整理后可得

$$\frac{\theta}{z-z_0}=\frac{\rho_L RT}{2M_A Dp\ln\dfrac{p}{p-p_A^*}}(z-z_0)+\frac{\rho_L RT}{M_A Dp\ln\dfrac{p}{p-p_A^*}}z_0 \tag{7}$$

由式(7)可以看出,如根据实验数据将$\frac{\theta}{z-z_0}$对$(z-z_0)$在普通直角坐标纸上进行标绘,可得到一条直线,此直线的斜率为

$$s=\frac{\rho_L RT}{2M_A Dp\ln\dfrac{p}{p-p_A^*}} \tag{8}$$

依据斜率 s 的数值便可计算出扩散系数 D。

按此方法处理本例附表 1 中列出的实验数据,各计算值列于本例附表 2 中。

例 2-6 附表 2

θ/s	$(z-z_0)$/m	$\frac{\theta}{z-z_0}$/(s/m)
0	0	
1.6×10^3	2.5×10^{-3}	6.4×10^5
11.1×10^3	12.9×10^{-3}	8.6×10^5
27.4×10^3	23.2×10^{-3}	11.8×10^5
80.2×10^3	43.9×10^{-3}	18.3×10^5
117.5×10^3	54.7×10^{-3}	21.5×10^5
168.6×10^3	67.0×10^{-3}	25.2×10^5
199.7×10^3	73.8×10^{-3}	27.1×10^5
289.3×10^3	90.3×10^{-3}	32.0×10^5
383.1×10^3	104.8×10^{-3}	36.6×10^5

将$\frac{\theta}{z-z_0}$对$(z-z_0)$进行标绘,所得的直线如本例附图 2 所示。

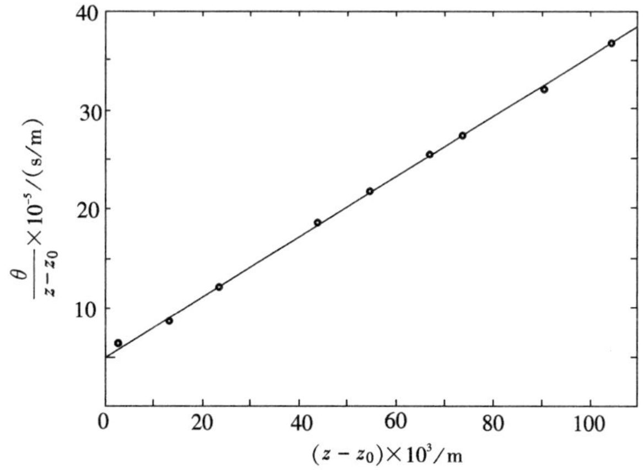

例 2-6 附图 2

由本例附图 2 求得直线的斜率为

$$s = 3.0 \times 10^7\ \mathrm{s/m^2}$$

则根据式(8)可算出扩散系数为

$$D = \frac{\rho_L RT}{2M_A sp\ln\dfrac{p}{p - p_A^*}} = \frac{1\,540 \times 8.314 \times (273 + 48)}{2 \times 154 \times 3.0 \times 10^7 \times 101.33 \times \ln\dfrac{101.33}{101.33 - 37.6}}$$

$$= 9.47 \times 10^{-6}\ \mathrm{m^2/s}$$

48 ℃、101.33 kPa 下 CCl_4 蒸气在空气中的扩散系数为 $9.47 \times 10^{-6}\ \mathrm{m^2/s}$。

【例2-7】 试用麦克斯韦—吉利兰公式分别计算0 ℃、101.33 kPa 条件下乙醇蒸气及乙酸蒸气在空气中的扩散系数，并计算温度为20 ℃、202.66 kPa 条件下，乙醇蒸气在空气中的扩散系数。

解：(1)0 ℃、101.33 kPa 条件下，乙醇(CH_3CH_2OH)在空气中的扩散系数

$$v_A = 2 \times 14.8 + 6 \times 3.7 + 7.4 = 59.2\ \mathrm{cm^3/mol},\ v_B = 29.9\ \mathrm{cm^3/mol}$$

$$M_A = 46\ \mathrm{g/mol},\ M_B = 29\ \mathrm{g/mol},\ T = 273\ \mathrm{K},\ p = 101.33\ \mathrm{kPa}$$

代入式(2-23)得

$$D = \frac{4.36 \times 10^{-5} \times 273^{3/2} \times \left(\dfrac{1}{46} + \dfrac{1}{29}\right)^{1/2}}{101.33 \times (59.2^{1/3} + 29.9^{1/3})^2} = 9.39 \times 10^{-6}\ \mathrm{m^2/s}$$

(2)0 ℃、101.33 kPa 条件下，乙酸(CH_3COOH)在空气中的扩散系数

$$v_A = 68.4\ \mathrm{cm^3/mol},\ v_B = 29.9\ \mathrm{cm^3/mol},\ M_A = 60\ \mathrm{g/mol},\ M_B = 29\ \mathrm{g/mol}$$

$$T = 273\mathrm{K},\ p = 101.33\ \mathrm{kPa}$$

代入式(2-23)得

$$D = \frac{4.36 \times 10^{-5} \times 273^{3/2} \times \left(\dfrac{1}{60} + \dfrac{1}{29}\right)^{1/2}}{101.33 \times (68.4^{1/3} + 29.9^{1/3})^2} = 8.48 \times 10^{-6}\ \mathrm{m^2/s}$$

(3)20 ℃、202.66 kPa 条件下，乙醇蒸气在空气中的扩散系数

气体的扩散系数受总压和温度的影响，可以用式(2-24)来计算

$$D = D_0\left(\frac{p_0}{p}\right)\left(\frac{T}{T_0}\right)^{3/2} = 9.39 \times 10^{-6} \times \frac{101.33}{202.66} \times \left(\frac{293}{273}\right)^{\frac{3}{2}} = 5.22 \times 10^{-6}\ \mathrm{m^2/s}$$

注意利用该公式需要使用绝对温度。总压和温度都对气体的扩散系数产生影响，总压越高，扩散系数越低。

2.2.5 对流传质

1. 涡流扩散

物质在湍流流体中的传递，主要依靠流体质点的无规则运动。湍流中发生的旋涡，引起各部位流体间的剧烈混合，在有组成差存在的条件下，物质便朝着其组成降低的方向进行传递。这种凭借流体质点的湍动和旋涡来传递物质的现象，称为涡流扩散。在湍流流体中，分子扩散与涡流扩散同时发挥着传递作用，但质点是大量分子的集群，在湍流主体中质点传递

的规模和速度远远大于单个分子，因此涡流扩散的效果应占主要地位。此时的扩散通量以下式表达：

$$J_A = -(D + D_E)\frac{dc_A}{dz} \tag{2-26}$$

式中 D——分子扩散系数，m^2/s；

D_E——涡流扩散系数，m^2/s；

$\frac{dc_A}{dz}$——沿 z 方向的浓度梯度，$kmol/m^4$；

J_A——扩散通量，$kmol/(m^2 \cdot s)$。

然而涡流扩散系数 D_E 不是物性常数，它与湍动程度有关，且随位置不同而不同。由于涡流扩散系数难于测定和计算，因此常将分子扩散与涡流扩散两种传质作用结合在一起考虑。

2. 对流传质过程分析

对流传质是指发生在运动着的流体与相界面之间的传质过程。在化学工程领域里的传质操作多发生在流体湍流的情况下，此时的对流传质就是湍流主体与相界面之间的涡流扩散与分子扩散两种传质作用的总和。

由于对流传质与对流传热过程类似，故可采用与处理对流传热问题类似的方法来处理对流传质问题。

设想在一吸收设备内，吸收剂自上而下沿固体壁面流动，混合气体自下而上流过液体表面，这两股逆向运动的流体在两相界面进行接触传质，见图 2-9(a)。考察稳态操作状况下吸收设备任一横截面 m—n 处相界面的气相一侧溶质 A 的组成分布情况。在图 2-9(b)中，横轴表示离开相界面的距离 z，纵轴表示溶质 A 的分压 p_A。气体虽呈湍流流动，但靠近相界面

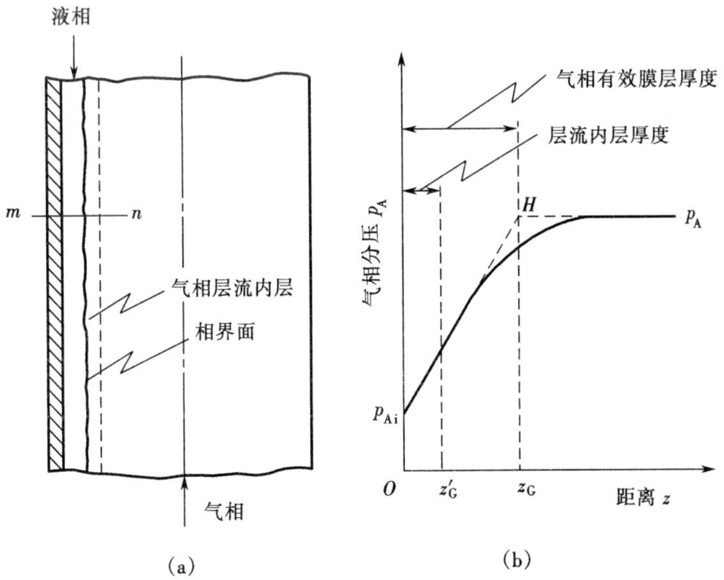

图 2-9 传质的有效层流膜

(a)流动状态 (b)压力分布

处仍有一个层流内层，令其厚度以 z'_G 表示。湍流程度愈高，则 z'_G 愈小。

吸收质 A 自气相主体向相界面转移，气相中 A 的分压愈靠近相界面便愈小。在稳定状况下，m—n 截面上不同 z 值各点处的传质速率应相同。在层流内层里，由于溶质 A 的传递单靠分子扩散作用，因而分压梯度较大，p_A-z 曲线较为陡峭；及至过渡区，由于开始发生涡流扩散作用，故分压梯度逐渐变小，p_A-z 曲线逐渐平缓；在湍流主体中，由于有强烈的涡流扩散作用，A 的分压趋于一致，分压梯度几乎为零，p_A-z 曲线为一水平线。

延长层流内层的分压线使其与气相主体的水平分压线交于一点 H，令此交点与相界面的距离为 z_G。设想相界面附近存在着一个厚度为 z_G 的层流膜层，膜层以内的流动纯属层流，因而其中的物质传递形式纯属分子扩散。此虚拟的膜层称为有效层流膜或停层膜。由图可见，整个有效层流膜层的传质推动力即为气相主体与相界面处的分压之差。这意味着从气相主体到相界面处的全部传质阻力都包含在此有效层流膜层之中，于是便可按有效层流膜层内的分子扩散速率写出由气相主体至相界面的对流传质速率关系式，即

$$N_A = \frac{Dp}{RTz_G p_{Bm}}(p_A - p_{Ai}) \tag{2-27}$$

式中 N_A——溶质 A 的对流传质速率，kmol/(m² · s)；

z_G——气相有效层流膜层厚度，m；

p_A——气相主体中的溶质 A 分压，kPa；

p_{Ai}——相界面处的溶质 A 分压，kPa；

p_{Bm}——惰性组分 B 在气相主体中与相界面处的分压的对数平均值，kPa；

其他符号的意义与单位同前。

同理，有效层流膜层的设想也可应用于相界面的液相一侧，从而写出液相中的对流传质速率关系式：

$$N_A = \frac{D'c}{z_L c_{Sm}}(c_{Ai} - c_A) \tag{2-28}$$

式中 z_L——液相有效层流膜层厚度，m；

c_A——液相主体中的溶质 A 浓度，kmol/m³；

c_{Ai}——相界面处的溶质 A 浓度，kmol/m³；

c_{Sm}——溶剂 S 在液相主体与相界面处的浓度的对数平均值，kmol/m³；

其他符号的意义与单位同前。

2.2.6 吸收过程的机理

1. 双膜理论

本节从研究最简单的分子扩散入手，分析和处理了一相流体内部的传质问题，这就为研究两相间的传质过程机理奠定了基础。

研究传质机理的目的，在于对传质过程的物理机制作恰当描述，进而建立正确表达影响过程速率的各主要因素间的定量关系，以便指导实际传质操作过程及设备的设计、改进

和强化。

对于吸收操作这样的相际传质过程的机理，惠特曼(W. G. Whitman)在 20 世纪 20 年代提出的双膜理论(停滞膜模型)一直占有重要地位。本章前面所有关于单相内部传质过程的分析和处理，都是按照双膜理论进行的。

双膜理论认为当液体湍流流过固体溶质表面时，固、液间传质阻力全部集中在液体内紧靠两相界面的一层停滞膜内，此膜厚度大于层流内层厚度，而它提供的分子扩散传质阻力恰等于上述过程中实际存在的对流传质阻力。

双膜理论把两流体间的对流传质过程描述成如图 2-10 所示的模式。它包含几点基本假设：①相互接触的气、液两相流体间存在着稳定的相界面，界面两侧各有一个很薄的停滞膜，吸收质以分子扩散方式通过此二膜层由气相主体进入液相主体；②在相界面处，气、液两相达到平衡；③在两个停滞膜以外的气、液两相主体中，由于流体充分湍动，物质组成均匀。

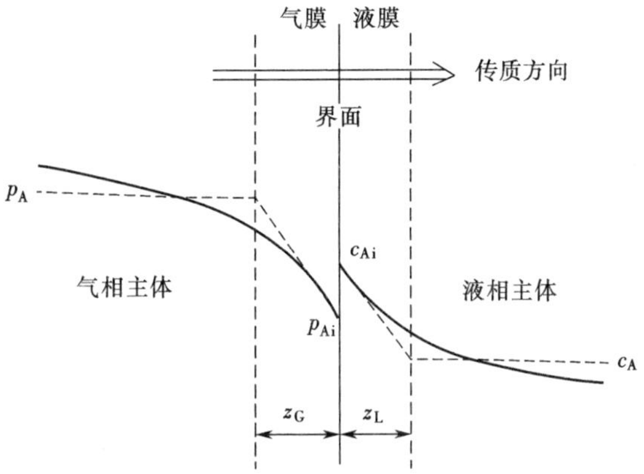

图 2-10 双膜理论示意图

双膜理论把复杂的相际传质过程归结为经由两个流体停滞膜层的分子扩散过程，而相界面处及两相主体中均无传质阻力存在。这样，整个相际传质过程的阻力便全部体现在两个停滞膜层里。在两相主体组成一定的情况下，两膜的阻力便决定了传质速率的大小。因此，双膜理论也可称为双阻力理论。

双膜理论用于描述具有固定相界面的系统及速度不高的两流体间的传质过程，与实际情况是大体符合的，由此确定的传质速率关系，至今仍是传质设备设计计算的主要依据，这一理论在生产实践中发挥了重要的指导作用。但是，对于不具有固定相界面的多数传质设备，停滞膜的设想不能反映传质过程的实际机制。在此情况下，它的几项基本假设都很难成立，根据这一理论作出的某些推断自然与实验结果不甚相符。

2. 溶质渗透理论

在许多实际传质设备里，气、液是在高度湍流情况下互相接触的，如果认为非稳态的两相界面上会存在着稳定的停滞膜层，显然是不切实际的。为了更准确地描述这种情况下气相溶质经过相界面到达液相主体内的传质过程，希格比(Higbie)于 1935 年提出溶质渗透理论。这种理论假定液面是由无数微小的流体单元所构成的，暴露于表面的每个单元都在与气相接触某一短暂时间(暴露时间)后，即被来自液相主体的新单元取代，而其自身则返回液相主体内。填料塔内液体呈膜状流经每个填料后，都会发生汇合并重新分散成液膜；鼓泡式气液接触设备中，每个气泡存在于液相内的时间就更短。因而，溶质在液相中的扩散不可能达到稳态状况，即液体表层往往来不及建立稳态的浓度梯度，溶质总是处于由相界面向液相主体纵深方向逐渐渗透的非稳态过程中。如图 2-11 所示，在每个流体单元到达液体表面的

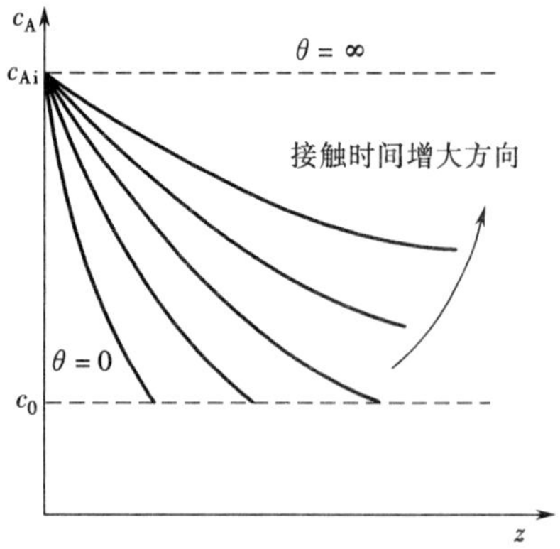

图 2-11 液相中浓度分布与接触时间的关系

最初瞬间($\theta=0$),在液面以内及液面处($z\geqslant0$),溶质浓度尚未发生任何变化,仍为原来的主体浓度($c_A=c_0$);接触开始后($\theta>0$),相界面处($z=0$)立即达到与气相平衡的状态($c_A=c_{Ai}$);随着暴露时间延长,在相界面与液相内浓度差的推动下,溶质以一维非稳态扩散方式渗入液相主体。在相界面附近的极薄液层内形成随时间变化的浓度分布(见图 2-11 中不同 θ 值时的组成曲线),但在液相内深处($z=\infty$),则仍保持原来的主体浓度($c_A=c_0$)。

气相中的溶质透过界面渗入液相内的速度与界面处溶质浓度梯度$\left(\left.\frac{\partial c_A}{\partial z}\right|_{z=0}\right)$成正比。由图 2-11 可见,随着接触时间延长,界面处的浓度梯度逐渐变小,这表明传质速率也将随之变小。所以,每次接触的时间愈短,则按时间平均计算的传质速率愈大。根据特定条件下的推导结果,按每次接触时间平均值计算的传质通量与液相传质推动力($c_{Ai}-c_0$)间应符合如下关系:

$$N_A=\sqrt{\frac{4D'}{\pi\theta_s}}(c_{Ai}-c_0) \tag{2-29}$$

式中 D'——溶质 A 在液相中的扩散系数,m^2/s;

θ_s——流体单元在液相表面的暴露时间,s。

溶质渗透理论建立的是溶质以非稳态扩散方式向无限厚度的液层内逐渐渗透的传质模型。与把传质过程视为通过停滞膜层的稳定分子扩散的双膜理论相比,溶质渗透理论为描述湍流下的传质机理提供了更为合理的解释。按照双膜理论,传质系数应与扩散系数成正比[见式(2-27)],而溶质渗透理论则指出,传质系数与扩散系数的 0.5 次方成正比,后者比前者更好地接近实验结果。

3. 表面更新理论

丹克沃茨(Danckwerts)于 1951 年对希格比的理论提出改进和修正。他否定表面上的液体微元有相同的暴露时间,而认为液体表面是由具有不同暴露时间(或称"年龄")的液体微元所构成的,各种年龄的微元被置换下去的概率与它们的年龄无关,而与液体表面上该年龄的微元数成正比。表面液体微元的年龄分布函数为

$$\tau=se^{-s\theta} \tag{2-30}$$

式中 τ——年龄在 $\theta\sim(\theta+d\theta)$ 区间的微元数在表面微元总数中所占的分数;

s——表面更新率,常数,可由实验测定。

据此理论,平均传质通量与液相传质推动力间的关系应为

$$N_A=\sqrt{D's}(c_{Ai}-c_0) \tag{2-31}$$

按照此式,传质系数亦应与扩散系数的 0.5 次方成正比,这与溶质渗透理论的结论相同。

在以上所述 3 种传质理论之后,还有人提出过一些其他模型,用以修正上述理论或对双

膜模型与溶质渗透模型加以综合。例如图尔等人(Toor and Marchello)于1958年提出的膜渗透理论。

各种新的传质理论仍在不断研究和发展,这标志着人们对传质过程的认识正在不断深化。这些新理论在实践中虽具有一定的启发和指导意义,但目前仍不足以进行传质设备的设计计算。所以,本章此后关于吸收速率的讨论,仍以双膜理论为基础。

2.2.7 吸收速率方程式

要计算执行指定的吸收任务所需设备的尺寸,或核算混合气体通过指定设备所能达到的吸收程度,都需知道吸收速率。所谓吸收速率,即指单位相际传质面积上单位时间内吸收的溶质量。表明吸收速率与吸收推动力之间关系的数学式即为吸收速率方程式。

对于吸收过程的速率关系,也可赋予"速率 = 推动力/阻力"的形式,其中的推动力自然是指组成差,吸收阻力的倒数称为吸收系数。因此吸收速率关系又可写成"吸收速率 = 吸收系数 × 推动力"的形式。

在稳态操作的吸收设备内任一部位上,相界面两侧的气、液膜层中的传质速率应是相同的(否则会在相界面处有溶质积累)。因此,其中任何一侧有效膜中的传质速率都能代表该部位上的吸收速率。单独根据气膜或液膜的推动力及阻力写出的速率关系式称为气膜或液膜吸收速率方程式,相应的吸收系数称为膜系数或分系数,用 k 表示。吸收中的膜系数 k 与传热中的对流传热系数 α 相当。

1. 气膜吸收速率方程式

前已介绍了由气相主体到相界面的对流传质速率方程式,即气相有效层流膜层内的传质速率方程式(2-27):

$$N_A = \frac{Dp}{RTz_G p_{Bm}}(p_A - p_{Ai})$$

上式中存在着不易解决的问题,即有效层流膜层的厚度 z_G 难于测知。但经分析可知,在一定条件下此式中的 $\frac{Dp}{RTz_G p_{Bm}}$ 可视为常数,因为一定的物系及一定的操作条件规定了 T、p 及 D 值,一定的流动状况及传质条件规定了 z_G 值。故可令

$$\frac{Dp}{RTz_G p_{Bm}} = k_G \tag{2-32}$$

则式(2-27)可写成

$$N_A = k_G(p_A - p_{Ai}) \tag{2-33}$$

式中 k_G——气膜吸收系数,kmol/(m^2 · s · kPa)。

式(2-33)称为气膜吸收速率方程式。该式也可写成如下形式:

$$N_A = \frac{p_A - p_{Ai}}{\dfrac{1}{k_G}} \tag{2-33a}$$

气膜吸收系数的倒数$\frac{1}{k_G}$表示吸收质通过气膜的传递阻力，这个阻力的表达形式是与气膜推动力$(p_A - p_{Ai})$相对应的。

当气相的组成以摩尔分数表示时，相应的气膜吸收速率方程式为

$$N_A = k_y(y_A - y_{Ai}) \tag{2-34}$$

式中 y_A——溶质A在气相主体中的摩尔分数；

y_{Ai}——溶质A在相界面处的摩尔分数。

当气相总压不很高时，根据分压定律可知

$$p_A = py_A \text{ 及 } p_{Ai} = py_{Ai}$$

将此关系代入式(2-33)并与式(2-34)相比较，可知

$$k_y = pk_G \tag{2-35}$$

k_y 也称为气膜吸收系数，其单位与传质速率的单位相同，为 kmol/(m^2·s)。它的倒数$\frac{1}{k_y}$是与气膜推动力$(y_A - y_{Ai})$相对应的气膜阻力。

2. 液膜吸收速率方程式

前已介绍了由相界面到液相主体的对流传质速率方程式，即液相有效层流膜层内的传质速率方程式(2-28)：

$$N_A = \frac{D'c}{z_L c_{Sm}}(c_{Ai} - c_A)$$

令

$$\frac{D'c}{z_L c_{Sm}} = k_L \tag{2-36}$$

则式(2-28)可写成

$$N_A = k_L(c_{Ai} - c_A) \tag{2-37}$$

或

$$N_A = \frac{c_{Ai} - c_A}{\frac{1}{k_L}} \tag{2-37a}$$

式中 k_L——液膜吸收系数，kmol/(m^2·s·kmol/m^3)或m/s。

式(2-37)称为液膜吸收速率方程式。

液膜吸收系数的倒数$\frac{1}{k_L}$表示吸收质通过液膜的传递阻力，这个阻力的表达形式是与液膜推动力$(c_{Ai} - c_A)$相对应的。

当液相的组成以摩尔分数表示时，相应的液膜吸收速率方程式为

$$N_A = k_x(x_{Ai} - x_A) \tag{2-38}$$

因为

$$c_{Ai} = cx_{Ai}$$

及

$$c_A = cx_A \tag{2-39}$$

将此关系代入式(2-37)并与式(2-38)相比较，可知

$$k_x = ck_L$$

k_x 也称为液膜吸收系数，其单位与传质速率的单位相同，为 kmol/($m^2 \cdot s$)。它的倒数$\frac{1}{k_x}$是与液膜推动力($x_{Ai}-x_A$)相对应的液膜阻力。

3. 界面组成

膜吸收速率方程式中的推动力，都是某一相主体组成与界面组成之差，要使用膜吸收速率方程式，就必须解决确定界面组成的问题。

根据双膜理论，界面处的气、液组成符合平衡关系。同时，在稳态状况下，气、液两膜中的传质速率应当相等。因此，在两相主体组成（譬如 p、c）及两膜吸收系数（譬如 k_G、k_L）已知的情况下，便可依据界面处的平衡关系及两膜中传质速率相等的关系来确定界面处的气、液组成，进而确定传质过程的速率。因为

$$N_A=k_G(p_A-p_{Ai})=k_L(c_{Ai}-c_A)$$

所以

$$\frac{p_A-p_{Ai}}{c_A-c_{Ai}}=-\frac{k_L}{k_G} \tag{2-40}$$

上式表明，在直角坐标系中 p_{Ai}-c_{Ai}关系是一条通过定点(c,p)而斜率为 $-\frac{k_L}{k_G}$的直线。该直线与平衡线 $p^*=f(c)$的交点坐标代表了界面上液相溶质组成与气相溶质分压，如图 2-12 所示。图中点 A 代表稳态操作的吸收设备内某一部位上的液相主体组成 c 与气相主体分压 p，直线 AI 的斜率为 $-\frac{k_L}{k_G}$，则直线 AI 与平衡线 OE 的交点 I 的纵、横坐标即分别为 p_{Ai}与 c_{Ai}。

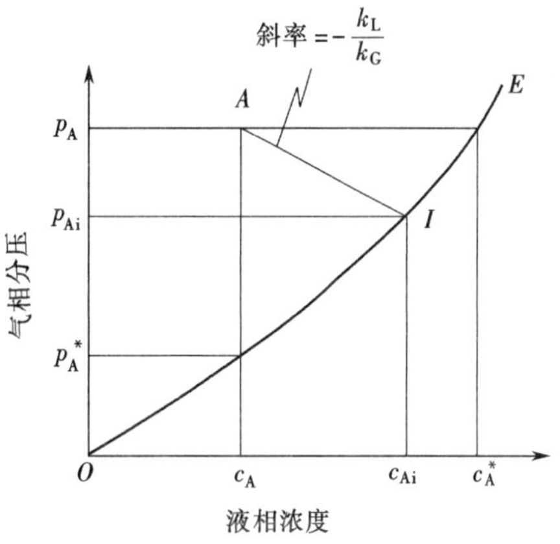

图 2-12 界面组成的确定

4. 总吸收系数及其相应的吸收速率方程式

为了避开难于测定的界面组成，可以效仿间壁传热中类似问题的处理方法。研究间壁传热的速率时，可以避开壁面温度而以冷、热两流体主体温度之差来表示传热的总推动力，相应的系数称为总传热系数。对于吸收过程，同样可以采用两相主体组成的某种差值来表示总推动力而写出吸收速率方程式。这种速率方程式中的吸收系数称为总系数，以 K 表示。总系数的倒数即为总阻力，总阻力应当是两膜传质阻力之和。问题在于气、液两相的组成表示法不同（譬如气相组成以分压表示，而液相组成以单位体积内的溶质摩尔数表示），二者不能直接相减。即使二者的表示法相同（譬如都以摩尔分数表示）时，其差值也不能代表过程的推动力，这一点与传热中的情况有所不同。

吸收过程之所以能自动进行，就是由于两相主体组成尚未达到平衡，一旦任何一相主体组成与另一相主体组成达到平衡，推动力便等于零。因此，吸收过程的总推动力应该用任何一相的主体组成与其平衡组成的差额来表示。

1) 以 $p_A - p_A^*$ 表示总推动力的吸收速率方程式

令 p_A^* 为与液相主体组成 c_A 成平衡的气相分压，p_A 为吸收质在气相主体中的分压，若吸收系统服从亨利定律，或在过程所涉及的组成区间内平衡关系为直线，则

$$p_A^* = \frac{c_A}{H}$$

根据双膜理论，相界面上两相互成平衡，则

$$p_{Ai} = \frac{c_{Ai}}{H}$$

将上两式分别代入液相吸收速率方程式 $N_A = k_L(c_{Ai} - c_A)$，得

$$N_A = k_L H(p_{Ai} - p_A^*) \text{或} \frac{N_A}{Hk_L} = p_{Ai} - p_A^*$$

气相速率方程式 $N_A = k_G(p_A - p_{Ai})$ 也可改写成

$$\frac{N_A}{k_G} = p_A - p_{Ai}$$

上两式相加，得

$$N_A\left(\frac{1}{Hk_L} + \frac{1}{k_G}\right) = p_A - p_A^* \tag{2-41}$$

令 $$\frac{1}{K_G} = \frac{1}{Hk_L} + \frac{1}{k_G} \tag{2-41a}$$

则 $$N_A = K_G(p_A - p_A^*) \tag{2-42}$$

式中 K_G——气相总吸收系数，kmol/(m² · s · kPa)。

式(2-42)即为以 $p_A - p_A^*$ 为总推动力的吸收速率方程式，也可称为气相总吸收速率方程式。总系数 K_G 的倒数为两膜总阻力。由式(2-41a)看出，此总阻力是由气膜阻力 $\frac{1}{k_G}$ 与液膜阻力 $\frac{1}{Hk_L}$ 两部分组成的。

对于易溶气体，H 值很大，在 k_G 与 k_L 数量级相同或接近的情况下存在如下关系：

$$\frac{1}{Hk_L} \ll \frac{1}{k_G}$$

此时传质阻力的绝大部分存在于气膜之中，液膜阻力可以忽略，因而式(2-41a)可简化为

$$\frac{1}{K_G} \approx \frac{1}{k_G} \text{或} K_G \approx k_G$$

亦即气膜阻力控制着整个吸收过程的速率，吸收总推动力的绝大部分用于克服气膜阻力，由图2-13(a)可知

$$p_A - p_A^* \approx p_A - p_{Ai}$$

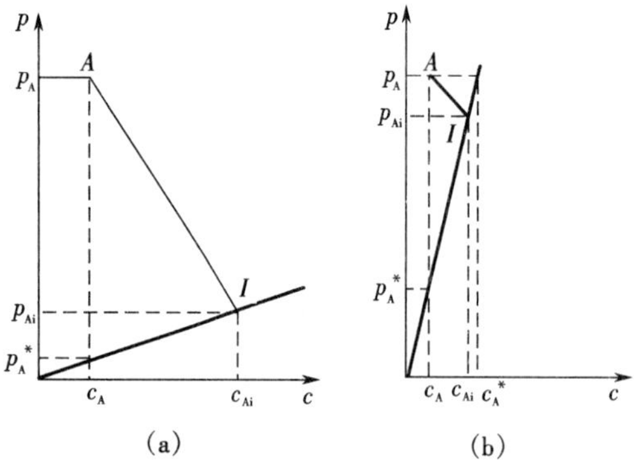

图 2-13 气膜控制与液膜控制示意图

(a)气膜控制 (b)液膜控制

这种情况称为“气膜控制”。用水吸收氨或氯化氢及用浓硫酸吸收气相中的水蒸气等过程，通常都被视为气膜控制的吸收过程。显然，对于气膜控制的吸收过程，如要提高其速率，在选择设备类型及确定操作条件时应特别注意减小气膜阻力。

2）以 $c_A^* - c_A$ 表示总推动力的吸收速率方程式

令 c_A^* 代表与气相分压 p_A 成平衡的液相组成，若系统服从亨利定律，或在过程涉及的组成范围内平衡关系为直线，则

$$p_A = \frac{c_A^*}{H}, \quad p_A^* = \frac{c_A}{H}$$

若将式(2-41)两端皆乘以 H，可得

$$N_A\left(\frac{H}{k_G} + \frac{1}{k_L}\right) = c_A^* - c_A \tag{2-43}$$

令
$$\frac{H}{k_G} + \frac{1}{k_L} = \frac{1}{K_L} \tag{2-43a}$$

则
$$N_A = K_L(c_A^* - c_A) \tag{2-44}$$

式中 K_L——液相总吸收系数，kmol/(m² · s · kmol/m³)，即 m/s。

式(2-44)是以 $c_A^* - c_A$ 为总推动力的吸收速率方程式，也称为液相总吸收速率方程式。总系数 K_L 的倒数为两膜总阻力，由式(2-43a)可以看出，此总阻力是由气膜阻力 H/k_G 与液膜阻力 $1/k_L$ 两部分组成的。

对于难溶气体，H 值甚小，在 k_G 与 k_L 数量级相同或接近的情况下存在如下关系：

$$\frac{H}{k_G} \ll \frac{1}{k_L}$$

此时传质阻力的绝大部分存在于液膜之中，气膜阻力可以忽略，因而式(2-43a)简化为

$$\frac{1}{K_L} \approx \frac{1}{k_L} \text{或} K_L \approx k_L$$

即液膜阻力控制着整个吸收过程的速率，吸收总推动力的绝大部分用于克服液膜阻力。由图2-13(b)可知

$$c_A^* - c_A \approx c_{Ai} - c_A$$

这种情况称为“液膜控制”。用水吸收氧、氢或二氧化碳等气体的过程，都是液膜控制的吸收过程。对于液膜控制的吸收过程，如要提高其速率，在选择设备类型及确定操作条件时，应特别注意减小液膜阻力。

一般情况下，对于具有中等溶解度的气体吸收过程，气膜阻力与液膜阻力均不可忽略。要提高过程速率，必须兼顾气、液两膜阻力的降低，方能得到满意的效果。

3）以 $Y_A - Y_A^*$ 表示总推动力的吸收速率方程式

在吸收计算中，当溶质组成较低时，通常以摩尔比表示组成较为方便，故常用到以 $Y_A - Y_A^*$ 或 $X_A^* - X_A$ 表示总推动力的吸收速率方程式。

若操作总压力为 p，根据分压定律可知吸收质在气相中的分压为

$$p_A = py_A$$

又知 $y_{A}=\frac{Y_{A}}{1+Y_{A}}$

故 $p_{A}=p\frac{Y_{A}}{1+Y_{A}}$

同理 $p_{A}^{*}=p\frac{Y_{A}^{*}}{1+Y_{A}^{*}}$

式中 Y_{A}^{*} 为与液相组成 X_{A} 成平衡的气相组成。将上两式代入式(2-42),得

$$N_{A}=K_{G}\left(p\frac{Y_{A}}{1+Y_{A}}-p\frac{Y_{A}^{*}}{1+Y_{A}^{*}}\right)$$

此式可化简为

$$N_{A}=\frac{K_{G}p}{(1+Y_{A})(1+Y_{A}^{*})}(Y_{A}-Y_{A}^{*}) \tag{2-45}$$

令 $\frac{K_{G}p}{(1+Y_{A})(1+Y_{A}^{*})}=K_{Y}$ (2-46)

则 $N_{A}=K_{Y}(Y_{A}-Y_{A}^{*})$ (2-47)

式中 K_{Y}——气相总吸收系数,kmol/(m^{2}·s)。

式(2-47)即是以($Y_{A}-Y_{A}^{*}$)表示总推动力的吸收速率方程式,它也属于气相总吸收速率方程式。式中总系数 K_{Y} 的倒数为两膜总阻力。

当吸收质在气相中的组成很小时,Y 和 Y^{*} 都很小,式(2-46)左端的分母接近于1,于是

$$K_{Y}\approx K_{G}p \tag{2-46a}$$

4)以 $X_{A}^{*}-X_{A}$ 表示总推动力的吸收速率方程式

令液相组成以摩尔比 X_{A} 表示,与气相组成 Y_{A} 成平衡的液相组成以 X_{A}^{*} 表示,因为

$$c_{A}=cx_{A}$$

又知 $x_{A}=\frac{X_{A}}{1+X_{A}}$,故

$$c_{A}=c\frac{X_{A}}{1+X_{A}}$$

同理 $c_{A}^{*}=c\frac{X_{A}^{*}}{1+X_{A}^{*}}$

将以上两式代入(2-44),得

$$N_{A}=K_{L}\left(c\frac{X_{A}^{*}}{1+X_{A}^{*}}-c\frac{X_{A}}{1+X_{A}}\right)$$

此式可化简为

$$N_{A}=\frac{K_{L}c}{(1+X_{A}^{*})(1+X_{A})}(X_{A}^{*}-X_{A}) \tag{2-48}$$

令 $\frac{K_{L}c}{(1+X_{A}^{*})(1+X_{A})}=K_{X}$ (2-49)

则 $N_A = K_X(X_A^* - X_A)$ (2-50)

式中 K_X——液相总吸收系数，kmol/(m^2·s)。

式(2-50)即是以($X_A^* - X_A$)表示总推动力的吸收速率方程式，它也属于液相总吸收速率方程式，式中总系数 K_X 的倒数为两膜总阻力。

当吸收质在液相中的组成很小时，X_A^* 和 X_A 都很小，式(2-49)左端的分母接近于1，于是

$$K_X \approx K_L c$$

5. 小结

由于推动力所涉及的范围不同及组成的表示方法不同，吸收速率方程式呈现了多种不同的形态。可以把它们分为两类：一类是与膜系数相对应的速率式，采用一相主体与界面处的组成之差表示推动力，诸如

$$N_A = k_G(p_A - p_{Ai}), N_A = k_y(y_A - y_{Ai})$$

$$N_A = k_L(c_{Ai} - c_A), N_A = k_x(x_{Ai} - x_A)$$

另一类是与总系数相对应的速率式，采用任一相主体的组成与另一相组成相对应的平衡组成之差表示推动力，诸如

$$N_A = K_G(p_A - p_A^*), N_A = K_Y(Y_A - Y_A^*)$$

$$N_A = K_L(c_A^* - c_A), N_A = K_X(X_A^* - X_A)$$

任何吸收系数的单位都是 kmol/(m^2·s·单位推动力)。当推动力以量纲为1的摩尔分数或摩尔比表示时，吸收系数的单位简化为 kmol/(m^2·s)，与吸收速率的单位相同。

必须注意各速率方程式中吸收系数与吸收推动力的正确搭配及其单位的一致性。吸收系数的倒数即表示吸收阻力，阻力的表达形式自然也须与推动力的表达形式相对应。例如，以 $p_A - p_A^*$ 表示总推动力时，气膜阻力为$\frac{1}{k_G}$，液膜阻力为$\frac{1}{Hk_L}$；而以 $c_A^* - c_A$ 表示总推动力时，液膜阻力为$\frac{1}{k_L}$，气膜阻力为$\frac{H}{k_G}$。

前面介绍的所有吸收速率方程式，都是以气、液组成保持不变为前提的，因此只适合描述稳态操作的吸收塔内任一横截面上的速率关系，而不能直接用来描述全塔的吸收速率。在塔内不同横截面上的气、液组成各不相同，吸收速率也不相同。

应当注意，在使用与总系数相对应的吸收速率方程式时，在整个吸收过程所涉及的组成区间内，平衡关系须为直线。在式(2-41a)及式(2-43a)中，H 值应为常数，否则即使膜系数(如 k_G、k_L)为常数，总系数仍随组成而变化，这将不便用来进行吸收塔的计算。但是也有一些例外情况，例如：对易溶气体，$K_G \approx k_G$；对于难溶气体，$K_L \approx k_L$。此时可以分别使用总系数 K_G 或 K_L 及与其对应的吸收速率方程式。

【例2-8】 已知某低组成气体溶质被吸收时，平衡关系服从亨利定律，气膜吸收系数 $k_G = 2.74 \times 10^{-7}$ kmol/(m^2·s·kPa)，液膜吸收系数 $k_L = 6.94 \times 10^{-5}$ m/s，溶解度系数 $H = 1.5$ kmol/(m^3·kPa)。试求气相吸收总系数 K_G[kmol/(m^2·s·kPa)]，并分析该吸收

过程的控制因素。

解:因系统符合亨利定律,故按式(2-41a)计算总系数 K_G。

$$\frac{1}{K_G}=\frac{1}{k_G}+\frac{1}{Hk_L}=\frac{1}{2.74\times10^{-7}}+\frac{1}{1.5\times6.94\times10^{-5}}$$

$$=3.65\times10^{6}+9.6\times10^{3}=3.66\times10^{6}\ \mathrm{m^2\cdot s\cdot kPa/kmol}$$

$$K_G=\frac{1}{3.66\times10^{6}}=2.73\times10^{-7}\ \mathrm{kmol/(m^2\cdot s\cdot kPa)}$$

由计算过程可知,气膜阻力$\frac{1}{k_G}=3.65\times10^{6}\ \mathrm{m^2\cdot s\cdot kPa/kmol}$,而液膜阻力$\frac{1}{Hk_L}=9.6\times10^{3}$ $\mathrm{m^2\cdot s\cdot kPa/kmol}$,液膜阻力远小于气膜阻力,该吸收过程为气膜控制。

2.3 吸收塔的计算

演示文稿

工业上为使气、液充分接触以实现传质过程,既可采用板式塔,也可采用填料塔。板式塔内气液逐级接触,本书第 1 章中对于精馏操作的分析和讨论主要是结合逐级接触方式进行的;填料塔内气液连续接触,本章中对于吸收操作的分析和讨论将主要结合连续接触方式进行。

填料塔内充以某种特定形状的固体物——填料,以构成填料层,填料层是塔内实现气、液接触的有效部位。填料层的空隙体积所占比例颇大,气体在填料间隙所形成的曲折通道中流过,提高了湍动程度;单位体积填料层内有大量的固体表面,液体分布于填料表面呈膜状流下,增大了气、液之间的接触面积。

填料塔内的气、液两相流动方式,原则上可为逆流也可为并流。一般情况下,塔内液体作为分散相,总是靠重力作用自上而下地流动;气体靠压力差的作用流经全塔,逆流时气体自塔底进入而自塔顶排出,并流时则相反。在对等的条件下,逆流方式可获得较大的平均推动力,因而能有效地提高过程速率。从另一方面讲,逆流时,降至塔底的液体恰与刚刚进塔的混合气体接触,有利于提高出塔吸收液的组成,从而减小吸收剂的耗用量;升至塔顶的气体恰与刚刚进塔的吸收剂相接触,有利于降低出塔气体的组成,从而提高溶质的吸收率。所以,吸收塔通常都采用逆流操作。

吸收塔的工艺计算,首先是在选定吸收剂的基础上确定吸收剂用量,继而计算塔的主要工艺尺寸,包括塔径和塔的有效段高度。塔的有效段高度,对填料塔是指填料层高度,对板式塔则是板间距与实际板层数的乘积。

2.3.1 吸收塔的物料衡算与操作线方程

1. 物料衡算

图 2-14(a)所表示的是一个处于稳态操作状况下的逆流接触的吸收塔,塔底截面一律以下标"1"代表,塔顶截面一律以下标"2"代表。为简便起见,在计算中表示组分组成的各项均略去了下角标,图中各个符号的意义如下:

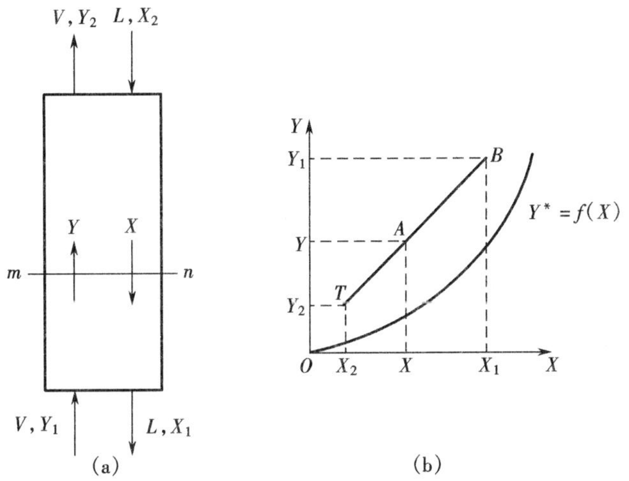

图 2-14 逆流吸收塔的物料衡算与操作线

(a)逆流吸收塔的物料衡算 (b)逆流吸收塔的操作线

V——单位时间内通过吸收塔的惰性气体(B)量,kmol/s;

L——单位时间内通过吸收塔的溶剂(S)量,kmol/s;

Y_1、Y_2——进塔及出塔气体中溶质组分的摩尔比 n_A/n_B,kmol/kmol;

X_1、X_2——出塔及进塔液体中溶质组分的摩尔比 n_A/n_S,kmol/kmol。

对单位时间内进出吸收塔的 A 物质的量作衡算,可写出下式:

$$VY_1 + LX_2 = VY_2 + LX_1$$

或

$$V(Y_1 - Y_2) = L(X_1 - X_2) \tag{2-51}$$

一般情况下,进塔混合气的组成与流量是吸收任务规定的,如果吸收剂的组成与流量已经确定,则 V、Y_1、L 及 X_2 皆为已知数,又根据吸收任务所规定的溶质回收率,可以得知气体出塔时应有的组成 Y_2 为

$$Y_2 = Y_1(1 - \varphi_A) \tag{2-52}$$

式中 φ_A——混合气中溶质 A 被吸收的百分数,称为吸收率或回收率。

如此,通过全塔物料衡算[式(2-51)]可以求得塔底排出的吸收液组成 X_1,于是,在填料层底部与顶部两个端面上的液、气组成 X_1、Y_1 与 X_2、Y_2 都应成为已知数。

2. 吸收塔的操作线方程与操作线

在逆流操作的填料塔内,气体自下而上,其组成由 Y_1 逐渐变至 Y_2;液体自上而下,其组成由 X_2 逐渐变至 X_1。那么,在稳态状况下,填料层中各个横截面上的气、液组成 Y 与 X 之间的变化关系如何?要解决这个问题,需在填料层中的任一横截面与塔的任何一个端面之间作组分 A 的衡算。

在图 2-14(a)中的 m—n 截面与塔底端面之间作组分 A 的衡算,得到

$$VY + LX_1 = VY_1 + LX$$

或

$$Y = \frac{L}{V}X + \left(Y_1 - \frac{L}{V}X_1\right) \tag{2-53}$$

若在 $m—n$ 截面与塔顶端面之间作组分 A 的衡算,则得到

$$Y=\frac{L}{V}X+\left(Y_2-\frac{L}{V}X_2\right) \tag{2-53a}$$

式(2-53a)与式(2-53)是等效的,因为由式(2-51)可知

$$Y_1-\frac{L}{V}X_1=Y_2-\frac{L}{V}X_2$$

式(2-53)及式(2-53a)皆可称为逆流吸收塔的操作线方程,它表明塔内任一横截面上的气相组成 Y 与液相组成 X 之间成直线关系,直线的斜率为 L/V,且此直线应通过 $B(X_1,Y_1)$ 及 $T(X_2,Y_2)$ 两点。标绘在图 2-14(b)中的直线 BT,即为逆流吸收塔的操作线。操作线 BT 上任何一点 A,代表着塔内相应截面上的液、气组成 X、Y;端点 B 代表填料层底部端面,即塔底的情况;端点 T 代表填料层顶部端面,即塔顶的情况。在逆流吸收塔中,截面 1 处具有最大的气、液组成,称为"浓端",截面 2 处具有最小的气、液组成,称为"稀端"。

当进行吸收操作时,在塔内任一横截面上,溶质在气相中的实际分压总是高于与其接触的液相平衡分压,所以吸收操作线总是位于平衡线的上方。反之,如果操作线位于平衡线下方,则应进行脱吸过程。

以上关于操作关系的讨论,都是针对逆流情况而言的。在气、液并流情况下,吸收塔的操作线方程及操作线可用同样办法求得。还应指出,无论逆流还是并流操作的吸收塔,其操作线方程及操作线都是由物料衡算得来的,与系统的平衡关系、操作条件以及设备结构形式均无任何牵连。

2.3.2 吸收剂用量的确定

在吸收塔计算之初,需要处理的气体流量及气体的初、终组成已由任务规定,吸收剂的入塔组成常由工艺条件决定或由设计者选定,因此 V、Y_1、Y_2 及 X_2 皆为已知数。但是,吸收剂的用量尚待设计者决定。

由图 2-15(a)可见,在 V、Y_1、Y_2 及 X_2 已知的情况下,吸收塔操作线的一个端点 T 已经固定,另一个端点 B 则可在 $Y=Y_1$ 的水平线上移动。点 B 的横坐标将取决于操作线的斜率 L/V。

操作线的斜率 L/V,称为"液气比",是溶剂与惰性气体摩尔流量的比值。它反映单位气体处理量的溶剂耗用量大小。在此,V 值已经确定,若减少吸收剂用量 L,操作线的斜率就要变小,点 B 便沿水平线 $Y=Y_1$ 向右移动,结果是使出塔吸收液的组成加大,而吸收推动力相应减小。若吸收剂用量减少到恰使点 B 移至水平线 $Y=Y_1$ 与平衡线的交点 B^* 时,$X_1=X_1^*$,亦即塔底流出的吸收液与刚进塔的混合气达到平衡。这是理论上吸收液所能达到的最高组成,但此时过程的推动力已变为零,因而需要无限大的相际传质面积。这在实际上是办不到的,只能用来表示一种极限状况,此种状况下吸收操作线(B^*T)的斜率称为最小液气比,以 $(L/V)_{min}$ 表示,相应的吸收剂用量即为最小吸收剂用量,以 L_{min} 表示。

反之,若增大吸收剂用量,则点 B 将沿水平线向左移动,使操作线远离平衡线,过程推动

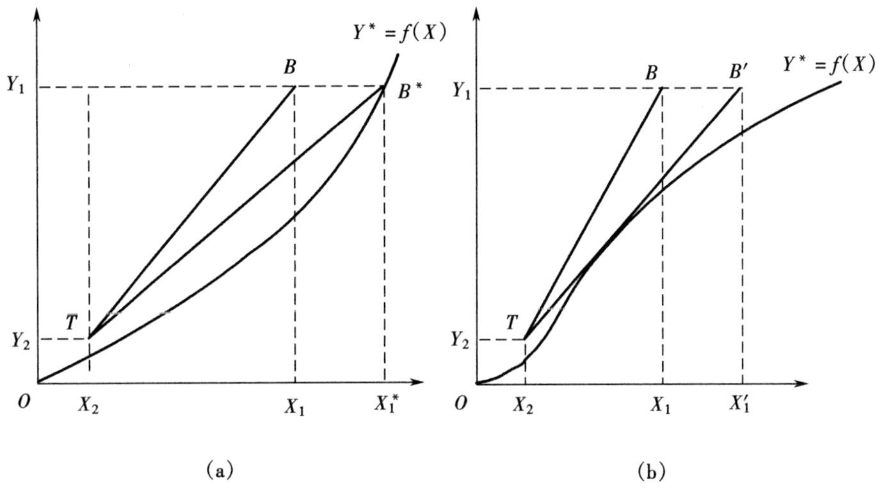

图 2-15 吸收塔的最小液气比

(a)一般情况的平衡曲线 (b)特殊情况的平衡曲线

力增大。但超过一定限度后,这方面的效果便不明显,而溶剂的消耗、输送及回收等项操作费用急剧增大。

由以上分析可见,吸收剂用量的大小,从设备费与操作费两方面影响到生产过程的经济效益,应权衡利弊,选择适宜的液气比,使两种费用之和最小。根据生产实践经验,一般情况下取吸收剂用量为最小用量的 1.1 ~2.0 倍是比较适宜的,即

$$\frac{L}{V}=(1.1\sim2.0)\left(\frac{L}{V}\right)_{\min} \tag{2-54}$$

或 $$L=(1.1\sim2.0)L_{\min} \tag{2-54a}$$

最小液气比可用图解法求出。如果平衡曲线符合图 2-15(a)所示的一般情况,则需找到水平线 $Y=Y_1$ 与平衡线的交点 B^*,从而读出 X_1^* 的数值,然后用下式计算最小液气比,即

$$\left(\frac{L}{V}\right)_{\min}=\frac{Y_1-Y_2}{X_1^*-X_2} \tag{2-55}$$

或 $$L_{\min}=V\frac{Y_1-Y_2}{X_1^*-X_2} \tag{2-55a}$$

如果平衡曲线呈现如图 2-15(b)中所示的形状,则应过点 T 作平衡曲线的切线,找到水平线 $Y=Y_1$ 与此切线的交点 B',从而读出点 B'的横坐标 X_1' 的数值,然后按下式计算最小液气比,即

$$\left(\frac{L}{V}\right)_{\min}=\frac{Y_1-Y_2}{X_1'-X_2} \tag{2-56}$$

或 $$L_{\min}=V\frac{Y_1-Y_2}{X_1'-X_2} \tag{2-56a}$$

若平衡关系符合亨利定律,可用 $Y^*=mX$ 表示,则可直接用下式算出最小液气比,即

$$\left(\frac{L}{V}\right)_{\min}=\frac{Y_1-Y_2}{\frac{Y_1}{m}-X_2} \tag{2-57}$$

或

$$L_{\min}=V\frac{Y_1-Y_2}{\frac{Y_1}{m}-X_2} \tag{2-57a}$$

必须指出，为了保证填料表面能被液体充分润湿，还应考虑到单位塔截面积上单位时间内流下的液体量不得小于某一最低允许值（见本书第3章3.3.3）。如果按式(2-54)算出的吸收剂用量不能满足充分润湿填料的起码要求，则应采用更大的液气比。

【例2-9】 用洗油吸收焦炉气中的芳烃。吸收塔内的温度为27 ℃、压力为106.7 kPa。焦炉气流量为850 m^3/h，其中所含芳烃的摩尔分数为0.02，要求芳烃回收率不低于95%。进入吸收塔顶的洗油中所含芳烃的摩尔分数为0.005。若取溶剂用量为理论最小用量的1.5倍，求每小时送入吸收塔塔顶的洗油量及塔底流出的吸收液组成。

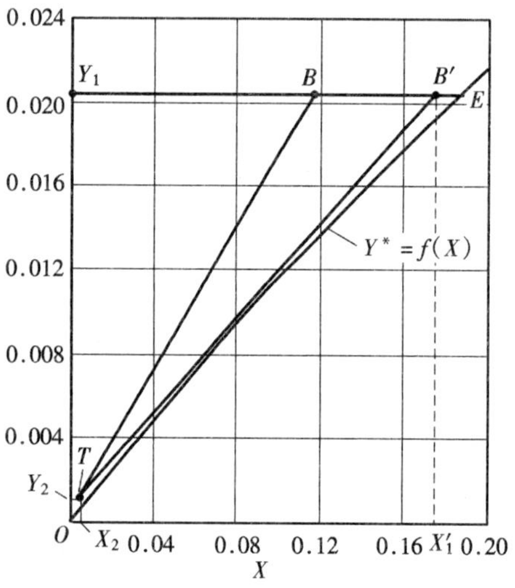

例2-9附图

操作条件下的平衡关系可用下式表达：

$$Y^*=\frac{0.125X}{1+0.875X}$$

解： 进入吸收塔的惰性气体摩尔流量为

$$V=\frac{850}{22.4}\times\frac{273}{273+27}\times\frac{106.7}{101.33}\times(1-0.02)$$
$$=35.63\ \text{kmol/h}$$

进塔气体中芳烃的组成为

$$Y_1=\frac{0.02}{1-0.02}=0.020\ 4$$

出塔气体中芳烃的组成为

$$Y_2=0.020\ 4\times(1-0.95)=0.001\ 02$$

进塔洗油中芳烃组成为

$$X_2=\frac{0.005}{1-0.005}=0.005\ 03$$

按照已知的平衡关系式 $Y^*=\frac{0.125X}{1+0.875X}$，在 X-Y 直角坐标系中标绘出平衡曲线 OE，如本例附图所示。再按 X_2、Y_2 之值在图上确定操作线端点 T。过点 T 作平衡曲线 OE 的切线，交水平线 $Y=0.020\ 4$ 于点 B'，读出点 B' 的横坐标值为 $X_1'=0.176$，则

$$L_{\min}=\frac{V(Y_1-Y_2)}{X_1'-X_2}=\frac{35.63\times(0.020\ 4-0.001\ 02)}{0.176-0.005\ 03}=4.04\ \text{kmol/h}$$

$$L=1.5L_{\min}=1.5\times4.04=6.06\ \text{kmol/h}$$

L 是每小时送入吸收塔顶的纯溶剂量。考虑到入塔洗油中含有芳烃，则每小时送入吸收塔顶的洗油量应为

$$6.06\times\frac{1}{1-0.005}=6.09\ \text{kmol/h}$$

吸收液组成可依全塔物料衡算式求出，即

$$X_1=X_2+\frac{V(Y_1-Y_2)}{L}=0.005\,03+\frac{35.63\times(0.020\,4-0.001\,02)}{6.06}=0.119\,0$$

2.3.3 塔径的计算

与精馏塔直径的计算原则相同，吸收塔的直径也可根据圆形管道内的流量公式计算，即

$$\frac{\pi}{4}D^2u=V_s$$

$$D=\sqrt{\frac{4V_s}{\pi u}} \tag{2-58}$$

式中 D——塔径，m；

V_s——操作条件下混合气体的体积流量，m^3/s；

u——空塔气速，即按空塔截面积计算的混合气体线速度，m/s。

在吸收过程中，由于吸收质不断进入液相，故混合气体量由塔底至塔顶逐渐减小。在计算塔径时，一般应以塔底的气量为依据。

计算塔径的关键在于确定适宜的空塔气速 u。如何确定适宜的空塔气速，属于气液传质设备内的流体力学问题，留待第 3 章讨论。

2.3.4 填料层高度的计算

1. 填料层高度的基本计算式

就基本关系而论，填料层高度等于所需的填料层体积除以塔截面积。塔截面积已由塔径确定，填料层体积则取决于完成规定任务所需的总传质面积和每立方米填料层所能提供的气、液有效接触面积。上述总传质面积应等于塔的吸收负荷（单位时间内的传质量，kmol/s）与塔内传质速率[单位时间内单位气、液接触面积上的传质量，$kmol/(m^2\cdot s)$]的比值。计算塔的吸收负荷要依据物料衡算关系，计算传质速率要依据吸收速率方程式，而吸收速率方程式中的推动力总是实际组成与某种平衡组成的差额，因此又要知道相平衡关系。所以，填料层高度的计算将要涉及物料衡算、传质速率与相平衡这 3 种关系式的应用。

前曾指明，在 2.2.7 中介绍的所有吸收速率方程式，都只适用于吸收塔的任一横截面，而不能直接用于全塔。就整个填料层而言，气、液组成沿塔高不断变化，塔内各横截面上的吸收速率并不相同。

为解决填料层高度的计算问题，先在填料吸收塔中任意截取一段高度为 dZ 的微元填料层来研究，如图 2-16 所示。

对此微元填料层作组分 A 衡算可知，单位时间内由气相转入液相的 A 物质的量为

$$dG_A=VdY=LdX \tag{2-59}$$

在此微元填料层内，因气、液组成变化极小，故可认为吸收速率 N_A 为定值，则

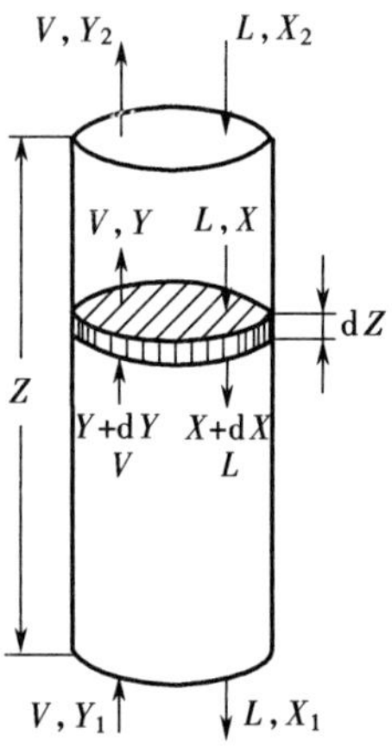

图 2-16 微元填料层的物料衡算

$$dG_A = N_A dA = N_A(a\Omega dZ) \tag{2-60}$$

式中 dA——微元填料层内的传质面积，m^2；

a——单位体积填料层所提供的有效接触面积，m^2/m^3；

Ω——塔截面积，m^2。

微元填料层中的吸收速率方程式可写为

$$N_A = K_Y(Y - Y^*) \text{及} N_A = K_X(X^* - X)$$

将上两式分别代入式(2-60)，则得到

$$dG_A = K_Y(Y - Y^*)a\Omega dZ$$

及 $$dG_A = K_X(X^* - X)a\Omega dZ$$

再将式(2-59)代入上两式，可得

$$VdY = K_Y(Y - Y^*)a\Omega dZ$$

及 $$LdX = K_X(X^* - X)a\Omega dZ$$

整理上两式，分别得到

$$\frac{dY}{Y - Y^*} = \frac{K_Y a\Omega}{V}dZ \tag{2-61}$$

及 $$\frac{dX}{X^* - X} = \frac{K_X a\Omega}{L}dZ \tag{2-62}$$

对于稳态操作的吸收塔，当溶质在气、液两相中的组成不高时，L、V、a(及 Ω)皆不随时间而变化，且不随截面位置而改变，K_Y 及 K_X 通常也可视为常数(气体溶质具有中等溶解度且平衡关系不为直线的情况除外)。于是，对式(2-61)及式(2-62)可在全塔范围内积分如下：

$$\int_{Y_2}^{Y_1}\frac{dY}{Y - Y^*} = \frac{K_Y a\Omega}{V}\int_0^Z dZ$$

及 $$\int_{X_2}^{X_1}\frac{dX}{X^* - X} = \frac{K_X a\Omega}{L}\int_0^Z dZ$$

由此得到低组成气体吸收时计算填料层高度的基本关系式，即

$$Z = \frac{V}{K_Y a\Omega}\int_{Y_2}^{Y_1}\frac{dY}{Y - Y^*} \tag{2-63}$$

及 $$Z = \frac{L}{K_X a\Omega}\int_{X_2}^{X_1}\frac{dX}{X^* - X} \tag{2-64}$$

在上两式中，单位体积填料层内的有效接触面积 a(称为有效比表面积)总要小于单位体积填料层中固体的表面积(称为比表面积)。这是因为，只有那些被流动的液体膜层所覆盖的填料表面，才能提供气、液接触的有效面积。所以，a 值不仅与填料的形状、尺寸及充填状况有关，而且受流体物性及流动状况的影响。a 的数值很难直接测定，为了避开难以测得的有效比表面积 a，常将它与吸收系数的乘积视为一体，作为一个完整的物理量来看待，这个乘积称为“体积吸收系数”。譬如 $K_Y a$ 及 $K_X a$ 分别称为气相总体积吸收系数及液相总体积吸收系数，单位均为 $kmol/(m^3 \cdot s)$。体积吸收系数的物理意义是在单位推动力下，单位时

间内单位体积填料层吸收的溶质量。

2. 传质单元高度与传质单元数

式(2-63)及式(2-64)是根据总吸收系数 K_Y、K_X 与相应的吸收推动力计算填料层高度的关系式。填料层高度还可根据膜系数与相应的吸收推动力来计算。但式(2-63)及式(2-64)反映了所有此类填料层高度计算式的共同点。现就式(2-63)来分析它所反映的这种共同点。

$$Z=\frac{V}{K_Y a\Omega}\int_{Y_2}^{Y_1}\frac{\mathrm{d}Y}{Y-Y^*}$$

此式等号右端因式 $\frac{V}{K_Y a\Omega}$ 的单位为 $\frac{[\mathrm{kmol/s}]}{[\mathrm{kmol/(m^3\cdot s)}][\mathrm{m^2}]}=[\mathrm{m}]$，而 m 是高度的单位，因此可将 $\frac{V}{K_Y a\Omega}$ 理解为由过程条件所决定的某种单元高度，此单元高度称为“气相总传质单元高度”，以 H_{OG} 表示，即

$$H_{OG}=\frac{V}{K_Y a\Omega} \tag{2-65}$$

积分号内的分子与分母具有相同的单位，因而整个积分必然得到一个量纲为 1 的数值，可认为它代表所需填料层高度 Z 相当于气相总传质单元高度 H_{OG} 的倍数，此倍数称为“气相总传质单元数”，以 N_{OG} 表示，即

$$N_{OG}=\int_{Y_2}^{Y_1}\frac{\mathrm{d}Y}{Y-Y^*} \tag{2-66}$$

于是，式(2-63)可写成如下形式：

$$Z=H_{OG}N_{OG} \tag{2-63a}$$

同理，式(2-64)可写成如下形式：

$$Z=H_{OL}N_{OL} \tag{2-64a}$$

式中 H_{OL}——液相总传质单元高度，m；

N_{OL}——液相总传质单元数，量纲为 1。

H_{OL} 及 N_{OL} 的计算式分别为

$$H_{OL}=\frac{L}{K_X a\Omega} \tag{2-67}$$

$$N_{OL}=\int_{X_2}^{X_1}\frac{\mathrm{d}X}{X^*-X} \tag{2-68}$$

依此类推，可以写出如下通式，即

填料层高度 = 传质单元高度 × 传质单元数

当式(2-63)及式(2-64)中的总吸收系数与总推动力分别换成膜系数及相应的推动力时，则可分别写成

$$Z=H_G N_G \text{ 及 } Z=H_L N_L$$

式中 H_G、H_L——气相传质单元高度及液相传质单元高度，m；

N_G、N_L——气相传质单元数及液相传质单元数,量纲为1。

对于传质单元高度的物理意义,可通过以下分析理解。以气相总传质单元高度 H_{OG} 为例:假定某吸收过程所需的填料层高度恰等于一个气相总传质单元高度,如图 2-17(a)所示,即

$$Z = H_{OG}$$

由式(2-63a)可知,此情况下

$$N_{OG} = \int_{Y_2}^{Y_1} \frac{dY}{Y - Y^*} = 1$$

在整个填料层中,吸收推动力 $Y - Y^*$ 虽是变量,但总可找到某一平均值 $(Y - Y^*)_m$,用来代替积分式中的 $Y - Y^*$ 而不改变积分值,即

$$\int_{Y_2}^{Y_1} \frac{dY}{Y - Y^*} = \int_{Y_2}^{Y_1} \frac{dY}{(Y - Y^*)_m} = 1$$

于是可将 $(Y - Y^*)_m$ 作为常数提到积分号之外,得出

$$N_{OG} = \frac{1}{(Y - Y^*)_m} \int_{Y_2}^{Y_1} dY = \frac{Y_1 - Y_2}{(Y - Y^*)_m} = 1$$

即 $$(Y - Y^*)_m = Y_1 - Y_2$$

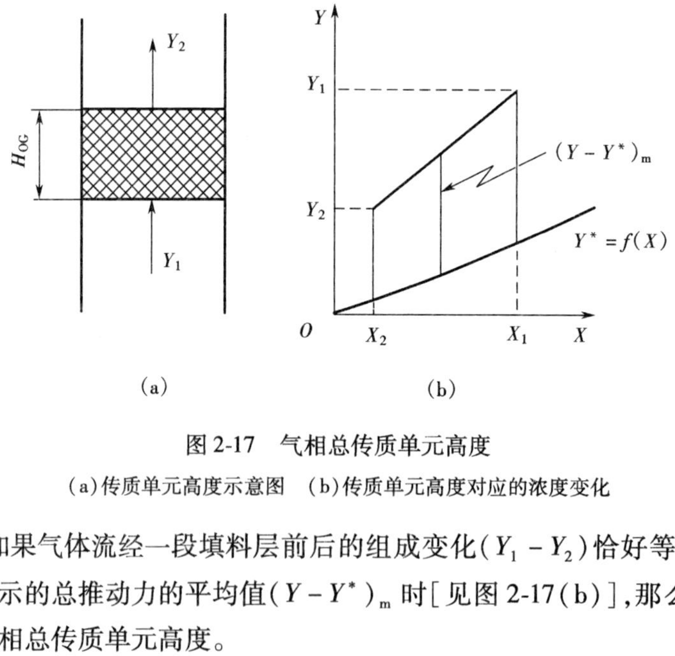

图 2-17 气相总传质单元高度

(a)传质单元高度示意图 (b)传质单元高度对应的浓度变化

由此可见,如果气体流经一段填料层前后的组成变化 $(Y_1 - Y_2)$ 恰好等于此段填料层内以气相组成差表示的总推动力的平均值 $(Y - Y^*)_m$ 时[见图 2-17(b)],那么,这段填料层的高度就是一个气相总传质单元高度。

传质单元高度的大小是由过程条件决定的。因为

$$H_{OG} = \frac{V/\Omega}{K_Y a}$$

式中,除去单位塔截面上惰性气体的摩尔流量 V/Ω 之外,就是体积吸收系数 $K_Y a$,它反映传质阻力的大小、填料性能的优劣及润湿情况的好坏。吸收过程的传质阻力越大,填料层的有效比表面积越小,每个传质单元所相当的填料层高度就越大。

传质单元数$\left(\text{如 } N_{OG}=\int_{Y_2}^{Y_1}\frac{dY}{Y-Y^*}\right)$反映吸收过程的难度。任务所要求的气体组成变化越大,过程的平均推动力越小,则意味着过程难度越大,此时所需的传质单元数也就越大。

引入传质单元的概念有助于分析和理解填料层高度的基本计算式,而且传质单元高度的单位为"m",比传质系数的单位简单得多,同时对每种填料而言,传质单元高度的变化幅度也不像传质系数那样大。若能从有关资料中查得或根据经验公式算出传质单元高度的数据,则能比较方便地用来估算完成指定吸收任务所需的填料层高度。

3. 传质单元数的求法

下面介绍几种求传质单元数常用的方法,计算填料层高度时,可根据平衡关系的不同情况选择使用。

1)解析法

(1)脱吸因数式　若在吸收过程所涉及的组成区间内平衡关系可用直线方程 $Y^*=mX+b$表示,即在此组成区间内平衡线为直线时,便可根据传质单元数的定义导出相应的解析式来计算 N_{OG}。仍以气相总传质单元数 N_{OG}为例。依定义式(2-66):

$$N_{OG}=\int_{Y_2}^{Y_1}\frac{dY}{Y-Y^*}=\int_{Y_2}^{Y_1}\frac{dY}{Y-(mX+b)}$$

由逆流吸收塔的操作线方程式(2-53)可知

$$X=X_2+\frac{V}{L}(Y-Y_2)$$

代入上式得

$$N_{OG}=\int_{Y_2}^{Y_1}\frac{dY}{Y-m\left[\frac{V}{L}(Y-Y_2)+X_2\right]-b}=\int_{Y_2}^{Y_1}\frac{dY}{\left(1-\frac{mV}{L}\right)Y+\left[\frac{mV}{L}Y_2-(mX_2+b)\right]}$$

令$\frac{mV}{L}=S$,则

$$N_{OG}=\int_{Y_2}^{Y_1}\frac{dY}{(1-S)Y+(SY_2-Y_2^*)}$$

积分上式并化简,得到

$$N_{OG}=\frac{1}{1-S}\ln\left[(1-S)\frac{Y_1-Y_2^*}{Y_2-Y_2^*}+S\right] \tag{2-69}$$

式中 $S=\frac{mV}{L}$称为脱吸因数,是平衡线斜率与操作线斜率的比值,量纲为 1。

由式(2-69)可以看出,N_{OG}的数值取决于 S 与$\frac{Y_1-Y_2^*}{Y_2-Y_2^*}$这两个因素。当 S 值一定时,N_{OG}与比值$\frac{Y_1-Y_2^*}{Y_2-Y_2^*}$之间有一一对应的关系。为便利计算,在半对数坐标上以 S 为参数按式(2-69)标绘出 N_{OG}-$\frac{Y_1-Y_2^*}{Y_2-Y_2^*}$的函数关系,得到如图 2-18 所示的一组曲线。若已知 V、L、Y_1、Y_2、X_2 及

平衡线斜率 m 时，利用此图可方便地读出 N_{OG} 的数值。

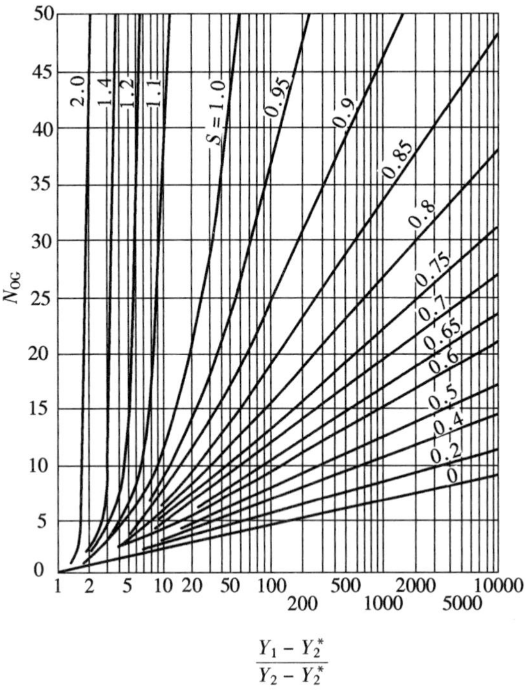

图 2-18 N_{OG}-$\frac{Y_1-Y_2^*}{Y_2-Y_2^*}$ 关系图

在图 2-18 中，横坐标 $\frac{Y_1-Y_2^*}{Y_2-Y_2^*}$ 值的大小，反映溶质吸收率的高低。在气、液进口组成一定的情况下，要求的吸收率越高，Y_2 便越小，横坐标的数值便越大，对应于同一 S 值的 N_{OG} 值也就越大。

参数 S 反映吸收推动力的大小。在气、液进口组成及溶质吸收率已知的条件下，横坐标 $\frac{Y_1-Y_2^*}{Y_2-Y_2^*}$ 之值便已确定，此时若增大 S 值就意味着减小液气比，结果是使溶液出口组成提高而塔内吸收推动力变小，N_{OG} 值必然增大。反之，若参数 S 值减小，则 N_{OG} 值变小。

为了从混合气体中分离出溶质组分 A 而进行的吸收过程要获得最高的吸收率，必然力求使出塔气体与进塔液体趋近平衡，这就必须采用较大的液体量，使操作线斜率大于平衡线斜率（即 $S<1$）才有可能。反之，若要获得最浓的吸收液，必然力求使出塔液体与进塔气体趋近平衡，这就必须采用小的液体量，使操作线斜率小于平衡线斜率（即 $S>1$）才有可能。一般吸收操作多着眼于溶质的吸收率，故 S 值常小于 1。有时为了加大液气比，或达到其他目的，还采用液体循环的操作方式，这样能够有效地降低 S 值，但与此同时却又在一定程度上丧失了逆流操作的优越之处。通常认为取 $S=0.7\sim0.8$ 是经济适宜的。

图 2-18 用于 N_{OG} 的求算及其他有关吸收过程的分析估算十分方便。但须指出，只有在 $\frac{Y_1-Y_2^*}{Y_2-Y_2^*}>20$ 及 $S\leqslant0.75$ 的范围内使用该图时，读数才较准确，否则误差较大。必要时仍可

直接根据式(2-69)计算。

利用平衡关系 $Y=mX+b$ 及全塔物料衡算式 $L(X_1-X_2)=V(Y_1-Y_2)$,式(2-69)可以进一步简化为

$$N_{OG}=\frac{1}{1-S}\ln\frac{Y_1-mX_1}{Y_2-mX_2}=\frac{1}{1-S}\ln\frac{\Delta Y_1}{\Delta Y_2} \tag{2-69a}$$

同理,当 $Y^*=mX+b$ 时,从式(2-68)出发可导出关于液相总传质单元数 N_{OL} 的如下关系式:

$$N_{OL}=\frac{1}{1-\dfrac{L}{mV}}\ln\left[\left(1-\frac{L}{mV}\right)\frac{Y_1-Y_2^*}{Y_1-Y_1^*}+\frac{L}{mV}\right]=\frac{1}{1-A}\ln\left[(1-A)\frac{Y_1-Y_2^*}{Y_1-Y_1^*}+A\right] \tag{2-70}$$

此式多用于脱吸操作的计算,式中 $A=\dfrac{L}{mV}$,它是脱吸因数 S 的倒数,称为吸收因数。吸收因数是操作线斜率与平衡线斜率的比值,量纲为1。

利用平衡关系 $Y=mX+b$ 及全塔物料衡算式 $L(X_1-X_2)=V(Y_1-Y_2)$,式(2-70)可以进一步简化为

$$N_{OL}=\frac{1}{1-A}\ln\frac{Y_2-mX_2}{Y_1-mX_1}=\frac{1}{1-A}\ln\frac{\Delta Y_2}{\Delta Y_1} \tag{2-70a}$$

比较式(2-69a)和式(2-70a)可知

$$N_{OG}=AN_{OL}$$

将式(2-70)与前面的式(2-69)作一比较便可看出,二者具有同样的函数形式,只是式(2-69)中的 N_{OG}、$\dfrac{Y_1-Y_2^*}{Y_2-Y_2^*}$与 S 在式(2-70)中分别换成了 N_{OL}、$\dfrac{Y_1-Y_2^*}{Y_1-Y_1^*}$与 A。由此可知,若将图2-18用于表示 N_{OL}-$\dfrac{Y_1-Y_2^*}{Y_1-Y_1^*}$的关系(以 A 为参数),将完全适用。

(2)对数平均推动力法　对上述条件下得到的解析式(2-69)再加以分析研究,还可获得由吸收塔塔顶、塔底两端面上的吸收推动力求算传质单元数的另一种解析式。因为

$$S=m\left(\frac{V}{L}\right)=\frac{Y_1^*-Y_2^*}{X_1-X_2}\left(\frac{X_1-X_2}{Y_1-Y_2}\right)=\frac{Y_1^*-Y_2^*}{Y_1-Y_2}$$

所以

$$1-S=\frac{(Y_1-Y_1^*)-(Y_2-Y_2^*)}{Y_1-Y_2}=\frac{\Delta Y_1-\Delta Y_2}{Y_1-Y_2}$$

将此式代入式(2-69),得到

$$\begin{aligned}N_{OG}&=\frac{Y_1-Y_2}{\Delta Y_1-\Delta Y_2}\ln\left[\left(\frac{\Delta Y_1-\Delta Y_2}{Y_1-Y_2}\right)\frac{Y_1-Y_2^*}{Y_2-Y_2^*}+\frac{Y_1^*-Y_2^*}{Y_1-Y_2}\right]\\&=\frac{Y_1-Y_2}{\Delta Y_1-\Delta Y_2}\ln\left[\frac{(Y_1-Y_1^*)-(Y_2-Y_2^*)}{Y_1-Y_2}\,\frac{Y_1-Y_2^*}{Y_2-Y_2^*}+\frac{Y_1^*-Y_2^*}{Y_1-Y_2}\right]\end{aligned}$$

由上式可以推得

$$N_{OG}=\frac{Y_1-Y_2}{\Delta Y_1-\Delta Y_2}\ln\frac{\Delta Y_1}{\Delta Y_2}$$

或写成

$$N_{OG}=\frac{Y_1-Y_2}{\dfrac{\Delta Y_1-\Delta Y_2}{\ln\dfrac{\Delta Y_1}{\Delta Y_2}}}=\frac{Y_1-Y_2}{\Delta Y_m} \tag{2-71}$$

式中

$$\Delta Y_m=\frac{\Delta Y_1-\Delta Y_2}{\ln\dfrac{\Delta Y_1}{\Delta Y_2}}=\frac{(Y_1-Y_1^*)-(Y_2-Y_2^*)}{\ln\dfrac{Y_1-Y_1^*}{Y_2-Y_2^*}} \tag{2-71a}$$

ΔY_m 是塔顶与塔底两截面上吸收推动力 ΔY_2 与 ΔY_1 的对数平均值,称为对数平均推动力。

同理,当 $Y^*=mX+b$ 时,从式(2-70)出发可导出关于液相总传质单元数 N_{OL} 的相应解析式

$$N_{OL}=\frac{X_1-X_2}{\Delta X_m} \tag{2-72}$$

$$\Delta X_m=\frac{\Delta X_1-\Delta X_2}{\ln\dfrac{\Delta X_1}{\Delta X_2}}=\frac{(X_1^*-X_1)-(X_2^*-X_2)}{\ln\dfrac{X_1^*-X_1}{X_2^*-X_2}} \tag{2-72a}$$

由式(2-71)及式(2-72)可知,传质单元数是全塔范围内某相组成的变化与按该相组成差计算的对数平均推动力的比值。

当 $\frac{1}{2}<\frac{\Delta Y_1}{\Delta Y_2}<2$ 或 $\frac{1}{2}<\frac{\Delta X_1}{\Delta X_2}<2$ 时,相应的对数平均推动力也可用算术平均推动力代替,而不会带来大的误差。

【例 2-10】 用含 SO_2 的水(每 100g 水中含 0.4 g SO_2)吸收混合气中的 SO_2。进塔吸收剂流量(H_2O)为 37 800 kg/h,混合气流量为 100 kmol/h,其中 SO_2 的摩尔分数为 0.09,要求 SO_2 的吸收率为 85%。在该吸收塔操作条件下 SO_2-H_2O 物系的平衡数据如下:

x	5.62×10^{-5}	1.41×10^{-4}	2.81×10^{-4}	4.22×10^{-4}	5.62×10^{-4}
y^*	3.31×10^{-4}	7.89×10^{-4}	2.11×10^{-3}	3.81×10^{-3}	5.57×10^{-3}

x	8.43×10^{-4}	1.40×10^{-3}	1.96×10^{-3}	2.80×10^{-3}	4.20×10^{-3}	6.98×10^{-3}
y^*	9.28×10^{-3}	1.71×10^{-2}	2.57×10^{-2}	3.88×10^{-2}	6.07×10^{-2}	1.06×10^{-1}

求气相总传质单元数 N_{OG}。

解: 吸收剂进塔组成 $X_2=\dfrac{0.4/64}{100/18}=1.13\times10^{-3}$

吸收剂进塔流量 $L\approx 37\,800/18=2\,100$ kmol/h

气相进塔组成 $Y_1=\dfrac{0.09}{1-0.09}=9.89\times10^{-2}$

气相出塔组成 $Y_2=9.89\times10^{-2}\times(1-0.85)=1.48\times10^{-2}$

进塔惰性气体流量 $V=100\times(1-0.09)=91\ \text{kmol/h}$

出塔液相组成 $X_1=\dfrac{V(Y_1-Y_2)}{L}+X_2$

$$=\frac{91\times(9.89-1.48)\times10^{-2}}{2\ 100}+1.13\times10^{-3}=4.77\times10^{-3}$$

由 X_2 与 X_1 的数值得知，在此吸收过程所涉及的组成范围内，平衡关系可用后6组平衡数据回归而得的直线方程表达。回归方程为

$$Y^*=17.80X-0.008$$

即 $m=17.80$，$b=-0.008$。与此式相应的平衡线见本例附图中的直线 ef。

操作线斜率 $\dfrac{L}{V}=\dfrac{2\ 100}{91}=23.08$

与此相应的操作线见附图中的直线 ab。

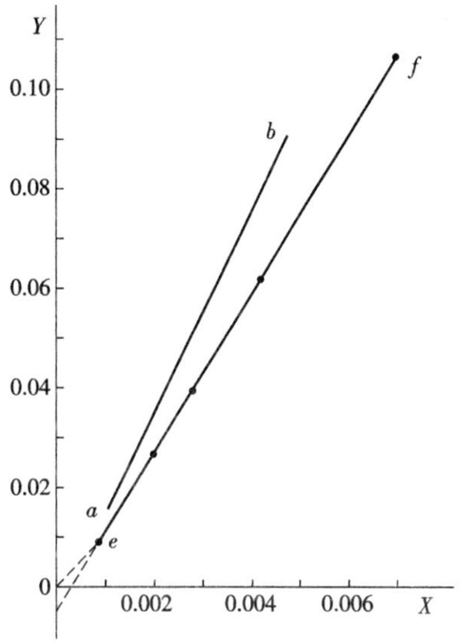

例2-10附图

脱吸因数 $S=\dfrac{mV}{L}=\dfrac{17.80}{23.08}=0.77$

依式(2-71)计算 N_{OG}：

$$Y_1^*=mX_1+b=17.80\times0.004\ 77-0.008=0.076\ 9$$

$$Y_2^*=mX_2+b=17.80\times0.001\ 13-0.008=0.012\ 1$$

$$\Delta Y_1=Y_1-Y_1^*=0.098\ 9-0.076\ 9=0.022\ 0$$

$$\Delta Y_2=Y_2-Y_2^*=0.014\ 8-0.012\ 1=0.002\ 7$$

$$\Delta Y_m=\frac{0.022\ 0-0.002\ 7}{\ln\dfrac{0.022\ 0}{0.002\ 7}}=0.009\ 2$$

$$N_{OG}=\frac{Y_1-Y_2}{\Delta Y_m}=\frac{0.098\ 9-0.014\ 8}{0.009\ 2}=9.1$$

或依式(2-69)计算 N_{OG}：

$$N_{OG}=\frac{1}{1-S}\ln\left[(1-S)\frac{Y_1-Y_2^*}{Y_2-Y_2^*}+S\right]$$

$$=\frac{1}{1-0.77}\ln\left[(1-0.77)\times\frac{0.098\ 9-0.012\ 1}{0.002\ 7}+0.77\right]=9.1$$

【例2-11】 在逆流常压下操作的填料塔中，用纯吸收剂吸收混合气体中的溶质组分。进塔混合气中溶质组成为3%（体积分数），已知操作条件下的相平衡关系为 $Y=2X$（X、Y 均为摩尔比），液气比为 $L/V=2$，要求溶质吸收率为90%，试求所需的传质单元数 N_{OG}。若要求的溶质吸收率提高到96%，N_{OG}如何变化？

解：本例中，由已知条件得

$$S=\frac{mV}{L}=\frac{2}{2}=1$$

因为 $1-S=0$，所以无法用式(2-69)计算。此时操作线和平衡线互相平行，全塔推动力处处相等，所以可以用平均推动力法来求解。塔顶用纯溶剂，即 $X_2=0$，则

$$\Delta Y_{m}=\Delta Y_2=Y_2-Y_2^*=Y_2-mX_2=Y_2-0=Y_2$$

$$N_{OG}=\frac{Y_1-Y_2}{\Delta Y_m}=\frac{Y_1-Y_2}{\Delta Y_2}=\frac{Y_1-Y_2}{Y_2-0}=\frac{\varphi Y_1}{(1-\varphi)Y_1}=\frac{\varphi}{1-\varphi}=\frac{0.9}{1-0.9}=9$$

可以看出，$S=1$ 时，传质单元数仅为吸收率的函数，所以吸收率为96%时，

$$N_{OG}=\frac{Y_1-Y_2}{\Delta Y_m}=\frac{Y_1-Y_2}{\Delta Y_2}=\frac{\varphi}{1-\varphi}=\frac{0.96}{1-0.96}=24$$

当要求的溶质吸收率提高时，所需的传质单元数增大。

2)数值积分法

定积分值 N_{OG} 可通过适宜的近似公式算出。例如，可利用定步长辛普森(Simpson)数值积分公式求解。

$$N_{OG}=\int_{Y_0}^{Y_n}f(Y)\,\mathrm{d}Y\approx\frac{\Delta Y}{3}[f_0+f_n+4(f_1+f_3+\cdots+f_{n-1})+2(f_2+f_4+\cdots+f_{n-2})] \tag{2-73}$$

$$\Delta Y=\frac{Y_n-Y_0}{n} \tag{2-74}$$

式中 n——在 Y_0 与 Y_n 间划分的区间数目，可取任意偶数，n 值愈大，计算结果愈准确；

ΔY——把 (Y_0,Y_n) 分成 n 个相等的小区间，每一小区间的步长；

Y_0——出塔气相组成，$Y_0=Y_2$；

Y_n——入塔气相组成，$Y_n=Y_1$；

$f_0,f_1,\cdots,f_n$——$Y=Y_0,Y_1,\cdots,Y_n$ 所对应的纵坐标值。

至于相平衡关系，如果没有形式简单的相平衡方程来表达，也可根据过程涉及的组成范围内所有已知数据点拟合得到相应的曲线方程。

3)梯级图解法

若在过程所涉及的组成范围内，平衡关系为直线或者是弯曲程度不大的曲线，采用下述的梯级图解法估算总传质单元数显得十分简便清晰。这种梯级图解法是直接根据传质单元数的物理意义引出的一种近似方法，也叫贝克(Baker)法。

前曾提及，如果气体流经一段填料层前后的溶质组成变化 (Y_1-Y_2) 恰好等于此段填料层内气相总推动力的平均值 $(Y-Y^*)_m$，那么这段填料层就可视为一个气相总传质单元。

在图2-19中，OE 为平衡线，BT 为操作线，此两线段间的竖直线段 BB^*、AA^*、TT^* 等表示塔内各相应横截面上气相总推动力 $(Y-Y^*)$，其中点的连线为曲线 MN。

从代表塔顶的端点 T 出发，作水平线交 MN 于点 F，延长 TF 至点 F'，使 $FF'=TF$，过点 F' 作铅垂线交 BT 于点 A。再从点 A 出发作水平线交 MN 于点 S，延长 AS 至点 S'，使 $SS'=AS$，过点 S' 作铅垂线交 BT 于点 D。再从点 D 出发……如此进行，直至达到或超过操作线上代表塔底的端点 B 为止，所画出的梯级数即为气相总传质单元数 N_{OG}。

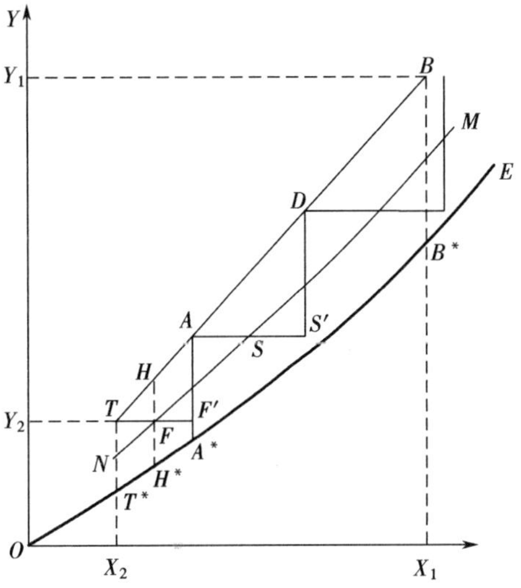

图 2-19 梯级图解法求 N_{OG}

不难证明,按照上述方法作出的每一梯级都代表一个气相总传质单元。

令在操作线与平衡线之间通过 F 及 F' 两点的铅垂线分别为 HH^* 及 AA^*。因为

$$FF' = FT$$

所以 $$F'A = 2FH = HH^*$$

只要平衡线的 A^*T^* 段可近似地视为直线,便可写出如下关系:

$$HH^* = \frac{1}{2}(TT^* + AA^*)$$

亦即 HH^* 代表此段内气相总推动力$(Y - Y^*)$的算术平均值。$F'A$ 表示此段内气相组成的变化$(Y_A - Y_T)$,因为 $F'A = HH^*$,故图 2-19 中的三角形 $TF'A$ 即可表示一个气相总传质单元。

同理,三角形 $AS'D$ 可表示另一个气相总传质单元。如此类推。

利用操作线 BT 与平衡线 OE 之间的水平线段中点轨迹线,可求得液相总传质单元数,其步骤与上述求 N_{OG} 的基本相同。

综上所述,传质单元数的不同求法各有其特点及适用场合。对于低组成气体吸收操作,只要在过程所涉及的组成范围内平衡线为直线,便可用解析法求传质单元数。包含脱吸因数的解析式与包含对数平均推动力的解析式,二者实质是相同的,在应用条件上并无任何差别。当平衡线弯曲不甚显著时,可用梯级图解法简捷估算总传质单元数的近似值,此法之所以是近似的,在于它把每一梯级内的平衡线视为一段直线,并以吸收推动力的算术平均值代替对数平均值。当平衡线为曲线时,则宜采用数值积分法。数值积分法是求传质单元数最基本的普遍方法,它不仅适用于低组成气体吸收的计算,而且适用于高组成气体吸收及非等温吸收等复杂情况下传质单元数的求算。

【例 2-12】 用梯级图解法求例 2-9 所述条件下的气相总传质单元数。

解:由例 2-9 附图可以看出,平衡线的弯曲程度不大,今用梯级图解法求传质单元数。

根据 Y_1、Y_2、X_1、X_2 各已知数值及平衡关系式 $Y^* = \dfrac{0.125X}{1+0.875X}$，在 Y-X 直角坐标系中重新标绘出操作线 BT 及平衡线 OE，见本例附图。作 MN 线使之平分 BT 与 OE 之间的垂直距离。由点 T 开始作梯级，使每个梯级的水平线都被 MN 等分。由图可见，达到点 B 时所画出的梯级数约为 8.7，即 $N_{OG}=8.7$。

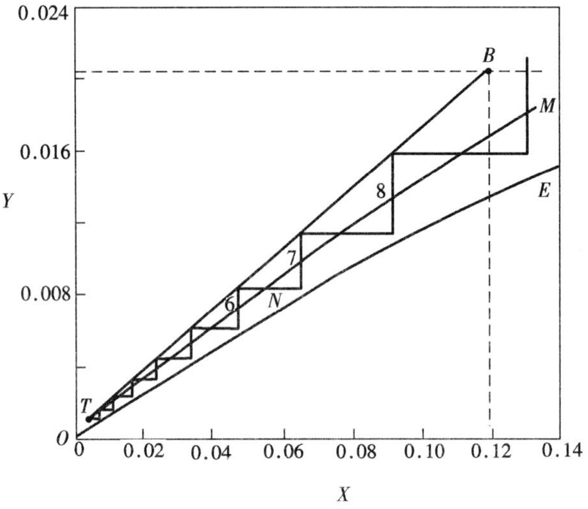

例 2-12 附图

2.3.5 理论板层数的计算

有时也用理论板层数计算吸收塔高度，理论板的概念与在蒸馏中介绍的相同。若采用的是填料塔，则塔高 = 理论板层数 × 等板高度；若采用的是板式塔，则塔高 =（理论板层数/全塔效率）× 板间距。至于等板高度、板间距、全塔效率等问题，则留待第 3 章讨论。

1. 梯级图解法求理论板层数

计算吸收操作所需的理论板层数时，可仿效计算二元精馏塔理论板层数的梯级图解法，在吸收操作线与平衡线之间画梯级，达到规定指标时所画出的梯级总数，便是塔内所需的理论板层数。

图 2-20(a) 表示一个逆流操作的板式吸收塔，假定其中每层塔板都为理论板。图 2-20(b) 则表示相应的 Y-X 关系，图中 BT 为操作线，OE 为平衡线。由点 T 开始画梯级求理论板层数的过程已示意于图上。

此种梯级图解法用于求理论板层数不受任何限制。气、液组成的表示法既可为摩尔比 Y、X，也可为摩尔分数 y、x，或者为气相分压 p 与液相摩尔组成 c。而且，此法既可用于低组成气体的吸收，也可用于高组成气体吸收以及脱吸过程。

2. 解析法求理论板层数

对于低组成气体吸收操作，当过程所涉及的组成区间的平衡关系为直线（$Y^*=mX+b$）时，可采用克列姆塞尔（Kremser）等人提出的解析方法求理论板层数。

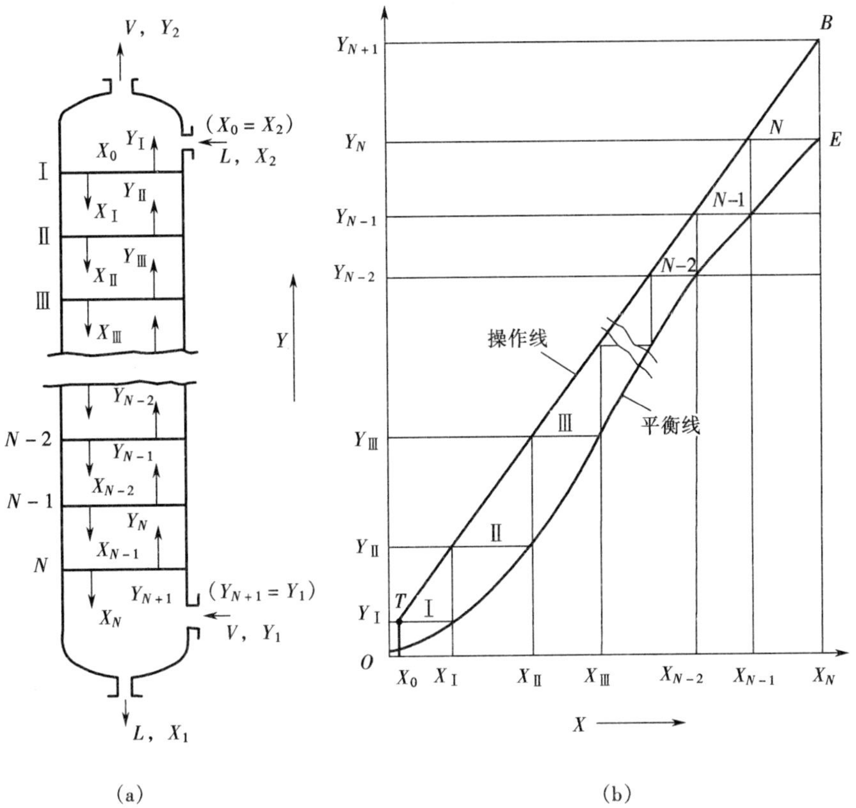

图 2-20 吸收塔的理论板层数

(a)逆流操作的板式吸收塔 (b)相应的 Y-X 关系

仍参阅图 2-20(a)。在Ⅰ、Ⅱ两板间任一横截面到塔顶范围内作组分 A 的衡算,得

$$Y_{\mathrm{II}}=\frac{L}{V}(X_{\mathrm{I}}-X_0)+Y_{\mathrm{I}} \tag{2-75}$$

若相平衡关系可用 $Y^*=mX+b$ 表示,则

$$X_{\mathrm{I}}=\frac{Y_{\mathrm{I}}-b}{m},X_0=\frac{Y_0^*-b}{m}$$

将此两式代入式(2-75),得

$$Y_{\mathrm{II}}=\frac{L}{V}\left(\frac{Y_{\mathrm{I}}-Y_0^*}{m}\right)+Y_{\mathrm{I}}$$

式中 $Y_0^*=mX_0+b$,即与刚进塔的液相(X_0)成平衡的气相组成。

已知$\frac{L}{mV}=A$(吸收因数),则上式可写为

$$Y_{\mathrm{II}}=A(Y_{\mathrm{I}}-Y_0^*)+Y_{\mathrm{I}}=(A+1)Y_{\mathrm{I}}-AY_0^* \tag{2-76}$$

同样在Ⅱ、Ⅲ两板间任一横截面到塔顶范围内作组分 A 衡算,得

$$Y_{\mathrm{III}}=\frac{L}{V}(X_{\mathrm{II}}-X_0)+Y_{\mathrm{I}}=\frac{L}{V}\left(\frac{Y_{\mathrm{II}}-Y_0^*}{m}\right)+Y_{\mathrm{I}}=A(Y_{\mathrm{II}}-Y_0^*)+Y_{\mathrm{I}}$$

将式(2-76)代入上式可整理得

$$Y_{\mathrm{III}} = (A^2 + A + 1)Y_{\mathrm{I}} - (A^2 + A)Y_0^* \tag{2-76a}$$

同理可以推知

$$Y_{N+1} = (A^N + A^{N-1} + \cdots + A + 1)Y_{\mathrm{I}} - (A^N + A^{N-1} + \cdots + A)Y_0^* \tag{2-76b}$$

两端同减去 Y_0^* 可得

$$Y_{N+1} - Y_0^* = (A^N + A^{N-1} + \cdots + A + 1)(Y_{\mathrm{I}} - Y_0^*) = \frac{A^{N+1} - 1}{A - 1}(Y_{\mathrm{I}} - Y_0^*)$$

所以 $$\frac{Y_{\mathrm{I}} - Y_0^*}{Y_{N+1} - Y_0^*} = \frac{A - 1}{A^{N+1} - 1}$$

两端同减去1,可得

$$\frac{Y_{N+1} - Y_{\mathrm{I}}}{Y_{N+1} - Y_0^*} = \frac{A^{N+1} - A}{A^{N+1} - 1} \tag{2-77}$$

式(2-77)即可称为克列姆塞尔方程。参照图2-20(a)可知 $Y_{N+1} = Y_1$ 及 $Y_{\mathrm{I}} = Y_2$,又知 $Y_0^* = mX_2 + b = Y_2^*$。所以,按照前面关于进出吸收塔的气、液组成及理论板层数的习用符号,式(2-77)应写成如下形式:

$$\frac{Y_1 - Y_2}{Y_1 - Y_2^*} = \frac{A^{N_{\mathrm{T}}+1} - A}{A^{N_{\mathrm{T}}+1} - 1} \tag{2-77a}$$

式(2-77a)左端的 $\frac{Y_1 - Y_2}{Y_1 - Y_2^*}$ 表示吸收塔内溶质的吸收率与理论最大吸收率(在塔顶达到气液平衡时的吸收率)的比值,称为相对吸收率,以 φ 表示。(进塔液相为纯溶剂时,$\varphi = \frac{Y_1 - Y_2}{Y_1}$,即等于溶质的吸收率 φ_{A})

于是,式(2-77a)又可写成如下两种形式:

$$\varphi = \frac{A^{N_{\mathrm{T}}+1} - A}{A^{N_{\mathrm{T}}+1} - 1} \tag{2-77b}$$

$$N_{\mathrm{T}} = \frac{\ln \dfrac{A - \varphi}{1 - \varphi}}{\ln A} - 1 \tag{2-77c}$$

为便于计算,已将式(2-77b)所表示的 φ、N_{T} 与 A 三者之间的函数关系绘成如图2-21所示的一组曲线(以 N_{T} 为参数),此图称为克列姆塞尔算图。

又由式(2-77b)整理得

$$A^{N_{\mathrm{T}}+1} = \frac{A - \varphi}{1 - \varphi} = \frac{A - \dfrac{Y_1 - Y_2}{Y_1 - Y_2^*}}{1 - \dfrac{Y_1 - Y_2}{Y_1 - Y_2^*}} = \frac{A(Y_1 - Y_2^*) - (Y_1 - Y_2)}{(Y_1 - Y_2^*) - (Y_1 - Y_2)} = (A - 1)\frac{Y_1 - Y_2^*}{Y_2 - Y_2^*} + 1$$

于是 $$N_{\mathrm{T}} = \frac{1}{\ln A}\ln\left[(A - 1)\frac{Y_1 - Y_2^*}{Y_2 - Y_2^*} + 1\right] - 1$$

整理得 $$N_{\mathrm{T}} = \frac{1}{\ln A}\ln\left[\left(1 - \frac{1}{A}\right)\frac{Y_1 - Y_2^*}{Y_2 - Y_2^*} + \frac{1}{A}\right] \tag{2-77d}$$

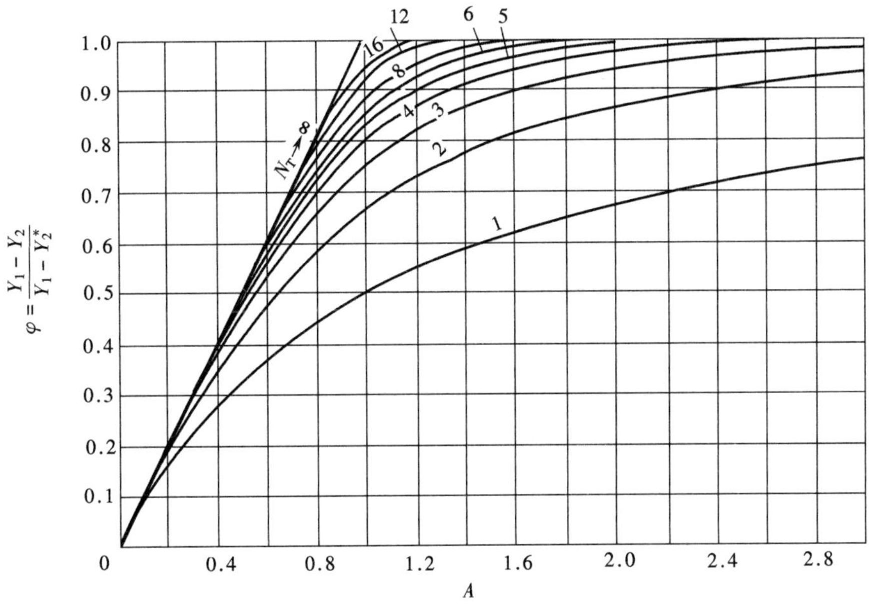

图 2-21 克列姆塞尔算图

依式(2-77d)可在半对数坐标纸上标绘理论板层数 N_T 与 $\frac{Y_1 - Y_2^*}{Y_2 - Y_2^*}$ 的关系(以 $\frac{1}{A} = S$ 为参数),得到一组曲线,如图 2-22 所示。此图形状与解析法求 N_{OG} 的线图相仿,其实是克列姆塞尔算图的另一形态。

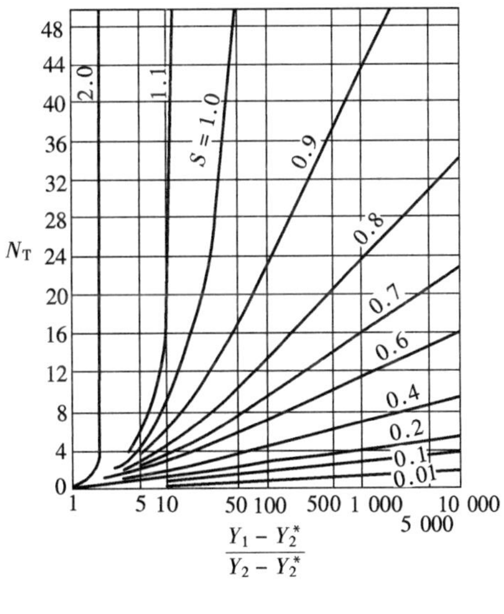

图 2-22 N_T-$\frac{Y_1 - Y_2^*}{Y_2 - Y_2^*}$关系

克列姆塞尔方程还可写成某种更简明的形式。如从式(2-76b)出发可以导出

$$A^{N_T} = \frac{\Delta Y_1}{\Delta Y_2}\left(= \frac{\Delta X_1}{\Delta X_2}\right) \tag{2-77e}$$

或

$$N_T = \frac{\ln \frac{\Delta Y_1}{\Delta Y_2}}{\ln A}\left(= \frac{\ln \frac{\Delta X_1}{\Delta X_2}}{\ln A}\right) \tag{2-77f}$$

以上各式(式(2-77a)至式(2-77f))都是克列姆塞尔方程的变形,其中以式(2-77e)的结构最简单,也便于记忆和使用。

求理论板层数的解析法及其相应的算图不仅可用于单组分吸收的计算,而且可用于多组分吸收的计算。

当平衡关系线与直线稍有偏差时,或因塔内各截面温度不同而使 m 值略有差异时,可取塔顶与塔底两端面上吸收因数 A 的几何平均值进行计算(或查图),求 N_T。

【例 2-13】 拟在某塔中进行例 2-9 所述的吸收操作,试求该吸收塔所需理论板层数。

解:(1)梯级图解法

由例2-9 的计算过程已知 $Y_1=0.020\,4$, $Y_2=0.001\,02$, $X_1=0.119$, $X_2=0.005\,03$, $V=35.63$ kmol/h, $L=6.06$ kmol/h。又知

$$Y^*=\frac{0.125X}{1+0.875X}$$

根据上述已知条件,在 Y-X 直角坐标系中重新绘出平衡线 OE 及操作线 TB,见本例附图。由图中的点 T 开始在操作线与平衡线之间画梯级,得知达到规定指标所需理论板层数约为7.6。

(2)解析法

本例中的平衡曲线接近直线,故采用塔顶与塔底两端面上吸收因数的几何平均值 A_m,按解析法计算 N_T。

塔顶端面上的相平衡常数 $m_T=\dfrac{Y^*}{X}=\dfrac{0.125}{1+0.875X}=\dfrac{0.125}{1+0.875\times0.005\,03}=0.124\,5$。

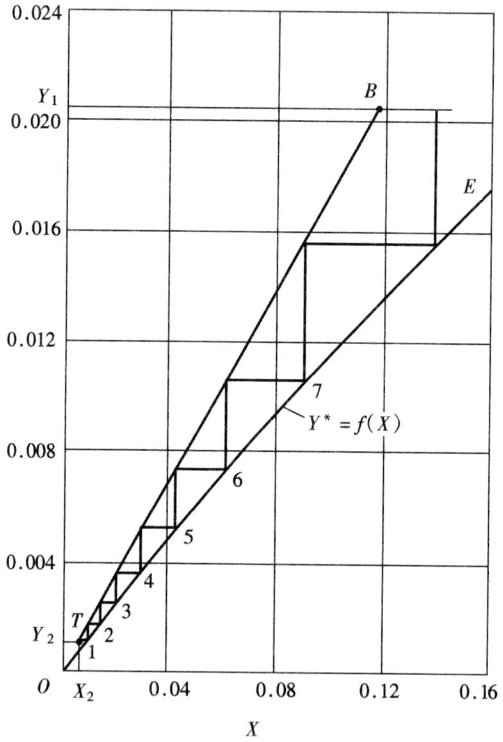

例2-13 附图

塔底端面上的相平衡常数 $m_B=\dfrac{0.125}{1+0.875\times0.119}=0.113\,2$,则

$$A_m=\frac{L}{V\sqrt{m_T\cdot m_B}}=\frac{6.06}{35.63\times\sqrt{0.124\,5\times0.113\,2}}=1.433$$

又
$$\varphi=\frac{Y_1-Y_2}{Y_1-Y_2^*}=\frac{0.020\,4-0.001\,02}{0.020\,4-0.124\,5\times0.005\,03}=0.98$$

代入式(2-77c)得

工程案例

$$N_T=\frac{\ln\dfrac{A_m-\varphi}{1-\varphi}}{\ln A_m}-1=\frac{\ln\dfrac{1.433-0.98}{1-0.98}}{\ln 1.433}-1=7.7$$

与前法所得结果基本相同。

2.3.6 吸收的操作型计算

除了设计一个吸收塔,在实际生产中,吸收塔的操作性问题也是经常遇到的,例如在给定的吸收塔内,气体处理量变化时,分析气体出口浓度的变化;或者进塔液相浓度因解吸不彻底发生变化时,又如何影响到原吸收塔的操作。

对气体吸收操作的描述通常应包含以下方面内容:①气液物系(体系)、温度、压力(相平衡关系相关);②设备条件如填料种类、尺寸、装填方式,塔径和填料层高度等(传质效率相关);③气液摩尔流量 V、L 及进口浓度 $Y_1(y_1)$、$X_2(x_2)$ (操作相关);④气体出口浓度 y_2 和出塔液体浓度 x_1(吸收效果相关)。

根据给定条件、要求和任务的不同,吸收计算类型主要分两类:

(1)设计型计算　给定条件下,设计达到一定分离要求所需要的吸收塔,即根据已知条件计算填料层高度和塔径等。

(2)操作型计算　对于给定的吸收塔,保持填料层高度和塔径等不变,改变某一操作参数,考察其对吸收过程的影响,如给定操作条件求算吸收效果,即气液相出口浓度;给定吸收效果确定操作条件。常见的有气温的变化、气液相流率的变化或气液相组成的变化等。

操作型计算用到的方程与设计型计算是一样的。包括相平衡方程、全塔物料衡算方程和速率方程等,经常需要几个方程联合求解。由于非线性方程的存在,有时需要试差和迭代。根据情况灵活选择方法,有时可以简化计算。

下面举例说明。

【例2-14】　在一逆流操作的填料塔中回收空气—丙酮混合气中的丙酮,气体入塔组成为0.03(摩尔分数)。使用纯溶剂作为塔顶液相进料,操作条件下的气液平衡关系为 $Y=1.9X$。液气比为2.565时,气体吸收率为90%。现因工艺要求,需要使用某脱吸塔的循环液作为液相进料,循环吸收液的组成为0.001(摩尔比),试求新工艺条件下的吸收率。

解:原工况　$Y_1=\dfrac{3}{100-3}=0.030\ 93$

$$Y_2=Y_1(1-\varphi_A)=0.030\ 93(1-90\%)=0.003\ 093$$

$$X_1=X_2+\frac{V'(Y_1-Y_2)}{L}=0+\frac{0.030\ 93-0.003\ 093}{2.565}=0.010\ 8$$

$$\Delta Y_1=Y_1-Y_1^*=0.030\ 93-1.9\times 0.010\ 8=0.010\ 41$$

$$\Delta Y_2=Y_2-Y_2^*=0.003\ 093-1.9\times 0=0.003\ 093$$

$$\Delta Y_m=\frac{0.010\ 41-0.003\ 093}{\ln\dfrac{0.010\ 41}{0.003\ 093}}=0.006\ 03$$

$$N_{OG}=\frac{\Delta Y}{\Delta Y_m}=\frac{0.030\ 93-0.003\ 093}{0.006\ 03}=4.616$$

新工况是在原塔中使用循环溶剂作为液相进料，仅液相入口组成变化，由于 H_{OG}不变，所以 N_{OG}不变，设此时出塔气相组成为 Y_2'，出塔液体组成为 X_2'，吸收塔的物料衡算方程为

$$X_1'=X_2+\frac{V(Y_1-Y_2')}{L}=0.001+\frac{0.030\ 93-Y_2'}{2.565} \tag{1}$$

$$S=\frac{mV}{L}=\frac{1.9}{2.565}=0.740\ 7$$

$$N_{OG}=\frac{1}{1-S}\ln\frac{Y_1-mX_1'}{Y_2'-mX_2}=\frac{1}{1-0.740\ 7}\ln\frac{0.030\ 93-1.9X_1'}{Y_2'-1.9\times0.001}=4.616 \tag{2}$$

联立式(1)和式(2)，可以求解 X_1'、Y_2'，得

$$Y_2'=0.004\ 84$$

$$X_1'=0.011\ 17$$

新工况下的吸收率为

$$\varphi'=\frac{Y_1-Y_2'}{Y_1}=\frac{0.030\ 93-0.004\ 84}{0.030\ 93}=0.843\ 5=84.35\%$$

由于吸收液进口浓度增加，传质推动力减小，所以气体的出口组成增加，吸收率由 90% 下降到 84.35%。需要注意的是，操作过程中参数的变化会影响到吸收效果，有时要联合速率方程、相平衡关系和物料衡算方程一起求解。

由于液相进口组成由 0 增加到 0.001，吸收率下降，若要维持原吸收率，提高吸收剂用量是较简便的方法，但需要考虑增加吸收剂流量对脱吸操作的影响。

2.3.7 吸收过程的强化

课程思政

吸收过程是典型的质量传递过程，其传质速率可以写为

$$N_A=\frac{\text{吸收推动力}}{\text{吸收阻力}}$$

强化吸收就是要提高吸收过程的推动力，降低吸收过程的阻力。

吸收过程的推动力是浓度差，具体说来可以考虑以下几种方法来提高推动力：增加吸收剂用量，降低吸收剂入口溶质的浓度，或者改为在更高压力或更低温度条件下进行操作。

降低吸收过程的传质阻力则主要考虑改善填料性能，改用高性能填料，提高流体流动的湍动程度。需要确认阻力控制侧，从而有针对性地进行调整，例如吸收过程为气膜控制时，可增大气体流速，以提高传质系数。

吸收塔的气体入口条件一般是工艺条件给定的，不能随意更改，因此，吸收塔在操作时更多的是改变吸收剂的条件，如吸收剂的流量、温度和入口溶质组成等。增大吸收剂用量，操作线斜率增大，出口气体含量下降；降低吸收剂温度，气体溶解度增大，平衡常数减小，平衡线下移，平均推动力增大；降低吸收剂入口含量，液相入口处推动力增大，全塔的平均推动力也随之增大。所以，适当调节以上 3 个变量可以强化传质，从而提高吸收效果。但还是要

具体情况具体分析，当吸收剂流量增大时，同时也要考虑到吸收剂再生环节的能力和能耗。

【例 2-15】 一逆流操作的填料塔中，在常温、常压下用清水吸收空气—氨混合气中的氨。已知入塔混合气体流量为 208.4 kmol/h，含氨 4%（摩尔分数），吸收率为 92%。该塔塔径为 0.8 m，操作条件下的平衡关系为 $Y=1.2X$，气相总体积传质系数 $K_Ya=0.09\ \text{kmol/(m}^3\cdot\text{s)}$，实际操作液气比为最小液气比的 1.6 倍。试求：

(1) 用水量，kg/h；

(2) 所需填料层高度，m；

(3) 如要求吸收率提高到 95%，其他条件不变，填料层高度应如何变化？

(4) 如要求吸收率提高到 95%，仍在原塔内操作，其他条件不变，吸收剂用量应该增加多少？

(5) 如要求吸收率提高到 95%，仍在原塔内操作，其他条件不变，改变操作温度，平衡常数 m 应该改变到多少？

解： (1) $Y_1=\dfrac{y_1}{1-y_1}=\dfrac{0.04}{1-0.04}=0.041\ 67$

$$Y_2=Y_1(1-92\%)=0.041\ 67\times0.08=0.003\ 33$$

$$V=V'(1-y)=208.4\times(1-0.04)=200.06\ \text{kmol/h}$$

$$\left(\frac{L}{V}\right)_{\min}=\frac{Y_1-Y_2}{Y_1/m-X_2}=\frac{0.041\ 67-0.003\ 33}{0.041\ 67/1.2-0}=1.104\ 1$$

$$\frac{L}{V}=1.6\left(\frac{L}{V}\right)_{\min}=1.6\times1.104\ 1=1.766\ 6$$

$$L=1.766\ 6\times200.06=353.4\ \text{kmol/h}$$

$$X_1=X_2+\frac{V}{L}(Y_1-Y_2)=0+\frac{200.06}{353.4}\times(0.041\ 67-0.003\ 33)=0.021\ 7$$

(2) $H_{OG}=\dfrac{V/\Omega}{K_Ya}=\dfrac{200.06/\left(\dfrac{\pi}{4}\times0.8^2\right)}{0.09\times3\ 600}=1.229\ \text{m}$

$$Y_1^*=mX_1=1.2\times0.021\ 7=0.026\ 04$$

$$\Delta Y_1=Y_1-Y_1^*=0.041\ 67-0.026\ 04=0.015\ 63$$

$$\Delta Y_2=Y_2-Y_2^*=0.003\ 33-0=0.003\ 33$$

$$\Delta Y_m=\frac{\Delta Y_1-\Delta Y_2}{\ln\dfrac{\Delta Y_1}{\Delta Y_2}}=\frac{0.015\ 63-0.003\ 33}{\ln\dfrac{0.015\ 63}{0.003\ 33}}=0.007\ 95$$

$$N_{OG}=\frac{0.041\ 67-0.003\ 33}{0.007\ 95}=4.822$$

$$Z_T=1.229\times4.822\ 4=5.927\ \text{m}$$

(3) 若吸收率增加到 95%，求需要的填料层高度。由于气液流率不变、填料类型不变，所以 H_{OG} 不变，但分离要求增加，则 N_{OG} 会增加。

$$S=\frac{mV}{L}=\frac{1.2}{1.766\ 6}=0.679$$

$$N_{OG}=\frac{1}{1-S}\ln\left[(1-S)\frac{Y_1-mX_2}{Y_2'-mX_2}+S\right]$$

$$=\frac{1}{1-0.679}\times\ln\left[(1-0.679)\times\frac{0.041\,67-0}{(1-0.95)\times0.416\,7-0}+0.679\right]=6.106$$

$$Z_T=1.229\times6.106=7.504\ \text{m}$$

填料层高度需要从5.927 m增加到7.504 m。

(4)若仍然在原塔进行操作，拟增加吸收剂流量实现吸收率增加到95%。

气相流量不变，H_{OG}不变，填料层高度Z不变，所以N_{OG}也不变，因入塔吸收剂不含溶质，$X_2=0$，则

$$N_{OG}=\frac{1}{1-S}\ln\left[(1-S)\frac{Y_1-mX_2}{Y_2-mX_2}+S\right]=\frac{1}{1-S}\ln\left[(1-S)\frac{Y_1}{(1-\varphi)Y_1}+S\right]$$

将吸收率为95%代入上式

$$4.822=\frac{1}{1-S}\ln\left[(1-S)\frac{1}{1-0.95}+S\right]$$

试差可得$S=0.52$。

$$\frac{S'}{S}=\frac{L}{L'}=\frac{0.52}{0.679}=0.766$$

$$L'=\frac{L}{0.766}=1.305L=1.305\times353.4=461.4\ \text{kmol/h}$$

吸收剂的流量应提高到原来的1.305倍，即461.4 kmol/h。

(5)若仍然在原塔里进行操作，拟通过调节操作温度，增加传质推动力来实现吸收率增加到95%。气相流量不变，H_{OG}不变，填料层高度Z不变，所以N_{OG}也不变，因入塔吸收剂为纯溶剂不含溶质，$X_2=0$，则计算同前。

如保持液气比不变，仅改变m，则

$$\frac{S''}{S}=\frac{m''}{m}=\frac{0.52}{0.679}=0.766$$

$$m''=0.766m=0.766\times1.2=0.919\,2$$

需降低操作温度以使平衡常数降低至0.919 2，当然也可提高操作压力来降低平衡常数m。

2.4 吸收系数

演示文稿

吸收速率方程式中的吸收系数与传热速率方程式中的传热系数地位相当。表2-3中列出两者类比情况。

表 2-3 吸收系数与传热系数类比

速率方程式及系数	吸收	传热
膜速率方程式	$N_A = k_G(p_A - p_{Ai}) = k_L(c_{Ai} - c_A)$	$\frac{Q}{S} = \alpha_1(T - T_W) = \alpha_2(t_W - t)$
总速率方程式	$N_A = K_G(p_A - p_A^*) = K_L(c_A^* - c_A)$	$\frac{Q}{S} = K(T - t)$
膜系数	k_G, k_L	α_1, α_2
总系数	K_G, K_L	K

由此可知,吸收系数对于吸收计算正如传热系数对于传热计算一样,具有十分重要的意义。若没有准确可靠的吸收系数数据,则前面所有涉及吸收速率问题的计算方法与公式都将失去实际价值。

传质过程的影响因素十分复杂,对于不同的物质、不同的设备及填料类型和尺寸以及不同的流动状况与操作条件,吸收系数各不相同,迄今尚无通用的计算方法和计算公式。目前,在进行吸收设备的设计时,获取吸收系数的途径有 3 条:一是实验测定;二是选用适当的经验公式进行计算;三是选用适当的量纲为 1 的数群关联式进行计算。

实验测定是获得吸收系数的根本途径,但限于种种原因,实际上不可能对每一具体设计条件下的吸收系数都进行直接的实验测定。不少研究者针对某些典型的或有重要实际意义的系统和条件,取得了比较充分的实测数据,在此基础上提出了特定物系在特定条件下的吸收系数经验公式。这种经验公式只在用于规定条件范围之内时才能得到可靠的计算结果。也有人根据较为广泛的物系、设备及操作条件下取得的实验数据,整理出若干量纲为 1 的数群之间的关联式,用以描述各种影响因素与吸收膜系数之间的函数关系。这种量纲为 1 的数群关联式具有较好的概括性,据以计算膜系数时,适用范围要比经验公式的宽广些,但计算结果的准确性较差。

2.4.1 吸收系数的测定

在中间试验设备上或在条件相近的生产装置上测得的总吸收系数,用作设计计算的依据或参考值具有一定的可靠性。这种测定可根据整段塔内的吸收速率方程式进行。譬如,当过程所涉及的组成区间内平衡关系为直线时,填料层高度计算式为

$$Z = \frac{V(Y_1 - Y_2)}{K_Y a \Omega \Delta Y_m}$$

故体积吸收总系数为

$$K_Y a = \frac{V(Y_1 - Y_2)}{\Omega Z \Delta Y_m} = \frac{G_A}{V_P \Delta Y_m}$$

式中 G_A——塔的吸收负荷,即单位时间在塔内吸收的溶质量,$G_A = V(Y_1 - Y_2)$,kmol/s;

V_P——填料层体积,$V_P = \Omega Z$,m^3;

ΔY_m——塔内平均气相总推动力。

在稳态操作状况下测得进、出口处气、液流量及组成后，可根据物料衡算及平衡关系算出吸收负荷 G_A 及平均推动力 ΔY_m。再依具体设备的尺寸算出填料层体积 V_P 后，便可按上式计算体积吸收总系数 $K_Y a$。

测定工作可针对全塔进行，也可针对任一塔段进行，测定值代表所测范围内总系数的平均值。

测定气膜或液膜吸收系数时，总是设法在另一相的阻力可被忽略或可以推算的条件下进行实验。譬如，有人采用如下方法求得用水吸收低组成氨气时的气膜体积吸收系数 $k_G a$。

首先直接测定体积吸收总系数 $K_G a$，然后依式(2-41a)计算 $k_G a$ 的数值，即

$$\frac{1}{k_G a}=\frac{1}{K_G a}-\frac{1}{Hk_L a}$$

式中的液膜体积吸收系数 $k_L a$ 可根据如下关系式由相同条件下用水吸收氧气时的液膜体积吸收系数来推算，即

$$(k_L a)_{NH_3}=(k_L a)_{O_2}\left(\frac{D'_{NH_3}}{D'_{O_2}}\right)^{0.5}$$

因氧气在水中溶解度甚微，故当用水吸收氧气时，气膜阻力可以忽略，所测得的 $K_L a$ 即等于 $k_L a$。

2.4.2 吸收系数的经验公式

前曾提及，吸收系数的经验公式是根据特定系统及特定条件下的实验数据得出的，适用范围较窄，但如应用恰当，其准确性并不低。

下面介绍几个计算体积吸收系数的经验公式。

1. 用水吸收氨

用水吸收氨属于易溶气体的吸收，一般说来，此种吸收的主要阻力在气膜中，但液膜阻力仍占相当的比例，譬如10%或者更多一些。计算气膜体积吸收系数的经验式为

$$k_G a=6.07\times10^{-4}G^{0.9}W^{0.39} \tag{2-78}$$

式中 $k_G a$——气膜体积吸收系数，kmol/(m³·h·kPa)；

G——气相空塔质量速度，kg/(m²·h)；

W——液相空塔质量速度，kg/(m²·h)。

式(2-78)适用于下述条件：①在填料塔中用水吸收氨；②直径为12.5 mm的陶瓷环形填料。

2. 常压下用水吸收二氧化碳

这是难溶气体的吸收，吸收的主要阻力在液膜中。计算液膜体积吸收系数的经验公式为

$$k_L a=2.57U^{0.96} \tag{2-79}$$

式中 $k_L a$——液膜体积吸收系数，kmol/(m³·h·kmol/m³)，即1/h；

U——喷淋密度，即单位时间内喷淋在单位塔截面积上的液相体积，m³/(m²·h)，即m/h。

式(2-79)适用于下述条件:①常压下在填料塔中用水吸收二氧化碳;②直径为 10 ~32 mm 的陶瓷环;③喷淋密度 $U=3\sim20\ m^3/(m^2\cdot h)$;④气体的空塔质量速度为 130 ~580 $kg/(m^2\cdot h)$;⑤温度为 21 ~27 ℃。

3. 用水吸收二氧化硫

这是具有中等溶解度的气体吸收,气膜阻力和液膜阻力都在总阻力中占有相当比例。计算体积吸收系数的经验公式如下:

$$k_G a = 9.81\times10^{-4}G^{0.7}W^{0.25} \tag{2-80}$$

$$k_L a = aW^{0.82} \tag{2-81}$$

式(2-81)中的 a 为常数,其值列于表 2-4。

表 2-4 式(2-81)中的 a 值

温度/℃	10	15	20	25	30
a	0.009 3	0.010 2	0.011 6	0.012 8	0.014 3

式(2-80)及式(2-81)适用于下述条件:①气体的空塔质量速度 G 为 320 ~4 150 $kg/(m^2\cdot h)$,液体的空塔质量速度 W 为 4 400 ~58 500 $kg/(m^2\cdot h)$;②直径为 25 mm 的环形填料。

2.4.3 吸收系数的量纲为 1 数群关联式

根据理论分析和实验结果,可以得到求取气膜及液膜吸收系数的量纲为 1 数群关联式。但由于影响吸收过程的因素非常复杂,又受实验条件的限制,现有的关联式在完备性、准确性与一致性几方面都很难令人满意。选用时,还应注意到每一量纲为 1 数群关联式的具体应用条件及范围。

1. 传质过程中常用的几个量纲为 1 数群

1)施伍德(Sherwood)数

传质中的施伍德数 Sh 和传热中的努塞尔数 $\left(Nu=\dfrac{\alpha l}{\lambda}\right)$ 相当,它包含待求的吸收膜系数。

气相的施伍德数为

$$Sh_G = k_G\frac{RTp_{Bm}}{p}\frac{l}{D} \tag{2-82}$$

式中 l——特性尺寸,可以是填料直径或塔径(湿壁塔)等,依不同关联式而定,m;

D——吸收质在气相中的分子扩散系数,m^2/s;

k_G——气膜吸收系数,$kmol/(m^2\cdot s\cdot kPa)$;

R——通用气体常数,$kJ/(kmol\cdot K)$;

T——热力学温度,K;

p_{Bm}——相界面处与气相主体中的惰性组分分压的对数平均值,kPa;

p——总压力,kPa。

液相的施伍德数为

$$Sh_L = k_L \frac{c_{Sm}}{c} \frac{l}{D'} \tag{2-83}$$

式中 k_L——液膜吸收系数，m/s；

D'——吸收质在液相中的分子扩散系数，m^2/s；

c_{Sm}——相界面处与液相主体中溶剂组成的对数平均值，$kmol/m^3$；

c——溶液的总组成，$kmol/m^3$；

l 的意义与单位同前。

2）施密特(Schmidt)数

传质中的施密特数 Sc 与传热中的普朗特数$\left(Pr = \frac{c_p\mu}{\lambda}\right)$相当，它反映物性的影响，其表达式为

$$Sc = \frac{\mu}{\rho D} \tag{2-84}$$

式中 μ——混合气体或溶液的黏度，Pa·s；

ρ——混合气体或溶液的密度，kg/m^3；

D——溶质的分子扩散系数，m^2/s。

3）雷诺数

雷诺数 Re 反映流动状况的影响。气体通过填料层时的雷诺数为

$$Re_G = \frac{d_e u_0 \rho}{\mu}$$

式中 d_e——填料层的当量直径，即填料层中流体通道的当量直径，m；

u_0——流体通过填料层的实际速度，m/s；

其他符号的意义与单位同前。

现在来研究填料层的当量直径 d_e。按照当量直径的定义可知：

$$d_e = 4 \times \text{水力半径} = 4 \times \frac{\text{填料层空隙截面积}}{\text{“润湿”周边长度}}$$

$$= 4 \times \frac{\dfrac{\text{填料层空隙截面积} \times \text{填料层高度}}{\text{塔截面积} \times \text{填料层高度}}}{\dfrac{\text{“润湿”周边长度} \times \text{填料层高度}}{\text{塔截面积} \times \text{填料层高度}}} = 4 \times \frac{\dfrac{\text{填料层空隙体积}}{\text{填料层体积}}}{\dfrac{\text{填料表面积}}{\text{填料层体积}}}$$

单位体积填料层内的填料表面积数值，称为填料层的比表面积，以 σ 表示，其单位是 m^2/m^3。单位体积填料层内的空隙体积数值，称为填料层的空隙率，以 ε 表示，其单位是 m^3/m^3。因此，上式可写为

$$d_e = 4\frac{\varepsilon}{\sigma} \tag{2-85}$$

将式(2-85)代入雷诺数表达式中，得到

$$Re_{\mathrm{G}}=\frac{4\varepsilon u_0\rho}{\sigma\mu}=\frac{4\varepsilon\left(\frac{u}{\varepsilon}\right)\rho}{\sigma\mu}=\frac{4u\rho}{\sigma\mu}=\frac{4G}{\sigma\mu} \tag{2-86}$$

式中 u——空塔气速,m/s;

G——气体的空塔质量速度,$G=u\rho$,kg/(m^2·s);

其他符号的意义与单位同前。

同理,液体通过填料层的雷诺数为

$$Re_{\mathrm{L}}=\frac{4W}{\sigma\mu_{\mathrm{L}}} \tag{2-87}$$

式中 W——液体的空塔质量速度,kg/(m^2·s);

μ_{L}——液体的黏度,Pa·s;

其他符号的意义与单位同前。

4)伽利略(Gallilio)数

伽利略数 Ga 反映液体受重力作用而沿填料表面向下流动时,所受重力与黏滞力的相对关系,其表达式为

$$Ga=\frac{gl^3\rho^2}{\mu_{\mathrm{L}}^2} \tag{2-88}$$

式中 l——特性尺寸,m;

ρ——液体的密度,kg/m^3;

μ_{L}——液体的黏度,Pa·s;

g——重力加速度,m/s^2。

2. 计算气膜吸收系数的量纲为1数群关联式

计算气膜吸收系数的量纲为1数群关联式可整理成如下形式:

$$Sh_{\mathrm{G}}=\alpha(Re_{\mathrm{G}})^{\beta}(Sc_{\mathrm{G}})^{\gamma} \tag{2-89}$$

$$k_{\mathrm{G}}=\alpha\frac{pD}{RTp_{\mathrm{Bm}}l}(Re_{\mathrm{G}})^{\beta}(Sc_{\mathrm{G}})^{\gamma} \tag{2-89a}$$

此式是在湿壁塔中实验得到的,适用于 $Re_{\mathrm{G}}=2\times10^3\sim3.5\times10^4$、$Sc_{\mathrm{G}}=0.6\sim2.5$、$p=10.1\sim303$ kPa(绝压)的范围内。式中 $\alpha=0.023$,$\beta=0.83$,$\gamma=0.44$,特性尺寸 l 为湿壁塔塔径。此式也可应用于采用拉西环的填料塔,此时,$\alpha=0.066$,$\beta=0.8$,$\gamma=0.33$,特性尺寸 l 为单个拉西环填料的外径,m。

3. 计算液膜吸收系数的量纲为1数群关联式

计算填料塔内液膜吸收系数的量纲为1数群关联式有如下形式:

$$Sh_{\mathrm{L}}=0.005\,95(Re_{\mathrm{L}})^{0.67}(Sc_{\mathrm{L}})^{0.33}(Ga)^{0.33} \tag{2-90}$$

$$k_{\mathrm{L}}=0.005\,95\frac{cD'}{c_{\mathrm{Sm}}l}(Re_{\mathrm{L}})^{0.67}(Sc_{\mathrm{L}})^{0.33}(Ga)^{0.33} \tag{2-90a}$$

此式中的特性尺寸指填料直径,m;其他符号的意义与单位同前。

4. 气相及液相传质单元高度的计算式

有些资料提供了气、液两相传质单元高度的计算式。例如，在溶质组成低的情况下，气相传质单元高度可按下式计算：

$$H_G = \alpha G^{\beta} W^{\gamma} (Sc_G)^{0.5} \tag{2-91}$$

式中 H_G——气相传质单元高度，m；

G——气体空塔质量速度，kg/(m² · s)；

W——液体空塔质量速度，kg/(m² · s)；

Sc_G——气体的施密特数，量纲为1；

α、β、γ——取决于填料类型尺寸的常数，其值见表2-5。

表2-5 式(2-91)中的常数值

填料类型	常数			质量速度范围	
	α	β	γ	G/[kg/(m² · s)]	W/[kg/(m² · s)]
拉西环					
9.5 mm	0.620	0.45	-0.47	0.271 ~ 0.678	0.678 ~ 2.034
25 mm	0.557	0.32	-0.51	0.271 ~ 0.814	0.678 ~ 6.100
38 mm	0.830	0.38	-0.66	0.271 ~ 0.950	0.678 ~ 2.034
38 mm	0.689	0.38	-0.40	0.271 ~ 0.950	2.034 ~ 6.100
50 mm	0.894	0.41	-0.45	0.271 ~ 1.085	0.678 ~ 6.100
弧鞍					
13 mm	0.541	0.30	-0.47	0.271 ~ 0.950	0.678 ~ 2.034
13 mm	0.367	0.30	-0.24	0.271 ~ 0.950	2.034 ~ 6.100
25 mm	0.461	0.36	-0.40	0.271 ~ 1.085	0.542 ~ 6.100
38 mm	0.652	0.32	-0.45	0.271 ~ 1.356	0.542 ~ 6.100

在溶质组成及气速均较低的情况下，液相传质单元高度可按下式计算：

$$H_L = \alpha \left(\frac{W}{\mu_L}\right)^{\beta} (Sc_L)^{0.5} \tag{2-92}$$

式中 H_L——液相传质单元高度，m；

W——液体空塔质量速度，kg/(m² · s)；

μ_L——液体的黏度，Pa · s；

Sc_L——液体的施密特数，量纲为1；

α、β——取决于填料类型尺寸的常数，其值见表2-6。

表2-6 式(2-92)中的常数值

填料类型	常数		液相质量速度范围
	α	β	W/[kg/(m² · s)]
拉西环			
9.5 mm	3.21×10^{-4}	0.46	0.542 ~ 20.34
13 mm	7.18×10^{-4}	0.35	0.542 ~ 20.34

续表

填料类型	常数		液相质量速度范围
	α	β	$W/[kg/(m^2 \cdot s)]$
25 mm	2.36×10^{-3}	0.22	0.542 ~ 20.34
38 mm	2.61×10^{-3}	0.22	0.542 ~ 20.34
50 mm	2.93×10^{-3}	0.22	0.542 ~ 20.34
弧鞍			
13 mm	1.456×10^{-3}	0.28	0.542 ~ 20.34
25 mm	1.285×10^{-3}	0.28	0.542 ~ 20.34
38 mm	1.366×10^{-3}	0.28	0.542 ~ 20.34

由式(2-91)及式(2-92)可以看出,在填料类型及尺寸和气、液质量速度相同的情况下,对于两种不同溶质 A 与 A′的吸收过程,其传质单元高度与施密特数的0.5 次方成正比。因此

$$\frac{(H_L)_{A'}}{(H_L)_A}=\left[\frac{(Sc_L)_{A'}}{(Sc_L)_A}\right]^{0.5}$$

或

$$(H_L)_{A'}=(H_L)_A\left[\frac{(Sc_L)_{A'}}{(Sc_L)_A}\right]^{0.5} \tag{2-93}$$

依式(2-93)可由吸收某一溶质 A 时的 H_L(或 k_La)值推算相同条件下吸收另一溶质 A′时的 H_L(或 k_La)值。

式(2-91)及式(2-92)都是经验公式,系数 α 的值将因质量速度的单位不同而改变,使用时应予注意。

【例 2-16】 试计算在 30 ℃及 101.33 kPa 下从含氨的空气中吸收氨时的气膜吸收系数。已知混合气中氨的平均分压 $p_A=6.08$ kPa,气体的空塔质量速度 $G=1.1\ kg/(m^2\cdot s)$,所用填料是直径为 15 mm 的乱堆瓷环,其比表面积 $\sigma=330\ m^2/m^3$。又知 30 ℃时氨在空气中的扩散系数为 $1.98\times10^{-5}\ m^2/s$,气体的黏度为 1.86×10^{-5} Pa · s,密度为 $1.13\ kg/m^3$。

解:用式(2-89a)计算气膜吸收系数,即

$$k_G=\alpha\frac{pD}{RTp_{Bm}l}(Re_G)^{\beta}(Sc_G)^{\gamma}$$

其中 $\alpha=0.066,\beta=0.8,\gamma=0.33,p=101.33$ kPa

$$p_{Bm}\approx\frac{1}{2}\times[p+(p-p_A)]=\frac{1}{2}\times[101.33+(101.33-6.08)]=98.3\ \text{kPa}$$

(近似认为界面处氨分压为零)

$D=1.98\times10^{-5}\ m^2/s, R=8.314\ kJ/(kmol\cdot K), T=273+30=303\ K, l=0.015\ m$

$$Re_G=\frac{4G}{\sigma\mu}=\frac{4\times1.1}{330\times1.86\times10^{-5}}=717$$

$$Sc_G=\frac{\mu}{\rho D}=\frac{1.86\times10^{-5}}{1.13\times1.98\times10^{-5}}=0.83$$

则

$$k_G=0.066\times\frac{101.33\times1.98\times10^{-5}}{8.314\times303\times98.3\times0.015}\times717^{0.8}\times0.83^{0.33}$$

$$=6.45\times10^{-6}\ \text{kmol}/(m^2\cdot s\cdot kPa)$$

【例2-17】 在20 ℃的温度及101.33 kPa的压力下，在充有25 mm拉西环的填料塔中用水吸收混于空气中的低组成氨气。已知液相质量速度为2.543 kg/(m^2·s)，气相质量速度为0.339 kg/(m^2·s)，20 ℃下氨在水中稀溶液的扩散系数$D=1.76\times10^{-9}$ m^2/s。试估算传质单元高度H_G、H_L及气相体积吸收总系数K_Ya。

平衡关系符合：$Y^*=1.20X$。

解：查本教材（上册）附录5得知，20 ℃及101.33 kPa下空气的黏度$\mu=1.81\times10^{-5}$ Pa·s，密度$\rho=1.205$ kg/m^3。查本教材附录1得知0 ℃及101.33 kPa时氨在空气中的扩散系数$D_0=1.98\times10^{-5}$ m^2/s，则20 ℃及101.33 kPa下的扩散系数D可依式(2-24)计算，即

$$D=D_0\left(\frac{p_0}{p}\right)\left(\frac{T}{T_0}\right)^{\frac{3}{2}}=1.98\times10^{-5}\times1\times\left(\frac{273+20}{273}\right)^{\frac{3}{2}}=2.20\times10^{-5}\ \mathrm{m^2/s}$$

因此
$$Sc_G=\frac{\mu}{\rho D}=\frac{1.81\times10^{-5}}{1.205\times2.20\times10^{-5}}=0.683$$

将各已知值代入式(2-91)并由表2-5中查出相应的常数值，得到

$$H_G=\alpha G^{\beta}W^{\gamma}(Sc_G)^{0.5}=0.557\times0.339^{0.32}\times2.543^{-0.51}\times0.683^{0.5}=0.202\ \mathrm{m}$$

则
$$k_ya=\frac{V}{H_G\Omega}=\frac{0.339/29}{0.202}=0.0579\ \mathrm{kmol/(m^2\cdot s)}$$

查上册附录6得知，20 ℃下水的密度$\rho=998$ kg/m^3，黏度$\mu_L=100.4\times10^{-5}$ Pa·s。因此

$$Sc_L=\frac{\mu_L}{\rho D'}=\frac{100.4\times10^{-5}}{998\times1.76\times10^{-9}}=571.6$$

将各已知值代入式(2-92)并由表2-6中查出相应的常数值，得到

$$H_L=\alpha\left(\frac{W}{\mu_L}\right)^{\beta}(Sc_L)^{0.5}=2.36\times10^{-3}\times{\frac{2.543}{100.4\times10^{-5}}}^{0.22}\times571.6^{0.5}=0.316\ \mathrm{m}$$

则
$$k_xa=\frac{L}{H_L\Omega}=\frac{2.543/18}{0.316}=0.447\ \mathrm{kmol/(m^3\cdot s)}$$

根据吸收总系数与膜系数的关系可知

$$\frac{1}{K_Ya}=\frac{1}{k_ya}+\frac{m}{k_xa}=\frac{1}{0.0579}+\frac{1.20}{0.447}=17.27+2.68=19.95$$

$$K_Ya=\frac{1}{19.95}=0.0501\ \mathrm{kmol/(m^3\cdot s)}$$

由上述计算过程可看出，本例情况下液膜阻力约占总阻力的$\frac{2.68}{19.95}\times100\%=13.4\%$。

2.5 其他条件下的吸收和脱吸

演示文稿

前面讨论了低组成单组分的等温物理吸收的原理与计算。在此基础上，本节将对高组成气体吸收、非等温吸收、多组分吸收、伴有化学反应的吸收以及脱吸过程作概略介绍。

2.5.1 高组成气体吸收

前面介绍的填料层高度计算方法，只能用于溶质在气、液两相中的组成不高（譬如摩尔分数不超过0.1）的吸收过程，即所谓低组成气体吸收。在此，结合高组成气体吸收，简略介绍计算填料层高度的普遍方法。

填料层高度的计算，要涉及操作关系、平衡关系及速率关系。一般说来，在平衡关系式及速率关系式中，溶质组成以采用摩尔分数表示较为妥当。当溶质在气、液两相中的组成以摩尔分数 y 及 x 表示时，根据前面导出的逆流吸收塔的操作线方程式(2-53)可写出下式：

$$\frac{y}{1-y}=\frac{L}{V}\frac{x}{1-x}+\left(\frac{y_1}{1-y_1}-\frac{L}{V}\frac{x_1}{1-x_1}\right) \tag{2-94}$$

式中 V、L 的意义同前，即分别指气、液两相中惰性组分（B 及 S）的摩尔流量，它们在全塔中各截面上均为常数。由式(2-94)可以看出，在 y-x 直角坐标系中，吸收操作线应为一条曲线。

采用与低组成气体吸收过程填料层高度计算时类似的方法，可以推导得出高组成气体吸收过程的填料层高度计算式为

$$Z=\int_0^Z \mathrm{d}Z=\int_{y_2}^{y_1}\frac{V'\mathrm{d}y}{k_y a\Omega(1-y)(y-y_i)} \tag{2-95}$$

及
$$Z=\int_0^Z \mathrm{d}Z=\int_{x_2}^{x_1}\frac{L'\mathrm{d}x}{k_x a\Omega(1-x)(x_i-x)} \tag{2-96}$$

同理可以写出

$$Z=\int_{y_2}^{y_1}\frac{V'\mathrm{d}y}{K_y a\Omega(1-y)(y-y^*)} \tag{2-97}$$

$$Z=\int_{x_2}^{x_1}\frac{L'\mathrm{d}x}{K_x a\Omega(1-x)(x^*-x)} \tag{2-98}$$

式中 V'——气相总摩尔流量，kmol/s；

L'——液相总摩尔流量，kmol/s。

式(2-95)、式(2-96)、式(2-97)、式(2-98)是计算完成指定吸收任务所需填料层高度的普遍公式。依据过程条件选用上述诸式之一进行绘图积分或数值积分，便可求得 Z 值。

高组成气体在吸收塔内上升时，随着溶质向液相的转移，气相组成逐渐降低，其总摩尔流量 V' 明显变小，因而吸收系数也将明显变小。以式(2-95)为例，积分号内的 V'、$k_y a$ 及 y_i 各量，在塔内不同横截面上也都具有不同的数值，换言之，它们都是 y 的函数。因此，要进行积分，应先求出这些变量与 y 的对应关系数据。

应当指出，吸收系数不仅与物性、温度、压力及气、液两相的流速有关，而且与溶质组成有关。溶质组成的影响体现于漂流因数中。以气膜吸收系数为例，其计算式为

$$k_y=\frac{Dp}{RTz_G}\frac{p}{p_{Bm}}=k_y'\frac{p}{p_{Bm}} \tag{2-99}$$

式中的 k_y' 是在气相中 A、B 两组分作等分子反向扩散情况下的传质系数，即

$$k_y'=\frac{Dp}{RTz_G} \tag{2-100}$$

漂流因数$\frac{p}{p_{Bm}}$又可写成

$$\frac{p}{p_{Bm}}=\frac{p}{(p-p_A)_m}=\frac{1}{(1-y)_m} \tag{2-101}$$

此式中的$(1-y)_m$代表塔内任一横截面上气相主体与界面处惰性组分摩尔分数的对数平均值,即

$$(1-y)_m=\frac{(1-y)-(1-y_i)}{\ln\frac{1-y}{1-y_i}} \tag{2-102}$$

将式(2-101)代入式(2-99),得

$$k_y=\frac{k'_y}{(1-y)_m} \tag{2-103}$$

因此 $$k_ya=\frac{k'_ya}{(1-y)_m} \tag{2-104}$$

为了剔除组成的影响,常以k'_ya(或k'_xa)的形式提供吸收系数的数据或经验式。当将此种吸收系数用于高组成气体吸收的计算时,须再计入漂流因数。此时式(2-95)可写成如下形式:

$$Z=\int_{y_2}^{y_1}\frac{V'\mathrm{d}y}{\frac{k'_ya}{(1-y)_m}\Omega(1-y)(y-y_i)} \tag{2-105}$$

或 $$Z=\int_{y_2}^{y_1}\frac{V'(1-y)_m\mathrm{d}y}{k'_ya\Omega(1-y)(y-y_i)} \tag{2-105a}$$

根据上式进行绘图积分以计算填料层高度Z时,步骤较繁,且需采用试差方法。

然而,在一般情况下,尽管k'_ya和V'都随截面位置而变化,但是k'_ya与单位塔截面积上的气相流量$\left(\frac{V'}{\Omega}\right)$之比值却能在整个填料层中不发生很大变化。因此通常可将$\frac{V'}{k'_ya\Omega}$视为常数,而不致带来显著误差。于是式(2-105a)可写成

$$Z=\frac{V'}{k'_ya\Omega}\int_{y_2}^{y_1}\frac{(1-y)_m\mathrm{d}y}{(1-y)(y-y_i)} \tag{2-106}$$

或 $$Z=H_GN_G \tag{2-106a}$$

式中 $$H_G=\frac{V'}{k'_ya\Omega} \tag{2-107}$$

$$N_G=\int_{y_2}^{y_1}\frac{(1-y)_m\mathrm{d}y}{(1-y)(y-y_i)} \tag{2-108}$$

为了简化运算,当塔内任一横截面上的$(1-y)_m$可用$(1-y)$与$(1-y_i)$的算术平均值代替时,即

$$(1-y)_m=\frac{1}{2}[(1-y)+(1-y_i)]=(1-y)+\frac{y-y_i}{2}$$

则
$$N_G=\int_{y_2}^{y_1}\frac{\left[(1-y)+\frac{1}{2}(y-y_i)\right]dy}{(1-y)(y-y_i)}=\int_{y_2}^{y_1}\frac{dy}{y-y_i}+\frac{1}{2}\ln\frac{1-y_2}{1-y_1} \tag{2-109}$$

式(2-109)等号右侧第二项可按进出塔的气相组成直接计算,只余第一项须用绘图积分或数值积分法求值,比较简便。

当然,在某些特殊条件下,式(2-109)还可得到进一步简化。譬如,当溶质在气、液两相中的摩尔分数不超过0.1时,工程计算中即可视之为低组成气体吸收,此时$\frac{1-y_2}{1-y_1}\approx 1$,则式(2-109)变成

$$N_G=\int_{y_2}^{y_1}\frac{dy}{y-y_i} \tag{2-110}$$

在此种情况下,塔内不同高度上气、液流量的变化将不会超过10%,吸收系数的变化更将小于这个比例,因而可取塔顶及塔底吸收系数$k_y a$的平均值,将其视为常数用以计算H_G,于是可用前节所述的关于低组成气体吸收的种种计算方法求得填料层高度Z。

2.5.2 非等温吸收

前面讨论吸收塔的计算时,都忽略了气、液两相在吸收过程中的温度变化,即没有考虑吸收过程所伴随的热效应。实际上,气体吸收过程往往伴随着热量的释出,原因主要是气体的溶解热,当有化学反应发生时,还将放出反应热。这些热效应使塔内液相温度随其组成的升高而升高,从而使平衡关系发生不利于吸收过程的变化:气体的溶解度变小,吸收推动力变小,因而将比等温吸收需要更大的液气比,或更高的填料层,或更多层数的理论塔板。只有当气相中溶质组成很低或溶解度很小,吸收剂用量相对很大,因而吸收的热效应与吸收剂的热容量相比甚小、不足以引起液相温度显著变化时,或者吸收设备散热良好、能够及时取走过程所释放的热量而维持液相温度大体不变时,才可按等温吸收处理,并按塔顶及塔底的平均温度确定平衡关系。

非等温吸收的一种近似处理方法是假定所有释出的热量都被液体吸收,即忽略气相的温度变化及其他热损失。据此可以推算出液体组成与温度的对应关系,从而得到变温情况下的平衡曲线。当然,这样的假定会导致对液体温升的估计偏高,因而算出的塔高数值也稍大些。

图2-23表示一个用水吸收氨气的绝热过程由于温度升高而使平衡曲线位置逐渐变化的情况。水在20 ℃下进入塔顶,沿填料层表面下降过程中不断吸收氨气,其组成和温度互相对应地逐渐提高。利用氨在水中的溶解热数据,计算出对应于若干液相组成的液相温度,随即可在y_i-x_i图上将代表此种条件下一系列平衡状态的坐标点连接起来,得到变温情况下的平衡曲线(见图2-23中的曲线OE)。然后据此决定最小液气比(图中曲线B^*T表示最小液气比时的吸收操作线),然后确定吸收剂用量,并作出吸收操作线,随即求算填料层高度或理论板数,其方法与等温吸收塔的计算方法相仿。

由图2-23还可看出,当吸收过程中液体温度升高较多时,若仍根据平均温度按等温吸

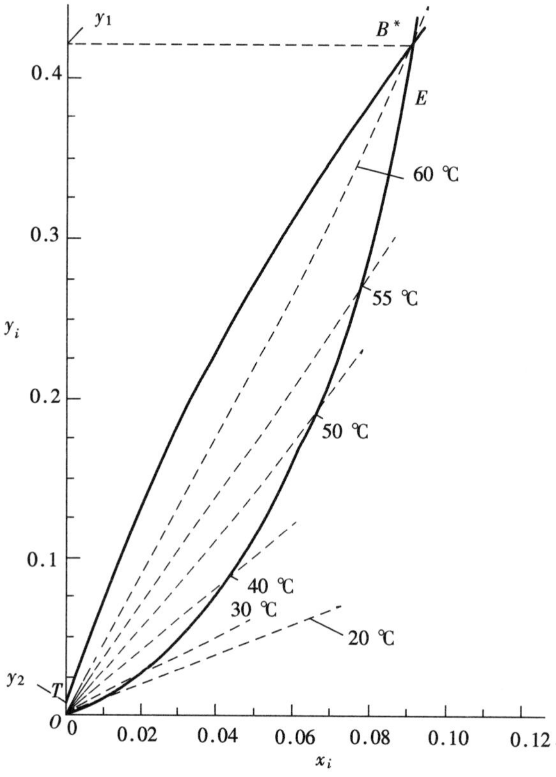

图 2-23 非等温吸收的平衡曲线及最小液气比时的操作线

收确定最小液气比及溶剂用量,将会带来大的误差。

若吸收过程的热效应很大,例如用水吸收 HCl,用 C_3 馏分吸收石油裂解气中的乙烯、丙烯等组分的过程,必须设法排除热量,以控制吸收过程的温度。通常采取的措施有以下几种。

①在吸收塔内装置冷却元件。如板式塔可在塔板上安装冷却蛇管或在板间设置冷却器。

②引出吸收剂到外部进行冷却。填料塔不宜在塔内设置冷却元件,可将温度升高的吸收剂中途引出塔外,冷却后重新送入塔内继续进行吸收。

③采用边吸收边冷却的吸收装置。例如盐酸吸收,采用管壳式换热器形式的吸收设备,使吸收过程在管内进行的同时,向壳方不断通入冷却剂以移除大量溶解热。

④采用大的喷淋密度,使吸收过程释放的热量以显热的形式被大量吸收剂带走。

2.5.3 多组分吸收

前面所述的吸收过程,都是指混合气里仅有一个组分在溶剂中有显著溶解度的情况,即所谓单组分吸收。但是有许多实际的吸收操作,其混合气中具有显著溶解度的组分不止一个,这样的吸收便属于多组分吸收。用挥发性极低的液体烃吸收石油裂解气中的多种烃类组分,使之与甲烷、氢气分开,以及用洗油吸收焦炉气中的苯、甲苯、二甲苯,都是多组分吸收的重要实例。

多组分吸收的计算远较单组分的复杂。这主要是因为在多组分吸收中，其他组分的存在使得各溶质在气、液两相中的平衡关系有所改变。但是，对于某些溶剂用量很大的低组成气体吸收，所得稀溶液的平衡关系可认为服从亨利定律，而且各组分的平衡关系互不影响，因而可分别对各溶质组分予以单独考虑。例如对于混合气中溶质组分 i 可写出如下平衡关系，即

$$Y_i^* = m_i X_i$$

式中 X_i——液相中 i 组分的摩尔比；

Y_i^*——与液相成平衡的气相中 i 组分的摩尔比；

m_i——溶质组分 i 的相平衡常数。

各溶质组分的相平衡常数 m 值互不相同，因此，每一溶质组分都有一条自己的平衡线。同时，在进出吸收设备的气体中，各组分的组成都不相同，因而每一溶质组分都有自己的操作线方程及一条相应的操作线。例如对于溶质组分 i，可写出如下操作线方程式：

$$Y_i = \frac{L}{V}X_i + \left(Y_{i2} - \frac{L}{V}X_{i2}\right)$$

式中溶剂与惰性气体的摩尔流量之比（液气比$\frac{L}{V}$）为常数，所以，各溶质组分的操作线应具有相同的斜率，即各操作线相互平行。

以板式塔为例，通常在计算之前，以下几个量已由任务规定：①进塔气体的温度、流量及组成；②进塔液体的温度及组成；③操作压力；④损失或补充的热量。

在此情况下，尚余以下几个量有待确定：①液体流量（或液气比）；②理论板层数；③任一组分的吸收率。

上述三项中只要任意指定其中两项，第三个量便随之而定。譬如，液体流量及某一溶质组分的吸收率一旦确定，所需的理论板层数以及其他各溶质组分的吸收率便也固定下来而不得任意规定了。

因此，多组分吸收的计算，常须首先规定某一溶质组分的吸收率或出塔时的组成，据此求出所需的理论板层数 N_T。再根据确定的理论板层数，计算出其他各溶质组分的吸收率及出塔气体的组成。这个首先被规定了分离要求的组分，称为“关键组分”，它应是在该吸收操作中具有关键意义因而必须保证其吸收率达到预定指标的组分。例如处理石油裂解气的油吸收塔，其主要目的是回收裂解气中的乙烯，因此乙烯为关键组分，一般要求乙烯的吸收率达到98% ~99%。多组分吸收中的关键组分与多组分精馏中的关键组分地位相同。但应注意，精馏操作中的关键组分有轻、重两个，而吸收操作中的关键组分只有一个。

图 2-24 表示有 H、K、L 3 个溶质组分的某低组成气体吸收过程的操作关系与平衡关系。其中的直线 OE_H、OE_K、OE_L 分别为 3 个组分的平衡线，平行直线 B_HT_H、B_KT_K 及 B_LT_L 分别为 3 个组分的操作线（进塔液相中 3 个溶质组分的组成皆为零）。对于这样的系统，可用图解法及解析法进行计算。

1. 图解法

首先选定关键组分(譬如组分 K)。根据关键组分的相平衡关系及进出塔的组成确定最小液气比,继而决定操作液气比,然后据此液气比及关键组分在塔顶气、液中的组成画出操作线($B_K T_K$)。由操作线的一端开始在平衡线(OE_K)与操作线($B_K T_K$)之间作梯级,求得达到关键组分的分离指标所需的理论板层数 N_T(图中 $N_T=2$)。

然后根据 N_T 推算其他溶质组分的吸收率及出塔气、液的组成。各组分的操作线需经试差法确定。试差的依据有3条:①这些溶质组分(H、L)的操作线皆与关键组分(K)的操作线平行;②因各组分在进塔气、液中的组成(Y_{i1} 及 X_{i2})都是已知的,故知其操作线的一端(T_i)必在竖直线 $X=X_{i2}$ 上,而另一端(B_i)必在水平线 $Y=Y_{i1}$ 上;③在这些组分的平衡线与操作线之间画出的梯级数恰等于 N_T。

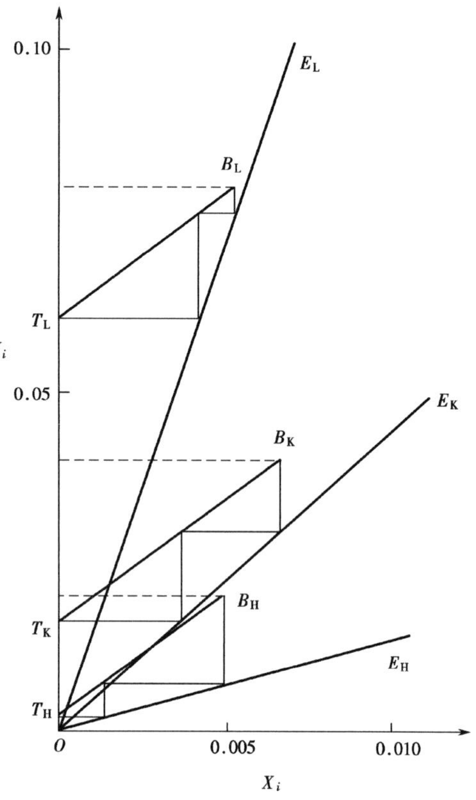

图 2-24 多组分吸收的操作线与平衡线

按照以上3个条件,经试差作图法确定各非关键组分的操作线,也就确定了它们的吸收率及其在出口气、液中的组成。

2. 解析法

对于单组分吸收,曾在 $m=$常数及 $A=\dfrac{L}{mV}=$常数的前提下,导出了理论板层数 N_T 与相对吸收率 φ 及吸收因数 A 之间的关系式,即克列姆塞尔方程:

$$\frac{Y_1-Y_2}{Y_1-Y_2^*}=\varphi=\frac{A^{N_T+1}-A}{A^{N_T+1}-1} \tag{2-77b}$$

并将 φ、A 及 N_T 之间的函数关系标绘成克列姆塞尔算图,即图 2-21。

对于多组分吸收,只要塔内各溶质组分的相平衡常数变化不大,气、液两相的流量变化也不大(低组成情况),即对每一溶质组分而言,m_i 和 A_i 皆可视为定值时,克列姆塞尔方程及算图便也适用于每个溶质组分,于是可写出

$$\frac{Y_{i1}-Y_{i2}}{Y_{i1}-Y_{i2}^*}=\varphi_i=\frac{A_i^{N_T+1}-A_i}{A_i^{N_T+1}-1}$$

式中 A_i——组分 i 的吸收因数,$A_i=\dfrac{L}{m_iV}$。

克列姆塞尔算图用于多组分吸收时的计算步骤如下。

①根据关键组分 K 的吸收率 φ_K 由图 2-21 中查得 $N_T \to \infty$ 时的 A_{min} 值,从而求得最小液气比 $\left(\frac{L}{V}\right)_{min} = m_K A_{min}$,进而决定操作液气比 $\frac{L}{V}$ 及吸收剂用量 L。

②根据操作液气比 $\frac{L}{V}$ 和关键组分的相平衡常数 m_K 计算出它的吸收因数 A_K,并根据关键组分的吸收率 φ_K 由图 2-21 中查得所需理论板层数 N_T。

③分别根据各溶质组分(H、L)的相平衡常数(m_H、m_L)算出其吸收因数(A_H、A_L)值,并由已经确定的 N_T 在图 2-21 中查得各组分的吸收率 φ_i。

2.5.4 化学吸收

在实际生产中,多数吸收过程都伴有化学反应。伴有显著化学反应的吸收过程称为化学吸收。例如用 NaOH 或 Na_2CO_3、NH_4OH 等水溶液吸收 CO_2 或 SO_2、H_2S 以及用硫酸吸收氨等,都属于化学吸收。

溶质首先由气相主体扩散至气、液界面,随后在由界面向液相主体扩散的过程中,与吸收剂或液相中的其他某种活泼组分发生化学反应。因此,溶质的组成沿扩散途径的变化情况不仅与其自身的扩散速率有关,而且与液相中活泼组分的反向扩散速率、化学反应速率以及反应产物的扩散速率等因素有关。这就使得化学吸收的速率关系十分复杂。总的说来,由于化学反应消耗了进入液相中的溶质,使溶质气体的有效溶解度增大而平衡分压降低,增大了吸收过程的推动力;同时,由于溶质在液膜内扩散中途即因化学反应而消耗,传质阻力减小,吸收系数相应增大。所以,发生化学反应总会使吸收速率得到不同程度的提高,但提高的程度又依不同情况而有很大差异。

当液相中活泼组分的组成足够大,而且发生的是快速不可逆反应时,溶质组分进入液相后立即反应而被消耗掉,则界面上的溶质分压为零,吸收过程速率为气膜中的扩散阻力所控制,可按气膜控制的物理吸收计算。例如硫酸吸收氨的过程即属此种情况。

当反应速率较低致使反应主要在液相主体中进行时,吸收过程中气、液两膜的扩散阻力均未有所变化,仅在液相主体中因化学反应而使溶质组成降低,过程的总推动力较单纯物理吸收的大。用碳酸钠水溶液吸收二氧化碳的过程即属此种情况。

当情况介于上述二者之间时的吸收速率计算,目前仍无可靠的一般方法,设计时往往依靠实测数据。

2.5.5 脱吸

使溶解于液相的气体释放出来的操作称为脱吸或解吸。要达到脱吸的目的常采用如下方法。

1) 气提脱吸

气提脱吸法也称为载气脱吸法,其过程类似于逆流吸收,只是脱吸时溶质由液相传递到气相。吸收液从脱吸塔的塔顶喷淋而下,载气从脱吸塔底通入,自下而上流动,气、液两相在逆流接触的过程中,溶质将不断地由液相转移到气相。与逆流吸收塔相比,脱吸塔的塔顶为浓端,而塔底为稀端。气提脱吸所用的载气一般为不含(或含极少)溶质的惰性气体或溶剂蒸气,其作用在于提供与吸收液不相平衡的气相。根据分离工艺的特性和具体要求,可选用不同的载气。

①以空气、氮气、二氧化碳作载气,又称为惰性气体气提。该法适用于脱除少量溶质以净化液体或使吸收剂再生为目的的脱吸。有时也用于溶质为可凝性气体的情况,通过冷凝分离可得到较为纯净的溶质组分。

②以水蒸气作载气同时兼作加热热源的脱吸常称为气提。若溶质为不凝性气体,或溶质冷凝液不溶于水,则可通过蒸汽冷凝的方法获得纯度较高的溶质组分;若溶质冷凝液与水发生互溶,要想得到较为纯净的溶质组分,还应采用其他的分离方法,如精馏等。

③以吸收剂蒸气作为载气的脱吸。这种脱吸法与精馏塔提馏段的操作相同,因此也称提馏。脱吸后的贫液被脱吸塔底部的再沸器加热产生溶剂蒸气(作为脱吸载气),其在上升的过程中与沿塔而下的吸收液逆流接触,液相中的溶质将不断地被脱吸出来。该法多用于以水为溶剂的脱吸。

2)减压脱吸

对于在加压情况下获得的吸收液,可采用一次或多次减压的方法,使溶质从吸收液中释放出来。溶质被脱吸的程度取决于脱吸操作的最终压力和温度。

3)加热脱吸

一般而言,气体溶质的溶解度随温度的升高而降低,若将吸收液的温度升高,则必然有部分溶质从液相中释放出来。如采用"热力脱氧"法处理锅炉用水,就是通过加热使溶解氧从水中逸出。

4)加热—减压脱吸

将吸收液加热升温之后再减压,即加热和减压结合,能显著提高脱吸推动力和溶质被脱吸的程度。

应予指出,在工程上很少采用单一的脱吸方式,往往是先升温再减压至常压,最后再采用气提法脱吸。

气提脱吸是吸收的逆过程,其操作方法通常是使溶液与惰性气体或蒸汽逆流接触。溶液自塔顶引入,在其下流过程中与来自塔底的惰性气体或蒸汽相遇,气体溶质逐渐从液相释出,于塔底收取较纯净的溶剂,而塔顶则得到所释出的溶质组分与惰性气体或蒸汽的混合物。一般说来,应用惰性气体的脱吸过程适用于溶剂的回收,不能直接得到纯净的溶质组分;应用蒸汽的脱吸过程,若原溶质组分不溶于水,则可用将塔顶所得混合气体冷凝并由凝液中分离出水层的办法,得到纯净的原溶质组分。用洗油吸收焦炉气中的芳烃后,即可用此法获取芳烃,并使溶剂洗油得到再生。

适用于吸收操作的设备同样适用于脱吸操作,前面所述关于吸收的理论与计算方法亦适用于脱吸。但脱吸过程中,溶质组分在液相中的实际组成总是大于与气相成平衡的组成,因而脱吸过程的操作线总是位于平衡线的下方。换言之,脱吸过程的推动力应是吸收推动力的相反值。所以，只需将吸收速率方程中推动力（组成差）的前后项调换，所得计算公式便可用于脱吸。

例如，当平衡关系可用 $Y^* = mX + b$ 表达时，对于吸收过程，曾由 $N_{OL} = \int_{X_2}^{X_1} \frac{dX}{X^* - X}$推得式(2-70)，对于脱吸过程同样可由 $N_{OL} = \int_{X_1}^{X_2} \frac{dX}{X - X^*}$推得该式，即

$$N_{OL} = \frac{1}{1-A}\ln\left[(1-A)\frac{Y_1 - Y_2^*}{Y_1 - Y_1^*} + A\right]$$

式中下标1、2仍分别代表塔底及塔顶两截面。但须注意，对于脱吸过程，塔底为稀端，而塔顶为浓端。实际计算中由于脱吸的溶质量以 LdX 表示较为方便，故式(2-70)较多用于脱吸过程。在吸收计算中用来求 N_{OG}的图2-18，只需将纵、横坐标及参数分别改为 N_{OL}、$\frac{Y_1 - Y_2^*}{Y_1 - Y_1^*}$及$\frac{L}{mV}$(即 A)，便可用于求算脱吸过程的液相传质总单元数 N_{OL}。

计算吸收过程理论板层数的梯级图解法，对于脱吸过程也同样适用。

【例2-18】 将例2-9中吸收塔所得的吸收液加热至120 ℃后送入一个常压脱吸塔，脱吸塔底通入过热至120 ℃的101.33 kPa水蒸气，使液相中的芳烃含量降至0.005(摩尔分数)。脱除芳烃后的洗油从塔底排出，温度由120 ℃冷却至27 ℃后再返回吸收塔。蒸汽用量为理论最小用量的1.5倍，试求脱吸塔的蒸汽用量及所需理论板层数。

已知101.33 kPa、120 ℃下平衡关系为

$$Y^* = \frac{3.16X}{1-2.16X}$$

解：按照已知的平衡关系式在 Y-X 直角坐标系中绘出平衡曲线，如本例附图1中曲线 OE 所示。

从例2-9知，送入脱吸塔顶的液相组成 $X_2 = 0.119$，脱吸塔底排出的液相组成 $X_1 = 0.005\ 03$。又知由塔底通入的蒸汽中不含芳烃，即 $Y_1 = 0$。为了求得最小蒸汽用量，过操作线上代表塔底(稀端)的端点 $B(X_1, Y_1)$作平衡曲线 OE 的切线，交竖直线 $X = X_1 = 0.119$ 于点 T'。由图上读出点 T'的纵坐标 $Y'_2 = 0.45$，即可求得最大液气比。

$$\left(\frac{L}{V}\right)_{max} = \frac{Y'_2 - Y_1}{X_2 - X_1} = \frac{0.45 - 0}{0.119 - 0.005\ 03} = 3.948$$

液体处理量已由任务规定，$L = 6.06$ kmol/h(见例2-9计算结果)，则最小蒸汽用量为

$$V_{min} = \frac{L}{\left(\frac{L}{V}\right)_{max}} = \frac{6.06}{3.948} = 1.535\ \text{kmol/h}$$

实际蒸汽用量为

$$V = 1.5V_{min} = 1.5 \times 1.535 = 2.30\ \text{kmol/h}$$

则 $$Y_2 = Y_1 + \frac{L}{V}(X_2 - X_1) = 0 + \frac{6.06}{2.30} \times (0.119 - 0.005\ 03) = 0.300$$

根据以上计算可知，实际脱吸操作线的浓端端点 T 的坐标为 $X_2=0.119$，$Y_2=0.300$。在 Y-X 直角坐标系中，于平衡线 OE 与操作线 BT 之间画阶梯（见本例附图 2），求得理论板层数 $N_T=6.7$。

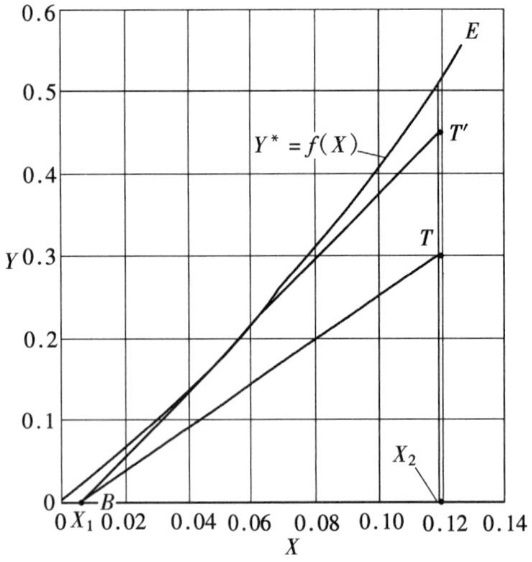

例 2-18 附图 1

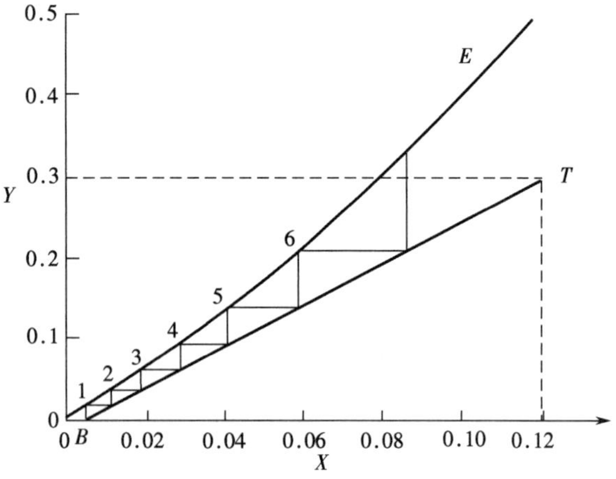

例 2-18 附图 2

习题

综合性练习题解析

1. 从手册中查得 101.33 kPa、25 ℃时，若 100 g 水中含氨 1 g，则此溶液上方的氨气平衡分压为 0.987 kPa。已知在此组成范围内溶液服从亨利定律，试求溶解度系数 H[kmol/(m^3·kPa)]及相平衡常数 m。

〔答：$H=0.590$ kmol/(m^3·kPa)，$m=0.928$〕

2. 101.33 kPa、10 ℃时，氧在水中的溶解度可用 $p_{O_2}=3.31\times10^6x$ 表示。式中：p_{O_2} 为氧在气相中的分压，kPa；x 为氧在液相中的摩尔分数。试求在此温度及压力下与空气充分接触后的水中，每立方米水溶有多少克氧。〔答：11.4 g〕

3. 某混合气体中含有 2%（体积分数）CO_2，其余为空气。混合气体的温度为 30 ℃，总压力为 506.6 kPa。从手册中查得 30 ℃时 CO_2 在水中的亨利系数 $E=1.88\times10^5$ kPa，试求溶解度系数 H[kmol/(m^3·kPa)]及相平衡常数 m，并计算每 100 克与该气体相平衡的水中溶有多少克 CO_2。〔答：$H=2.955\times10^{-4}$ kmol/(m^3·kPa)，$m=371$，0.013 18 g CO_2〕

4. 在总压 101.3 kPa、温度 10℃的条件下，CO_2摩尔分数为 0.07 的混合气体与 CO_2摩尔浓度为 2 mol/m^3 的水溶液相接触，试问 CO_2的传质方向，并计算以液相摩尔浓度差及气相分压差表示的传质推动力。〔答：CO_2会从气相向液相传递，以液相摩尔浓度差表示的传质推动力为 $c^*-c=1.75$ mol/m^3，以气相分压差表示的传质推动力为 $p-p^*=3.31$ kPa〕

5. 在 101.33 kPa、0 ℃下的 O_2 与 CO 混合气体中发生稳定的分子扩散过程。已知相距 0.2 cm 的两截面上 O_2 的分压分别为 13.33 kPa 和 6.67 kPa，又知扩散系数为 0.185 cm^2/s，试计算下列两种情

况下 O_2 的传递速率[kmol/(m^2·s)]:(1)O_2 与 CO 两种气体等分子反向扩散;(2)CO 气体为停滞组分。〔答:(1)$N_A = 2.71\times10^{-5}$ kmol/(m^2·s);(2)$N_A = 3.01\times10^{-5}$ kmol/(m^2·s)〕

6. 一浅盘内存有 2 mm 厚的水层,在 20 ℃的恒定温度下逐渐蒸发并扩散到大气中。假定扩散始终通过一层厚度为 5 mm 的静止空气膜层,此空气膜层以外的水蒸气分压为零。扩散系数为 2.60×10^{-5} m^2/s,大气压力为 101.33 kPa。求蒸干水层所需的时间。〔答:$\theta = 6.125$ h〕

7. 试根据麦克斯韦尔—吉利兰公式分别估算 0 ℃、101.33 kPa 时氨和氯化氢在空气中的扩散系数 D(m^2/s)。〔答:$D_{NH_3} = 1.614\times10^{-5}$ m^2/s,$D_{HCl} = 1.323\times10^{-5}$ m^2/s〕

8. 在 101.33 kPa、27 ℃下用水吸收混于空气中的甲醇蒸气。甲醇在气、液两相中的组成都很低,平衡关系服从亨利定律。已知溶解度系数 $H = 1.955$ kmol/(m^3·kPa),气膜吸收系数 $k_G = 1.55\times10^{-5}$ kmol/(m^2·s·kPa),液膜吸收系数 $k_L = 2.08\times10^{-5}$ kmol/(m^2·s·kmol/m^3)。试求总吸收系数 K_G,并算出气膜阻力在总阻力中所占的百分数。〔答:$K_G = 1.122\times10^{-5}$ kmol/(m^2·s·kPa),气膜阻力为总阻力的 72.3%〕

9. 在吸收塔内用水吸收混于空气中的甲醇,操作温度为 27 ℃,压力为 101.33 kPa。稳定操作状况下塔内某截面上的气相甲醇分压为 5 kPa,液相中甲醇组成为 2.11 kmol/m^3。试根据上题中的有关数据算出该截面上的吸收速率。〔答:$N_A = 0.1583$ kmol/(m^2·h)〕

10. 在逆流操作的吸收塔中,于 101.33 kPa、25 ℃下用清水吸收混合气中的 H_2S,将其组成由 2% 降至 0.1%(体积)。该系统符合亨利定律。亨利系数 $E = 5.52\times10^4$ kPa。若取吸收剂用量为理论最小用量的 1.2 倍,试计算操作液气比 $\frac{L}{V}$ 及出口液相组成 X_1。若压力改为 1 013 kPa,其他条件不变,再求 $\frac{L}{V}$ 及 X_1。〔答:$\frac{L}{V} = 622$,$X_1 = 3.12\times10^{-5}$;$\frac{L'}{V'} = 62.2$,$X'_1 = 3.12\times10^{-4}$〕

11. 在 101.33 kPa 下用水吸收混于空气中的氨。已知氨的摩尔分数为 0.1,混合气体于 40 ℃下进入塔底,体积流量为 0.556 m^3/s,空塔气速为 1.2 m/s。吸收剂用量为理论最小用量的 1.1 倍,氨的吸收率为 95%,且已估算出塔内气相体积吸收总系数 K_Ya 的平均值为 0.111 2 kmol/(m^3·s)。在操作条件下的气液平衡关系为 $Y^* = 2.6X$,试求塔径及填料层高度。〔答:$D = 0.77$ m,$Z = 5.24$ m〕

12. 在一逆流吸收塔中用三乙醇胺水溶液吸收混于气态烃中的 H_2S,进塔气相含 H_2S 2.91%(体积),要求吸收率不低于 99%,操作温度为 300 K,压力为 101.33 kPa,平衡关系为 $Y^* = 2X$,进塔液体为新鲜溶剂,出塔液体中 H_2S 组成为每 1 kmol 溶剂中含 0.013 kmol H_2S。已知单位塔截面上单位时间流过的惰性气体量为 0.015 kmol/(m^2·s),气相体积吸收总系数为 0.000 395 kmol/(m^3·s·kPa),求所需填料层高度。〔答:$Z = 7.8$ m〕

13. 在一个 5 m 高的逆流吸收塔内,用水做溶剂吸收气体混合物中的溶质 A,气体进口溶质 A 组成为 0.03(体积分数),液气比为最小液气比的 1.3 倍时,吸收率为 95%。操作条件下的平衡关系为 $Y = X$(X,Y 为摩尔比)。计算:(1)实际的液气比;(2)液体出口组成;(3)传质单元数和传质单元高度。〔答:$L/V = 1.235$,$x_1 = 0.02379$,$N_{OG} = 8.027$,$H_{OG} = 0.623$ m〕

14. 要在一个板式塔中用清水吸收混于空气中的丙酮蒸气。混合气体流量为 30 kmol/h,其中含丙酮 1%(体积)。要求吸收率达到 90%,用水量为 90 kmol/h。该塔在 101.33 kPa、27 ℃下等温操作,丙酮在气、液两相中的平衡关系为 $Y^* = 2.53X$,求所需理论板层数。〔答:$N_T = 5.05$〕

15*. 在吸收塔中用清水吸收混合气中的 SO_2，气体流量为 5 000 m^3/h（标准状态），其中 SO_2 占 10%，要求 SO_2 回收率为 95%。气、液逆流接触，在塔的操作条件下 SO_2 在两相间的平衡关系近似为 $Y^* = 26.7X$。试求：(1)若取用水量为最小用量的 1.5 倍，用水量应为多少？(2)在上述条件下，用图解法求所需理论塔板层数；(3)如仍用(2)中求出的理论板层数，而要求回收率从 95% 提高到 98%，用水量应增加到多少？〔答：(1) $L = 7\,650$ kmol/h；(2) $N_T = 5.5$；(3) $L' = 9\,390$ kmol/h〕

16*. 在一个接触效能相当于 8 层理论塔板的筛板塔内，用一种摩尔质量为 250 kg/kmol、密度为 900 kg/m^3 的不挥发油吸收混于空气中的丁烷。塔内操作压力为 101.33 kPa，温度为 15 ℃，进塔气体含丁烷 5%（体积），要求回收率为 95%。丁烷在 15 ℃时的蒸气压力为 194.5 kPa，液相密度为 580 kg/m^3。假定拉乌尔定律及道尔顿定律适用，求：(1) 回收每 1 m^3 丁烷需用溶剂油多少(m^3)？(2)若操作压力改为 304.0 kPa，而其他条件不变，则上述溶剂油耗量将是多少(m^3)？〔答：(1) 126.2 m^3；(2) 42.28 m^3〕

17*. 有一吸收塔，填料层高度为 3 m，操作压力为 101.33 kPa，温度为 20 ℃，用清水吸收混于空气中的氨。混合气质量流速 $G = 580$ kg/($m^2 \cdot$ h)，含氨 6%（体积），吸收率为 99%；水的质量流速 $W = 770$ kg/($m^2 \cdot$ h)。该塔在等温下逆流操作，平衡关系为 $Y^* = 0.9X$。$K_G a$ 与气相质量流速的 0.8 次方成正比而与液相质量流速大体无关。试计算当操作条件分别作下列改变时，填料层高度应如何改变才能保持原来的吸收率（塔径不变）：(1)操作压力增大一倍；(2)液体流量增大一倍；(3)气体流量增大一倍。〔答：(1) $Z = 2.395$ m；(2) $Z = 2.395$ m；(3) $Z = 7.92$ m〕

18*. 在逆流填料吸收塔中，用纯溶剂吸收混合气中的溶质组分，吸收过程为气膜控制，操作条件下的气液平衡关系为 $Y = 0.8X$。已知气体入塔组成为 0.02（摩尔比），液气比 $L/V = 1.1$ 时溶质回收率为 92%，若要求将回收率提高到 95%，试求溶剂用量应该为原用量的多少倍。〔答：1.25 倍〕

19*. 在一逆流填料吸收塔中，用清水吸收混合气中的氨，吸收过程为气膜控制，操作条件下的气液平衡关系为 $Y = 1.2X$。已知气体入塔组成为 0.02（摩尔比），液气比 $L/V = 1.71$ 时溶质回收率为 95%。气相总体积传质系数与 $V^{0.8}$ 成正比，填料层高度为 6 m。现要求气处理量提高 20%，维持吸收率不变，试求溶剂用量应该为原用量的多少倍。〔答：1.03 倍〕

思考题

1. 写出气、液并流的吸收塔操作线方程，并在 Y-X 图上示意画出相应的操作线。
2. 如何求传质单元数？说明它们的关系和适用场合。
3. 对特定的填料吸收塔，分析影响吸收操作的主要因素。
4. 试证明在吸收过程所涉及的组成区间内平衡关系为直线时，

$$N_{OG} = \frac{1}{1-S}\ln\frac{\Delta Y_1}{\Delta Y_2}, N_T = \frac{1}{\ln S}\ln\frac{\Delta Y_2}{\Delta Y_1}$$

5. 试证明对于何种条件下的吸收过程存在如下关系：

$$N_{OG} = N_T$$

6. 根据附图所列双塔吸收的 5 种流程布置方案，示意绘出与各流程相对应的平衡线和操作线，并用图中表示组成的符号标明各操作线端点坐标。

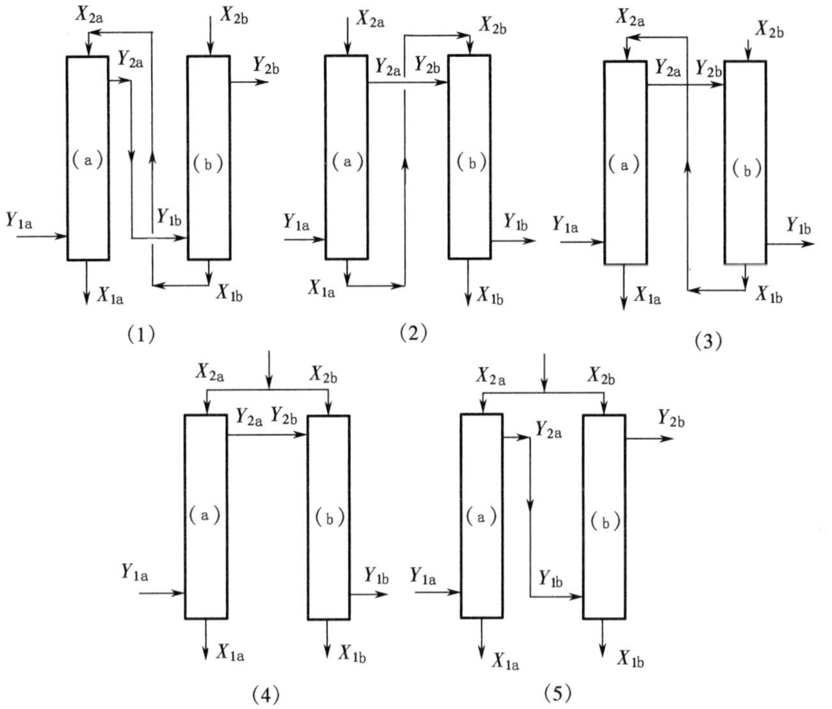

思考题6附图

Chapter 3

第3章　蒸馏和吸收塔设备

本章符号说明

英文字母

a——填料的比表面积，m^2/m^3；

A_a——塔板鼓泡区面积，m^2；

A_b——板上液流面积，m^2；

A_f——降液管截面积，m^2；

A_o——阀孔总面积，m^2；

A_T——塔截面积，m^2；

C——计算 u_{max} 时的负荷系数，量纲为1；

C_F——泛点负荷系数，量纲为1；

d_o——阀孔直径，m；

D——塔径，m；

e_V——雾沫夹带量，kg(液)/kg(气)；

E——液流收缩系数，量纲为1；

E_T——总板效率(全塔效率)，量纲为1；

F_o——阀孔动能因数，$kg^{1/2}/(s \cdot m^{1/2})$；

g——重力加速度，m/s^2；

G——气相空塔质量流速，$kg/(m^2 \cdot s)$；

h——浮阀的开度，m；

h_1——进口堰与降液管的水平距离，m；

h_c——与干板压力降相当的液柱高度，m液柱；

h_d——与液体流过降液管时的压力降相当的液柱高度，m液柱；

h_l——与板上液层阻力相当的液柱高度，m液柱；

h_L——板上液层高度，m；

h_{max}——分段填料的最大高度，m；

h_n——齿深，m；

h_o——降液管底隙高度，m；

h_{OW}——堰上液层高度，m；

h_p——与单板压降相当的液柱高度，m液柱；

h_W——出口堰高度，m；

h'_W——进口堰高度，m；

h_σ——与克服表面张力的压力降相当的液柱高度，m液柱；

H——溶解度系数，$kmol/(m^3 \cdot kPa)$；

H_d——降液管内清液层高度，m；

H_T——塔板间距，m；

$HETP$——等板高度，m；

K——物性系数，量纲为1；

l_W——堰长，m；

L_h——塔内液体流量，m^3/h；

L_s——塔内液体流量，m^3/s；

L_W——润湿速率，$m^3/(m \cdot s)$；

n——每立方米内的填料个数，$1/m^3$；

N——一层塔板上的浮阀总数;
N_p——实际板层数;
N_T——理论板层数;
Δp——压力降,Pa;
p——操作压力,Pa;
R——鼓泡区半径,m;
t——孔心距,m;
t'——排间距,m;
u——空塔气速,m/s;
u_{max}——泛点气速,m/s;
u_o——阀孔气速,m/s;
u_{oc}——临界孔速,m/s;
u'_o——降液管底隙处液体流速,m/s;
U——喷淋密度,$m^3/(m^2 \cdot s)$;
V_h——塔内气相流量,m^3/h;
V_s——塔内气相流量,m^3/s;
w_L——液相质量流量,kg/s;
w_V——气相质量流量,kg/s;
W_c——边缘区宽度,m;
W_d——弓形降液管的宽度,m;
W_s——破沫区宽度,m;
x——液相组成,摩尔分数;
鼓泡区的1/2宽度,m;
y——气相组成,摩尔分数;
Z——塔的有效段高度,m;填料层高度,m;
Z_L——板上液流长度,m。

希腊字母

α——相对挥发度,量纲为1;
Δ——液面落差,m;
ε——空隙率,量纲为1;
ε_o——板上液层充气系数,量纲为1;
θ——液体在降液管内停留时间,s;
μ——黏度,mPa·s;
ρ_L——液相密度,kg/m^3;
ρ_p——堆积密度,kg/m^3;
ρ_V——气相密度,kg/m^3;
σ——液体的表面张力,N/m;
ϕ——系数,量纲为1;填料因子,1/m;
ψ——液体密度校正系数,量纲为1。

下标

L——液相;
max——最大;
min——最小;
V——气相。

本章学习指导

在本章的学习中,应重点掌握板式塔的流体力学性能与操作特性、填料塔的流体力学性能与操作特性。

掌握板式塔的结构特点和塔板的分类方法、主要类型及性能评价,填料塔的结构特点和填料的分类方法、主要类型及性能评价。

一般了解板式塔、填料塔及塔内件设计的思路。

在学习中,要紧紧围绕提高传质速率这个中心,理解各类塔板、各类填料的结构特点及对设备的性能进行评价,注意新型高效塔板和填料开发的基本思想。

通过本章的学习，在了解板式塔和填料塔的特性和设计思路的基础上，应能够根据蒸馏和吸收任务的要求，对塔设备进行选择和简化设计。

3.1 概述

演示文稿

高径比较大的气液传质设备统称为塔器。用于蒸馏（精馏）和吸收的塔器分别称为蒸馏塔和吸收塔。塔设备是化工、生物、制药等生产过程中广泛采用的气液传质设备。

蒸馏和吸收作为分离过程，虽基于不同的物理化学原理，但均属于气、液两相间的传质过程，有着共同特点，可在同样的设备中进行操作。

1. 塔设备的基本功能和性能评价指标

为获得最大的传质速率，塔设备应该满足两条基本原则：①使气、液两相充分接触，适当湍动，以提供尽可能大的传质面积和传质系数，接触后两相又能及时完善分离；②在塔内使气、液两相最大限度地接近逆流，以提供最大的传质推动力。

板式塔的各种结构设计、新型高效填料的开发，均是这两条原则的体现和展示。

从工程目的出发，塔设备性能的评价指标有：①通量——单位塔截面的生产能力，表征塔设备的处理能力和允许空塔气速；②分离效率——单位压降塔的分离效果，对板式塔以板效率表示，对填料塔以等板高度表示；③适应能力——操作弹性，表现为对物料的适应性及对负荷波动的适应性。

塔设备在兼顾通量大、效率高、适应性强的前提下，还应满足流动阻力小、结构简单、金属耗量少、造价低、易于操作控制等要求。

一般说来，通量、效率和压力降是互相影响甚至是互相矛盾的。对于工业大规模生产来说，应在保持高通量的前提下，争取效率不过于降低；对于精密分离来说，应优先考虑高效率，而通量和压力降则放在第二位。

2. 塔设备的类型

根据塔内气、液接触构件的结构形式，塔设备可分为板式塔和填料塔两大类。按塔内气液接触方式，有逐级接触式和微分（连续）接触式之分。

板式塔内设置一定数量的塔板，气体通常以泡沫状或喷射状穿过板上的液层，进行传质与传热。在正常操作下，气相为分散相，液相为连续相，气相组成呈阶梯变化，属逐级接触逆流操作过程。

填料塔内装有一定高度的填料，液体自塔顶沿填料表面向下流动，气体逆流向上（有时也采用并流向下）流动，气、液两相密切接触进行传质与传热。在正常操作下，气相为连续相，液相为分散相，气相组成呈连续变化，属微分接触逆流操作过程。

应予指出，在工业生产中，传统上蒸馏（精馏）过程多选用板式塔，吸收过程多选用填料塔；处理物料量大、所需塔径较大时多采用板式塔，处理物料量小、塔径在 0.8 m 以下时多采用填料塔。近年来，这种格局已被打破，填料塔已被广泛应用于蒸馏（精馏）过程，直径在 3 m 以上的填料塔已很常见，直径在 10 m 以上的填料塔也已在工业生产中运行。

学习本章要紧紧围绕提高塔设备传质速率这个中心，理解各种塔板及新型填料结构设计的思路和特点，掌握各种塔器的流体力学及传质特性（特别是提高传质速率的有效措施）、设计的基本方法和程序，最后能够根据生产任务要求，选择适宜的塔设备类型并确定设备的主要工艺尺寸。

演示文稿

3.2 板式塔

3.2.1 塔板类型

按照塔内气、液流动的方式，可将塔板分为错流塔板和逆流塔板两类。

图 3-1 所示的筛板塔为错流塔板类型之一。塔内气、液两相呈错流流动，即液体横向流过塔板，而气体垂直穿过液层，但对整个塔来说，两相基本上呈逆流流动。错流塔板降液管的设置方式及堰高可以控制板上液体流径与液层厚度，以期获得较高的效率。但是降液管占去一部分塔板面积，影响塔的生产能力。而且，液体横过塔板时要克服各种阻力，因而使板上液层出现位差，此位差称为液面落差。液面落差大时，能引起板上气体分布不均，降低分离效率。错流塔板广泛用于蒸馏、吸收等传质操作中。

逆流塔板亦称穿流板，板上不设降液管，气、液两相同时由板上孔道逆向穿流而过。栅板、淋降筛板等都属于逆流塔板。这种塔板结构虽简单，板面利用率也高，但需要较高的气速才能维持板上液层，操作范围较小，分离效率也低，工业上应用较少。

在几种主要类型错流塔板中，应用最早的是泡罩塔板，目前使用最广泛的是筛板和浮阀塔板。

1. 泡罩塔板

泡罩塔是应用最早的气液传质设备之一，长期以来，人们对泡罩塔板的性能作了较充分的研究，在工业生产实践中积累了丰富的经验。

泡罩塔板结构如图 3-2 所示。每层塔板上开有若干个孔，孔上焊有短管作为上升气体的通道，称为升气管。升气管上覆以泡罩，泡罩下部周边开有许多齿缝。齿缝一般有矩形、三角形及梯形三种，常用的是矩形。泡罩在塔板上作等边三角形排列。工业中广泛使用的圆形泡罩的主要结构参数已系列化。

操作时，上升气体通过齿缝进入液层时，被分散成许多细小的气泡或流股，在板上形成了鼓泡层和泡沫层，为气、液两相提供了大量的传质界面。

泡罩塔的优点是：因升气管高出液层，不易发生漏液现象，有较大的操作弹性，即当气、液流量有较大的波动时，仍能维持板效率基本不变；塔板不易堵塞，适于处理各种物料。缺点是：塔板结构复杂，金属耗量大，造价高；塔板压降大，兼因雾沫夹带现象较严重，限制了气速的提高，致使生产能力及板效率均较低。近年来，泡罩塔板已逐渐被筛板、浮阀塔板和其他新型塔板所取代，在设计中除特殊需要（如分离黏度大、易结焦等物系）外，一般不宜选用。

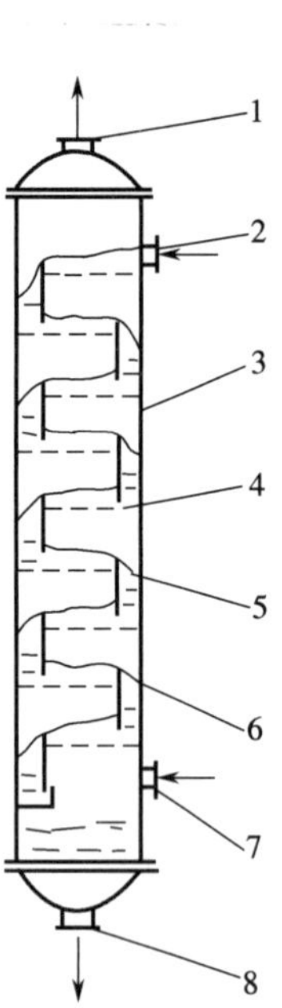

图3-1 板式塔结构简图

1—气体出口 2—液体入口

3—塔壳 4—塔板 5—降液管

6—出口溢流堰 7—气体入口

8—液体出口

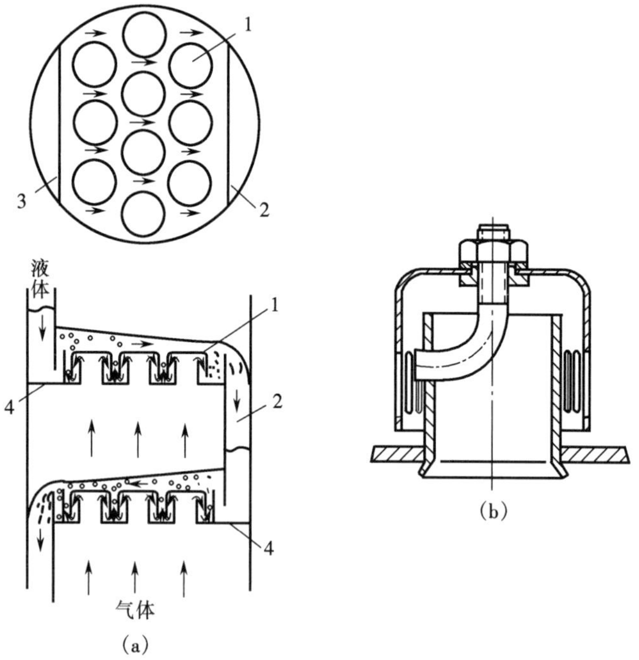

图3-2 泡罩塔板

(a)泡罩塔板示意图 (b)圆形泡罩

1—泡罩 2—降液管 3—受液盘 4—塔板

2. 筛板

筛板塔结构如图3-1所示。塔板上开有许多均布的筛孔,孔径一般为3~8 mm,筛孔在塔板上作正三角形排列。塔板上设置溢流堰,使板上能维持一定厚度的液层。操作时,上升气流通过筛孔分散成细小的流股,在板上液层中鼓泡而出,气、液间密切接触而进行传质。在正常的操作气速下,通过筛孔上升的气流,应能阻止液体经筛孔向下泄漏。

筛板塔的优点是:结构简单,造价低廉,气体压降小,板上液面落差也较小,生产能力及板效率均较泡罩塔高。主要缺点是:操作弹性小,筛孔小时容易堵塞。近年来多采用大孔径(直径为10~25 mm)筛板避免堵塞,而且由于气速提高,生产能力增大。过去由于对筛板的性能研究不充分,认为操作不易稳定而未普遍应用,直到20世纪50年代初,对筛板塔的结构、性能作了较充分的研究,认识到只要设计合理、操作正确,同样可获得较满意的塔板效率和一定的操作弹性,故近年来筛板塔的应用日趋广泛。

3. 浮阀塔板

浮阀塔于20世纪50年代初期在工业上开始推广使用,由于它兼有泡罩塔和筛板塔的优点,已成为国内应用最广泛的塔型,特别是在石油化工中使用最普遍,对其性能研究也较充分。

浮阀塔板的结构特点是在塔板上开有若干大孔(标准孔径为39 mm),每个孔上装有一个可以上下浮动的阀片。浮阀的形式很多,目前国内已采用的浮阀有5种,但最常用的浮阀形式为F1型和V-4型。

F1型(国外称为V-1型)浮阀如图3-3(a)所示。阀片本身有3条“腿”,插入阀孔后将各腿底脚扳转90°,用以限制操作时阀片在板上升起的最大高度(8.5 mm);阀片周边又冲出3块略向下弯的定距片。当气速很低时,靠这3个定距片使阀片与塔板呈点接触而坐落在阀孔上,阀片与塔板间始终保持2.5 mm的开度供气体均匀地流过,避免了阀片启闭不匀的脉动现象。阀片与塔板的点接触也可防止停工后阀片与板面黏结。

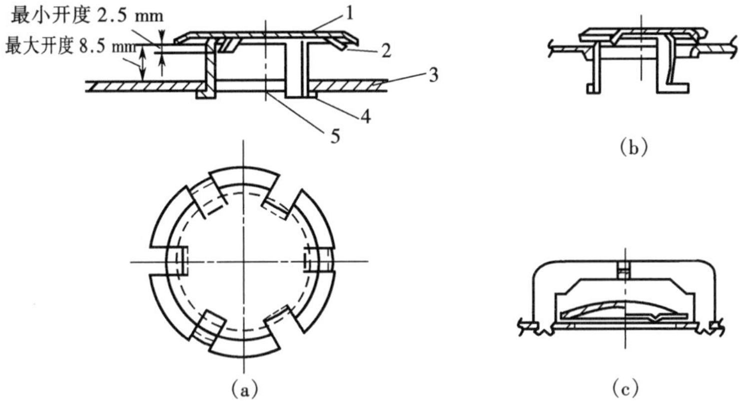

图3-3 几种浮阀形式

(a)F1型浮阀 (b)V-4型浮阀 (c)T型浮阀

1—阀片 2—定距片 3—塔板 4—底脚 5—阀孔

操作时,由阀孔上升的气流,经过阀片与塔板间的间隙而与板上横流的液体接触。浮阀开度随气体负荷而变。当气量很小时,气体仍能通过静止开度的缝隙而鼓泡。

F1型浮阀结构简单、制造方便、节省材料、性能良好,广泛用于化工及炼油生产中。F1型浮阀又分轻阀与重阀两种:重阀采用厚度为2 mm的薄板冲制,每阀质量约为33 g;轻阀采用厚度为1.5 mm的薄板冲制,每阀质量约为25 g。一般情况下都采用重阀,只在处理量大并且要求压力降很低的系统(如减压塔)中,才用轻阀。

V-4型浮阀如图3-3(b)所示,其特点是阀孔冲成向下弯曲的文丘里形,以减小气体通过塔板时的压力降。阀片除腿部相应加长外,其余结构尺寸与F1型轻阀无异。V-4型浮阀适用于减压系统。

T型浮阀如图3-3(c)所示,拱形阀片的活动范围由固定于塔板上的支架来限制。T型浮阀的性能与F1型浮阀相近,但结构较复杂,适于处理含颗粒或易聚合的物料。

为避免阀片生锈,浮阀多采用不锈钢制造。F1型、V-4型及T型浮阀的主要结构尺寸见表3-1。

表3-1 F1型、V-4型及T型浮阀的主要尺寸

形式	F1型(重阀)	V-4型	T型
阀孔直径/mm	39	39	39

续表

形式	F1型(重阀)	V-4 型	T 型
阀片直径/mm	48	48	50
阀片厚度/mm	2	1.5	2
最大开度/mm	8.5	8.5	8
静止开度/mm	2.5	2.5	1.0~2.0
阀片质量/g	32~34	25~26	30~32

浮阀塔具有下列优点。

①生产能力大。由于浮阀塔板具有较大的开孔率,故其生产能力比泡罩塔的大20%~40%,而与筛板塔相近。

②操作弹性大。由于阀片可以自由升降以适应气量的变化,故维持正常操作所容许的负荷波动范围比泡罩塔和筛板塔都宽。

③塔板效率高。因上升气体以水平方向吹入液层,故气、液接触时间较长而雾沫夹带量较小,板效率较高。

④气体压力降及液面落差较小。因为气、液流过浮阀塔板时所遇到的阻力较小,故气体的压力降及板上的液面落差都比泡罩塔板的小。

⑤塔的造价低。因构造简单,易于制造,浮阀塔的造价一般为泡罩塔的60%~80%,但为筛板塔的120%~130%。

浮阀塔不宜处理易结焦或黏度大的系统,但对于黏度稍大及有一般聚合现象的系统,浮阀塔也能正常操作。

4. 喷射型塔板

上述塔板不同程度地存在雾沫夹带现象。为了克服这一不利因素的影响,设计了斜向喷射的舌形塔板、斜孔板、垂直筛板、浮舌塔板、浮动喷射塔板等不同的结构形式,有些塔板结构还能减少因水力梯度造成的气体不均匀分布现象。高效、大通量、低压降的新型垂直筛板塔已得到快速的推广应用。

层出不穷的新型塔板结构各具特点,应根据不同的工艺及生产需要来选择塔型。一般来说,对难分离物质的高纯度分离,希望得到高的塔板效率;对处理量大又易分离的物质,往往追求高的生产能力;而对真空精馏,则要求有低的塔板压力降。

3.2.2 板式塔的流体力学性能与操作特性

课程思政

1. 板式塔的流体力学性能

板式塔能否正常操作,与气、液两相在塔板上的流动状况密切相关,塔内气、液两相的流动状况即为板式塔的流体力学性能。

1)塔板上气、液两相的接触状态

塔板上气、液两相的接触状态是决定两相流体力学、传热及传质特性的重要因素。研究发现,当液相流量一定时,随着气速的提高,塔板上可能出现4种不同的接触状态,即鼓泡状、蜂窝状、泡沫状及喷射状。其中,泡沫状和喷射状均是优良的塔板工作状态。从减小液沫夹带考虑,大多数塔都控制在泡沫接触状态下操作。

2)塔板压降

上升的气流通过塔板时需要克服几种阻力:塔板本身的干板阻力(即板上各部件所造成的局部阻力)、板上充气液层的静压力和液体的表面张力。气体通过塔板时克服这3部分阻力就形成了该板的总压力降。

气体通过塔板时的压力降是影响板式塔操作特性的重要因素,因气体通过各层塔板的压力降直接影响到塔底的操作压力。特别对于真空精馏,塔板压降成为主要性能指标,因塔板压降增大,导致塔釜压力升高,便失去了真空操作的特点。

然而从另一方面分析,对于精馏过程,若使干板压降增大,一般可使板效率提高;若使板上液层适当增厚,则气液传质时间增长,显然效率也会提高。因此,进行塔板设计时,应全面考虑各种影响塔板效率的因素,在保证较高板效率的前提下,力求减小塔板压降,以降低能耗及改善塔的操作性能。

3)液面落差

当液体横向流过板面时,为克服板面的摩擦阻力和板上部件(如泡罩、浮阀等)的局部阻力,需要一定液位差,则在板面上形成液面落差,以Δ表示。液层厚度的不均匀将引起气、液的不均匀分布,从而造成漏液,使塔板效率严重降低。

液面落差除与塔板结构有关外,还与塔径和液体流量有关,当塔径或液体流量很大时,也会造成较大的液面落差。对于大塔径的情况,可采用双溢流、阶梯流等溢流形式来减小液面落差;此外,还可考虑采用将塔板向液体出口侧倾斜的方法使液面落差减小。对于浮阀塔和筛板塔,在塔径不大时常可忽略液面落差。

2. 板式塔的操作特性

1)塔板上的异常操作现象

(1)漏液　错流型的塔板在正常操作时,液体应沿塔板水平流动,在板上与竖直向上流动的气体进行错流接触后由降液管流下。当上升气体流速减小,气体通过升气孔道的动压不足以阻止板上液体经孔道流下时,便会出现漏液现象。漏液发生时,液体经升气孔道流下,必然影响气、液在塔板上的充分接触,使塔板效率下降,严重的漏液会使塔板不能积液而无法操作。为保证塔的正常操作,漏液量不应大于液体流量的10%。

造成漏液的主要原因是,气速太小和板面上液面落差所引起的气流分布不均。液体在塔板入口侧的厚液层处往往出现漏液,所以常在塔板入口处留出一条不开孔的安定区。

漏液量达10%的气流速度为漏液速度,这是塔操作的下限气速。

(2)雾沫夹带　上升气流穿过塔板上液层时,将板上液体带入上层塔板的现象称为雾沫夹带。雾沫的生成固然可增大气、液两相的传质面积,但过量的雾沫夹带将造成液相在塔板间的返混,严重时会造成雾沫夹带液泛,从而导致塔板效率严重下降。所谓返混是指雾沫夹带的液滴与液体主流作相反方向流动的现象。为了保证板式塔能维持正常的操作,生产中将雾沫夹带限制在一定限度以内,规定每1 kg上升气体夹带到上层塔板的液体量不超过

0.1 kg,即控制雾沫夹带量 $e_V<0.1$ kg(液)/kg(气)。

影响雾沫夹带量的因素很多,最主要的是空塔气速和塔板间距。空塔气速增高,雾沫夹带量增大;塔板间距增大,可使雾沫夹带量减小。

(3)液泛 若塔内气、液两相之一的流量增大,使降液管内液体不能顺利向下流动,管内液体必然积累,当管内液体增高到越过溢流堰顶部时,两板间液体相连,该层塔板产生积液,并依次上升,这种现象称为液泛,亦称淹塔。此时,塔板压降上升,全塔正常操作被破坏。操作时应避免液泛发生。

此外,对一定的液体流量,气速过大,气体穿过板上液层时造成两板间压降增大,使降液管内液体不能向下流动而造成液泛。液泛时的气速为塔操作的极限速度。从传质角度考虑,气速增高,气液间形成湍动的泡沫层使传质效率提高,但应控制在液泛速度以下,以进行正常操作。

当液体流量过大时,降液管的截面不足以使液体通过,管内液面升高,也会发生液泛现象。

影响液泛速度的因素除气、液流量和流体物性外,塔板结构,特别是塔板间距也是重要参数,设计中采用较大的板间距可提高液泛速度。

2)塔板的负荷性能图

影响板式塔操作状况和分离效果的主要因素为物料性质、塔板结构及气、液负荷。对一定的塔板结构,处理指定的物系时,其操作状况只随气、液负荷改变。要维持塔板正常操作,必须将塔内的气、液负荷限制在一定范围内波动。通常在直角坐标系中,以气相负荷 V_s 对液相负荷 L_s 标绘各种极限条件下的 V_s-L_s 关系曲线,从而得到塔板的适宜气、液流量范围图形,该图形称为塔板的负荷性能图。

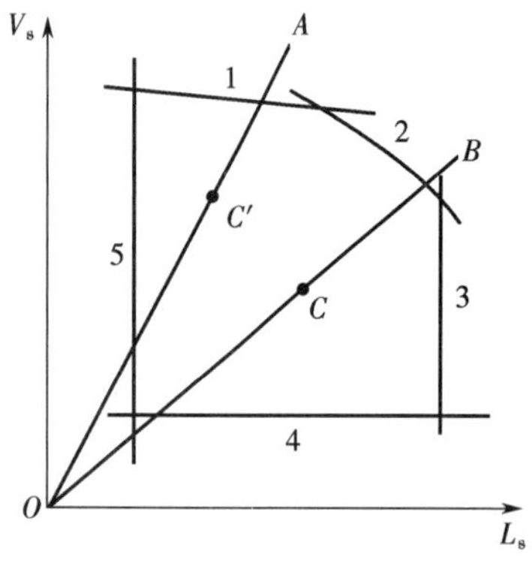

图3-4 塔板负荷性能图

负荷性能图对检验塔的设计是否合理、了解塔的操作状况以及改进塔板操作性能都具有一定的指导意义。

负荷性能图如图3-4所示。通常由以下曲线组成。

(1)雾沫夹带线 线1为雾沫夹带线。当气相负荷超过此线时,雾沫夹带量将过大,使板效率严重下降,塔板适宜操作区应在雾沫夹带线以下。

(2)液泛线 线2为液泛线。塔板的适宜操作区应在此线以下,否则将会发生液泛现象,使塔不能正常操作。

(3)液相负荷上限线 线3为液相负荷上限线,该线又称降液管超负荷线。液体流量超过此线,表明液体流量过大,液体在降液管内停留时间过短,进入降液管中的气泡来不及与液相分离而被带入下层塔板,造成气相返混,降低塔板效率。

(4)漏液线 线4为漏液线,该线即为气相负荷下限线。气相负荷低于此线将发生严重的漏液现象,气、液不能充分接触,使板效率下降。

(5)液相负荷下限线 线5为液相负荷下限线。液相负荷低于此线使塔板上液流不能均匀分布,导致板效率下降。

诸线所包围的区域,便是塔的适宜操作范围。以上5条线的定量作法将于浮阀塔设计的例题中介绍。

操作时的气相流量 V_s 与液相流量 L_s 在负荷性能图上的坐标点称为操作点。在连续精馏塔中,回流比为定值,板上的 V_s/L_s 也为定值。因此,每层塔板上的操作点沿通过原点、斜率为 V_s/L_s 的直线而变化,该直线称为操作线。

操作线与负荷性能图上曲线的两个交点分别表示塔的上下操作极限,两极限的气体流量之比称为塔板的操作弹性。操作弹性大,说明塔适应变动负荷的能力强,操作性能好。同一层塔板,若操作的液气比不同,控制负荷上下限的因素也不同。如在图3-4中 OA 线的液气比下操作,上限为雾沫夹带控制,下限为液相负荷下限控制;在 OB 线的液气比下操作,上限为液泛控制,下限为漏液控制。

操作点位于操作区内的适中位置,可获得稳定良好的操作效果,如果操作点紧靠某一条边界线,则当负荷稍有波动时,便会使塔的正常操作受到破坏。显然,图3-4中操作点 C 优于点 C'。

物系一定时,负荷性能图中各条线的相对位置随塔板结构尺寸而变。因此,在设计塔板时,根据操作点在负荷性能图中的位置,适当调整塔板结构参数,以改进负荷性能图,满足所需的弹性范围。例如,加大板间距可使液泛线上移,增加降液管截面积可使液相负荷上限线右移,减小塔板开孔率可使漏液线下移等。

应予指出,各层塔板上的操作条件(温度、压力)、物料组成及性质均有所不同,因而各层板上的气、液负荷不同,表明各层塔板操作范围的负荷性能图也有差异。设计计算中在考察塔的操作性能时,应以最不利情况下的塔板进行验算。

【例3-1】 浮阀塔的负荷性能图(精馏段)如本例附图所示。OP 为操作线,P 为操作点。试指出:(1)操作点的气、液相体积流量;(2)在指定回流比下,塔的操作上、下限的控制因素;(3)操作弹性。

图中曲线的序号与图3-4中相应曲线对应。

解:(1)操作点的气、液流量

由本例附图读得,操作点的气相流量为1.74 m^3/s,液相流量为 6.8×10^{-3} m^3/s。

(2)上、下限控制因素

操作线与附图中的曲线2、4相交,说明气相负荷上限由液泛控制,$V_{max}=2.86$ m^3/s,气相负荷下限由漏液控制,$V_{min}=0.55$ m^3/s。

(3)操作弹性

$$操作弹性=\frac{V_{max}}{V_{min}}=\frac{2.86}{0.55}=5.2$$

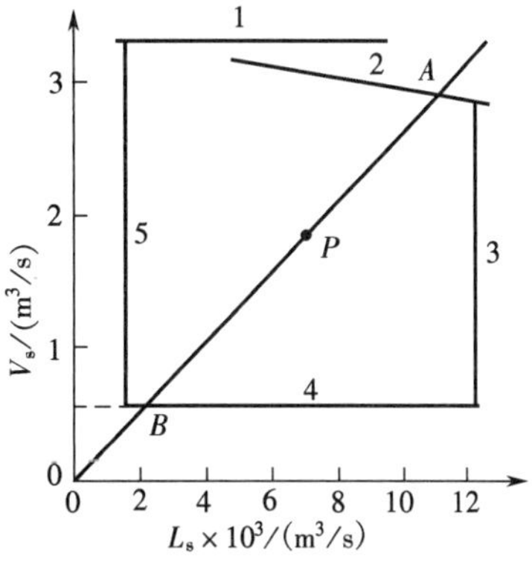

例3-1 附图

负荷性能图对塔板的设计校验和操作分析均具有重要的指导意义。合理的设计和操作应使操作点位于五条线围成的区域中央位置,否则,在设计时应适当调整塔板结构参数,在操作时应适当调整操作参数，使操作点处于操作区的中央部位。

3.2.3 板式塔的工艺设计

板式塔的类型很多，但其设计原则和程序基本相同。一般来说，板式塔的设计步骤大致为：①根据设计任务和工艺要求，确定设计方案；②根据设计任务和工艺要求，选择塔板类型；③确定塔径、塔高等工艺尺寸；④进行塔板的结构设计，包括溢流装置的设计、塔板的布置、升气道（泡罩、筛孔或浮阀等）的设计及排列；⑤进行流体力学验算；⑥绘制塔板的负荷性能图；⑦根据负荷性能图，对设计进行分析，若设计不够理想，可对某些参数进行调整，重复上述设计过程，一直到满意为止。

下面以浮阀塔为例，介绍板式塔工艺计算过程中需要考虑的问题。

1. 浮阀塔工艺尺寸的计算

1）塔高

塔的总高度是有效段高度、底部和顶部空间高度及裙座高度的总和，此处仅介绍有效段高度的计算。

根据给定的分离任务，求出理论板层数后，就可按照式(3-1)计算塔的有效段高度，即

$$Z=\left(\frac{N_T}{E_T}-1\right)H_T \tag{3-1}$$

式中 Z——塔的有效段高度，m；

N_T——塔内所需的理论板层数；

E_T——总板效率；

H_T——塔板间距，m。

塔板间距 H_T 直接影响塔高。此外，板间距还与塔的生产能力、操作弹性及塔板效率有关。在一定的生产任务下，采用较大的板间距能允许较高的空塔气速，因而塔径可小些，但塔高要增加。反之，采用较小的板间距只能允许较小的空塔气速，塔径就要增大，但塔高可降低。应依据实际情况，结合经济权衡，反复调整，以做出最佳选择。表3-2所列的经验数据可供初选板间距时参考。板间距的数值应按系列标准选取，常用的塔板间距有300 mm、350 mm、450 mm、500 mm、600 mm、800mm等几种系列标准。

表3-2 浮阀塔板间距参考数值

塔径 D/m	0.3～0.5	0.5～0.8	0.8～1.6	1.6～2.0	2.0～2.4	>2.4
板间距 H_T/mm	200～300	300～350	350～450	450～600	500～800	≥600

在决定板间距时还应考虑安装、检修的需要。例如在塔体人孔处，应留有足够高的工作空间，其值不应小于600 mm。

2）塔径

依据流量公式可计算塔径，即

$$D=\sqrt{\frac{4V_s}{\pi u}} \tag{3-2}$$

式中 D——塔径，m；

V_s——塔内气体流量，m^3/s；

u——空塔气速，即按空塔截面积计算的气体线速度，m/s。

由式(3-2)可见，计算塔径的关键在于确定适宜的空塔气速 u。

空塔气速的上限由严重的雾沫夹带或液泛决定，下限由漏液决定，适宜的空塔气速应介于二者之间，一般依据最大允许气速（称为极限空塔气速）来确定。

根据上册第3章介绍的沉降原理，导出最大允许速度为

$$u_{max}=C\sqrt{\frac{\rho_L-\rho_V}{\rho_V}} \tag{3-3}$$

式中 ρ_L——液相密度，kg/m^3；

ρ_V——气相密度，kg/m^3；

u_{max}——极限空塔气速，m/s；

C——负荷系数，m/s。

研究表明，负荷系数 C 值与气、液流量及密度，液滴沉降空间高度以及液体表面张力有关。史密斯(Smith R. B.)等人汇集了若干泡罩塔、筛板塔和浮阀塔的数据，整理出负荷系数与这些影响因素间的关系曲线，如图3-5所示。

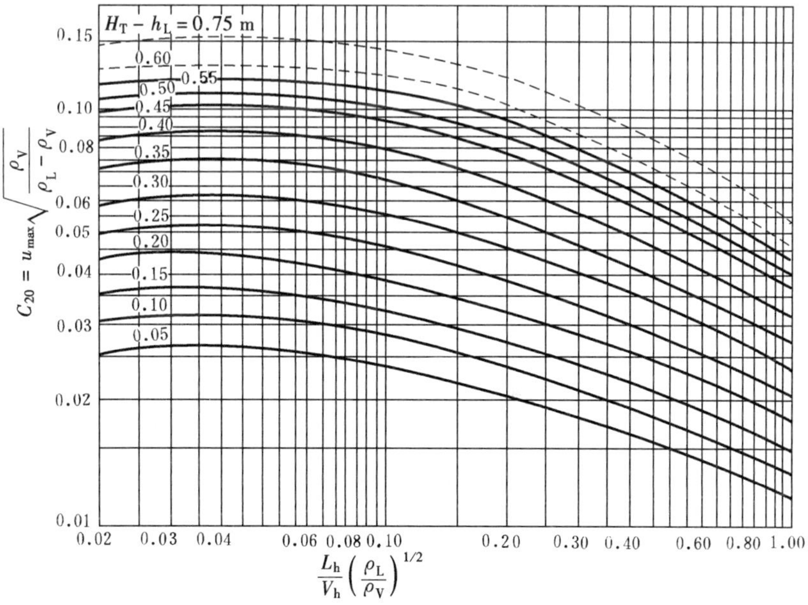

图3-5 史密斯关联图

图中 C_{20}——物系表面张力为20 mN/m时的负荷系数，m/s　V_h、L_h——塔内气、液两相的体积流量，m^3/h

ρ_V、ρ_L——塔内气、液两相的密度，kg/m^3　H_T——塔板间距，m　h_L——板上液层高度，m

横坐标$\frac{L_h}{V_h}\left(\frac{\rho_L}{\rho_V}\right)^{1/2}$是量纲为1的比值，称为液气动能参数，它反映液、气两相的流量与密度的影响，而 $H_T - h_L$ 反映液滴沉降空间高度对负荷系数的影响。显然，$H_T - h_L$ 越大，C 值越大，这是因为随着分离空间增大，雾沫夹带量减少，最大允许气速就增大。

板上液层高度 h_L 应由设计者首先选定。对常压塔一般取为0.05～0.1 m（通常取0.05～0.08 m）；对减压塔应取低些，可低至0.025～0.03 m。

图3-5是按液体表面张力 $\sigma = 20$ mN/m 的物系绘制的，若所处理的物系表面张力为其他值，则须按式(3-4)校正查出的负荷系数，即

$$C = C_{20}\left(\frac{\sigma}{20}\right)^{0.2} \tag{3-4}$$

式中 σ——操作物系的液体表面张力，mN/m；

C——操作物系的负荷系数，m/s。

按式(3-3)求出 u_{max}之后，乘以安全系数，便得适宜的空塔气速 u，即

$$u = (0.6 \sim 0.8)u_{max}$$

对直径较大、板间距较大及加压或常压操作的塔以及不易起泡的物系，可取较高的安全系数；对直径较小及减压操作的塔以及严重起泡的物系，应取较低的安全系数。

将求得的空塔气速 u 代入式(3-2)算出塔径后，还需根据浮阀塔直径系列标准予以圆整。最常用的塔径系列标准(mm)为400、500、600、700、800、1 000、1 200、1 400、1 600、1 800、2 000、2 200……

应予指出，如此算出的塔径只是初估值，以后还要根据液体力学原则进行核算。还应指出，当精馏塔的精馏段和提馏段上升气量差别较大时，两段的塔径应分别计算。

3）溢流装置的设计

板式塔的溢流装置包括溢流堰、降液管和受液盘等几部分，其结构和尺寸对塔的性能有重要的影响。

(1)降液管的类型与溢流方式

①降液管的类型：降液管是塔板间液体流动的通道，也是使溢流液中所夹带气体得以分离的场所。降液管有圆形与弓形两类。圆形降液管一般只用于小直径塔，对于直径较大的塔，常用弓形降液管。

②降液管的溢流方式：降液管的布置，规定了板上液体流动的途径。一般常用的有如图3-6所示的几种类型：(a)U形流；(b)单溢流；(c)双溢流；(d)阶梯式双溢流。

U形流亦称回转流，降液和受液装置都安排在塔的同一侧。弓形的一半作受液盘，另一半作降液管，沿直径以挡板将板面隔成U形流道。图3-6(a)中正视图1表示板上液体进口侧，2表示液体出口侧。U形流的液体流径最长，板面利用率也最高，但液面落差大，仅用于小塔及液体流量小的情况。

单溢流又称直径流，液体自受液盘流向溢流堰。液体流径长，塔板效率较高，塔板结构简单，广泛应用于直径2.2 m以下的塔中。

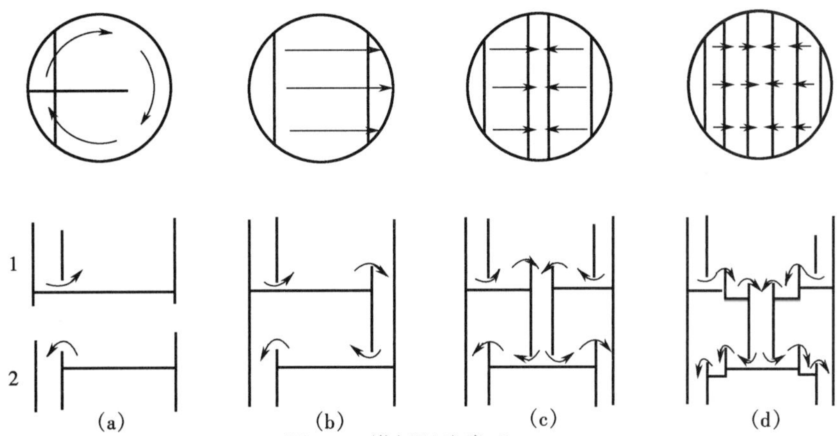

图 3-6 塔板溢流类型

(a)U 形流 (b)单溢流 (c)双溢流 (d)阶梯式双溢流

双溢流又称半径流,来自上层塔板的液体分别从左右两侧的降液管进入塔板,横过半个塔板进入中间的降液管,在下层塔板上液体则分别流向两侧的降液管。这种溢流形式可减小液面落差,但塔板结构复杂,且降液管占塔板面积较多,一般用于直径 2 m 以上的大塔中。

阶梯式双溢流的塔板做成阶梯形,目的在于减小液面落差而不缩短液体流径。每一阶梯均有溢流堰。这种塔板结构最复杂,只适用于塔径很大、液体流量很大的特殊场合。

选择何种降液方式要根据液体流量、塔径大小等条件综合考虑。表 3-3 列出溢流类型与液体负荷及塔径的经验关系,可供设计时参考。

表 3-3 溢流类型与液体流量及塔径的关系

塔径 D/mm	液体流量 L_h/(m^3/h)			
	U 形流	单溢流	双溢流	阶梯式双溢流
1 000	<7	<45	—	—
1 400	<9	<70	—	—
2 000	<11	<90	90~160	—
3 000	<11	<110	110~200	200~300
4 000	<11	<110	110~230	230~350
5 000	<11	<110	110~250	250~400
6 000	<11	<110	110~250	250~450

(2)溢流装置的设计计算 以下以弓形降液管为例,介绍溢流装置的设计。溢流装置的设计参数包括:溢流堰的长度 l_W、堰高 h_W;弓形降液管的宽度 W_d 及其截面积 A_f;降液管底隙高度 h_o;进口堰的高度 h'_W 及与降液管间的水平距离 h_1;等等。塔板及溢流装置的各部分尺寸可参阅图 3-7。

①出口堰(溢流堰):溢流堰设置在塔板上液体出口处,为了保证塔板上有一定高度的液层并使液体在板上能均匀流动,降液管上端必须高于塔板板面一定高度,这一高度称为堰高,以 h_W 表示。弓形溢流管的弦长称为堰长,以 l_W 表示。溢流堰板形状有平直形与齿形两种。

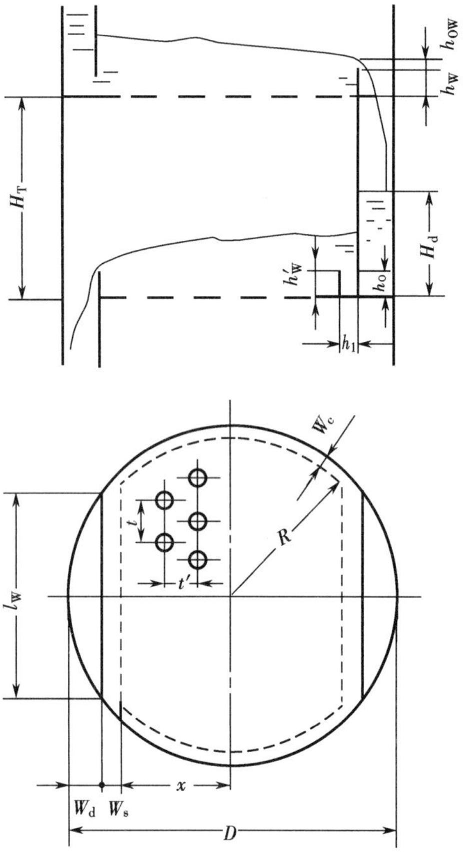

h_W——出口堰高，m

h_{OW}——堰上液层高度，m

h_o——降液管底隙高度，m

h_1——进口堰与降液管间的水平距离，m

h'_W——进口堰高，m

H_d——降液管中清液层高度，m

H_T——板间距，m

l_W——堰长，m

W_d——弓形降液管宽度，m

W_c——无效区宽度，m

W_s——破沫区宽度，m

D——塔径，m

R——鼓泡区半径，m

x——鼓泡区宽度的$\frac{1}{2}$，m

t——同一横排的阀孔中心距，m

图 3-7　浮阀塔板结构参数

ⓐ堰长 l_W：根据液体负荷及溢流形式而定，对单溢流，一般取 l_W 为(0.6～0.8)D，对双溢流，取为(0.5～0.6)D，其中 D 为塔径。

ⓑ堰高 h_W：板上液层高度为堰高与堰上液层高度之和，即

$$h_L = h_W + h_{OW} \tag{3-5}$$

式中　h_L——板上液层高度，m；

h_W——堰高，m；

h_{OW}——堰上液层高度，m。

堰高则由板上液层高度及堰上液层高度而定。

堰上液层高度太小会造成液体在堰上分布不均，影响传质效果，设计时应使堰上液层高度 h_{OW}大于 6 mm，若小于此值须采用齿形堰。但 h_{OW}也不宜过大，否则会增大塔板压降及雾沫夹带量。一般设计时，h_{OW}不超过 60～70 mm，超过此值时可改用双溢流形式。

平直堰和齿形堰的 h_{OW}分别计算如下。

平直堰：

$$h_{OW} = \frac{2.84}{1\,000} E\left(\frac{L_h}{l_W}\right)^{2/3} \tag{3-6}$$

式中 L_h——塔内液体流量,m^3/h;

E——液流收缩系数,可借用博尔斯(Bolles W. L.)对泡罩塔提出的液流收缩系数计算图求取,见图 3-8。

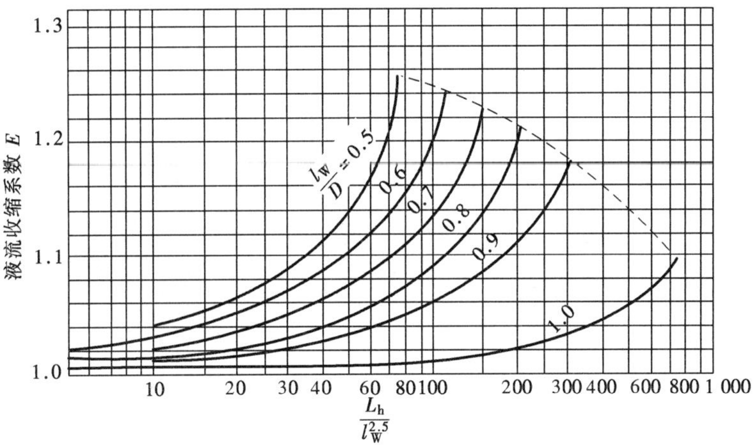

图 3-8 液流收缩系数计算图

一般情况下可取 E 值为 1,所引起的误差不大。当取 E 为 1 时,由式(3-6)可知,h_{OW} 仅随 l_W 及 L_h 而改变,于是可用图 3-9 所示的列线图求 h_{OW}。

齿形堰:齿形堰的齿深 h_n 一般宜在 15 mm 以下。当液层高度不超过齿顶时,可用式(3-7)计算 h_{OW},即

$$h_{OW}=0.044\ 2\left(\frac{L_h h_n}{l_W}\right)^{2/5} \tag{3-7}$$

当液层高度超过齿顶时,

$$L_h=2\ 646\left(\frac{l_W}{h_n}\right)\left[h_{OW}{}^{5/2}-(h_{OW}-h_n)^{5/2}\right] \tag{3-8}$$

式中 h_n——齿深,m。

h_{OW} 为由齿根算起的堰上液层高度。由式(3-8)求 h_{OW} 时,需用试差法。

前已述及,板上液层高度 h_L 对常压塔可在 0.05 ~ 0.1 m 范围内选取,因此,在求出 h_{OW} 之后即可按式(3-9)给出的范围确定 h_W,即

$$0.1-h_{OW}\geqslant h_W\geqslant 0.05-h_{OW} \tag{3-9}$$

堰高 h_W 一般在 0.03 ~ 0.05 m 范围内,减压塔的 h_W 值应当较低。

②弓形降液管的宽度和截面积:弓形降液管的宽度 W_d 及截面积 A_f 可根据堰长与塔径之比 $\frac{l_W}{D}$ 查图 3-10 求算。

降液管的截面积应保证液体在降液管内有足够的停留时间,使溢流液体中夹带的气泡能来得及分离。为此,液体在降液管内的停留时间不应小于 3 s,对于高压下操作的塔及易起泡沫的系统,停留时间应更长些。

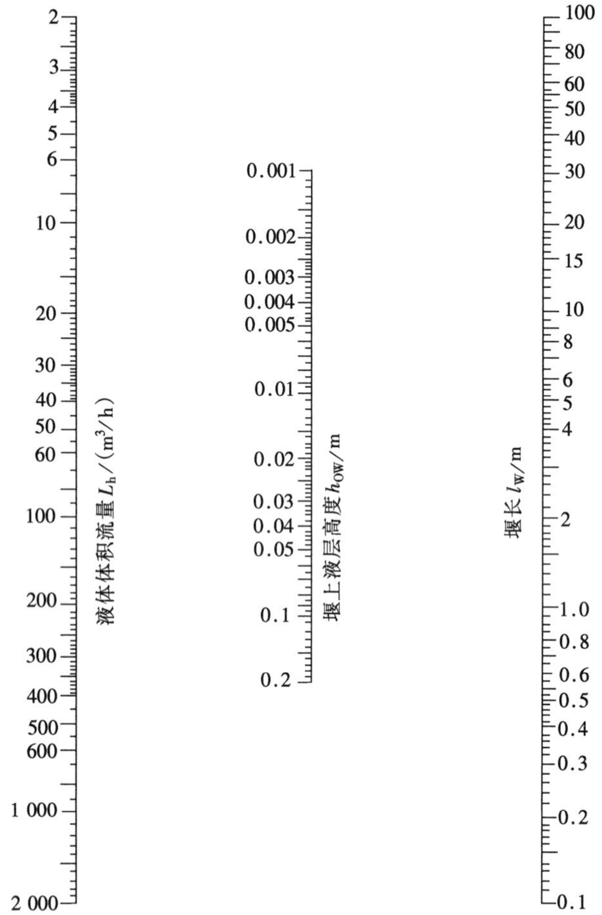

图 3-9 求 h_{OW}的列线图

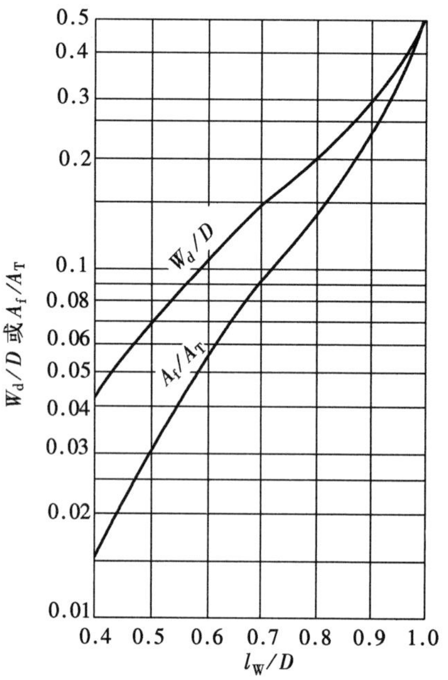

图 3-10 弓形降液管的宽度与截面积

因此,在求得降液管截面积 A_f 之后,应按式(3-10)验算降液管内液体的停留时间 θ,即

$$\theta = \frac{3\,600 A_f H_T}{L_h} \tag{3-10}$$

③降液管底隙高度:降液管底隙高度 h_o 即为降液管底缘与塔板的距离。确定 h_o 的原则是:保证液体流经此处时的局部阻力不太大,以防止沉淀物在此堆积而堵塞降液管;同时又要有良好的液封,防止气体通过降液管造成短路。一般按式(3-11)计算 h_o,即

$$h_o = \frac{L_h}{3\,600 l_W u_o'} \tag{3-11}$$

式中 u_o'——液体通过降液管底隙时的流速,m/s。一般可取 $u_o' = 0.07 \sim 0.25$ m/s。

为简便起见,有时运用式(3-12)确定 h_o,即

$$h_o = h_W - 0.006 \tag{3-12}$$

式(3-12)表明,应使降液管底隙高度比溢流堰高度低 6 mm,以保证降液管底部的液封。

降液管底隙高度一般不宜小于 20 mm,否则易于堵塞,或因安装偏差而使液流不畅,造成液泛。设计时对小塔可取 h_o 为 25 ~ 30 mm,对大塔取 h_o 为 40 mm 左右,最大可达

150 mm。

④进口堰及受液盘：在较大的塔中，有时在液体进入塔板处设有进口堰，以保证降液管的液封，并使液体在塔板上分布均匀。而进口堰又要占用较多塔面，还易使沉淀物淤积于此处造成阻塞，故多数不采用进口堰。

若设进口堰，其高度可按下述原则考虑。若出口堰高 h_W 大于降液管底隙高度 h_o（一般都是这样），则取 h'_W 与 h_W 相等。在个别情况下，当 $h_W \leqslant h_o$ 时，则应取 h'_W 大于 h_o，以保证液封，避免气体走短路经降液管而升至上层塔板。

为了保证液体由降液管流出时不致受到很大阻力，进口堰与降液管间的水平距离 h_1 不应小于 h_o，即

$$h_1 \geqslant h_o \tag{3-13}$$

受液盘有平受液盘和凹形受液盘两种结构形式，如图 3-11 所示。对于 ϕ800 mm 以上的大塔，目前多采用凹形受液盘，凹形受液盘结构如图 3-11(b)所示。这种结构便于液体从侧线抽出，在液体流量低时仍能形成良好的液封，且有改变液体流向的缓冲作用。凹形受液盘的深度一般在 50 mm 以上，有侧线时宜取深些。凹形受液盘不适用于易聚合及有悬浮固体的情况，原因是易造成死角而堵塞。

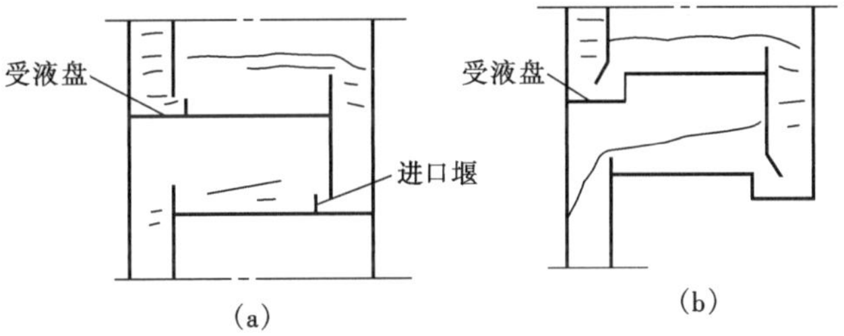

图 3-11 受液盘

(a)平受液盘 (b)凹形受液盘

4)塔板布置

塔板有整块式与分块式两种。直径在 800 mm 以内的小塔采用整块式塔板；直径在 1 200 mm 以上的大塔通常都采用分块式塔板，以便通过人孔装拆塔板；直径在 800 ~ 1 200 mm 之间时，可根据制造与安装具体情况，任意选用一种结构。

塔板面积可分为图 3-7 所示的 4 个区域。

(1)鼓泡区 图 3-7 中虚线以内的区域为鼓泡区。塔板上气、液接触构件(浮阀)设置在此区域内，故此区为气、液传质的有效区域。

(2)溢流区 降液管及受液盘所占的区域为溢流区。

(3)破沫区 鼓泡区与溢流区之间的区域为破沫区，也称安定区。此区域内不装浮阀，在液体进入降液管之前，设置这段不鼓泡的安定地带，以免液体大量夹带泡沫进入降液管。宽度 W_s 可按下述范围选取，即

当 $D < 1.5$ m 时，$W_s = 60 \sim 75$ mm；

当 $D>1.5\ \mathrm{m}$ 时，$W_s=80\sim110\ \mathrm{mm}$；

直径小于 1 m 的塔，W_s 可适当减小。

(4)无效区 无效区也称边缘区，因靠近塔壁的部分需要留出一圈边缘区域，以供支撑塔板的边梁之用。宽度 W_c 视具体需要而定，小塔为 30～50 mm，大塔可达 50～75 mm。为防止液体经无效区流过而产生"短路"现象，可在塔板上沿塔壁设置挡板。

为便于设计及加工，塔板的结构参数已逐渐系列标准化。单溢流型塔板的结构参数系列化标准见附录2。

5)浮阀的数目与排列

浮阀塔的操作性能以板上所有浮阀处于刚刚全开时的情况最好，这时塔板的压力降及板上液体的泄漏都比较小而操作弹性大。浮阀的开度与阀孔处气相的动压有关。综合实验结果得知，可采用由气体速度与密度组成的"动能因数"作为衡量气体流动时动压的指标。动能因数以 F 表示，俗称 F 因子。气体通过阀孔时的动能因数为

$$F_o=u_o\sqrt{\rho_V} \tag{3-14}$$

式中 F_o——气体通过阀孔时的动能因数，$\mathrm{kg^{1/2}/(s\cdot m^{1/2})}$；

u_o——气体通过阀孔时的速度，m/s；

ρ_V——气体密度，$\mathrm{kg/m^3}$。

根据工业生产装置的数据，对 F1 型浮阀（重阀）而言，当板上所有浮阀刚刚全开时，F_o 的数值常在 9～12 之间。所以，设计时可在此范围内选择合适的 F_o 值，然后按式(3-14a)计算阀孔气速，即

$$u_o=\frac{F_o}{\sqrt{\rho_V}} \tag{3-14a}$$

阀孔气速 u_o 与每层板上的阀孔数 N 的关系如下：

$$N=\frac{V_s}{\frac{\pi}{4}d_o^{\,2}u_o} \tag{3-15}$$

式中 V_s——上升气体的流量，$\mathrm{m^3/s}$；

d_o——阀孔直径，$d_o=0.039\ \mathrm{m}$。

浮阀在塔板鼓泡区内的排列有正三角形与等腰三角形两种方式，按照阀孔中心连线与液流方向的关系又有顺排与叉排之分，如图 3-12 所示。叉排时气、液接触效果较好，故一般都采用叉排。对整块式塔板，多采用正三角形叉排，孔心距 t 为 75～125 mm；对于分块式塔板，宜采用等腰三角形叉排，此时常把同一横排的阀孔中心距 t 定为 75 mm，而相邻两排间的中心距 t' 可取为 65 mm、80 mm、100 mm 等几种尺寸。

分析鼓泡区内阀孔排列的几何关系可知，同一排的阀孔中心距 t 应大致符合以下关系。

正三角形排列：

$$t=d_o\sqrt{\frac{0.907A_a}{A_o}} \tag{3-16}$$

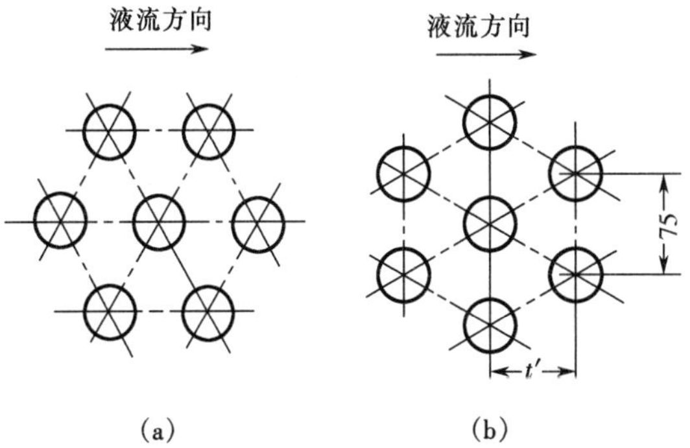

图 3-12 浮阀排列方式

(a)顺排 (b)叉排

等腰三角形排列:

$$t=\frac{A_a}{Nt'} \tag{3-17}$$

式中 d_o——阀孔直径,m;

A_o——阀孔总面积,$A_o=\frac{V_s}{u_o}$,m^2;

A_a——鼓泡区面积,m^2;

t——同一排的阀孔中心距,m;

t'——相邻两排阀孔中心线的距离,m;

N——阀孔总数。

对单溢流塔板,鼓泡区面积 A_a 可按式(3-18)计算(参见图 3-7),即

$$A_a=2\left[x\sqrt{R^2-x^2}+\frac{\pi}{180}R^2\arcsin\frac{x}{R}\right] \tag{3-18}$$

式中 $x=\frac{D}{2}-(W_d+W_s)$,m;

$R=\frac{D}{2}-W_c$,m;

$\arcsin\frac{x}{R}$是以角度数表示的反三角函数值。

根据已确定的孔距作图,确切排出鼓泡区内可以布置的阀孔总数。若此数与前面算得的浮阀数相近,则按此阀孔数目重算阀孔气速,并核算阀孔动能因子 F_o,如 F_o 仍在 9~12 范围以内,即可认为作图得出的阀数能够满足要求。或者,根据已经算出的阀数及溢流装置尺寸等,用作图法求出所需的塔径,若与初估塔径相符即为所求,否则应重新调整有关参数,直至两者相符为止。

一层板上的阀孔总面积与塔截面积之比称为开孔率。开孔率也是空塔气速与阀孔气速之比。塔板的工艺尺寸计算完毕,应核算塔板开孔率。对常压塔或减压塔开孔率在 10%~14% 之间,对加压塔常小于 10% 。

2. 浮阀塔板的流体力学验算

塔板流体力学验算的目的在于检验初步设计的塔板能否在较高效率下正常操作。若验算中发现有不理想的地方，需对有关工艺尺寸进行调整，直到满足要求为止。流体力学验算的内容包括气体通过浮阀塔板的压力降、液泛、雾沫夹带、漏液等。

1）气体通过浮阀塔板的压力降

气体通过一层浮阀塔板时的压力降应为

$$\Delta p_p = \Delta p_c + \Delta p_l + \Delta p_\sigma \tag{3-19}$$

式中 Δp_p——气体通过一层浮阀塔板的压力降，Pa；

Δp_c——气体克服干板阻力所产生的压力降，Pa；

Δp_l——气体克服板上充气液层的静压力所产生的压力降，Pa；

Δp_σ——气体克服液体表面张力所产生的压力降，Pa。

习惯上，常把这些压力降折合成塔内液体的液柱高度表示，故式(3-19)又可写成

$$h_p = h_c + h_l + h_\sigma \tag{3-19a}$$

式中 h_p——与 Δp_p 相当的液柱高度，$h_p = \dfrac{\Delta p_p}{\rho_L g}$，m 液柱；

h_c——与 Δp_c 相当的液柱高度，$h_c = \dfrac{\Delta p_c}{\rho_L g}$，m 液柱；

h_l——与 Δp_l 相当的液柱高度，$h_l = \dfrac{\Delta p_l}{\rho_L g}$，m 液柱；

h_σ——与 Δp_σ 相当的液柱高度，$h_\sigma = \dfrac{\Delta p_\sigma}{\rho_L g}$，m 液柱。

(1)干板阻力　气体通过浮阀塔板的干板阻力，在浮阀全部开启前后有着不同的规律。板上所有浮阀刚好全部开启时，气体通过阀孔的速度称为临界孔速，以 u_{oc} 表示。

对 F1 型重阀可用以下经验公式求取 h_c 值。

阀全开前（$u_o \leqslant u_{oc}$）：

$$h_c = 19.9\frac{u_o^{0.175}}{\rho_L} \tag{3-20}$$

阀全开后（$u_o \geqslant u_{oc}$）：

$$h_c = 5.34\frac{\rho_V u_o^2}{2\rho_L g} \tag{3-21}$$

计算 h_c 时，可先将式(3-20)与式(3-21)联立而解出临界孔速 u_{oc}，即令

$$19.9\frac{u_{oc}^{0.175}}{\rho_L} = 5.34\frac{\rho_V u_{oc}^2}{2\rho_L g}$$

将 $g = 9.81$ m/s 代入，解得

$$u_{oc} = \sqrt[1.825]{\frac{73.1}{\rho_V}} \tag{3-21a}$$

然后将算出的 u_{oc} 与由式(3-14a)算出的 u_o 相比较,便可选定式(3-20)及式(3-21)中的一个来计算与干板压降所相当的液柱高度 h_c。

(2)板上充气液层阻力　一般用下面的经验公式计算 h_l 值,即

$$h_l = \varepsilon_o h_L \tag{3-22}$$

式中的 ε_o 是反映板上液层充气程度的因数,称为充气因数,量纲为 1。液相为水时,$\varepsilon_o = 0.5$;液相为油时,$\varepsilon_o = 0.2 \sim 0.35$;液相为碳氢化合物时,$\varepsilon_o = 0.4 \sim 0.5$。

(3)液体表面张力所造成的阻力

$$h_\sigma = \frac{2\sigma}{h\rho_L g} \tag{3-23}$$

式中　σ——液体的表面张力,N/m;

h——浮阀的开度,m。

浮阀塔的 h_σ 值通常很小,计算时可以忽略。

一般说来,浮阀塔的压力降比筛板塔的大,比泡罩塔的小。据国内普查结果得知,常压和加压塔中每层浮阀塔板的压力降为 265 ~ 530 Pa,减压塔为 200 Pa 左右。

2)液泛

为使液体能由上层塔板稳定地流入下层塔板,降液管内必须维持一定高度的液柱。降液管内的清液层高度 H_d 用来克服相邻两层塔板间的压力降、板上液层阻力和液体流过降液管的阻力。因此,H_d 用下式表示:

$$H_d = h_p + h_L + h_d \tag{3-24}$$

式中的 h_d 为与液体流过降液管的压力降相当的液柱高度,m 液柱。

式(3-24)等号右端各项中,h_p 可由式(3-19a)计算,h_L 为已知数。流体流过降液管的压力降主要是由降液管底隙处的局部阻力造成的,h_d 可按下面的经验公式计算:

塔板上不设进口堰:

$$h_d = 0.153\left(\frac{L_s}{l_W h_o}\right)^2 = 0.153(u'_o)^2 \tag{3-25}$$

塔板上设有进口堰:

$$h_d = 0.2\left(\frac{L_s}{l_W h_o}\right)^2 = 0.2(u'_o)^2 \tag{3-26}$$

按式(3-24)算出降液管中当量清液层高度 H_d。实际降液管中液体和泡沫的总高度大于此值。为了防止液泛,应保证降液管中泡沫液体总高度不超过上层塔板的出口堰。为此

$$H_d \leqslant \phi(H_T + h_W) \tag{3-27}$$

式中　ϕ——系数,是考虑到降液管内充气及操作安全两种因素的校正系数。对于一般的物系,取 0.3 ~ 0.4;对不易发泡的物系,取 0.6 ~ 0.7。

3)雾沫夹带

通常用操作时的空塔气速与发生液泛时的空塔气速的比值作为估算雾沫夹带量的指

标。此比值称为泛点百分数,或称泛点率。在下列泛点率数值范围内,一般可保证雾沫夹带量达到规定的指标,即 $e_V < 0.1$ kg(液)/kg(气):

大塔	泛点率 < 80%
直径 0.9 m 以下的塔	泛点率 < 70%
减压塔	泛点率 < 75%

泛点率可按下面的经验公式计算,即

$$\text{泛点率} = \frac{V_s\sqrt{\dfrac{\rho_V}{\rho_L - \rho_V}} + 1.36L_sZ_L}{KC_FA_b} \times 100\% \tag{3-28}$$

或

$$\text{泛点率} = \frac{V_s\sqrt{\dfrac{\rho_V}{\rho_L - \rho_V}}}{0.78KC_FA_T} \times 100\% \tag{3-29}$$

上两式中 Z_L——板上液体流径长度,m(对单溢流塔板,$Z_L = D - 2W_d$,其中 D 为塔径,W_d 为弓形降液管宽度);

A_b——板上液流面积,m^2(对单溢流塔板,$A_b = A_T - 2A_f$,其中 A_T 为塔截面积,A_f 为弓形降液管截面积);

C_F——泛点负荷系数,可根据气相密度 ρ_V 及板距 H_T 由图 3-13 查得;

K——物性系数,其值见表 3-4。

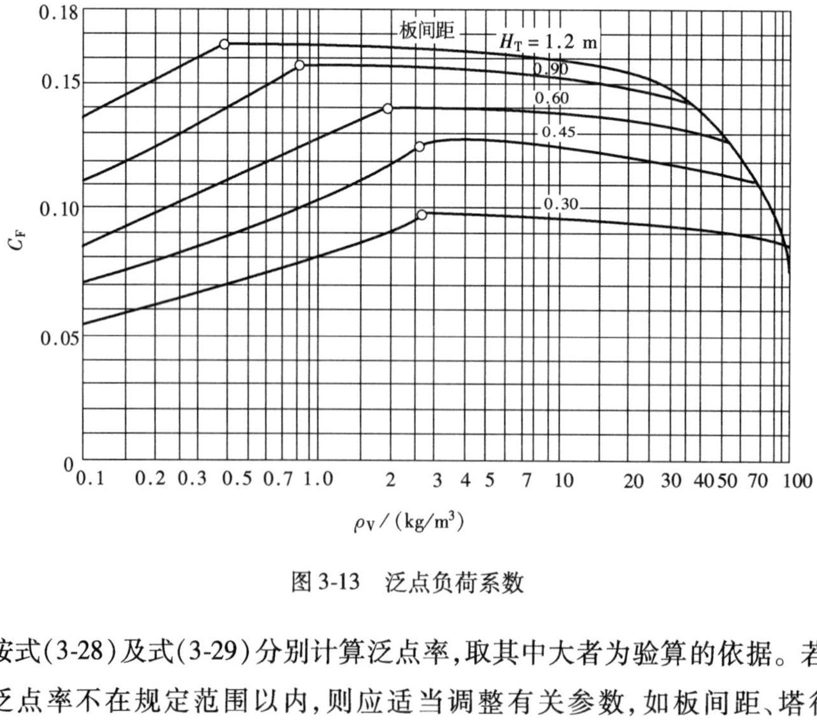

图 3-13 泛点负荷系数

一般按式(3-28)及式(3-29)分别计算泛点率,取其中大者为验算的依据。若上两式之一算得的泛点率不在规定范围以内,则应适当调整有关参数,如板间距、塔径等,并重新计算。

表 3-4 物性系数 K

系统	物性系数 K
无泡沫,正常系统	1.0
氟化物(如 BF_3、氟里昂)	0.9
中等发泡系统(如油吸收塔、胺及乙二醇再生塔)	0.85
多泡沫系统(如胺及乙二胺吸收塔)	0.73
严重发泡系统(如甲乙酮装置)	0.60
形成稳定泡沫的系统(如碱再生塔)	0.30

4)漏液

取阀孔动能因数 $F_o=5\sim6$ 作为控制漏液量的操作下限范围,此时,漏液量接近 10%。

流体力学验算结束后,还应绘出负荷性能图,计算塔板的操作弹性。

【例 3-2】 拟建一浮阀塔用以分离苯—甲苯混合物,决定采用 F1 型浮阀(重阀),试根据以下条件进行浮阀塔(精馏段)的设计计算。

气相流量 $V_s=1.61\ m^3/s$,液相流量 $L_s=0.005\ 6\ m^3/s$,气相密度 $\rho_V=2.78\ kg/m^3$,液相密度 $\rho_L=875\ kg/m^3$,物系表面张力 $\sigma=20.3\ mN/m$。

解:1. 塔板工艺尺寸计算

(1)塔径 欲求塔径应先求出空塔气速 u,而

$$u=安全系数\times u_{max}$$

依式(3-3)知

$$u_{max}=C\sqrt{\frac{\rho_L-\rho_V}{\rho_V}}$$

式中 C 可由史密斯关联图(图 3-5)查出,横坐标的数值为

$$\frac{L_h}{V_h}\left(\frac{\rho_L}{\rho_V}\right)^{0.5}=\frac{0.005\ 6}{1.61}\times\left(\frac{875}{2.78}\right)^{0.5}=0.061\ 7$$

取板间距 $H_T=0.450\ m$,取板上液层高度 $h_L=0.070\ m$,则图中参数值为

$$H_T-h_L=0.450-0.070=0.380\ m$$

根据以上数值,由图 3-5 查得 $C_{20}=0.08$。因物系表面张力 $\sigma=20.3\ mN/m$,接近 20 mN/m,故无须校正,即 $C=C_{20}=0.08$,则

$$u_{max}=0.08\sqrt{\frac{875-2.78}{2.78}}=1.417\ m/s$$

取安全系数为 0.6,则空塔气速为

$$u=0.6u_{max}=0.6\times1.417=0.85\ m/s$$

塔径 $D=\sqrt{\dfrac{4V_s}{\pi u}}=\sqrt{\dfrac{4\times1.61}{\pi\times0.85}}=1.553\ m$

按标准塔径圆整为 $D=1.600\ m$,则

塔截面积 $A_T=\dfrac{\pi}{4}D^2=\dfrac{\pi}{4}\times1.600^2=2.01\ m^2$

实际空塔气速 $u = 1.61/2.01 = 0.801\ \text{m/s}$

(2)溢流装置 选用单溢流弓形降液管,不设进口堰。各项计算如下。

①堰长 l_W:取堰长 $l_W = 0.66D$,即

$$l_W = 0.66 \times 1.600 = 1.056\ \text{m}$$

②出口堰高 h_W:依式(3-5)知

$$h_W = h_L - h_{OW}$$

采用平直堰,堰上液层高度 h_{OW} 可依式(3-6)计算,即

$$h_{OW} = \frac{2.84}{1\,000} E\left(\frac{L_h}{l_W}\right)^{\frac{2}{3}}$$

近似取 $E = 1$,则可由列线图 3-9 查出 h_{OW} 值。

因 $l_W = 1.056\ \text{m}$,$L_h = 0.005\,6 \times 3\,600 = 20.2\ \text{m}^3/\text{h}$,由图 3-9 查得 $h_{OW} = 0.020\ \text{m}$,则

$$h_W = 0.050\ \text{m}$$

③弓形降液管宽度 W_d 和截面积 A_f:用图 3-10 求取 W_d 及 A_f,因为

$$\frac{l_W}{D} = 0.66$$

由该图查得:$\dfrac{A_f}{A_T} = 0.072\,1$,$\dfrac{W_d}{D} = 0.124$,则

$$A_f = 0.072\,1 \times 2.01 = 0.145\ \text{m}^2$$

$$W_d = 0.124 \times 1.600 = 0.198\ \text{m}$$

依式(3-10)验算液体在降液管中的停留时间,即

$$\theta = \frac{3\,600 A_f H_T}{L_h} = \frac{A_f H_T}{L_s} = \frac{0.145 \times 0.450}{0.005\,6} = 11.7\ \text{s}$$

停留时间 $\theta > 3\ \text{s}$,故降液管尺寸合理。

④降液管底隙高度 h_o:依式(3-11)知

$$h_o = \frac{L_h}{3\,600 l_W u_o'} = \frac{L_s}{l_W u_o'}$$

取降液管底隙处液体流速 $u_o' = 0.13\ \text{m/s}$,则

$$h_o = \frac{0.005\,6}{1.056 \times 0.13} = 0.041\ \text{m}$$

取 $h_o = 0.040\ \text{m}$

(3)塔板布置及浮阀数目与排列 取阀孔动能因子 $F_o = 10$,用式(3-14a)求孔速 u_o,即

$$u_o = \frac{F_o}{\sqrt{\rho_V}} = \frac{10}{\sqrt{2.78}} = 6\ \text{m/s}$$

依式(3-15)求每层塔板上的浮阀数,即

$$N = \frac{V_s}{\frac{\pi}{4} d_o^2 u_o} = \frac{1.61}{\frac{\pi}{4} \times 0.039^2 \times 6} = 225$$

取边缘区宽度 $W_c = 0.006$ m,破沫区宽度 $W_s = 0.100$ m。依式(3-18)计算塔板上的鼓泡区面积,即

$$A_a = 2\left[x\sqrt{R^2 - x^2} + \frac{\pi}{180}R^2 \arcsin\frac{x}{R}\right]$$

$$R = \frac{D}{2} - W_c = \frac{1.600}{2} - 0.060 = 0.740\ \text{m}$$

$$x = \frac{D}{2} - (W_d + W_s) = \frac{1.600}{2} - (0.198 + 0.100) = 0.502\ \text{m}$$

$$A_a = 2 \times \left[0.502 \times \sqrt{0.740^2 - 0.502^2} + \frac{\pi}{180} \times 0.740^2 \times \arcsin\frac{0.502}{0.740}\right] = 1.36\ \text{m}^2$$

浮阀排列方式采用等腰三角形叉排。取同一横排的孔心距 $t = 75$ mm $= 0.075$ m,则可按式(3-17)估算排间距 t',即

$$t' = \frac{A_a}{Nt} = \frac{1.36}{225 \times 0.075} = 0.080 = 80\ \text{mm}$$

考虑到塔的直径较大,必须采用分块式塔板,而各分块板的支撑与衔接也要占去一部分鼓泡区面积,因此排间距不宜采用 80 mm,而应小于此值,故取 t'为 65 mm。

按 $t = 75$ mm、$t' = 65$ mm,以等腰三角形叉排方式作图(见本例附图 1),排得阀数为 228 个。

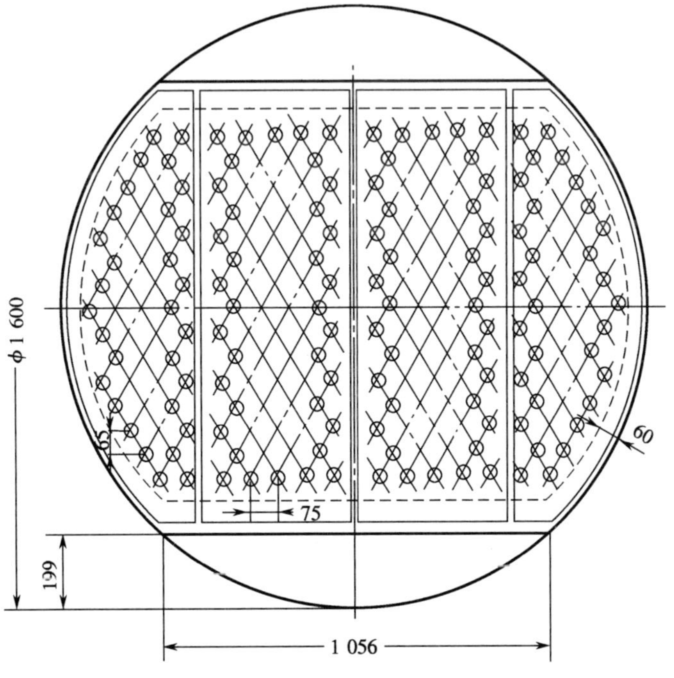

例 3-2 附图 1

(图中细实线为塔板分块线)

按 $N = 228$ 重新核算孔速及阀孔动能因数:

$$u_o=\frac{1.61}{\frac{\pi}{4}\times0.039^2\times228}=5.91\ \text{m/s}$$

$$F_o=5.91\times\sqrt{2.78}=9.85$$

阀孔动能因数 F_o 变化不大,仍在 9 ~ 12 范围内。

$$\text{塔板开孔率}=\frac{u}{u_o}=\frac{0.801}{5.91}\times100\%=13.6\%$$

2. 塔板流体力学验算

(1)气相通过浮阀塔板的压力降 可根据式(3-19a)计算塔板压力降,即

$$h_p=h_c+h_l+h_\sigma$$

①干板阻力:由式(3-21a)计算,即

$$u_{oc}=\sqrt[1.825]{\frac{73.1}{\rho_V}}=\sqrt[1.825]{\frac{73.1}{2.78}}=6.0\ \text{m/s}$$

因 $u_o<u_{oc}$,故按式(3-20)计算干板阻力,即

$$h_c=19.9\frac{u_o^{0.175}}{\rho_L}=19.9\times\frac{5.91^{0.175}}{875}=0.031\ \text{m 液柱}$$

②板上充气液层阻力:本设备分离苯和甲苯的混合液,即液相为碳氢化合物,可取充气系数 $\varepsilon_o=0.5$。依式(3-22)知

$$h_l=\varepsilon_o h_L=0.5\times0.07=0.035\ \text{m 液柱}$$

③液体表面张力所造成的阻力:此阻力很小,忽略不计。

因此,与气体流经一层浮阀塔板的压力降所相当的液柱高度为

$$h_p=0.031+0.035=0.066\ \text{m 液柱}$$

则单板压降 $\Delta p_p=h_p\rho_L g=0.066\times875\times9.81=567\ \text{Pa}$。

(2)液泛 为了防止液泛现象的发生,要求控制降液管中清液层高度,$H_d\leqslant\phi(H_T+h_W)$。$H_d$ 可用式(3-24)计算,即

$$H_d=h_p+h_L+h_d$$

①与气体通过塔板的压力降所相当的液柱高度 h_p:前已算出

$$h_p=0.066\ \text{m 液柱}$$

②液体通过降液管的压头损失:因不设进口堰,故按式(3-25)计算,即

$$h_d=0.153\left(\frac{L_s}{l_W h_o}\right)^2=0.153\times\left(\frac{0.0056}{1.056\times0.04}\right)^2=0.00269\ \text{m 液柱}$$

③板上液层高度:前已选定板上液层高度为

$$h_L=0.070\ \text{m}$$

则 $$H_d=0.066+0.070+0.00269=0.139\ \text{m}$$

取 $\phi=0.5$,又已选定 $H_T=0.450$ m,$h_W=0.050$ m,则

$$\phi(H_T+h_W)=0.5\times(0.450+0.050)=0.250\ \text{m}$$

可见 $H_d<\phi(H_T+h_W)$,符合防止液泛的要求。

(3)雾沫夹带 按式(3-28)及式(3-29)计算泛点率,即

$$泛点率=\frac{V_s\sqrt{\dfrac{\rho_V}{\rho_L-\rho_V}}+1.36L_sZ_L}{KC_FA_b}\times 100\%$$

及

$$泛点率=\frac{V_s\sqrt{\dfrac{\rho_V}{\rho_L-\rho_V}}}{0.78KC_FA_T}\times 100\%$$

板上液体流径长度 $Z_L=D-2W_d=1.600-2\times 0.198=1.204\ \text{m}$

板上液流面积 $A_b=A_T-2A_f=2.01-2\times 0.145=1.72\ \text{m}^2$

苯和甲苯为正常系统,可按表3-4取物性系数 $K=1.0$,又由图3-13查得泛点负荷系数 $C_F=0.126$,将以上数值代入式(3-28),得

$$泛点率=\frac{1.61\times\sqrt{\dfrac{2.78}{875-2.78}}+1.36\times 0.0056\times 1.204}{1.0\times 0.126\times 1.72}\times 100\%=46.2\%$$

再按式(3-29)计算泛点率,得

$$泛点率=\frac{1.61\times\sqrt{\dfrac{2.78}{875-2.78}}}{0.78\times 1.0\times 0.126\times 2.01}\times 100\%=46.0\%$$

根据式(3-28)及式(3-29)计算出的泛点率均在80%以下,故可知雾沫夹带量能够满足 $e_V<0.1$ kg(液)/kg(气)的要求。

3.塔板负荷性能图

(1)雾沫夹带线 依式(3-28)作出,即

$$泛点率=\frac{V_s\sqrt{\dfrac{\rho_V}{\rho_L-\rho_V}}+1.36L_sZ_L}{KC_FA_b}$$

按泛点率为80%计算如下:

$$\frac{V_s\sqrt{\dfrac{2.78}{875-2.78}}+1.36L_s\times 1.204}{0.126\times 1.72}=0.80$$

整理得 $0.0565V_s+1.637L_s=0.1734$

或 $V_s=3.07-29.0L_s$ (1)

由式(1)知雾沫夹带线为直线,则在操作范围内任取两个 L_s 值,依式(1)算出相应的 V_s 值列于本例附表1中。据此,可作出雾沫夹带线(1)。

例3-2 附表1

$L_s/(\text{m}^3/\text{s})$	0.002	0.010
$V_s/(\text{m}^3/\text{s})$	3.01	2.78

(2)液泛线 联立式(3-19a)、式(3-25)及式(3-27),得

$$\phi(H_T+h_W)=h_p+h_L+h_d=h_c+h_1+h_o+h_L+h_d$$

由上式确定液泛线。忽略式中 h_σ,将式(3-21)、式(3-22)、式(3-5)、式(3-6)及式(3-29)代入上式,得

$$\phi(H_T+h_W)=5.34\frac{\rho_V u_o^2}{\rho_L 2g}+0.153\left(\frac{L_s}{l_W h_o}\right)^2+(1+\varepsilon_o)\left[h_W+\frac{2.84}{1\ 000}E\left(\frac{3\ 600L_s}{l_W}\right)^{2/3}\right]$$

因物系一定,塔板结构尺寸一定,则 H_T、h_W、h_o、l_W、ρ_V、ρ_L、ε_o 及 ϕ 等均为定值,而 u_o 与 V_s 又有如下关系,即

$$u_o=\frac{V_s}{\frac{\pi}{4}d_o^2N}$$

式中阀孔数 N 与孔径 d_o 亦为定值,因此可将上式简化成 V_s 与 L_s 的如下关系式:

$$aV_s^2=b-cL_s^2-dL_s^{2/3}$$

即 $$0.011\ 67V_s^2=0.175-85.75L_s^2-0.965L_s^{2/3}$$

或 $$V_s^2=15.0-7\ 348L_s^2-82.69L_s^{2/3} \qquad (2)$$

在操作范围内任取若干个 L_s 值,依式(2)算出相应的 V_s 值列于本例附表2中。

例3-2 附表2

$L_s/(m^3/s)$	0.001	0.005	0.009	0.013
$V_s/(m^3/s)$	3.76	3.52	3.29	3.03

据表中数据作出液泛线(2)。

(3)液相负荷上限线 液体的最大流量应保证在降液管中停留时间下限不低于3 s,取5 s作为液体在降液管中停留时间的下限,依式(3-10)知

$$\theta_{min}=\frac{3\ 600A_fH_T}{(L_h)_{max}}=5\ s$$

则 $$(L_s)_{max}=\frac{(L_h)_{max}}{3\ 600}=\frac{A_fH_T}{\theta_{min}}=\frac{0.145\times0.450}{5}=0.013\ m^3/s \qquad (3)$$

求出上限液体流量 L_s 值(常数)。在 V_s-L_s 图上液相负荷上限线为与气体流量 V_s 无关的竖直线(3)。

(4)漏液线 对于F1型重阀,依 $F_o=u_o\sqrt{\rho_V}=5$ 计算,则 $u_o=\frac{5}{\sqrt{\rho_V}}$。又知

$$V_s=\frac{\pi}{4}d_o^2Nu_o$$

则得 $$V_s=\frac{\pi}{4}d_o^2N\frac{5}{\sqrt{\rho_V}}$$

以 $F_o=5$ 作为规定气体最小负荷的标准,则

$$(V_s)_{min}=\frac{\pi}{4}d_o^2Nu_o=\frac{\pi}{4}d_o^2N\frac{F_o}{\sqrt{\rho_V}}=\frac{\pi}{4}\times0.039^2\times228\times\frac{5}{\sqrt{2.78}}=0.817\ \mathrm{m^3/s} \qquad (4)$$

据此作出与液体流量无关的水平漏液线(4)。

(5)液相负荷下限线　取堰上液层高度 $h_{OW}=0.006$ m 作为液相负荷下限条件,依 h_{OW} 的计算式(3-6)计算出 L_s 的下限值,依此作出液相负荷下限线,该线为与气相流量无关的竖直线(5)。

$$\frac{2.84}{1\,000}E\left[\frac{3\,600(L_s)_{min}}{l_W}\right]^{2/3}=0.006$$

取 $E=1$,则

$$(L_s)_{min}=\left(\frac{0.006\times1\,000}{2.84\times1}\right)^{3/2}\frac{l_W}{3\,600}=\left(\frac{0.006\times1\,000}{2.84}\right)^{3/2}\times\frac{1.056}{3\,600}=0.000\,9\ \mathrm{m^3/s} \quad (5)$$

根据本例附表1、2及式(3)、(4)、(5)可分别作出塔板负荷性能图上的(1)、(2)、(3)、(4)及(5)共5条线,见本例附图2。

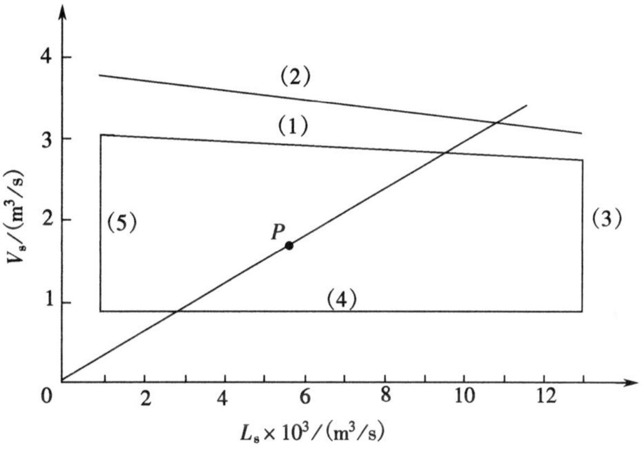

例3-2 附图2

由塔板负荷性能图可以看出:①任务规定的气、液负荷下的操作点 P(设计点),处在适宜操作区内的适中位置;②塔板的气相负荷上限由雾沫夹带控制,操作下限由漏液控制;③按照固定的液气比,由本例附图2查出塔板的气相负荷上限 $(V_s)_{max}=2.8\ \mathrm{m^3/s}$,气相负荷下限 $(V_s)_{min}=0.817\ \mathrm{m^3/s}$,所以

$$操作弹性=\frac{2.8}{0.817}=3.43$$

现将计算结果汇总列于本例附表3中。

例3-2 附表3

项目	数值及说明	备注
塔径 D/m	1.600	
板间距 H_T/m	0.450	
塔板形式	单溢流弓形降液管	分块式塔板

续表

项目	数值及说明	备注
空塔气速 $u/(m/s)$	0.801	
堰长 l_W/m	1.056	
堰高 h_W/m	0.050	
板上液层高度 h_L/m	0.070	
降液管底隙高度 h_o/m	0.040	
浮阀数 N/个	228	等腰三角形叉排
阀孔气速 $u_o/(m/s)$	5.91	
阀孔动能因数 F_o	9.85	
临界阀孔气速 $u_{oc}/(m/s)$	6.0	
孔心距 t/m	0.075	指同一横排的孔心距
排间距 t'/m	0.065	指相邻两横排的中心线距离
单板压降 $\Delta p_p/Pa$	567	
液体在降液管内停留时间 θ/s	11.7	
降液管内清液层高度 H_d/m	0.139	
泛点率/%	46.2	
气相负荷上限 $(V_s)_{max}/(m^3/s)$	2.8	雾沫夹带控制
气相负荷下限 $(V_s)_{min}/(m^3/s)$	0.817	漏液控制
操作弹性	3.43	

在确定塔径时应注意塔径的圆整和实际空塔气速的核算；在板式塔设计时，塔板的负荷性能图的绘制是必须的，根据操作点的位置和操作弹性判断塔板设计的合理性，优良的设计应使操作点位于操作区的中央部位，并且具有较大的操作弹性，否则需适当调整塔板的设计参数进行重新核算。

3.3 填料塔

演示文稿

3.3.1 填料塔的结构与特点

1. 填料塔的结构

填料塔是以塔内装有的大量填料为相间接触构件的气液传质设备，其结构如图 3-14 所示。填料塔的塔身是一直立式圆筒，底部装有填料支撑板，填料以乱堆或整砌的方式放置在支撑板上。在填料的上方安装填料压板，以限制填料随上升气流的运动。液体从塔顶加入，经液体分布器均匀地喷淋到填料上，并沿填料表面呈膜状流下。气体从塔底送入，经气体分布装置（小直径塔一般不设气体分布装置）分布后，与液体呈逆流连续通过填料的空隙。在填料表面气液两相密切接触进行传质。填料塔属于连续接触式的气液传质设备，两相组成沿塔高连续变化，在正常操作状态下，气相为连续相，液相为分散相。

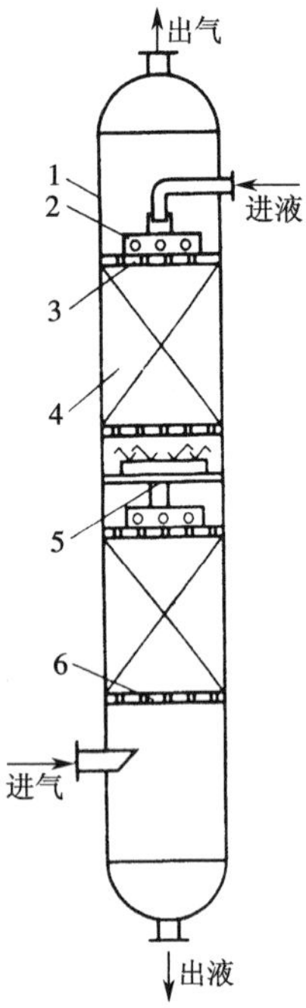

图 3-14 填料塔的结构示意图

1—塔壳体 2—液体分布器 3—填料压板 4—填料 5—液体再分布装置 6—填料支撑板

当液体沿填料层下流时，有逐渐向塔壁集中的趋势，使得塔壁附近的液体流量逐渐增大，这种现象称为壁流。壁流效应造成气液两相在填料层分布不均匀，从而使传质效率下降。为此，当填料层较高时，需要进行分段，中间设置液体再分布装置。液体再分布装置包括液体收集器和液体再分布器两部分，上层填料流下的液体经收集器收集后，送到液体再分布器，经重新分布后喷淋到下层填料的上方。

2. 填料塔的特点

与板式塔相比，塔料塔具有如下特点。

(1)生产能力大　板式塔与填料塔的液体流动和传质机理不同，板式塔的传质是通过上升气体穿过板上的液层来实现的，塔板的开孔率一般占塔截面积的7% ~10% 。而填料塔的传质是通过上升气体和靠重力沿填料表面下降的液流接触来实现的。填料塔内件的开孔率均在50% 以上，而填料层的空隙率则超过90% ，一般液泛点较高。故单位塔截面积上，填料塔的生产能力一般均高于板式塔。

(2)分离效率高　一般情况下，填料塔具有较高的分离效率。工业填料塔每米理论级大多在2级以上，最多可达10级以上。而常用的板式塔，每米理论板最多不超过2级。研究表明，在减压和常压操作下，填料塔的分离效率明显优于板式塔，在高压下操作，板式塔的分离效率略优于填料塔。大多数分离是处于减压及常压的状态下进行操作。

(3)压力降小　填料塔由于空隙率高，故其压降远远小于板式塔。一般情况下，板式塔的每个理论级压降为0.4 ~1.1 kPa，填料塔为0.01 ~0.27 kPa，通常，板式塔的压降高于填料塔5倍左右。压降小不仅能降低操作费用，节约能耗，对于精馏过程，还可使塔釜温度降低，有利于热敏性物系的分离。

(4)持液量小　持液量是指塔在正常操作时填料表面、内件或塔板上所持有的液量。对于填料塔，持液量一般小于6% ，而板式塔则高达8%~12% 。持液量大，可使塔的操作平稳，不易引起产品的迅速变化，但大的持液量使开工时间增长，增加操作周期及操作费用，对于热敏性物系分离及间歇精馏过程是不利的。

(5)操作弹性大　由于填料本身对负荷变化的适应性很强，故填料塔的操作弹性取决于塔内件的设计，特别是液体分布器的设计，因而可根据实际需要确定填料塔的操作弹性。而板式塔的操作弹性则受到塔板液泛、雾沫夹带及降液管能力的限制，一般操作弹性较小。

近年来，国内外对填料的研究与开发进展很迅速，新型高效填料的不断出现，使填料塔的应用更加广泛，直径达几米甚至十几米的大型填料塔在工业上已非罕见。

3.3.2 填料

1. 填料特性

在填料塔内，气体由填料间的空隙流过，液体在填料表面形成液膜并沿填料间的空隙而下流，气、液两相间的传质过程在润湿的填料表面上进行。因此，填料塔的生产能力和传质速率均与填料特性密切相关。

填料性能的优劣通常根据通量、效率及压降3要素来衡量。表示填料性能的几何参数有以下几项。

(1)比表面积 单位体积填料层的填料表面积称为比表面积,以 a 表示,单位为m^2/m^3。填料的比表面积愈大,所能提供的气、液传质面积愈大。同一种类的填料,尺寸愈小,则比表面积愈大。

(2)空隙率 单位体积填料层的空隙体积称为空隙率,以 ε 表示,其单位为 m^3/m^3。填料的空隙率大,气、液通过能力强且气体流动阻力小。

(3)填料因子 将 a 与 ε 组合成 a/ε^3 的形式称为干填料因子,单位为 1/m。填料因子表示填料的流体力学性能。当填料被喷淋的液体润湿后,填料表面覆盖了一层液膜,a 与 ε 均发生相应的变化,此时 a/ε^3 称为湿填料因子,以 ϕ 表示。ϕ 代表实际操作时填料的流体力学特性,故进行填料塔计算时,应采用液体喷淋条件下实测的湿填料因子。ϕ 值小,表明流动阻力小,液泛速度可以提高。

在选择填料时,一般要求比表面积及空隙率要大,填料的润湿性能好,单位体积填料的质量轻,造价低,并有足够的机械强度。

2. 填料类型

填料的种类很多,大致可分为实体填料与网体填料两大类。实体填料有环形填料(如拉西环、鲍尔环及阶梯环等)和鞍形填料(如弧鞍、矩鞍等)以及栅板、波纹板填料。网体填料主要是由金属丝网制成的各种填料,如鞍形网、θ 网、波纹网填料等。按填料的装填方式又可分为散装填料及规整填料两大类。

1)散装填料

散装填料是一粒粒具有一定几何形状和尺寸的颗粒体,一般以散装方式堆积在塔内,又称为乱堆填料或颗粒填料。散装填料根据结构特点不同,又可分为环形填料、鞍形填料、环鞍形填料及球形填料等。现介绍几种较为典型的散装填料。

(1)拉西环 拉西环是使用最早的一种填料,为外径与高度相等的圆环,如图 3-15(a)所示。在强度允许的条件下,壁厚应尽量减薄,以提高空隙率及降低堆积密度。一般直径在 75 mm 以下的拉西环采用乱堆方式,使装卸方便,但气体阻力较大;直径大于 100 mm 的拉西环多采用整砌方式,以降低流动阻力。拉西环可用陶瓷、金属、塑料及石墨等材质制造。

拉西环形状简单,制造容易,对其流体力学和传质特性的研究较为充分,是最早使用的一种填料。但拉西环存在着严重的沟流及壁流现象,这是由于拉西环为圆柱形,堆积时相邻环之间容易形成线接触,塔径愈大,填料层愈高,则沟流及壁流现象愈严重,致使传质效率显著下降。此外,这种填料层的滞留液量大,气体流动阻力较高,通量较低。目前拉西环工业应用很少,已逐渐被其他新型填料所取代。

(2)鲍尔环 鲍尔环的构造是在拉西环的侧壁上开出一排或两排长方形的窗孔,被切开的环壁一侧仍与壁面相连,另一侧则向环内弯曲,且诸叶片的侧边在环中心相搭,如图 3-15(b) 所示。尽管鲍尔环填料的空隙率和比表面积与拉西环差不多,但由于环壁有开孔,大大提高了环内空间及环内表面的利用率,气体流动阻力降低,液体分布也较均匀。同种材质、同种规格、在相同的压降下,鲍尔环的气体通量可较拉西环增大 50% 以上;在相同气速

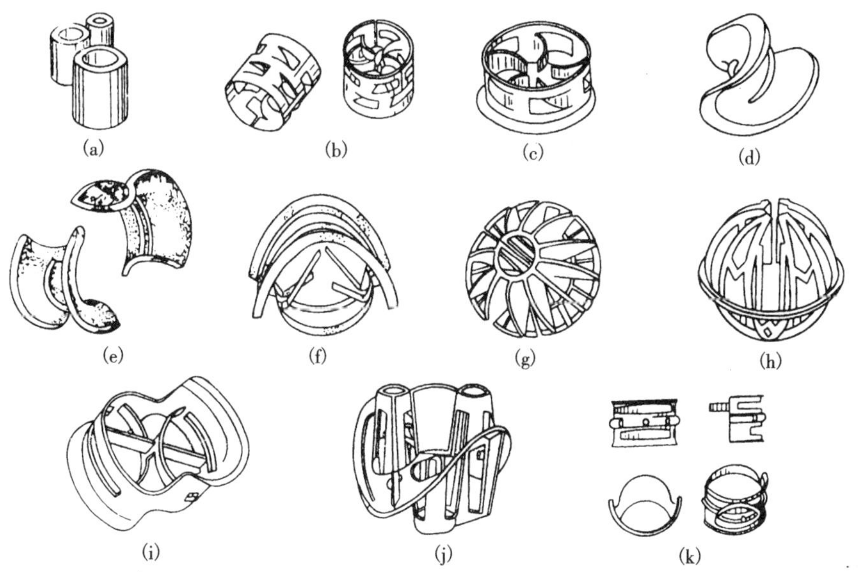

图 3-15 几种典型的散装填料

(a)拉西环填料 (b)鲍尔环填料 (c)阶梯环填料 (d)弧鞍填料 (e)矩鞍填料 (f)金属环矩鞍填料 (g)多面球形填料 (h)TRI 球形填料 (i)共轭环填料 (j)海尔环填料 (k)纳特环填料

下,鲍尔环填料的压力降仅为拉西环的一半。又由于鲍尔环上的两排窗孔交错排列,气体流动通畅,避免了液体严重的沟流及壁流现象。因此,鲍尔环比拉西环的传质效率高,操作弹性大,但价格较高。鲍尔环因其优良的性能在工业上被广泛采用。

(3)阶梯环 阶梯环是在鲍尔环基础上加以改进而发展起来的一种新型填料,如图 3-15(c) 所示。阶梯环与鲍尔环的相似之处是环壁上也开有窗孔,但阶梯环的高度仅为直径的一半,环的一端制成喇叭口,其高度约为总高的 1/5。由于阶梯环填料较鲍尔环填料的高度减少一半,使得绕填料外壁流过的气体平均路径缩短,从而减小了气体通过填料层的阻力。阶梯环一端的喇叭口形状,不仅增加了填料的机械强度,而且使填料个体之间多呈点接触,增大了填料间的空隙。接触点成为液体沿填料表面流动的汇聚分散点,可使液膜不断更新,有利于填料传质效率的提高。阶梯环填料具有气体通量大、流动阻力小、传质效率高等优点,成为目前使用的环形填料中性能最良好的一种。

(4)弧鞍与矩鞍 弧鞍与矩鞍均属敞开型填料,如图 3-15(d)、(e)所示。敞开型填料的特点是:表面全部敞开,不分内外,液体在表面两侧均匀流动,表面利用率高,气体流动阻力小,制造也方便。弧鞍填料是两面对称结构,相邻填料容易重叠,且强度较差,容易破碎。矩鞍填料结构不对称,填料两面大小不等,堆积时不会重叠,液体分布较均匀,传质效率较高;填料床层具有较大的空隙率,且流体通道多为圆弧形,使气体流动阻力减小。矩鞍填料的性能优于拉西环,目前在国内外绝大多数应用瓷拉西环的场合,都已被瓷矩鞍填料所取代。矩鞍填料的性能虽不如鲍尔环好,但构造比鲍尔环简单,是性能较好的一种实体填料。

(5)金属环矩鞍 金属环矩鞍填料是综合了环形填料通量大及鞍形填料的液体再分布性能好的优点而研制和发展起来的一种新型填料,如图 3-15(f)所示。这种填料既有类似开孔环形填料的圆孔、开孔和内伸的叶片，也有类似矩鞍填料的侧面。敞开的侧壁有利于气体和液体通过，在填料层内极少产生滞留的死角。填料层内流通孔道多，改进了液体分布，这种结构能够保证有效利用全部表面，较相同尺寸的鲍尔环填料阻力减小，通量增大，效率提高。此外，由于环矩鞍结构的特点，采用极薄的金属板轧制，仍能保持较好的机械强度。金属环矩鞍填料的性能优于目前常用的鲍尔环和矩鞍填料。

(6)球形填料　球形填料是散装填料的另一种形式，一般采用塑料材质注塑而成，其结构有多种，常见的有图3-15(g)所示的多面球形填料和图3-15(h)所示的TRI球形填料等。所有这些填料的特点是球体为空心，可以允许气体、液体从其内部通过。由于球体结构的对称性，填料装填密度均匀，不易产生空穴和架桥，所以气液分散性能好。球形填料一般适用于某些特定的场合，工程上应用较少。

以上介绍了几种较典型的散装填料。应予指出，随着化工技术的发展，近年来不断有新型填料开发出来，这些填料构型独特，均有各自的特点。常见的有图3-15(i)所示的共轭环填料、图3-15(j)所示的海尔环填料及图3-15(k)所示的纳特环填料等。

工业上常用的散装填料的特性数据列于本教材附录3中。

2)规整填料

规整填料是一种在塔内按均匀几何图形排列、整齐堆砌的填料。其特点是规定了气、液流径，改善了气、液分布状况，在低压降下，提供了很大的比表面积和高空隙率，使塔的传质性能和生产能力得到大幅度提高。

规整填料种类很多，根据其几何结构可分为格栅填料、波纹填料、脉冲填料等，现介绍几种较为典型的规整填料。

(1)格栅填料　格栅填料是以条状单元体经一定规则组合而成的，其结构随条状单元体的形式和组合规则而变，因而具有多种结构形式。工业上应用最早的格栅填料为木格栅填料，如图3-16(a)所示。目前应用较为普遍的有格里奇格栅填料、网孔格栅填料、蜂窝格栅填料等，其中以格里奇格栅填料最具代表性，如图3-16(b)所示。

格栅填料的比表面积较小，因此主要用于要求低压降、大负荷及防堵等场合。

(2)波纹填料　波纹填料是一种通用型规整填料，目前工业上应用的规整填料绝大部分属于此类。波纹填料是由许多波纹薄板组成的圆盘状填料，波纹与塔轴的倾角有30°和45°两种，组装时相邻两波纹板反向靠叠。各盘填料垂直装于塔内，相邻的两盘填料间交错90°排列。

波纹填料的优点是结构紧凑，具有很大的比表面积，其比表面积可由波纹结构形状而调整，常用的有125、150、250、350、500、700 m^2/m^3 等几种。相邻两盘填料相互垂直，使上升气流不断改变方向，下降的液体也不断重新分布，故传质效率高。填料的规则排列，使流动阻力减小，从而处理能力得以提高。波纹填料的缺点是不适用于处理黏度大、易聚合或有悬浮物的物料，此外，填料装卸、清理较困难，造价也较高。

波纹填料按材质结构可分为网波纹填料和板波纹填料两大类，其材质又有金属、塑料和陶瓷等之分。

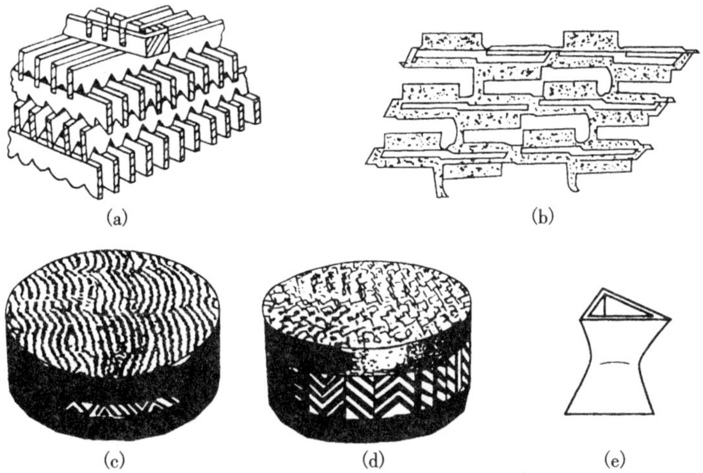

图 3-16 几种典型的规整填料
(a)木格栅填料 (b)格里奇格栅填料 (c)金属丝网波纹填料
(d)金属孔板波纹填料 (e)脉冲填料

金属丝网波纹填料是网波纹填料的主要形式，它是由金属丝网制成的，如图 3-16(c)所示。因丝网细密，故其空隙率较高，填料层压降低。丝网独具的毛细作用，使表面具有很好的润湿性能，故分离效率很高。该填料特别适用于精密精馏及真空精馏装置，为难分离物系、热敏性物系的精馏提供了有效手段。尽管其造价高，但因其性能优良仍得到了广泛应用。

金属孔板波纹填料是板波纹填料的一种主要形式，如图 3-16(d)所示。该填料的波纹板片上钻有许多 $\phi5$ mm 左右的小孔，可起到粗分配板片上的液体、加强横向混合的作用。波纹板片上轧出细小沟纹，可起到细分配板片上的液体、增强表面润湿性能的作用。金属孔板波纹填料强度高，耐腐蚀性强，特别适用于大直径塔及气液负荷较大的场合。

另一种有代表性的板波纹填料为金属压延孔板波纹填料。它与金属孔板波纹填料的主要区别在于板片表面不是钻孔，而是刺孔，用辗轧方式在板片上辗出密度很大的孔径为 0.4 ~ 0.5 mm 的小刺孔。其分离能力类似于网波纹填料，但抗堵能力比网波纹填料强，并且价格便宜，应用较为广泛。

(3)脉冲填料 脉冲填料是由带缩颈的中空棱柱形单体，按一定方式拼装而成的一种规整填料，如图 3-16(e)所示。脉冲填料组装后，会形成带缩颈的多孔棱形通道，其纵面流道交替收缩和扩大，气液两相通过时产生强烈的湍动。在缩颈段，气速最高，湍动剧烈，从而强化了传质。在扩大段，气速减到最小，实现两相的分离。流道收缩、扩大的交替重复，实现了“脉冲”传质过程。

脉冲填料的特点是处理量大，压力降小，是真空精馏的理想填料。因其优良的液体分布性能使放大效应减弱，故特别适用于大塔径的场合。

工业上常用的规整填料的特性参数列于本教材附录 4 中。

3. 填料的选择

填料的选择包括选择填料的种类、规格（尺寸）和材质3个方面的内容。选择的依据是分离工艺的要求、被处理物料的性质、各种填料本身的特性。应尽量选用技术资料齐备、使用性能成熟的新型填料。对性能相近的填料，应通过技术经济评价来确定，使设备的投资和操作费用之和最低。

应予指出，一座填料塔，可以选用同种类型、同种规格的填料，也可选用同种类型、不同规格的填料，还可选用不同类型的填料；也可以有的塔段选用规整填料，有的塔段选用散装填料。设计时应灵活掌握，达到技术上可行、经济上合理的要求。

3.3.3 填料塔的流体力学性能与操作特性

课程思政

1. 填料塔的流体力学性能

填料塔的流体力学性能直接影响到塔内的传质效果和塔的生产能力。填料塔的流体力学性能包括填料层的持液量、压力降等。

1）填料层的持液量

填料层的持液量是指在一定操作条件下，单位体积填料内在填料表面和填料空隙中所积存的液体量，一般以“m^3 液体/m^3 填料”表示。总持液量 H_t 包括静持液量 H_s 和动持液量 H_c 两部分，即

$$H_t = H_s + H_c \tag{3-30}$$

静持液量是指当塔停止气、液两相供料，经适当时间排液，直至无滴液时积存于填料层中的液体量。显然，静持液量与气、液相流量无关，只取决于填料与液体的特性。动持液量是指填料塔停止气、液两相进料的瞬间起流出的液体量，它与填料、液体特性及气、液负荷有关。

一般说来，适量的持液量对填料塔操作的稳定性与传质是有利的，但持液量过大，将导致填料层的压力降增大，填料塔的生产能力降低。

持液量可由实验测定，也可用经验公式估算。

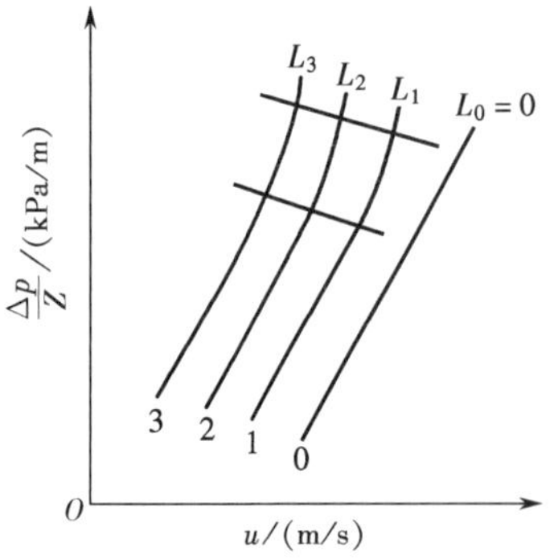

图3-17 填料层的 $\Delta p/Z$-u 关系

2）气体通过填料层的压力降

在逆流操作的填料塔内，液体从塔顶喷淋下来，依靠重力在填料表面作膜状流动，液膜与填料表面的摩擦及液膜与上升气体的摩擦构成了液膜流动的阻力，引起填料层的压力降。

压力降是塔设计中的重要参数，气体通过填料层压力降的大小决定了塔的动力消耗。由于压力降与气、液流量有关，将不同喷淋量下单位高度填料层的压力降 $\Delta p/Z$ 与空塔气速 u 的实测数据标绘在对数坐标纸上，可得如图3-17所示的线簇。各类填料的图线都大致如此。

当无液体喷淋即喷淋量 $L_0=0$ 时，干填料的 $\Delta p/Z$-u 的关系是直线，如图3-17中直线0

所示,其斜率为1.8～2.0。当有一定的喷淋量时(图中曲线1、2、3对应的液体喷淋量依次增大),$\Delta p/Z\text{-}u$ 的关系变成折线,并存在2个转折点,下转折点称为“载点”,上转折点称为“泛点”。这2个转折点将 $\Delta p/Z\text{-}u$ 关系线分为3个区段,即恒持液量区、载液区与液泛区。

当气速较低时,液体在填料层内向下流动几乎与气速无关。在恒定的喷淋量下,填料表面上覆盖的液体膜层厚度不变,因而填料层的持液量不变,故为恒持液量区。在同一空塔气速之下,由于湿填料层内所持液体占据一定空间,故气体的真实速度较通过干填料层时的真实速度高,因而压力降也较大。此区域的 $\Delta p/Z\text{-}u$ 线在干填料线的左侧,且两线相互平行。

随着气速的增大,上升气流与下降液体间的摩擦力开始阻碍液体下流,使填料层的持液量随气速的增加而增加,此种现象称为拦液现象。开始发生拦液现象时的空塔气速称为载点气速。超过载点气速后,$\Delta p/Z\text{-}u$ 关系线的斜率大于2。

如果气速继续增大,由于液体不能顺利下流,而使填料层内持液量不断增多,以致几乎充满了填料层中的空隙,此时压力降急剧升高,$\Delta p/Z\text{-}u$ 关系线的斜率可达10以上。压力降曲线近于垂直上升的转折点称为泛点。达到泛点时的空塔气速称为液泛气速或泛点气速。

不同填料、不同喷淋量下的 $\Delta p/Z\text{-}u$ 关系曲线的基本形状相近。

2. 填料塔的操作特性

1)填料塔内的气液分布

在填料塔内,气液两相的传质是依靠在填料表面展开的液膜与气体的充分接触而实现的。若气液两相分布不均,将使传质的平均推动力减小,传质效率下降。因此,气液两相的均匀分布是填料塔设计与操作中十分重要的问题。

气液两相的分布通常分为初始分布和动态分布。初始分布是指进塔的气液两相通过分布装置所进行的强制分布;动态分布是指在一定的操作条件下,气液两相在填料层内,依靠自身性质与流动状态所进行的随机分布。通常,初始分布主要取决于分布装置的设计,而动态分布则与操作条件、填料的类型与规格、填料充填的均匀程度、塔安装的垂直度、塔的直径等密切相关。研究表明,气液两相的初始分布较动态分布更为重要,往往是决定填料塔分离效果的关键。

2)液泛

在泛点气速下,持液量的增多使液相由分散相变为连续相,而气相由连续相变为分散相,气、液两相间的相互接触从填料表面转移到填料层的空隙中,气、液通过鼓泡传质。此时,气流出现脉动,液体被气流大量带出塔顶,塔的操作极不稳定,甚至被完全破坏,此种情况称为填料塔的液泛现象。泛点气速就是开始发生液泛现象时的空塔气速,以 u_{max} 表示。

实验表明,当空塔气速在载点与泛点之间时,气体和液体的湍动加剧,气、液接触良好,传质效果提高。泛点气速是填料塔操作的最大极限气速,填料塔的适宜操作气速通常依泛点气速来选定,故正确地求取泛点气速对于填料塔的设计和操作都十分重要。

应予指出,有时在实测的 $\Delta p/Z\text{-}u$ 关系线上,载点与泛点并不明显,线的斜率是逐渐变化的,因而在上述3个区域间并无截然的界限。

影响泛点气速的因素很多,如填料的特性、流体的物理性质和液气比等。

(1)填料的特性　填料的流体力学特性集中体现在填料因子 ϕ 上。填料因子 ϕ 的数值在某种程度上能反映填料流体力学性能的优劣。实践表明，ϕ 值越小，液泛速度越高。对于同一类型、同一材质而尺寸不同的填料，填料因子 ϕ 取决于填料的比表面积及空隙率；但对于不同类型的填料，ϕ 值则更主要取决于填料的几何形状特征。

(2)流体的物理性质　流体的物理性质是指气体的密度 ρ_V、液体的黏度 μ_L 和密度 ρ_L 等。液体的密度 ρ_L 越大，因液体靠自身重力下流，则泛点气速越大；气体密度 ρ_V 越大，则同一气速下对液体的阻力也越大；液体黏度 μ_L 越大，则填料表面对液体的摩擦阻力也越大，流动阻力增大，使泛点气速降低。

(3)液气比　液气比 w_L/w_V 愈大，则泛点气速愈小。这是因为在其他因素一定时，随着液体喷淋量的增大，填料层的持液量增加而空隙率减小，从而使开始发生液泛的空塔气速变小。

目前工程设计中广泛采用埃克特(Eckert)通用关联图来计算填料塔的压力降及泛点气速。此图所关联的参数比较全面，计算结果在一定范围内尚能符合实际情况。

通用关联图如图 3-18 所示，横坐标为 $\dfrac{w_L}{w_V}\left(\dfrac{\rho_V}{\rho_L}\right)^{0.5}$，纵坐标为 $\dfrac{u^2\phi\psi}{g}\left(\dfrac{\rho_V}{\rho_L}\right)\mu_L^{0.2}$ 或 $\dfrac{u_{max}^2\phi\psi}{g}\left(\dfrac{\rho_V}{\rho_L}\right)\mu_L^{0.2}$。

图 3-18 中，最上方的 3 条线分别为弦栅填料、整砌拉西环填料及散装填料的泛点线。与泛点线相对应的纵坐标值为 $\dfrac{u_{max}^2\phi\psi}{g}\left(\dfrac{\rho_V}{\rho_L}\right)\mu_L^{0.2}$。若已知气、液两相流量比及各自的密度，则可算出图中横坐标的数值，由此点作垂线与泛点线相交，再由交点的纵坐标数值求得泛点气速 u_{max}。图中左下方线簇为散装填料层的等压力降线，在设计中可根据规定的压力降，求算相应的空塔气速，反之，根据选定的空塔气速可求压力降。

埃克特通用关联图适用于各种散装填料，如拉西环、鲍尔环、弧鞍、矩鞍等，但需确知填料的 ϕ 值。

国内研究者的大量实验数据表明，计算液泛气速与计算气体压力降时，若分别采用不同的填料因子数值，可使计算误差减小。压降填料因子 ϕ_P 小于泛点填料因子 ϕ_F。泛点填料因子 ϕ_F 可由相关公式计算。

3)填料的润湿性能和液体喷淋密度

填料塔中气、液两相间的传质主要是在填料表面流动的液膜上进行的，而液体能否成膜取决于填料表面的润湿性能，因此，传质效率就与填料的润湿性能密切相关。

在一定的物系和操作条件下，填料的润湿性能由填料的材质、表面形状及装填方法所决定。能被液体润湿的材质、不规则的表面形状及乱堆的装填方式，都有利于用较少的液体获得较大的润湿表面，且液膜在不规则的乱堆填料表面湍动和不断更新，会大大提高相间的传质速率。

为使填料能获得良好的润湿，还应使塔内液体的喷淋量不低于某一极限值，此极限值称

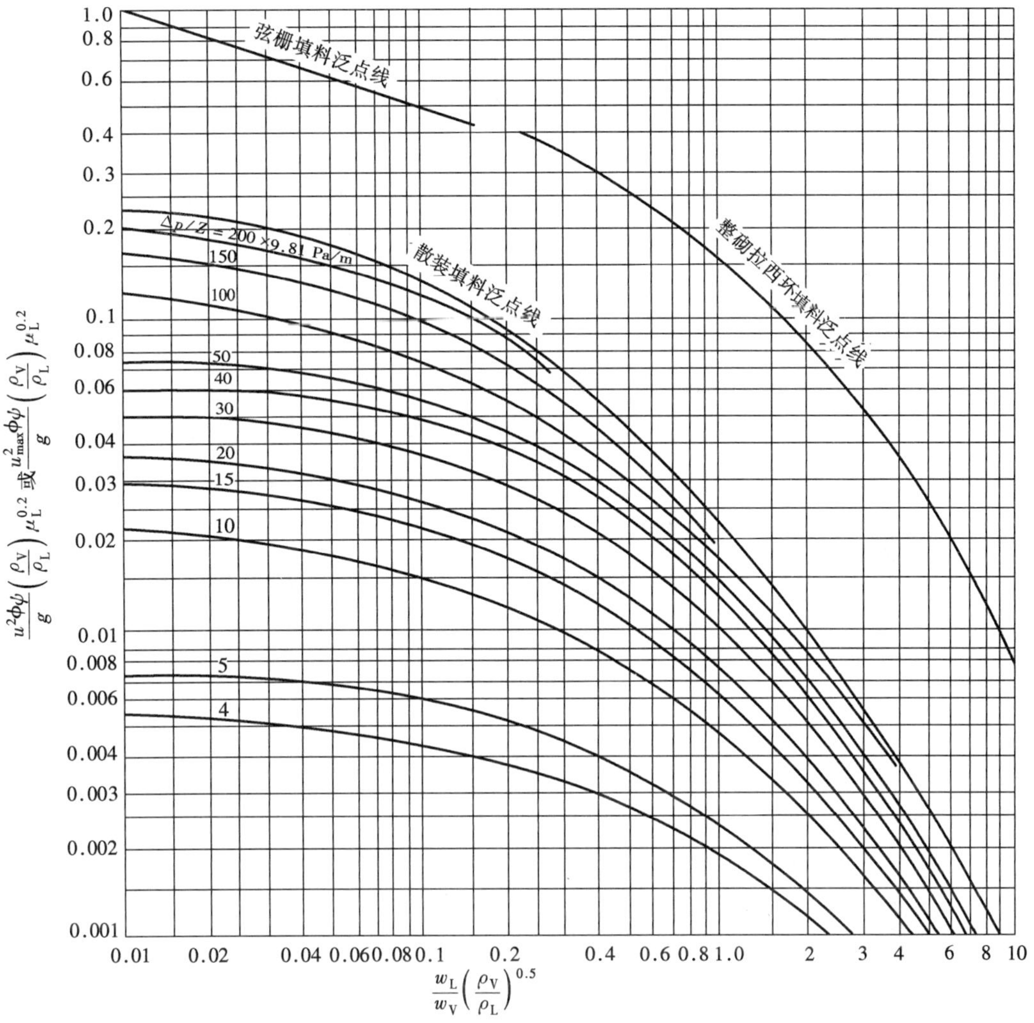

图 3-18 埃克特通用关联图

u_{max}——泛点气速，m/s u——空塔气速，m/s g——重力加速度，m/s^2 ϕ——填料因子，1/m ψ——液体密度校正系数，等于水的密度与液体密度之比，即 $\psi=\frac{\rho_{水}}{\rho_L}$ ρ_L、ρ_V——液体与气体的密度，kg/m^3 μ_L——液体的黏度，mPa·s

w_L、w_V——液相及气相的质量流量，kg/s

为最小喷淋密度，以 U_{min} 表示，定义为单位时间内单位塔截面积上喷淋的液体体积。最小喷淋密度能维持填料的最小润湿速率。它们之间的关系为

$$U_{min}=(L_W)_{min}a \tag{3-31}$$

式中 a——填料的比表面积，m^2/m^3；

U_{min}——最小喷淋密度，m^3/(m^2·s)；

$(L_W)_{min}$——最小润湿速率，m^3/(m·s)。

润湿速率是指在塔的横截面上，单位长度的填料周边上液体的体积流量。对于直径不超过 75 mm 的拉西环及其他填料，可取最小润湿速率 $(L_W)_{min}$ 为 0.08 m^3/(m·h)；对于直径

大于75 mm的环形填料,应取为0.12 $m^3/(m \cdot h)$。

实际操作时采用的喷淋密度应大于最小喷淋密度。若喷淋密度过小,可采用增大回流比或采用液体再循环的方法加大液体流量,以保证填料的润湿性能;也可采用减小塔径,或适当增加填料层高度的办法予以补偿。

在液泛之前,即使液体的喷淋密度超过相应的最小喷淋密度,填料表面也不可能全部润湿。因此,单位体积填料层的润湿面积常小于填料的比表面积。填料塔的预液泛操作可使填料完全润湿。

4)返混

在填料塔内,气液两相的逆流并不呈理想的活塞流状态,而是存在着不同程度的返混。造成返混现象的原因很多,如:填料层内的气液分布不均;气体和流体在填料层内的沟流;液体喷淋密度过大时所造成的气体局部向下运动;塔内气液的湍流脉动使气液微团停留时间不一致;等等。填料塔内流体的返混使得传质平均推动力变小,传质效率降低。因此,按理想的活塞流设计的填料层高度,因返混的影响需适当加高,以保证预期的分离效果。

3.3.4 填料塔的计算

1. 塔径

填料塔的直径 D 与空塔气速 u 及气体体积流量 V_s 之间的关系也可用圆管内流量公式表示,因而也可用式(3-2)计算塔径,即

$$D=\sqrt{\frac{4V_s}{\pi u}}$$

前已述及,泛点气速是填料塔操作气速的上限。一般取空塔气速为泛点气速的50%~85%。空塔气速与泛点气速之比称为泛点率。

泛点率的选择,须依具体情况决定。例如,对易起泡沫的物系,泛点率应取50%或更低;对加压操作的塔,减小塔径有更多好处,故应选取较高的泛点率;对某些新型高效填料,泛点率也可取得高些。大多数情况下的泛点率宜取为60%~80%。一般填料塔的操作气速大致为0.5~1.2 m/s。

根据上述方法算出的塔径,也应按压力容器公称直径标准进行圆整,如圆整为400 mm、500 mm、600 mm、…、1 000 mm、1 200 mm、1 400 mm等。

应予指出,采用上述方法计算出塔径后,还应用式(3-31)检验塔内的喷淋密度是否大于最小喷淋密度。此外,为保证填料润湿均匀,还应注意使塔径与填料尺寸之比在8以上。

2. 填料层的有效高度

填料层的有效高度可采用如下两种方法计算。

1)传质单元法

填料层高度 Z = 传质单元高度 × 传质单元数

此法在吸收计算中已有介绍。通常,该法多用于吸收、脱吸、萃取等填料塔的设计计算。

2)等板高度法

$$Z = N_T \times HETP \tag{3-32}$$

式中 N_T——理论板层数；

$HETP$——等板高度，又称理论板当量高度，m。

等板高度($HETP$)是与一层理论塔板的传质作用相当的填料层高度，也称理论板当量高度。显然，等板高度愈小，说明填料层的传质效率愈高，则完成一定分离任务所需的填料层的总高度愈低。等板高度不仅取决于填料的类型与尺寸，而且受系统物性、操作条件及设备尺寸的影响。等板高度的计算，迄今尚无满意的方法，一般通过实验测定，或取生产设备的经验数据。当无实验数据可取时，只能参考有关资料中的经验公式，此时要注意所用公式的适用范围。

应予指出，采用上述方法计算出填料层高度后，还应留出一定的安全系数。根据设计经验，填料层的设计高度一般为

$$Z' = (1.2 \sim 1.5)Z \tag{3-33}$$

式中 Z'——设计时的填料层高度，m；

Z——工艺计算得到的填料层高度，m。

还应指出，液体沿填料层下流时，有逐渐向塔壁方向集中的趋势而形成壁流效应。壁流效应造成填料层气、液分布不均匀，使传质效率降低。因此，设计中，每隔一定的填料层高度，需要设置液体收集再分布装置，即将填料层分段。

(1)散装填料的分段　对于散装填料，一般推荐的分段高度值见表3-5。表中 h/D 为分段高度与塔径之比，h_{max} 为允许的最大填料层高度。

表3-5　散装填料分段高度推荐值

填料类型	h/D	h_{max}/m
拉西环	2.5	4
矩鞍	5~8	6
鲍尔环	5~10	6
阶梯环	8~15	6
环矩鞍	8~15	6

(2)规整填料的分段　对于规整填料，填料层分段高度可按式(3-34)确定：

$$h = (15 \sim 20)HETP \tag{3-34}$$

式中 h——规整填料分段高度，m；

$HETP$——规整填料的等板高度，m。

亦可按表3-6推荐的分段高度值确定。

表3-6 规整填料分段高度推荐值

填料类型	分段高度/m
250Y 板波纹填料	6.0
500Y 板波纹填料	5.0
500(BX)丝网波纹填料	3.0
700(CY)丝网波纹填料	1.5

【例3-3】 某矿石焙烧炉送出的气体冷却到20 ℃后送入填料吸收塔中,用清水洗涤以除去其中的SO_2,SO_2的体积分数为0.06,要求吸收率$\varphi_A=98\%$。已知吸收塔内绝对压力为101.33 kPa,入塔的炉气体积流量为1 000 m³/h,炉气的平均摩尔质量为32.16 kg/kmol,洗涤水耗用量为22 600 kg/h。吸收塔采用25 mm×25 mm×1.2 mm的塑料鲍尔环以乱堆方式充填。填料层的总体积传质系数$K_Ya=146\ \text{kmol/(m}^3\cdot\text{h)}$,操作条件下的平衡关系为$Y=26.4X$。试计算该填料吸收塔的塔径和填料层高度,并核算总压力降。

解:(1)塔径D

炉气的质量流量$w_V=\dfrac{1\ 000}{22.4}\times\dfrac{273}{273+20}\times 32.16=1\ 338\ \text{kg/h}$

炉气的密度$\rho_V=\dfrac{1\ 338}{1\ 000}=1.338\ \text{kg/m}^3$

清水的密度$\rho_L=1\ 000\text{kg/m}^3$

则
$$\frac{w_L}{w_V}\left(\frac{\rho_V}{\rho_L}\right)^{0.5}=\frac{22\ 600}{1\ 338}\times\left(\frac{1.338}{1\ 000}\right)^{0.5}=0.618$$

由图3-18中的散装填料泛点线可查出,横坐标为0.618时的纵坐标数值为0.035,即

$$u_{max}^2=\frac{\phi\psi\rho_V\mu_L^{0.2}}{g\rho_L}=0.035$$

查本教材附录3得知,25 mm×25 mm×1.2 mm塑料鲍尔环(乱堆)的填料因子$\phi=285\ \text{m}^{-1}$;又因液相为清水,故液体密度校正系数$\psi=1$;水的黏度$\mu_L=1\ \text{mPa}\cdot\text{s}$。泛点气速为

$$u_{max}=\sqrt{\frac{0.035g\rho_L}{\phi\psi\rho_V\mu_L^{0.2}}}=\sqrt{\frac{0.035\times 9.81\times 1\ 000}{285\times 1\times 1.338\times 1^{0.2}}}=0.949\ \text{m/s}$$

取空塔气速为泛点气速的70%,即

$$u=0.7u_{max}=0.7\times 0.949=0.664\ 3\ \text{m/s}$$

则
$$D=\sqrt{\frac{4\times 1\ 000/3\ 600}{\pi\times 0.664\ 3}}=0.730\ \text{m}$$

圆整塔径$D=0.800$ m。再计算空塔气速,即

$$u=\frac{V_s}{\dfrac{\pi}{4}D^2}=\frac{4\times 1\ 000}{3\ 600\times\pi\times 0.800^2}=0.553\ \text{m/s}$$

$$\text{泛点率}\ u/u_{max}=\frac{0.553}{0.949}\times 100\%=58.3\%$$

因填料尺寸为25 mm×25 mm×1.2 mm,塔径与填料尺寸之比大于8。依式(3-31)计算

最小喷淋密度。因填料尺寸小于 75 mm，故取 $(L_W)_{min}=0.08\ m^3/(m\cdot h)$，由附录 3 查得，$a=213\ m^2/m^3$，则

$$U_{min}=(L_W)_{min}a=0.08\times213=17.04\ m^3/(m^2\cdot h)$$

操作条件下的喷淋密度为

$$U=\frac{22\ 600}{1\ 000}\Big/\left(\frac{\pi}{4}\times0.8^2\right)=45\ m^3/(m^2\cdot h)(>U_{min})$$

经核算，选用塔径 0.800 m 符合要求。

(2)填料层高度

对于吸收操作，用传质单元法计算填料层高度。

$$V=\frac{1\ 000}{22.4}\times\frac{273}{273+20}\times(1-0.06)=39.1\ kmol/h$$

$$L=22\ 600/18=1\ 256\ kmol/h$$

$$\Omega=\frac{\pi}{4}D^2=\frac{\pi}{4}\times0.800^2=0.502\ 7\ m^2$$

$$S=mV/L=26.4\times39.1/1\ 256=0.822$$

清水吸收，$X_2=0$，$Y_2^*=0$，

$$\frac{Y_1-Y_2^*}{Y_2-Y_2^*}=\frac{Y_1}{Y_1(1-\varphi_A)}=\frac{1}{1-\varphi_A}$$

则 $$H_{OG}=V/(K_Ya\Omega)=39.1/(146\times0.502\ 7)=0.533\ m$$

$$N_{OG}=\frac{1}{1-S}\ln\left[(1-S)\frac{Y_1-Y_2^*}{Y_2-Y_2^*}+S\right]=\frac{1}{1-0.822}\times\ln\left[(1-0.822)\times\frac{1}{1-0.98}+0.822\right]$$

$$=12.78$$

$$Z=H_{OG}N_{OG}=0.533\times12.78=6.812\ m$$

实装填料层高度 $Z'=1.3Z=1.3\times6.812=8.860$ m。

由于 $Z'>h_{max}=6$ m，故填料层分两段，每段 4.5 m。

(3)填料层的压力降

纵坐标 $u^2\dfrac{\phi\psi\rho_V\mu_L^{0.2}}{g\rho_L}=0.583^2\times0.035=0.011\ 9$，取为 0.012。

横坐标 $\dfrac{w_L}{w_V}\left(\dfrac{\rho_V}{\rho_L}\right)^{0.5}=0.618$。

根据以上两数值在图 3-18 中确定塔的操作点，此点位于 $\Delta p/Z=200$ Pa/m 与 $\Delta p/Z=300$ Pa/m 两条等压线之间。用内插法估值可求得每米填料层的压力降约为 220 Pa/m。则

$$\Delta p=9\times220=1\ 980\ Pa$$

即填料层的总压力降为 1 980 Pa。

在确定填料塔的直径时，应注意塔径的圆整和最小喷淋密度的核算；在确定填料层高度时，应注意填料层的分段问题。

3.3.5 填料塔的内件

填料塔的内件主要有填料支撑装置、填料压紧装置、液体分布装置、液体收集及再分布装置等。合理地选择和设计塔内件,对保证填料塔的正常操作及优良的传质性能十分重要。

1. 填料支撑装置

填料支撑装置的作用是支撑塔内填料床层。常用的填料支撑装置有栅板型、孔管型、驼峰型等,如图3-19所示。选择哪种支撑装置,主要根据塔径、使用的填料种类及型号、塔体及填料的材质、气液流量等而定。

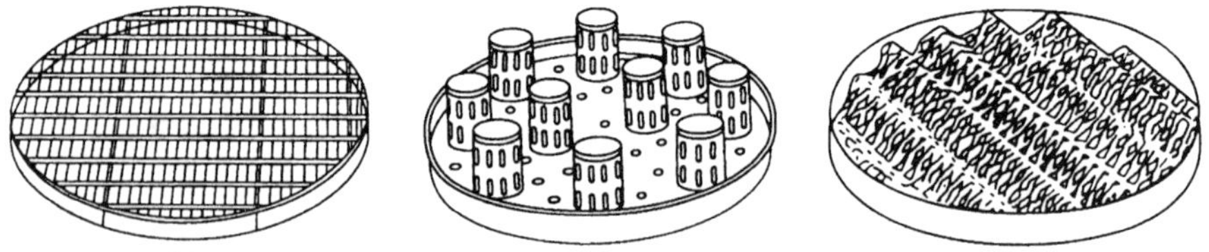

(a) (b) (c)

图3-19 填料支撑装置

(a)栅板型 (b)孔管型 (c)驼峰型

在填料塔的工程设计中,对填料支撑装置的基本要求是:①应具有足够的强度和刚度,能承受填料的质量、填料层的持液量以及操作中附加的压力等;②应具有大于填料层空隙率的开孔率,防止在此首先发生液泛,进而导致整个填料层的液泛;③结构要合理,利于气液两相均匀分布,阻力小,便于拆装。

2. 填料压紧装置

为防止在高压力降、瞬时负荷波动等情况下填料床层发生松动和跳动,保持填料床层均匀一致的空隙结构,使操作正常、稳定,在填料装填后于其上方要安装填料压紧装置。

填料压紧装置分为填料压板和床层限制板两大类,每类又有不同的形式,图3-20中给出了几种常用的填料压紧装置。填料压板自由放置于填料层上端,靠自身重量将填料压紧,它适用于陶瓷、石墨制的散装填料。因其易碎,当填料层发生破碎时,填料层空隙率下降,此时填料压板可随填料层一起下落,紧紧压住填料而不会造成填料松动。床层限制板用于金属散装填料、塑料散装填料及所有规整填料。因金属及塑料填料不易破碎且有弹性,在装填

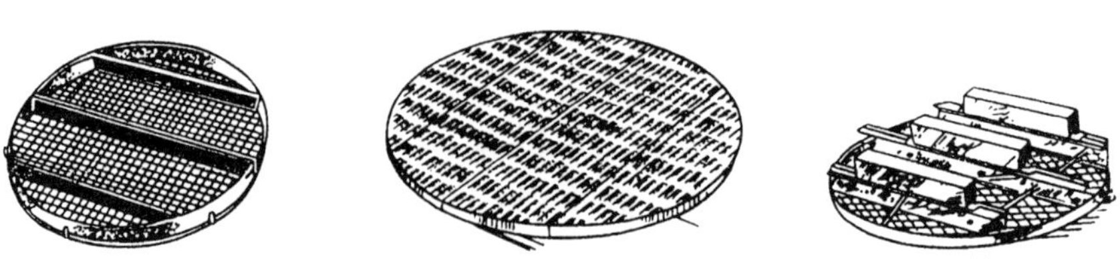

(a) (b) (c)

图3-20 填料压紧装置

(a)填料压紧栅板 (b)填料压紧网板 (c)905型金属压板

正确时不会使填料下沉。床层限制板要固定在塔壁上,为不影响液体分布器的安装和使用,不能采用连续的塔圈固定,对于小塔可用螺钉固定于塔壁,而大塔则用支耳固定。

3. 液体分布装置

填料塔的传质过程要求塔内任一截面上气液两相流体能均匀分布,从而实现密切接触、高效传质,其中流体的初始分布至关重要。在填料塔的工程设计中,对液体分布装置的基本要求是:①具有与填料相匹配的布液点密度和均匀的分布质量,填料比表面积越大,分离要求越精密,则布液点密度应越大;②操作弹性较大,适应性好;③为气体提供尽可能大的自由截面率,实现气体的均匀分布,且阻力小;④结构合理,便于制造、安装、调整和检修。

液体分布装置的种类多样。图3-21(a)所示为喷头式分布器,液体由半球形喷头的小孔

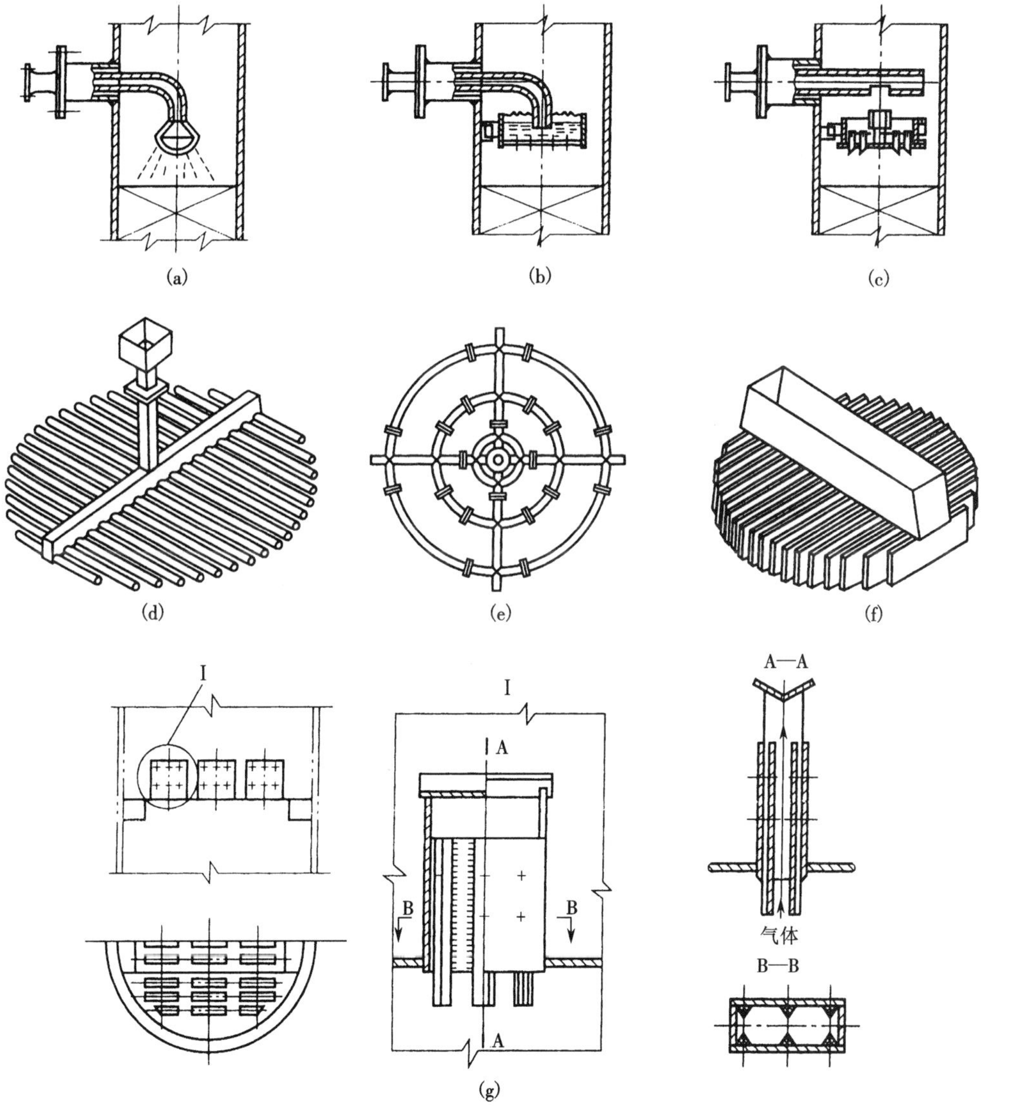

图3-21 液体分布装置

(a)喷头式 (b)盘式筛孔型 (c)盘式溢流管式 (d)排管式 (e)环管式 (f)槽式 (g)槽盘式

喷出,小孔直径为3~10 mm,作同心圈排列,喷洒角≤80°,直径为(1/5~1/3)D。这种分布器结构简单,只适用于直径小于600 mm的塔中。因小孔容易堵塞,一般应用较少。图3-21(b)、(c)所示为盘式分布器,液体加至分布盘上,经筛孔或溢流管流下。分布盘直径为塔径的3/5~4/5倍,此种分布器常用于直径小于800 mm的塔中。图3-21(d)、(e)所示为管式分布器,由不同结构形式的开孔管制成。其突出的特点是结构简单,供气体流过的自由截面大、阻力小。但小孔易堵塞,弹性一般较小。管式液体分布器使用十分广泛,多用于中等以下液体负荷的填料塔中。图3-21(f)所示为槽式液体分布器,通常是由分流槽(又称主槽或一级槽)、分布槽(又称副槽或二级槽)构成的。一级槽通过槽底开孔将液体初分成若干流股,分别加入其下方的分布槽。分布槽的槽底(或槽壁)上设有孔道(或导管),将液体均匀分布于填料层上。槽式液体分布器具有较大的操作弹性和极好的抗污堵性,特别适用于大气液负荷及含有固体悬浮物、黏度大的液体的分离场合。槽盘式分布器是近年来开发的新型液体分布器,其结构如图3-21(g)所示。它将槽式及盘式分布器的优点有机地结合于一体,兼有集液、分液及分气三种作用,结构紧凑,操作弹性高达10:1。气液分布均匀,阻力较小,特别适用于易发生夹带、易堵塞的场合。

4. 液体收集及再分布装置

液体沿填料层向下流动时,有偏向塔壁流动的现象,这种现象称为壁流。壁流将导致填料层内气液分布不均,使传质效率下降。为减少壁流现象,可间隔一定高度在填料层内设置液体再分布装置。

最简单的液体再分布装置为截锥式再分布器,如图3-22(a)所示。截锥式再分布器结构简单,安装方便,但它只起到将壁流向中心汇集的作用,无液体再分布的功能,一般用于直径小于0.6 m的塔中。

在通常情况下,一般将液体收集器与液体分布器同时使用,构成液体收集及再分布装置。液体收集器的作用是将上层填料流下的液体收集,然后送至液体分布器进行液体再分布。常用的液体收集器为斜板式液体收集器,如图3-22(b)所示。

前已述及,槽盘式液体分布器兼有集液和分液的功能,故槽盘式液体分布器是优良的液体收集及再分布装置。

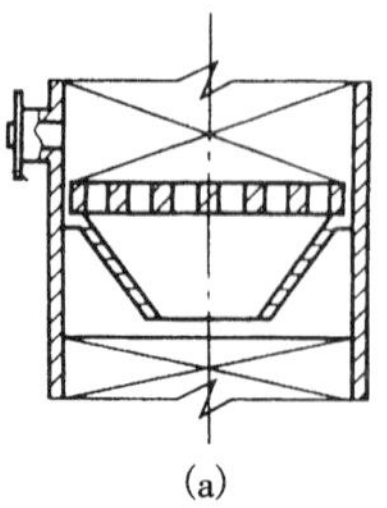

(a)

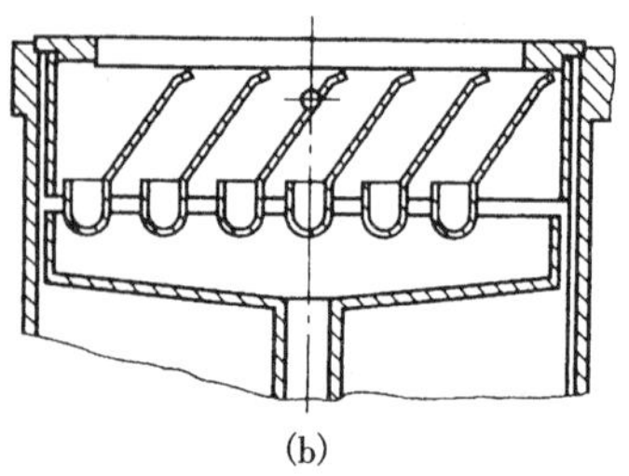

(b)

图3-22 液体收集再分布装置

(a)截锥式再分布器 (b)斜板式液体收集器

习题

1. 某工厂有一内径为0.8 m的废丙酮溶剂回收塔，塔内装有DN38金属阶梯环填料。已知该填料塔操作的液相负荷为8.2 m^3/h，液气质量比为3.15，操作条件下气、液相的平均密度分别为1.465 kg/m^3 和815.6 kg/m^3。(1)试求操作时的空塔气速；(2)试通过计算说明操作时的液体喷淋密度是否合适。〔答：(1)0.801m/s；(2)合适〕

2. 聚氯乙烯生产过程中，需要将乙炔发生器送出来的粗乙炔气体净化，办法是在填料塔中用次氯酸钠稀溶液除去其中的硫、磷等杂质。粗乙炔气体通入填料塔的体积流量为700 m^3/h、密度为1.16 kg/m^3；次氯酸钠溶液的用量为4 000 kg/h、密度为1 050 kg/m^3、黏度为1.06 mPa·s。所用填料为陶瓷拉西环，其尺寸有50 mm×50 mm×4.5 mm及25 mm×25 mm×2.5 mm两种。大填料在下层，小填料在上层，各高5 m，乱堆。若取空塔气速为液泛气速的80%，试求此填料吸收塔的直径及流动阻力。〔答：$D=0.444$ m，$\Delta p_{总}=8\ 437$ Pa〕

3. 在直径为0.8 m的填料塔中，装填25 mm×25 mm×2.5 mm的瓷拉西环，用于常压、20 ℃下气体吸收操作。若液、气性质分别与水和空气相同，按质量计的液、气流量比为5。核算上升气量达3 000 m^3/h时，是否会发生液泛现象？若改用25 mm×25 mm×0.6 mm的金属鲍尔环，上升气量提高到多少才会液泛？〔答：会发生液泛；$V'_{max}=4\ 064$ m^3/h〕

4. 欲采用浮阀塔分离甲醇水溶液。已知当操作回流比取1.34时，精馏段需用6层理论塔板完成分离任务。又知：上升蒸气的平均密度$\rho_V=1.13$ kg/m^3，下降液体的平均密度$\rho_L=801.5$ kg/m^3，上升蒸气的平均流量$V_h=14\ 600$ m^3/h，下降液体的平均流量$L_h=11.8$ m^3/h，下降液体的平均表面张力$\sigma=20.1$ mN/m。已确定该塔在常压下操作，采用F1型浮阀，又知总板效率可取为60%。试对该塔的精馏段进行设计计算。〔答：略〕

5. 拟在常压填料塔中用20 ℃的清水吸收混于空气中的某溶质A，要求将空气中A的组分由0.05降至0.000 5(均为摩尔比)。已知数据为：混合气的质量流量$w_V=1\ 800$ kg/h，清水的质量流量$w_L=5\ 200$ kg/h，混合气的平均摩尔质量$M=28.2$ kg/kmol，操作条件下的平衡关系为$Y=0.76X$，采用DN38陶瓷矩鞍填料时的总体积传质系数为$K_Ya=250$ kmol/(m^3·h)。试根据上述条件对该填料塔进行设计。〔答：略〕

思考题

1. 板式塔负荷性能图的意义是什么？在板式塔的负荷性能图中，各条极限负荷曲线的依据是什么？为扩大塔的适宜操作范围，应如何调节塔板结构参数？

2. 塔板上有哪些异常操作现象？它们对传质性能有何影响？

3. 评价塔板性能的指标有哪些？

4. 填料塔的流体力学性能包括哪些？对塔的传质性能有何影响？

5. 综合比较板式塔与填料塔的性能特点，说明板式塔与填料塔各适用于何种场合。

Chapter 4

第4章　液—液萃取

本章符号说明

英文字母

a——填料的比表面积，m^2/m^3；

A_m——萃取因子；

B——组分 B 的流量，kg/h；

d_r——转盘直径，m；

d_s——固定环内径，m；

D——塔径，m；

E——萃取相的量，kg 或 kg/h；

E'——萃取液的量，kg 或 kg/h；

F——原料液的量，kg 或 kg/h；

h——萃取段的有效高度，m；

h_0——固定环的间隔高度，m；

H——传质单元高度，m；

$HETS$——理论级当量高度，m；

k——以质量分数表示组成的分配系数；

K——以质量比表示组成的分配系数；

K_Xa——总体积传质系数，$kg/(m^3 \cdot h)$；

M——混合液的量，kg 或 kg/h；

N——转盘的转数，r/min；传质单元数；

R——萃余相的量，kg 或 kg/h；

R'——萃余液的量，kg 或 kg/h；

S——组分 S 的量，kg 或 kg/h；

U——连续相或分散相在塔内的流速，m/h；

x——组分在萃余相中的质量分数；

X——组分在萃余相中的质量比，kg 组分/kg B；

y——组分在萃取相中的质量分数；

Y——组分在萃取相中的质量比，kg 组分/kg S。

希腊字母

β——溶剂的选择性系数；

δ——以质量比表示组成的操作线斜率；

Δ——净流量，kg/h；

ε——填料层的空隙率；

μ——液体的黏度，Pa · s；

ρ——液体的密度，kg/m^3；

$\Delta\rho$——两液相的密度差，kg/m^3；

σ——界面张力，N/m。

下标

A、B、S——分别代表组分 A、组分 B 及组分 S；

C——连续相；

D——分散相；

E——萃取相；

f——液泛；
O——总的；
R——萃余相；
1,2,…,n——级数。

本章学习指导

在本章的学习中，应重点掌握萃取操作的原理、流程、相平衡关系，单级萃取的计算方法。

掌握多级接触（错流、逆流）萃取及微分逆流接触萃取的计算。

一般了解萃取过程的强化及萃取设备选型，萃取分离技术的进展。

本章的难点是在三角形坐标上表述相平衡关系，以及应用三角形相图对萃取过程进行分析计算。液—液萃取属传质过程，与精馏、吸收相比有共性（如B、S不互溶物系的逆流萃取），也有特殊性（如相平衡关系的表述方法、萃取设备的结构及外加能量等），可通过对比加深理解。

通过本章学习，应能够根据给定的分离任务选择适宜的萃取剂、萃取流程，并对萃取工艺和设备进行初步设计。

4.1 液—液萃取概述

演示文稿

液—液萃取，又称溶剂萃取，简称萃取，在某些行业（如炼油工业）常称为抽提，是一种应用广泛、发展迅速的分离液体混合物的单元操作。

1. 萃取操作的分类

萃取操作有多种分类方法。

根据萃取过程中是否发生化学反应，可分为物理萃取和化学萃取（如络合萃取）。

根据原料中可溶组分的数目，可分为单组分萃取和多组分萃取。

根据萃取剂所提取物质的性质，可分为有机萃取和无机萃取。稀有金属和有色金属的分离和富集、无机酸的提取过程属于无机物的萃取，而用苯脱除煤焦油的酚、以液态 SO_2 为溶剂提取煤焦中的芳烃则为有机物的萃取。

本章重点讨论液—液体系的单组分物理萃取过程。

2. 萃取操作的基本原理和过程

萃取操作是向欲分离的液体混合物（原料液）中，加入一种与其不互溶或部分互溶的液体溶剂（萃取剂），形成两相体系，利用原料液中各组分在萃取剂中溶解度的差异，实现原料液中各组分一定程度的分离。选用的溶剂应对原料液中的一个组分有较大的溶解力，该易溶组分称为溶质，以A表示；对另一组分完全不溶解或部分溶解，该难溶组分称为稀释剂（或称原溶剂),以 B 表示。选用的溶剂又称萃取剂,以 S 表示。

萃取操作的基本过程如图 4-1 所示。将一定的溶剂加到被分离的混合物中,采取措施(如搅拌)使原料液和萃取剂充分混合,溶质通过相界面由原料液向萃取剂中扩散。萃取操作完成后使两液相沉降分层,其中含萃取剂 S 多的一相称为萃取相,以 E 表示;含稀释剂 B 多的一相称为萃余相,以 R 表示。萃取过程可连续操作,也可分批进行。

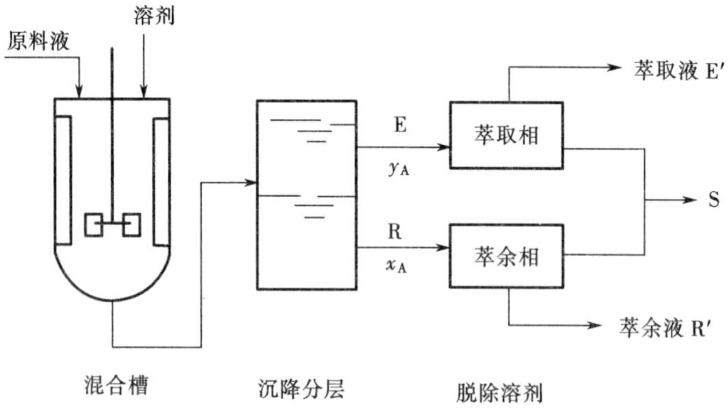

图 4-1 萃取操作基本过程示意图

萃取相 E 和萃余相 R 都是均相混合物,为了得到产品 A 并回收溶剂 S,还需对这两相分别进行分离。通常采用蒸馏方法进行分离。当溶质 A 为不挥发或挥发度很低的组分时,则可采用蒸发方法分离,有时也可采用结晶或其他化学方法。萃取相和萃余相脱除溶剂后分别得萃取液和萃余液,以 E′和 R′表示。

3. 萃取分离的适用场合

对于一种液体混合物,是直接采用蒸馏方法还是采用萃取方法分离,主要取决于技术上的可行性和经济上的合理性。一般说来,在下列情况下采用萃取方法更加经济合理。

①混合液中组分的相对挥发度接近于 1 或者形成恒沸物。例如芳烃与脂肪烃的分离,用一般蒸馏方法不能将它们分离或很不经济,用萃取方法则更为有利。

②溶质在混合液中组成很低且为难挥发组分。若采用精馏方法须将大量稀释剂汽化,热能消耗很大,例如由稀醋酸水溶液制备无水醋酸。

③混合液中有热敏性组分。采用萃取方法可避免物料受热破坏,因而在生物化工和制药工业中萃取方法得到广泛应用。从发酵液中对青霉素及咖啡因进行提取都是应用萃取的例子。

此外,多种金属物质的分离(如稀有元素的提取,铀—钒、铌—钽及钴—镍的分离等)、核工业材料的制取、环境污染的治理(如废水脱酚等)都为液—液萃取提供了广泛的应用领域。

4. 萃取操作的特点

①外界加入萃取剂建立两相体系,萃取剂与原料液只能部分互溶,完全不互溶为理想选择。

②萃取是一个过渡性操作,E 相和 R 相脱溶剂后才能分别得到富含 A 和 B 组分的产品。

③常温操作，适合于热敏性物系分离，并且显示出节能优势。

④三元甚至多元物系的相平衡关系更为复杂，可根据组分 B、S 的互溶度采用多种方法描述相平衡关系，其中三角形相图在萃取中应用比较普遍。

4.2 三元体系的液—液相平衡

演示文稿

液—液相平衡关系是萃取过程的热力学基础，它决定过程进行的方向、推动力大小和过程的极限。同时，相平衡关系是进行萃取过程计算和分析过程影响因素的基本依据之一。

根据组分间的互溶度，混合液分为两类。

(1) Ⅰ类物系　组分 A、B 及 A、S 分别完全互溶，组分 B、S 部分互溶或完全不互溶。如丙酮(A)—水(B)—甲基异丁基酮(S)、醋酸(A)—水(B)—苯(S)、丙酮(A)—氯仿(B)—水(S)等系统。

(2) Ⅱ类物系　组分 A、S 与组分 B、S 形成两对部分互溶体系，如甲基环己烷(A)—正庚烷(B)—苯胺(S)、苯乙烯(A)—乙苯(B)—二甘醇(S)等。

本章以Ⅰ类物系为讨论重点。

三元体系的相平衡关系可用相图表示，也可用数学方程描述。

对于组分 B、S 部分互溶体系，相的组成、相平衡关系和萃取过程计算，采用图 4-2 所示的等腰直角三角形最为简明方便。有时，可根据需要将某直角边放大，使所标绘的曲线清晰，方便使用。

4.2.1 三角形相图

1. 组成在三角形相图上的表示方法

在三角形相图中常用质量分数表示混合物的组成，间或有采用体积分数或摩尔分数表示的。以下内容中如没有特别说明，均指质量分数。

在图 4-2 中，三角形的三个顶点分别表示纯物质，如图中 A 点代表溶质 A 的组成为 1，其他两组分的组成为零，同理，B 点和 S 点分别表示纯的稀释剂和萃取剂。

三角形边上的点代表二元混合物，第三组分的组成为零。如图 4-2 中 AB 边上的 E 点，代表 A、B 二元混合物，其中 A 的组成为 0.4，B 的组成为 0.6，S 的组成为零。

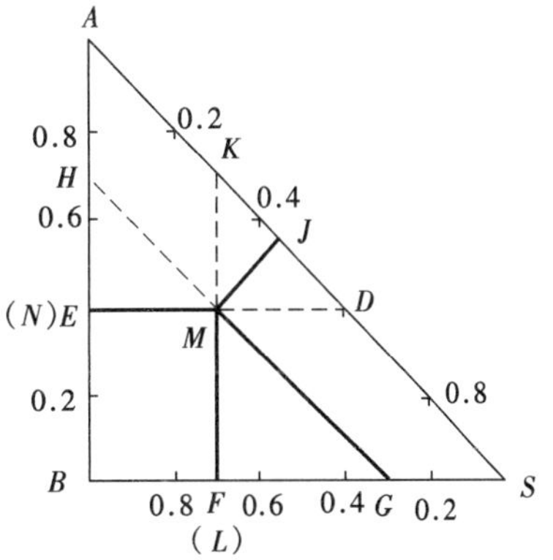

图 4-2　组成在三角形相图上的表示方法

三角形内的点代表三元混合物，图 4-2 中的 M 点即代表由 A、B、S 三个组分组成的混合物。过 M 点分别作 3 个边的平行线 ED、HG 与 KF，则线段 $\overline{BE}$（或 $\overline{SD}$）代表 A 的组成，线段 $\overline{AK}$（或 $\overline{BF}$）及 $\overline{AH}$（或 $\overline{SG}$）则分别表示 S 及 B 的组成。由图读得，该三元

混合物的组成为

$$x_A = \overline{BE} = 0.40, x_B = \overline{AH} = 0.30$$

$$x_S = \overline{AK} = 0.30$$

3 个组分的质量分数之和等于 1,即

$$x_A + x_B + x_S = 0.40 + 0.30 + 0.30 = 1.00$$

此外,也可过 M 点分别作 3 个边的垂直线 MN、ML 及 MJ,则垂直线段 $\overline{ML}$、$\overline{MJ}$、$\overline{MN}$ 分别代表 A、B、S 的组成。由图可知,M 点的组成:A 为 0.4、B 为 0.3、S 为 0.3。

2. 液—液相平衡关系在三角形相图上的表示

1)溶解度曲线和联结线

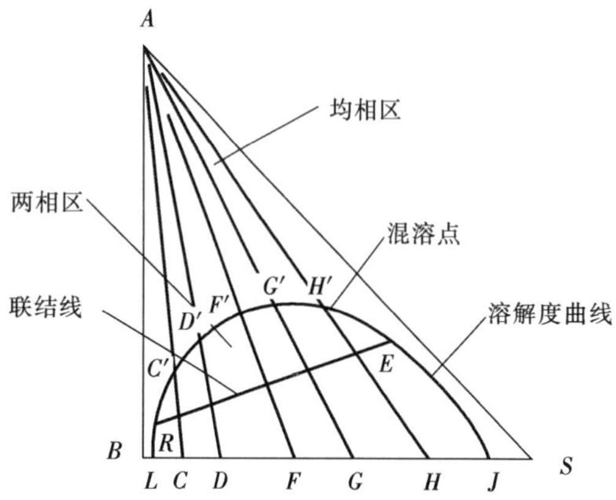

图 4-3 B、S 部分互溶的溶解度曲线和联结线

设溶质 A 完全溶解于稀释剂 B 和溶剂 S 中,而 B 与 S 部分互溶,参阅图 4-3。在一定温度下,组分 B 与组分 S 以任意数量相混合,必然得到两个互不相溶的液层,各层组成的坐标分别为图中的点 L 与点 J。若于总组成为 C 的两元混合液中逐渐加入组分 A 形成三元混合液,由于其中组分 B 与 S 的质量比为常数,则三元混合液的组成点将沿 AC 线变化。当加入 A 的量恰好使混合液由两个液相变为均一相时,相应组成坐标如点 C' 所示,点 C' 称为混溶点或分层点。再于总组成为 D、F、G、H 等的二元混合液中按上述方法做实验,分别得到混溶点 D'、F'、G' 及 H',联结 L、C'、D'、F'、G'、H' 及 J 诸点的曲线为实验温度下该三元物系的溶解度曲线。

若组分 B 与 S 完全不互溶,则点 L 与 J 分别与三角形顶点 B 与 S 相重合。

溶解度曲线将三角形分为两个区域,曲线以内的区域为两相区(分层区),以外的为均相区。两相区内的混合物分为两个液相,当达到平衡时,两个液相称为共轭相,联结共轭相组成坐标的直线称为联结线,如图 4-3 中的 RE 线。萃取操作只能在两相区内进行。

一定温度下Ⅱ类物系的溶解度曲线和联结线见图 4-4。

一定温度下,同一物系的联结线倾斜方向一般是一致的,但随溶质组成而变,即各联结线互不平行,少数物系联结线的倾斜方向也会有改变,图 4-5 所示的吡啶—氯苯—水系统即为一例。

2)辅助曲线和临界混溶点

一定温度下,三元物系的溶解度曲线和联结线是根据实验数据标绘的,使用时若要求与已知相成平衡的另一相的数据,常借助辅助曲线(也称共轭曲线)求得。只要有若干组联结线数据即可作出辅助曲线,可参考图 4-6。通过已知点 R_1、R_2、……分别作底边 BS 的平行线,再通过相应联结线的另一端点 E_1、E_2、……分别作侧直角边 AB 的平行线,诸线分别相交

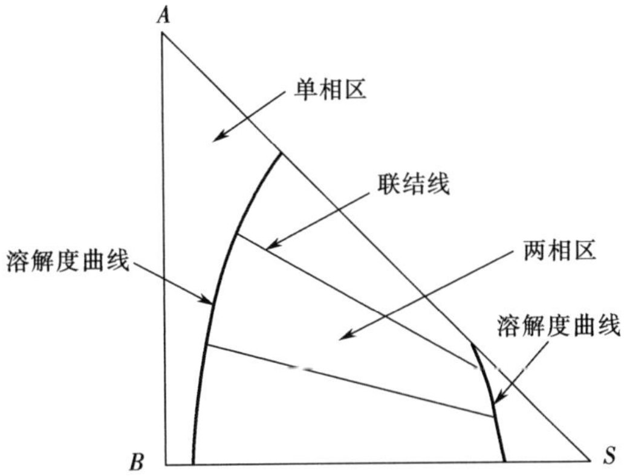

图 4-4　有两对组分(B 与 S、A 与 S)部分互溶的溶解度曲线与联结线

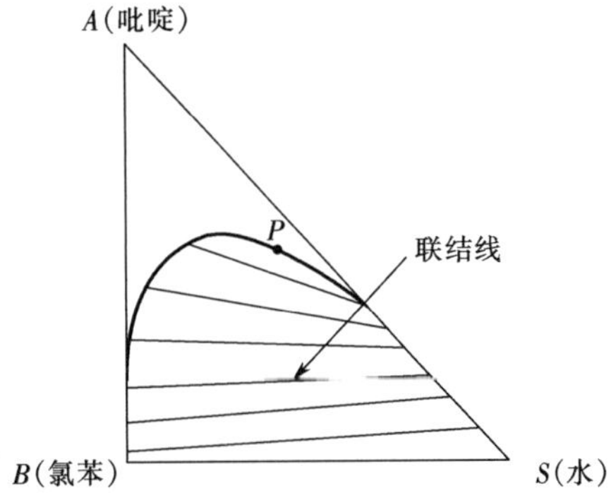

图 4-5　联结线斜率的变化

于点 J、K、……,连接这些交点所得平滑曲线即为辅助曲线。利用辅助曲线便可由已知的某相(R 或 E)组成确定与之平衡的另一相组成(E 或 R)。

辅助曲线与溶解度曲线的交点 P,表明通过该点的联结线为无限短(共轭相组成相同),相当于这一系统的临界状态,故称点 P 为临界混溶点或褶点。由于联结线通常都具有一定的斜率,因而临界混溶点一般不在溶解度曲线的顶点。临界混溶点由实验测得,只有当已知的联结线很短(即很接近于临界混溶点)时,才可用外延辅助曲线的方法求出临界混溶点。

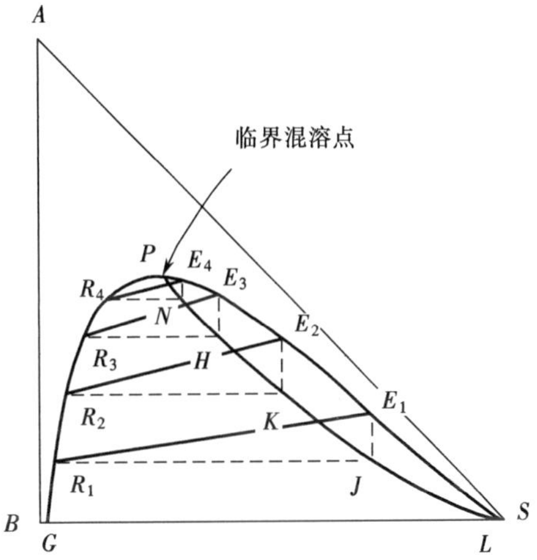

图 4-6　辅助曲线作法

在一定温度下,三元物系的溶解度曲线、联结线、辅助曲线及临界混溶点的数据都由实验测得,也可从手册或有关专著中查得。

3. 温度对相平衡关系的影响

通常,物系的温度升高,溶质在溶剂中的溶解度增大,反之减小。因而,温度明显地影响溶解度曲线的形状、联结线的斜率和两相区面积,从而也影响分配曲线形状。图 4-7 所示为有一对组分部分互溶物系在 T_1、T_2 及 T_3($T_1 < T_2 < T_3$)3 个温度下的溶解度曲线和联结线。显而易见,温度升高,分层区面积缩小,对于萃取分离是不利的。

图 4-8 表明,温度变化时,不仅分层区面积和联结线斜率改变,而且还可能引起物系类型的改变。如在 T_1 温度时为Ⅱ类物系,当温度升高至 T_2 时变为Ⅰ类物系。

4. 杠杆规则

如图 4-9 所示,将 R kg 的 R 相与 E kg 的 E 相相混合,即得到总量为 M kg 的混合液。反之,在分层区内,任一点 M 所代表的混合液可分为两个液层 R、E。M 点称为和点,R 点和 E

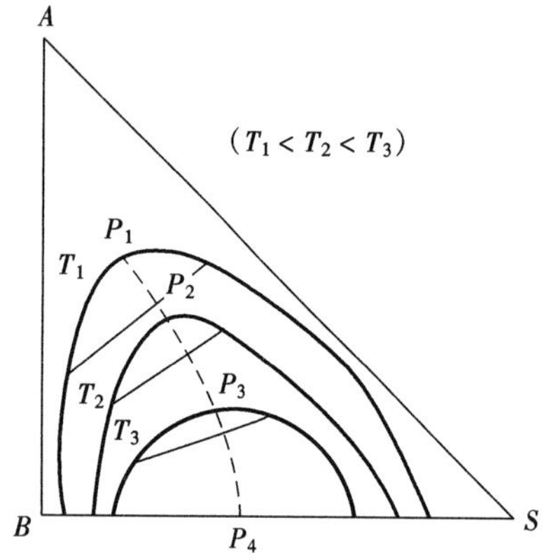

图 4-7 温度对互溶度的影响(Ⅰ类物系)

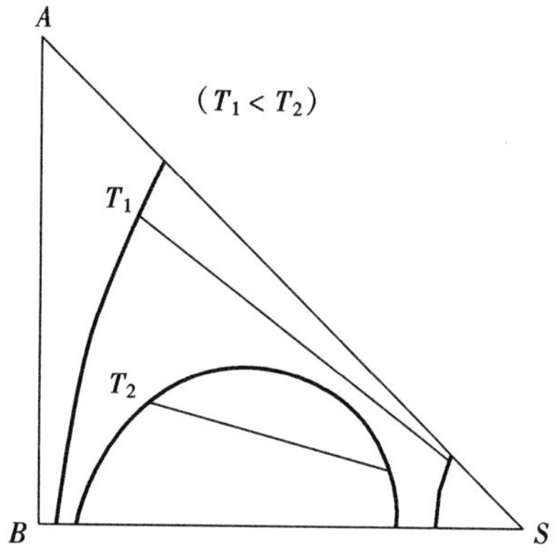

图 4-8 温度对互溶度的影响(Ⅱ类物系)

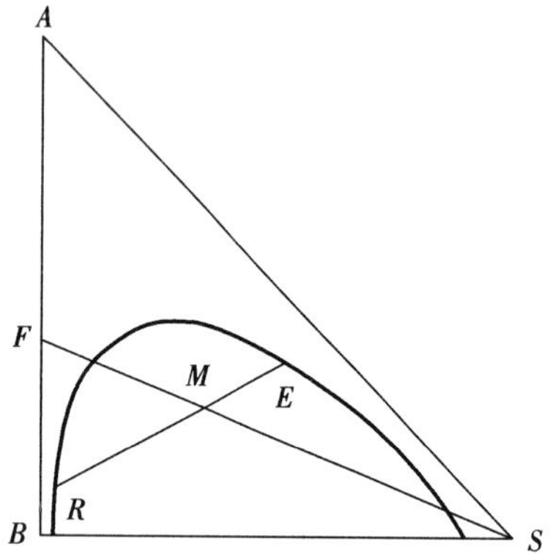

图 4-9 杠杆规则的应用

点称为差点。混合物 M 与两液相 E、R 之间的关系可用杠杆规则描述。

①代表混合液总组成的 M 点和代表两液层组成的 E 点及 R 点,应处于同一直线上。

②E 相与 R 相的量和线段$\overline{MR}$与$\overline{ME}$成比例:

$$\frac{E}{R}=\frac{\overline{MR}}{\overline{ME}} \tag{4-1}$$

式中 E、R——E 相和 R 相的质量或质量流量,kg 或 kg/s;

$\overline{MR}$、$\overline{ME}$——线段的长度。

应注意,图中点 R 及点 E 代表相应液相组成的坐标,而式中的 R 及 E 代表相应液相的质量或质量流量,下面内容均遵循此规定。

若于 A、B 二元原料液 F 中加入纯溶剂 S,则混合液总组成的坐标 M 点沿 SF 线而变,具体位置由杠杆规则确定,即

$$\frac{\overline{MF}}{\overline{MS}}=\frac{S}{F} \tag{4-2}$$

杠杆规则是物料衡算的图解表示方法,为以后将要讨论的萃取操作中物料衡算的基础。

4.2.2 分配系数和分配曲线

1. 分配系数

在一定温度下,当三元混合液的两个液相达到平衡时,溶质在 E 相与 R 相中的组成之比称为分配系数,以 k_A 表示,即

$$k_A=\frac{\text{组分 A 在 E 相中的组成}}{\text{组分 A 在 R 相中的组成}}=\frac{y_A}{x_A} \tag{4-3}$$

同样,对于组分 B 也可写出相应的表达式,即

$$k_B = \frac{y_B}{x_B} \tag{4-3a}$$

式中 y_A、y_B——组分 A、B 在萃取相 E 中的质量分数；

x_A、x_B——组分 A、B 在萃余相 R 中的质量分数。

分配系数表达了某一组分在两个平衡液相中的分配关系。显然，k_A 值愈大，萃取分离的效果愈好。k_A 值与联结线的斜率有关。不同物系具有不同的分配系数 k_A 值；同一物系，k_A 值随温度而变，在恒定温度下，k_A 值随溶质 A 的组成而变。只有在一定溶质 A 的组成范围内温度变化不大或恒温条件下的 k_A 值才可近似视为常数。

在操作条件下，若萃取剂 S 与稀释剂 B 互不相溶，且以质量比表示相组成的分配系数为常数时，式(4-3)可改写为如下形式：

$$Y = KX \tag{4-3b}$$

式中 Y——萃取相中溶质 A 的质量比；

X——萃余相中溶质 A 的质量比；

K——以质量比表示相组成的分配系数。

2. 分配曲线

溶质 A 在三元物系互成平衡的两个液层中的组成，也可像蒸馏和吸收一样，在 x-y 直角坐标图中用曲线表示。以萃余相 R 中溶质 A 的组成 x_A 为横坐标，以萃取相 E 中溶质 A 的组成 y_A 为纵坐标，互成平衡的 E 相和 R 相中组分 A 的组成在直角坐标图上以 N 点表示，如图 4-10 所示。若将诸联结线两端点相对应组分 A 的组成均标于 x-y 图上，得到曲线 ONP，称为分配曲线。图示条件下，在分层区组成范围内，E 相内溶质 A 的组成 y_A 均大于 R 相内溶质 A 的组成，即分配系数 $k_A > 1$，故分配曲线位于 $y = x$ 线上侧。若随溶质 A 组成而变化，联结线发生倾斜，方向改变，则分配曲线将与对角线出现交点。这种物系称为等溶度体系。

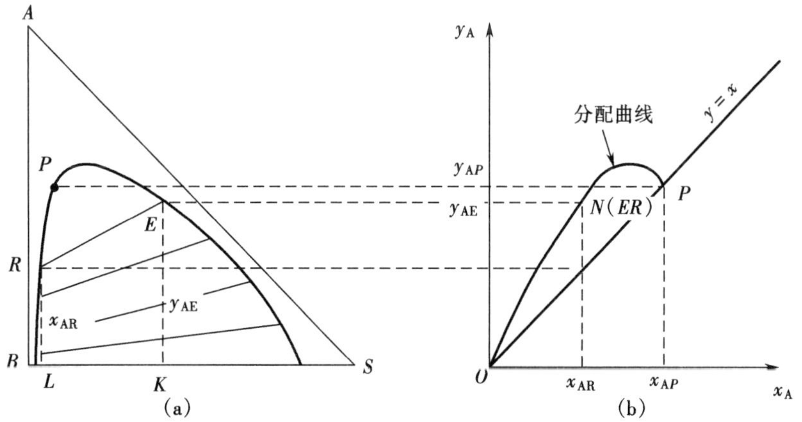

图 4-10 有一对组分部分互溶的分配曲线

(a)溶解度曲线 (b)分配曲线

由于分配曲线表达了萃取操作中互成平衡的两个液层 E 相与 R 相中溶质 A 的分配关系，故也可利用分配曲线求得三角形相图中的任一联结线 ER。

4.2.3 萃取剂的选择

萃取剂的选择是影响萃取操作分离效果和经济性的关键因素。萃取剂的性能主要从以下几个方面衡量。

1. 萃取剂的选择性和选择性系数

选择性是指萃取剂 S 对原料液中两个组分溶解能力的差异。若 S 对溶质 A 的溶解能力比对稀释剂 B 的溶解能力大得多，即萃取相中 y_A 比 y_B 大得多，萃余相中 x_B 比 x_A 大得多，那么这种萃取剂的选择性就好。

萃取剂的选择性可用选择性系数表示，即

$$\beta=\frac{\text{A 在萃取相中的质量分数}}{\text{B 在萃取相中的质量分数}}\bigg/\frac{\text{A 在萃余相中的质量分数}}{\text{B 在萃余相中的质量分数}}=\frac{y_A}{y_B}\bigg/\frac{x_A}{x_B}=\frac{y_A}{x_A}\bigg/\frac{y_B}{x_B} \tag{4-4}$$

将式(4-3)代入上式得

$$\beta=k_A\frac{x_B}{y_B} \tag{4-4a}$$

或

$$\beta=k_A/k_B \tag{4-4b}$$

式中 β——选择性系数，量纲为 1；

y——组分在萃取相 E 中的质量分数；

x——组分在萃余相 R 中的质量分数；

下标 A 表示组分 A，下标 B 表示组分 B。

β 值直接与 k_A 有关，k_A 值愈大，β 值也愈大。凡是影响 k_A 的因素(如温度、组成)也同样影响 β 值。

一般情况下，B 在萃余相中的组成总是比在萃取相中高，即 $\frac{x_B}{y_B}>1$，所以萃取操作中，β 值均应大于 1。β 值越大，越有利于组分的分离；若 $\beta=1$，由式(4-4)可知，$\frac{y_A}{x_A}=\frac{y_B}{x_B}$ 或 $k_A=k_B$，萃取相和萃余相在脱溶剂 S 后将具有相同的组成，并且等于原料液组成，故无分离能力，说明所选择的溶剂是不适宜的。萃取剂的选择性高，对溶质的溶解能力大，对于一定的分离任务，可减少萃取剂用量，降低回收溶剂操作的能量消耗，并且可获得高纯度的产品 A。

由式(4-4)可知，当组分 B、S 完全不互溶时，$y_B=0$，则选择性系数 β 趋于无穷大。

选择性系数 β 类似于蒸馏中的相对挥发度 α(均称为分离因子)，所以溶质 A 在萃取液与萃余液中的组成关系也可用类似于蒸馏中的气液平衡方程来表示，即

$$y'_A=\frac{\beta x'_A}{1+(\beta-1)x'_A} \tag{4-5}$$

2. 萃取剂 S 与稀释剂 B 的互溶度

组分 B 与 S 的互溶度影响溶解度曲线的形状和分层区面积。图 4-11 表示了在相同温度下，同一种 A、B 二元原料液与不同性能萃取剂 S_1、S_2 所构成的相平衡关系。图 4-11(a)表

明 B、S_1 互溶度小，分层区面积大，可能得到的萃取液的最高组成 y'_{max} 较高。当 B、S 完全不互溶时，整个组成范围内都是两相区。所以说，B、S 互溶度愈小，愈有利于萃取分离。

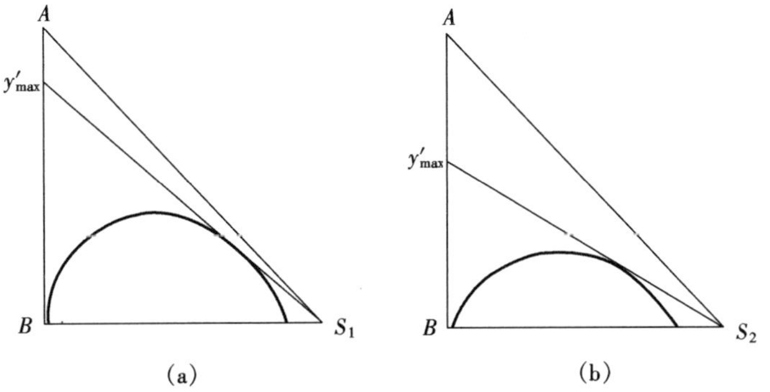

图 4-11 萃取剂性能对萃取操作的影响

(a)组分 B 与 S_1 互溶度小 (b)组分 B 与 S_2 互溶度大

3. 萃取剂回收的难易与经济性

萃取后的 E 相和 R 相，通常以蒸馏方法进行分离。萃取剂回收的难易直接影响萃取操作的费用，在很大程度上决定萃取过程的经济性。因此，要求溶剂 S 与原料液中组分的相对挥发度要大，不应形成恒沸物，并且最好是组成低的组分为易挥发组分。若被萃取的溶质不挥发或挥发度很低，而 S 为易挥发组分时，则 S 的汽化热要小，以节省能耗。

溶剂的萃取能力大，可减少溶剂的循环量，降低 E 相溶剂回收费用；溶剂在被分离混合物中的溶解度小，也可减少 R 相中溶剂回收的费用。

4. 萃取剂的其他物性

为使 E 相和 R 相能较快地分层以加速分离，要求萃取剂与被分离混合物有较大的密度差，特别是对没有外加能量的萃取设备，较大的密度差可加速分层，以提高设备的生产能力。

两液相间的界面张力对分离效果也有重要影响。物系界面张力较大，分散相液滴易聚结，有利于分层，但若界面张力太大，则液体不易分散，接触不良，降低分离效果；若界面张力过小，则易产生乳化现象，使两相难于分层。所以，界面张力要适中。某些物系的界面张力列于表 4-1 中，以供参考。

表 4-1 某些物系的界面张力

物系	界面张力 $\times 10^3$/(N/m)	物系	界面张力 $\times 10^3$/(N/m)
氢氧化钠—水—汽油	30	苯—水	30
硫醇溶解加速溶液—汽油	2	醋酸丁酯—水	13
合成洗涤剂—水—汽油	<1	甲基异丁基甲酮—水	10
四氯化碳—水	40	二氯二乙醚—水	19
二硫化碳—水	35	醋酸乙酯—水	7
异辛烷—水	47	醋酸丁酯—水—甘油	13
煤油—水	40	异辛烷—甘油—水	42
异戊醇—水	4	煤油—水—蔗糖	23~40
甘油—水—异戊醇	4		

此外，选择萃取剂时还应考虑其他一些因素，诸如：萃取剂应具有比较低的黏度和凝固点，具有化学稳定性和热稳定性，对设备腐蚀性要小，来源充分，价格较低廉，等等。

一般说来，很难找到满足上述所有要求的萃取剂。在选用萃取剂时要根据实际情况加以权衡，以保证满足主要要求。

【例 4-1】 在一定温度下测得 A、B、S 三元物系两平衡液相的平衡数据如本例附表所示。表中的数据为质量百分数。

例 4-1 附表

		1	2	3	4	5	6	7	8	9	10	11	12	13	14
E 相	y_A	0	7.9	15	21	26.2	30	33.8	36.5	39	42.5	44.5	45	43	41.6
	y_S	90	82	74.2	67.5	61.1	55.8	50.3	45.7	41.4	33.9	27.5	21.7	16.5	15
R 相	x_A	0	2.5	5	7.5	10	12.5	15.0	17.5	20	25	30	35	40	41.6
	x_S	5	5.05	5.1	5.2	5.4	5.6	5.9	6.2	6.6	7.5	8.9	10.5	13.5	15

试求：(1)溶解度曲线和辅助曲线；(2)临界混溶点的组成；(3)当萃余相中 $x_A=20\%$ 时的分配系数 k_A 和选择性系数 β；(4)在 100 kg 含 30% A 的原料液中加入多少 kg S 才能使混合液开始分层？(5)对第(4)项的原料液，欲得到含 36% A 的萃取相 E，试确定萃余相的组成及混合液的总组成。

解：(1)溶解度曲线和辅助曲线

依题给数据，在本例附图上作出溶解度曲线 LPJ，并根据联结线数据作出辅助曲线（共轭曲线）JCP。

(2)临界混溶点组成

辅助曲线和溶解度曲线的交点 P 即为临界混溶点，由附图读出该点处的组成为

$$x_A=41.5\%\ ,x_B=43.5\%\ ,x_S=15.0\%$$

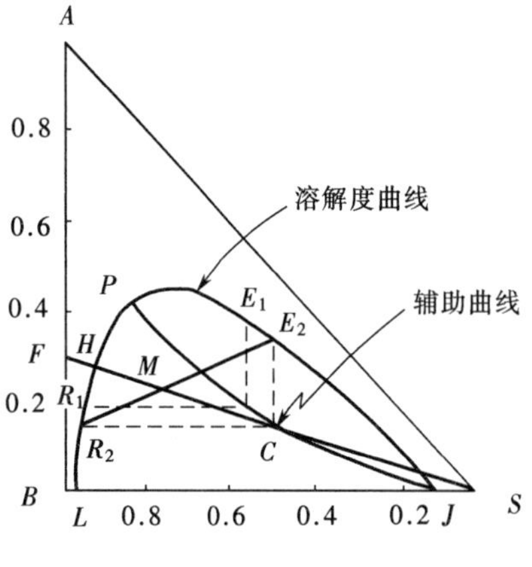

例 4-1 附图

(3)分配系数 k_A 和选择性系数 β

根据萃余相中 $x_A=20\%$，在图中定出 R_1 点，利用辅助曲线求出与之平衡的萃取相 E_1 点，从图中读得两相的组成为

萃取相：$y_A=39.0\%\ ,y_B=19.6\%$

萃余相：$x_A=20.0\%\ ,x_B=73.4\%$

用式(4-3)计算分配系数，即

$$k_A=\frac{y_A}{x_A}=\frac{39.0}{20.0}=1.95$$

用式(4-4a)计算选择性系数，即

$$\beta=k_A\frac{x_B}{y_B}=1.95\times\frac{73.4}{19.6}=7.303$$

(4)使混合液开始分层的溶剂用量

根据原料液的组成在 AB 边上确定点 F,连接点 F、S。当向原料液加入 S 后,混合液的组成即沿直线 FS 变化。当 S 的加入量恰好使混合液组成落在溶解度曲线的 H 点时,混合液便开始分层。分层时溶剂的用量用杠杆规则求得

$$\frac{S}{F}=\frac{\overline{HF}}{\overline{HS}}=\frac{3}{41}=0.073\ 2$$

所以 $S=0.073\ 2F=0.073\ 2\times100=7.32\ \text{kg}$

(5)两相的组成和混合液的总组成

根据萃取相的 $y_A=36\%$ 在溶解度曲线上确定 E_2 点,借助辅助曲线作联结线获得与 E_2 平衡的点 R_2。由图读得 $x_A=17\%$,$x_B=77\%$,$x_S=6\%$。

R_2E_2 线与 FS 线的交点 M 为混合液的总组成点,由图读得 $x_A=23.5\%$,$x_B=55.5\%$,$x_S=21.0\%$。

要注意绘图及读取数据的准确性。

4.3 萃取过程的流程和计算

演示文稿

4.3.1 萃取过程的流程

根据物料特性和工艺要求,萃取过程的流程通常分为级式接触(包括单级萃取、多级错流萃取、多级逆流萃取)和微分接触(包括连续接触逆流萃取)两大类。

在分级接触式萃取过程计算中,无论是单级还是多级萃取操作,均假设各级为理论级,即离开每级的 E 相和 R 相互成平衡。萃取操作中的理论级概念和蒸馏中的理论板概念相当。一个实际萃取级的分离能力达不到一个理论级,两者的差异用级效率校正。目前,关于级效率的资料还不多,一般需结合具体的设备类型通过实验测定。

4.3.2 单级萃取

单级萃取流程如图 4-1 所示,操作可以连续,也可以间歇。间歇操作时,各股物料的量均以 kg 表示,连续操作时,用 kg/h 表示。为了简便起见,萃取相组成 y 及萃余相组成 x 的下标只标注了相应流股的符号,而不标注组分符号,如没有特别指出,则是对溶质 A 而言,以后不另作说明。

1. 萃取过程在三角形相图上的表示

单级萃取操作可在三角形相图上清晰地表示出来,如图 4-12 所示。

(1)混合　如将定量的纯溶剂 S 加入 A、B 两组分的原料液 F 中,如前所述,混合液的组成点 M 应在 FS 线上,M 点的位置由式(4-2)所示的杠杆规则确定。

当溶剂用量为 S_R(或 S_E)时,和点 M_R(或 M_E)正好落在溶解度曲线上,这时混合液只有一个相,两种情况下料液均不能被分离。因此,适宜的溶剂用量应在 S_R 及 S_E 之间,使混合

液组成点 M 位于两相区内。

(2)分层 当 F、S 经充分混合传质后，混合液沉降分层得到平衡的 E 相和 R 相。利用辅助曲线用试差作图法作过 M 点的联结线 ER，得 E 点及 R 点。E 相和 R 相的数量关系可用式(4-1)所示的杠杆规则求算。

(3)脱溶剂 若从 E 相和 R 相中脱除全部溶剂，则得到萃取液 E′和萃余液 R′。延长 SE 和 SR 线，分别与 AB 边交于点 E' 及 R'，即为该两液相组成的坐标位置。E′和 R′的数量关系仍可用杠杆规则确定，即

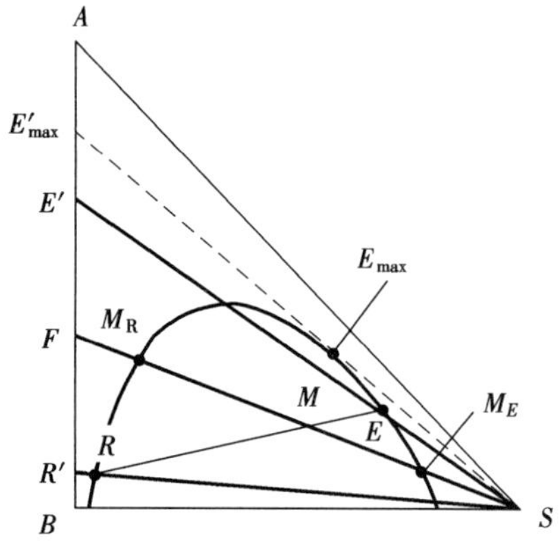

图 4-12 单级萃取在三角形相图上表示

$$\frac{E'}{R'}=\frac{\overline{FR'}}{\overline{FE'}} \quad 或 \quad \frac{E'}{F}=\frac{\overline{FR'}}{\overline{R'E'}}$$

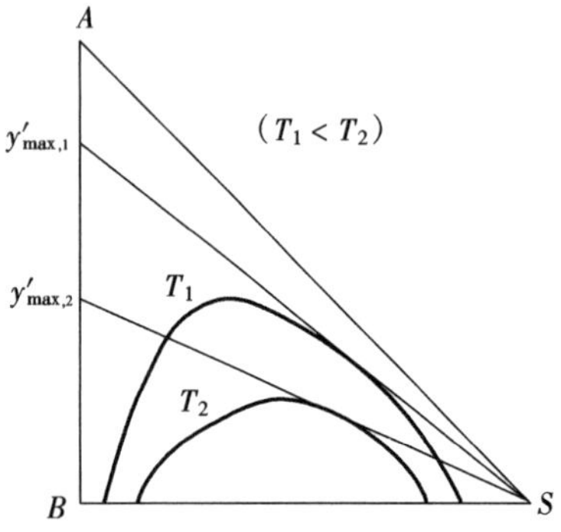

图 4-13 温度对萃取操作的影响

由图 4-12 看出，单级萃取效果取决于 R' 及 E' 的位置。若从顶点 S 作溶解度曲线的切线 SE_{max}，延长与 AB 边交于 E'_{max}，该点代表在一定条件下可能得到的最高组成 y'_{max} 的萃取液。y'_{max} 与组分 B、S 之间的互溶度密切相关，互溶度越小，萃取操作的范围越大，可得到的 y'_{max} 便越高，如图 4-13 所示，$y'_{max,1}>y'_{max,2}$。由于温度升高一般使分层区面积缩小，故萃取操作不宜在高温下进行。若温度过低，又会使液体黏度过大，界面张力增大，扩散系数减小。因而，萃取操作温度应作适当选择。

2. 单级萃取的计算

在单级萃取操作中，一般需将组成为 x_F 的定量原料液 F 进行分离，规定萃余相组成为 x_R，要求计算溶剂用量、萃余相及萃取相的量以及萃取相组成。根据 x_F 及 x_R 在图 4-14(b)中确定点 F 及点 R，过点 R 作联结线与 FS 线交于 M 点，与溶解度曲线交于 E 点。图中 E' 及 R' 点为从 E 相及 R 相中脱除全部溶剂后的萃取液及萃余液组成坐标点。各流股组成可从相应点直接读出。先对图 4-14(a)作总物料衡算，得

$$F+S=E+R=M \tag{4-6}$$

各流股数量由杠杆定律求得

$$S=F\times\frac{\overline{MF}}{\overline{MS}} \tag{4-7}$$

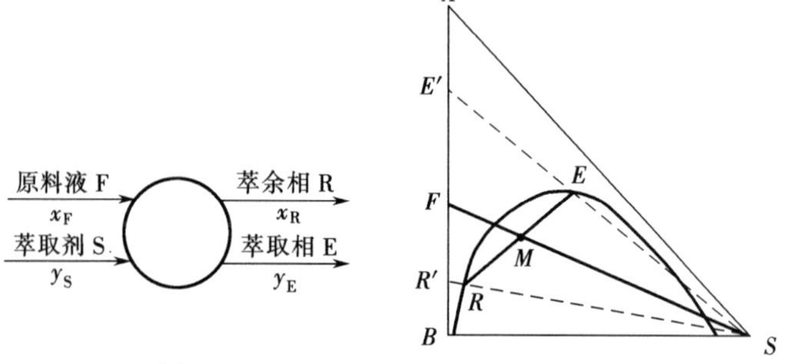

(a) (b)

图 4-14 单级萃取图解

(a)单级萃取流程 (b)单级萃取在相图上表示

$$E = M \times \frac{\overline{MR}}{\overline{RE}} \tag{4-8}$$

$$E' = F \times \frac{\overline{R'F}}{\overline{R'E'}} \tag{4-9}$$

此外,也可随同物料衡算进行解析计算。

对式(4-6)作溶质 A 的衡算,得

$$Fx_F + Sy_S = Ey_E + Rx_R = Mx_M \tag{4-10}$$

联立式(4-6)、式(4-10)并整理,得

$$E = \frac{M(x_M - x_R)}{y_E - x_R} \tag{4-11}$$

同理,可得到 E′和 R′的量,即

$$E' = \frac{F(x_F - x_{R'})}{y_{E'} - x_{R'}} \tag{4-12}$$

$$R' = F - E' \tag{4-13}$$

当组分 B、S 可视为完全不互溶时,则式(4-10)可改写成以质量比表示相组成的物料衡算式,即

$$B(X_F - X_1) = S(Y_1 - Y_S) \tag{4-10a}$$

式中 B——原料液中稀释剂的量,kg 或 kg/h;

S——萃取剂的用量,kg 或 kg/h;

X_F——原料液中组分 A 的质量比,kg A/kg B;

X_1——单级萃取后萃余相中组分 A 的质量比,kg A/kg B;

Y_1——单级萃取后萃取相中组分 A 的质量比,kg A/kg S;

Y_S——萃取剂中组分 A 的质量比,kg A/kg S。

联立式(4-3b)及式(4-10a),便可求解组分 B、S 完全不互溶时的单级萃取的有关参数。

【例 4-2】 在 25 ℃下以水(S)为萃取剂从醋酸(A)与氯仿(B)的混合液中提取醋酸。已知:原料液流量为 1 000 kg/h,其中醋酸的质量分数为 35%,其余为氯仿;用水量为 800 kg/h。操作温度下,E 相和 R 相以质量分数表示的平均数据列于本例附表中。

例 4-2 附表

氯仿层(R 相)		水层(E 相)	
醋酸	水	醋酸	水
0.00	0.99	0.00	99.16
6.77	1.38	25.10	73.69
17.72	2.28	44.12	48.58
25.72	4.15	50.18	34.71
27.65	5.20	50.56	31.11
32.08	7.93	49.41	25.39
34.16	10.03	47.87	23.28
42.50	16.50	42.50	16.50

试求:(1)经单级萃取后E相和R相的组成及流量;(2)若将E相和R相中的溶剂完全脱除,再求萃取液及萃余液的组成和流量;(3)操作条件下的选择性系数β;(4)若组分B、S可视为完全不互溶,且操作条件下以质量比表示相组成的分配系数$K=3.4$,要求原料液中80%的溶质A进入萃取相,则每千克稀释剂B需要消耗多少千克萃取剂S?

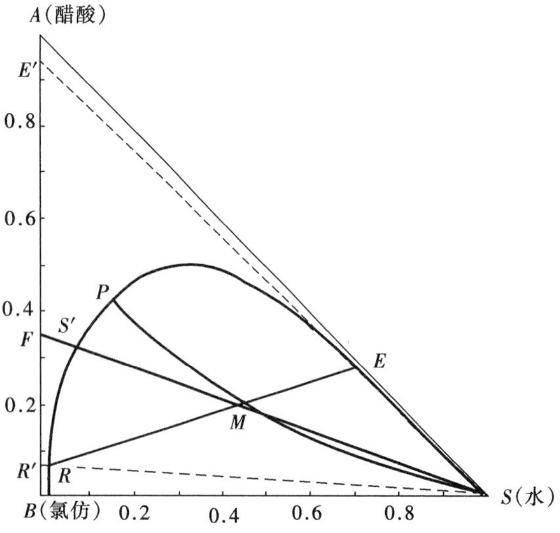

例4-2 附图

解:根据题给数据,在等腰直角三角形坐标图中作出溶解度曲线和辅助曲线,如本例附图所示。

(1)两相的组成和流量

根据醋酸在原料液中的质量分数为35%,在AB边上确定F点,连接点F、S,按F、S的流量用杠杆规则在FS线上确定和点M。

因为E相和R相的组成均未给出,需借辅助曲线用试差作图法确定通过M点的联结线ER。由图读得两相的组成为

E相 $y_A=27\%$, $y_B=1.5\%$, $y_S=71.5\%$

R相 $x_A=7.2\%$, $x_B=91.4\%$, $x_S=1.4\%$

依总物料衡算得

$$M=F+S=1\ 000+800=1\ 800\ \text{kg/h}$$

由图量得$\overline{RM}=26$ mm 及$\overline{RE}=43$ mm。

用式(4-8)求E相的量,即

$$E=M\times\frac{\overline{RM}}{\overline{RE}}=1\ 800\times\frac{26}{43}=1\ 088\ \text{kg/h}$$

$$R=M-E=1\ 800-1\ 088=712\ \text{kg/h}$$

(2)萃取液、萃余液的组成和流量

连接点S、E,并延长SE与AB边交于E',由图读得$y_{E'}=92\%$。

连接点S、R,并延长SR与AB边交于R',由图读得$x_{R'}=7.3\%$。

萃取液和萃余液的流量由式(4-12)及式(4-13)求得,即

$$E'=F\times\frac{x_F-x_{R'}}{y_{E'}-x_{R'}}=1\ 000\times\frac{35-7.3}{92-7.3}=327\ \text{kg/h}$$

$$R'=F-E'=1\ 000-327=673\ \text{kg/h}$$

萃取液的流量E'也可用式(4-9)计算,两法结果一致。

(3)选择性系数β

用式(4-4)求β,即

$$\beta=\frac{y_A}{x_A}\bigg/\frac{y_B}{x_B}=\frac{27}{7.2}\bigg/\frac{1.5}{91.4}=228.5$$

由于该物系的氯仿(B)、水(S)的互溶度很小,所以β值较高,得到的萃取液组成很高。

(4)每千克B需要的S量

由于组分B、S可视为完全不互溶,则用式(4-10a)计算较为方便。有关参数计算如下:

$$X_F=\frac{x_F}{1-x_F}=\frac{0.35}{1-0.35}=0.5385$$

$$X_1=(1-\varphi_A)X_F=(1-0.8)\times0.5385=0.1077$$

$$Y_S=0$$

Y_1与X_1呈平衡关系,即

$$Y_1=3.4X_1=3.4\times0.1077=0.3662$$

将有关参数代入式(4-10a),并整理得

$$S/B=(X_F-X_1)/Y_1=(0.5385-0.1077)/0.3662=1.176$$

即每千克稀释剂B需要消耗1.176 kg萃取剂S。

需要指出,在生产中因溶剂循环使用,其中会含有少量的组分A与B。同样,萃取液和萃余液中也会含少量S。这种情况下,图解计算的原则和方法仍然适用,仅在三角形相图中点S、E'及R'的位置均在三角形坐标图的均相区内。

4.3.3 多级错流接触萃取

多级错流接触萃取流程示意图如图4-15所示。

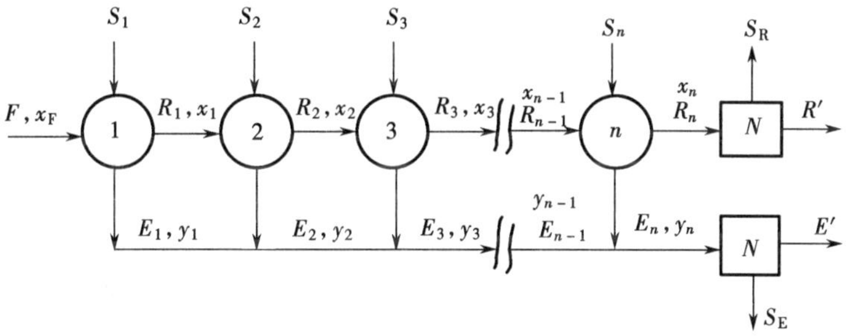

图4-15 多级错流接触萃取流程示意图

多级错流接触萃取操作中,每级都加入新鲜溶剂,前级的萃余相为后级的原料,这种操作方式的传质推动力大,只要级数足够多,最终可得到溶质组成很低的萃余相,但溶剂的用量较多。

多级错流萃取设计型计算中,通常已知F、x_F及各级溶剂的用量S_i,规定最终萃余相组成x_n,要求计算理论级数。

1. 组分B、S部分互溶时的三角形坐标图图解法

组分B、S部分互溶物系的三级错流萃取图解计算过程如图4-16所示。

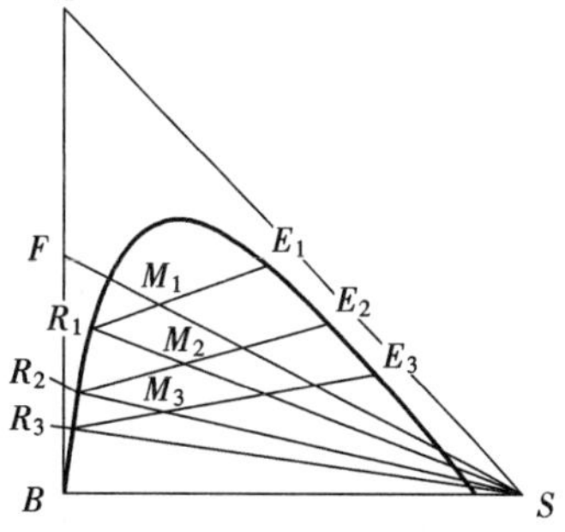

图4-16 三级错流萃取图解计算

若原料液为A、B二元溶液,各级均用纯溶剂进行萃

取(即 $y_{S,1}=y_{S,2}=\cdots=0$),由原料液流量 F 和第一级的溶剂用量 S_1 确定第一级混合液的组成点 M_1,借助辅助曲线采用试差作图可求得过 M_1 的联结线 E_1R_1,且由第一级物料衡算可求得 R_1。在第二级中,依 R_1 与 S_2 的量确定混合液的组成点 M_2,试差作图求过 M_2 的联结线 E_2R_2。如此重复,直至 x_n 达到或低于指定值时为止。所作联结线的数目即为所需的理论级数。由图可见,多级错流萃取的图解法是单级萃取图解的多次重复。

溶剂总用量为各级溶剂用量之和,各级溶剂用量可以相等,也可以不等。但根据计算可知,只有在各级溶剂用量相等时,达到一定的分离程度,溶剂的总用量最少。

【例 4-3】 25 ℃时丙酮(A)—水(B)—三氯乙烷(S)系统以质量分数表示的溶解度和联结线数据如本例附表所示。

例 4-3 附表 1 溶解度数据

三氯乙烷	水	丙酮	三氯乙烷	水	丙酮
99.89	0.11	0.00	38.31	6.84	54.85
94.73	0.26	5.01	31.67	9.78	58.55
90.11	0.36	9.53	24.04	15.37	60.59
79.58	0.76	19.66	15.89	26.28	58.33
70.36	1.43	28.21	9.63	35.38	54.99
64.17	1.87	33.96	4.35	48.47	47.18
60.06	2.11	37.83	2.18	55.97	41.85
54.88	2.98	42.14	1.02	71.80	27.18
48.78	4.01	47.21	0.44	99.56	0.00

例 4-3 附表 2 联结线数据

水相中丙酮的质量分数 x_A/%	5.96	10.0	14.0	19.1	21.0	27.0	35.0
三氯乙烷相中丙酮的质量分数 y_A/%	8.75	15.0	21.0	27.7	32.0	40.5	48.0

用三氯乙烷为萃取剂在三级错流萃取装置中萃取丙酮水溶液中的丙酮。原料液的处理量为 500 kg/h,其中丙酮的质量分数为 40%,第一级溶剂用量与原料液流量之比为 0.5,各级溶剂用量相等。试求丙酮的回收率。

解:丙酮的回收率可由下式计算,即

$$\varphi_A=\frac{Fx_F-R_3x_3}{Fx_F}$$

关键是求算 R_3 及 x_3。

由题给数据在等腰直角三角形相图中作出溶解度曲线和辅助曲线,如本例附图所示。

第一级加入的溶剂量,即每级加入的溶剂量为

$$S=0.5F=0.5\times500=250\ \text{kg/h}$$

根据第一级的总物料衡算得

$$M_1=F+S=500+250=750\ \text{kg/h}$$

由 F 和 S 的量用杠杆规则确定第一级混合液组成点 M_1,用试差法作过 M_1 点的联结线

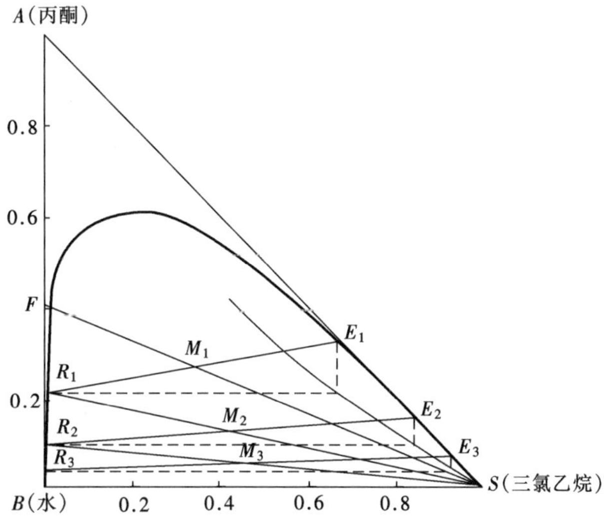

例 4-3 附图

E_1R_1。根据杠杆规则得

$$R_1 = M_1 \times \frac{\overline{E_1M_1}}{\overline{E_1R_1}} = 750 \times \frac{19}{40} = 356.3\ \text{kg/h}$$

再用 250 kg/h 的溶剂对第一级的 R_1 相进行萃取。重复上述步骤计算第二级的有关参数,即

$$M_2 = R_1 + S = 356.3 + 250 = 606.3\ \text{kg/h}$$

$$R_2 = M_2 \times \frac{\overline{E_2M_2}}{\overline{E_2R_2}} = 606.3 \times \frac{25}{50} = 303.2\ \text{kg/h}$$

同理,第三级的有关参数为

$$M_3 = 303.2 + 250 = 553.2\ \text{kg/h}$$

$$R_3 = 553.2 \times \frac{28}{55} = 281.6\ \text{kg/h}$$

由图读得 $x_3 = 3.5\%$。于是,丙酮的回收率为

$$\varphi_A = \frac{Fx_F - R_3x_3}{Fx_F} = \frac{500 \times 0.4 - 281.6 \times 0.035}{500 \times 0.4} = 95.1\%$$

2. 组分 B、S 不互溶时理论级数的计算

在操作条件下,若组分 B、S 完全不互溶,则可用直角坐标图图解法或解析法求解理论级数。

1)直角坐标图图解法

对于组分 B、S 不互溶体系,采用直角坐标图进行计算更为方便。设每一级的溶剂加入量相等,则各级萃取相中的溶剂 S 的量和萃余相中的稀释剂 B 的量均可视为常数,萃取相中只有 A、S 两组分,萃余相中只有 B、A 两组分。这样可仿照吸收中组成的表示方法,即溶质在萃取相和萃余相中的组成分别用质量比 Y(kg A/kg S)和 X(kg A/kg B)表示,并可在X-Y

坐标图上用图解法求解理论级数。

对图4-15中第一萃取级作溶质A的衡算，得

$$BX_F + SY_S = BX_1 + SY_1$$

整理上式，得

$$Y_1 = -\frac{B}{S}X_1 + \left(\frac{B}{S}X_F + Y_S\right) \tag{4-14}$$

同理，对第 n 级作溶质A的衡算，得

$$Y_n = -\frac{B}{S}X_n + \left(\frac{B}{S}X_{n-1} + Y_S\right) \tag{4-15}$$

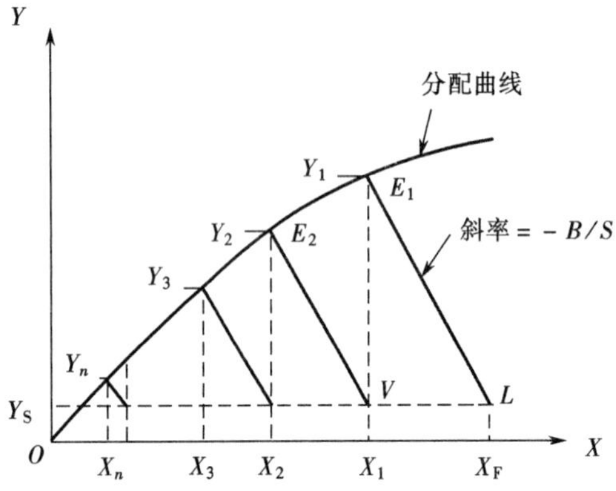

图4-17 多级错流萃取 X-Y 坐标图图解法

式(4-15)表示离开任一级的萃取相组成 Y_n 与萃余相组成 X_n 之间的关系，称为操作线方程。斜率 $-\frac{B}{S}$ 为常数，故式(4-15)为通过点(X_{n-1}，Y_S)的直线方程式。根据理论级的假设，离开任一级的 Y_n 与 X_n 处于平衡状态，故(X_n，Y_n)点必位于分配曲线上，即操作线与分配曲线的交点。于是，可在 X-Y 直角坐标图上图解理论级，步骤如下（参见图4-17）。

①在直角坐标图上作出分配曲线。

②依 X_F 和 Y_S 确定 L 点，以 $-\frac{B}{S}$ 为斜率通过 L 点作操作线与分配曲线交于点 E_1。此点坐标即表示离开第一级的萃取相 E_1 与萃余相 R_1 的组成 Y_1 及 X_1。

③过 E_1 作垂直线与 $Y=Y_S$ 线交于 $V(X_1, Y_S)$，因各级萃取剂用量相等，通过 V 点作 LE_1 的平行线与分配曲线交于点 E_2，此点坐标即表示离开第二级的萃余相 R_2 与萃取相 E_2 的组成(X_2，Y_2)。

依此类推，直至萃余相组成 X_n 等于或低于指定值为止。重复作操作线的数目即为所需的理论级数 n。

若各级萃取剂用量不相等，则诸操作线不相平行。如果溶剂中不含溶质，$Y_S=0$，则 L、V 等点都落在 X 轴上。

2）解析法

若在操作条件下分配系数可视为常数，即分配曲线为通过原点的直线，则分配曲线可用下式表示：

$$Y = KX \tag{4-16}$$

式中 K——以质量比表示相组成的分配系数。

此时，就可用解析法求解理论级数。

图4-15中第一级的相平衡关系为

$Y_1 = KX_1$

将上式代入式(4-14),消去 Y_1 可解得

$$X_1 = \frac{X_F + \frac{S}{B}Y_S}{1 + \frac{KS}{B}} \tag{4-17}$$

令 $KS/B = A_m$,则上式变为

$$X_1 = \frac{X_F + \frac{S}{B}Y_S}{1 + A_m} \tag{4-17a}$$

式中 A_m——萃取因子,对应于吸收中的脱吸因子。

同样,对第二级作溶质 A 的衡算,得

$BX_1 + SY_S = BX_2 + SY_2$

将式(4-16)、式(4-17)及 $A_m = KS/B$ 的关系代入上式并整理,得

$$X_2 = \frac{\left(X_F + \frac{S}{B}Y_S\right)}{(1 + A_m)^2} + \frac{\frac{S}{B}Y_S}{1 + A_m}$$

依此类推,对第 n 级则有

$$X_n = \frac{\left(X_F + \frac{S}{B}Y_S\right)}{(1 + A_m)^n} + \frac{\frac{S}{B}Y_S}{(1 + A_m)^{n-1}} + \frac{\frac{S}{B}Y_S}{(1 + A_m)^{n-2}} + \cdots + \frac{\frac{S}{B}Y_S}{(1 + A_m)}$$

或

$$X_n = \left(X_F - \frac{Y_S}{K}\right)\left(\frac{1}{1 + A_m}\right)^n + \frac{Y_S}{K} \tag{4-18}$$

整理式(4-18)并取对数,得

$$n = \frac{1}{\ln(1 + A_m)}\ln\left(\frac{X_F - \frac{Y_S}{K}}{X_n - \frac{Y_S}{K}}\right) \tag{4-19}$$

式(4-19)的关系可用图 4-18 所示的图线表示。

【例 4-4】 丙酮(A)—水(B)—三氯乙烷(S)体系中,水和三氯乙烷可视为完全不互溶。在操作条件下,丙酮的分配系数可视为常数,即 $K = 1.71$。原料液中丙酮的质量分数为 25%,其余为水,处理量为 1 200 kg/h。萃取剂中丙酮的质量分数为 1%,其余为三氯乙烷。采用 5 级错流萃取,每级中加入的萃取剂量都相同,要求最终萃余相中丙酮的质量分数不大于 1%。试求萃取剂的用量及萃取相中丙酮的平均组成。

解: 由题意知,组分 B、S 完全不互溶,且分配系数 K 可视为常数,故可通过萃取因子 A_m (KS/B)值来计算萃取剂用量 S。A_m 可用图 4-18 或式(4-19)求取。

$$X_F = \frac{25}{75} = 0.333\ 3, X_n = \frac{1}{99} = 0.010\ 1$$

$$Y_S = \frac{1}{99} = 0.010\ 1$$

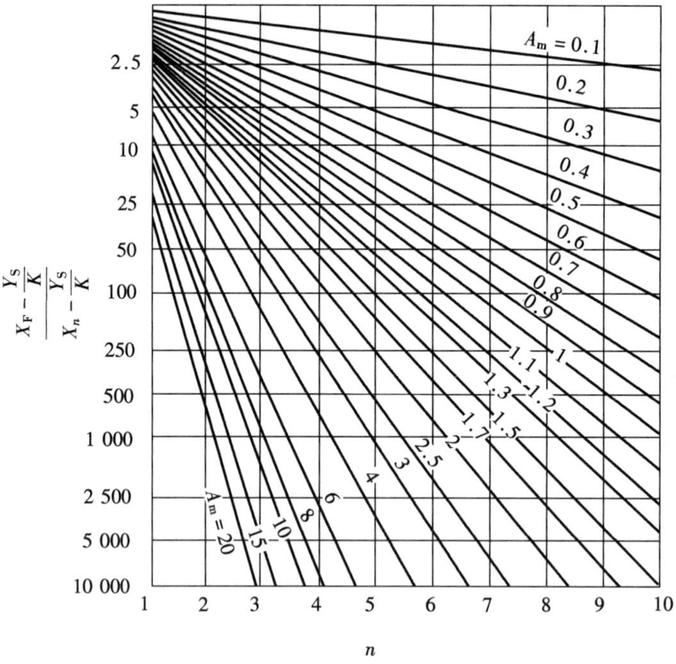

图4-18 多级错流萃取 n 与 $\dfrac{X_F-\dfrac{Y_S}{K}}{X_n-\dfrac{Y_S}{K}}$ 关系图(A_m 为参数)

$$B=F(1-x_F)=1\ 200\times(1-0.25)=900\ \text{kg/h}$$

$$\frac{X_F-\dfrac{Y_S}{K}}{X_n-\dfrac{Y_S}{K}}=\frac{0.333\ 3-\dfrac{0.010\ 1}{1.71}}{0.010\ 1-\dfrac{0.010\ 1}{1.71}}=78.1$$

由上面的计算值和 $n=5$，从图 4-18 查得：$A_m=1.39$；或将已知数代入式(4-19)，求得 $A_m=1.391$。

下面以 $A_m=1.391$ 计算每级萃取剂用量。

每级中纯溶剂的用量为

$$S=\frac{A_mB}{K}=\frac{1.391\times900}{1.71}=732.1\ \text{kg/h}$$

萃取剂的总用量为

$$\Sigma S=\frac{5S}{1-0.01}=\frac{5\times732.1}{0.99}=3\ 697\ \text{kg/h}$$

设萃取相中溶质的平均组成为$\bar{Y}$，对全系统作溶质的衡算得

$$BX_F+\Sigma SY_S=BX_n+\Sigma S\bar{Y}$$

所以 $$\bar{Y}=\frac{B(X_F-X_n)}{\Sigma S}+Y_S$$

即
$$\bar{Y}=\frac{900\times(0.333\,3-0.010\,1)}{5\times732.1}+0.010\,1=0.089\,56$$

$$\bar{y}=\frac{\bar{Y}}{1+\bar{Y}}=\frac{0.089\,56}{1.089\,56}=0.082\,20$$

本例用式(4-19)求解 A_m 准确度较高。

4.3.4 多级逆流接触萃取

多级逆流接触萃取操作一般是连续的,其传质平均推动力大、分离效率高、溶剂用量较少,故在工业中得到广泛应用。图 4-19(a)为多级逆流萃取操作流程示意图。萃取剂一般是循环使用的,其中常含有少量的组分 A 和 B,故最终萃余相中可达到的溶质最低组成受溶剂中溶质组成限制,最终萃取相中溶质的最高组成受原料液中溶质组成和相平衡关系制约。

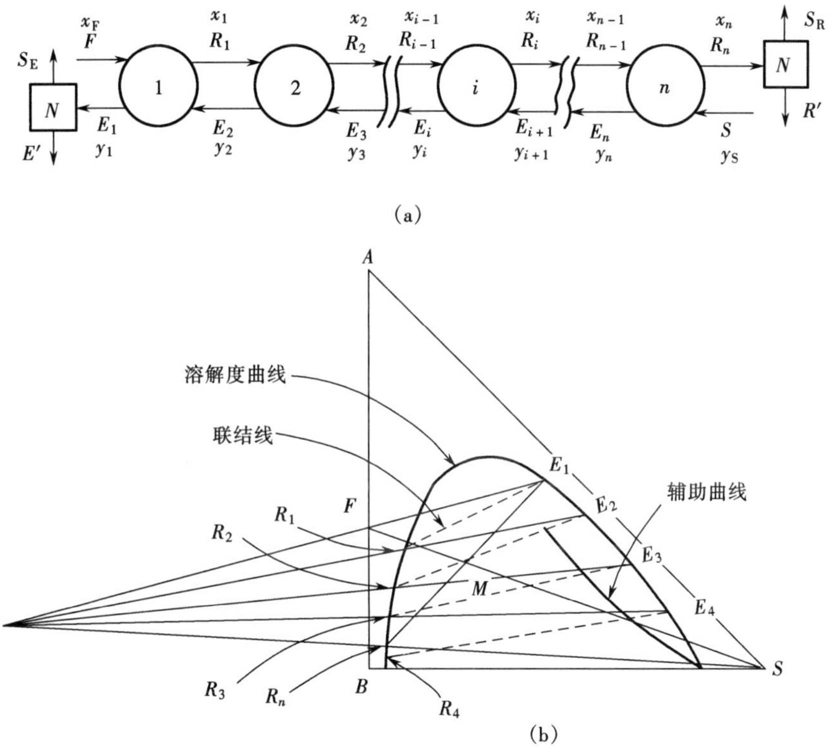

图 4-19 多级逆流萃取

(a)流程示意 (b)萃取理论级的图解计算

在多级逆流萃取操作中,原料液的流量 F 和组成 x_F、最终萃余相中溶质组成 x_n 均由工艺条件规定,萃取剂的用量 S 和组成 y_S 根据经济因素而选定,要求计算萃取所需的理论级数。

根据组分 B、S 的互溶度及相平衡关系,理论级数的计算可采用多种方法:①组分 B、S 部分互溶时可用三角形相图上的逐级图解法和 x-y 相图上的图解法;②组分 B、S 不互溶时可用 X-Y 直角坐标上的图解法与解析法。

随着计算机应用的普及,解析法将成为求解理论级数的主要方法。

1. 组分 B 和 S 部分互溶时理论级数的计算

1)三角形坐标图上的逐级图解法

对于组分 B 和 S 部分互溶的物系,多级逆流萃取所需的理论级数常在三角形相图上用图解法计算。图解求算步骤如下(参见图 4-19(b))。

①根据操作条件下的平衡数据,在三角形坐标图上绘出溶解度曲线和辅助曲线。

②根据原料液和萃取剂的组成,在图上定出 F 和 S 两点位置(图中采用纯溶剂),再由溶剂比 S/F 在 FS 上定出和点 M 的位置。

③由规定的最终萃余相组成 x_n 在相图上确定 R_n 点,连点 R_n、M 并延长 R_nM 与溶解度曲线交于 E_1 点,此点即为离开第一级的萃取相组成点。

根据杠杆规则,计算最终萃取相及萃余相的流量,即

$$E_1 = M \times \frac{\overline{MR_n}}{\overline{R_nE_1}}, R_n = M - E_1$$

④利用平衡关系和物料衡算,用图解法求理论级数。

在图 4-19(a)所示的第一级与第 n 级之间作总物料衡算,得

$$F + S = R_n + E_1$$

对第一级作总物料衡算,得

$$F + E_2 = E_1 + R_1 \text{ 或 } F - E_1 = R_1 - E_2$$

对第二级作总物料衡算,得

$$R_1 + E_3 = E_2 + R_2 \text{ 或 } R_1 - E_2 = R_2 - E_3$$

依此类推,对第 n 级作总物料衡算,得

$$R_{n-1} + S = R_n + E_n \text{ 或 } R_{n-1} - E_n = R_n - S$$

由上面诸式可知

$$F - E_1 = R_1 - E_2 = R_2 - E_3 = \cdots = R_i - E_{i+1} = \cdots = R_{n-1} - E_n = R_n - S = \Delta \tag{4-20}$$

式(4-20)表明,离开任意级的萃余相 R_i 的量与进入该级的萃取相 E_{i+1} 的量之差为常数,以 Δ 表示。Δ 可视为通过每一级的“净流量”。Δ 是虚拟量,其组成也可在三角形相图上用点 Δ 表示。由式(4-20)知,Δ 点为各条操作线上的共有点,称为操作点。显然,Δ 点分别为 F 与 E_1、R_1 与 E_2、R_2 与 E_3、……、R_{n-1} 与 E_n、R_n 与 S 诸流股的差点,故可任意延长两操作线,其交点即为 Δ 点。通常由 FE_1 与 SR_n 的延长线交点来确定 Δ 点的位置。

交替应用操作关系和平衡关系,便可求得所需的理论级数。具体方法见例 4-5。

需要指出,点 Δ 的位置与物系联结线的斜率、原料液的流量 F 和组成 x_F、萃取剂用量 S 及组成 y_S、最终萃余相组成 x_n 等参数有关,可能位于三角形左侧,也可位于右侧。若其他条件一定,则点 Δ 的位置由溶剂比(S/F)决定。当 S/F 较小时,点 Δ 在三角形左侧,此时 R 为和点;当 S/F 较大时,点 Δ 在三角形右侧,此时 E 为和点;当 S/F 为某数值时,点 Δ 在无穷远,即各操作线交点在无穷远,这时可视诸操作线是平行的。

【例 4-5】 在多级逆流萃取装置中,用纯溶剂 S 处理含 A、B 两组分的原料液。原料液

流量 $F=1\ 000\ \text{kg/h}$,其中溶质 A 的质量分数为 30% ,要求最终萃余相中溶质质量分数不超过 7% 。溶剂用量 $S=350\ \text{kg/h}$。试求:(1)所需的理论级数;(2)若将最终萃取相中的溶剂全部脱除,求最终萃取液的流量 E_1' 和组成 y_1'。

操作条件下的溶解度曲线和辅助曲线如本例附图所示。

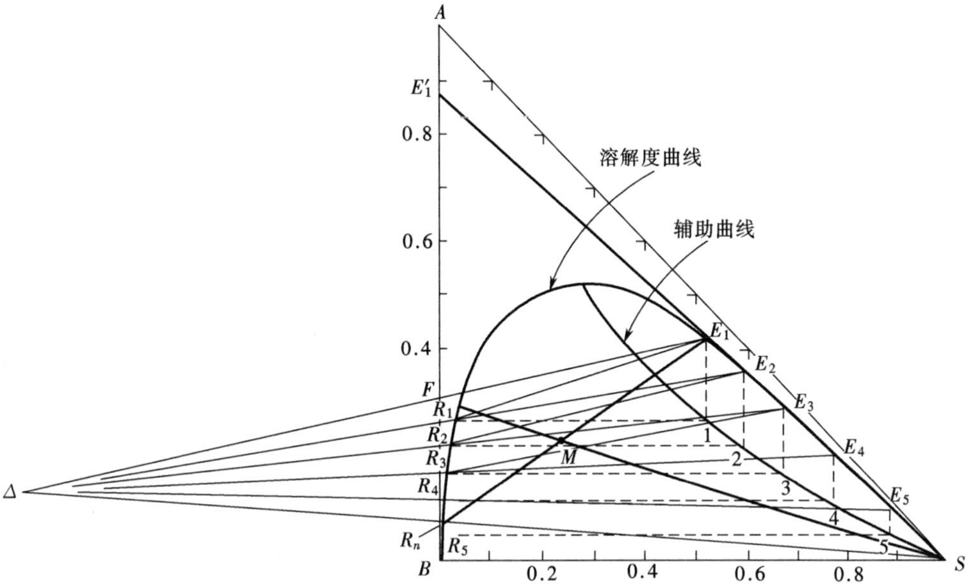

例 4-5 附图

解:(1)所需理论级数

由 $x_F=30\%$ 在 AB 边上定出 F 点,连接点 F、S。操作溶剂比为

$$\frac{S}{F}=\frac{350}{1\ 000}=0.35$$

由溶剂比在 FS 线上定出和点 M。

由 $x_n=7\%$ 在相图上定出 R_n 点,延长点 R_n 及 M 的连线与溶解度曲线交于 E_1 点,此点即为最终萃取相组成点。

连接点 E_1、F 与点 S、R_n,并延长两连线交于点 Δ,此点即为操作点。

过 E_1 作联结线 E_1R_1(平衡关系),点 R_1 即代表与 E_1 成平衡的萃余相组成点。

连接点 Δ、R_1 并延长,交溶解度曲线于点 E_2(操作关系),此点即为进入第一级的萃取相组成点。

重复上述步骤,过 E_2 作联结线 E_2R_2,连接点 Δ、R_2 并延长,交溶解度曲线于 E_3,……,由图看出,当作至联结线 E_5R_5 时,$x_5=5\%<7\%$,故知用 5 个理论级即可满足萃取分离要求。

(2)最终萃取液的组成和流量

连接点 S、E_1 并延长与 AB 边交于点 E_1',此点即代表最终萃取液的组成点。由图读得 $y_1'=87\%$ 。

利用杠杆规则求 E_1 的流量,即

$$E_1 = M \times \frac{\overline{MR_n}}{\overline{E_1R_n}} = (1\ 000 + 350) \times \frac{19.5}{43} = 612\ \text{kg/h}$$

萃取液由 E_1 完全脱除溶剂而得到,故可利用杠杆规则求得 E_1',即

$$E_1' = E_1\frac{\overline{E_1S}}{\overline{SE_1'}} = 612 \times \frac{44.5}{93.5} = 291\ \text{kg/h}$$

E_1' 也可由 E_1'、F 和 R_n' 三点利用杠杆规则求得,即

$$E_1' = F\frac{\overline{R_n'F}}{\overline{R_n'E_1'}} = 1\ 000 \times \frac{16.5}{56.5} = 292\ \text{kg/h}$$

2)在 x-y 直角坐标图上求解理论级数

当萃取过程所需理论级数较多时,在三角形坐标图上进行图解,由于各种关系线挤在一起,往往不够清晰,此时可在直角坐标上绘出分配曲线与操作线,然后用精馏过程所用的梯级法求解所需理论级数。

3)理论级数的解析计算

对于组分 B、S 部分互溶物系,传统上常在三角形坐标图上利用平衡关系和操作关系用逐级图解法求理论级数。由于计算机应用的普及,现在多用解析法,有关内容可查阅相关资料获取。

2. 组分 B 和 S 完全不互溶时理论级数的计算

当组分 B 和 S 完全不互溶时,多级逆流萃取操作过程与脱吸过程十分相似,计算方法也大同小异。根据平衡关系情况,可用图解法或解析法求解理论级数。

1)在 X-Y 直角坐标图中图解求理论级数

在操作条件下,若分配曲线不为直线,一般在 X-Y 直角坐标图中用图解法进行萃取计算较为方便。下面介绍具体求解步骤(参见图 4-20)。

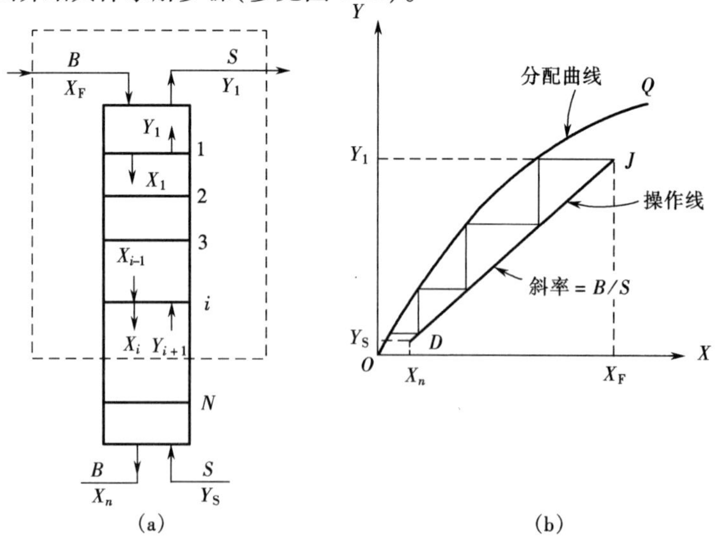

图 4-20 B、S 完全不互溶时多级逆流萃取的图解计算

(a)流程示意 (b)在 X-Y 直角坐标图中图解求理论级数

①由平衡数据在 X-Y 直角坐标上绘出分配曲线。

②在 X-Y 坐标上作出多级逆流萃取的操作线。

在图 4-20(a)中的第一级至第 i 级之间对溶质作衡算，得

$$BX_{\mathrm{F}} + SY_{i+1} = SY_1 + BX_i$$

或

$$Y_{i+1} = \frac{B}{S}X_i + \left(Y_1 - \frac{B}{S}X_{\mathrm{F}}\right) \tag{4-21}$$

式中 X_i——离开第 i 级萃余相中溶质的质量比，kg A/kg B；

Y_{i+1}——离开第 $i+1$ 级萃取相中溶质的质量比，kg A/kg S。

式(4-21)称为多级逆流萃取操作线方程式。由于组分 B 和 S 完全不互溶，通过各级的 B/S 均为常数，故该式为直线方程式，斜率为 B/S，两端点为 $J(X_{\mathrm{F}}, Y_1)$ 和 $D(X_n, Y_{\mathrm{S}})$。若 $Y_{\mathrm{S}}=0$，则此操作线下端为$(X_n, 0)$。将式(4-21)绘在 X-Y 坐标上，即得操作线 DJ。

③从 J 点开始，在分配曲线与操作线之间画阶梯，阶梯数即为所求理论级数。

2)解析法求理论级数

当分配曲线为通过原点的直线时，由于操作线也为直线，萃取因子 $A_{\mathrm{m}} = \dfrac{KS}{B}$ 为常数，则可仿照脱吸过程的计算方式，用式(4-22)求解理论级数。

$$n = \frac{1}{\ln A_{\mathrm{m}}}\ln\left[\left(1 - \frac{1}{A_{\mathrm{m}}}\right)\frac{X_{\mathrm{F}} - \dfrac{Y_{\mathrm{S}}}{K}}{X_n - \dfrac{Y_{\mathrm{S}}}{K}} + \frac{1}{A_{\mathrm{m}}}\right] \tag{4-22}$$

3. 溶剂比和萃取剂的最小用量

和吸收操作中的液气比 L/V 相似，在萃取操作中用溶剂比 S/F 来表示溶剂用量对设备费和操作费的影响。完成同样的分离任务，若加大溶剂比，则所需的理论级数可以减少，但回收溶剂所消耗的能量增加；反之，S/F 愈小，所需的理论级数愈多，而回收溶剂所消耗的能量愈少。所以，应根据经济效益来确定适宜的溶剂比。所谓萃取剂的最小用量 $S_{\min}$ 是指为达到规定的分离程度，萃取剂用量减小至 $S_{\min}$ 时，所需的理论级数为无穷多。实际操作中，萃取剂的用量必须大于此极限值。

由三角形相图看出，S/F 值愈小，操作线和联结线的斜率愈接近，所需的理论级数愈多，当萃取剂的用量减小至 $S_{\min}$ 时，就会出现某一操作线和联结线相重合的情况，此时所需的理论级数为无穷多。$S_{\min}$ 的值可由杠杆规则求得。

在直角坐标图上，当萃取剂用量减小时，操作线向分配曲线靠拢，在操作线与分配曲线之间所画的阶梯数(即理论级数)便增加；当萃取剂用量为最小值 $S_{\min}$ 时，操作线和分配曲线相交(或相切)，此时类似于精馏中图解理论板层数出现夹紧区一样，所需的理论级数为无穷多。对于组分 B 和 S 完全不互溶的物系(如图 4-21 所示)，用 δ 代表操作线的斜率，即 $\delta = B/S$，若采用不同的萃取剂用量 S_1、S_2 和 $S_{\min}$($S_1 > S_2 > S_{\min}$)，相应的操作线及斜率分别为

HJ_1、HJ_2、HJ_3 和 δ_1、δ_2、δ_{max}。由图看出，S 值越小，所需的理论级数越多，S 值为 S_{min} 时，理论级数为无穷多。萃取剂的最小用量可用式(4-23)计算。

$$S_{min}=\frac{B}{\delta_{max}} \tag{4-23}$$

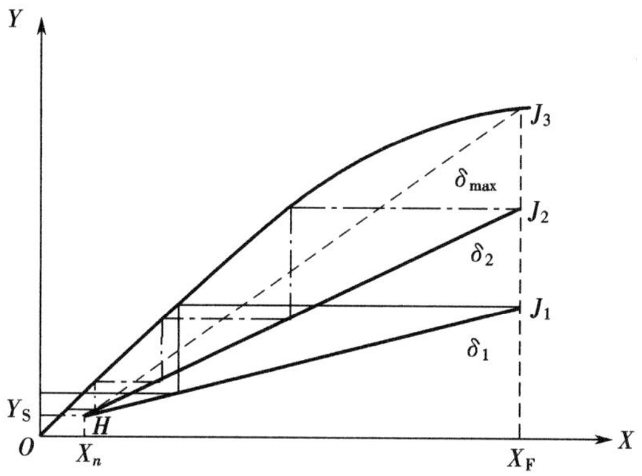

图 4-21 萃取剂最小用量

【例 4-6】 在多级逆流萃取装置中，用三氯乙烷从含丙酮 35%（质量分数，下同）的丙酮水溶液中萃取丙酮。原料液的流量为 1 000 kg/h，要求最终萃余相中丙酮的组成不大于 5%。萃取剂的用量为最小用量的 1.3 倍。水和三氯乙烷可视为完全不互溶，试在 X-Y 坐标上求解所需的理论级数。

操作条件下的平衡数据见例 4-3 附表 2。

若操作条件下该物系的分配系数 K 取为常数 1.71，试用解析法求解所需的理论级数。

解：(1) 图解法求理论级数

将例 4-3 的平衡数据换算为质量比组成，换算结果列于本例附表中。

例 4-6 附表

X	0.063 4	0.111	0.163	0.236	0.266	0.370	0.538
Y	0.095 9	0.176	0.266	0.383	0.471	0.681	0.923

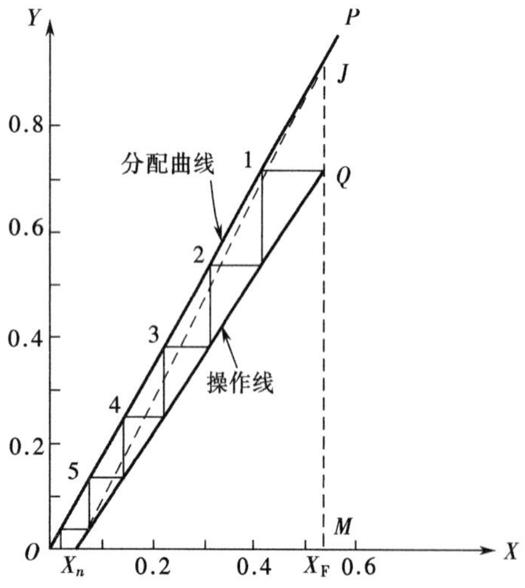

例 4-6 附图

在直角坐标上标绘附表中的数据，得分配曲线 OP，如本例附图所示。

由题给数据得

$$X_F=\frac{35}{65}=0.538,\quad X_n=\frac{5}{95}=0.052\ 6$$

$$B=F(1-x_F)=1\ 000\times(1-0.35)$$
$$=650\ \text{kg/h}$$

因 $Y_S=0$，故在本例附图横轴上确定 X_F 及 X_n 两点，过 X_F 作 X 轴的垂线与分配曲线交于点 J，连接 X_nJ 便得到 δ_{max}，即

$$\delta_{max}=\frac{0.923-0}{0.538-0.052\ 6}=1.90$$

由式(4-23)计算最小萃取剂用量，即

$$S_{min}=\frac{B}{\delta_{max}}=\frac{650}{1.90}=342\ \text{kg/h}$$

$$S=1.3S_{min}=1.3\times342=445\ \text{kg/h}$$

实际操作线斜率为

$$\delta=\frac{B}{S}=\frac{650}{445}=1.46$$

于是,可作出实际操作线 QX_n。

在分配曲线与操作线之间作阶梯,求得所需理论级数为5.5。

(2)解析法求 n

由题给数据,计算有关参数为

$$A_m=\frac{KS}{B}=\frac{1.71\times445}{650}=1.171$$

$$\frac{X_F-\frac{Y_S}{K}}{X_n-\frac{Y_S}{K}}=\frac{0.538-0}{0.0526-0}=10.23$$

所以

$$n=\frac{1}{\ln A_m}\ln\left[\left(1-\frac{1}{A_m}\right)\frac{X_F-\frac{Y_S}{K}}{X_n-\frac{Y_S}{K}}+\frac{1}{A_m}\right]=\frac{1}{\ln 1.171}\times\ln\left[\left(1-\frac{1}{1.171}\right)\times10.23+\frac{1}{1.171}\right]$$

$$=5.41$$

两法得到的结果非常相近。

4.3.5 微分接触逆流萃取

微分接触逆流萃取过程常在塔式设备(如填料塔、脉冲筛板塔等)内进行。塔式萃取设备内两液相的流路如图4-22所示。原料液和溶剂在塔内作逆向流动并进行物质传递,两相中的溶质组成沿塔高而连续变化,两相的分离是在塔顶和塔底完成的。

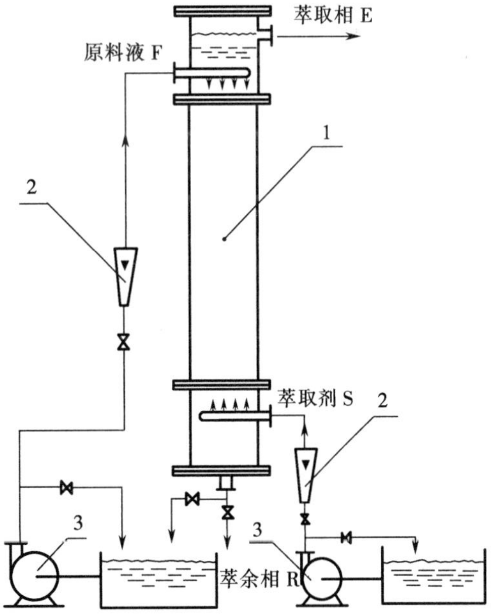

图4-22 塔式萃取设备内两相流路

1—萃取塔 2—流量计 3—泵

塔式微分设备的计算和气液传质设备一样,要求确定塔径和塔高两个基本尺寸。塔径的尺寸取决于两液相的流量及适宜的操作速度;塔高的计算有两种方法,即理论级当量高度法及传质单元法。

1. 理论级当量高度法

理论级当量高度是指相当于一个理论级萃取效果的塔段高度,用 *HETS* 表示。根据式(4-24)确定塔的萃取段有效高度。

$$h = n(HETS) \tag{4-24}$$

式中 h——萃取段的有效高度,m;

n——逆流萃取所需的理论级数;

$HETS$——理论级的当量高度,m。

理论级数 n 反映萃取分离的难易或萃取过程要求达到的分离程度。$HETS$ 是衡量传质效率的指标。传质速率愈大,塔的效率愈高,则相应的 $HETS$ 值愈小。与塔板效率一样,$HETS$ 值与设备类型、物系性质和操作条件有关,一般需通过实验确定。对某些物系,可以应用萃取专著中所推荐的经验公式估算。

2. 传质单元法

与吸收操作中填料层高度的计算方法相似,萃取段的有效高度也可用传质单元法计算。

假设组分B和S完全不互溶,则用质量比组成进行计算比较方便。再若溶质组成较低时,在整个萃取段内体积传质系数 $K_X a$ 可视为常数,萃取段的有效高度可用下式计算:

$$h = \frac{B}{K_X a \Omega}\int_{X_n}^{X_F}\frac{dX}{X - X^*} \tag{4-25}$$

或
$$h = H_{OR}N_{OR} \tag{4-25a}$$

式中 H_{OR}——萃余相的总传质单元高度,$H_{OR} = \dfrac{B}{K_X a \Omega}$, m;

$K_X a$——以萃余相中溶质的质量比为推动力的总体积传质系数,$\dfrac{kg}{m^3 \cdot h}$;

Ω——塔的横截面积,m^2;

N_{OR}——萃余相的总传质单元数,$N_{OR} = \int_{X_n}^{X_F}\dfrac{dX}{X - X^*}$;

X——萃余相中溶质的质量比;

X^*——与萃取相相平衡的萃余相中溶质的质量比。

萃余相的总传质单元高度 H_{OR} 或总体积传质系数 $K_X a$ 由实验测定,也可从萃取专著或手册中查得。

萃余相的总传质单元数 N_{OR} 可用图解法或数值积分法求得。当分配曲线为直线时,则可用对数平均推动力或萃取因子法求得。解析法计算式为

$$N_{OR} = \frac{1}{1 - \dfrac{1}{A_m}}\ln\left[\left(1 - \frac{1}{A_m}\right)\frac{X_F - \dfrac{Y_S}{K}}{X_n - \dfrac{Y_S}{K}} + \frac{1}{A_m}\right] \tag{4-26}$$

同理,也可仿照上法对萃取相写出相应的计算式。

【例4-7】 在塔径为50 mm、有效高度为1 m的填料萃取实验塔中,用纯溶剂S萃取水溶液中的溶质A。水与溶剂可视为完全不互溶。原料液中组分A的组成为0.15(质量分数,下同),要求最终萃余相中溶质的组成不大于0.002。操作溶剂比(S/B)为2,溶剂用量为67.3 kg/h。操作条件下平衡关系为:$Y = 1.6X$。

试求萃余相的总传质单元数和总体积传质系数。

解: 由于组分 B、S 完全不互溶且分配系数 K 可取做常数,故可用对数平均推动力法或式(4-26)求 N_{OR}。总体积传质系数 K_Xa 则由总传质单元高度 H_{OR} 计算。

(1) 总传质单元数 N_{OR}

①用对数平均推动力法求 N_{OR}。根据题给数据:

$$X_F=\frac{0.15}{0.85}=0.176\ 5, X_n=\frac{0.002}{0.998}=0.002$$

$$Y_S=0, Y_1=\frac{B(X_F-X_n)}{S}=\frac{0.176\ 5-0.002}{2}=0.087\ 25$$

$$X_1^*=\frac{Y_1}{K}=\frac{0.087\ 25}{1.6}=0.054\ 53$$

$$\Delta X_1=X_F-X_1^*=0.176\ 5-0.054\ 53=0.122$$

$$\Delta X_2=X_n-X_2^*=0.002-0=0.002$$

$$\Delta X_m=\frac{\Delta X_1-\Delta X_2}{\ln\frac{\Delta X_1}{\Delta X_2}}=\frac{0.122-0.002}{\ln\frac{0.122}{0.002}}=0.029\ 19$$

$$N_{OR}=\int_{X_n}^{X_F}\frac{dX}{X-X^*}=\frac{X_F-X_n}{\Delta X_m}=\frac{0.176\ 5-0.002}{0.029\ 19}=5.98$$

②用萃取因子法求 N_{OR}。

$$A_m=\frac{KS}{B}=1.6\times2=3.2$$

$$N_{OR}=\frac{1}{1-\frac{1}{A_m}}\ln\left[\left(1-\frac{1}{A_m}\right)\frac{X_F-\frac{Y_S}{K}}{X_n-\frac{Y_S}{K}}+\frac{1}{A_m}\right]$$

$$=\frac{1}{1-\frac{1}{3.2}}\times\ln\left[\left(1-\frac{1}{3.2}\right)\times\frac{0.176\ 5}{0.002}+\frac{1}{3.2}\right]=5.98$$

(2) 总体积传质系数 K_Xa

$$H_{OR}=\frac{h}{N_{OR}}=\frac{1}{5.98}=0.167\ 2\ \text{m}$$

$$B=\frac{S}{2}=\frac{67.3}{2}=33.65\ \text{kg/h}$$

$$K_Xa=\frac{B}{H_{OR}\Omega}=\frac{33.65}{0.167\ 2\times\frac{\pi}{4}\times0.05^2}=1.026\times10^5\ \frac{\text{kg}}{\text{m}^3\cdot\text{h}}$$

用对数平均推动力法和萃取因子法两种方法得到完全一致的 N_{OR} 值。

【例 4-8】 现有由 1 kg 溶质 A 和 12 kg 稀释剂 B 组成的溶液,用 15 kg 纯溶剂 S 进行萃取分离。组分 B、S 可视为完全不互溶,在操作条件下,以质量比表示相组成的分配系数可取常数 2.6。试比较如下 4 种萃取操作的最终萃余相组成 X_n:(1) 单级平衡萃取;(2) 将 15 kg 萃取剂分 3 等份进行三级错流萃取;(3) 三级逆流萃取;(4) 在 $N_{OR}=3$ 的填料塔中逆流萃取。

解：由于在操作条件下，组分 B、S 可视为完全不互溶，且分配系数 $K=2.6$，故可用解析法计算。

（1）单级萃取

$$X_F=1/12=0.0833,\ Y_S=0,\ B=12\ \text{kg},\ S=15\ \text{kg}$$

由萃取装置的物料衡算得

$$B(X_F-X_1)=SY_1$$

将 $Y_1=2.6X_1$ 代入上式解得

$$X_1=0.0196$$

（2）三级错流萃取

$$S_i=\frac{1}{3}S=\frac{1}{3}\times 15=5\ \text{kg}$$

$$A_m=\frac{KS_i}{B}=\frac{2.6\times 5}{12}=1.083$$

将有关数据代入式(4-19)便可求得 X_3，即

$$3=\frac{1}{\ln(1+1.083)}\ln\frac{0.0833}{X_3}$$

所以 $X_3=0.0092$

（3）三级逆流萃取

$$A'_m=KS/B=2.6\times 15/12=3.25$$

由式(4-22)便可求得 X_3，即

$$n=\frac{1}{\ln A'_m}\ln\left[\left(1-\frac{1}{A'_m}\right)\frac{X_F-Y_S/K}{X_3-Y_S/K}+\frac{1}{A_m}\right]$$

将有关数据代入上式解得

$$X_3=0.00169$$

（4）在 $N_{OR}=3$ 的微分逆流萃取

将 $N_{OR}=3$，$A_m=3.25$，$X_F=0.0833$ 及 $Y_S=0$ 代入式(4-26)，即

$$3=\frac{1}{1-1/3.25}\ln\left[\left(1-\frac{1}{3.25}\right)\frac{0.0833}{X_R}+\frac{1}{3.25}\right]$$

解得 $X_R=0.00752$

由计算结果看出，在相同总溶剂用量条件下，三级逆流萃取最终萃余相组成最低，即取得最佳萃取效果。4 种操作方式的萃取率分别为 76.47%、88.96%、97.97% 及 90.97%。

4.4 萃取分离的进展

演示文稿

由于萃取分离具有处理能力大、选择性好、常温操作、节约能耗、易于实现连续操作和自动控制等一系列优点，自 20 世纪 30 年代以来，迅速在化工、石油、生物、医药、食品、原子能、

湿法冶金等领域得到广泛应用。同时,对萃取的基本理论和应用的研究也很活跃,并取得了突出进展,这使得萃取操作成为发展速度最快、最具活力的单元操作之一。下面简要介绍萃取研究的重点、萃取过程的强化、回流萃取及超临界流体萃取。

4.4.1 萃取研究的重点

1. 新型绿色萃取剂的研发

研发项目包括新型萃取剂的合成,利用可逆络合反应的萃取剂(包括络合剂、助溶剂和稀释剂)研发,以及相应的多组分热力学实验和理论研究。其成果对于金属的提取与分离、极性有机物稀溶液的分离均有很好的效果。

2. 新型萃取工艺及萃取技术的研发

一些新型萃取工艺及萃取技术相继应用于工业生产,例如回流萃取、双溶剂萃取、分馏萃取、双水相萃取、凝胶萃取、反向胶团萃取、乳化液膜及支撑液膜萃取、超临界流体萃取、变温萃取、在外场作用下的萃取;多个过程相结合的萃取,如膜基萃取、化学反应萃取、离子交换与萃取相结合、萃取反萃取交换过程、同级萃取反萃取过程等。与这些新过程相关的热力学、动力学、传质机理等研究也取得同步进展。

3. 新型高效萃取设备的开发

为适应萃取工艺和物料特性的要求,新型高效的萃取设备相继问世。通过采用搅拌、脉冲、剪切、喷射、电场等方式由外界引入能量使分散相分散成微小液滴,促进表面更新,以增大两相接触面积,增强两相湍动。同时,研究设备中两相流动特性、返混对于传质的影响,以实现优化设计、操作和控制。

4. 与萃取过程关系密切的其他工艺问题的研究

如对萃取分离的预处理和后处理,特别是萃取剂的再生、乳化液膜分离中的破乳操作等。

5. 萃取热力学、萃取过程传质与传热机理的研究

对萃取分离中的热力学、传质机理进行研究,特别加强对液—液界面现象、传质理论及传质动力学的研究,探索界面张力梯度、液滴分散与凝聚、促进相际传递的化学络合组分对传质的影响等,以促进萃取过程计算建立在更加可靠的理论基础上。

4.4.2 萃取过程的强化

强化萃取过程的依据是传质原理。在塔式萃取设备的微分段上,传质速率的微分表达式为

$$dG = K dA \Delta Y \tag{4-27}$$

显然,提高传质速率的基本途径是提高过程推动力 ΔY、增大相际点传质系数 K 以及增加相际传质面积 A。

1. 提高过程推动力 ΔY

①选择适宜的萃取剂,使物系有较大的分配系数 k_A 或 K_A。

②引入化学反应，实现可逆络合化学萃取。络合萃取对于极性有机物稀溶液的分离、金属的提取与分离有高效性及高选择性。

③萃取反萃取交替过程。采用逆流萃取、并流反萃交替过程可取得增大传质推动力的显著效果。例如，多级逆流萃取需要6个理论级，采用萃取反萃取交替过程则只需要2个理论级。

④同级萃取反萃取过程。液膜萃取即萃取反萃取过程耦合的典型代表。

⑤尽可能逆流操作。

2. 增大相际总传质系数 K

根据双膜模型，传质过程的阻力集中在滞流膜层内，减薄滞流膜层便可提高 K 值。增大两相流速、外界输入能量可提高两相湍动程度。如果分散相液滴是水相，则可适当加入脉冲电场，使两相界面上发生周期湍动，产生湍流内循环液滴。

3. 增加相际传质面积 A

萃取操作中，选择体积流量大的相为分散相，并通过搅拌、脉冲、剪切、喷射等措施增大两相接触面积。比表面积 a 通常可达500 m^2/m^3。

固定膜界面萃取是膜过程和液—液萃取相结合的分离技术，膜可提供的比表面积高达 $10^3 \sim 10^4\ m^2/m^3$。

液膜分离是一种快速、高效和节能的分离方法，可使相际接触比表面积提高2~3个数量级。20世纪90年代微乳液膜技术的发展，提供了更大的比表面积，传质速率更快。例如，从含 Cu^{2+} 的水溶液中提取 Cu^{2+}，微乳液膜技术仅需2 min，而乳状液膜法则需10 min。

4.4.3 回流萃取——两组分高纯度萃取分离

在逆流萃取过程中，只要级数足够多，最终萃余相中溶质的最低组成就可达到希望值，而最终萃取相中溶质的最高组成却受到原料液组成与相平衡关系的限制。为了获得更高组成的萃取相，使原料液中的A、B实现高纯度分离，可仿照精馏中回流的方法，使最终萃取相脱除溶剂后的萃取液部分返回塔内作为回流，这种操作称为回流萃取。回流萃取可在级式或微分式设备中进行。

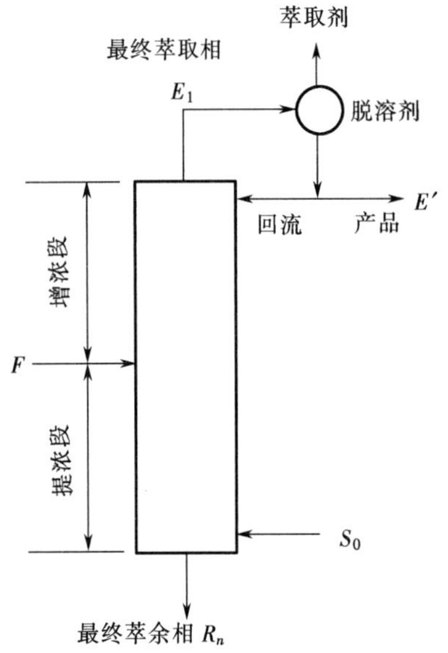

图4-23 回流萃取操作流程示意图

回流萃取操作流程示意图如图4-23所示。原料液F由塔中部加入，设新鲜溶剂由塔底部加入。塔顶最终萃取相脱除溶剂后，一部分作为塔顶产品取出，另一部分返回塔顶作为回流。萃余相从塔底抽出，脱溶剂后得到萃余液。加料口以下的塔段即通常的萃取塔，称为提浓段，其作用是当两相在逆流接触过程中使溶质转入溶剂相，提高萃余相中组分B的组成，故相当于精馏塔中的提馏段。加料口以上塔段称为增浓段,其作用是使最终萃取相中溶质 A 的含量达到所要求的组成,相当于精馏塔的精馏段。应指出,回流萃取塔的萃余相不必回流到塔中。加到塔底的萃取剂与精馏塔釜加热产生的蒸气作用相同。

只要塔顶回流液量足够大且理论级数足够多,Ⅱ类物系在回流萃取塔内的各组分均可得到预期的纯度。

当原料液中含有两种溶质组分 A_1 和 A_2 时,也可用回流萃取将它们分离。回流萃取的计算可参阅有关专著。

4.4.4 超临界流体萃取

超临界流体萃取,又称超临界萃取、压力流体萃取、超临界气体萃取等,其于 20 世纪 60 年代开始工业应用研究。现在,超临界流体萃取已成为新型萃取分离技术,应用于食品、制药、化工、能源、香精香料等领域。

超临界流体萃取以高压、高密度的超临界流体为萃取剂,从液体或固体中提取高沸点或热敏性的有用成分,以达到分离或纯化的目的。与一般的萃取及浸取操作相比较,它们同是加入溶剂,在不同的相之间完成传质分离。不同之处在于,超临界流体萃取中,萃取剂是超临界状态下的流体,其兼具气体和液体的某些特性,且对许多物质有很强的溶解能力,分离速率比液—液萃取快,可以实现高效的分离过程。

1. 超临界流体的特性

1)超临界流体的 pVT 性质

由 CO_2 的 p—ρ 等温线(对比压力与对比密度的关系线)看到,在稍高于临界点温度的区域内,压力稍有变化,就会引起流体密度很大的变化,且超临界流体的密度接近于液体的密度。由此可想而知,超临界流体对液体、固体的溶解度与液体溶解度比较接近。而且,超临界流体与待分离组分的化学性质越相似,溶解度就越大。

概括以上性质,可在高密度(低温、高压)条件下去萃取溶质组分,然后稍微提高温度或降低压力,使萃取剂与溶质分离。

通过选择适宜的超临界流体萃取剂,能够实现多组分物系的选择性分离。

2)超临界流体的传递特性

表 4-2 列出了超临界流体与气体、液体传递性能的比较。

表 4-2 超临界流体与气体、液体传递性能的比较

物性	气体(常温、常压)	超临界流体		液体(常温、常压)
		T_C,p_C	T_C,$4p_C$	
ρ/(kg/m^3)	2~6	200~500	400~900	600~1 600
$\mu\times10^5$/(Pa·s)	1~3	1~3	3~9	20~300
自扩散系数$\times10^4$/(m^2/s)	0.1~0.4	0.7×10^{-3}	0.2×10^{-3}	$(0.2\sim2)\times10^{-5}$

从表4-2中数据看出，超临界流体的密度与液体比较接近，黏度接近于普通气体，自扩散系数为液体的100倍左右。这意味着超临界流体具有与液体萃取剂相近的溶解能力，同时，超临界流体萃取时的传质速率将远大于液体溶剂萃取速率且能很快地达到萃取平衡。

由于CO_2的临界温度接近于常温，加上CO_2安全、易得、价廉，且能用以分离多种物质，因而CO_2成为最常用的超临界流体萃取的载体。

2. 超临界流体萃取的典型流程及应用示例

1）超临界流体萃取的典型流程

超临界流体萃取过程包括萃取和分离两个阶段。在萃取阶段，超临界流体从原料液中萃取出所需组分；在分离阶段，改变某个参数或使用其他方法，使被萃取的组分从超临界流体中分离出来，萃取剂则循环使用。根据分离方法的不同，超临界流体萃取的典型流程有如下3种，如图4-24所示。

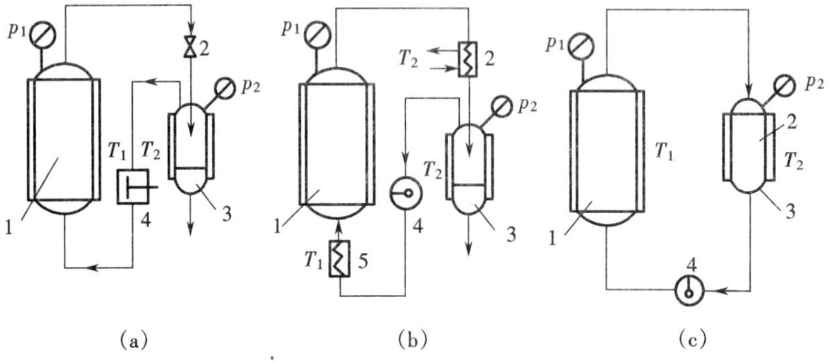

图4-24 超临界流体萃取的3种典型流程

（a）等温法 $T_1=T_2, p_1>p_2$ 1—萃取器 2—膨胀阀 3—分离槽 4—压缩机

（b）等压法 $T_1<T_2, p_1=p_2$ 1—萃取器 2—加热器 3—分离槽 4—泵 5—冷却器

（c）吸附法 $T_1=T_2, p_1=p_2$ 1—萃取器 2—吸附剂 3—分离槽 4—泵

（1）等温变压流程　这种流程通过改变压力而使萃取组分从超临界流体中分离出来，如图4-24（a）所示。超临界流体经过膨胀阀后压力下降，溶质的溶解度下降，溶质析出由分离槽底部排出，用作萃取剂的气体被压缩后返回萃取器循环使用。所谓等温是指萃取器和分离槽中流体的温度基本相同，这是最方便的一种流程。

（2）等压变温流程　这种流程保持萃取器和分离槽的压力基本相同，将萃取了溶质的流体加热升温使溶质与萃取剂分离，萃取剂则降温升压后循环使用，其流程如图4-24（b）所示。

（3）等温等压吸附流程　这种流程在分离槽中放置仅吸附溶质而不吸附萃取剂的吸附剂，溶质在分离槽中被吸附而与萃取剂分离。萃取剂升压后循环使用，如图4-24（c）所示。

吸附法通常用于除去超临界流体萃取产物中的杂质，以达到纯化产物的目的。

2）超临界流体萃取的应用示例

超临界流体萃取是一种具有特殊优势的新型分离技术。众多的研究者以炼油、食品、医药、生化制品等领域中的许多分离体系为对象开展了广泛、深入的应用研究。目前，我国在中药现代化中将其作为关键技术之一给予高度重视。下面简要介绍几个应用例子。

(1)天然产物中有效成分的提取纯化　石油残渣中油品的回收、咖啡豆中咖啡因的脱除、啤酒花中有效成分的提取、大豆中豆油的提取等大规模生产中，都成功地采用了超临界流体萃取技术。再如，对从酒花及胡椒中提取香料和香精等生产工艺也进行了大量应用研究工作。

(2)化学产品的分离精制　有关醇类的分离精制，是超临界流体萃取研究的另一个活跃领域。突出优点是它比蒸馏法的能耗大幅度降低，如乙醇、异丙醇、正丁醇产品的精制采用超临界流体萃取的能耗分别是蒸馏方法能耗的 40%、17% 和 10%。

(3)超临界 CO_2 处理食品原料　在白酒生产中，米或面中脂质含量过高会明显影响酒的质量。用超临界 CO_2 脱脂后，能除去粗脂质的 30%；同时，对提高白酒质量有利的醋酸异戊脂和异戊醇的含量有提高。用超临界 CO_2 处理的米或面来生产白酒，白酒的质量能显著提高。

(4)超临界流体萃取在生化和制药中的应用　由于超临界流体萃取具有毒性低、温度低、溶氧性好、选择性高等一系列优点，十分适合于生化制品和药物的分离纯化，尤其适用于提取纯化热敏性、易氧化的物质。例如，超临界 CO_2 萃取氨基酸、从单细胞蛋白游离物中提取脂类、从微生物发酵的干物质中萃取 γ-亚麻酸、利用超临界 CO_2 萃取发酵液法生产乙醇等。应用超临界流体萃取来干燥各种抗生素，可在较短的时间内很容易地达到溶剂的允许值以下，同时避免了产品的药效降低和变色。

此外，超临界流体在反应工程、高聚物分离等领域也开始显示出其特点和优势。

3. 超临界流体萃取的特点

综合前面介绍的内容可看出，超临界流体萃取具有如下特点。

①超临界流体具有与液体溶剂相同的溶解能力，同时又具有接近气体的传递特性，因而比普通的溶剂萃取具有更高的传递速率，能更快达到萃取平衡。

②在临界点附近，压力或温度的微小变化都将引起超临界流体密度的改变，从而引起其溶解能力的变化，萃取后易于使溶质和溶剂分离，节能效果明显。

③选择合适的超临界流体萃取载体，能够用于高沸点、热敏性、易氧化物质的提取和纯化，因此，超临界流体萃取在食品、生化制品及医药工业中有着广阔的应用前景。

④超临界流体萃取兼有精馏及液—液萃取的双重特点，有可能经济、有效地分离一些难分离的物系。

⑤超临界流体萃取属于高压技术领域，设备的一次投资较高，另外，对超临界流体萃取的热力学及传质过程有待于进一步研究。

4.5 液—液萃取设备

演示文稿

和气—液传质过程类似，在液—液萃取过程中，要求在萃取设备内两相能密切接触并伴有较高程度的湍动，以实现两相之间的质量传递；而后，又能使两相较快地分离。但是，由于液—液萃取中两相的密度差较小，实现两相的密切接触和快速分离要比气—液系统困难得多。为了适应这种特点，出现了多种结构形式的萃取设备。目前，为工业采用的各种类型的设备已超过30种，而且还不断开发出更新的设备。

根据两相的接触方式，萃取设备可分为逐级接触式和微分接触式两大类；根据有无外功输入，又可分为有外加能量和无外加能量两种。工业上常用萃取设备的分类情况见表4-3。

萃取设备的操作特性与分散相的选择有关。分散相的选择，通常考虑如下原则。

①当两相流量相差很大时，将流量大的一相选为分散相可增加相际传质面积。但是，若所用的设备可能产生严重轴向返混时，应选择流量小的一相作为分散相，以减小返混的影响。

②在填料塔、筛板塔等萃取设备中，应将润湿性差的液体作为分散相。

③当两相黏度差较大时，应将黏度大的液体作为分散相，这样液滴在连续相内沉降（或升浮）速度较大，可提高设备生产能力。

④为减小液滴尺寸并增加液滴表面的湍动，对于界面张力梯度$\frac{d\sigma}{dx}>0$（x为溶质的组成）的物系，溶质应从液滴向连续相传递；反之，对于$\frac{d\sigma}{dx}<0$的系统，溶质应从连续相向液滴传递。

⑤为降低成本和保证安全操作，应将成本高和易燃易爆的液体作为分散相。

本节简要介绍一些典型的萃取设备及其操作特性。

表4-3 萃取设备分类

流体分散的动力		逐级接触式	微分接触式
重力差		筛板塔	喷洒塔 填料塔
外加能量	脉冲	脉冲混合—澄清器	脉冲填料塔 液体脉冲筛板塔
	旋转搅拌	混合—澄清器 夏贝尔（Scheibel）塔	转盘塔（RDC） 偏心转盘塔（ARDC） 库尼（Kühni）塔
	往复搅拌		往复筛板塔
	离心力	芦威式离心萃取机	POD离心萃取机

4.5.1 混合—澄清器

混合—澄清器是最早使用而且目前仍然广泛用于工业生产的一种典型逐级接触式萃取设备。它可单级操作，也可多级组合操作。每个萃取级均包括混合器和澄清器两个主要部分。为了使不互溶液体中的一相被分散成液滴而均匀分散到另一相中，以加大相际接触面积并提高传质速率，混合器中通常安装搅拌装置，也可采用静态混合器、脉冲器或喷射器来实现两相的充分混合。

澄清器的作用是将已接近平衡状态的两液相进行有效分离。对易于澄清的混合液，可以依靠两相间的密度差进行重力沉降（或升浮）。对于难分离的混合液，可采用离心式澄清器(如旋液分离器、离心分离机)加速两相的分离过程。

典型的单级混合—澄清器如图4-25所示。操作时,被处理的混合液和萃取剂首先在混合器内充分混合,再进入澄清器中进行澄清分层。为了达到萃取的工艺要求,既要使分散相液滴尽可能均匀地分散于另一相之中,又要使两相有足够的接触时间。但是,为了避免澄清器尺寸过大,分散相的液滴不能太小,更不能生成稳定的乳状液。图4-25是将混合器和澄清器合并成为一个装置。

多级混合—澄清器由多个单级萃取单元组合而成。图4-26所示的为水平排列的三级逆流混合—澄清萃取装置。

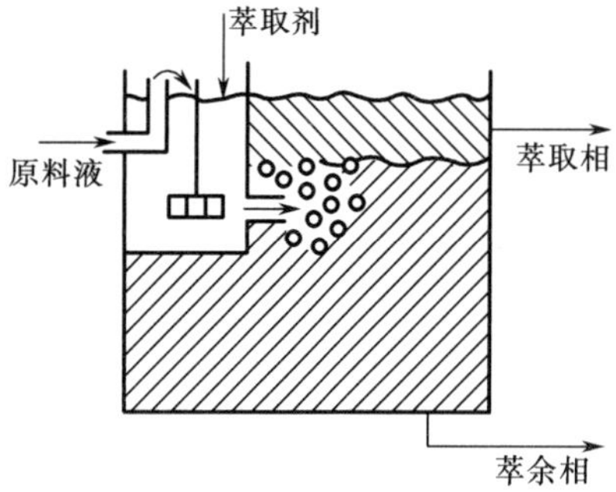

图4-25　单级混合—澄清器

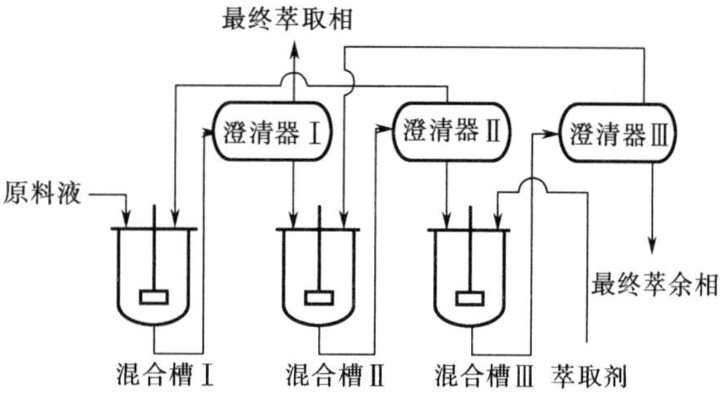

图4-26　三级逆流混合—澄清萃取设备

混合—澄清器的优点是:传质效率高(一般级效率为80%以上)、操作方便、运转稳定可靠、结构简单、可处理含有悬浮固体的物料,因此应用较广泛。缺点是:水平排列的设备占地面积大,每级内都设有搅拌装置,液体在级间流动需泵输送,故能量消耗较多,设备费及操作费都较高。为了克服水平排列多级混合—澄清器的缺点,可采用箱式和立式(塔式)混合—澄清萃取设备。

4.5.2　塔式萃取设备

习惯上,将高径比很大的萃取装置统称为塔式萃取设备。为了获得满意的萃取效果,塔设备应具有分散装置,以提供两相间较好的混合条件。同时,塔顶、塔底均应有足够的分离段,使两相很好地分层。由于使两相混合和分离所采用的措施不同,因此出现了不同结构形式的萃取塔。

在塔式萃取设备中,喷洒塔是结构最简单的一种,塔体内除各流股物料进出的连接管和分散装置外,无其他内部构件。由于轴向返混严重,其传质效率极低。喷洒塔主要用于只需一两个理论级的场合,如用于水洗、中和及处理含有固体的悬浮物系。

下面重点介绍几种工业上常用的萃取塔。

1. 填料萃取塔和脉动填料萃取塔

用于萃取的填料塔与用于气—液传质过程的填料塔结构上基本相同,即在塔体内支承板上充填一定高度的填料层,如图4-27所示。萃取操作时,连续相充满整个塔中,分散相以液滴状通过连续相。为防止液滴在填料入口处聚结和过早出现液泛,轻相入口管应在支承器之上25～50 mm处。选择填料材质时，除考虑料液的腐蚀性外，还应使填料只能被连续相润湿而不被分散相润湿，以利于液滴的生成和稳定。当填料层高度较大时，每隔3～5 m高度应设置再分布器，以减小轴向返混。填料尺寸应小于塔径的1/10～1/8，以降低壁效应的影响。

填料层的存在，增加了相际的接触面积，减少了轴向返混，因而强化了传质，比喷洒塔的萃取效率有较大程度的提高。填料塔结构简单，操作方便，特别适于处理腐蚀性料液。当工艺要求小于3个萃取理论级时，可选用填料塔。

在普通填料萃取塔内，两相依靠密度差而逆向流动，相对速度较小，界面湍动程度低，限制了传质速率的进一步提高。为了防止分散相液滴过多聚结，可增加塔内流体的湍动，即向填料提供外加脉动能量，造成液体脉动，这种填料塔称为脉动填料塔。脉动的产生，通常采用往复泵，有时也通过压缩空气来实现。图4-28所示为借助活塞往复运动使塔内液体产生脉动的萃取塔。但需注意，向填料塔加入脉动会使乱堆填料趋向于定向排列，导致沟流，这使脉动填料塔的应用受到限制。

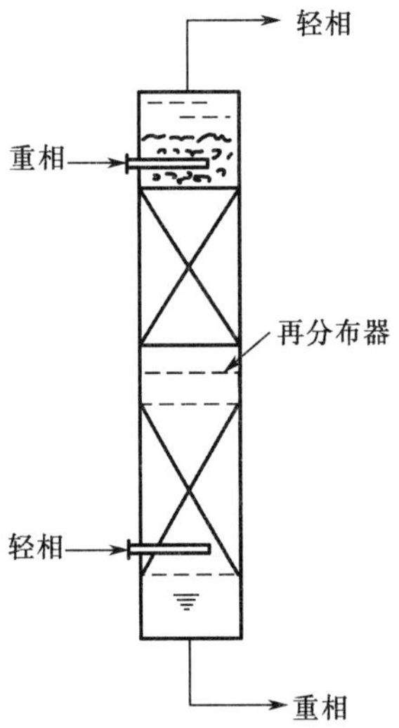

图4-27 填料萃取塔

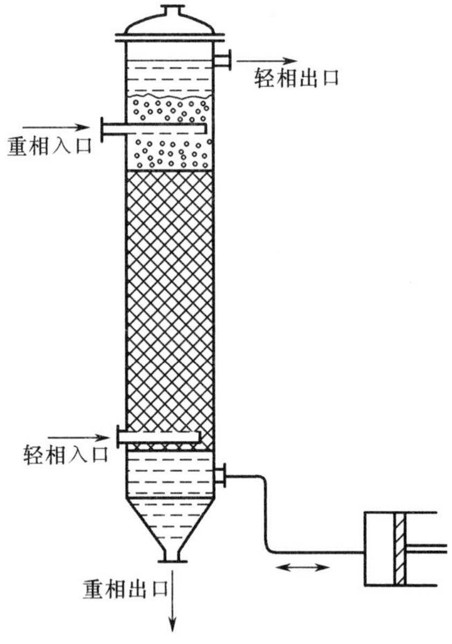

图4-28 脉动填料萃取塔

2. 筛板萃取塔

筛板萃取塔的结构如图4-29所示，塔体内装有若干层筛板，筛孔直径比气—液传质的孔径要小。工业中所用的孔径一般为3～9 mm，孔距为孔径的3～4倍，板间距为150～600 mm。如果选轻相为分散相（如图4-29所示），则其通过塔板上的筛孔而被分散成细滴，与塔板上的连续相密切接触后便分层凝聚，并聚结于上层筛板的下面，然后借助压力差的推动，再经筛孔而分散。重相经降液管流至下层塔板，水平横向流到筛板另一端的降液管。两相如是依次反复进行接触与分层，便构成逐级接触萃取。如果选择重相为分散相，则应使轻相通过升液管进入上层塔板，如图4-30所示。

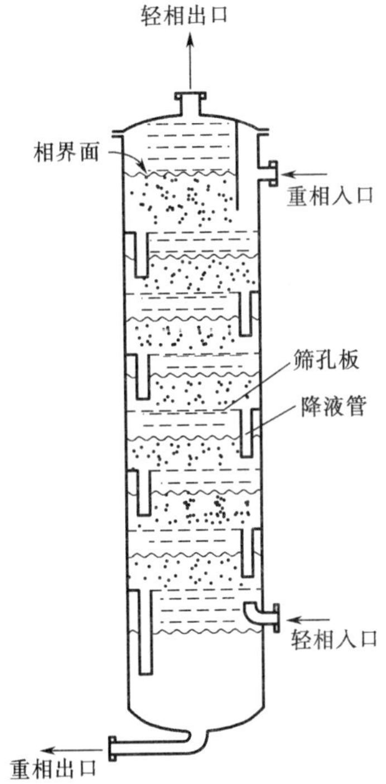

图 4-29 筛板萃取塔(轻相为分散相)

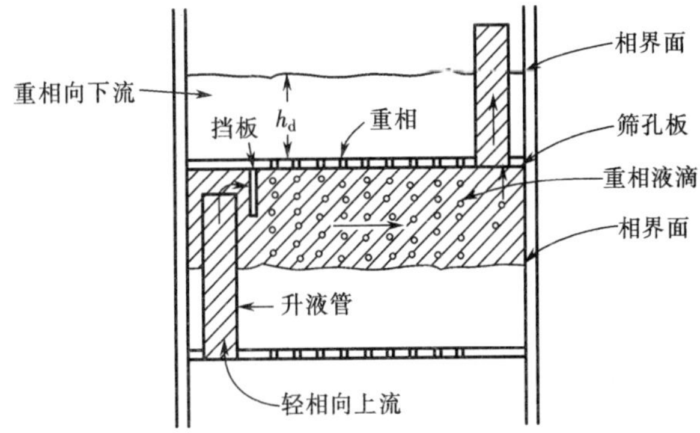

图 4-30 筛板萃取塔结构示意图(重相为分散相)

筛板萃取塔内由于塔板的限制,轴向返混减小,同时由于分散相的多次分散和聚结,液滴表面不断更新,使筛板萃取塔的效率比填料萃取塔有所提高,再加上筛板萃取塔结构简单,价格低廉,可处理腐蚀性料液,因而在许多萃取过程中得到广泛应用,如在芳烃提取中,用筛板萃取塔取得了良好效果。

3. 脉冲筛板萃取塔

脉冲筛板塔也称液体脉动筛板塔,是指由于外力作用使液体在塔内产生脉冲运动的筛板塔,其结构与气—液系统中无溢流管的筛板塔类似,如图 4-31 所示。操作时,轻、重液体皆穿过筛板而逆向流动,分散相在筛板之间不凝聚分层。使液体产生脉冲运动的方法有许多种,其中,活塞型、膜片型、风箱型脉冲发生器是常用的机械脉冲发生器。近年来,空气脉冲技术发展较快。在脉冲筛板塔内,脉冲振幅的范围为 9 ~ 50 mm,频率为 30 ~ 200 min^{-1}。研究结果和生产实践证明,萃取效率受脉动频率影响较大,受振幅影响较小。经验认为在较高的频率和较小的振幅下萃取效果较好。如脉动过于激烈,会导致严重的轴向返混,传质效率反而降低。

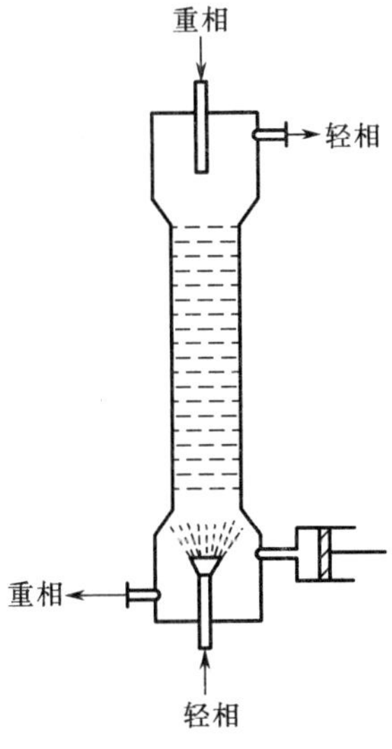

图 4-31 脉冲筛板塔

在脉冲萃取塔内,液体的脉动增加了相际接触面积和液体的湍动程度,因而传质效率有较大幅度的提高,使塔能提供较多的理论级数，但其生产能力一般有所下降，在化工生产应用上受到一定限制。

4. 往复筛板萃取塔

往复筛板萃取塔的结构如图4-32所示，将若干层筛板按一定间距固定在中心轴上，由塔顶的传动机构驱动而进行往复运动。无溢流筛板的周边和塔内壁之间保持一定的间隙。往复振幅一般为3～50 mm，频率可达100 min^{-1}。往复筛板的孔径比脉动筛板的大，一般为7～16 mm。当筛板向下运动时，筛板下侧的液体经筛孔向上喷射；反之，筛板上侧的液体向下喷射。为防止液体沿筛板与塔壁间的缝隙走短路，应每隔若干块筛板，在塔内壁设置一块环形挡板。

往复筛板萃取塔的效率与塔板的往复频率密切相关。当振幅一定时，在不发生液泛的前提下，效率随频率加大而提高。

往复筛板萃取塔可较大幅度地增加相际接触面积和提高液体的湍动程度，传质效率高，流动阻力小，操作方便，生产能力大，在石油化工、食品、制药和湿法冶金工业中的应用日益广泛。

5. 转盘萃取塔（RDC）及偏心转盘萃取塔（ARDC）

转盘萃取塔的基本结构如图4-33所示，在塔内壁上按一定间距装置若干个环形挡板（称为固定环），固定环使塔内形成许多分开的空间。在中心轴上按同样间距安装若干个转盘，每个转盘处于分割空间的中间。转盘的直径小于固定环的内径，以便于装卸。固定环和转盘均由薄平板制成。转盘随中心轴作高速旋转时，对液体产生强烈的搅拌作用，增加了相际接触面积和液体的湍动。固定环在一定程度上抑制了轴向返混，因而转盘萃取塔的效率较高。

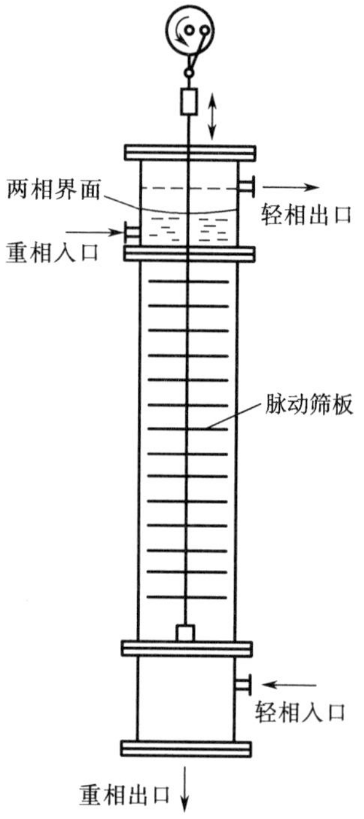

图4-32 往复筛板萃取塔

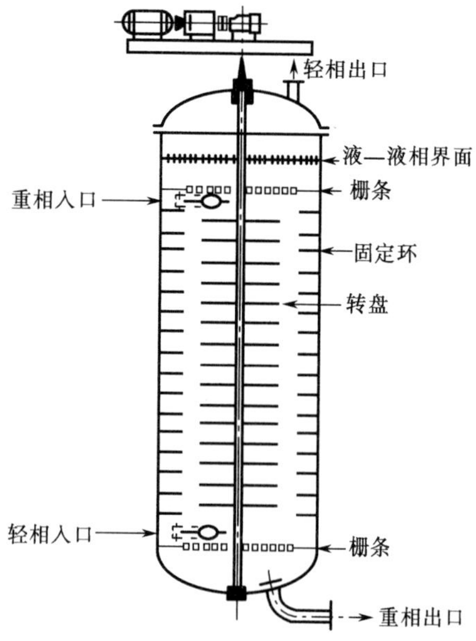

图4-33 转盘萃取塔（RDC）

转盘塔结构简单，生产能力大，传质效率高，操作弹性大，因而在石油工业和化工中应用比较广泛。

近年开发的不对称转盘塔（又称偏心转盘塔）得到了广泛的应用，其基本结构如图4-34所示。带有搅拌叶片1（又称转盘）的转轴安装在塔体的偏心位置，塔内不对称地设置垂直挡板，将其分成混合区3和澄清区4。混合区被横向水平挡板分割成许多小室，每个小室内的转盘起混合搅拌器的作用。澄清区又被环形水平挡板分割成许多小室。

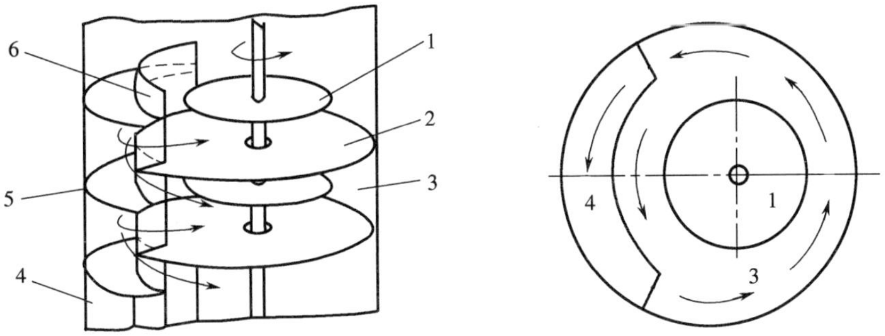

图4-34 偏心转盘塔内部结构

1—转盘 2—横向水平挡板 3—混合区 4—澄清区 5—环形分割板 6—垂直挡板

偏心转盘萃取塔既保持了转盘萃取塔用转盘进行分散的作用，同时，分开的澄清区又可以使分散相液滴反复进行凝聚、再分散，减小了轴向混合，从而提高了萃取效率。此外，这种类型萃取塔的尺寸范围很宽（可制成72~4 000 mm塔径，塔高可达30 m），对物系的性质（密度差、黏度、界面张力等）适应性很强，并适用于含有悬浮固体或易乳化的物料。

4.5.3 离心萃取器

离心萃取器是利用离心力使两相快速充分混合并快速分离的萃取装置。至今，已开发出多种类型的离心萃取器，广泛应用于制药（如抗生素的提取）、香料、染料、废水处理、核燃料处理等领域。

离心萃取器有多种分类方法，按两相接触方式可分为微分接触式和逐级接触式。下面介绍两种典型的离心萃取器。

1. 波德式离心萃取器（Podbielniak）

波德式离心萃取器也称离心薄膜萃取器，简称POD离心萃取器，是卧式微分接触离心萃取器的一种，其基本结构如图4-35所示。在外壳内有一个由多孔长带卷绕而成的螺旋形转子，其转速很高，一般为2 000 ~ 5 000 r/min，操作时轻相被引至螺旋的外圈，重相由螺旋中心引入。由于转子转动时所产生的离心力作用，重相由螺旋的中部向外流，轻相由外圈向中部流动，两相在逆向流动过程中，于螺旋形通道内密切接触。重相从螺旋的最外层经出口通道而流到器外，轻相则由中部经出口通道流到器外。它适于处理两相密度差很小或易乳化的物系。

2. 芦威式离心萃取器（Luwesta）

芦威式离心萃取器简称LUWE离心萃取器，它是立式逐级接触离心萃取器的一种。图

4-36 所示为三级离心萃取器,其主体是固定在壳体上并随之高速旋转的环形盘。壳体中央有固定不动的垂直空心轴,轴上也装有圆形盘。盘上开有若干个液体喷出孔。

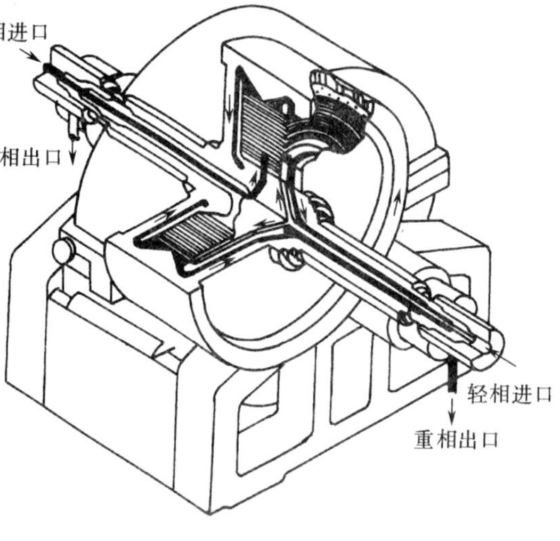

图 4-35 POD 离心萃取器

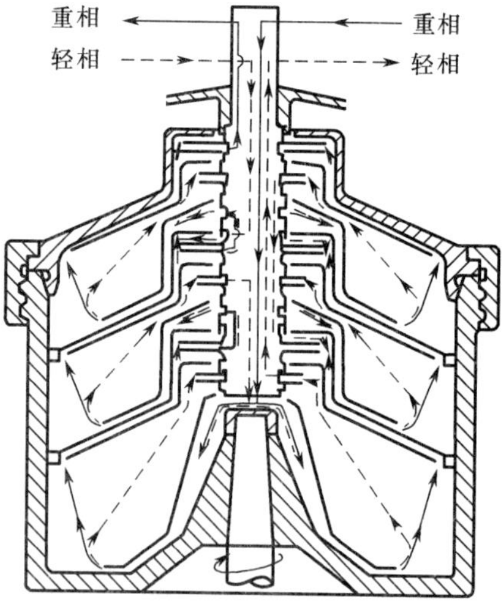

图 4-36 芦威式离心萃取器

被处理的原料液和萃取剂均由空心轴的顶部加入。重相沿空心轴的通道下流至萃取器的底部而进入第三级的外壳内,轻相由空心轴的通道流入第一级。两相均由萃取器顶部排出。此种萃取器也可由更多的级组成。

这种类型的萃取器主要应用于制药工业中,其处理能力为 7.6(相当于三级离心机)~49 m^3/h(相当于单级离心机),在一定操作条件下,级效率可接近 100%。

离心萃取器的优点是结构紧凑、生产强度高、物料停留时间短、分离效果好,特别适用于轻重两相密度差很小、难于分离、易产生乳化及要求物料停留时间短、处理量小的场合。但离心萃取器的结构复杂、制造困难、操作费高,这使其应用受到一定限制。

4.5.4 液—液萃取设备的流体流动和传质特性

在液—液萃取操作中,依靠两相的密度差,在重力场或离心力场作用下,分散相和连续相产生相对运动并密切接触而进行传质。两相之间的传质与流动状况有关,而流动状况和传质速率又决定了萃取设备的尺寸,如塔式设备的直径和高度。

1. 萃取设备的流体流动特性和液泛

在逆流操作的塔式萃取设备内,分散相和连续相的流量不能任意加大。流量过大,一方面会引起两相接触时间减少,降低萃取效率;另一方面,两相速度加大引起流动阻力增加,当速度增大至某一极限值时,一相会因阻力的增大而被另一相夹带,由其本身入口处流出塔外。这种两种液体互相夹带的现象称为液泛。

关于液泛速度,许多研究者针对不同类型的萃取设备提出了经验公式或半经验公式,还有的绘制成关联图。图 4-37 所示为填料萃取塔的液泛速度 U_{Cf} 关联图。

由所选用的填料查出该填料的空隙率 ε 及比表面积 a,再依已知物系的有关物性常数算

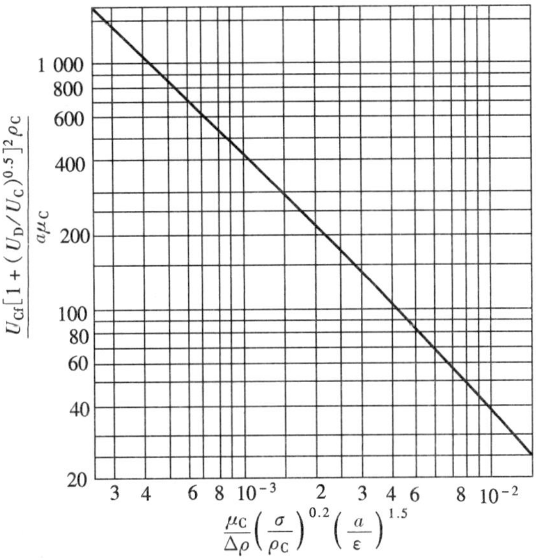

图 4-37 填料萃取塔的液泛速度关联图

U_{Cf}——连续相泛点空塔速度,m/s　U_D、U_C——分散相和连续相的空塔速度,m/s

ρ_C——连续相的密度,kg/m^3　$\Delta\rho$——两相密度差,kg/m^3　σ——界面张力,N/m

a——填料的比表面积,m^2/m^3　μ_C——连续相的黏度,Pa·s　ε——填料层的空隙率

出图 4-37 横坐标$\frac{\mu_C}{\Delta\rho}\left(\frac{\sigma}{\rho_C}\right)^{0.2}\left(\frac{a}{\varepsilon}\right)^{1.5}$的数值,按此值从图上确定纵坐标$\frac{U_{Cf}\left[1+\left(\frac{U_D}{U_C}\right)^{0.5}\right]^2\rho_C}{a\mu_C}$的数值,从而可求出填料塔的液泛速度 U_{Cf}。

实际设计时,空塔速度可取液泛速度的 50% ~80% 。根据适宜的空塔速度便可计算塔径,即

$$D=\sqrt{\frac{4V_C}{\pi U_C}}=\sqrt{\frac{4V_D}{\pi U_D}} \tag{4-28}$$

式中　D——塔径,m;

V_C、V_D——连续相和分散相的体积流量,m^3/s;

U_C、U_D——连续相和分散相的空塔速度,m/s。

2. 萃取设备的传质特性

为了获得较高的萃取效率,必须提高萃取设备内的传质速率。传质速率与两相之间的接触面积、传质系数及传质推动力等因素有关。

(1)两相接触面积　萃取设备内,相际接触面积的大小主要取决于分散相的滞液率和液滴尺寸。单位体积混合液体具有的相际接触面积可由式(4-29)近似计算。

$$a=\frac{6v_D}{d_m} \tag{4-29}$$

式中　a——单位体积内具有的相际接触面积,m^2/m^3;

v_D——分散相的滞液率(体积分数);

d_m——液滴的平均直径,m。

由式(4-29)看出，分散相的滞液率愈大，液滴尺寸愈小，则能提供的相际接触面积愈大，对传质愈有利。但分散相液滴也不宜过小，液滴过小难于再凝聚，使两相分层困难，也易于产生被连续相夹带的现象；太小的液滴还会产生萃取操作中不希望出现的乳化现象。

实际操作中，液滴尺寸及其分布取决于液滴的凝聚和再分散两种过程的综合效应。在各种萃取装置中常采取不同的措施促使液滴不断凝聚和再分散，从而使液滴表面不断更新，以加速传质过程。

(2)传质系数　和气—液传质过程相类似，在液—液萃取过程中，同样包括了相内传质和通过两相界面的传质。在没有外加能量的萃取设备中，两相的相对速度取决于两相的密度差。由于液—液两相的密度差很小，因此两相的传质分系数都很小。通常，液滴内的传质分系数比连续相的更小。在有外加能量的萃取装置内，外加能量主要改变液滴外连续相的流动条件，而不能造成液滴内的湍动。但是，液滴内还是存在流体运动的。液滴在连续相中相对运动时，由于相界面的摩擦力会使液滴内产生环流。此外，液滴外连续相处于湍流状态，由于湍流运动所固有的不规则性以及液滴表面传质速度的不规则变化，液滴表面的不同位置或者液滴表面的同一位置在不同时间的传质速率、溶质组成及界面张力均不相同。界面张力不同，液滴表面上受力不平衡，液滴便产生抖动。液滴内的环流及液滴抖动均加大液滴内的传质分系数。

另外，在液—液传质设备内采用促使液滴凝聚和再分散、加速界面更新的一切措施，都会使滴内传质系数大为提高。

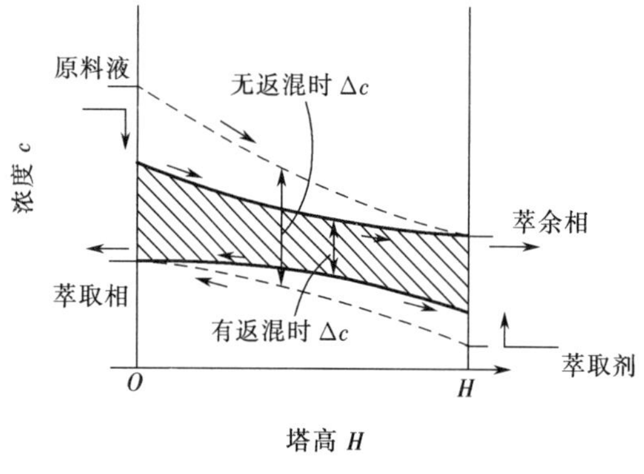

图 4-38　萃取段中的轴向混合影响

(3)传质推动力　传质推动力是影响萃取速率的另一重要因素。如果在萃取设备的同一截面上各流体质点速度相等，流体像一个液柱平行流动，这种理想流动称为柱塞流。此时，无返混现象，传质推动力最大。设备内组成变化如图4-38中的虚线所示。

但是，萃取设备内的实际流动状况并不是理想的柱塞流，无论是连续相还是分散相，总有一部分流体的流动滞后于主体流动，或者向相反方向运动，或者产生不规则的旋涡流动，这些现象称为返混或轴向混合。

塔内液体的返混使两相之间的组成差减小(如图4-38中的粗实线所示)，也即减小了传质推动力。萃取塔内的返混不仅降低传质速率，同时也降低了萃取设备的生产能力。据报道，有些工业萃取塔有60%~90%的有效高度用以弥补轴向返混作用。与气—液系统相比，由于液—液萃取过程中两相密度差小、黏度大，两相的空塔速度(即单位塔截面上的体积流量)都比较小，所以返混对萃取设备的不利影响更为严重。

需要指出，大型萃取设备内的返混程度可能要比小型设备内大得多，因而萃取设备的放大设计更为困难，往往要通过中间试验。中试条件与工业生产条件应当尽可能接近。

4.5.5 萃取设备的选择

各种不同类型的萃取设备具有不同的特性,萃取过程中物系性质对操作的影响错综复杂。对于具体的萃取过程,选择适宜设备的原则是:首先满足工艺条件和要求,然后进行经济核算,使设备费和操作费总和趋于最低。萃取设备的选择,应考虑如下一些因素。

(1)所需的理论级数　当所需的理论级数不大于3级时,各种萃取设备均可满足要求;当所需的理论级数较多(如大于4级)时,可选用筛板塔;当所需的理论级数再多(如10~20级)时,可选用有能量输入的设备,如脉冲塔、转盘塔、往复筛板塔、混合—澄清器等。

(2)生产能力　当处理量较小时,可选用填料塔、脉冲塔。对于较大的生产能力,可选用筛板塔、转盘塔及混合—澄清器。离心萃取器的处理能力也相当大。

(3)物系的物性　对界面张力较小、密度差较大的物系,可选用无外加能量的设备。对界面张力较大、密度差较小的物系,宜选用有外加能量的设备。对密度差甚小、界面张力小、易乳化的难分层物系,应选用离心萃取器。

对有较强腐蚀性的物系,宜选用结构简单的填料塔或脉动填料塔。对于放射性元素的提取,脉冲塔和混合—澄清器用得较多。

当物系中有固体悬浮物或在操作过程中产生沉淀物时,需周期停工清洗,一般可选用转盘萃取塔或混合—澄清器。另外,往复筛板塔和液体脉动筛板塔有一定的自清洗能力,在某些场合也可考虑选用。

(4)物系的稳定性和液体在设备内的停留时间　对生产中要考虑物料的稳定性、要求在萃取设备内停留时间短的物系,如抗菌素的生产,选用离心萃取器为宜;反之,若萃取物系中伴有缓慢的化学反应,要求有足够的反应时间,则选用混合—澄清器较为适宜。

(5)其他　在选用萃取设备时,还需考虑其他一些因素,诸如:能源供应情况,在缺电地区应尽可能选用依重力流动的设备;当厂房地面受到限制时,宜选用塔式设备;当厂房高度受到限制时,则应选用混合—澄清器。

选择萃取设备时应考虑的各种因素列于表4-4。

表4-4　萃取设备的选择

考虑因素		设备类型						
		喷洒塔	填料塔	筛板塔	转盘塔	往复筛板 脉冲筛板	离心萃取器	混合—澄清器
工艺条件	理论级数多	×	△	△	○	○	△	△
	处理量大	×	×	△	○	×	△	○
	两相流量比大	×	×	×	△	△	○	○
物系性质	密度差小	×	×	×	△	△	○	○
	黏度大	×	×	×	△	△	○	○
	界面张力大	×	×	×	△	△	○	△
	腐蚀性强	○	○	△	△	△	×	×
	有固体悬浮物	○	×	×	○	△	×	△

续表

考虑因素		设备类型						
		喷洒塔	填料塔	筛板塔	转盘塔	往复筛板 脉冲筛板	离心萃取器	混合—澄清器
设备费用	制造成本	○	△	△	△	△	×	△
	操作费用	○	○	○	△	△	×	×
	维修费用	○	○	△	△	△	×	△
安装场地	面积有限	○	○	○	○	○	○	×
	高度有限	×	×	×	△	△	○	○

注:○——适用;△——可以;×——不适用。

习 题

综合性练习题解析

1. 25 ℃下,醋酸(A)—庚醇-3(B)—水(S)的平衡数据如本题附表所示。试求:(1)在直角三角形相图上绘出溶解度曲线及辅助曲线,在直角坐标上绘出分配曲线;(2)由50 kg醋酸、50 kg庚醇-3和100 kg水组成的混合液的坐标点位置,混合液经过充分混合而静置分层后,确定平衡的两液层的组成和质量;(3)上述两液层的分配系数 k_A 及选择性系数 β;(4)从上述混合液中蒸出多少千克水方能成为均相混合液?〔答:(1)图略;(2)混合液组成:25% A,25% B,50% S;E相:$y_A=0.28$,$y_B=0.01$,$E=126$ kg;R相:$x_A=0.20$,$x_B=0.74$,$R=74$ kg;(3)$k_A=1.40$,$\beta=103.6$;(4)需蒸出水约78 kg〕

习题1附表1 溶解度曲线数据(质量分数)

醋酸(A)	庚醇-3(B)	水(S)	醋酸(A)	庚醇-3(B)	水(S)
0.0	96.4	3.6	48.5	12.8	38.7
3.5	93.0	3.5	47.5	7.5	45.0
8.6	87.2	4.2	42.7	3.7	53.6
19.3	74.3	6.4	36.7	1.9	61.4
24.4	67.5	7.9	29.3	1.1	69.6
30.7	58.6	10.7	24.5	0.9	74.6
41.4	39.3	19.3	19.6	0.7	79.7
45.8	26.7	27.5	14.9	0.6	84.5
46.5	24.1	29.4	7.1	0.5	92.4
47.5	20.4	32.1	0.0	0.4	99.6

习题1附表2 联结线数据(醋酸的质量分数)

水层	庚醇-3层	水层	庚醇-3层
6.4	5.3	38.2	26.8
13.7	10.6	42.1	30.5
19.8	14.8	44.1	32.6
26.7	19.2	48.1	37.9
33.6	23.7	47.6	44.9

2. 在单级萃取装置中,用纯水萃取含醋酸30%(质量分数,下同)的醋酸—庚醇-3混合液1 000 kg,

要求萃余相中醋酸组成不大于10%。操作条件下的平衡数据见习题1。试求:(1)水的用量为多少千克?(2)萃余相的量及醋酸的萃余率(即萃余相中的醋酸占原料液中醋酸的百分数)。〔答:(1)$S=$1 283 kg;(2)$R=807$ kg,萃余率为26.9%〕

3. 在25 ℃下,用甲基异丁基甲酮(MIBK)从含丙酮40%(质量分数)的水溶液中萃取丙酮。原料液的流量为1 500 kg/h。试求:(1)当要求在单级萃取装置中获得最高组成的萃取液时,萃取剂的用量为多少(kg/h)?(2)若将(1)求得的萃取剂用量分两等份进行两级错流萃取,试求最终萃余相的流量和组成;(3)比较(1)、(2)两种操作方式中丙酮的回收率(即萃出率)。

操作条件下的平衡数据见本题附表。

习题3附表1　溶解度曲线数据(质量分数)

丙酮(A)	水(B)	MIBK(S)	丙酮(A)	水(B)	MIBK(S)
0.0	2.2	97.3	48.5	24.1	27.4
4.6	2.3	93.1	50.7	25.9	23.4
18.9	3.9	77.2	46.6	32.8	20.6
24.4	4.6	71.0	42.6	45.0	12.4
28.9	5.5	65.6	30.9	64.1	5.0
37.6	7.8	54.6	20.9	75.9	3.2
43.2	10.7	46.1	3.7	94.2	2.1
47.0	14.8	38.2	0.0	98.0	2.0
48.5	18.8	32.8			

习题3附表2　联结线数据(丙酮的质量分数)

水层	MIBK层	水层	MIBK层
5.58	10.66	29.50	40.00
11.83	18.00	32.00	42.50
15.35	25.50	36.00	45.50
20.60	30.50	38.00	47.00
23.80	35.30	41.50	48.00

〔答:(1)$S=760$ kg/h;(2)$R_2=1\ 020$ kg/h,$x_2=0.18$;(3)单级$\varphi_A=59.4\%$,两级错流$\varphi_A=69.4\%$〕

4. 在多级错流接触萃取装置中,以水作萃取剂从含乙醛6%(质量分数,下同)的乙醛—甲苯混合液中提取乙醛。原料液的流量为120 kg/h,要求最终萃余相中乙醛含量不大于0.5%。每级中水的用量均为25 kg/h。操作条件下,水和甲苯可视为完全不互溶,以乙醛质量比组成表示的平衡关系为:$Y=2.2X$。试在X-Y坐标系上用作图法和解析法分别求所需的理论级数。〔答:$n=6.5$〕

5. 将习题3的两级错流接触萃取改为两级逆流接触萃取,其他条件均相同,试求丙酮的萃取率。〔答:萃取率为82.5%〕(作为试差起点,假设$x_2=0.12$)

6. 某混合液含A、B两组分,在填料层高度为3 m的填料塔内用纯溶剂S逆流萃取混合液中的组分A。原料液流量为1 500 kg/h,其中组分A的质量比组成为0.018,要求组分A的回收率不低于90%,溶剂用量为最小用量的1.2倍,试求:(1)溶剂的实际用量(kg/h);(2)填料层的等板高度$HETS$,取$K_A=0.855$,再用解析法计算;(3)填料层的总传质单元数N_{OR}。

操作条件下的分配曲线数据如本题附表所示。组分B、S可视为完全不互溶。

习题6附表

$X/(\text{kg A/kg B})$	0.002	0.006	0.010	0.014	0.018	0.020
$Y/(\text{kg A/kg S})$	0.0018	0.0052	0.0085	0.0120	0.0154	0.0171

〔答:(1) $S=1\ 860$ kg/h;(2) $HETS=0.43$ m;(3) $N_{OR}=6.9$〕

7*. 在单级萃取中,以45 kg纯溶剂S从A、B混合液中提取溶质A,原料液的处理量为39 kg,其中A的组成为0.3(质量比,下同)。操作条件下,B、S可视为完全不互溶,两相的平衡关系可表示为 $Y=K_A X$,测得组分A的萃取率为70%。试求:

(1)萃取相和萃余相的平衡组成 Y、X;

(2)组分A的分配系数 K_A 及溶剂的选择性系数 β。

(3)为了将组分A的萃取率提高至90%,在其他条件不变的前提下,提出三种方案,即:①三级错流萃取;②三级逆流萃取;③$N_{OR}=3$ 的微分逆流萃取。试核算各种方案的可行性。

〔答:(1) $X=0.09$, $Y=0.140$;(2) $K_A=1.556$, $\beta=\infty$;(3)三级逆流萃取可满足工艺要求,萃取率可达95.34%〕

思考题

1. 对于一种液体混合物,根据哪些因素决定是采用蒸馏方法还是采用萃取方法进行分离?

2. 分配系数 $k_A<1$,是否说明所选择的萃取剂不适宜?如何判断用某种溶剂进行萃取分离的难易与可能性?

3. 温度对于萃取分离的效果有何影响?如何选择萃取操作的温度?

4. 如何确定单级萃取操作中可能获得的最高萃取液组成?对于 $k_A>1$ 和 $k_A<1$ 两种情况,确定方法是否相同?

5. 如何选择萃取剂用量或溶剂比?

6. 何谓"液泛"和"轴向混合"?它们对萃取操作有何影响?

7. 根据哪些因素来决定是采用错流还是逆流接触萃取操作流程?

8. 萃取过程强化的主要途径有哪些?

9. 举例说明萃取分离技术的新进展。

10. 简述超临界流体萃取的主要特点及应用实例。

Chapter 5

第5章　干燥

本章符号说明

英文字母

c——比热容,kJ/(kg·℃);
d_{pm}——颗粒的平均直径,m;
D——干燥器的直径,m;
G——绝干物料的质量流量,kg/s;
G'——固体物料的质量,kg;
G''——湿物料的质量流速,kg/(m^2·s);
H——空气的湿度,kg 水汽/kg 绝干气;
I——空气的焓,kJ/kg;
I'——固体物料的焓,kJ/kg;
k_H——传质系数,kg/(m^2·s·ΔH);
k_X——降速阶段干燥速率曲线的斜率,kg 绝干料/(m^2·s);
l——单位空气消耗量,kg 绝干气/kg 水;
L——绝干空气流量,kg/s;
L'——湿空气的质量流速,kg/(m^2·s);
M——摩尔质量,kg/kmol;
n——物质的摩尔数,kmol;
n''——每秒钟通过干燥管的颗粒数;
N——传质速率,kg/s;
p——湿空气的总压,Pa;
p_v——水汽分压,Pa;
Q——传热速率,W;
r——汽化热,kJ/kg;
S——干燥表面积,m^2;
S_p——每秒钟颗粒提供的表面积,m^2/s;
t——温度,℃;
u_g——气体的速度,m/s;
u_0——颗粒的沉降速度,m/s;
U——干燥速率,kg/(m^2·s);
v——湿空气的比体积,m^3/kg 绝干气;
V'——风机的风量,m^3/h;
V_s——空气的流量,m^3/s;
w——物料的湿基含水量;
W——水分的蒸发量,kg/s 或 kg/h;
W'——水分的蒸发量,kg;
X——物料的干基含水量,kg 水/kg 绝干料;
X^*——物料的干基平衡含水量,kg 水/kg 绝干料;
Z——转筒的长度或干燥管的高度,m。

希腊字母

α——对流传热系数,W/(m^2·℃);
η——热效率;

θ——固体物料的温度,℃;
λ——导热系数,W/(m·℃);
ν——运动黏度,m^2/s;
ρ——密度,kg/m^3;
τ——干燥时间或物料在干燥器内的停留时间,s;
φ——相对湿度百分数。

下标

as——绝热饱和;
c——临界;
d——露点;
D——干燥器;
g——气体或绝干气;
H——湿的;
L——热损失;
m——湿物料的或平均;
p——预热器;
s——饱和或绝干物料;
t——相对;
t_d——露点温度下;
t_w——湿球温度下;
v——水汽;
w——湿球;
0——进预热器的、新鲜的或沉降的;
1——进干燥器的或出预热器的;
2——出干燥器的;
Ⅰ——干燥第一阶段;
Ⅱ——干燥第二阶段。

本章学习指导

在本章的学习中,应重点掌握湿空气的性质,干燥过程的物料衡算、热量衡算及提高干燥过程热效率的方法,物料中水分的性质及划分方法。

掌握干燥速率及干燥时间的计算。

了解干燥器的主要类型及特点。

干燥过程中既有传热过程,又有传质过程,而且传热和传质速率的相互影响在干燥过程的计算和干燥机理的分析中都有体现,这是本章的重点和难点,学习中要注意理解。

通过本章学习,应能够根据物料的性质选择合适的干燥介质和干燥器,并根据干燥任务,计算空气消耗量,设计或选择风机、预热器和干燥器。

若生产工艺的最终产品为固体,考虑到贮存、运输以及后续加工使用的需要,通常对其中湿分(水分或化学溶剂)的含量有规定。例如一级尿素成品所含水的质量分数不能超过0.005,聚氯乙烯所含水的质量分数不能超过0.003。所以,固体物料作为成品之前,必须除去其中超过规定的湿分。除湿的方法很多,化学工业中常用的主要除湿方法有:①机械除湿,如采用沉降、过滤、离心分离等方法除湿,这种方法能耗较少,但除湿不完全;②吸附除湿,用干燥剂(如无水氯化钙、硅胶等)吸附除去物料中的水分,该法只能除去少量湿分,适合于实验室中使用;③加热除湿(即干燥),利用热能使湿物料中的湿分汽化,并排出生成的蒸气，以获得湿含量达到要求的产品。加热除湿彻底，能除去湿物料中的大部分湿分，但能耗较高。为节省能源，工业上往往联合使用机械除湿和加热除湿操作，即先用比较经济的机械方法尽可能除去湿物料中大部分的湿分，然后再利用干燥继续除湿，以获得湿分符合规定的产品。

通常，干燥操作按下列方法分类。

①按操作压力分为常压干燥和真空干燥。真空干燥适于处理热敏性及易氧化的物料，或要求成品中含湿量低的场合。

②按操作方式分为连续操作和间歇操作。连续操作具有生产能力大、产品质量均匀、热效率高以及劳动条件好等优点。间歇操作适用于处理小批量、多品种或要求干燥时间较长的物料。

③按传热方式可分为传导干燥、对流干燥、辐射干燥、介电加热干燥以及由上述两种或多种方式组合的联合干燥。

化学工业中常采用连续操作的对流干燥，以不饱和热空气为干燥介质，湿物料中的湿分多为水分，本章即以此为讨论对象。显然，除空气外，还可用烟道气或某些惰性气体作为干燥介质，物料中的湿分也可能是各种化学溶剂。其他系统的干燥原理与空气—水系统完全相同。

在对流干燥过程中，热空气将热量传给湿物料，物料表面水分即行汽化，并通过表面外的气膜向气流主体扩散。与此同时，由于物料表面水分的汽化，物料内部与表面间存在水分浓度的差别，内部水分向表面扩散，汽化的水汽由空气带走，所以干燥介质既是载热体又是载湿体，它将热量传给物料的同时把由物料中汽化出来的水分带走。因此，干燥是传热和传质相结合的操作，干燥速率由传热速率和传质速率共同控制。

干燥操作的必要条件是物料表面的水汽压力必须大于干燥介质中水汽的分压，两者差别越大，干燥操作进行得越快。所以干燥介质应及时将汽化的水汽带走，以维持一定的扩散推动力。若干燥介质为水汽所饱和，则推动力为零，这时干燥操作即停止进行。

干燥是既古老又应用最普遍的单元操作，干燥操作不仅应用于化工、石油化工等工业中，还应用于医药、食品、原子能、纺织、建材、采矿、电工、机械制品以及农产品等领域中。

5.1 湿空气的性质及湿焓图

演示文稿

5.1.1 湿空气的性质

在干燥操作中，作为载热体和载湿体的不饱和湿空气的状态变化，反映了干燥过程中的传热和传质，因此，在讨论干燥器的物料衡算与热量衡算之前，应首先了解描述湿空气性质或状态的参数。

在干燥过程中，湿空气中水分含量是不断变化的，而绝干空气量不变，因此，为计算方便，描述湿空气性质的参数都以1kg绝干空气为基准。

1. 湿度 H

湿度又称湿含量,为湿空气中水汽的质量与绝干空气的质量之比,即

$$H=\frac{\text{湿空气中水汽的质量}}{\text{湿空气中绝干空气的质量}}=\frac{n_v M_v}{n_g M_g}$$

式中 H——湿空气的湿度,kg 水汽/kg 绝干空气(以后的讨论中,略去单位中"水汽"两字并将"绝干空气"简化为"绝干气");

M——摩尔质量,kg/kmol;

n——摩尔数,kmol;

下标 v 表示水汽、g 表示绝干气。

对水蒸气—空气系统,上式中将水和空气的摩尔质量代入,可写成

$$H=\frac{0.622n_v}{n_g} \tag{5-1}$$

常压下湿空气可视为理想混合气体,故式(5-1)可以改写为

$$H=\frac{0.622p_v}{p-p_v} \tag{5-2}$$

式中 p_v——湿空气中水汽的分压,Pa 或 kPa;

p——湿空气的总压,Pa 或 kPa。

由式(5-2)看出,湿空气的湿度是总压 p 和水汽分压 p_v 的函数。

当空气达到饱和时,相应的湿度称为饱和湿度,以 H_s 表示,此时湿空气中的水汽分压等于该空气温度下纯水的饱和蒸气压 p_s,故式(5-2)变为

$$H_s=\frac{0.622p_s}{p-p_s} \tag{5-3}$$

式中 H_s——湿空气的饱和湿度,kg/kg 绝干气;

p_s——在空气温度下,纯水的饱和蒸气压,Pa 或 kPa。

由于水的饱和蒸气压仅与温度有关,故湿空气的饱和湿度是温度与总压的函数。

2. 相对湿度 φ

在一定总压下,湿空气中水汽分压 p_v 与同温度下水的饱和蒸气压 p_s 之比称为相对湿度,以 φ 表示,即

$$\varphi=\frac{p_v}{p_s}\times 100\% \tag{5-4}$$

当 $p_v=0$ 时,$\varphi=0$,表示湿空气中不含水分,为绝干空气。当 $p_v=p_s$ 时,$\varphi=100\%$,表示湿空气为水汽所饱和,称为饱和空气,这种湿空气不能用作干燥介质。相对湿度是湿空气中含水汽的相对值,说明湿空气偏离饱和空气的程度,故由相对湿度值可以判断该湿空气能否作为干燥介质,湿空气的 φ 值越小,吸湿能力越大。湿度 H 是湿空气中含水汽的绝对值,由湿度值不能分辨湿空气的吸湿能力。

将式(5-4)代入式(5-2),得

$$H=\frac{0.622\varphi p_s}{p-\varphi p_s} \tag{5-5}$$

在一定的总压和温度下，式(5-5)表示湿空气的 H 与 φ 之间的关系。

3. 比体积（湿容积）v_H

在湿空气中，1 kg 绝干空气的体积和其所带有的 H kg 水汽的体积之和称为湿空气的比体积，又称湿容积，以 v_H 表示。根据定义可以写出

$$v_H=\frac{\text{绝干气的体积}(m^3)+\text{水汽的体积}(m^3)}{\text{绝干气的质量}(kg)}$$

或

$$v_H=\left(\frac{1}{29}+\frac{H}{18}\right)\times 22.4\times\frac{273+t}{273}\times\frac{1.013\ 3\times10^5}{p}$$

$$=(0.772+1.244H)\times\frac{273+t}{273}\times\frac{1.013\ 3\times10^5}{p} \tag{5-6}$$

式中 v_H——湿空气的比体积，m^3 湿空气/kg 绝干气；

t——温度，℃。

4. 比热容 c_H

常压下，湿空气中 1 kg 绝干空气及其所带的 H kg 水汽的温度升高（或降低）1 ℃所吸收（或放出）的热量，称为比热容，又称湿热，以 c_H 表示。根据定义可写出

$$c_H=c_g+Hc_v \tag{5-7}$$

式中 c_H——湿空气的比热容，kJ/(kg 绝干气·℃)；

c_g——绝干空气的比热容，kJ/(kg 绝干气·℃)；

c_v——水汽的比热容，kJ/(kg 水汽·℃)。

在常用的温度范围内，可取 $c_g=1.01$ kJ/(kg 绝干气·℃)及 $c_v=1.88$ kJ/(kg 水汽·℃)，将这些数值代入式(5-7)，得

$$c_H=1.01+1.88H \tag{5-7a}$$

此时，湿空气的比热容只是湿度的函数。

5. 焓 I

湿空气中 1 kg 绝干空气的焓与其所带的 H kg 水汽的焓之和称为湿空气的焓，以 I 表示，单位为 kJ/kg 绝干气。根据定义可以写为

$$I=I_g+HI_v \tag{5-8}$$

式中 I——湿空气的焓，kJ/kg 绝干气；

I_g——绝干空气的焓，kJ/kg 绝干气；

I_v——水汽的焓，kJ/kg 水汽。

焓是相对值，计算时必须规定基温和基准状态，为了简化计算，一般以 0 ℃为基温，且规定在 0 ℃时绝干空气与液态水的焓值均为零。在以后的计算中都采用这种规定，不再一一说明。

根据焓的定义，对温度为 t、湿度为 H 的湿空气可写出焓的计算式为

$$I=c_g(t-0)+Hc_v(t-0)+Hr_0$$

即 $$I=(c_g+Hc_v)t+Hr_0 \tag{5-8a}$$

式中 r_0——0 ℃时水的汽化热，$r_0 \approx 2\ 490$ kJ/kg。

故式(5-8a)又可以改为

$$I=(1.01+1.88H)t+2\ 490H \tag{5-8b}$$

【例5-1】 若常压下某湿空气的温度为20 ℃、湿度为0.014 7 kg/kg绝干气，试求：(1)湿空气的相对湿度；(2)湿空气的比体积；(3)湿空气的比热容；(4)湿空气的焓。

若将上述空气加热到50 ℃，再分别求上述各项。

解：20 ℃时的性质如下。

(1)相对湿度 φ

从本教材(上册)附录7查出20 ℃时水蒸气的饱和蒸气压 $p_s=2.334\ 6$ kPa。用式(5-5)求相对湿度，即

$$H=\frac{0.622\varphi p_s}{p-\varphi p_s}$$

$$0.014\ 7=\frac{0.622\times 2.334\ 6\varphi}{101.33-2.334\ 6\varphi}$$

解得 $\varphi=1=100\%$

该空气为水汽饱和，不能作干燥介质用。

(2)比体积 v_H

由式(5-6)求比体积，即

$$v_H=(0.772+1.244H)\times\frac{273+t}{273}\times\frac{1.013\ 3\times 10^5}{p}$$

$$=(0.772+1.244\times 0.014\ 7)\times\frac{273+20}{273}$$

$$=0.848\ \text{m}^3\ \text{湿空气/kg 绝干气}$$

(3)比热容 c_H

由式(5-7a)求比热容，即

$$c_H=1.01+1.88H$$

$$=1.01+1.88\times 0.014\ 7=1.038\ \text{kJ/(kg 绝干气·℃)}$$

(4)焓 I

用式(5-8b)求湿空气的焓，即

$$I=(1.01+1.88H)t+2\ 490H$$

$$=(1.01+1.88\times 0.014\ 7)\times 20+2\ 490\times 0.014\ 7=57.36\ \text{kJ/kg 绝干气}$$

50 ℃时的性质如下。

(1)相对湿度 φ

用同样的方法查出50 ℃时水蒸气的饱和蒸气压为12.340 kPa。

当空气从20 ℃加热到50 ℃时，湿度没有变化，仍为0.014 7 kg/kg绝干气，故

$$0.014\ 7=\frac{0.622\times 12.340\varphi}{101.33-12.340\varphi}$$

解得　$\varphi=0.1896=18.96\%$

由计算结果看出，湿空气被加热后虽然湿度没有变化，但相对湿度降低了。所以在干燥操作中，总是先将空气加热后再送入干燥器内，目的是降低相对湿度以提高吸湿能力。

(2)比体积 v_H

$$v_H=(0.772+1.244\times0.0147)\times\frac{273+50}{273}=0.935\ \text{m}^3\ \text{湿空气/kg 绝干气}$$

湿空气被加热后虽然湿度没有变化，但受热后体积膨胀，所以比体积增大。因常压下湿空气可视为理想混合气体，故 50 ℃时的比体积也可用下法求得，即

$$v_H=0.848\times\frac{273+50}{273+20}=0.935\ \text{m}^3\ \text{湿空气/kg 绝干气}$$

(3)比热容 c_H

由式(5-7)知湿空气的比热容只是湿度的函数，因此 20 ℃与 50 ℃时的湿空气比热容相同，均为 1.038 kJ/(kg 绝干气·℃)。

(4)焓 I

$$I=(1.01+1.88\times0.0147)\times50+2490\times0.0147=88.48\ \text{kJ/kg 绝干气}$$

湿空气被加热后虽然湿度没有变化，但温度增高，故焓值增大。

6. 干球温度 t 和湿球温度 t_w

干球温度是空气的真实温度，可直接用普通温度计测出，为了与将要讨论的湿球温度加以区分，称这种真实的温度为干球温度，简称温度，以 t 表示。

用湿棉布包扎温度计水银球感温部分，棉布下端浸在水中，以维持棉布一直处于润湿状态，这种温度计称为湿球温度计，如图 5-1 所示。将湿球温度计置于温度为 t、湿度为 H 的流动不饱和空气中，假设开始时棉布中水分(以下简称水分)的温度与空气的温度相同，但因不饱和空气与水分之间存在湿度差，水分必然要汽化，水汽向空气主流中扩散，汽化所需的汽化热只能由水分本身温度下降放出显热供给。水温下降后，空气温度高于水温，空气会有显热传给水分，如果此显热不足以提供水分汽化所需的汽化潜热，水温会继续下降，直至空气传给水分的显热恰好等于水分汽化所需的汽化热时，湿球温度计上的温度维持稳定，这种稳定温度称为该湿空气的湿球温度，以 t_w 表示。前面假设初始水温与湿空气温度相同，但实际上，不论初始温度如何，只要空气流速足够大(大于 5 m/s)，气温不太高(可排除热辐射的影响)，最终必然达到这种稳定的温度，但达到稳定状态所需的时间不同。

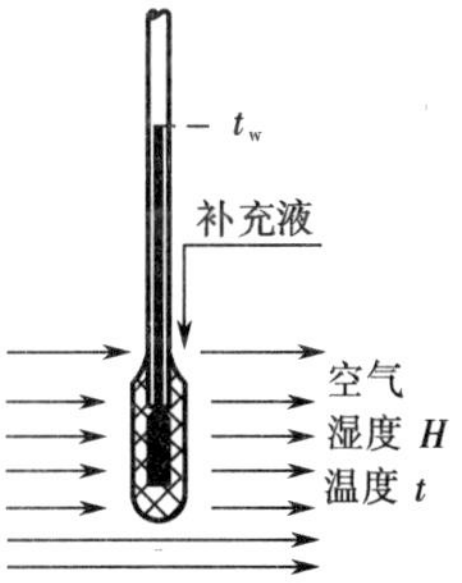

图 5-1　湿球温度的测量

水分由湿棉布向空气主流扩散，与此同时空气又将显热传给湿棉布，虽然质量传递和热量传递在水分与空气间并进，但因空气流量大，因此可以认为湿空气的温度与湿度一直恒定，保持在初始温度 t 和湿度 H 的状态下。

当湿球温度计上温度达到稳定时，空气向棉布表面的传热速率为

$$Q = \alpha S(t - t_w) \tag{5-9}$$

式中 Q——空气向湿棉布的传热速率，W；

α——空气向湿棉布的对流传热系数，W/(m^2·℃)；

S——空气与湿棉布间的接触表面积，m^2；

t——空气的温度，℃；

t_w——空气的湿球温度，℃。

气膜中水汽向空气的传质速率为

$$N = k_H(H_{s,t_w} - H)S \tag{5-10}$$

式中 N——水汽由气膜向空气主流中的扩散速率，kg/s；

k_H——以湿度差为推动力的传质系数，kg/(m^2·s·ΔH)；

H_{s,t_w}——湿球温度下空气的饱和湿度，kg/kg 绝干气。

在稳定状态下，传热速率与传质速率之间的关系为

$$Q = Nr_{t_w} \tag{5-11}$$

式中 r_{t_w}——湿球温度下水的汽化热，kJ/kg。

联立式(5-9)、式(5-10)及式(5-11)，并整理得

$$t_w = t - \frac{k_H r_{t_w}}{\alpha}(H_{s,t_w} - H) \tag{5-12}$$

实验表明，一般情况下式(5-12)中的 k_H 与 α 二者都与空气速度的0.8次幂成正比，故可认为二者的比值与气流速度无关，当 t 和 H 一定时，t_w 必为定值。

从式(5-12)可看出，湿球温度 t_w 是湿空气温度 t 和湿度 H 的函数。当空气的温度一定时，不饱和湿空气的湿球温度总低于干球温度，空气的湿度越高，湿球温度越接近干球温度，当空气为水汽所饱和时，湿球温度与干球温度相等。在一定的总压下，只要测出湿空气的干、湿球温度，就可以用式(5-12)算出空气的湿度。应指出，测湿球温度时，空气的流速应大于5 m/s，以减少辐射与传导传热的影响，使测量结果较为精确。

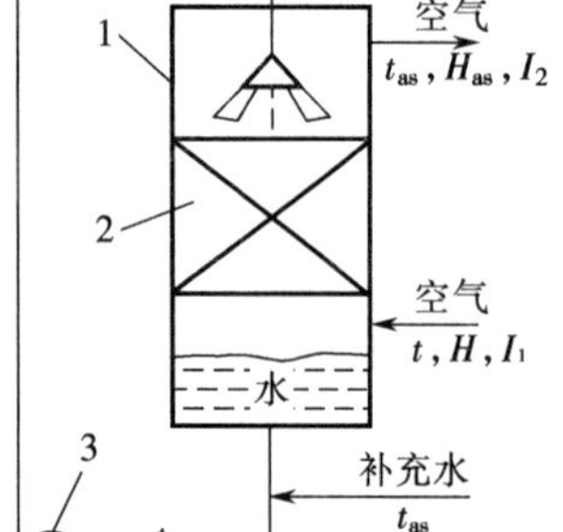

图5-2 绝热饱和冷却塔示意

1—塔身 2—填料 3—循环泵

7. 绝热饱和冷却温度 t_{as}

绝热饱和冷却温度是湿空气的又一性质，这种温度可在如图5-2所示的绝热饱和冷却塔中测得。初始温度为 t、湿度为 H 的不饱和空气送至塔的底部，大量水由塔顶喷下，气液两相在填料层中接触后，空气由塔顶排出，水由塔底排出后经循环泵返回塔顶，因此塔内水温完全均匀。设塔的保温良好，无热损失，也无热量补充，即与外界绝热。空气与水接触后，水分即不断向空气中汽化，汽化所需的热量由空气温度下降放出的显热来供给，但水汽又将这部分热量以汽化热的形式带回空气中，随着过程的进行，空气的温度沿塔高逐渐下降，湿度逐渐升高，而焓维持不变。若两相有足够长的接触时间，最终空气为水汽所饱和，而温度降到与循环水温相同，这种过程称为湿空气的绝热

饱和冷却过程或等焓过程，达到稳定状态时的温度称为初始湿空气的绝热饱和冷却温度，简称绝热饱和温度，以 t_{as}表示，与之相应的湿度称为绝热饱和湿度，以 H_{as}表示。水与空气接触过程中，循环水不断汽化而被空气携至塔外，故需向塔内不断补充温度为 t_{as}的水。

对图 5-2 中的塔作焓衡算，即可求出绝热饱和温度与湿空气其他性质间的关系。

设湿空气入塔的温度为 t、湿度为 H、焓为 I_1，经足够长的接触时间后，在塔顶达到稳定状态，湿空气的相应参数为 t_{as}、H_{as}及 I_2。

根据式(5-8a)可以分别写出塔底及塔顶处湿空气的焓为

$$I_1=(c_g+Hc_v)t+Hr_0$$

$$I_2=(c_g+H_{as}c_v)t_{as}+H_{as}r_0$$

塔内为绝热过程，$I_1=I_2$，故

$$(c_g+Hc_v)t+Hr_0=(c_g+H_{as}c_v)t_{as}+H_{as}r_0 \tag{5-13}$$

一般 H 及 H_{as}值均很小，故可认为

$$c_g+Hc_v\approx c_g+H_{as}c_v\approx c_H$$

将上式代入式(5-13)并整理，得

$$t_{as}=t-\frac{r_0}{c_H}(H_{as}-H) \tag{5-14}$$

上式中的 H_{as}及 c_H 都不是独立变量，分别为 t_{as}及 H 的函数。因此由式(5-14)看出：绝热饱和温度 t_{as}是湿空气初始温度 t 和湿度 H 的函数，它是湿空气在绝热、冷却、增湿过程中达到的极限冷却温度。在一定的总压下，只要测出湿空气的初始温度 t 和绝热饱和温度 t_{as}，就可用式(5-14)算出湿空气的湿度 H。

实验证明，对于在湍流状态下的水蒸气—空气系统，$\alpha/k_H\approx1.09$，此值与常用温度范围内湿空气的比热容 c_H 值很接近，同时 $r_0\approx r_{t_w}$，故在一定温度 t 与湿度 H 下，比较式(5-12)及式（5-14）可知湿球温度近似地等于绝热饱和温度，即

$$t_w\approx t_{as} \tag{5-15}$$

对于水蒸气—空气以外的系统，例如甲苯蒸气—空气系统，其 $\alpha/k_H\approx1.8c_H$，此时 t_w 与 t_{as}就不相等了。

绝热饱和温度 t_{as}和湿球温度 t_w 是两个完全不同的概念，但两者均为初始湿空气温度和湿度的函数，特别对水蒸气—空气系统，两者在数值上近似相等，这样可以简化水蒸气—空气系统的干燥计算。

8. 露点 t_d

将不饱和空气等湿冷却到饱和状态时的温度称为露点，以 t_d 表示，相应的湿度称为饱和湿度，以 H_{s,t_d}表示。

湿空气在露点温度下，湿度达到饱和，故 $\varphi=1$，式(5-5)可以改为

$$H_{s,t_d}=\frac{0.622p_{s,t_d}}{p-p_{s,t_d}} \tag{5-16}$$

式中 H_{s,t_d}——湿空气在露点下的饱和湿度，kg/kg 绝干气；

p_{s,t_d}——露点下水的饱和蒸气压，Pa。

式(5-16)也可改为

$$p_{s,t_d}=\frac{H_{s,t_d}p}{0.622+H_{s,t_d}} \tag{5-17}$$

显然，总压一定时，露点仅与空气湿度有关。若已知空气的露点，用式(5-16)可算出空气的湿度，这就是露点法测空气湿度的依据；反过来，若已知空气的湿度，可用式(5-17)算出露点下的饱和蒸气压，再从水蒸气表中查出相应的温度，即为露点。

【例5-2】 常压下湿空气的温度为30 ℃、湿度为0.024 03 kg/kg绝干气，试计算湿空气的各种性质，即：(1)分压 p_v；(2)露点 t_d；(3)绝热饱和温度 t_{as}；(4)湿球温度 t_w。

解：(1)分压 p_v

由式(5-2)计算分压 p_v，即

$$H=\frac{0.622p_v}{p-p_v}$$

$$0.024\ 03=\frac{0.622p_v}{1.013\ 3\times10^5-p_v}$$

解得 $p_v=3\ 769\ \text{Pa}$

(2)露点 t_d

将湿空气等湿冷却到饱和状态时的温度为露点，相应的蒸气压($p_v=3\ 769$ Pa)为水的饱和蒸气压，由本教材(上册)附录8查出对应的温度为27.5 ℃，此温度即为露点。

(3)绝热饱和温度 t_{as}

由式(5-14)计算绝热饱和温度，即

$$t_{as}=t-\frac{r_0}{c_H}(H_{as}-H)$$

由于 H_{as} 是 t_{as} 的函数，故用上式计算 t_{as} 时要用试差法。计算步骤为

①设 $t_{as}=28.3$ ℃。

②用式(5-3)求 t_{as} 温度下的饱和湿度 H_{as}，即

$$H_{as}=\frac{0.622p_{as}}{p-p_{as}}$$

由本教材(上册)附录7查出28.3 ℃时水的饱和蒸气压为3 881 Pa，故

$$H_{as}=\frac{0.622\times3\ 881}{1.013\ 3\times10^5-3\ 881}=0.024\ 77\ \text{kg/kg 绝干气}$$

③用式(5-7a)求 c_H，即

$$c_H=1.01+1.88H$$
$$=1.01+1.88\times0.024\ 03=1.055\ \text{kJ/(kg 绝干气}\cdot℃)$$

④用式(5-14)核算 t_{as}。

0 ℃时水的汽化热 $r_0=2\ 490$ kJ/kg，故

$$t_{as}=30-\frac{2\ 490}{1.055}\times(0.024\ 77-0.024\ 03)=28.25\ ℃$$

故假设 $t_{as}=28.3$ ℃可以接受。

(4)湿球温度 t_w

对于水蒸气—空气系统,湿球温度 t_w 近似等于绝热饱和温度 t_{as},即

$$t_w \approx t_{as}=28.3\ ℃$$

根据以上分析计算可知,对水蒸气—空气系统,干球温度、绝热饱和温度(或湿球温度)及露点之间的关系为

不饱和空气　　$t>t_{as}$(或 t_w)$>t_d$

饱和空气　　$t-t_{as}$(或 t_w)$=t_d$

【例 5-3】 在常压下用干、湿球温度计测得干球温度 50 ℃、湿球温度 40 ℃,试求:(1)空气的湿度、相对湿度;(2)若测得干球温度 80 ℃、湿球温度 40 ℃,再求空气的湿度、相对湿度。

解:(1)利用空气—水系统湿球温度数值上近似等于绝热饱和温度,查出湿球温度 40 ℃时,水的饱和蒸气压是 7.376 6 kPa,相应的湿度和焓值是

$$H_{as}=0.622\times\frac{p_s}{p-p_s}=0.622\ \frac{7.376\ 6}{101.33-7.376\ 6}=0.048\ 84\ \text{kg/kg 绝干气}$$

$$I=(1.01+1.88H_{as})t_{as}+2\ 490H_{as}$$
$$=(1.01+1.88\times0.048\ 84)\times40+2\ 490\times0.048\ 84=165.68\ \text{kJ/kg 绝干气}$$

此焓值也是空气的焓值,即

$$I=(1.01+1.88H)\times50+2\ 490H=165.68\ \text{kJ/kg 绝干气}$$

解得空气的湿度为 $H=0.044\ 57$ kg/kg 绝干气。

查出 50 ℃时,水的饱和蒸气压是 12.34 kPa,代入

$$H=0.622\ \frac{\varphi p_s}{p-\varphi p_s}=0.622\times\frac{12.34\varphi}{101.33-12.34\varphi}=0.044\ 57$$

解得空气相对湿度为 $\varphi=0.549\ 1$。

(2)空气的湿球温度不变,焓值也不变,因此

$$I=(1.01+1.88H)\times80+2\ 490H=165.68\ \text{kJ/kg 绝干气}$$

解得空气的湿度为 $H=0.032\ 15$ kg/kg 绝干气。

查出 80 ℃时,水的饱和蒸气压是 47.379 kPa,代入

$$H=0.622\times\frac{\varphi p_s}{p-\varphi p_s}=0.622\ \frac{47.379\varphi}{101.33-47.379\varphi}=0.032\ 15$$

解得空气相对湿度为 $\varphi=0.105\ 1$。

从以上计算可以看出,通过测定空气的湿球温度和干球温度,可知空气的湿度;空气的干、湿球温度越接近,说明空气的相对湿度越高,空气越接近饱和。另外,此题也可用式(5-12)计算,其中 $\alpha/k_H\approx1.09$。

5.1.2 湿空气的 *H-I* 图

只要知道湿空气两个相互独立的参数,湿空气的状态就确定了,湿空气的其他参数均可

计算求出。但从例5-2的计算过程可看出，计算湿空气的某些状态参数时，需要用试差法，工程上为了避免烦琐的试差计算，将湿空气各种参数间的关系标绘在坐标图上，只要知道湿空气任意两个独立参数，即可从图上迅速查出其他参数，常用的图有湿度—焓（*H-I*）图、温度—湿度（*t-H*）图等，本节介绍 *H-I* 图。

1. 湿空气的 *H-I* 图

图5-3为常压下湿空气的 *H-I* 图，为了使各种关系曲线分散开，采用两个坐标夹角为135°的坐标图，以提高读数的准确性。同时为了便于读数及节省图的幅面，将斜轴（图中没有将斜轴全部画出）上的数值投影在辅助水平轴上。

图5-3是按总压为常压（即 $1.013\,3\times10^5$ Pa）制得的，若系统总压偏离常压较远，则不能应用此图。

湿空气的 *H-I* 图由以下诸线群组成。

1）等湿度线（等 *H* 线）群

等湿度线是平行于纵轴的线群，图5-3中 *H* 的读数范围为0～0.2 kg/kg绝干气。

2）等焓线（等 *I* 线）群

等焓线是平行于斜轴的线群，图5-3中 *I* 的读数范围为0～680 kJ/kg绝干气。

3）等干球温度线（等 *t* 线）群

将式（5-8b）改写成

$$I=(1.88t+2\,490)H+1.01t \tag{5-8c}$$

在固定的总压下，任意规定温度 t_1 值，将式（5-8c）简化为 *I* 与 *H* 的关系式，按此式算出若干组 *I* 与 *H* 的对应关系，并标绘于 *H-I* 坐标图中，关系线即为等 t_1 线。如此规定一系列的温度值，可得到等 *t* 线群。

式（5-8c）为线性方程，斜率 $1.88t+2\,490$ 是温度的函数，故各等 *t* 线是不平行的。

图5-3中 *t* 的读数范围为0～250 ℃。

4）等相对湿度线（等 φ 线）群

根据式（5-5）可标绘等相对湿度线，即

$$H=\frac{0.622\varphi p_s}{p-\varphi p_s}$$

当总压一定时，任意规定相对湿度 φ_1 值，将上式简化为 *H* 与 p_s 的关系式，而 p_s 又是温度的函数。按式（5-5）算出若干组 *H* 与 *t* 的对应关系，并标绘于 *H-I* 坐标图中，关系线即为等 φ 线，如是规定一系列的 φ 值，可得等 φ 线群。

图5-3中共有11条等 φ 线，从 $\varphi=5\%$ 到 $\varphi=100\%$。$\varphi=100\%$ 的等 φ 线称为饱和空气线，此时空气为水汽所饱和。

以上线群是 *H-I* 图中的4种基本线群。

5）蒸汽分压线

将式（5-2）改为

$$p_v=\frac{Hp}{0.622+H} \tag{5-2a}$$

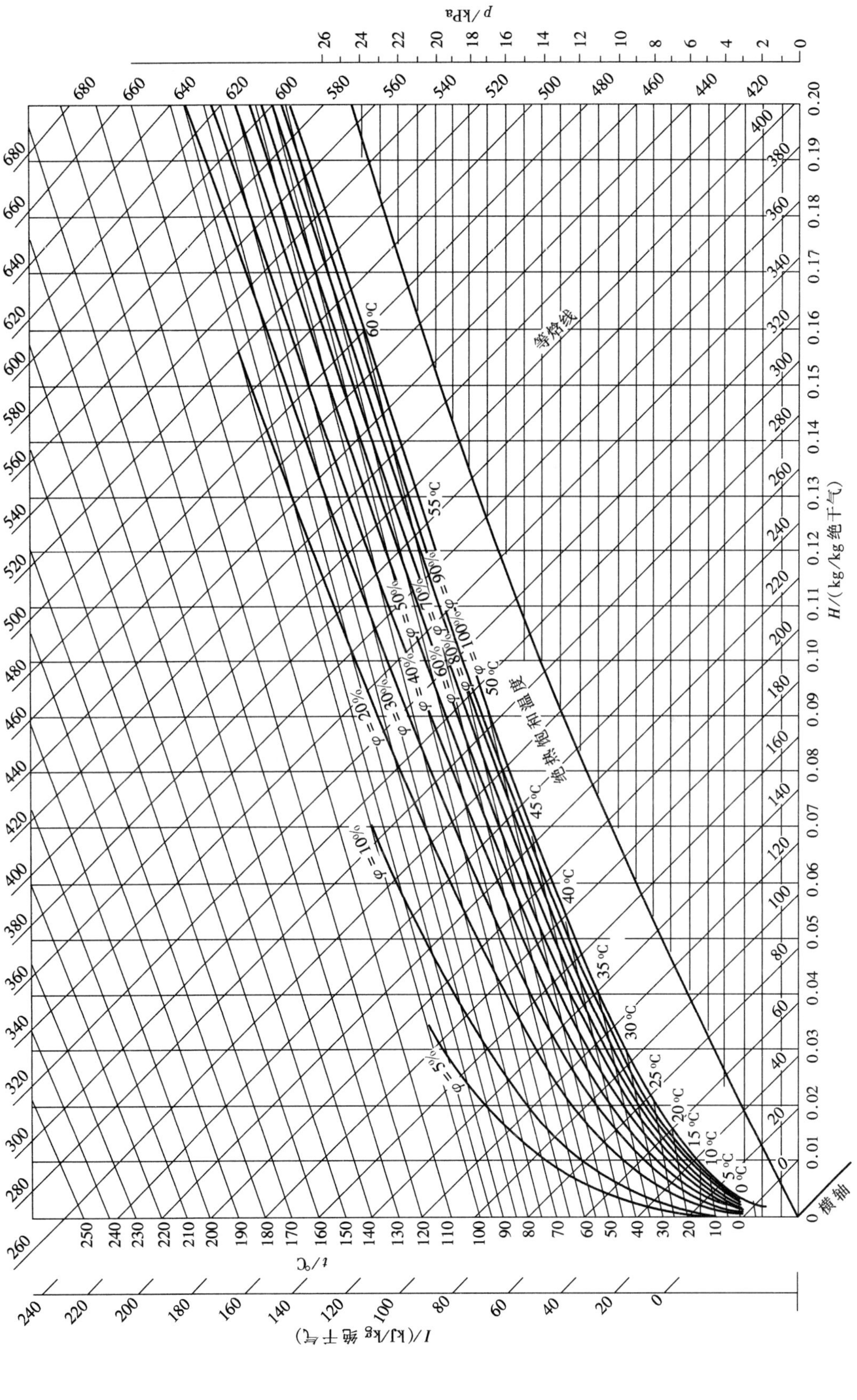
p/kPa
H/(kg/kg绝干气)
I/(kJ/kg绝干气)
t/℃
等焓线
绝热饱和温度
横轴
φ = 5%
φ = 10%
φ = 20%
φ = 30%
φ = 40%
φ = 50%
φ = 60%
φ = 70%
φ = 80%
φ = 90%
φ = 100%
0 ℃
5 ℃
10 ℃
15 ℃
20 ℃
25 ℃
30 ℃
35 ℃
40 ℃
45 ℃
50 ℃
55 ℃
60 ℃

图 5-3 湿空气的 *H-I* 图

总压一定时，式(5-2a)表示水汽分压 p_v 与湿度 H 间的关系。因 $H \ll 0.622$，故式(5-2a)可近似地视为线性方程。按式(5-2a)算出若干组 p_v 与 H 的对应关系，并标绘于 H-I 图上，得到蒸汽分压线。为了保持图面清晰，蒸汽分压线标绘在 $\varphi=100\%$ 曲线的下方。

应指出，在有些湿空气的性质图上，还绘出比热容 c_H 与湿度 H、绝干空气比体积 v_g 与温度 t、饱和空气比体积 v_s 与温度 t 之间的关系曲线。

2. *H-I* 图的应用

1）已知 *H-I* 图上湿空气的状态点查空气其他性质

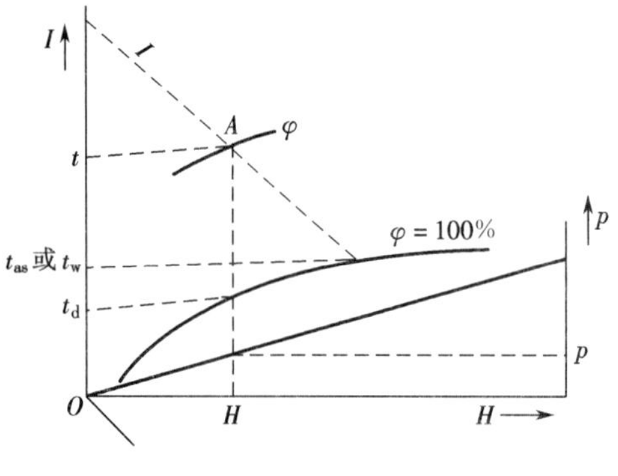

图 5-4 *H-I* 图的应用

如图 5-4 所示，对水蒸气—空气系统，湿球温度 t_w 与绝热饱和温度 t_{as} 近似相等，因此通过空气状态点（图 5-4 中的点 A）的等 I 线与 $\varphi=100\%$ 的饱和空气线交点的等 t 线所示的温度即为 t_w 或 t_{as}。露点是在湿空气湿度 H 不变的条件下冷却至饱和时的温度。因此，通过等 H 线与 $\varphi=100\%$ 的饱和空气线交点的等 t 线所示的温度即为露点。

由湿空气状态点 A 查空气其他参数的方法示于图 5-4 中。

2）已知湿空气的两个独立参数在 *H-I* 图上确定空气状态点

若已知湿空气的一对参数分别为 t 与 t_w、t 与 t_d、t 与 φ，在这 3 种条件下湿空气的状态点 A 的确定方法分别示于图 5-5(a)、(b)及(c)中。

根据空气任意两个独立参数，可在 *H-I* 图上确定该空气的状态点，然后即可查出空气的其他性质。但不是所有参数都是独立的，例如 t_d 与 H、p 与 H、t_d 与 p、t_w 与 I、t_{as} 与 I 等组中的两个参数都不是独立的，它们不是在同一条等 H 线上就是在同一条等 I 线上，因此根据上述各组数据不能在 *H-I* 图上确定空气状态点。

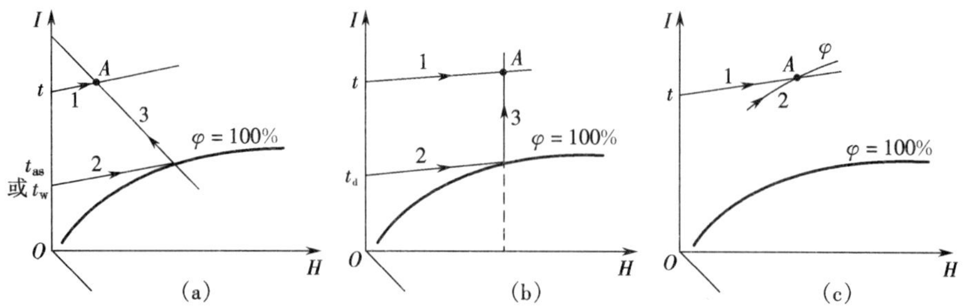

图 5-5 在 *H-I* 图中确定湿空气的状态点

(a)已知 t 与 t_w (b)已知 t 与 t_d (c)已知 t 与 φ

3）描述湿空气的状态变化

湿空气的加热、冷却、混合等过程均可以在 *H-I* 图上表述。杠杆规则也适用于 *H-I* 图。下面通过例题介绍 *H-I* 图的用法。

【例5-4】 在 H-I 图中确定例5-1 中20 ℃及50 ℃时的(1)及(4)两项。

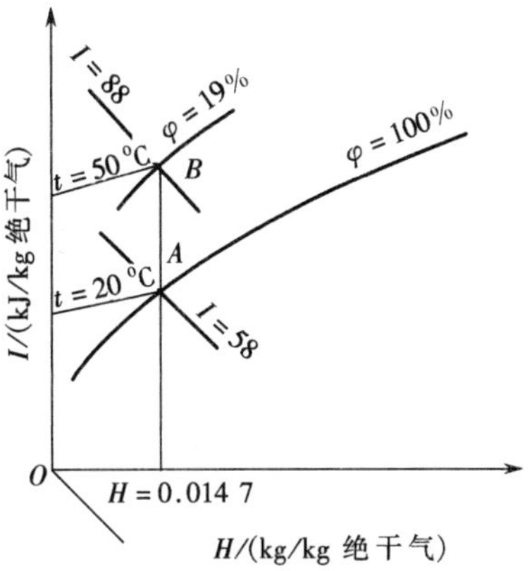

例5-4 附图

解:(1)相对湿度 φ

①20 ℃时

当 $t=20$ ℃、$H=0.014\ 7$ kg/kg 绝干气时,湿空气的状态点如本例附图中点 A 所示。该点正位于 $\varphi=100\%$ 线上,故 $\varphi=100\%$ 。

②50 ℃时

将20 ℃的湿空气加热到50 ℃,空气的湿度没有变化,故从点 A 沿等 H 线向上,与 $t=50$ ℃线相交于点 B,点 B 即为加热到50 ℃时的状态点,过点 B 的等 φ 线数值为19% 。

(2)焓 I

在本例附图中过点 A 的 $I=58$ kJ/kg 绝干气,过点 B 的 $I=88$ kJ/kg 绝干气。

由于读图的误差,查图的结果与计算结果略有差异。

【例5-5】 在 H-I 图上确定例5-2 的湿空气状态点以及有关参数。

解:首先根据 $t=30$ ℃、$H=0.024\ 03$ kg/kg 绝干气在本例附图上确定湿空气状态点 A。

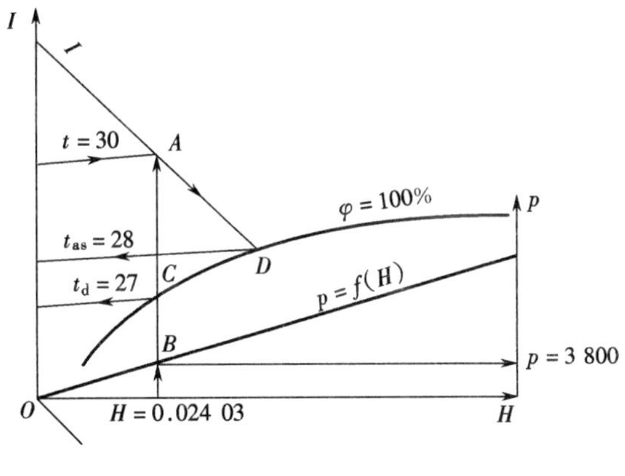

例5-5 附图

(1)分压 p_v

由 $H=0.024\ 03$ kg/kg 绝干气的等湿线与 $p_v=f(H)$线的交点 B 向右作水平线与右侧纵轴相交,由交点读出 $p_v=3\ 800$ Pa。

(2)露点 t_d

$H=0.024\ 03$ kg/kg 绝干气的等湿线与 $\varphi=100\%$ 线交于点 C,过点 C 的等温线所示的温度即为露点,故 $t_d=27$ ℃。

(3)绝热饱和温度 t_{as}

过点 A 的等 I 线与 $\varphi=100\%$ 线交于点 D,点 D 所示的温度为绝热饱和温度,即 $t_{as}=28$ ℃。

由于读图误差使查图结果与计算结果略有差异。但利用 H-I 图确定湿空气的状态参数十分快捷方便,而且物理意义清晰。

5.2 干燥过程的物料衡算与热量衡算

演示文稿

干燥器及辅助设备的计算或选型常以物料衡算、热量衡算、速率关系及平衡关系作为计算手段。通过物料衡算和热量衡算,可以确定干燥过程蒸发的水分量、热空气消耗量及所需热量,从而确定预热器的传热面积、干燥器的工艺尺寸、风机的型号等。

5.2.1 湿物料的性质

湿物料的含水量可用湿基含水量和干基含水量两种方法表示,分别定义如下。

1)湿基含水量 w

湿基含水量 w 为水分在湿物料中的质量百分数,即

$$w = \frac{\text{水分质量}}{\text{湿物料的总质量}} \times 100\% \tag{5-18}$$

工业上常用这种方法表示湿物料中的含水量。

2)干基含水量 X

在干燥过程中,绝干物料的质量没有变化,故常用湿物料中的水分与绝干物料的质量比表示湿物料中水分的浓度,称为干基含水量,以 X 表示,按定义可写出

$$X = \frac{\text{湿物料中水分的质量}}{\text{湿物料中绝干料的质量}} \tag{5-19}$$

式中 X——湿物料的干基含水量,kg 水/kg 绝干料(以后的讨论中,略去单位中的“水”字)。

两种含水量之间的关系为

$$w = \frac{X}{1+X} \tag{5-20}$$

或

$$X = \frac{w}{1-w} \tag{5-20a}$$

3)湿物料的比热容 c_m

仿照湿空气比热容的计算方法,湿物料的比热容可用加和法写成如下形式:

$$c_m = c_s + Xc_w \tag{5-21}$$

式中 c_m——湿物料的比热容,kJ/(kg 绝干料 · ℃);

c_s——绝干物料的比热容,kJ/(kg 绝干料 · ℃);

c_w——物料中所含水分的比热容,取为 4.187 kJ/(kg 水 · ℃)。

所以式(5-21)可写成

$$c_m = c_s + 4.187X \tag{5-21a}$$

4)湿物料的焓 I'

湿物料的焓 I' 包括绝干物料的焓(以 0 ℃的物料为基准)和物料中所含水分(以 0 ℃的

液态水为基准)的焓,即

$$I' = c_s\theta + Xc_w\theta = (c_s + 4.187X)\theta = c_m\theta \tag{5-22}$$

式中 I'——湿物料的焓,kJ/kg 绝干料;

θ——湿物料的温度,℃。

5.2.2 干燥系统的物料衡算

连续逆流干燥过程的流程如图 5-6 所示,新鲜空气(温度为 t_0、湿度为 H_0)先在预热器内被加热升温至 t_1,空气出预热器的湿度为 H_1,由于空气在预热器内只是被加热,湿度不会改变,即 $H_1 = H_0$,被加热后的空气进入干燥器,在干燥器内与湿物料逆流接触,空气将物料加热,使物料中的水分汽化,汽化出的水分被空气带出干燥器,出干燥器的尾气的湿度 H_2 会大于进干燥器的热空气的湿度 H_1。图 5-6 中各符号的含义均标注于图注中。

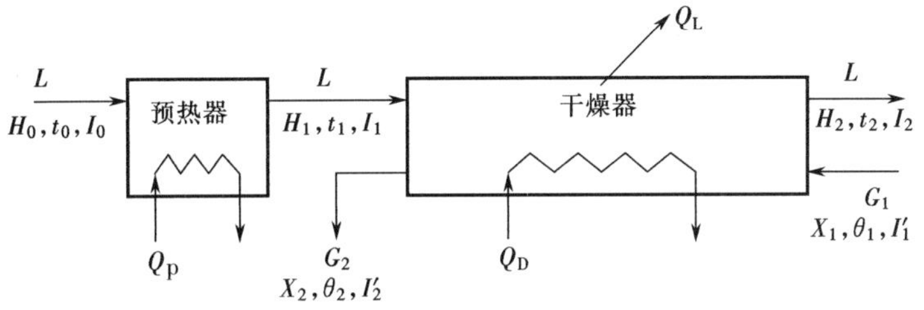

图 5-6 连续干燥过程的物料衡算与热量衡算示意

H_0、H_1、H_2——新鲜湿空气进入预热器、离开预热器(即进入干燥器)和离开干燥器时的湿度,kg/kg 绝干气;

I_0、I_1、I_2——新鲜湿空气进入预热器、离开预热器(即进入干燥器)和离开干燥器时的焓,kJ/kg 绝干气;

t_0、t_1、t_2——新鲜湿空气进入预热器、离开预热器(即进入干燥器)和离开干燥器时的温度,℃;

L——绝干空气的流量,kg 绝干气/s;

Q_P——单位时间内预热器消耗的热量,kW;

G_1、G_2——湿物料进入和离开干燥器时的流量,kg 湿物料/s;

θ_1、θ_2——湿物料进入和离开干燥器时的温度,℃;

I'_1、I'_2——湿物料进入和离开干燥器时的焓,kJ/kg 绝干料;

Q_D——单位时间内向干燥器补充的热量,kW;

Q_L——干燥器的热损失,kW。

通过对干燥系统作物料衡算,可以算出:①从物料中除去水分的质量,即水分蒸发量;②空气消耗量;③干燥产品的流量等。

1)水分蒸发量 W

围绕图 5-6 中的干燥器作水分的衡算,以 1 s 为基准,设干燥器内无物料损失,则

$$LH_1 + GX_1 = LH_2 + GX_2$$

或

$$W = L(H_2 - H_1) = G(X_1 - X_2) \tag{5-23}$$

式中 W——单位时间内水分的蒸发量,kg/s;

G——单位时间内绝干物料的流量,kg 绝干料/s。

2)空气消耗量 L

整理式(5-23)得

$$L = \frac{G(X_1 - X_2)}{H_2 - H_1} = \frac{W}{H_2 - H_1} \tag{5-23a}$$

式中 L——单位时间内消耗的绝干空气量,kg 绝干气/s。

式(5-23a)的等号两侧均除以 W,得

$$l = \frac{L}{W} = \frac{1}{H_2 - H_1} \tag{5-23b}$$

式中 l——蒸发 1 kg 水分消耗的绝干空气质量,称为单位空气消耗量,kg 绝干气/kg 水。

3)干燥产品流量 G_2

围绕图 5-6 中的干燥器作绝干物料的衡算,得

$$G_2(1 - w_2) = G_1(1 - w_1) \tag{5-24}$$

$$G_2 = \frac{G_1(1 - w_1)}{1 - w_2} \tag{5-24a}$$

式中 w_1——物料进入干燥器时的湿基含水量;

w_2——物料离开干燥器时的湿基含水量。

应指出,干燥产品 G_2 是相对于湿物料 G_1 而言的,虽然其含水量较 G_1 的少,但仍含有一定量的水分,一般称 G_2 为干燥产品,以区别于绝干物料 G。

【例 5-6】 常压下以温度为 20 ℃,相对湿度为 40% 的新鲜空气为介质,干燥某种湿物料,空气在预热器中被加热后送入干燥器,离开干燥器时的湿度为 0.022 kg/kg 绝干气。每小时有 1 100 kg、湿基含水量为 3% 的湿物料送入干燥器,物料离开干燥器时,湿基含水量降到 0.2%。试求:(1)水分蒸发量;(2)新鲜空气消耗量;(3)若风机装在预热器的新鲜空气入口处,求风机的风量;(4)若夏天操作时,新鲜空气的温度为 30 ℃,相对湿度为 60%,再求风机的风量。

解:根据题意画出流程图如本题附图所示。

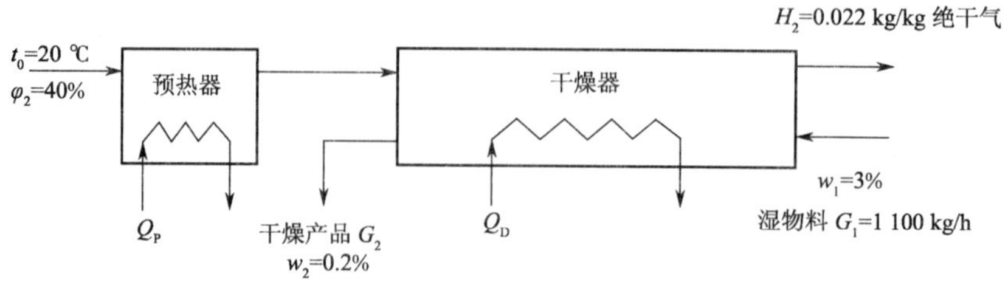

例 5-6 附图

(1)水分蒸发量 W

用式(5-23)计算水分蒸发量,即

$$W=G(X_1-X_2)$$

其中 $X_1=\frac{w_1}{1-w_1}=\frac{0.03}{1-0.03}=0.0309$ kg/kg 绝干料

$$X_2=\frac{w_2}{1-w_2}=\frac{0.002}{1-0.002}=0.002 \text{ kg/kg 绝干料}$$

$$G=G_1(1-w_1)=1\,100\times(1-0.03)=1\,067 \text{ kg 绝干料/h}$$

$$W=G(X_1-X_2)=1\,067\times(0.0309-0.002)=30.84 \text{ kg 水/h}$$

(2)新鲜空气消耗量 L_0

先用式(5-23a)计算绝干空气消耗量

$$L=\frac{W}{H_2-H_1}$$

查本教材(上册)附录7知20 ℃水的饱和蒸气压为2.334 6 kPa,因此可求出新鲜空气的湿度为

$$H_0=0.622\frac{p_s\varphi_0}{P-p_s\varphi_0}=0.622\times\frac{2.3346\times0.4}{101.33-2.3346\times0.4}=0.005786 \text{ kg/kg 绝干气}$$

代入上式,得 $L=\frac{W}{H_2-H_1}=\frac{30.84}{0.022-0.005786}=1\,902$ kg 绝干气/h

新鲜空气消耗量为 $L_0=L(1+H_0)=1\,902\times(1+0.005786)=1\,913$ kg 新鲜空气/h

(3)风机风量 V'

风机风量由下式计算,即

$$V'=Lv_H$$

其中湿空气的比体积用式(5-6)计算,即

$$v_H=(0.772+1.224H_0)\frac{273+t_0}{273}=(0.772+1.224\times0.005786)\times\frac{273+20}{273}$$

$$=0.836 \text{ m}^3\text{湿空气/kg 绝干气}$$

所以 $V'=Lv_H=1\,902\times0.836=1\,590$ m³湿空气/h

(4)当新鲜空气的温度为30 ℃,相对湿度为60%时,查本教材(上册)附录7知30 ℃水的饱和蒸气压为4.247 4 kPa,可求出新鲜空气的湿度为

$$H_0=0.622\frac{p_s\varphi_0}{P-p_s\varphi_0}=0.622\times\frac{4.2474\times0.6}{101.33-4.2474\times0.6}=0.01605 \text{ kg/kg 绝干气}$$

$$L=\frac{W}{H_2-H_1}=\frac{30.84}{0.022-0.01605}=5\,183 \text{ kg 绝干气/h}$$

$$v_H=(0.772+1.224H_0)\frac{273+t_0}{273}=(0.772+1.224\times0.01605)\times\frac{273+30}{273}$$

$$=0.879 \text{ m}^3\text{湿空气/kg 绝干气}$$

所以 $V'=Lv_H=5\,183\times0.879=4\,556$ m³湿空气/h

通过上面的计算可以看出，虽然干燥器需要蒸发的水量是相同的，但夏季温度高、湿度高，完成蒸发任务所需的空气量明显增大，风机送风量明显增大。

5.2.3 干燥系统的热量衡算

通过干燥系统的热量衡算，可以求得：①预热器消耗的热量；②向干燥器补充的热量；③干燥过程消耗的总热量。这些内容可作为计算预热器传热面积、加热介质用量、干燥器尺寸以及干燥系统热效率等的依据。

1. 热量衡算的基本方程

参考图5-6，以1 s为基准，列出以下各部位的热量衡算。

1）预热器消耗的热量

若忽略预热器的热损失，对图5-6的预热器列焓衡算，得

$$LI_0 + Q_P = LI_1$$

故单位时间内预热器消耗的热量为

$$Q_P = L(I_1 - I_0) \tag{5-25}$$

2）向干燥器补充的热量

再对图5-6的干燥器列焓衡算，得

$$LI_1 + GI'_1 + Q_D = LI_2 + GI'_2 + Q_L$$

故单位时间内向干燥器补充的热量为

$$Q_D = L(I_2 - I_1) + G(I'_2 - I'_1) + Q_L \tag{5-26}$$

若干燥过程中采用输送装置输送物料，则列热量衡算式时应计入输送装置带入与带出的热量。

3）干燥系统消耗的总热量

干燥系统消耗的总热量 Q 为 Q_P 与 Q_D 之和，故将式（5-25）与式（5-26）相加，并整理得

$$Q = Q_P + Q_D = L(I_2 - I_0) + G(I'_2 - I'_1) + Q_L \tag{5-27}$$

式中　Q——干燥系统消耗的总热量，kW。

式（5-25）、式（5-26）、式（5-27）为连续干燥系统热量衡算的基本方程式。为了便于应用，可通过以下分析得到更为简明的形式。

加入干燥系统的热量 Q 被用于以下方面。

①将新鲜空气 L（湿度为 H_0）由 t_0 加热至 t_2，所需的热量为 $L(1.01 + 1.88H_0)(t_2 - t_0)$。

②原湿物料 $G_1 = G_2 + W$，其中干燥产品 G_2 从 θ_1 被加热至 θ_2 后离开干燥器，所耗热量为 $Gc_{m_2}(\theta_2 - \theta_1)$；水分 W 由液态温度 θ_1 被加热并汽化，在温度 t_2 下以气态形式离开干燥器，所需热量为 $W(2\,490 + 1.88t_2 - 4.187\theta_1)$。

③干燥系统损失的热量。

加入干燥系统的总热量 Q 可以写成

$$\begin{aligned} Q = Q_P + Q_D = & L(1.01 + 1.88H_0)(t_2 - t_0) + Gc_{m_2}(\theta_2 - \theta_1) \\ & + W(2\,490 + 1.88t_2 - 4.187\theta_1) + Q_L \end{aligned} \tag{5-28}$$

若忽略空气中水汽进出干燥系统的焓的变化和湿物料中水分带入干燥系统的焓，则上式可简化为

$$Q = Q_P + Q_D = 1.01L(t_2 - t_0) + W(2\,490 + 1.88t_2) + Gc_{m_2}(\theta_2 - \theta_1) + Q_L \tag{5-29}$$

上式表明干燥系统的总热量消耗于：①加热空气；②蒸发水分；③加热湿物料；④损失于周围环境中。

2. 干燥系统的热效率

通常将干燥系统的热效率定义为

$$\eta = \frac{\text{蒸发水分所需的热量}}{\text{向干燥系统输入的总热量}} \times 100\%$$

蒸发水分所需的热量为

$$Q_v = W(2\,490 + 1.88t_2) - 4.187\theta_1 W$$

则

$$\eta = \frac{W(2\,490 + 1.88t_2 - 4.187\theta_1)}{Q} \times 100\% \tag{5-30}$$

若忽略湿物料中水分带入系统中的焓，蒸发水分所需的热量可简化为

$$Q_v \approx W(2\,490 + 1.88t_2)$$

式(5-30)变为

$$\eta = \frac{W(2\,490 + 1.88t_2)}{Q} \times 100\% \tag{5-31}$$

干燥系统的热效率愈高表示热利用愈好。

可通过以下措施降低干燥操作的能耗，提高干燥器的热效率。

(1)提高 H_2 而降低 t_2　提高 H_2 可减少空气用量，降低 t_2 可减少废气带走的热量。两者均可有效提高干燥热效率。但代价是降低干燥过程的传质、传热推动力，降低干燥速率。特别是对于吸水性物料的干燥，空气出口温度应高些，而湿度则应低些，即相对湿度要低些。在实际干燥操作中，一般空气离开干燥器的温度需比进入干燥器时的绝热饱和温度高 20 ~ 50 ℃，这样才能保证在干燥系统后面的设备内不致析出水滴，否则可能使干燥产品返潮，且易造成管路的堵塞和设备材料的腐蚀。

(2)提高空气入口温度 t_1　这样可降低空气用量，从而降低总加热量，提高干燥器热效率。但对热敏性物料和易产生局部过热的干燥器，入口温度不宜过高。在气流干燥器中，颗粒表面的蒸发温度比较低，因此，入口温度可高于产品变质温度。

(3)利用废气　可用废气预热空气或冷物料，回收废气的热量。也可采用废气部分循环操作(具体过程见例 5-10)，以减少空气用量，提高干燥操作的热效率。废气循环操作时空气进入干燥器的温度低，特别适合于热敏性物料，而且可利用低品位热源。但废气循环操作使干燥过程的传质、传热推动力降低。

(4)采用内换热器　在干燥器内设置的换热器称为内换热器，在干燥器内设置一个或多个中间换热器，可减少总能量供给，降低空气用量，提高热效率。

(5)降低热损失　注意干燥设备和管路的保温，减少热损失，提高干燥系统的热效率。

此外，在前面的操作(如过滤、离心分离等)中尽量降低物料的含水量，降低干燥系统的

蒸发负荷;对负压操作的干燥器加强设备密封,减少冷空气漏入系统等措施,也是提高干燥效率的重要途径。

【例5-7】 例5-6的干燥系统中,空气在预热器中被加热到90 ℃后送入干燥器,离开干燥器时的温度为40 ℃,湿物料进入干燥器的温度为20 ℃,离开干燥器的温度为40 ℃,湿物料的平均比热容为3.28 kJ/(kg 绝干料·℃),忽略预热器向环境的散热损失,干燥器的热损失速率为1.2 kW。试求:(1)预热器的热负荷 Q_p;(2)干燥系统消耗的总热量 Q;(3)向干燥器补充的热量 Q_D;(4)干燥系统的热效率 η。

解:根据题意画出流程图如本题附图所示。

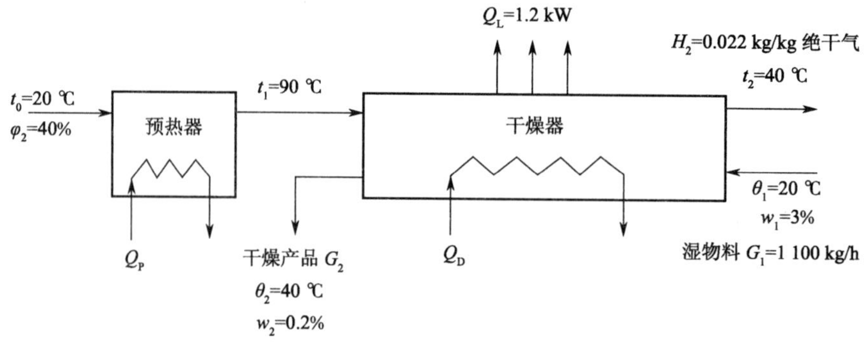

例5-7 附图

(1)预热器的热负荷 Q_p

忽略预热器的热损失,用式(5-25)计算 Q_p

$$Q_p = L(I_1 - I_0) = L(1.01 + 1.88H_0)(t_1 - t_0)$$

将例5-6计算出的 L 及 H_0 代入,得

$$Q_p = L(1.01 + 1.88H_0)(t_1 - t_0) = \frac{1\ 902}{3\ 600} \times (1.01 + 1.88 \times 0.005\ 786) \times (90 - 20)$$

$$= 37.76\ \text{kW}$$

(2)干燥系统消耗的总热量 Q

用式(5-27)计算

$$Q = Q_p + Q_D = L(I_2 - I_0) + G(I_2' - I_1') + Q_L$$

其中 $I_0 = (1.01 + 1.88 \times 0.005\ 786) \times 20 + 2\ 490 \times 0.005\ 786 = 34.82$ kJ/kg 绝干气

$I_2 = (1.01 + 1.88 \times 0.022) \times 40 + 2\ 490 \times 0.022 = 96.83$ kJ/kg 绝干气

$$G(I_2' - I_1') = Gc_m(\theta_2 - \theta_1) = \frac{1\ 067}{3\ 600} \times 3.28 \times (40 - 20) = 19.44\ \text{kW}$$

代入得

$$Q = L(I_2 - I_0) + G(I_2' - I_1') + Q_L = \frac{1\ 902}{3\ 600} \times (96.83 - 34.82) + 19.44 + 1.2 = 53.40\ \text{kW}$$

也可用式(5-28)计算,结果会稍有差异。

(3)向干燥器补充的热量 Q_D

$$Q_D = Q - Q_p = 53.40 - 37.76 = 15.64\ \text{kW}$$

(4)干燥系统的热效率 η

用式(5-30)计算,其中

$$Q_v = W(2\,490 + 1.88t_2 - 4.187\theta_1) = \frac{30.84}{3\,600} \times (2\,490 + 1.88 \times 40 - 4.187 \times 20)$$

$$= 21.26\ \text{kW}$$

$$\eta = \frac{Q_v}{Q} \times 100\% = \frac{21.26}{53.40} \times 100\% = 39.8\%$$

若忽略湿物料中水分带入系统的焓,则可用式(5-31)计算

$$\eta = \frac{W(2\,490 + 1.88t_2)}{Q} \times 100\% = \frac{\frac{30.84}{3\,600} \times (2\,490 + 1.88 \times 40)}{53.40} \times 100\% = 41.2\%$$

5.2.4 空气通过干燥器时的状态变化

由例5-7的计算结果看出,对干燥系统进行物料衡算与热量衡算时,必须知道空气离开干燥器的状态参数,确定这些参数涉及空气在干燥器内所经历的过程性质。在干燥器内空气与物料间既有热量传递也有质量传递,有时还要向干燥器补充热量,而且又有热量损失于周围环境中,情况比较复杂,故确定干燥器出口处空气的状态参数颇为烦琐。一般根据空气在干燥器内焓的变化,将干燥过程分为等焓过程与非等焓过程两大类。

1. 等焓干燥过程

等焓干燥过程又称绝热干燥过程,如果:①不向干燥器中补充热量,即 $Q_D = 0$;②忽略干燥器向周围散失的热量,即 $Q_L = 0$;③物料进出干燥器的焓相等,即 $G(I_2' - I_1') = 0$。则由式(5-26)可以得到

$$I_1 = I_2$$

即空气通过干燥器时焓恒定。实际操作中很难实现这种等焓过程,故又称其为理想干燥过程,但它能简化干燥的计算,并能在 H-I 图上迅速确定空气离开干燥器时的状态参数。

参阅图5-7,根据新鲜空气任意两个状态参数,如 t_0 及 H_0,在图上确定状态点 A。空气在预热器内被加热到 t_1,加热过程中湿度没有变化,故从点 A 沿等 H 线上升与等 t_1 线交于点 B,该点为离开预热器(即进入干燥器)的状态点。由于空气在干燥器内按等焓过程变化,即沿过点 B 的等 I 线而变,故只要知道空气离开干燥器时的任一参数,比如温度 t_2,则过点 B 的等焓线与等 t_2 线的交点 C 即为空气出干燥器的状态点。过点 B 的等焓线是理想干燥过程的操作线,即空气在干燥器内的状态沿该等焓线而变。

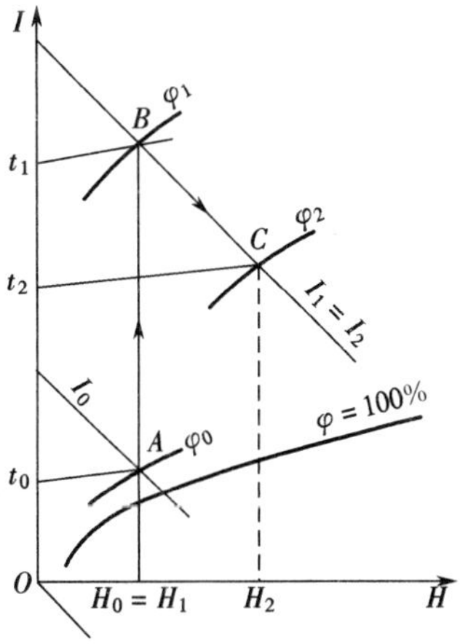

图5-7 等焓干燥过程中湿空气的状态变化示意图

【例5-8】 以空气为干燥介质,在一常压连续干燥器中将湿物料由含水量5%干燥至

1%（均为湿基含水量），湿物料的处理量为 1.0 kg/s。新鲜空气（温度为 20 ℃，湿度为 0.005 kg/kg 绝干气）先经预热器加热至 90 ℃后再进入干燥器，出干燥器的废气温度为 45 ℃。假设干燥器为理想干燥器，试求：(1)所需绝干空气流量；(2)预热器的热负荷；(3)干燥系统的热效率。

解：(1)绝干空气流量

用式(5-23a)计算绝干空气消耗量

$$L=\frac{G(X_1-X_2)}{H_2-H_1}$$

其中

$$X_1=\frac{w_1}{1-w_1}=\frac{0.05}{1-0.05}=0.052\ 63\ \text{kg/kg 绝干料}$$

$$X_2=\frac{w_2}{1-w_2}=\frac{0.01}{1-0.01}=0.010\ 1\ \text{kg/kg 绝干料}$$

$$G=G_1(1-w_1)=1.0\times(1-0.05)=0.95\ \text{kg/s}$$

$$H_1=H_0=0.005$$

出干燥器的废气的湿度需利用理想干燥器空气进出干燥器等焓来求得，即

$$I_1=(1.01+1.88\times0.005)\times90+2\ 490\times0.005=104.196\ \text{kJ/kg 绝干气}$$

$$I_2=(1.01+1.88\times H_2)\times45+2\ 490H_2=104.196\ \text{kJ/kg 绝干气}$$

由 $I_1=I_2$ 解出 $H_2=0.022\ 82$ kg/kg 绝干气，所以

$$L=\frac{G(X_1-X_2)}{H_2-H_0}=\frac{0.95\times(0.052\ 63-0.010\ 1)}{0.022\ 82-0.005}=2.267\ \text{kg/s}$$

(2)预热器的热负荷

$$Q_P=L(I_1-I_0)=2.267\times(1.01+1.88\times0.005)\times(90-20)=161.8\ \text{kW}$$

(3)干燥系统的热效率

忽略湿物料中水分带入系统的焓，对理想干燥器 $Q=Q_P$，可用式(5-31)计算

$$\eta=\frac{W(2\ 490+1.88t_2)}{Q}\times100\%$$

其中

$$W=G(X_1-X_2)=0.95\times(0.052\ 63-0.010\ 1)=0.040\ 4\ \text{kg/s}$$

$$\eta=\frac{W(2\ 490+1.88t_2)}{Q}\times100\%=\frac{0.040\ 4\times(2\ 490+1.88\times45)}{161.8}\times100\%=64.3\%$$

对理想干燥器，可以推出，$\eta=\frac{t_1-t_2}{t_1-t_0}\times100\%$，代入温度数值，可以求出

$$\eta=\frac{t_1-t_2}{t_1-t_0}\times100\%=\frac{90-45}{90-20}\times100\%=64.3\%$$

两者计算结果一致。

2. 非等焓干燥过程

相对于理想干燥过程而言，非等焓干燥过程又称为实际干燥过程。非等焓干燥过程可能有以下几种情况。

1）操作线在过点 B 的等焓线的下方

这种过程的条件为：向干燥器补充的热量 Q_D 小于热损失 Q_L 与物料带走的热量 $G(I_2'-I_1')$ 之和。

将以上条件代入式（5-26），经整理得 $L(I_2-I_1)<0$，即

$$I_1>I_2$$

上式说明，空气离开干燥器时的焓 I_2 小于进入干燥器时的焓 I_1，这种过程的操作线 BC_1 应在 BC 线的下方，如图 5-8 所示。BC_1 线上任意点指示的空气焓值小于同湿度下 BC 线上相应的焓值。

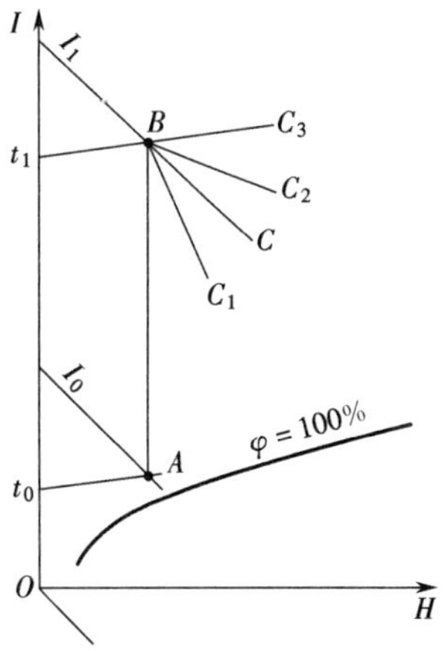

图 5-8 非等焓干燥过程中湿空气的状态变化示意图

2）操作线在过点 B 的等焓线上方

若向干燥器补充的热量大于损失的热量和加热物料消耗的热量之总和，即

$$Q_D>G(I_2'-I_1')+Q_L$$

将上式代入式（5-26）得 $L(I_2-I_1)>0$，即

$$I_1<I_2$$

这种情况下，操作线在等焓线上方，如图 5-8 中的 BC_2 线所示。

3）操作线为过点 B 的等温线

若向干燥器补充的热量足够多，恰使干燥过程在等温下进行，即空气在干燥过程中维持恒定的温度 t_1，这种过程的操作线为过点 B 的等温线，如图 5-8 中 BC_3 线所示。

非等焓干燥过程中空气离开干燥器时的状态点可用计算法或图解法确定。

【例 5-9】 采用常压气流干燥器干燥某种湿物料。在干燥器内，湿空气以一定的速度吹送物料，同时对物料进行干燥。已知的操作条件均标注于本例附图中。试求：(1) 新鲜空气消耗量；(2) 单位时间内预热器消耗的热量，忽略预热器的热损失；(3) 干燥器的热效率。

解：(1) 新鲜空气消耗量

先用式（5-23a）计算绝干空气消耗量

$$L=\frac{G(X_1-X_2)}{H_2-H_1}$$

其中 $G=\frac{G_2}{1+X_2}=\frac{250}{1+0.01}=247.5$ kg 绝干料/h，代入上式，得

$$L=\frac{G(X_1-X_2)}{H_2-H_1}=\frac{247.5\times(0.15-0.01)}{H_2-0.0073}=\frac{34.65}{H_2-0.0073} \tag{a}$$

式（a）中含有两个未知数，不能直接求解，因此需要借助于干燥器的热量衡算式。式（5-26）为干燥器的热量衡算式，由于本例中没有向干燥器补充热量，$Q_D=0$，故式（5-26）变为

$$L(I_1-I_2)=G(I_2'-I_1')+Q_L$$

其中 $I_1=(1.01+1.88\times0.0073)\times90+2490\times0.0073=110.3$ kJ/kg 绝干气

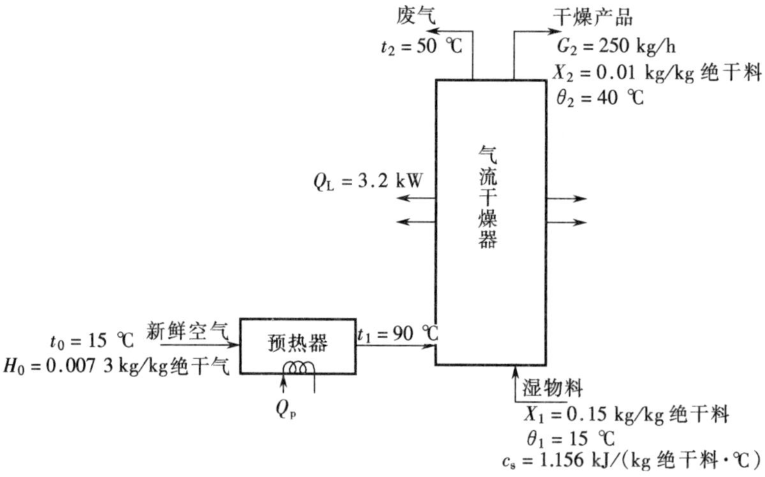

例 5-9 附图

$$I_2=(1.01+1.88\times H_2)\times 50+2\ 490\times H_2=50.5+2\ 584H_2$$

$$I_1'=(c_s+c_wX_1)\theta_1=(1.156+0.15\times 4.187)\times 15=26.76 \text{ kJ/kg 绝干料}$$

$$I_2'=(1.156+0.01\times 4.187)\times 40=47.91 \text{ kJ/kg 绝干料}$$

代入上式,得

$$L(110.3-50.5-2\ 584H_2)=247.5\times(47.91-26.76)+3.2\times 3\ 600 \quad \text{(b)}$$

联立物料衡算式(a)和热量衡算式(b),解得

$$H_2=0.020\ 65 \text{ kg/kg 绝干气},\ L=2\ 601 \text{ kg 绝干气/h}$$

新鲜空气消耗量为

$$L_0=L(1+H_0)=2\ 601\times(1+0.007\ 3)=2\ 620 \text{ kg 新鲜空气/h}$$

(2)预热器消耗的热量

忽略预热器的热损失,用式(5-25)计算 Q_p,即

$$Q_p=L(I_1-I_0)=L(1.01+1.88H_0)(t_1-t_0)$$
$$=2\ 601\times(1.01+1.88\times 0.007\ 3)\times(90-15)=199\ 703 \text{ kJ/h}=55.47 \text{ kW}$$

(3)干燥系统的热效率 η

若忽略湿物料中水分带入系统中的焓,则用式(5-31)计算干燥系统的热效率,即

$$\eta=\frac{W(2\ 490+1.88t_2)}{Q}\times 100\%$$

因 $Q_D=0$,故 $Q=Q_p$,因此

$$\eta=\frac{W(2\ 490+1.88t_2)}{Q_p}\times 100\%=\frac{34.65\times(2\ 490+1.88\times 50)}{199\ 703}\times 100\%=44.8\%$$

【例 5-10】 在常压连续逆流干燥器中将某种物料自湿基含水量 15% 干燥至 6% 。采用废气循环操作,即由干燥器出来的一部分废气和新鲜空气相混合,混合气经预热器加热到必要的温度后再送入干燥器。循环比(废气中绝干空气质量和混合气中绝干空气质量之比)为

0.8。设空气在干燥器中经历等焓增湿过程。

已知新鲜空气的状态为 $t_0=25$ ℃、$H_0=0.005$ kg/kg 绝干气，废气的状态为 $t_2=38$ ℃、$H_2=0.034$ kg/kg 绝干气。试求每小时干燥 1 000 kg 湿物料所需的新鲜空气量及预热器的传热量。设预热器的热损失可忽略。

解：本例附图 1 为流程示意。

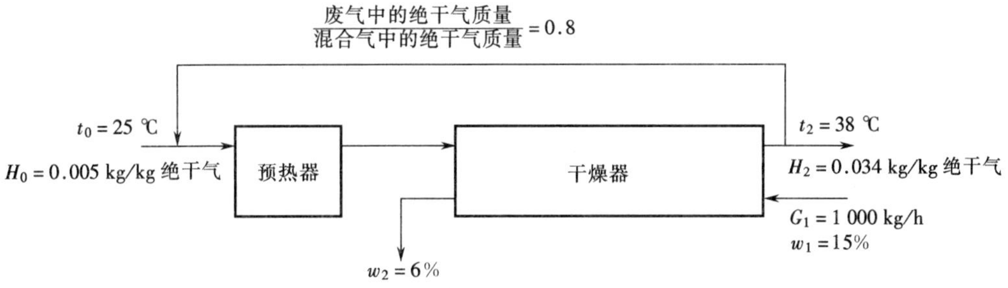

例 5-10 附图 1

在本例附图 2 的 H-I 示意图中，依杠杆规则确定混合气状态点 M。由 $t_0=25$ ℃、$H_0=0.005$ kg/kg 绝干气确定新鲜空气的状态点 A，由 $t_2=38$ ℃、$H_2=0.034$ kg/kg 绝干气确定废气状态点 B。连接点 A 及点 B，在 AB 线上确定点 M。取混合气中 1 kg 绝干气为计算基准，则

$$\frac{\overline{BM}}{\overline{MA}}=\frac{\text{新鲜空气中绝干气的质量}}{\text{废气中绝干气的质量}}=\frac{0.2}{0.8}=\frac{1}{4}$$

据此在图上确定混合气的状态点 M，由点 M 读出混合气的温度为 t_m，湿度为 H_m

过点 M 的等 H 线与过点 B 的等 I 线相交于点 N，点 N 为空气离开预热器（即进入干燥器）的状态点，由此读出空气的温度为 t_1，湿度为 $H_1=H_m$。

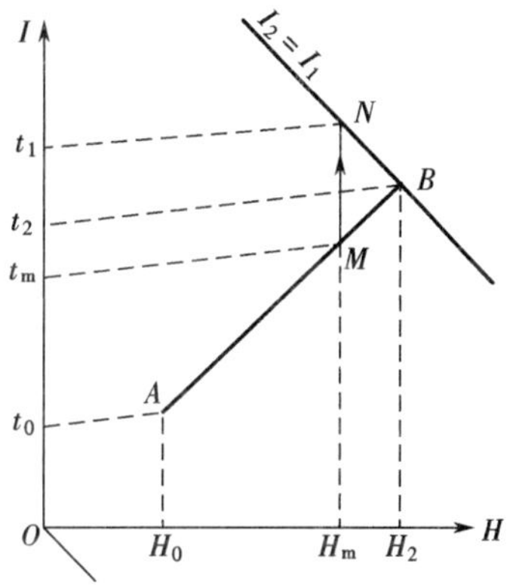

例 5-10 附图 2

应予指出，以上空气的状态参数也可由物料衡算和焓衡算计算得到。

混合过程的物料衡算

$$H_m=0.2H_0+0.8H_2=0.2\times0.005+0.8\times0.034=0.028\ 2$$

混合过程的焓衡算 $\quad I_m=0.2I_0+0.8I_2$

其中 $\quad I_0=(1.01+1.88\times0.005)\times25+2\ 490\times0.005=37.935$ kJ/kg 绝干气

$\quad I_2=(1.01+1.88\times0.034)\times38+2\ 490\times0.034=125.47$ kJ/kg 绝干气

代入上式，求得 $I_m=0.2I_0+0.8I_2=0.2\times37.935+0.8\times125.47=107.96$ kJ/kg 绝干气

$\quad I_m=(1.01+1.88\times0.028\ 2)t_m+2\ 490\times0.028\ 2=107.96$ kJ/kg 绝干气

所以 $\quad t_m=35.50$ ℃

空气在干燥器内等焓增湿，即 $I_1=I_2=125.47$ kJ/kg 绝干气

$\quad I_1=(1.01+1.88\times0.028\ 2)t_1+2\ 490\times0.028\ 2=125.47$ kJ/kg 绝干气

解出　$t_1 = 51.98$ ℃

水分蒸发量

$$W = G(X_1 - X_2)$$

其中　$X_1 = \dfrac{w_1}{1 - w_1} = \dfrac{15}{85}$ kg/kg 绝干料

$$X_2 = \frac{w_2}{1 - w_2} = \frac{6}{94}\ \text{kg/kg 绝干料}$$

$$G = G_1(1 - w_1) = 1\ 000 \times (1 - 0.15) = 850\ \text{kg 绝干料/h}$$

所以　$W = G(X_1 - X_2) = 850 \times \left(\dfrac{15}{85} - \dfrac{6}{94}\right) = 95.74$ kg 水/h

绝干空气消耗量

$$L = \frac{W}{H_2 - H_1} = \frac{95.74}{0.034 - 0.005} = 3\ 301.4\ \text{kg 绝干气/h}$$

新鲜空气消耗量为　$L_0 = L(1 + H_0) = 3\ 301.4 \times (1 + 0.005) = 3\ 318$ kg 新鲜空气/h

预热器的热负荷为

$$Q_p = L_m(I_1 - I_m) = L_m(1.01 + 1.88H_m)(t_1 - t_m)$$

$$= \frac{3\ 301.4}{0.2 \times 3\ 600} \times (1.01 + 1.88 \times 0.028\ 2) \times (51.98 - 35.5) = 80.33\ \text{kW}$$

工程案例

5.3 固体物料在干燥过程中的平衡关系与速率关系

演示文稿

以上讨论的主要内容是通过物料衡算与热量衡算找出被干燥物料与干燥介质的最初状态与最终状态间的关系，用以确定干燥介质的消耗量、水分的蒸发量以及消耗的热量。本节将主要讨论从物料中除去水分的数量与干燥时间之间的关系。

5.3.1 物料中的水分

干燥过程中水分由湿物料表面向空气主流中扩散的同时，物料内部水分也源源不断地向表面扩散，水分在物料内部的扩散速率与物料结构以及物料中的水分性质有关。除去物料中水分的难易程度取决于物料与水分的结合方式。因此，首先研究物料中水分的性质。

1. 平衡水分与自由水分

当物料与一定状态的空气接触后，物料将释出或吸入水分，最终达到恒定的含水量，若空气状态不变，则物料将永远维持此恒定的含水量，不会因接触时间延长而改变，这种恒定的含水量称为该物料在固定空气状态下的平衡水分，又称平衡湿含量或平衡含水量，以 X^* 表示，单位为 kg 水/kg 绝干料（以下讨论中忽略“水”字）。图 5-9 为某些固体物料在 25 ℃时的平衡含水量与空气相对湿度间的关系，称为平衡曲线。由图看出，在同一状态的空气中，比如 $t = 25$ ℃、$\varphi = 60\%$ 时，陶土的 $X^* \approx 1$ kg/100 kg 绝干料（6 号线上的点 A），而烟叶的 $X^* \approx 23$ kg/100 kg 绝干料（7 号线上的点 B）。又如，对同一种物料，比如羊毛，当空气 $t = 25$ ℃、

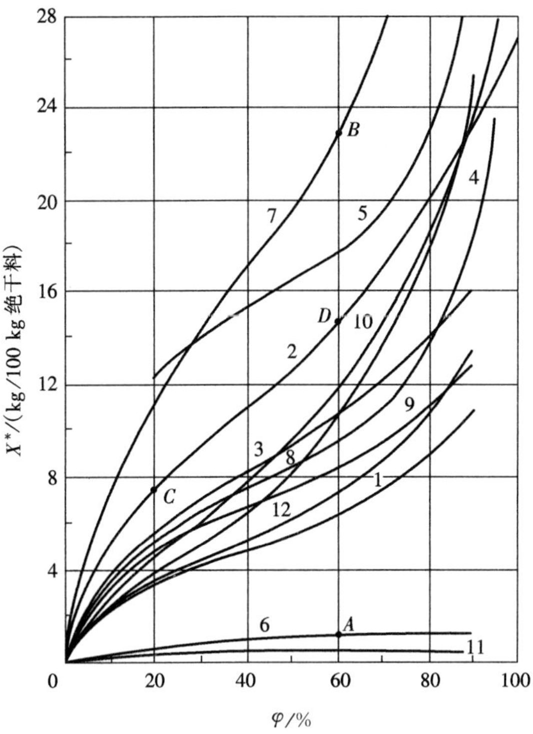

图 5-9 25 ℃时某些物料的平衡含水量 X^* 与空气相对湿度 φ 的关系

1—新闻纸 2—羊毛、毛织物 3—硝化纤维 4—丝 5—皮革 6—陶土 7—烟叶 8—肥皂 9—牛皮胶 10—木材 11—玻璃绒 12—棉花

$\varphi=20\%$ 时，$X^*\approx7.3$ kg/100 kg 绝干料(2 号线上的点 C)，而当 $\varphi=60\%$ 时，$X^*\approx14.5$ kg/100 kg 绝干料(2 号线上的点 D)。由此可见，当空气状态恒定时，不同物料的平衡水分数值差异很大，同一物料的平衡水分随空气状态而变。

由图 5-9 还可以看出，当 $\varphi=0$ 时，各种物料的 X^* 均为零，即湿物料只有与绝干空气相接触才能获得绝干物料。

各种物料的平衡含水量由实验测得。物料中平衡含水量随空气温度升高而略有减少。例如棉花与相对湿度为 50% 的空气相接触，当空气温度由 37.8 ℃升高到 93.3 ℃时，平衡含水量 X^* 由 0.073 降至 0.057，约减少 22%。由于缺乏各种温度下平衡含水量的实验数据，因此只要温度变化范围不太大，一般可近似地认为物料的平衡含水量与空气的温度无关。

物料中的水分超过 X^* 的那部分称为自由水分。这种水分可以用干燥方法除去。因此，平衡含水量是湿物料在一定的空气状态下干燥的极限。物料中平衡含水量与自由含水量的划分不仅与物料的性质有关，还与空气的状态有关。

2. 结合水分与非结合水分

图 5-10 为在恒定温度下由实验测得的某物料(丝)的平衡含水量 X^* 与空气相对湿度 φ 间的关系曲线。若将该线延长与 $\varphi=100\%$ 线交于点 B，相应的 $X_B^*=0.24$ kg/kg 绝干料，此时物料与空气达到平衡，即物料表面水汽的分压等于同温度下纯水的饱和蒸气压 p_s，也即等于同温度下饱和空气中的水汽分压。当湿物料中的含水量大于 X_B^* 时，物料表面水

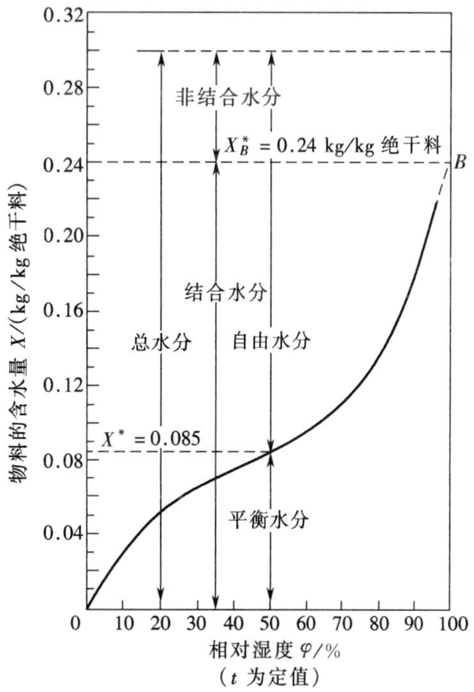

图 5-10 固体物料(丝)中所含水分的性质

汽的分压不会再增大,仍为 p_s。高出 X_B^* 的水分称为非结合水,汽化这种水分与汽化纯水相同,极易用干燥方法除去。物料中的吸附水分和孔隙中的水分,都属于非结合水,它与物料为机械结合,一般结合力较弱,故极易除去。物料中小于 X_B^* 的水分称为结合水。通常细胞壁内的水分及小毛细管内的水分,都属于结合水,其与物料结合较紧,蒸气压低于同温度下纯水的饱和蒸气压,故较非结合水难于除去。因此,在恒定的温度下,物料的结合水与非结合水的划分,只取决于物料本身的特性,而与空气状态无关。结合水与非结合水都难于用实验方法直接测得,但根据它们的特点,可将平衡曲线外延与 $\varphi=100\%$ 线相交而获得。

物料的总水分、平衡水分与自由水分、结合水分与非结合水分之间的关系示于图 5-10。

5.3.2 干燥速率与干燥时间

按空气状态参数的变化情况,可将干燥过程分为恒定干燥操作和非恒定(或变动)干燥操作两大类。若用大量空气对少量物料进行间歇干燥,并维持空气速度以及与物料接触方式不变,因空气是大量的,且物料中汽化出的水分很少,故可以认为干燥过程中空气湿度与温度均不变,这种操作称为恒定状态下的干燥操作,简称恒定干燥。在连续操作的干燥设备内,很难维持恒定干燥。沿干燥器的长度或高度,空气的温度逐渐下降而湿度逐渐增大,这种操作称为变动状态下的干燥操作,简称变动干燥。

1. 恒定干燥条件下的干燥速率

1)干燥实验和干燥曲线

在干燥设备的计算中,往往要了解物料由初始含水量降到最终要求的含水量时,物料应在干燥器内的停留时间,然后就可计算各种干燥器的工艺尺寸。

由于干燥过程既涉及传热过程又涉及传质过程,机理比较复杂,一般先通过间歇干燥实验获得干燥速率的资料。

在间歇干燥实验中,用大量的热空气干燥少量的湿物料,空气的温度、湿度、气速及流动方式等都恒定不变。定时测定物料的质量和表面温度 θ 的变化,直到物料的质量恒定为止,此时物料与空气达到平衡状态,物料中所含水分即为该条件下的平衡水分。然后再将物料放到电烘箱内烘干到恒重为止(控制烘箱内的温度低于物料的分解温度),即可测得绝干物料的质量。

上述实验数据经整理后可分别绘出如图 5-11(a)和(b)所示的物料含水量 X 与干燥时间 τ、物料表面温度 θ 与干燥时间 τ 的关系曲线,这两条曲线均称为干燥曲线。

由图 5-11 可见,图中点 A 表示物料初始含水量为 X_1、温度为 θ_1,干燥开始后,物料含水量及其表面温度均随时间而变化。在 AB 段内物料的含水量下降,温度上升。AB 段为物料的预热段,空气中部分热量用于加热物料,物料的含水量及温度均随时间变化不大,即斜率 $\mathrm{d}X/\mathrm{d}\tau$ 较小。预热段一般较短,到达 B 点时,物料表面温度升至 t_w,即空气的湿球温度。其后 BC 段的斜率 $\mathrm{d}X/\mathrm{d}\tau$ 几乎不变,X 与 τ 基本呈直线关系,此阶段内空气传给物料的显热恰等于水分从物料中汽化所需的汽化热,而物料表面的温度等于热空气的湿球温度 t_w。进入 CD 段后,物料即开始升温,热空气中部分热量用于加热物料,至 E 点使物料温度由 C 点的 t_w 升

高到 θ_2，另一部分热量用于汽化水分，因此该段斜率 $\mathrm{d}X/\mathrm{d}\tau$ 逐渐减小，直到物料中所含水分降至平衡含水量 X^* 为止，干燥过程即终止。

应予注意，干燥实验的操作条件应与生产要求的条件近似，使实验结果可以用于干燥器的设计与放大。

2）干燥速率曲线

干燥速率是指单位时间、单位干燥面积上汽化的水分质量，即

$$U=\frac{\mathrm{d}W'}{S\mathrm{d}\tau} \tag{5-32}$$

$$\mathrm{d}W'=-G'\mathrm{d}X \tag{5-33}$$

式中 U——干燥速率，又称干燥通量，$\mathrm{kg/(m^2\cdot s)}$；

S——干燥面积，$\mathrm{m^2}$；

W'——一批操作中汽化的水分量，kg；

τ——干燥时间，s；

G'——一批操作中绝干物料的质量，kg。

负号表示 X 随干燥时间的增加而减小。所以式(5-32)可以改写为

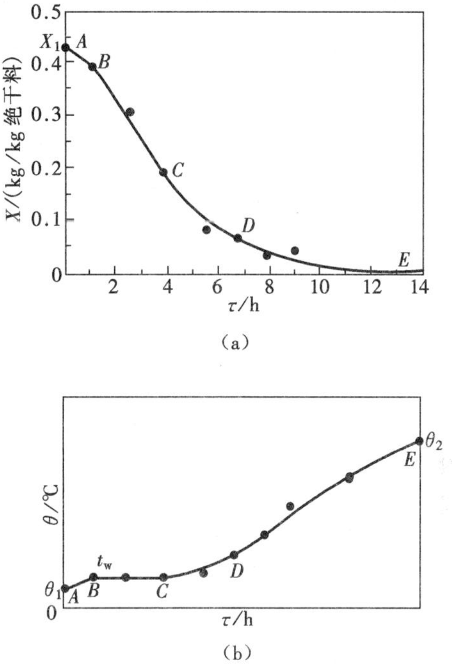

图 5-11 恒定干燥条件下某物料的干燥曲线

(a) x-τ 线 (b) θ-τ 线

$$U=-\frac{G'\mathrm{d}X}{S\mathrm{d}\tau} \tag{5-32a}$$

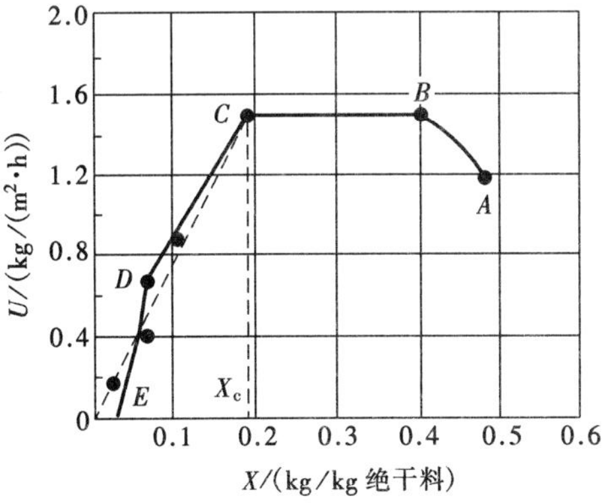

图 5-12 恒定干燥条件下的干燥速率曲线

式(5-32)和式(5-32a)均为干燥速率的微分表达式。式(5-32a)中绝干物料的质量及干燥面积由实验测得，而 $\mathrm{d}X/\mathrm{d}\tau$ 为干燥曲线的斜率，因此可将图 5-11 的干燥曲线变换为图 5-12 的干燥速率曲线。

应予指出：干燥速率曲线的形式因物料种类不同而异，图 5-12 所示仅为恒定干燥条件下的一种典型干燥速率曲线。在图 5-12 中：ABC 段表示干燥的第一阶段，其中 BC 段内干燥速率保持恒定，即基本上不随物料含水量而变，称为恒速干燥阶段，AB 段为物料的预热阶段，但此段所需的时间较短，一般并入 BC 段内考虑；干燥的第二阶段如图 5-12 中 CDE 所示，在此阶段内干燥速率随物料含水量的减少而降低，故称为降速干燥阶段。两个干燥阶段之间的交点 C 称为临界点，与该点对应的物料含水量称为临界含水量，以 X_c 表示，该点的干

燥速率仍等于恒速干燥阶段的干燥速率,以 U_c 表示。与点 E 对应的物料含水量为操作条件下的平衡含水量,此点的干燥速率为零。

恒速干燥阶段与降速干燥阶段中的干燥机理及影响因素各不相同,下面分别进行讨论。

2. 恒定干燥条件下恒速干燥阶段干燥时间的计算

在恒速干燥阶段中,固体物料的表面非常润湿,其状况与湿球温度计的湿棉布表面的状况类似。因此当湿物料在恒定干燥条件下进行干燥时,物料表面的温度 θ 等于空气的湿球温度 t_w(假设湿物料受辐射传热的影响忽略不计),当 t_w 为定值时,物料表面的空气湿含量 H_w 也为定值。由于物料表面和空气间的传热和传质过程与测湿球温度时的情况基本相同,故将式(5-9)和式(5-10)改为

$$\frac{\mathrm{d}Q'}{S\mathrm{d}\tau}=\alpha(t-t_w) \tag{5-34}$$

$$U=\frac{\mathrm{d}W'}{S\mathrm{d}\tau}=k_H(H_{s,t_w}-H) \tag{5-35}$$

式中 Q'—— 一批操作中空气传给物料的总热量,kJ。

如上所述,干燥是在恒定的空气条件下进行的,故随空气条件而变的 α 和 k_H 值均保持恒定不变,而且 $t-t_w$ 及 $H_{s,t_w}-H$ 也为恒定值,因此由式(5-34)及式(5-35)可知,湿物料和空气间的传热速率及传质速率均保持不变,即湿物料以恒定的速率向空气中汽化水分。

在恒速干燥阶段中,空气传给湿物料的显热恰等于水分汽化所需的汽化热,即

$$\mathrm{d}Q'=r_{t_w}\mathrm{d}W' \tag{5-36}$$

将上式代入式(5-34)及式(5-35),并整理得

$$U=\frac{\mathrm{d}W'}{S\mathrm{d}\tau}=\frac{\mathrm{d}Q'}{r_{t_w}S\mathrm{d}\tau}=k_H(H_{s,t_w}-H)=\frac{\alpha}{r_{t_w}}(t-t_w) \tag{5-37}$$

在整个恒速干燥阶段,要求湿物料内部的水分向表面传递的速率能够与水分自物料表面汽化的速率相适应,使物料表面始终维持恒定状态,一般来说,此阶段汽化的水分为非结合水分,与从自由液面汽化的情况无异。显然,恒速干燥阶段干燥速率的大小取决于物料表面水分的汽化速率,亦即取决于物料外部的干燥条件,所以恒速干燥阶段又称为表面汽化控制阶段。

恒速干燥阶段的干燥时间可直接由图5-11(a)查得,也可采用如下方法计算求得。

因恒速干燥阶段的干燥速率等于临界干燥速率,故式(5-32a)可以改为

$$\mathrm{d}\tau=-\frac{G'}{U_cS}\mathrm{d}X \tag{5-32b}$$

积分上式的边界条件为

开始时 $\tau=0, X=X_1$

终了时 $\tau=\tau_1, X=X_c$

因此 $$\int_0^{\tau_1}\mathrm{d}\tau=-\frac{G'}{U_cS}\int_{X_1}^{X_c}\mathrm{d}X$$

$$\tau_1=\frac{G'}{U_cS}(X_1-X_c) \tag{5-38}$$

式中 τ_1——恒速干燥阶段的干燥时间,s;

U_c——临界干燥速率,kg/(m²·s);

X_1——物料的初始含水量,kg/kg 绝干料;

X_c——物料的临界含水量,即恒速干燥阶段终了时的含水量,kg/kg 绝干料;

G'/S——单位干燥面积上的绝干物料的质量,kg 绝干料/m²。

当缺乏 U_c 数值时,可将式(5-37)应用于临界点处,从而算出 U_c,即

$$U_c = \frac{\alpha}{r_{t_w}}(t - t_w) \tag{5-37a}$$

式中 t——恒定干燥条件下空气的平均温度,℃;

t_w——初始状态空气的湿球温度,℃。

对流传热系数 α 随物料与介质的接触方式不同而有以下几种经验公式可供使用。

①空气平行流过静止物料层的表面:

$$\alpha = 0.020\,4(L')^{0.8} \tag{5-39}$$

式中 α——对流传热系数,W/(m²·℃);

L'——湿空气的质量速度,kg/(m²·h)。

式(5-39)的应用条件为 $L' = 2\,450 \sim 29\,300$ kg/(m²·h)、空气的平均温度为 45 ~150 ℃。

②空气垂直流过静止物料层的表面:

$$\alpha = 1.17(L')^{0.37} \tag{5-40}$$

式(5-40)的应用条件为 $L' = 3\,900 \sim 19\,500$ kg/(m²·h)。

③气体与运动颗粒间的传热:

$$\alpha = \frac{\lambda_g}{d_{pm}}\left[2 + 0.54\left(\frac{d_{pm}u_0}{\nu_g}\right)^{0.6}\right] \tag{5-41}$$

式中 d_{pm}——颗粒的平均直径,m;

u_0——颗粒的沉降速度,m/s;

λ_g——空气的导热系数,W/(m·℃);

ν_g——空气的运动黏度,m²/s。

由对流传热系数算出的干燥速率或时间都是近似值,但通过 α 的计算式可以分析影响干燥速率的诸因素。例如空气的流速高、温度高、湿度低,都能促使恒速段干燥速率加快,但温度过高、湿度过低,可能会因干燥速率太快而引起物料变形、开裂或表面硬化,从而更早地进入降速干燥阶段。此外,若空气速度太大,还会产生气体夹带现象。所以,应视具体情况选用适宜的操作条件。

【例 5-11】 在恒定的干燥条件下,测得某物料的干燥速率曲线如前述图 5-12 所示,将该物料自初始含水量 $X_1 = 0.38$ kg/kg 绝干料干燥至 $X_2 = 0.25$ kg/kg 绝干料。已知单位干燥面积的绝干物料量 $G'/S = 21.5$ kg 绝干料/m²。试估算干燥时间。

解:由图 5-12 可见,物料的临界含水量 $X_c \approx 0.19$ kg/kg 绝干料,故本例的干燥过程只有恒速干燥阶段。查得临界干燥速率为

$$U_c \approx 1.5\ \text{kg/(m}^2\cdot\text{h)} = 0.000\ 417\ \text{kg/(m}^2\cdot\text{s)}$$

由式(5-38)知

$$\tau_1 = \frac{G'(X_1 - X_2)}{SU_c} = \frac{21.5\times(0.38-0.25)}{0.000\ 417} = 6\ 700\ \text{s} = 1.86\ \text{h}$$

τ_1 也可由干燥速率曲线求得。因图5-12的干燥曲线是由图5-11的干燥曲线变换而来的，故由图5-11查得：$X_1 = 0.38$ kg/kg 绝干料时 $\tau_1' \approx 1.3$ h；$X_2 = 0.25$ kg/kg 绝干料时 $\tau_2' \approx 3.1$ h，所以

$$\tau_1 = 3.1 - 1.3 = 1.8\ \text{h}$$

【例5-12】 某种颗粒物料放在长、宽各为0.5 m的浅盘里进行干燥。平均温度为65 ℃、湿度为0.02 kg/kg绝干气的常压空气以4 m/s的速度平行地吹过湿物料表面，设浅盘的底部及四周绝热良好。试求恒速干燥阶段中每小时汽化的水分量。

解：温度为65 ℃、湿度为0.02 kg/kg绝干气的湿空气比容可按式(5-6)计算，即

$$\begin{aligned}v_H &= (0.772 + 1.244H)\times\frac{273+t}{273}\times\frac{1.013\ 3\times10^5}{p}\\&= (0.772+1.244\times0.02)\times\frac{273+65}{273}\\&= 0.99\ \text{m}^3\ \text{湿空气/kg 绝干气}\end{aligned}$$

湿空气的密度 $\rho = \dfrac{1+H}{v_H} = \dfrac{1+0.02}{0.99} = 1.03\ \text{kg/m}^3$

湿空气的质量流速 $L' = u\rho = 4\times1.03\times3\ 600 = 14\ 800\ \text{kg/(m}^2\cdot\text{h)}$

所以 $\alpha = 0.020\ 4(L')^{0.8} = 0.020\ 4\times(14\ 800)^{0.8} = 44.2\ \text{W/(m}^2\cdot℃)$

湿物料表面温度近似地等于湿空气的湿球温度 t_w，当 $t = 65$ ℃、$H = 0.02$ kg/kg绝干气时，由图5-3查得 $t_w = 32$ ℃。再查得32 ℃时水的汽化热为 $r_{t_w} = 2\ 419$ kJ/kg。

恒速干燥阶段的干燥速率可由式(5-37a)计算，得

$$U_c = \frac{\alpha}{r_{t_w}}\times(t-t_w) = \frac{44.2}{2\ 419\times10^3}(65-32) = 0.603\times10^{-3}\ \text{kg/(m}^2\cdot\text{s)} = 2.17\ \text{kg/(m}^2\cdot\text{h)}$$

故每小时的汽化量为

$$W = 2.17\times(0.5\times0.5) = 0.543\ \text{kg/h}$$

3. 恒定干燥条件下降速干燥阶段干燥时间的计算

当湿物料中的含水量降到临界含水量 X_c 时，便转入降速干燥阶段。此时由于水分自物料内部向表面迁移的速率赶不上物料表面水分汽化的速率，物料表面不能维持全部润湿，部分表面变干，空气传给物料的热量只有部分用于汽化水分，另一部分用于加热物料。因此，在降速干燥阶段，干燥速率逐渐减小，物料温度不断升高，在部分表面上汽化出的是结合水分。当干燥过程进行到图5-12中点 D 时，全部物料表面都不含非结合水分，从点 D 开始，汽化面逐渐向物料内部移动，汽化所需的热量通过已被干燥的固体层而传递到汽化面，从物料中汽化出的水分也通过这层传递到空气主流中，这时干燥速率比 CD 段下降得更快，到达点 E 时速率降至零，物料中所含的水分即为该空气状态下的平衡水分。

降速干燥阶段干燥速率曲线的形状随物料内部的结构而异。物料内部的结构是多种多样的，有些是多孔的，有些是无孔的，有些是易吸水的，有些是难吸水的，所以降速干燥阶段的干燥情况也是多样的。除图 5-12 所示的降速干燥阶段曲线 *CDE* 外，对某些多孔物料只有 *CD* 段；对某些无孔吸水性物料没有等速段，而降速段只有类似形状的曲线；也有些曲线 *DE* 段的弯曲情况与图 5-12 中的相反。

降速干燥阶段的干燥速率取决于物料本身结构、形状和尺寸，而与干燥介质的状态参数关系不大，故降速干燥阶段又称物料内部迁移控制阶段。

降速干燥阶段的干燥时间计算仍可采用式(5-32a)，先将该式改为

$$d\tau = -\frac{G'}{US}dX$$

在下述边界条件下积分上式。

开始时　$\tau = 0, X = X_c$

终了时　$\tau = \tau_2, X = X_2$

$$\tau_2 = \int_0^{\tau_2} d\tau = -\frac{G'}{S}\int_{X_c}^{X_2}\frac{dX}{U} \tag{5-42}$$

式中　τ_2——降速干燥阶段的干燥时间，s；

X_2——降速干燥阶段终了时物料的含水量，kg/kg 绝干料；

U——降速干燥阶段的瞬时干燥速率，kg/(m^2 · s)。

降速段时间 τ_2 的计算取决于 U 与 X 的函数关系。

①U 与 X 呈线性关系。若 U 与 X 呈如图 5-13 所示的线性关系，这时任一瞬间的干燥速率与相应的物料含水量间的关系为

$$\frac{U-0}{X-X^*} = \frac{U_c - 0}{X_c - X^*} = k_X \tag{5-43}$$

式中　k_X——降速干燥阶段干燥速率曲线的斜率，kg 绝干料/(m^2 · s)。

式(5-43)可以改为

$$U = k_X(X - X^*) \tag{5-43a}$$

将上式代入式(5-42)，得

$$\tau_2 = \int_0^{\tau_2} d\tau = \frac{G'}{S}\int_{X_2}^{X_c}\frac{dX}{k_X(X-X^*)}$$

积分上式，得

$$\tau_2 = \frac{G'}{Sk_X}\ln\frac{X_c - X^*}{X_2 - X^*} \tag{5-44}$$

将式(5-43)代入式(5-44)，得

$$\tau_2 = \frac{G'}{S}\,\frac{X_c - X^*}{U_c}\ln\frac{X_c - X^*}{X_2 - X^*} \tag{5-44a}$$

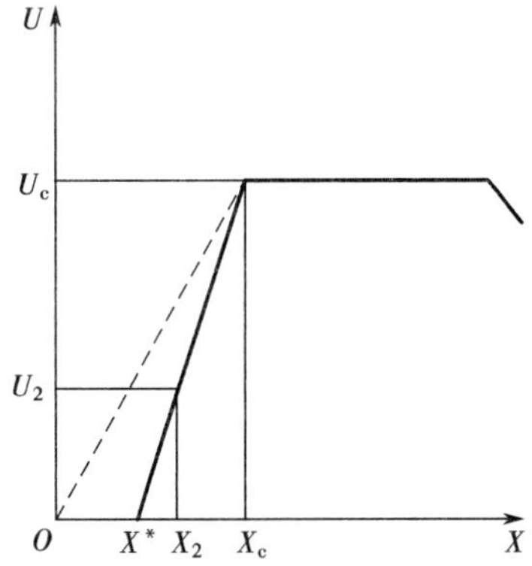

图 5-13　干燥速率曲线示意图

若平衡含水量 X^* 非常低，或缺乏平衡含水量 X^* 的数据，可忽略 X^*，假设降速干燥阶段速率曲线为通过原点的直线，如图 5-13 中的虚线所示，$X^* = 0$ 时，式(5-43a)、式(5-44a)变为

$$U = k_X X \tag{5-43b}$$

$$\tau_2 = \frac{G'}{S}\frac{X_c}{U_c}\ln\frac{X_c}{X_2} \tag{5-44b}$$

②U 与 X 呈非线性关系。若 U 与 X 呈非线性关系，则应采用图解积分法或数值积分法求式(5-42)中的积分项。现通过例5-13加以说明。

【例5-13】 在恒定干燥条件下进行干燥实验，经整理后获得的 X-U 关系列于本例附表中。若将物料由 $X_1 = 0.38$ kg/kg 绝干料干燥至 $X_2 = 0.04$ kg/kg 绝干料。试求所需的干燥时间。已知每千克绝干物料提供0.054 1 m^2 干燥面积。

例5-13 附表

X/(kg水/kg绝干料)	U/(kg水/(m^2·h))	X/(kg水/kg绝干料)	U/(kg水/(m^2·h))
0.400	1.480	0.145	1.223
0.360	1.482	0.130	1.149
0.320	1.485	0.115	1.032
0.280	1.520	0.100	0.914
0.240	1.510	0.085	0.756
0.205	1.500	0.070	0.725
0.190	1.500	0.055	0.453
0.175	1.415	0.040	0.250
0.160	1.295		

解：先根据附表中的数据绘出干燥速率曲线 X-U，如本例附图所示。

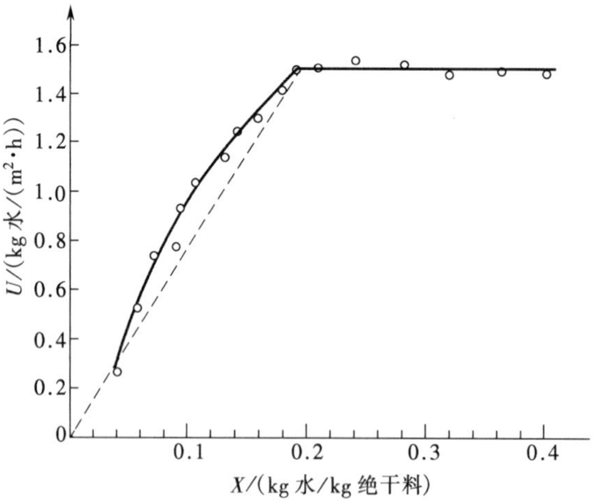

例5-13 附图

由图可见该操作包括恒速和降速两个干燥阶段。临界点的数据为

$X_c = 0.19$ kg水/kg绝干料，$U_c = 1.5$ kg水/(m^2·h)

(1)恒速干燥阶段干燥时间

用式(5-38)计算恒速干燥阶段干燥时间：

$$\tau_1=\frac{G'}{SU_c}(X_1-X_c)$$

由题知 $\frac{G'}{S}=\frac{1}{0.0541}$ kg 绝干料/m^2

所以 $\tau_1=\frac{1}{0.0541\times1.5}\times(0.38-0.19)=2.341$ h

(2)降速干燥阶段干燥时间

降速干燥阶段干燥速率曲线不是直线，需按式(5-42)计算干燥时间，即

$$\tau_2=-\frac{G'}{S}\int_{X_c}^{X_2}\frac{dX}{U}$$

这里没有被积函数 U 和 X 之间的函数关系式，因此需借助数值积分法求解。采用辛普森公式

$$\int_{X_c}^{X_2}\frac{dX}{U}=-\int_{X_2}^{X_c}\frac{dX}{U}$$
$$=-\frac{(X_c-X_2)}{3n}\left[\frac{1}{U_0}+\frac{1}{U_n}+4\left(\frac{1}{U_1}+\frac{1}{U_3}+\cdots+\frac{1}{U_{n-1}}\right)+2\left(\frac{1}{U_2}+\frac{1}{U_4}+\cdots+\frac{1}{U_{n-2}}\right)\right]$$

取 $n=10$，即将 $X_c=0.19$ kg 水/kg 绝干料至 $X_2=0.04$ kg 水/kg 绝干料分为 10 等份，其间每一 X 值对应的 U 值见本例附表，故

$$\int_{X_c}^{X_2}\frac{dX}{U}=\frac{-(0.19-0.04)}{3\times10}\left[\frac{1}{1.500}+\frac{1}{0.250}+4\left(\frac{1}{1.415}+\frac{1}{1.223}+\frac{1}{1.032}+\frac{1}{0.756}+\frac{1}{0.453}\right)\right.$$
$$\left.+2\left(\frac{1}{1.295}+\frac{1}{1.149}+\frac{1}{0.914}+\frac{1}{0.725}\right)\right]$$
$$=-0.1850$$

$$\tau_2=-\frac{G'}{S}\int_{X_c}^{X_2}\frac{dX}{U}=\frac{0.1850}{0.0541}=3.420\ \text{h}$$

所以，总干燥时间为

$$\tau=\tau_1+\tau_2=2.341+3.420=5.761\ \text{h}$$

若假设降速干燥阶段干燥速率曲线为通过原点的直线，如本例附图中虚线所示，则降速干燥阶段的干燥时间可用式(5-44a)计算，即

$$\tau_2=\frac{G'X_c}{SU_c}\times\ln\frac{X_c}{X_2}=\frac{1}{0.0541}\times\frac{0.19}{1.5}\times\ln\frac{0.19}{0.04}=3.648\ \text{h}$$

与数值积分法的计算结果相比，误差为

$$\frac{|3.420-3.648|}{3.420}\times100\%=6.7\%$$

4. 临界含水量

如前所述，物料在干燥过程中，一般均经历预热阶段、恒速干燥阶段和降速干燥阶段，其中后两个干燥阶段是以湿物料中的临界含水量来区分的。临界含水量 X_c 值大，物料便会较早地转入降速干燥阶段，使在相同的干燥任务下所需的干燥时间加长，这样无论从经济上还是从产品质量上看，都是不利的。

临界含水量随物料的性质、厚度及干燥速率的不同而异。例如无孔吸水性物料的 X_c 值比多孔物料的大，在一定的干燥条件下，物料层越厚，X_c 值也越大，因此在物料的平均含水量较高的情况下就开始进入降速干燥阶段。了解影响 X_c 的因素便于控制干燥操作。例如减小物料层的厚度、对物料加强搅拌，既可增大干燥面积，又可减小 X_c 值。流化干燥设备（如气流干燥器和沸腾床干燥器）中物料的 X_c 值一般均较低，理由即在此。

湿物料的临界含水量通常由实验测定，若无实验数据，可查有关手册。表5-1中所列的 X_c 值可供参考。

表5-1 不同物料的临界含水量

有机物料		无机物料		临界含水量
特征	例子	特征	例子	水分(干基)/%
很粗的纤维	未染过的羊毛	粗核无孔的物料，大至50目	石英	3～5
		晶体的、粒状的、孔隙较小的物料，颗粒为60～325目	食盐、海沙、矿石	5～15
晶体的、粒状的、孔隙较小的物料	麸酸结晶	有孔的结晶物料	硝石、细沙、黏土、细泥	15～25
粗纤维的细粉	粗毛线、醋酸纤维、印刷纸、碳素颜料	细沉淀物、无定形和胶体状物料、粗无机颜料	碳酸钙、细陶土、普鲁士蓝	25～50
细纤维、无定形的和均匀状态的压紧物料	淀粉、亚硫酸、纸浆、厚皮革	浆状、有机物的无机盐	碳酸钙、碳酸镁、二氧化钛、硬脂酸钙	50～100
分散的压紧物料、胶体状态和凝胶状态的物料	鞣制皮革、糊墙纸、动物胶	有机物的无机盐、媒触剂、吸附剂	硬脂酸锌、四氯化锡、硅胶、氢氧化铝	100～3 000

5. 变动干燥条件下干燥时间的计算

在实际干燥操作中，很难维持恒定干燥操作，而是在变动条件下进行操作，空气状态参数沿干燥器的长度或高度而变。图5-14为逆流干燥器中空气的温度、湿度以及湿物料温度的分布情况。

物料进入干燥器先被预热，当温度提高到空气初始状态的湿球温度 t_w 后，即转入干燥第一阶段；若干燥操作是等焓过程，则物料表面温度一直维持为空气初始状态的湿球温度，空气状态参数沿等 I 线而变，到达临界点后即转入干燥第二阶段。第一阶段中干燥速率由物料表面水分汽化速率控制，汽化出的为非结合水。到达临界点时，物料的含水量降至 X_c，相应的空气温度为 t_c、湿度为 H_c。由于空气状态参数沿干燥器的长度或高度而变，故第一阶段的干燥速率不恒定，这个阶段为干燥过程的主要阶段。干燥第二阶段中，干燥速率由水分在物料内部的迁移速度控制，到达干燥器出口处，物料温度上升到 θ_2，含水量下降到 X_2。

计算变动条件下的干燥时间仍以式(5-32a)为基本式，但因整个过程中空气状态参数沿程而变，故积分式(5-32a)较恒定条件要复杂得多，需要时可参阅有关专著。

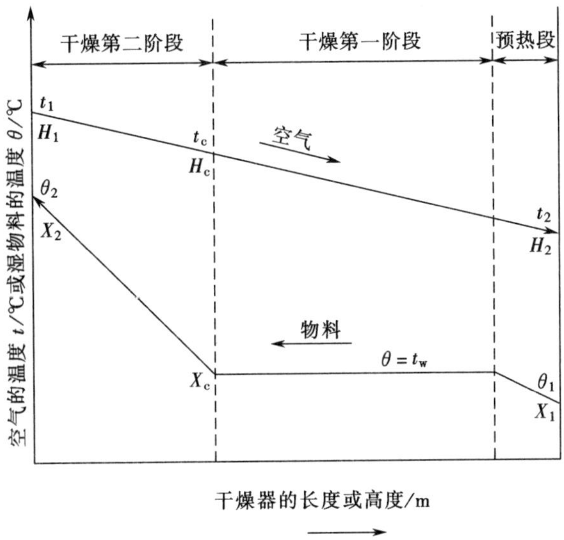

图 5-14 连续逆流干燥器中典型的温度分布情况

5.4 干燥设备

演示文稿

各种干燥产品都会有独特的要求，例如，有些产品有外形及限温的要求，有些产品有保证整批的均一性和防止交叉污染等特殊要求等，这就会对干燥设备提出各式各样的条件。近年来随着生产的迅速发展，已开发出许多智能、节能、大型连续化等能适应各种独特要求的干燥器。

通常，对干燥器的主要要求有：①能保证干燥产品的质量要求，如含水量、强度、形状等；②干燥速率快、干燥时间短，以减小干燥器的尺寸，降低耗能量，同时还应考虑干燥器的辅助设备的规格和成本，即经济效益要好；③操作控制方便，劳动条件好。

干燥器通常按加热的方式来分类，如表 5-2 所示。

表 5-2 常用干燥器的分类

类型	干燥器
对流干燥器	厢式干燥器 气流干燥器 沸腾床干燥器 转筒干燥器 喷雾干燥器
传导干燥器	滚筒干燥器 真空盘架式干燥器
辐射干燥器	红外线干燥器
介电加热干燥器	微波干燥器

5.4.1 干燥器的主要类型

1. 厢式干燥器(盘式干燥器)

厢式干燥器又称盘式干燥器,一般将小型的称为烘箱,大型的称为烘房,它们是典型的常压间歇操作干燥设备。这种干燥器的基本结构如图5-15所示,其由若干长方形的浅盘组成,浅盘置于盘架7上,被干燥物料放在浅盘内,物料的堆积厚度为10~100 mm。新鲜空气由风机3吸入,经加热器5预热后沿挡板6均匀地从各浅盘内的物料上方掠过并进行干燥,部分废气经空气出口2排出,余下的循环使用,以提高热效率。废气循环量由吸入口或排出口的挡板进行调节。空气的流速由物料的粒度而定,应以物料不被气流夹带出干燥器为原则,一般为1~10 m/s。这种干燥器的浅盘可放在能移动的小车盘架上,使物料的装卸都能在厢外进行,不致占用干燥时间,且劳动条件较好。

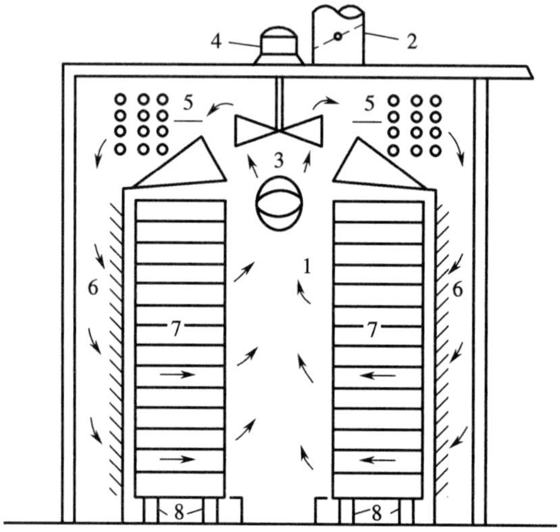

图5-15 厢式干燥器

1—空气入口 2—空气出口 3—风机 4—电动机 5—加热器 6—挡板 7—盘架 8—移动轮

厢式干燥器也可在真空下操作,称为厢式真空干燥器。干燥厢应是密封的,干燥时不通入热空气,而是将浅盘架制成空心的结构,加热蒸汽从中通过,以传导方式加热物料,使其所含水分或溶剂汽化,汽化出的水汽或溶剂蒸气用真空泵抽出,以维持厢内的真空度。真空干燥适于处理热敏性、易氧化及易燃烧的物料,或用于所排出的蒸气需要回收及防止污染环境的场合。

对于颗粒状的物料,可将物料铺在多孔的浅盘(或网)上,气流垂直地穿过物料层,以提高干燥速率。这种结构称为穿流式(厢式)干燥器,如图5-16所示。由图可见,两层物料之间有倾斜的挡板,从一层物料中吹出的湿空气被挡住而不致再吹入另一层。空气通过小孔的速度为0.3~1.2 m/s。

厢式干燥器还可用烟道气作为干燥介质。

厢式干燥器的优点是构造简单,设备投资少,适应性强。缺点是劳动强度大,装卸物料

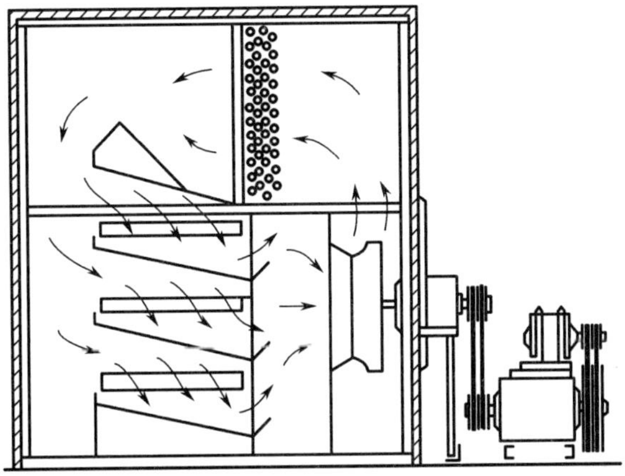

图 5-16 穿流式(厢式)干燥器

时热损失大,由于器门不严空气损失量大,产品质量不均匀。

厢式干燥器广泛地应用于需要长时间干燥物料、产品数量少、干燥产品需要单独处理的场合。这种干燥器特别适合作为实验室或中间实验的干燥装置。

2. 气流干燥器

对于能在气体中自由流动的颗粒物料,可采用气流干燥方法除去其中的水分。气流干燥将湿态时为泥状、粉粒状或块状的物料,在热气流中分散成粉粒状,一边随热气流并流输送,一边进行干燥。对于泥状物料需装设粉碎加料装置,使其分散后再进入气流干燥器;即使是块状物料,也可采用附设粉碎机的气流干燥器。图 5-17 即为装有粉碎机的气流干燥装置的流程图。

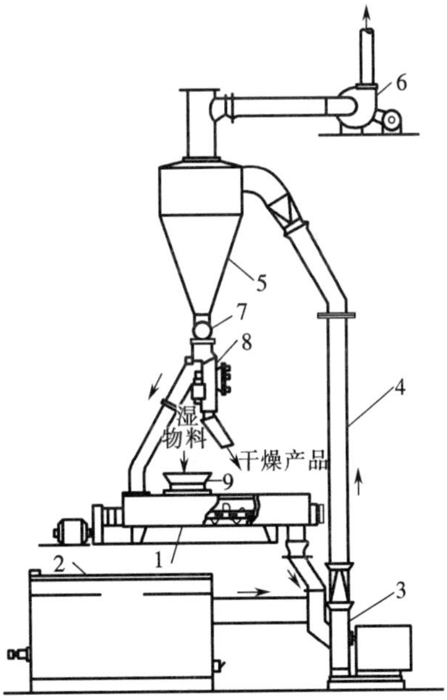

图 5-17 装有粉碎机的气流干燥装置的流程

1—螺旋桨式输送混合器 2—燃烧炉 3—球磨机 4—直立圆筒 5—旋风分离器 6—风机 7—星式加料器 8—流动固体物料的分配器 9—加料斗

气流干燥器的主体是直立圆管 4,湿物料由加料斗 9 加入螺旋桨式输送混合器 1 中,与一定量的干燥物料混合后进入球磨机 3。从燃烧炉 2 来的烟道气(也可以是热空气)也同时进入球磨机,将粉粒状的固体吹入气流干燥器中。热气体作高速运动,使物料颗粒分散并悬浮在气流中。热气流与物料间进行传热和传质,物料得以干燥,并随气流进入旋风分离器 5,经分离后由底部排出,再借分配器 8 的作用,定时地排出作为产品或送入螺旋桨式输送混合器供循环使用。废气经风机 6 放空。

气流干燥器具有以下特点。

①由于气流的速度可高达 20 ~ 40 m/s,物料又处于悬浮状态,因此气、固间的接触面积

大,强化了传热和传质过程。因物料在干燥器内只停留0.5~2 s,最多也不会超过5 s,故当干燥介质温度较高时,物料温度也不会升得太高,适用于热敏性、易氧化物料的干燥。

②物料在运动过程中相互摩擦并与壁面碰撞,对物料有破碎作用,因此气流干燥器不适于干燥易粉碎的物料。

③对除尘设备要求严,系统的流动阻力大。

④固体物料在流化床中具有"液体"性质,所以运输方便,操作稳定,成品质量均匀,装置无活动部分,但对所处理物料的粒度有一定的限制。

⑤干燥管有效长度高达30 m,故要求厂房高。

由气流干燥的实验得知,在加料口以上1 m左右的干燥管内,干燥速率最快,由气体传给物料的热量占整个干燥管中传热量的1/2~3/4。这不仅是因干燥管底部气、固间的温差较大,更重要的是气、固间的相对运动和接触情况有利于传热和传质。当湿物料进入干燥管的瞬间,上升速度 u_m 为零,气速为 u_g,气流和颗粒间的相对速度 u_t($u_t = u_g - u_m$)为最大;当物料被气流吹动后即不断地被加速,上升速度由零升到某个 u_m 值,可见相对速度逐渐降低,直到气体与颗粒间的相对速度 u_t 等于颗粒在气流中的沉降速度 u_0 时,即 $u_t = u_0 = u_g - u_m$,颗粒将不再被加速而维持恒速上升。由此可知,颗粒在干燥器中的运动情况可分为加速运动段和恒速运动段。通常加速段在加料口以上1~3 m内完成。由于加速段内气体与颗粒间的相对速度大,因而对流传热系数也大;同时在干燥管底部颗粒最密集,即单位体积干燥器具有的传热面积也大,所以加速段中的体积传热系数较恒速段中的大。在高为14 m的气流干燥器中,用30~40 m/s的气速对粒径在100 μm以下的聚氯乙烯颗粒进行干燥实验,测得的体积传热系数 α_a 与干燥管高度 Z 的关系,如图5-18所示。由图可见,α_a 随 Z 增高而降低,在干燥管底部 α_a 最大。

由以上分析可知,欲提高气流干燥器的干燥效果和降低干燥管的高度,应发挥干燥管底部加速段的作用以及增大气体和颗粒间的相对速度。根据这种论点已提出许多改进的措施,常采用直径交替缩小和扩大的脉冲管代替图5-17中的直立圆筒,图5-19所示为脉冲管的一段。物料首先进入管径小的干燥管中,气流速度较高,且颗粒做加速运动;当加速运动终了时,干燥管直径突然扩大,由于颗粒运动的惯性作用,该段内颗粒速度大于气流速度;当颗粒逐渐减速后,干燥管直径又突然缩小,便又被气流加速。如此交替进行上述过程,从而气体与颗粒间的相对速度及传热面积都较大,提高了传热和传质速率。

3. 沸腾床干燥器

沸腾床干燥器又称流化床干燥器,其中的操作称为流化床干燥操作,是固体流态化技术在干燥操作中的应用。

图5-20所示为单层圆筒沸腾床干燥器。在分布板上加入待干燥的颗粒物料,热空气由多孔板底部进入,均匀地分散并与物料接触。

在流化床中,气速控制在临界流化速度和带出速度 u_0 之间,使颗粒在热气流中上下翻动,彼此碰撞和混合,气、固间进行传热和传质,以达到干燥的目的。当静止物料层的高度为0.05~0.15 m时,对粒径大于0.5 mm的物料,适宜的气速可取为(0.4~0.8)u_0;对于较小的

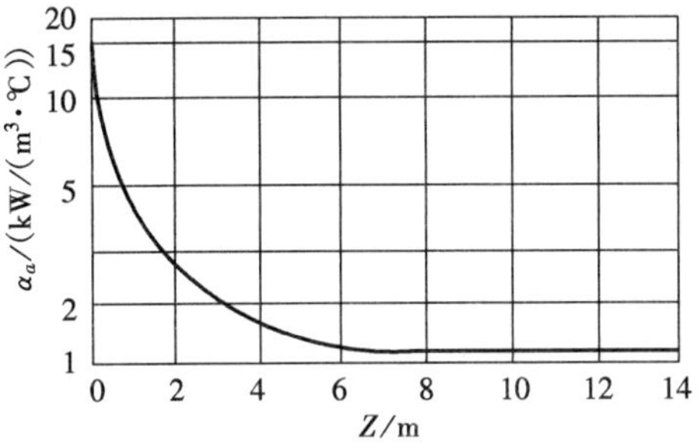

图 5-18 气流干燥器中 α_a 与 Z 的关系

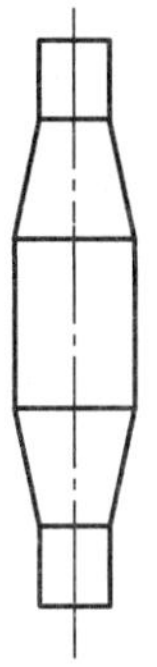

图 5-19 脉冲式气流干燥器的一段

粒径，因颗粒床内可能结块，采用上述速度范围稍嫌小，一般这种情况的操作气速需由实验确定。

沸腾干燥具有较高的传热和传质速率。因为在沸腾床中，颗粒浓度很高，单位体积干燥器的传热面积很大，所以体积传热系数可高达 2 300 ~ 7 000 W/(m^3 · ℃)。

沸腾床干燥器结构简单，造价低，活动部件少，操作维修方便。与气流干燥器相比，沸腾床干燥器的流动阻力较小，物料的磨损较轻，气、固分离较易，热效率较高（对非结合水的干燥为 60% ~ 80%，对结合水的干燥为 30% ~ 50%）。此外，物料在干燥器中的停留时间可用出料口控制，因此可改变产品的含水量。当物料干燥过程存在降速阶段时，采用沸腾床干燥器较为有利。在沸腾床干燥器内，可任意调节物料与介质的接触时间。另外，当干燥大颗粒物料，不适于采用气流干燥器时，若采用沸腾床干燥器，则可通过调节风速来完成干燥操作。

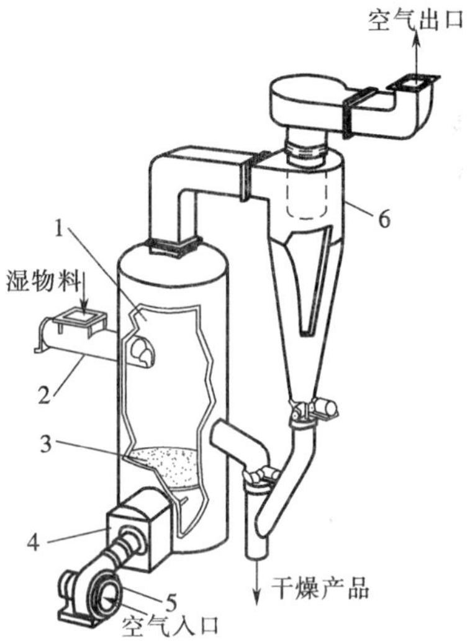

图 5-20 单层圆筒沸腾床干燥器

1—沸腾室 2—进料器 3—分布板 4—加热器 5—风机 6—旋风分离器

沸腾床干燥器适于处理粒径为 0.03 ~ 6 mm 的粉粒状物料。这是因为粒径小于 20 μm 时，气体通过分布板后易产生局部沟流；大于 8 mm 时，需要较高的气速，从而使流动阻力加大，磨损严重。沸腾床干燥器处理粉粒状物料时，要求物料中含水量为 2% ~ 5%，对颗粒状物料则可达 10% ~ 15%，否则物料的流动性就差。若于湿物料中加入部分干物料或在器内加搅拌器，则有利于物料的流化并可防止结块。

沸腾床干燥器的操作控制要求较严，而且因颗粒在床层中随机运动，可能引起物料的返混或短路，有一部分物料未经充分干燥就离开干燥器，而另一部分物料又会因停留时间过长而产生过度干燥现象。因此单层沸腾床干燥器仅适用于易干燥、处理量较大而对干燥产品的要求不太高的场合。

对于干燥要求较高或所需干燥时间较长的物料，一般可采用多层（或多室）沸腾床干燥器。图5-21所示的为两层圆筒沸腾床干燥器。物料加到第1层上，经溢流管流到第2层，干燥后由出料口排出。热气体由干燥器的底部送入，依次经第2层及第1层的分布板，与物料接触后的废气由器顶排出。物料在每层中相互混合，但层与层间不混合。国内采用5层沸腾床干燥器干燥涤纶切片，效果良好。但是多层沸腾床干燥器的主要问题是如何定量地控制物料使其转入下一层以及不使热气流沿溢流管短路流动。因此常有因操作不当而破坏了沸腾床层的情况。此外，多层沸腾床干燥器的结构复杂，流动阻力也较大。

为了保证物料能均匀地进行干燥，而流动阻力又较小，可采用如图5-22所示的卧式多室沸腾床干燥器。该沸腾床干燥器的主体为长方体，器内用垂直挡板分隔成多室，一般为4~8室。挡板下端与多孔板之间留有几十毫米的间隙（一般取为床层中静止物料层高度的1/4~1/2），使物料能逐室通过，最后越过堰板而卸出。热空气分别通过各室，因此各室的温度、湿度和流量均可调节。例如，第一室中的物料较湿，热空气流量可大些，最后一室可通入冷空气冷却干燥产品，以便于贮存。这种形式的干燥器与多层沸腾床干燥器相比，操作稳定可靠，流动阻力较低，但热效率较低、耗气量大。

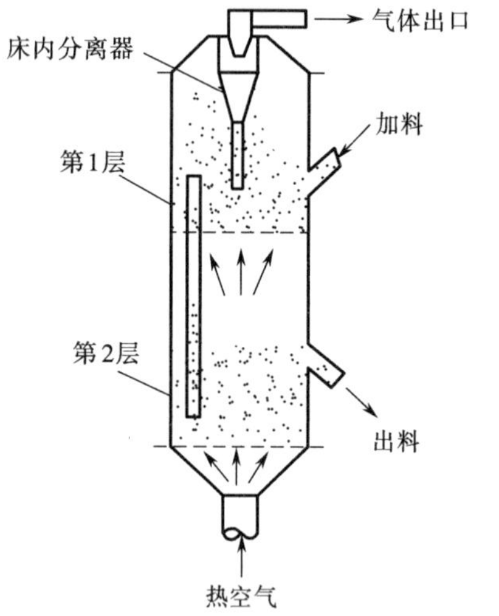

图5-21　两层圆筒沸腾床干燥器

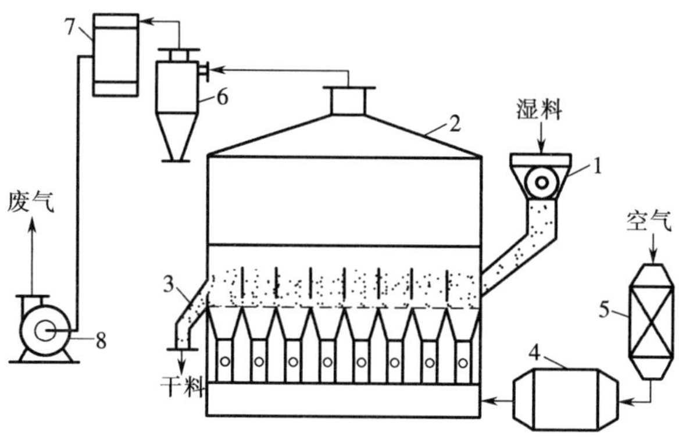

图5-22　卧式多室沸腾床干燥器

1—摇摆式颗粒进料器　2—干燥器　3—卸料器　4—加热器
5—空气过滤器　6—旋风分离器　7—袋滤器　8—风机

有时沸腾床干燥器与气流干燥器串联使用，这比单独使用其中一种的干燥效果更好。例如，我国某厂生产的聚氯乙烯树脂，经分离后含水量一般在15%~25%之间，其中绝大部分为表面水分。应先采用气流干燥器在2 s内除去自由水分，余下不到5%的结合水要从树脂颗粒内部扩散到表面再汽化，所需的时间比干燥自由水分所需的时间要长一百到几百倍，所以在气流干燥器后面串联了卧式沸腾床干燥器。这种科学地将高速气流干燥器与低速沸腾床干燥器联合使用，以适应干燥速率的独特要求的方法，得到了非常满意的效果。

4. 转筒干燥器

图5-23所示为用热空气直接加热的逆流操作转筒干燥器，其主要部分为与水平线略呈

倾斜的旋转圆筒。物料从转筒较高的一端送入,与由另一端进入的热空气逆流接触,随着转筒的旋转,物料在重力作用下流向较低的一端时即被干燥完毕而送出。通常转筒内壁上装有若干块抄板,作用是将物料抄起后再洒下,以增大干燥表面积,使干燥速率增高,同时还促使物料向前运行。当转筒旋转一周时,物料被抄起和洒下一次,物料前进的距离等于其落下的高度乘以转筒的倾斜率。抄板的形式很多,常用的如图 5-24 所示,抄板基本上纵贯整个转筒内壁,在物料入口端的抄板也可制成螺旋形的,以促进物料的初始运动并导入物料。

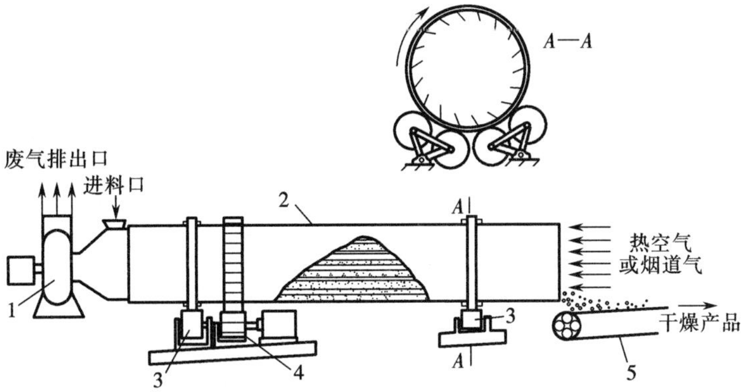

图 5-23 用热空气直接加热的逆流操作转筒干燥器

1—鼓风机 2—转筒 3—支撑装置 4—驱动齿轮 5—带式输送器

干燥器内空气与物料间的流向可采用逆流、并流或并逆流相结合的操作。在处理含水量较高、允许快速干燥而不致发生裂纹或焦化、产品不能耐高温而吸水性又较低的物料时,通常宜采用并流干燥;当处理不允许快速干燥而产品能耐高温的物料时,宜采用逆流干燥。

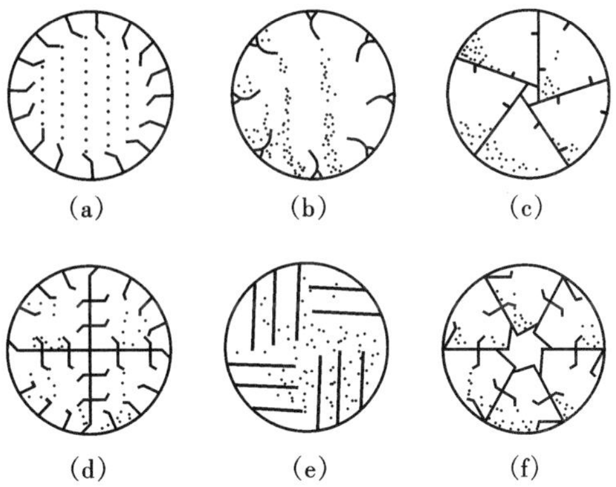

图 5-24 抄板

(a)最普遍使用的形式,利用抄板将颗粒状物料扬起,而后自由落下 (b)弧形抄板,没有死角,适于容易黏附的物料 (c)将回转圆筒的截面分割成几个部分,每回转一次可形成几个下泻物料流,物料约占回转筒容积的 15% (d)物料与热风之间的接触比(c)更好 (e)适用于易破碎的脆性物料,物料占回转筒容积的 25% (f)(c)、(d)结构的进一步改进,适用于大型装置

为了减少粉尘的飞扬,气体在干燥器内的速度不宜过高,对粒径为 1 mm 左右的物料,气体速度为 0.3 ~ 1.0 m/s;对粒径为 5 mm 左右的物料,气体速度在 3 m/s 以下。有时为防止转筒中粉尘外流,可采用真空操作。转筒干燥器的体积传热系数较低,为 0.2 ~0.5 kW/(m^3 · ℃)。

对于能耐高温且不怕污染的物料,除热空气外,烟道气也可作为干燥介质,以获得较高的干燥速率和热效率。对于不能受污染或极易引起大量粉尘的物料,还可采用间接加热的转筒干燥器。这种干燥器的传热壁面为装在转筒轴心处的一个固定的同心圆筒,筒内通以烟道气,也可以沿转筒内壁装一圈或几圈固定的轴向加热蒸汽管。由于间接加热式的转筒干燥器效率低，目前较少采用。

转筒干燥器的优点是机械化程度高，生产能力大，流动阻力小，容易控制，产品质量均匀；此外，转筒干燥器对物料的适应性较强，不仅适用于处理散粒状物料，而且在处理黏性膏状物料或含水量较高的物料时，可于其中掺入部分干料以降低黏性。转筒干燥器的缺点是：设备笨重；金属材料耗量多；热效率低，约为50%；结构复杂，占地面积大；传动部件需经常维修等。目前国内采用的转筒干燥器直径为0.6～2.5 m，长度为2～27 m；处理物料的含水量为3%～50%，产品含水量可降到0.5%，甚至低到0.1%（均为湿基）；物料在转筒内的停留时间为5～120 min，转筒转速为1～8 r/min，倾角在8°以内。

5. 喷雾干燥器

喷雾干燥器是将溶液、膏状物或含有微粒的悬浮液通过喷雾形成雾状细滴分散于热气流中，使水汽迅速汽化而实现干燥目的的设备。如果将1 cm^3 的液体雾化成直径为10 μm的球形雾滴，其表面积将增加数千倍，显著地加大了水分蒸发面积，提高了干燥速率，缩短了干燥时间。

喷雾干燥器中，热气流与物料以并流、逆流或混合流的方式相互接触而使物料得到干燥。这种干燥方法不需要将原料预先进行机械分离，操作终了可获得30～50 μm的微粒干燥产品，且干燥时间很短，仅为5～30 s，因此适宜于热敏性物料的干燥。目前喷雾干燥已广泛地应用于食品、医药、染料、塑料及化肥等的工业生产中。

常用的喷雾干燥设备流程如图5-25所示。浆液用送料泵压至喷雾器，在干燥室中喷成雾滴而分散在热气流中，雾滴在与干燥器内壁接触前水分已迅速汽化，成为微粒或细粉落到器底，产品由风机吸至旋风分离器中而被回收，废气经风机排出。

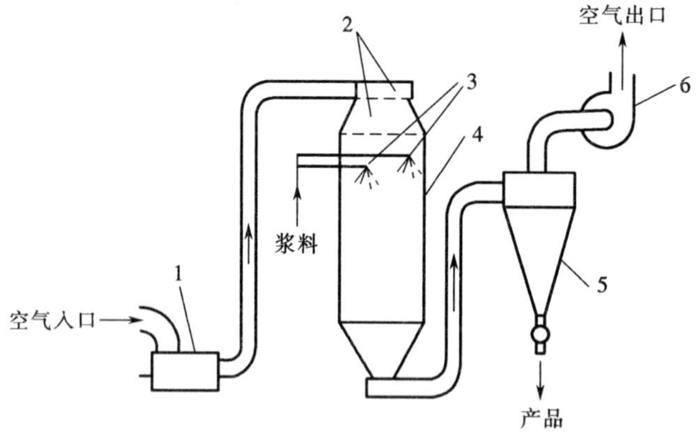

图5-25 喷雾干燥设备流程

1—燃烧炉 2—空气分布器 3—压力式喷嘴 4—干燥塔 5—旋风分离器 6—风机

一般喷雾干燥操作中雾滴的平均直径为20～60 μm。雾滴的大小及均匀度对产品的质量和技术经济等指标影响颇大，特别是干燥热敏性物料时，雾滴的均匀度尤为重要，如雾滴尺寸不均，就会出现大颗粒还没有达到干燥要求，小颗粒却已干燥过度而变质的现象。因此，使溶液雾化所用的喷雾器（又称雾化器）是喷雾干燥器的关键元件。对喷雾器的一般要求是：产生的雾粒均匀，结构简单，生产能力大，能量消耗低及操作容易等。常用的喷雾器有以下3种基本形式。

(1)离心式喷雾器　离心式喷雾器如图5-26(a)所示。料液进入一高速旋转圆盘的中部，圆盘上有放射形叶片，一般圆盘转速为4 000～20 000 r/min，圆周速度为100～160 m/s。液体受离心力的作用而被加速，到达周边时呈雾状被甩出。

(2)压力式喷雾器　压力式喷雾器如图5-26(b)所示。用泵使液浆在高压(3 000～20 000 kPa)下进入喷嘴，喷嘴内有旋转室，液体在其中高速旋转，然后从出口的小孔处呈雾状喷出。

(3)气流式喷雾器　气流式喷雾器如图5-26(c)所示。用表压为100～700 kPa的压缩空气压缩料液，料液以200～300 m/s(有时甚至达到超声速)从喷嘴喷出，靠气、液两相间速度差所产生的摩擦力使料液分散成雾滴。

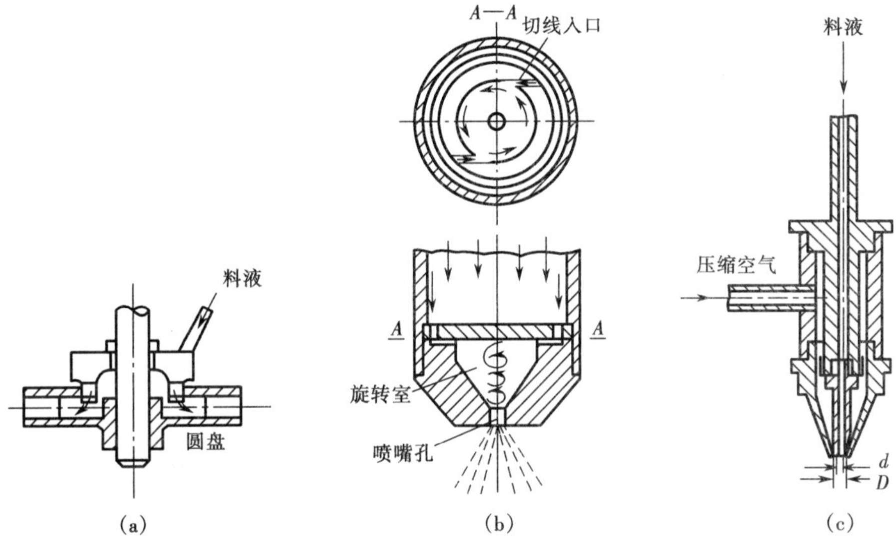

图5-26　喷雾器

(a)离心式　(b)压力式　(c)气流式

以上3种喷雾器各有优缺点。压力式喷雾器适用于一般黏度的液体，动力消耗最少，每千克溶液消耗4～10 W能量，但必须有高压液泵，且因喷孔小，易因堵塞及磨损而影响正常雾化，操作弹性小，产量可调节范围窄。气流式喷雾器动能消耗最大，每千克料液需要消耗0.4～0.8 kg的压缩空气(100～700 kPa表压)，但其结构简单，制造容易，适用于任何黏度或较稀的悬浮液。离心式喷雾器能量消耗介于上述二者之间，由于转盘没有小孔，因此适用于高黏度(9 Pa·s)或带固体的料液，操作弹性大，可以在设计生产能力的±25%范围内调节流量，对产品粒度的影响并不大，但离心式喷雾器的机械加工要求严，制造费高，雾滴较粗，喷距(喷滴飞行的径向距离)较大，因此干燥器的直径也相应地比采用另两种喷雾器时大。

喷雾室有塔式和箱式2种，以塔式应用最为广泛。

物料与气流在干燥器中的流向分为并流、逆流和混合流3种。每种流向又可分为直线流动和螺旋流动。对于易黏壁的物料,宜采用直线流的并流,液滴随高速气流直行下降,这样可减少液滴流向器壁的机会。缺点是雾滴在干燥器中的停留时间较短。螺旋流动时物料在器内的停留时间较长,但由于离心力的作用,粒子被甩向器壁,因而使物料黏壁的机会增多。逆流时物料在器内的停留时间也较长,宜于干燥较大颗粒或较难干燥的物料,但不宜于干燥热敏性物料,且逆流时废气是由器顶逸出的,为了减少还未干燥的雾滴被气流带走的现象,气体速度不宜过高,因此对一定的生产能力而言,干燥器直径较大。

喷雾干燥器有以下特点。

①物料干燥时间短,一般为几秒到几十秒钟,因此特别适用于干燥热敏性物料。

②改变操作条件即可控制或调节产品指标,例如调节颗粒直径、粒度分布、物料最终湿含量等。

③根据工艺需要,可将产品制成粉末状或空心球体。

④流程较采用其他干燥器要短,这是因为可以省去一般操作需要在干燥前进行蒸发、结晶、过滤等过程及在干燥后需要进行粉碎与筛分等过程。采用喷雾干燥时,在干燥器内可以直接将溶液干燥成粉末状产品,不仅缩短了工艺流程,而且容易实现机械化、连续化、自动化,此外还可减轻劳动强度,改善劳动条件。

⑤经常发生黏壁现象,影响产品质量,目前尚无成熟方法解决。

⑥喷雾干燥器的体积传热系数较小,对于不能用高温载热体干燥的物料,所需的设备就显得庞大。

⑦对气体的分离要求较高,对于微小粉末状产品应选择可靠的气—固分离装置,以避免产品的损失及污染周围环境。

在染料工业中,近年来常采用喷雾干燥器干燥士林蓝及士林黄染料,获得了十分满意的效果。

6. 滚筒干燥器

滚筒干燥器是间接加热的连续干燥器,它适用于溶液、悬浮液、胶体溶液等流动性物料的干燥。

图5-27所示为中央进料的双滚筒干燥器,其结构较两个单滚筒干燥器紧凑而所需的功率相近。两滚筒的旋转方向相反,部分表面浸在料槽中,从料槽中转出来的那部分表面沾上了厚度为0.3~5 mm的薄层料浆。加热蒸汽通入滚筒内部,通过筒壁的热传导,使物料中的水分蒸发,水汽与夹带的粉尘由滚筒上方的排气罩排出。滚筒转动一周,物料即被干燥,被滚筒壁上的刮刀刮下,经螺旋输送器送出。对易沉淀的料浆也可将原料向两滚筒间的缝隙处洒下,如图5-27所示。这一类型的干燥器是以传导方式传热的,湿物料中的水分先被加热到沸点,干料则被加热到接近于滚筒表面的温度。

滚筒直径一般为0.5~1.0 m、长度为1~3 m、转速为1~3 r/min。处理物料的含水量为10%~80%。滚筒干燥器热效率高(热效率为70%~80%),动力消耗小(为0.02~0.05 kW/kg水),干燥强度大(30~70 kg水/(h·m^2)),物料停留时间短(5~30 s),操作简单。但滚筒干燥器结构复杂,传热面积小(一般不超过12 m^2),干燥产品含水量较高(一般为3%~10%)。

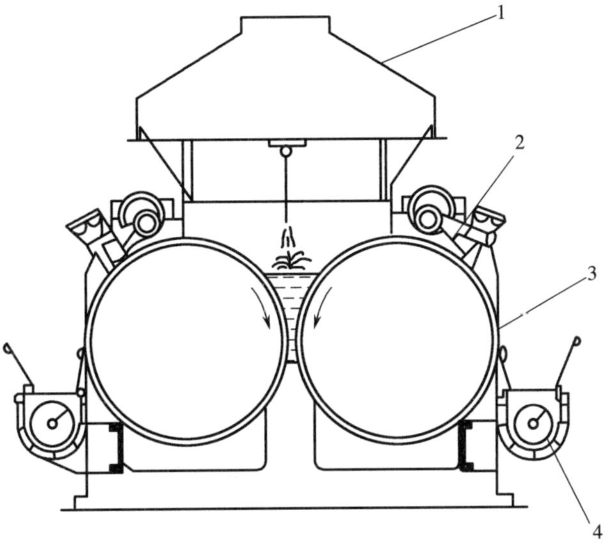

图 5-27 中央进料的双滚筒干燥器

1—排气罩 2—刮刀 3—蒸汽加热滚筒 4—螺旋输送器

滚筒干燥器与喷雾干燥器相比，具有动力消耗低、投资少、维修费用省、干燥时间和干燥温度容易调节（可改变滚筒转速和加热蒸汽压力）等优点，但是在生产能力、劳动强度和条件等方面则不如喷雾干燥器。若能考虑转筒干燥器的密封而改用真空操作，则能改善操作条件。

7. 干燥器的选型及发展方向

1）干燥器的选型

在选择干燥器时，首先应根据湿物料的形状、特性、处理量、处理方式及可选用的热源等选出适宜的干燥器类型。通常，干燥器选型应考虑以下各项因素。

（1）被干燥物料的性质 如热敏性、黏附性、颗粒的大小形状、磨损性以及腐蚀性、毒性、可燃性等物理化学性质。

（2）对干燥产品的要求 干燥产品的含水量、形状、粒度分布、粉碎程度等。如干燥食品时，产品的几何形状、粉碎程度均对成品的质量及价格有直接的影响。干燥脆性物料时应特别注意成品的粉碎与粉化。

（3）物料的干燥速率曲线与临界含水量 确定干燥时间时，应先由实验作出干燥速率曲线，确定临界含水量 X_c。物料与介质的接触状态、物料尺寸与几何形状对干燥速率曲线的影响很大。例如，物料粉碎后再进行干燥时，除了干燥面积增大外，一般临界含水量 X_c 值也降低，有利于干燥。因此，在不可能用与设计类型相同的干燥器进行实验时，应尽可能用其他干燥器模拟设计时的湿物料状态，进行干燥速率曲线的实验，并确定临界含水量 X_c 值。

（4）回收问题 固体粉粒的回收及溶剂的回收。

（5）干燥热源 可利用热源的选择及能量的综合利用。

（6）干燥器的占地面积、排放物及噪声 这些方面均应满足环保要求。

表5-3列出了主要干燥器的选择，供选型时参考。

表5-3 主要干燥器的选择

湿物料的状态	物料的实例	处理量	适用的干燥器
液体或泥浆状	洗涤剂、树脂溶液、盐溶液、牛奶等	大批量	喷雾干燥器
		小批量	滚筒干燥器
泥糊状	染料、颜料、硅胶、淀粉、黏土、碳酸钙等的滤饼或沉淀物	大批量	气流干燥器 带式干燥器
		小批量	真空转筒干燥器
粒状 (0.01～20 μm)	聚氯乙烯等合成树脂、合成肥料、磷肥、活性炭	大批量	气流干燥器 转筒干燥器 沸腾床干燥器
		小批量	转筒干燥器 厢式干燥器
块状 (20～100 mm)	煤、焦炭、矿石等	大批量	转筒干燥器
		小批量	厢式干燥器
片状	烟叶、薯片	大批量	带式干燥器 转筒干燥器
		小批量	穿流式干燥器
短纤维	醋酸纤维、硝酸纤维	大批量	带式干燥器
		小批量	穿流式干燥器
一定大小的物料或制品	陶瓷器、胶合板、皮革等	大批量	隧道干燥器
		小批量	高频干燥器

2）干燥器的发展方向

目前，我国干燥设备的类型已基本齐全，今后对干燥器的研究应从两个方面着手：一方面应继续开发干燥器的类型和品种，采用新结构和新能源；另一方面，对现有的干燥器加以改造，以提高其性能。

对干燥设备的研发应注重以下两方面。

（1）干燥设备应更加专业化、大型化和自动化　这样才能满足大规模生产的需要，使干燥器能够更加高效地运行。在保证产品质量和产量的前提下，使操作更加安全，操作费用更低。

（2）强调节能减排，注重强化干燥过程，减少环境污染　改善设备内物料的流动状况，改进附属装置，开发低能耗干燥器和更有效地综合利用能量。采用封闭循环操作，既能有效节能，又能防止有毒有害气体、粉尘和噪声对环境的污染。

5.4.2 干燥器的设计

干燥器的设计计算仍然采用物料衡算、热量衡算、速率关系和平衡关系4个基本方程。但干燥过程的机理比较复杂，是传热和传质并存的操作，且处理的是固体物料；干燥操作中

的对流传热系数 α 及传质系数 k 均随干燥器的类型、物料性质及操作条件而异，目前还没有通用的求算 α 和 k 的关联式，因此干燥器的设计仍根据经验或半经验方法进行。各种干燥器的设计方法差别很大，但设计的基本原则是，物料在干燥器内的停留时间必须等于或稍大于所需的干燥时间。

1. 干燥操作条件的确定

干燥器操作条件的确定与许多因素（干燥器的类型、物料的特性及干燥过程的工艺要求等）有关，而且各种操作条件（干燥介质的温度和湿度等）之间又是相互制约的，应予以综合考虑。有利于强化干燥过程的最佳操作条件，通常由实验测定。下面介绍一般的选择原则。

1）干燥介质的选择

干燥介质的选择，取决于干燥过程的工艺及可利用的热源。基本的热源有饱和水蒸气、液态或气态的燃料和电能。在对流干燥中，干燥介质可采用空气、惰性气体、烟道气和过热蒸汽。

当干燥操作温度不太高且氧气的存在不影响被干燥物料的性能时，可采用热空气作为干燥介质。对某些易氧化的物料，或从物料中蒸发出易爆的气体时，则宜采用惰性气体作为干燥介质。烟道气适用于高温干燥，但要求被干燥的物料不怕污染，而且不与烟气中的 SO_2 和 CO_2 等气体发生作用。由于烟道气温度高，故可强化干燥过程，缩短干燥时间。此外还应考虑介质的经济性及来源。

2）流动方式的选择

气体和物料在干燥器中的流动方式，一般可分为并流、逆流和错流。

在并流操作中，物料的移动方向与介质的流动方向相同。与逆流操作相比，若气体初始温度相同，并流时物料的出口温度较逆流时低，被物料带走的热量就少。就干燥强度和经济效益而论，并流优于逆流，但并流干燥的推动力沿程逐渐下降，后期很小，使干燥速率降低，因而难于获得含水量低的产品。并流操作适用于：①当物料含水量较高时，允许进行快速干燥而不产生龟裂或焦化的物料；②干燥后期不耐高温，即干燥产品易变色、氧化或分解等的物料。

在逆流操作中，物料移动方向和介质的流动方向相反，整个干燥过程中的干燥推动力较均匀，它适用于：①在物料含水量高时，不允许采用快速干燥的场合；②在干燥后期，可耐高温的物料；③要求获得含水量很低的干燥产品。

在错流操作中，干燥介质与物料间的运动方向相互垂直。各个位置上的物料都与高温、低湿的介质相接触，因此干燥推动力比较大，又可采用较高的气体速度，所以干燥速率很高，它适用于：①物料无论在高或低的含水量时，都可以进行快速干燥，且可耐高温；②因阻力大或干燥器构造的要求不适宜采用并流或逆流操作的场合。

3）干燥介质进入干燥器时的温度

为了强化干燥过程和提高经济效益，干燥介质的进口温度宜保持在物料允许的最高温度范围内，但也应考虑避免物料发生变色、分解等理化变化。对于同一种物料，允许的介质进口温度随干燥器类型不同而异。例如，在厢式干燥器中，由于物料是静止的，因此应选用较低的介质进口温度；在转筒、沸腾床、气流等干燥器中，由于物料不断地翻动，干燥温度比较均匀、干燥速率快、干燥时间短，因此介质进口温度可高些。

4）干燥介质离开干燥器时的相对湿度和温度

提高干燥介质离开干燥器的相对湿度 φ_2，可以减少空气消耗量及传热量，即可降低操作费用；但因 φ_2 增大，也就是介质中水汽的分压增高，干燥过程的平均推动力下降，为了保持相同的干燥能力，就需增大干燥器的尺寸，即加大了投资费用。所以，最适宜的 φ_2 值应通过经济衡算来决定。

对于同一种物料，若所选的干燥器的类型不同，适宜的 φ_2 值也不相同。例如，对气流干燥器，由于物料在器内的停留时间很短，就要求有较大的推动力以提高干燥速率，因此一般离开干燥器的气体中，水蒸气分压需低于出口物料表面水蒸气分压的50%；对转筒干燥器，出口气体中水蒸气分压一般为物料表面水蒸气分压的50% ~80%。对于某些干燥器，要求保证一定的空气速度，因此应考虑气量和 φ_2 的关系，即为了满足较大气速的要求，可使用较多的空气量而减小 φ_2 值。

干燥介质离开干燥器的温度 t_2 与 φ_2 应同时考虑。若 t_2 较高，废气带走的热量会较多，使干燥系统的热效率降低。若 t_2 降低，而 φ_2 又较高，此时湿空气可能会在干燥器后面的设备和管路中析出水滴，因此破坏了干燥的正常操作。对气流干燥器，一般要求 t_2 较物料出口温度高 10 ~30 ℃，或 t_2 较入口气体的绝热饱和温度高 20 ~50 ℃。

5）物料离开干燥器时的温度

在连续逆流的干燥设备中，气体和物料间的温度变化如图 5-14 所示。若干燥为等焓过程，则在干燥第一阶段中，物料表面的温度等于与它相接触的气体湿球温度；在干燥第二阶段中，物料温度不断升高，此时气体传给物料的热量一部分用于蒸发物料中的水分，一部分则用于加热物料，使其升温。

物料出口温度 θ_2 与很多因素有关，但主要取决于物料的临界含水量 X_c 值及干燥第二阶段的传质系数。X_c 值愈低，物料出口温度 θ_2 愈低；传质系数愈高，θ_2 也愈低。目前还没有计算 θ_2 的理论公式。有时按物料允许的最高温度估计，即

$$\theta_2 = \theta_{max} - (5 \sim 10) \tag{5-45}$$

式中 θ_2——物料离开干燥器时的温度，℃；

θ_{max}——物料允许的最高温度，℃。

显然，这种估算方法仅考虑了物料的允许温度，并未考虑降速干燥阶段中干燥的特点，因此误差必然很大。

对气流干燥器，当 $X_c < 0.05$ kg/kg 绝干料时，可按下式计算物料出口温度：

$$\frac{t_2 - \theta_2}{t_2 - t_{w2}} = \frac{r_{t_{w2}}(X_2 - X^*) - c_s(t_2 - t_{w2})\left(\dfrac{X_2 - X^*}{X_c - X^*}\right)^{\frac{r_{t_{w2}}(X_c - X^*)}{c_s(t_2 - t_{w2})}}}{r_{t_{w2}}(X_c - X^*) - c_s(t_2 - t_{w2})} \tag{5-46}$$

式中 t_{w2}——空气在出口状态下的湿球温度，℃；

$r_{t_{w2}}$——在 t_{w2} 温度下水的汽化热，kJ/kg；

$X_c - X^*$——临界点处物料的自由水分，kg/kg 绝干料；

$X_2 - X^*$——物料离开干燥器时的自由水分，kg/kg 绝干料。

利用式(5-46)求物料出口温度要用试差法。

应指出，上述各操作参数往往是互相联系的，不能任意确定。通常物料进出口的含水量 X_1、X_2 及进口温度 θ_1 是由工艺条件规定的，空气进口湿度 H_1 由大气状态决定。若物料的出口温度 θ_2 确定后，剩下的变量有绝干空气流量 L、空气进出干燥器的温度 t_1 与 t_2 和出口湿度 H_2（或相对湿度 φ_2）。此 4 个变量只能规定 2 个，其余 2 个由物料衡算及热量衡算确定。至于选择哪 2 个为自变量需视具体情况而定。在计算过程中，可以调整有关的变量，以满足前述各种要求。

从前面的介绍可以看出，不同物料、不同操作条件、不同类型的干燥器中气、固两相的接触方式差别很大，对流传热系数 α 和传质系数 k 都不相同，因此各类干燥器设计方法也不相同。下面以气流干燥器为例介绍干燥器的简化设计方法，其他干燥器的设计方法可参阅有关设计手册。

2. 气流干燥器的简化设计

气流干燥器的主要设计项目是设计干燥管的直径和高度。

1）干燥管的直径

干燥管的直径用流量公式计算，即

$$\frac{\pi}{4}D^2 u_g = V_s = Lv_H$$

或
$$D = \sqrt{\frac{L\,v_H}{\frac{\pi}{4}u_g}} \tag{5-47}$$

式中 D——干燥管的直径，m；

V_s——湿空气的体积流量，m^3/s；

v_H——湿空气的比体积，m^3/kg 绝干气；

u_g——湿空气通过干燥管的速度，m/s。

空气在干燥管内的速度应大于颗粒在管内的沉降速度。前已述及，颗粒在气流干燥器内的运动分为加速和恒速两个阶段。在加速段中，气体与颗粒间的相对速度较大，使传热系数增大，强化了传热过程，并缩短了干燥时间，从而减小了干燥管的高度。在恒速段中，对流传热系数与气流的相对速度无关，此时只要气体能将颗粒带走即可，若采用过高的气速，于传热无利反而使干燥管加长。一般用下述方法估算 u_g。

①当物料的临界含水量 X_c 不高或最终含水量 X_2 不太低，即物料易于干燥时，取 $u_g = 10 \sim 25$ m/s。

②选出口气速为最大颗粒沉降速度 u_0 的 2 倍，或比 u_0 大 3 m/s 左右。

③当物料临界含水量 X_c 较高且最终含水量 X_2 很低，即物料难于干燥时，取加速段的气速为 20 ~ 40 m/s，恒速段的气速仍比 u_0 大 3 m/s 左右。

颗粒沉降速度 u_0 可按本教材(上册)第3章中介绍的方法求算。

2)干燥管的高度

干燥管的高度按下式计算:

$$Z=\tau(u_g-u_0) \tag{5-48}$$

式中 Z——气流干燥器的干燥管高度,m;

τ——颗粒在气流干燥器内的停留时间,即干燥时间,s。

有时干燥时间的计算也可采用简化计算方法,即按气体和物料间的传热要求计算。

由传热速率公式知:

$$Q=\alpha S\Delta t_m=\alpha(S_p\tau)\Delta t_m$$

即
$$\tau=\frac{Q}{\alpha S_p\Delta t_m} \tag{5-49}$$

式中 Q——传热速率,kW;

α——对流传热系数,kW/(m^2·℃);

S——干燥表面积,m^2;

S_p——每秒钟颗粒提供的干燥面积,m^2/s;

Δt_m——平均温度差,℃;

τ——干燥时间,s。

下面计算式(5-49)中的各项。

(1)S_p 若颗粒为球形,则 S_p 的计算式为

$$S_p=n''\pi d_{pm}^2$$

式中 n''——每秒钟通过干燥器的颗粒数。

对球形颗粒,上式简化为

$$S_p=\frac{6G}{d_{pm}\rho_s} \tag{5-50}$$

式中 G——绝干物料的流量,kg 绝干料/s;

其他符号与意义同前。

(2)Q 若将预热段并入干燥第一阶段,且干燥操作为等焓过程,则该段的传热速率为

$$Q_{\mathrm{I}}=G[(X_1-X_c)r_{t_{w1}}+(c_s+c_wX_1)(t_{w1}-\theta_1)] \tag{5-51}$$

式中 t_{w1}——空气初始状态下的湿球温度,℃;

$r_{t_{w1}}$——温度为 t_{w1} 时水的汽化热,kJ/kg。

干燥第二阶段的传热速率为

$$Q_{\mathrm{II}}=G[(X_c-X_2)r_{t_m}+(c_s+c_wX_2)(\theta_2-t_{w1})] \tag{5-52}$$

式中 r_{t_m}——干燥第二阶段中物料平均温度($(t_{w1}+\theta_2)/2$)下水的汽化热,kJ/kg。

总传热速率为

$$Q=Q_{\mathrm{I}}+Q_{\mathrm{II}} \tag{5-53}$$

(3) Δt_m

①若 $X_2 > X_c$，即干燥只有第一阶段时，物料出口温度 θ_2 等于出口气体状态的湿球温度 t_{w2}，相应的平均温度差为

$$\Delta t_m = \frac{(t_1 - \theta_1) - (t_2 - t_{w2})}{\ln \dfrac{t_1 - \theta_1}{t_2 - t_{w2}}} \tag{5-54}$$

②若 $X_2 > X_c$ 且干燥操作为等焓过程，此时物料出口温度为气体初始状态的湿球温度 t_{w1}，相应的平均温度差为

$$\Delta t_m = \frac{(t_1 - \theta_1) - (t_2 - t_{w1})}{\ln \dfrac{t_1 - \theta_1}{t_2 - t_{w1}}} \tag{5-55}$$

③若干燥过程中存在两个干燥阶段，这时平均温度差的计算式为

$$\Delta t_m = \frac{(t_1 - \theta_1) - (t_2 - \theta_2)}{\ln \dfrac{t_1 - \theta_1}{t_2 - \theta_2}} \tag{5-56}$$

(4) α　对水蒸气—空气系统，α 可用前述的式(5-41)计算。

【例 5-14】 试设计一气流干燥器以干燥某种颗粒状物料，下面为基本数据。

①每小时干燥 180 kg 初始湿物料。

②进干燥器的温度 $t_1 = 90$ ℃、湿度 $H_1 = 0.007\ 5$ kg/kg 绝干气，离开时的温度 $t_2 = 65$ ℃。

③物料的初始含水量 $X_1 = 0.2$ kg/kg 绝干料，终了时的含水量 $X_2 = 0.002$ kg/kg 绝干料。物料进干燥器时温度 $\theta_1 = 15$ ℃。颗粒密度 $\rho_s = 1\ 544$ kg/m^3，绝干物料比热容 $c_s = 1.26$ kJ/(kg 绝干料·℃)，临界湿含量 $X_c = 0.014\ 55$ kg/kg 绝干料，平衡湿含量 $X^* = 0$。颗粒可视为表面光滑的球体，平均粒径 $d_{pm} = 0.23 \times 10^{-3}$ m。

没有向干燥器补充热量，且热损失可以忽略不计。试算：(1) 物料离开干燥器的温度 θ_2；(2) 干燥管的直径 D；(3) 干燥管的高度 h。

解：(1) 物料离开干燥器的温度 θ_2

由题给数据知 $X_c < 0.05$ kg/kg 绝干料，用式(5-46)求 θ_2，即

$$\frac{t_2 - \theta_2}{t_2 - t_{w2}} = \frac{r_{t_{w2}}(X_2 - X^*) - c_s(t_2 - t_{w2})\left(\dfrac{X_2 - X^*}{X_c - X^*}\right)^{\frac{r_{t_{w2}}(X_c - X^*)}{c_s(t_2 - t_{w2})}}}{r_{t_{w2}}(X_c - X^*) - c_s(t_2 - t_{w2})}$$

应用上式计算 θ_2 要采用试差法。

绝干物料流量

$$G = \frac{G_1}{1 + X_1} = \frac{180}{1 + 0.2} = 150\ \text{kg/h} = 0.041\ 67\ \text{kg/s}$$

水分蒸发量

$$W = G(X_1 - X_2) = 0.041\ 67 \times (0.2 - 0.002) = 0.008\ 25\ \text{kg/s}$$

先利用物料衡算及热量衡算方程求解空气离开干燥器时的湿度 H_2。

围绕干燥器作物料衡算，得

$$L(H_2-H_1)=G(X_1-X_2)=W=0.008\ 25\ \text{kg/s}$$

或
$$L=\frac{0.008\ 25}{H_2-0.007\ 5} \tag{a}$$

再围绕干燥器作热量衡算，得

$$LI_1+GI_1'=LI_2+GI_2'$$

其中
$$I_1=(1.01+1.88H_1)t_1+2\ 490H_1$$
$$=(1.01+1.88\times0.007\ 5)\times90+2\ 490\times0.007\ 5=110.8\ \text{kg/kg 绝干料}$$
$$I_2=(1.01+1.88H_2)\times65+2\ 490H_2=65.65+2\ 612.2H_2$$

设 $\theta_2=49$ ℃，则

$$I_1'=c_s\theta_1+c_wX_1\theta_1=1.26\times15+4.187\times0.2\times15=31.46\ \text{kJ/kg 绝干料}$$
$$I_2'=1.26\times49+4.187\times0.002\times49=62.15\ \text{kJ/kg 绝干料}$$

所以
$$110.8L+0.041\ 7\times31.46=(65.65+2\ 612.2H_2)L+0.041\ 7\times62.15 \tag{b}$$

联立式(a)及式(b)，解得

$$H_2=0.016\ 74\ \text{kg/kg 绝干料}$$
$$L=0.893\ 2\ \text{kg 绝干气/s}$$

根据 $t_2=65$ ℃、$H_2=0.016\ 74$ kg/kg 绝干气，由图5-3查得 $t_{w2}\approx31$℃，由本教材(上册)附录7查得相应的 $r_{t_{w2}}=2\ 421$ kJ/kg。

将以上诸值代入式(5-46)以核算所假设的温度 θ_2，即

$$\frac{65-\theta_2}{65-31}=\frac{2\ 421\times0.002-1.26\times(65-31)\times\left(\frac{0.002}{0.014\ 55}\right)^{\frac{2\ 421\times0.014\ 55}{1.26\times(65-31)}}}{2\ 421\times0.014\ 55-1.26\times(65-31)}$$

解得 $\theta_2=49.2$ ℃

所以假设 $\theta_2=49$ ℃是正确的。

(2)干燥管的直径 D

用式(5-47)计算干燥管的直径 D，即

$$D=\sqrt{\frac{Lv_H}{\frac{\pi}{4}u_g}}$$

其中
$$v_H=(0.772+1.244H_1)\times\frac{273+t_1}{273}$$
$$=(0.772+1.244\times0.007\ 5)\times\frac{273+90}{273}=1.04\ \text{m}^3/\text{kg 绝干气}$$

取空气进入干燥管的速度 $u_g=10$ m/s，故

$$D=\sqrt{\frac{0.893\ 2\times1.04}{\frac{\pi}{4}\times10}}=0.344\ \text{m}$$

(3) 干燥管的高度 h

用式(5-48)计算干燥管的高度，即

$$Z=\tau(u_g-u_0)$$

①计算 u_0。设 $Re_0=2\sim500$，则相应的 $\zeta=18.5/Re_0^{0.6}$，将 ζ 值代入本教材(上册)式(3-8)，整理得

$$u_0=\left[\frac{4(\rho_s-\rho)gd_{pm}^{1.6}}{55.5\rho\,\nu_g^{0.6}}\right]^{1/1.4}$$

空气的物性粗略地按绝干空气且取进出干燥器的平均温度 t_m 求算，即

$$t_m=\frac{1}{2}\times(65+90)=77.5\ ℃$$

查得77.5 ℃时绝干空气的物性为

$$\lambda_g=3.03\times10^{-5}\ \mathrm{kW/(m\cdot ℃)}\qquad \rho_g=1.007\ \mathrm{kg/m^3}$$

$$\mu=2.1\times10^{-5}\ \mathrm{Pa\cdot s}\qquad \nu_g=\frac{\mu}{\rho_g}=\frac{2.1\times10^{-5}}{1.007}=2.085\times10^{-5}\ \mathrm{m^2/s}$$

$$u_0=\left[\frac{4\times(1\,544-1.007)\times9.81\times(0.23\times10^{-3})^{1.6}}{55.5\times1.007\times(2.085\times10^{-5})^{0.6}}\right]^{1/1.4}=1.04\ \mathrm{m/s}$$

核算 Re_0，即

$$Re_0=\frac{d_{pm}u_0}{\nu_g}=\frac{0.23\times10^{-3}\times1.04}{2.085\times10^{-5}}=11.5$$

即假设 Re_0 值在 2 ~500 范围内是正确的，相应 $u_0=1.04$ m/s 也是正确的。

②计算 u_g。前面取空气进干燥器的速度为 10 m/s，相应温度 $t_1=90$ ℃，现校核为平均温度$\left(t_m=\frac{1}{2}\times(90+65)=77.5\ ℃\right)$下的速度，即

$$u_g=\frac{10\times(273+77.5)}{273+90}=9.66\ \mathrm{m/s}$$

③计算 τ。用式(5-49)计算

$$\tau=\frac{Q}{\alpha S_p\Delta t_m}$$

(a)求 S_p：用式(5-50)计算 S_p，即

$$S_p=\frac{6G}{d_{pm}\rho_s}=\frac{6\times0.041\,7}{0.23\times10^{-3}\times1\,544}=0.705\ \mathrm{m^2/s}$$

(b)求 Q：$Q=Q_{\mathrm{I}}+Q_{\mathrm{II}}$，所以先按式(5-51)求 Q_{I}，即

$$Q_{\mathrm{I}}=G[(X_1-X_c)r_{t_{w1}}+(c_s+c_wX_1)(t_{w1}-\theta_1)]$$

根据 $t_1=90$ ℃、$H_1=0.007\,5$ kg/kg 绝干气，由图 5-3 查出湿球温度 $t_{w1}=32$ ℃，相应水的汽化热 $r_{t_{w1}}=2\,419.2$ kJ/kg，故

$$Q_{\mathrm{I}}=0.041\,7\times[(0.2-0.014\,55)\times2\,419.2+(1.26+4.187\times0.2)\times(32-15)]$$
$$=20.2\ \mathrm{kW}$$

按式(5-52)求 Q_{II}，即

$$Q_{\mathrm{II}} = G[(X_c - X_2)r_{t_m} + (c_s + c_w X_2)(\theta_2 - t_{w1})]$$

第二阶段物料平均温度 $t_m = (49+32)/2 = 40.5$ ℃，相应水的汽化热 $r_{t_m} = 2\ 400$ kJ/kg，所以

$$Q_{\mathrm{II}} = 0.041\ 7 \times [(0.014\ 55 - 0.002) \times 2\ 400 + (1.26 + 4.187 \times 0.002) \times (49 - 32)]$$

$$= 2.16 \text{ kW}$$

$$Q = 20.2 + 2.16 = 22.36 \text{ kW}$$

(c)求 Δt_m：本例干燥操作包括两个阶段，故按式(5-56)计算

$$\Delta t_m = \frac{(t_1 - \theta_1) - (t_2 - \theta_2)}{\ln \dfrac{t_1 - \theta_1}{t_2 - \theta_2}} = \frac{(90-15)-(65-49)}{\ln \dfrac{90-15}{65-49}} = 38.2 \text{ ℃}$$

(d)求 α：按式(5-41)求 α。因已算出 $Re_0 = 11.5$，故

$$\alpha = (2 + 0.54 Re_0^{1/2}) \frac{\lambda_g}{d_{pm}} = (2 + 0.54 \times 11.5^{1/2}) \times \frac{3.03 \times 10^{-5}}{0.23 \times 10^{-3}}$$

$$= 0.505 \text{ kW/(m}^2 \cdot \text{℃)}$$

所以
$$\tau = \frac{22.36}{0.505 \times 0.705 \times 38.2} = 1.64 \text{ s}$$

$$Z = \tau(u_g - u_0) = 1.64 \times (9.66 - 1.04) = 14.1 \text{ m}$$

习题

综合性练习题解析

1. 已知湿空气的总压力为 50 kPa，温度为 60 ℃，相对湿度为 40%，试求：(1)湿空气中水汽的分压；(2)湿度；(3)湿空气的密度。〔答：(1)$p = 7.97$ kPa；(2)$H = 0.118$ kg/kg 绝干气，$\rho_H = 0.493$ kg/m³ 湿空气〕

2. 在总压为 101.33 kPa 下，已知湿空气的某些参数，利用湿空气的 H-I 图查出本题附表中空格内的数值，并给出序号 4 中各数值的求解过程示意图。

习题 2 附表

序号	干球温度/℃	湿球温度/℃	湿度/(kg/kg 绝干气)	相对湿度/%	焓/(kJ/kg 绝干气)	水汽分压/kPa	露点/℃
1	60	35					
2	40						25
3	20			75			
4	30					4	

〔答：略〕

3. 干球温度为 20 ℃、湿度为 0.009 kg/kg 绝干气的湿空气通过预热器加热到 50 ℃后，再送至常压干燥器中，离开干燥器时空气的相对湿度为 80%，若空气在干燥器中经历等焓干燥过程，试求：

(1)1 m^3 原湿空气在预热过程中焓的变化;(2)1 m^3 原湿空气在干燥器中获得的水分量。〔答:(1)$\Delta I/v_H = 36.9$ kJ/m^3 湿空气;(2)0.010 7 kg/m^3 湿空气〕

4. 将 $t_0 = 25$ ℃、$\varphi_0 = 50\%$ 的常压新鲜空气与由干燥器排出的 $t_2 = 50$ ℃、$\varphi_2 = 80\%$ 的常压废气混合,两者中绝干气的质量比为 1:3。试求:(1)混合气体的湿度和焓;(2)现需将此混合湿空气的相对湿度降至 10% 后用于干燥湿物料,应将空气的温度升至多少度?〔答:(1)$H_m = 0.052\ 9$ kg/kg 绝干气,$I_m = 180.7$ kJ/kg 绝干气;(2)$t = 93.1$ ℃〕

5. 常压下以温度为 20 ℃、湿度为 0.01 kg/kg 绝干气的新鲜空气为介质,干燥某种湿物料,空气在预热器中被加热升温至 100 ℃后送入干燥器,离开干燥器时废气的温度为 50 ℃。每小时有 1 000 kg、湿基含水量为 0.08 的湿物料送入干燥器,物料离开干燥器时,湿基含水量降到 0.02。若干燥器为理想干燥器,试求:(1)水分蒸发量;(2)废气的湿度;(3)新鲜空气消耗量;(4)预热器的加热量;(5)干燥系统的热效率。〔答:(1)61.2 kg/h;(2)0.029 91 kg/kg 绝干气;(3)3 106 kg/h;(4)70.30 kW;(5)62.5%〕

6. 在常压下以温度为 20 ℃、湿度为 0.002 kg/kg 绝干气的新鲜空气为干燥介质干燥某固体湿物料。空气在预热器中被加热后送入干燥器,离开干燥器时的温度为 40 ℃,相对湿度为 60%。进干燥器的湿物料量为 0.2 kg/s,温度为 20 ℃,湿基含水量为 20%,干燥后产品的湿基含水量为 4%,离开干燥器物料的温度为 55 ℃,湿物料的平均比热容为 3.5 kJ/(kg 绝干料·℃),水的比热容为 4.187 kJ/(kg·℃),40 ℃水的饱和蒸气压为 7.38 kPa,干燥器不补充热量,干燥过程的热损失为 5 kW。试求:(1)绝干空气消耗量;(2)预热器的加热量;(3)干燥系统的热效率。〔答:(1)1.26kg/s;(2)135.7kW;(3)60.9%〕

7. 干球温度 $t_0 = 26$ ℃、湿球温度 $t_{w0} = 23$ ℃的新鲜空气,预热到 $t_1 = 95$ ℃后送至连续逆流干燥器内,离开干燥器时温度 $t_2 = 43$ ℃。湿物料初始状态为:温度 $\theta_1 = 25$ ℃、含水量 $w_1 = 1.5\%$。终了时状态为:温度 $\theta_2 = 34.5$ ℃、含水量 $w_2 = 0.2\%$。每小时有 9 200 kg 湿物料加入干燥器内。绝干物料的比热容 $c_s = 1.84$ kJ/(kg 绝干料·℃)。干燥器内无输送装置,热损失为 5 kW。试求:(1)单位时间内获得的产品质量;(2)单位时间内消耗的新鲜空气质量;(3)干燥器的热效率。〔答:(1)$G_2 = 9\ 080$ kg 干燥产品/h;(2)$L_0 = 8\ 896$ kg 新鲜空气/h;(3)$\eta = 47.0\%$〕

8. 采用如本题附图所示的废气循环系统干燥湿物料,预热器将空气加热至 100 ℃进入干燥器,废气温度为 50 ℃。其他已知数据如本题附图所示。假设系统热损失可忽略,干燥操作为等焓干燥过程,试求:(1)新鲜空气的消耗量;(2)预热器的加热量;(3)干燥系统的热效率。〔答:(1)1 497 kg/h;(2)56.65 kW;(3)77.6%〕

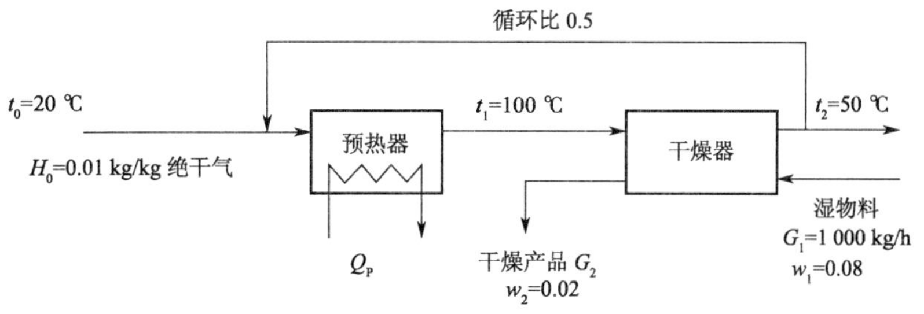

习题 8 附图

9. 在恒定干燥条件下进行间歇干燥实验。已知物料的干燥面积为0.2 m^2，绝干物料质量为15 kg。测得的实验数据列于本题附表中。试标绘干燥速率曲线，并求临界含水量 X_c 及平衡含水量 X^*。

习题9附表

时间 τ/h	0	0.2	0.4	0.6	0.8	1.0	1.2	1.4
物料质量/kg	44.1	37.0	30.0	24.0	19.0	17.5	17.0	17.0

〔答：$X_c \approx 1.24$ kg/kg 绝干料，$X^* \approx 0.13$ kg/kg 绝干料〕

10. 在恒定干燥条件下，某湿物料经过5.5 h干燥后，含水量由 $X_1 = 0.35$ kg/kg 绝干料降至 $X_2 = 0.1$ kg/kg 绝干料。若在相同条件下，要求将物料含水量由 $X_1 = 0.35$ kg/kg 绝干料降至 $X_2' = 0.05$ kg/kg 绝干料。试求新情况下的干燥时间。物料的临界含水量 $X_c = 0.15$ kg/kg 绝干料、平衡含水量 $X^* = 0.04$ kg/kg 绝干料。假设在降速干燥阶段中干燥速率与物料的自由含水量 $(X - X^*)$ 成正比。〔答：$\tau = 9.57$ h〕

11. 对10 kg某湿物料在恒定干燥条件下进行间歇干燥，物料平铺在0.8 m×1 m的浅盘中，常压空气以2 m/s的速度垂直穿过物料层。空气的参数为 $t = 75$ ℃、$H = 0.018$ kg/kg 绝干气，物料的初始含水量为 $X_1 = 0.25$ kg/kg 绝干料。此干燥条件下物料的 $X_c = 0.1$ kg/kg 绝干料、$X^* = 0$。假设降速段干燥速率与物料含水量呈线性关系。试求：(1)将物料干燥至含水量为0.02 kg/kg 绝干料所需的总干燥时间；(2)空气的 t、H 不变，而流速加倍，此时将物料由含水量0.25 kg/kg 绝干料干燥至0.02 kg/kg 绝干料需1.4 h，求此干燥条件下的 X'_c。〔答：(1)$\tau = 1.625$ h；(2)$X'_c = 0.12$ kg/kg 绝干料〕

12. 在常压间歇操作的厢式干燥器内干燥某种湿物料。每批操作处理湿基含水量为15%的湿物料500 kg，物料提供的总干燥面积为40 m^2。经历4 h后干燥产品中的含水量可达到要求。操作属于恒定干燥过程。由实验测得物料的临界含水量及平衡含水量分别为0.11 kg/kg 绝干料及0.002 kg/kg 绝干料。临界点的干燥速率为1 kg/(m^2·h)，降速阶段干燥速率曲线为直线。每批操作装卸物料时间为10 min，求此干燥器的生产能力，以每昼夜(24 h)获得的干燥产品质量计。〔答：2 468 kg 干燥产品/昼夜〕

13*. 在一常压逆流转筒干燥器中，干燥某种晶状物料。温度 $t_0 = 25$ ℃、相对湿度 $\varphi_0 = 55\%$ 的新鲜空气经过预热器升温至 $t_1 = 85$ ℃后送入干燥器中，离开干燥器时温度 $t_2 = 30$ ℃。湿物料初始温度 $\theta_1 = 24$ ℃、湿基含水量 $w_1 = 0.037$，干燥完毕后温度升到 $\theta_2 = 60$ ℃、湿基含水量降为 $w_2 = 0.002$。干燥产品流量 $G_2 = 1\ 000$ kg/h。绝干物料比热容 $c_s = 1.507$ kJ/(kg 绝干料·℃)。转筒干燥器的直径 $D = 1.3$ m，长度 $Z = 7$ m。干燥器外壁向空气的对流—辐射传热系数为35 kJ/(m^2·h·℃)。试求绝干空气流量和预热器中加热蒸汽消耗量。加热蒸汽的绝对压力为180 kPa。〔答：$L = 3\ 103$ kg 绝干气/h，加热蒸汽消耗量 = 86.6 kg/h〕

14*. 在常压并流操作的干燥器中，用热空气将某种物料由初始含水量 $X_1 = 1$ kg/kg 绝干料干燥到最终含水量 $X_2 = 0.1$ kg/kg 绝干料。空气进干燥器的温度为135 ℃、湿度为0.01 kg/kg 绝干气；离开干燥器的温度为60 ℃。空气在干燥器内经历等焓过程。根据实验得出的干燥速率表达式为

干燥第一阶段 $-\frac{dX}{d\tau}=30(H_{s,t_w}-H)$

干燥第二阶段 $-\frac{dX}{d\tau}=1.2X$

式中 $\frac{dX}{d\tau}$——干燥速率，kg/(kg 绝干料·h)。

试计算完成上述干燥任务所需的干燥时间。〔答：$\Sigma\tau=1.925$ h〕

思考题

1. 当湿空气的总压变化时，湿空气 H-I 图上的各线将如何变化？在 t、H 相同的条件下，提高压力对干燥操作是否有利？为什么？

2. 测定湿球温度 t_w 和绝热饱和温度 t_{as} 时，若水的初温不同，对测定的结果是否有影响？为什么？

3. 对于一定的水分蒸发量及空气离开干燥器时的湿度，试问应按夏季还是按冬季的大气条件来选择干燥系统的风机？

4. 如何区别结合水分和非结合水分？

5. 当空气的 t、H 一定时，某物料的平衡湿含量为 X^*，若空气的 H 下降，试问该物料的 X^* 有何变化？

Chapter 6

第6章 结晶和膜分离

本章符号说明

英文字母

c——液体中溶质的浓度，kg 无溶剂溶质/kg 溶剂；

c_p——溶液的比热容，J/(kg·℃)；

F——原料液的量，kg/s 或 kg；

G——结晶产量，kg 或 kg/h；

H——水蒸气的焓，kJ/kg；

L——母液量，kg/s 或 kg；

p——压力，kPa；

Q——由外界加给结晶器的热量，kW 或 kJ；

r_{cr}——结晶热，J/kg；

r_w——溶剂汽化热，J/kg；

S——溶态母液量，kg/s 或 kg；

t——温度，℃；

T——温度，℃或 K；

w——质量分数；

W——水的蒸发量，kg/s 或 kg。

希腊字母

ρ——密度，kg/m^3。

下标

F——原料液；

G——结晶；

L——母液；

s——溶态母液；

W——水。

本章学习指导

在本章的学习中，应重点掌握结晶和膜分离过程的基本原理，结晶的相平衡关系。

掌握结晶和膜分离过程的工艺过程特点、工业应用。

一般了解结晶和膜分离过程的工业方法与典型设备。

通过本章学习，应能够根据结晶、膜分离过程的特点，确定其适用场合。

6.1 结晶

演示文稿

6.1.1 结晶概述

1. 结晶过程的原理和分类

结晶是固体物质以晶体状态从蒸气、溶液或熔融物中析出的过程，是获得高纯度固体物质的基本单元操作。结晶分离纯化的理论是建立在固液平衡关系的基础上的。结晶技术在化工、食品、制药、生物、材料等领域得到广泛应用。在高新技术领域中，结晶分离的重要性与日俱增。例如生物蛋白质的制备、超细晶体的生产、新材料工业中超纯物质的净化都离不开结晶操作。

1）结晶过程的原理

溶质从溶液中结晶出来，要经历两个步骤。首先要产生被称为晶核的微小晶粒作为结晶的核心，这个过程称为成核。然后晶核长大，成为宏观的晶体，这个过程称为晶体成长。无论是成核过程还是晶体成长过程，都必须以浓度差即溶液的过饱和度作为推动力。溶液过饱和度的大小直接影响成核和晶体成长过程的快慢，而这两个过程的快慢又影响着晶体产品的粒度分布，因此，过饱和度是结晶过程中一个极其重要的参数。

溶液在结晶器中结晶出来的晶体和剩余的溶液所构成的混悬物称为晶浆，去除悬浮于其中的晶体后剩下的溶液称为母液。结晶过程中，含有杂质的母液会以表面黏附和晶间包藏的方式夹带在固体产品中。工业上，通常在对晶浆进行固液分离以后，再用适当的溶剂对固体进行洗涤，以尽量除去由于黏附和包藏母液所带来的杂质。

2）结晶过程的分类

结晶过程可分为溶液结晶、熔融结晶、升华结晶和沉淀结晶，结晶与其他分离操作相结合的盐析结晶、萃取结晶、乳化结晶、加合结晶等，结晶与化学反应相结合的反应结晶。其中溶液结晶和熔融结晶是化学工业中最常采用的结晶方法，本节将重点讨论溶液结晶过程。

2. 晶体的特性

1）晶体的性状

晶体是内部结构中的质点元（原子、离子、分子）作三维有序规则排列的固态物质。如果晶体成长环境良好，则可形成有规则的多面体外形，称为结晶多面体，该多面体的表面称为晶面。晶体具有自发地成长为结晶多面体的可能性，即晶体经常以平面作为与周围介质的分界面，这种性质称为晶体的自范性。

晶体中每一宏观质点的物理性质和化学组成以及每一宏观质点的内部晶格都相同，这种特性称为晶体的均匀性。晶体的这个特性保证了工业生产中晶体产品的高纯度。另一方面，晶体的几何特性及物理效应一般说来常随方向的不同而表现出数量上的差异，这种性质称为各向异性。

2）晶体的几何结构

构成晶体的微观质点（分子、原子或离子）在晶体所占有的空间中按三维空间点阵规律排列，各质点间有力的作用，使质点得以维持在固定的平衡位置，彼此之间保持一定距离，晶体的这种空间结构称为晶格。晶体按晶格结构可分为 7 个晶系，即立方晶系（等轴晶系）、四方晶系、六方晶系、立交晶系、单斜晶系、三斜晶系和三方晶系（菱面体晶系）。一种晶体物质可以属于某一种晶系，亦可能是 2 种晶系的过渡体。

通常所说的晶习是指晶体的宏观外部形状。它受结晶条件或所处的物理环境（如温度、压力等）的影响比较大。对于同一种物质，即使基本晶系不变，晶形也可能不同，以六方晶体为例，它可以是短粗形、细长形，或带有六角的薄片状，甚至呈多棱针状。

3）晶体的粒度分布

粒度分布是晶体产品的一个重要的质量指标，它是指不同粒度的晶体质量（或粒子数目）与粒度的分布关系。通常通过筛分法（或粒度仪）测定，一般将筛分结果标绘为筛下（或筛上）累积质量百分数与筛孔尺寸的关系曲线。更简便的方法是以中间粒度和变异系数来描述粒度分布，此处不作详述，应用时可查阅有关专著。

4）结晶水合物与结晶水

如果结晶过程中存在着水合作用，则所得晶体中会含一定数量的水分子，这部分被结合在晶体中的水分子称为结晶水。含有结晶水的晶体称为结晶水合物。结晶水的数量不仅影响晶体的形状，也影响着晶体的其他性质。例如，含有 5 个结晶水的硫酸铜结晶水合物（$CuSO_4 \cdot 5H_2O$）常温下是大颗粒蓝色晶体，将其加热至 240 ℃以上时，其失去全部结晶水变为白色三棱形针状晶体（无水硫酸铜），二者密度相差悬殊。结晶水合物都具有一定的蒸气压。

3. 结晶过程的特点

与其他化工分离单元操作相比，结晶过程具有如下特点。

①能从杂质含量相当高的溶液或多组分的熔融混合物中产生纯净的晶体。对于许多使用其他方法难以分离的混合物系，例如同分异构体混合物、共沸物系、热敏性物系等，采用结晶分离往往更为有效。结晶方法常用于高纯、超纯固体产品的制备。

②能量消耗少，操作温度低，对设备材质要求不高，一般亦很少有“三废”排放，有利于环境保护。

③结晶属于热、质同时传递的过程，还涉及表面反应过程，影响操作的因素复杂多变，与体系的流体力学、粒子力学、固液两相的相互作用都有密切的关系。

④结晶产品包装、运输、贮存或使用都很方便。

6.1.2 结晶过程的固—液相平衡

固—液相平衡关系是结晶方法、结晶设备选择及结晶过程计算的热力学基础。

1. 相平衡与溶解度

任何固体物质与其溶液相接触时，如溶液尚未饱和，则固体溶解，如溶液恰好达到饱和，则固体溶解与析出的量相等，净结果是既无溶解也无析出，此时固体与其溶液已达到相平衡。

固、液相达到相平衡时，单位质量的溶剂所能溶解的固体的质量，称为固体在溶剂中的溶解度。工业上通常采用1（或100）份质量的溶剂中溶解多少质量的无水物溶质来表示溶解度的大小。文献中有时也采用其他方法表示溶解度，可参考图6-1。

溶解度的大小与溶质及溶剂的性质、温度及压力等因素有关。一般情况下，特定溶质在特定溶剂中的溶解度主要随温度而变化。因此，溶解度数据通常用溶解度对温度所标绘的曲线表示，该曲线称为溶解度曲线。图6-1中示出了几种无机物在水中的溶解度曲线。

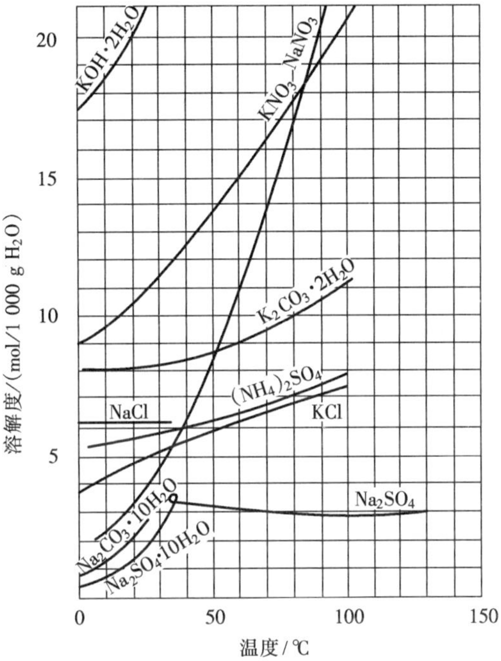

图6-1 几种无机物在水中的溶解度曲线

由图6-1可见，根据溶解度随温度的变化特征，可将物质分为不同的类型。有些物质的溶解度随温度的升高而迅速增大，如 $NaNO_3$、KNO_3 等；有些物质的溶解度随温度升高以中等速度增加，如 KCl、$(NH_4)_2SO_4$ 等；还有一类物质，如 NaCl 等，随温度的升高，溶解度只有微小的增加。上述物质在溶解过程中需要吸收热量，即具有正溶解度特性。另外有一些物质，如 Na_2SO_4 等，其溶解度随温度升高反而下降，它们在溶解过程中放出热量，即具有逆溶解度特性。此外，从图6-1中还可看出，还有一些形成水合物的物质，在其溶解度曲线上有转折点，物质在转折点两侧含有的水分子数不等，故转折点又称为变态点。例如低于32.4 ℃时，从硫酸钠水溶液中结晶出来的固体是 $Na_2SO_4 \cdot 10H_2O$，而在这个温度以上结晶出来的固体是 Na_2SO_4。

物质的溶解度特征对于结晶方法的选择起决定性的作用。对于溶解度随温度变化敏感的物质，适合用变温结晶方法分离；对于溶解度随温度变化缓慢的物质，适合用蒸发结晶方法分离等。另外,根据不同温度下的溶解度数据还可计算出结晶过程的理论产量。

2. 溶液的过饱和

浓度恰好等于溶质的溶解度,即达到固、液相平衡时的溶液称为饱和溶液。溶液含有超过饱和量的溶质,则称为过饱和溶液。同一温度下,过饱和溶液与饱和溶液的浓度差称为过饱和度。溶液的过饱和度是结晶过程的推动力。一个完全纯净的溶液在不受任何扰动(无搅拌、无振荡)及任何刺激(无超声波等作用)的条件下缓慢降温,就可以得到过饱和溶液。超过一定限度后,澄清的过饱和溶液会开始自发析出晶核。

溶液的过饱和度与结晶的关系可用图6-2表示。图中AB线为具有正溶解度特性物系的溶解度曲线,CD线表示溶液过饱和且能自发产生晶核的浓度曲线,称为超溶解度曲线。这两条曲线将浓度—温度图分为3个区域。AB线以下的区域是稳定区,在此区中溶液尚未达到饱和,因此没有结晶的可能。AB线以上是过饱和区,此区又分为两部分:AB线和CD线之间的区域称为介稳区,在这个区域内,不会自发地产生晶核,但如果在溶液中加入晶种(在过饱和溶液中人为地加入小颗粒溶质晶体),这些晶种就会长大;CD线以上的区域是不稳区,在此区域中,溶液能自发地产生晶核。大量的研究工作证实,一个特定物系只有一条确定的溶解度曲线,但超溶解度曲线的位置却要受很多因素的影响,例如有无搅拌、搅拌强度大小、有无晶种、晶种大小与多寡、冷却速率快慢等,因此应将超溶解度曲线视为一簇曲线。

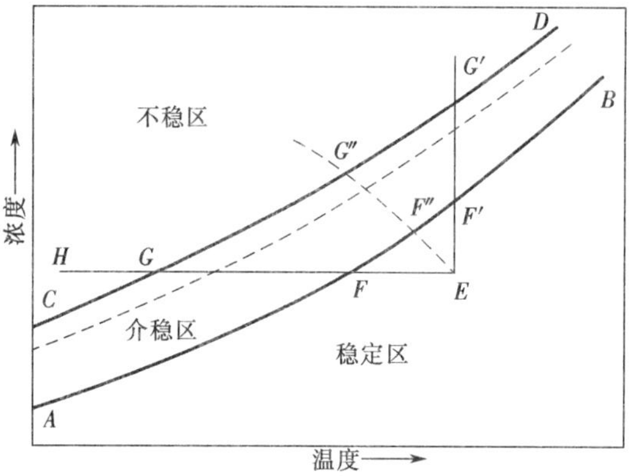

图6-2 溶液的过饱和与超溶解度曲线

图6-2中初始状态为E的洁净溶液,分别通过冷却法、蒸发法或真空绝热蒸发法进行结晶,所经途径相应为EFH、$EF'G'$及$EF''G''$。

工业生产中一般都希望得到平均粒度较大的结晶产品,因此结晶过程应尽量控制在介稳区内进行,以避免产生过多晶核而影响最终产品的粒度。

6.1.3 结晶过程的动力学

1. 成核

晶核是过饱和溶液中新生成的微小晶体粒子,是晶体成长过程必不可少的核心。在晶核形成之初,快速运动的溶质质点相互碰撞结合成线体单元,线体单元增大到一定程度后称为晶胚。晶胚极不稳定,有可能继续长大,也有可能重新分解为小线体或单个质点。当晶胚成长到足够大,能与溶液建立热力学平衡时就称为晶核。晶核的大小粗估为数十纳米至几微米。成核方式可分为初级成核和二次成核 2 种。

在没有晶体存在的条件下自发产生晶核的过程称为初级成核。初级成核可分为非均相初级成核和均相初级成核。前已述及,洁净的过饱和溶液进入介稳区时,还不能自发地产生晶核,只有进入不稳区后,溶液才能自发地产生晶核。这种在均相过饱和溶液中自发产生晶核的过程称为均相初级成核。实际上溶液中常常难以避免有外来固体杂质颗粒,如大气中的灰尘或其他人为引入的固体粒子,这些杂质粒子对初级成核过程有诱导作用。这种在非均相过饱和溶液中自发产生晶核的过程称为非均相初级成核。

在已有晶体存在的条件下产生晶核的过程为二次成核。目前人们普遍认为二次成核的机理主要是流体剪应力成核及接触成核。剪应力成核是指过饱和溶液以较大的流速流过正在成长的晶体表面时,流体边界层存在的剪应力能将一些附着于晶体之上的粒子扫落,而形成新的晶核。接触成核是指当晶体与其他固体物接触时所产生的晶体表面的碎粒成为新的晶核。在结晶器中,晶体与搅拌桨、器壁或挡板之间的碰撞以及晶体与晶体之间的碰撞都有可能造成接触成核。接触成核的概率往往大于剪应力成核。

相对二级成核,初级成核速率大得多,而且对过饱和度变化非常敏感,很难将它控制在一定的水平。因此,除了超细粒子制造外,一般结晶过程都要尽量避免发生初级成核,而应以二次成核作为晶核的来源。

2. 晶体成长

在过饱和溶液中已有晶体形成或加入晶种后,以过饱和度为推动力,溶质质点会继续一层层地在晶体表面有序排列,晶体将长大,这个过程称为晶体成长。按照扩散学说,晶体成长过程包括 3 个步骤。

①扩散过程。待结晶溶质借扩散作用穿过靠近晶体表面的静止液层,从溶液中转移至晶体表面。

②表面反应过程。到达晶体表面的溶质嵌入晶面,使晶体长大,同时放出结晶热。

③传热过程。放出来的结晶热传递至溶液中。

扩散过程必须有浓度差作为推动力。表面反应过程是溶质质点在晶体空间晶格上排列而组成有规则结构的过程。由于大多数物系的结晶热数值不大,对整个结晶过程的影响可以忽略不计,因此结晶过程的控制步骤一般是扩散过程或表面反应过程,主要取决于结晶过程的物理环境。

对于大多数物系,悬浮于过饱和溶液中的几何相似的同种晶体都以相同的速率成长,即晶体的成长速率与原晶粒的初始粒度无关。人们一般称此为“ΔL 定律”。但对于某些物系,如钾矾水溶液等,晶体成长不服从 ΔL 定律,而是与粒度的大小相关。

此外,很多研究者还发现,在同一过饱和度下,相同粒度的同种晶体却以不同的速率成长,此现象称为结晶成长分散。晶核的成长常常呈现这种行为,因此在超微粒子的生产中要注意它的影响。

3. 杂质或添加剂对结晶的影响

对于许多结晶物系,结晶母液中如果存在某些微量杂质(包括人为加入的某些添加剂),即使其含量极低(如质量分数为10^{-6}),也可显著改变结晶行为,其中包括对溶解度、介稳区宽度、晶体成长速率、粒度分布及晶形等的改变。一些高价金属离子(如Cr^{3+}、Fe^{3+}、Al^{3+}等)是最常见的影响结晶行为的杂质,它们发生作用的组成仅为1.0×10^{-4}(质量分数)左右。在工业上某些表面活性剂和其他有机物质经常作为添加剂被加入结晶溶液中,以获得质量更高的晶体产品。关于杂质的作用机理,目前主要有两种观点:一种认为,它们只存留于溶液中而不直接参与溶质结晶,它们集中在晶体表面附近,导致表面层发生某些变化,因而影响结晶行为;另一种认为,它们不但存留于溶液中,而且被吸附于晶体表面,进入晶格,在溶质质点嵌入晶格之前,必须首先更替晶面上所吸附的杂质,否则会对晶面成长速率、进而对晶形产生影响。

6.1.4 溶液结晶方法与设备

1. 溶液结晶方法

溶液结晶是指晶体从溶液中析出的过程。按照结晶过程过饱和度产生的方法,溶液结晶大致可分为冷却法、蒸发法、真空冷却法、加压法4种基本类型。这里主要介绍前3种。

1)冷却结晶

冷却法结晶过程基本上不去除溶剂,而是通过冷却降温使溶液变成过饱和溶液。此法适用于溶解度随温度降低而显著下降的物系。

2)移除部分溶剂结晶

按照具体操作情况,此法又可分为蒸发结晶及真空冷却结晶。

(1)蒸发结晶　蒸发结晶是除去一部分溶剂的结晶过程,主要是使溶液在常压或减压下蒸发浓缩而变成过饱和溶液。此法适用于溶解度随温度降低而变化不大或具有逆溶解度特性的物系。利用太阳能晒盐就是最古老而简单的蒸发结晶过程。蒸发结晶器与一般的溶液浓缩蒸发器在原理、设备结构及操作上并无不同。需要指出的是,一般蒸发器用于蒸发结晶操作时,对晶体的粒度不能有效控制。遇到必须严格控制晶体粒度的场合,需将溶液先在一般的蒸发器中浓缩至略低于饱和组成,然后移送至带有粒度分级装置的结晶器中完成结晶过程。

蒸发结晶也常在减压下操作,其操作真空度不很高。采用减压的目的在于降低操作温度,增大传热温差,利用低能阶的热能,并可组成多效蒸发装置。

(2)真空冷却结晶　真空冷却结晶是使溶剂在真空下闪急蒸发而使溶液绝热冷却的结晶法。此法适用于具有正溶解度特性而且溶解度随温度的变化率中等的物系。真空冷却结晶器的操作,实质上是溶液通过蒸发浓缩及冷却两种效应来产生过饱和度。真空冷却结晶过程的特点是,主体设备结构相对简单,无换热面,操作比较稳定,不存在内表面严重结垢及结垢清理问题。

2. 溶液结晶设备

由于被处理溶液的性质千差万别,对结晶产品性能(粒度、晶形等)的要求及设备生产能力的要求各异,于是开发出多种多样的结晶设备。下面重点介绍几种常用结晶设备的结构和性能。

1)冷却结晶器

(1)间接换热冷却结晶器　图6-3与图6-4分别是目前应用较广的内循环式和外循环式釜式结晶器。冷却结晶过程所需的冷量由夹套或外换热器传递。具体选用哪种形式的结晶器,主要取决于结晶过程换热量的大小。内循环式结晶器由于受换热面积的限制,换热量不能太大。外循环式结晶器通过外部换热器传热,传热系数较大,还可按需要加大换热面积,但必须选用合适的循环泵,以避免悬浮晶体磨损破碎。这两种结晶器的操作方式可以是连续式或间歇式。

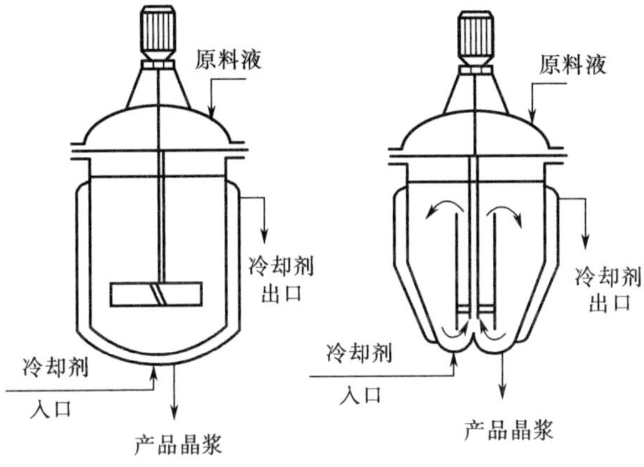

图6-3　内循环式冷却结晶器

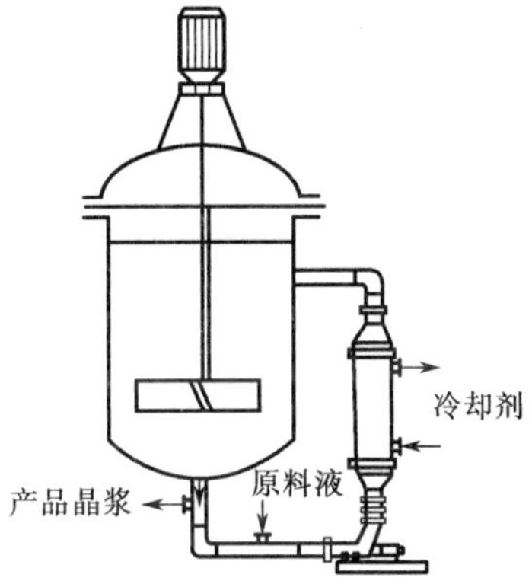

图6-4　外循环式冷却结晶器

(2)直接冷却结晶器　间接换热冷却方式的缺点,在于冷却表面结垢及结垢导致换热效率下降。直接接触冷却结晶则没有这个问题。它的原理是依靠结晶母液与冷却介质直接混合制冷。常用的冷却介质是碳氢化合物惰性液体,如乙烯、氟里昂等,借助于这些惰性液体的蒸发汽化而直接制冷。采用这种操作必须注意冷却介质可能对结晶产品产生污染,选用的冷却介质不能与结晶母液中的溶剂互溶或者虽互溶但易于分离。目前在润滑油脱腊、水脱盐及某些无机盐生产中使用这种结晶方式。结晶设备有简单釜状、回转式、湿壁塔式等多种类型。

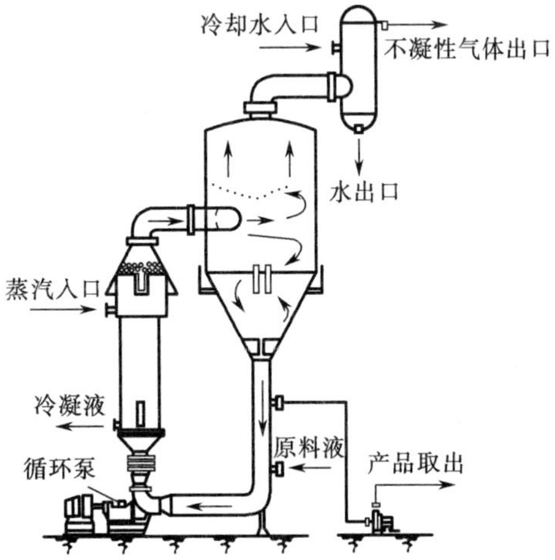

图6-5　强迫外循环型结晶器

2)强迫外循环型结晶器

图6-5所示的是一台连续操作的强迫外

循环型结晶器。部分晶浆由结晶室的锥形底排出，经循环管与原料液一起通过换热器加热，沿切线方向重新返回结晶室。这种结晶器用于间接冷却法、蒸发法及真空冷却法结晶过程。它的特点是生产能力很大。但由于外循环管路较长，输送晶浆所需的压头较高，循环泵叶轮转速较快，因而循环晶浆中晶体与叶轮之间的接触成核速率较高。另一方面它的循环量较低，结晶室内的晶浆混合不很均匀，存在局部过浓现象，因此，所得产品平均粒度较小，粒度分布较宽。

3）流化床型结晶器

图6-6是流化床型蒸发结晶器及冷却结晶器的示意图。结晶室的器身常有一定的锥度，即上部较底部有较大的截面积，液体向上的流速逐渐降低，其中悬浮晶体的粒度愈往上愈小，因此结晶室成为粒度分级的流化床。在结晶室的顶层，基本上已不再含有晶粒。澄清的母液进入循环管路，与热浓料液混合后，或在换热器中加热并送入汽化室蒸发浓缩（对蒸发结晶器），或在冷却器中冷却（对冷却结晶器）而产生过饱和。过饱和的溶液通过中央降液管流至结晶室底部，与富集于结晶室底层的粒度较大的晶体接触，晶体长得更大。溶液在向上穿过晶体流化床时，过饱和度逐步降低。

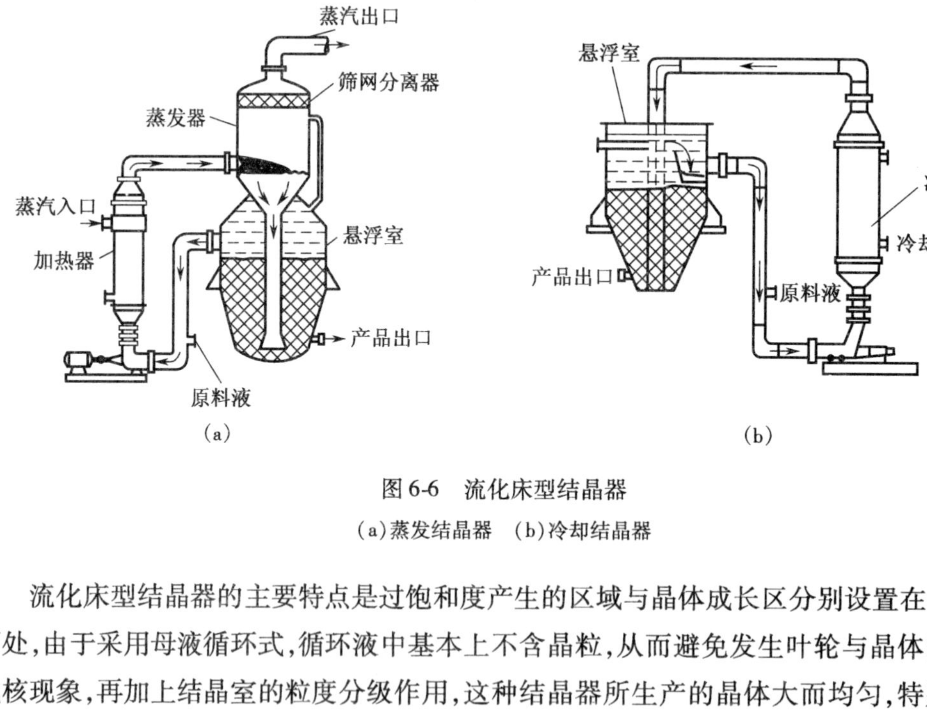

图6-6 流化床型结晶器

（a）蒸发结晶器 （b）冷却结晶器

流化床型结晶器的主要特点是过饱和度产生的区域与晶体成长区分别设置在结晶器的两处，由于采用母液循环式，循环液中基本上不含晶粒，从而避免发生叶轮与晶体间的接触成核现象，再加上结晶室的粒度分级作用，这种结晶器所生产的晶体大而均匀，特别适合于生产在过饱和溶液中沉降速度大于0.02 m/s的晶粒。缺点是生产能力受限制，因为必须限制液体的循环速度及悬浮密度，把结晶室中悬浮液的澄清界面限制在循环泵的入口以下，以防止母液中夹带明显数量的晶体。

4）DTB型结晶器

DTB型结晶器是具有导流筒及挡板的结晶器的简称。可用于真空冷却法、蒸发法、直接接触冷却法以及反应结晶法等多种结晶操作。DTB型结晶器性能优良，生产强度大，能产生粒度达 600 ~ 1 200 μm 的大粒结晶产品，器内不易结晶疤，已成为连续结晶器的最主要形式之一。

图 6-7 是 DTB 型真空结晶器的构造简图。结晶器内有一圆筒形挡板，中央有一导流筒，在其下端装置的螺旋桨式搅拌器的推动下，悬浮液在导流筒以及导流筒与挡板之间的环形通道内循环，形成良好的混合条件。圆筒形挡板将结晶器分为晶体成长区和澄清区。挡板与器壁间的环隙为澄清区，其中搅拌的作用基本上已经消除，使晶体得以从母液中沉降分离，只有过量的细晶才会随母液从澄清区的顶部排出器外加以消除，从而实现对晶核数量的控制。为了使产品粒度分布更均匀，有时在结晶器的下部设置淘洗腿。

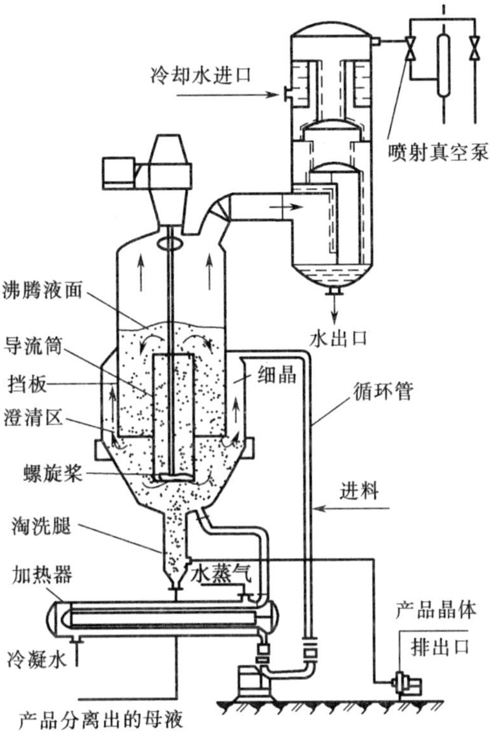

图 6-7　DTB 型真空结晶器

DTB 型结晶器属于典型的晶浆内循环结晶器。由于设置了导流筒，形成了循环通道，循环速度很高，可使晶浆质量密度高达 30%~40%，因而强化了结晶器的生产能力。结晶器内各处的过饱和度较低，并且比较均匀，而且由于循环流动所需的压头很低，螺旋桨只需在低速下运转，桨叶与晶体间的接触成核速率很低，这也是该结晶器能够生产较大粒度晶体的原因之一。

在 KCl、青霉素 G 钾盐及钠盐的结晶生产中，DTB 型结晶器显示出优异的性能，取得良好效果。将图 6-7 顶部的冷凝器改为精馏塔，可在一台装置中完成蒸发结晶与混合溶媒的分离回收两个单元过程。

6.1.5　溶液结晶过程的计算

通过结晶过程的物料衡算和热量衡算，可求得晶体的产量、结晶器的换热面积及加热蒸汽消耗量。

在结晶操作中，料液的组成已知。对于大多数物系，结晶过程终了时母液与晶体达到了平衡状态，可由溶解度曲线查得母液组成。对于结晶过程终了时仍有剩余过饱和度的物系，则需实测母液的终了浓度。当料液组成及母液终了组成均已知时，则可计算结晶过程的产量。

1. 物料衡算

对图6-8所示的结晶器作总物料衡算，可得

$$F = L + G + W \tag{6-1}$$

对溶质作物料衡算，可得

$$Fw_F = Lw_L + Gw_G \tag{6-2}$$

联立式(6-1)与式(6-2)，得到

$$G = \frac{F(w_F - w_L) + Ww_L}{w_G - w_L} \tag{6-3}$$

式中 F、L、G——原料液、母液及晶体的量，kg/s或kg；

W——溶剂(水)的蒸发量，kg/s或kg；

w_F、w_L——原料液及母液中溶质的质量分数；

w_G——晶体中溶质的质量分数。

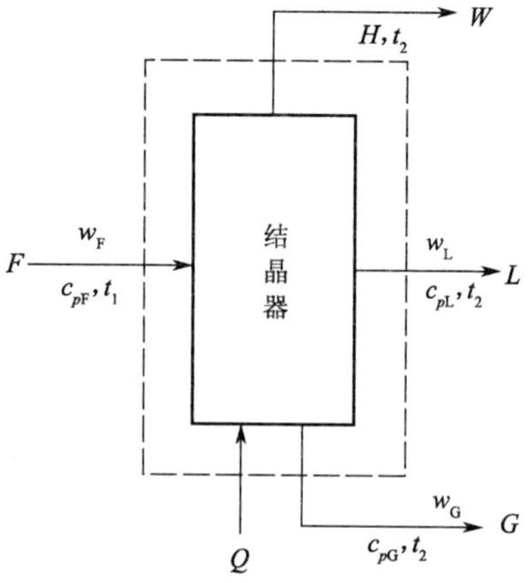

图6-8 结晶器的物料衡算及热量衡算

当晶体不含结晶水时，$w_G = 1.0$；当晶体含结晶水时，

$$w_G = \frac{M}{M_{hyd}} \tag{6-4}$$

式中 M——纯溶质的摩尔质量，kg/kmol；

M_{hyd}——结晶水合物的摩尔质量，kg/kmol。

式(6-3)是计算晶体产量的通式，适合于各种溶液结晶过程。对于不移除溶剂的冷却结晶，$W = 0$，则式(6-3)可简化为

$$G = \frac{F(w_F - w_L)}{w_G - w_L} \tag{6-3a}$$

对于自蒸发的真空结晶，需将式(6-3)与热量衡算联立求解。

2. 热量衡算

对图6-8所示的结晶器作热量衡算，可得

$$Fc_{pF}t_1 + Q = Lc_{pL}t_2 + Gc_{pG}t_2 + WH \tag{6-5}$$

式中 Q——由外界加入结晶器的热量，kJ/s(kW)或kJ，当从结晶器移除热量时，Q为负值；

t_1——原料液的温度，℃；

t_2——母液及晶体温度，℃；

H——蒸汽的焓，kJ/kg；

c_{pF}、c_{pL}、c_{pG}——原料液、母液及晶体的比热容，kJ/(kg·℃)。

需要指出，式(6-5)中的$Gc_{pG}t_2$为溶质在晶体状态(晶态)下的焓，其值等于该溶质在溶

解状态(溶态)下的焓 $Gc'_{pL}t_2$ 与溶质结晶放热值之差,即

$$Gc_{pG}t_2 = Gc'_{pL}t_2 - Gr_{cr} \tag{6-6}$$

晶态 溶态 结晶热

式中 c'_{pL}——溶质在溶态下的比热容,kJ/(kg · ℃);

r_{cr}——单位质量晶体的结晶热,kJ/kg。

将式(6-6)代入式(6-5),则得

$$Fc_{pF}t_1 + Q = Lc_{pL}t_2 + Gc'_{pL}t_2 - Gr_{cr} + WH$$

令 $Sc_{ps}t_2 = Lc_{pL}t_2 + Gc'_{pL}t_2$,则

$$Fc_{pF}t_1 + Q = Sc_{ps}t_2 - Gr_{cr} + WH \tag{6-7}$$

式中 $S = L + G = F - W$ 为溶态母液的量(即尚未结晶的过饱和溶液);c_{ps}为溶态母液的比热容,kJ/(kg · ℃)。

通常在结晶过程中,溶液的稀释热效应可忽略不计,故溶液的比热容可近似按线性加和计算,即

$$c_{pF} = c_{pW}(1 - w_F) + c_{pG}w_F \tag{6-8a}$$

$$c_{ps} = c_{pW}(1 - w_s) + c_{pG}w_G \tag{6-8b}$$

式中 c_{pW}——水的比热容,kJ/(kg · ℃);

w_s——溶态母液中溶质的质量分数。

$$w_s = \frac{Fw_F}{S} = \frac{Fw_s}{F - W} \tag{6-9}$$

整理可得

$$(F - W)c_{pF} = Fc_{pF} - Wc_{pW} \tag{6-10}$$

将式(6-10)代入式(6-7),得到

$$Wr_W = Fc_{pF}(t_1 - t_2) + Gr_{cr} + Q \tag{6-11}$$

式中 $r_W = H - c_{pW}t_2$ 为溶剂(水)在温度 t_2 的汽化潜热,kJ/kg。

式(6-11)表明,结晶过程中溶剂(水)汽化所需的热量等于溶液降温放出的显热、溶液结晶放出的结晶热及外界加入的热量之和。

对于真空结晶过程,$Q = 0$,则式(6-11)简化为

$$Wr_W = Fc_{pF}(t_1 - t_2) + Gr_{cr} \tag{6-11a}$$

【例 6-1】 用真空冷却法进行醋酸钠溶液的结晶,获得水合盐 $NaC_2H_3O_2 \cdot 3H_2O$。原料液是 80 ℃的 40%(质量分数)醋酸钠水溶液,进料量是 2 000 kg/h。结晶器内绝对压力是 2 064 Pa。溶液的沸点升高可取为 11.5 ℃。计算每小时结晶产量和水分蒸发量。

已知数据:结晶热 $r_{cr} = 144$ kJ/kg 水合物,溶液比热容 $c_p = 3.50$ kJ/(kg · ℃)。

解:查出 2 064 Pa 下水的汽化热 $r_W = 2\ 451.8$ kJ/kg,水的沸点为 17.5 ℃。

溶液的平衡温度 $t_2 = 17.5 + 11.5 = 29$ ℃

溶液的初始组成 $w_F = 0.4$,$M = 82$ kg/kmol,$M_{hyd} = 136$ kg/kmol。

由有关手册查出母液在 29 ℃时的浓度 $c_2 = 0.54$ kg/kg 水,则

$$w_L = \frac{0.54}{1+0.54} = 0.3506$$

$$w_G = \frac{82}{136} = 0.6029$$

对于真空冷却结晶，$Q=0$，将有关数据分别代入式(6-3)及式(6-11a)，可得

$$G = \frac{2\,000 \times (0.4-0.3506)+0.3506\,W}{0.6029-0.3506} = 391.6+1.39\,W$$

及 $2\,451.8\,W = 144G + 2\,000 \times 3.5 \times (80-29) = 144G + 3.57 \times 10^5$

解得 $G = 646.9\ \text{kg/h},\ W = 183.6\ \text{kg/h}$

对于移除部分溶剂的结晶过程，结晶产量的计算需要将物料衡算与热量衡算联立求解。

6.1.6 其他结晶过程简介

本节简要介绍熔融结晶、沉淀结晶、升华结晶及冰析结晶的基本概念与其工业应用。

1. 熔融结晶过程

熔融结晶是根据待分离物质之间的凝固点不同而实现物质结晶分离的过程。与溶液结晶过程比较，熔融结晶过程的特点见表6-1。

表6-1 熔融结晶与溶液结晶过程的比较

项目	溶液结晶过程	熔融结晶过程
原理	冷却或除去部分溶剂，使溶质从溶液中结晶出来	利用待分离组分凝固点的不同，使它们得以结晶分离
操作温度	取决于物系的溶解度特性	在结晶组分的熔点附近
推动力	过饱和度，过冷度	过冷度
过程的主要控制因素	传质及结晶速率	传热、传质及结晶速率
目的	分离，纯化，产品晶粒化	分离，纯化
产品形态	呈一定分布的晶体颗粒	液体或固体
结晶器形式	釜式为主	釜式或塔式

熔融结晶过程主要应用于有机物的分离提纯，而专门用于冶金材料精制或高分子材料加工的区域熔炼过程也属于熔融结晶。熔融结晶设备有塔式结晶器及各种通用型结晶装置，如苏尔寿MWB型结晶器、布朗迪提纯器及天津大学国家工业结晶工程技术研究中心研发的液膜结晶(FLC)装置。

2. 沉淀结晶过程

沉淀结晶包括反应结晶和盐析结晶。

反应结晶是通过气体(或液体)与液体之间的化学反应，生成溶解度很小的产物从而实现分离的过程。工业上通过反应结晶制取固体产品的例子很多，例如，由硫酸和含氨焦炉气反应生产$(NH_4)_2SO_4$，由盐水及窑炉气生产$NaHCO_3$等。通常化学反应速率比较快，溶液容易进入不稳区而产生过多晶核，因此反应结晶所生产的固体粒子一般较小。要制取足够大

的固体粒子，必须将反应试剂高度稀释，并且反应结晶时间要足够长。

盐析结晶是通过向溶液中加入某种物质来降低溶质在溶剂中的溶解度，使溶液达到过饱和进而使晶体析出的过程。所加入的物质称为稀释剂或沉淀剂，它可以是固体、液体或气体。此法之所以称为盐析结晶，是因为 NaCl 是最常用的沉淀剂之一。一个典型例子是利用硫酸钠水溶液生产 $Na_2SO_4 \cdot 10H_2O$，通过向硫酸钠水溶液中加入 NaCl 可降低 $Na_2SO_4 \cdot 10H_2O$ 的溶解度，从而提高 $Na_2SO_4 \cdot 10H_2O$ 的结晶产量。某些液体也常用作沉淀剂，例如，醇类和酮类可用于 KCl、NaCl 和其他溶质的盐析。

3. 升华结晶过程

升华是物质不经过液态直接从固态变成气态的过程。其反过程气体物质直接凝结为固态的过程称为凝华。升华结晶过程常常包括上述两个步骤。通过这种方法可以将一个升华组分从含其他不升华组分的混合物中分离出来。例如，碘、萘等常采用这种方法进行分离提纯。

4. 冰析结晶过程

冰析结晶过程一般采用冷却方法，其特点是使溶剂结晶，而非使溶质结晶，其应用实例有海水脱盐制取淡水、果汁的浓缩等。

6.2 膜分离

演示文稿

6.2.1 膜分离概述

1. 膜分离的原理和分类

膜分离过程是利用具有一定选择性及透过特性的膜作为分离介质而实现混合物分离纯化的操作过程。膜分离过程所利用的膜分为固体膜和液体膜。膜分离属于速率分离过程。本节重点讨论固体膜作为分离介质的膜分离过程。

常见的膜分离过程如图 6-9 所示，通过膜将原料分离为截留物（浓缩物）和透过物。所分离的混合物可以是液体，也可以是气体。有时在膜的透过物一侧加入一个清扫流体以帮助移除透过物。膜分离过程的推动力是膜两侧的化学位差，具体可以表现为压差、浓度差或电位差等。

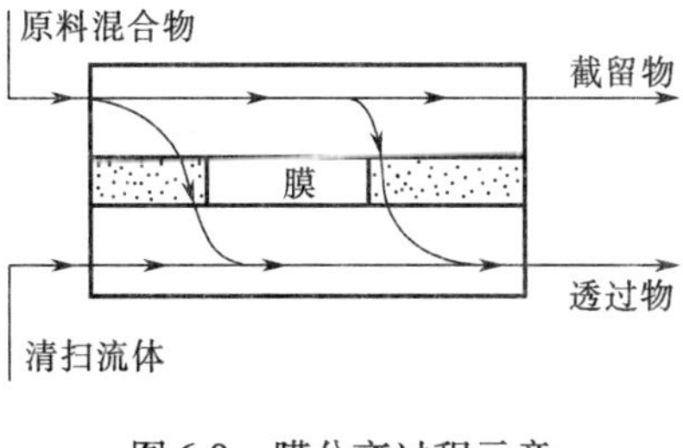

图 6-9 膜分离过程示意

根据膜分离过程的膜材料、推动力的不同，工业中常见的膜分离过程如表 6-2 所示。

表 6-2 各种膜分离过程的原理和推动力

膜分离过程	膜的种类及厚度	传质推动力	分离原理	透过物	截留物
微滤	微孔或核多孔膜(0.02 ~ 10 μm)	压差(0.01 ~ 0.2 MPa)	颗粒尺度的筛分	水、溶剂及溶解物	粒径大于0.1 μm的粒子
超滤	表面有微孔的非对称膜(1 ~ 20 nm)	压差(0.1 ~ 0.5 MPa)	微粒及大分子尺寸的筛分	水、溶剂和水分子溶质	相对分子质量大于500的大分子和细小微团
反渗透	表面致密的非对称性膜、复合膜(0.1 ~ 1 nm)	压差(2 ~ 10 MPa)	溶剂、溶质的选择性扩散和大分子尺寸的筛分	水、溶剂	溶质、盐(悬浮物大分子、离子)
渗析	多孔疏水膜(5 ~ 10 nm)	浓度差	选择性扩散和筛分	小分子溶质或离子	大分子溶质
电渗析	离子交换膜(1 ~ 10 nm)	电位差	离子的选择性扩散	电解质离子	非电解质溶剂
气体膜分离	表层为极薄的致密活性层的非对称膜或覆膜	压差(1 ~ 10 MPa)	气体的选择性扩散、渗透	易渗透的气体	难渗透的气体
渗透蒸发	表层多孔的疏水或憎水性高分子膜、无机膜、非多孔均质膜(<50 mm)	压差、温度差	溶剂的选择性扩散、渗透、汽化	易渗透和易汽化的溶剂	难渗透的水溶剂

2. 膜分离的重要工业应用实例

近20年来,膜分离的应用范围不断扩大,在海水淡化、环保、化工、石油、生物、医药、食品等工业领域中获得广泛应用。目前膜分离已成为分离与纯化混合物的最重要方法之一,而且愈来愈显示出其重要作用。表6-3列出了膜分离技术的工业应用实例。

表 6-3 膜分离的重要工业应用

膜过程	缩写	工业应用
反渗透	RO	海水或苦咸水脱盐;地表或地下水的处理;食品浓缩
渗析	D	从废硫酸中分离硫酸镍;血液透析(除去血液中的代谢废物、过量体液并维持电解质平衡)
电渗析	ED	电化学工厂的废水处理;半导体工业用超纯水的制备;由海水制盐
微滤	MF	药物灭菌;饮料的澄清;抗生素的纯化;从液体中分离动物细胞
超滤	UF	果汁的澄清;发酵液中疫苗和抗生素的回收
渗透蒸发	PV	乙醇—水共沸物的脱水;有机溶剂脱水;从水中除去有机物
气体膜分离	GP	从甲烷或其他烃类化合物中分离 CO_2 或 H_2;合成气 H_2/CO 比的调节;从空气中分离 N_2 和 O_2
液膜分离	LM	从电化学工厂废液中回收镍;废水处理

3. 膜分离过程的特点

膜分离作为快速、高效、节能的新型分离技术,与传统分离方法相比,具有如下特点:

①膜分离过程通常在常温下进行，特别适合于热敏性物料的分离，如食品、生物制品的分离、浓缩及纯化等。

②多数膜分离过程不发生相的变化，因而能耗较低。

③由于膜分离过程主要以压力差或电位差等为推动力，因此装置简单，操作方便，易于工业放大，可以减少投资，易于生产过程自动化。

④膜分离的应用范围广泛，不仅适用于无机和有机化合物的分离，而且适用于病毒、细菌等的分离，还适用于含有悬浮固体颗粒的悬浮液（膜过滤）。

⑤膜分离过程不消耗化学试剂，不外加任何添加剂，因而不会污染产品，也减少了环境污染。

膜分离作为新型分离技术，有许多有待进一步探索的课题，诸如：具有高渗透速率、高选择性、耐热、抗溶剂、抗污染膜材料的研发及膜的制备；膜污染与浓差极化机理及预防技术的研究；膜内传质机理及膜分离过程模拟放大等的研究。

4. 膜分离设备应具备的性能

膜分离过程的有效性和经济性很大程度上取决于膜及膜组件的特性、结构、材质及其形状。这些特性可归结为：

①具有高渗透速率和高选择性；

②良好的化学和机械加工环境适应性；

③性能稳定、抗污染、抗溶剂和较长的使用寿命；

④易于膜组件加工制造；

⑤能够承受较大的跨膜压力差。

6.2.2 固体膜材料

膜材料可按来源、相态、材质、用途、性状、分离机理、结构制备方法等多种分类方法分类。按照固体膜的材质，可将其分为聚合物膜和无机膜两类。

1. 聚合物膜

目前，聚合物膜在分离过程用膜中占主导地位。按结构与作用特点，可将聚合物膜分为致密膜、微孔膜、非对称膜、复合膜和离子交换膜5类。

（1）致密膜（均质膜） 致密膜为均匀致密的薄膜，物质通过这类膜主要靠分子扩散，这种膜通常很薄。

（2）微孔膜 微孔膜平均孔径为0.02～10 μm，有多孔膜和核径迹膜两种类型。前者呈海绵状，膜孔大小分布范围宽，孔道曲折，膜厚50～250 μm。核径迹膜以10～15 μm的致密塑料薄膜为原料，先用反应堆产生的裂变碎片轰击，穿透薄膜而产生损伤的径迹，然后在一定温度下用化学试剂侵蚀形成一定尺寸的孔。核径迹膜的特点是：孔直而短、孔径均匀、开孔率低。

（3）非对称膜 其特点是膜的断面不对称，故称非对称膜。它由同种材料制成的表面活性层与支撑层组成。表面活性层很薄，厚度为0.1～1.5 μm，且致密无孔，膜的分离作用主要取决于表面活性层。支撑层厚 50 ~ 250 μm，呈多孔状，起支撑作用，它决定膜的力学强度。

（4）复合膜　在非对称超滤膜表面加一层 0.2 ~ 15 μm 的致密活性层即构成复合膜。复合膜的分离作用主要取决于这层致密活性层。与非对称膜相比，复合膜的致密活性层可以根据不同需要选用各种材料。

（5）离子交换膜（荷电膜）　离子交换膜是一种膜状的离子交换树脂，由基膜和活性基团构成。按膜中所含活性基团的种类不同可分为阳离子交换膜、阴离子交换膜和特殊离子交换膜 3 大类。膜多为致密膜，厚度在 200 μm 左右。

有几百种聚合物先后被尝试作为膜材料，但真正商品化的膜用聚合物不过数十种。表 6-4 列出了膜分离过程常用的聚合物膜材料。另外，共混聚合物已成为开发新型聚合物膜材料的一个重要途径。对膜表面用化学法及声、光、电、磁等方法处理，有时也能显著改变膜的分离性能。

表 6-4　常用的聚合物膜

材料	缩写	过程	材料	缩写	过程
醋酸纤维素	CA	MF,UF,RO,D,GP*	聚丙烯-甲基丙烯基碘酸酯共聚物	—	D
三醋酸纤维素	CTA	MF,UF,RO,GP			
CA-CTA 混合物	—	RO,D,GP	聚砜	PS	MF,UF,D,GP
混合纤维素酯	—	MF,D	聚苯醚	PPO	UF,GP
硝酸纤维素	—	MF	聚碳酸酯	—	MF
再生纤维素	—	MF,UF,D	聚醚	—	MF
明胶	—	MF	聚四氟乙烯	PTFE	MF
芳香聚酰胺	—	MF,UF,RO,D	聚偏氟乙烯	PVDF	UF,MF
聚酰亚胺	—	UF,RO,GP	聚丙烯	PP	MF
聚苯并咪唑	PBI	RO	聚电解质络合物	—	UF
聚苯并咪唑酮	PBIL	RO	聚甲基丙烯酸甲酯	PMMA	UF,D
聚丙烯	PAN	UF,D	聚二甲基硅烷	PDMS	GP

注：* 表示膜分离过程的缩写，其含义见表 6-3 或 6.2.4。

2. 无机膜

无机膜多以金属及其氧化物、陶瓷、多孔玻璃和某些热固性聚合物为材料，相应地制成金属膜、陶瓷膜、玻璃膜和碳分子筛膜。无机膜的特点是热、力学和化学稳定性好，使用寿命长，污染少且易于清洗，易实现电催化和电化学活化，孔径均匀，等等。主要缺点是易破损、成形性差、价格昂贵。

无机膜的发展大大拓宽了分离膜的应用领域。目前，无机膜的增长速度远快于聚合物膜。无机物还可以和聚合物制成复合膜，该类膜有时能综合无机膜和聚合物膜的优点而具有良好的性能。

膜的性能通常是指膜的分离透过特性和物理化学稳定性。膜的物理化学稳定性的主要指标是：膜允许使用的最高压力和温度范围、pH 范围、游离氯最高允许浓度以及对有机溶剂等化学药品和细菌等的耐受性等。关于膜的分离透过特性，不同的膜有不同的表示方法。

膜的分离性能是由膜材料的化学结构和物理结构决定的，对于不同的渗透物的相对分离性能，又取决于渗透物和膜相互作用的物理化学因素，宏观上还取决于膜的使用形态和操作方式。

6.2.3 膜分离设备

各种膜分离装置主要包括膜组件、泵、过滤器、阀门、仪表和管路等。膜组件是将膜以某种形式组装在一个基本单元设备内，然后在外界推动力作用下实现对混合物中各组分分离的器件。膜组件又称膜分离器。在膜分离的工业装置中，根据生产需要，可设置数个至数百个膜组件。

1. 分离膜

用于制造膜组件的各种膜可以做成如图 6-10 所示的各种形状：平板膜、圆管膜和中空纤维膜。典型平板膜的长、宽各为1 m，厚度为200 μm，致密活性层厚度一般为50 ~500 nm。管式膜通常做成直径约0.5 ~5.0 cm、长约6 m的圆管，其致密活性层可以在管外侧面，亦可在管内侧面，并用玻璃纤维、多孔金属或其他适宜的多孔材料作为膜的支撑体。具有很小直径的中空纤维膜的典型尺寸为：内径约100 ~200 μm，纤维长约1 m，致密活性层厚约0.1 ~1.0 μm。中空纤维膜能够提供很大的单位体积的膜表面积。

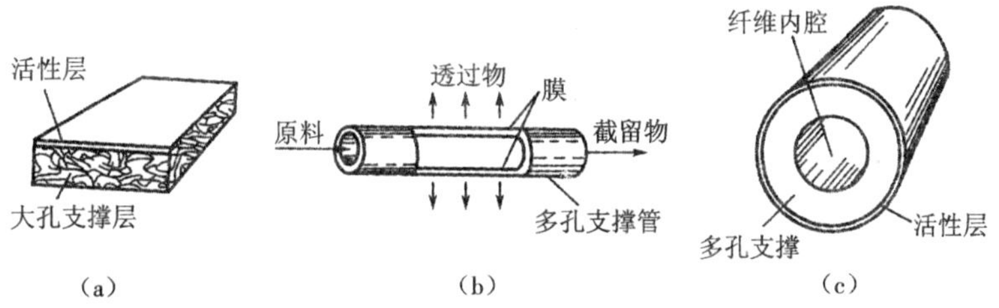

图 6-10 几种常用的膜

(a)平板膜 (b)圆管膜 (c)中空纤维膜

2. 膜组件(膜分离器)

工业上常用的膜组件结构类型主要有板框式、螺旋卷式、中空纤维式和圆管式4种。

由上述各种膜制成的若干结构紧凑的膜组件如图 6-11 所示，其中图 6-11(a)为典型的板框式膜组件。板框式膜组件所用的膜片可以做成圆形的、方形的，也可以是矩形的。参见图 6-11(a)，苦咸水料液沿一组叠式平板膜的表面顺次流过，透过膜到达膜的另一侧，透过物为产品纯水，而截留物为浓缩的咸水。

平板膜也可做成如图 6-11(b)所示的螺旋卷式组件，其结构类似于螺旋板式换热器。螺旋卷式膜组件的典型结构是中间为多孔支撑材料，两边是膜的“双层结构”。其中三个边沿被密封而粘接成膜袋，另一个开放的边沿与一根多孔的产品收集管连接，在膜袋外部的进料侧再垫一层网眼型间隔材料(隔网)，即膜—多孔支撑体—进料侧隔网依次叠合，绕中心管紧密地卷在一起，形成一个膜卷，再装进圆柱形压力容器内，构成一个螺旋卷式膜组件。

图 6-11(c)所示为用于气体混合物分离的中空纤维式膜组件，其结构类似于管壳式换热

器。加压的原料气体由膜的一端进入壳侧,在气体由进口端向另一端流动的同时,渗透组分经纤维管壁进入管内通道中。通常纤维束的一端封住,而另一端固定在环氧树脂浇注的管板上。工业用典型中空纤维组件长为1 m,组件直径为0.1~0.25 m,组件内填充数千根乃至上万根纤维管。

圆管式膜组件的结构如图6-11(d)所示,其结构与管壳式换热器类似,但原料多进入管内,而透过物在壳侧。圆管式膜组件装填的膜管数通常可达30根以上。

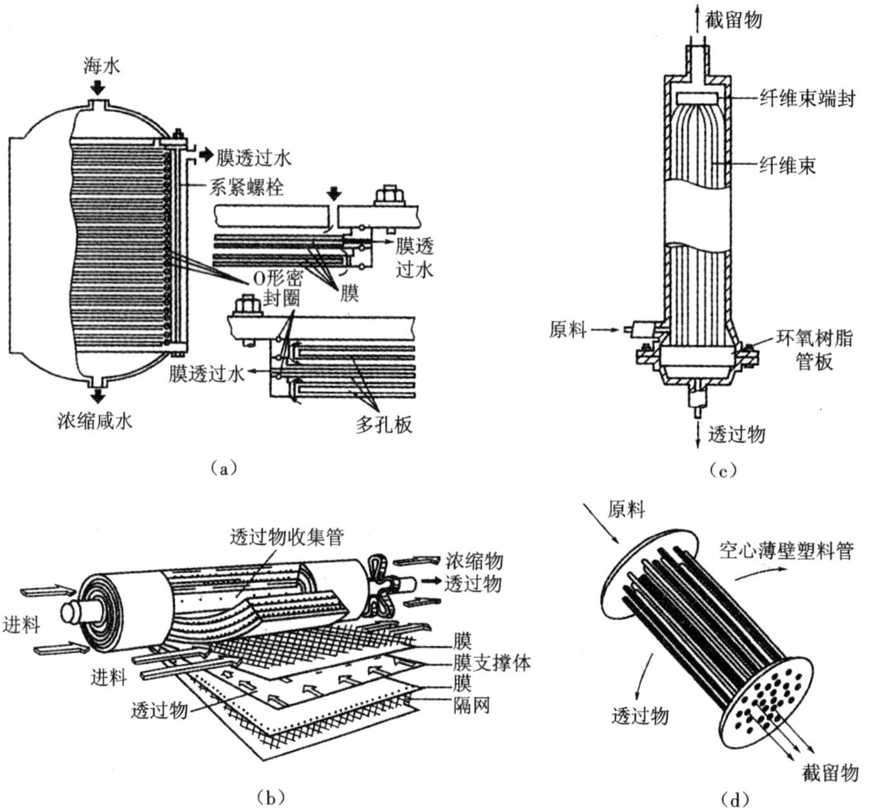

图6-11 常用的几种膜组件

(a)板框式 (b)螺旋卷式 (c)中空纤维式 (d)圆管式

上述几种膜组件的特性参见表6-5。其中填充密度系指单位体积膜组件具有的膜表面积。显然,中空纤维式膜组件的填充密度最大。尽管板框式膜组件造价高,其填充密度也不很大,但在所有工业膜过程中普遍使用(气体膜分离除外)。螺旋卷式膜组件由于低造价和良好的抗污染性能亦被广泛采用。中空纤维式膜组件由于具有很高的填充密度和低造价,在膜污染小和不需要进行膜清洗的场合应用普遍。

表 6-5 各种膜组件的比较

比较项目	组件形式			
	板框式	圆管式	螺旋卷式	中空纤维式
组件结构	非常复杂	简单	复杂	复杂
填充密度/(m^2/m^3)	160～500	33～330	650～1 600	16 000～30 000
膜支撑体结构	复杂	简单	简单	不需要
膜清洗	易	内压式易，外压式难	难	难(内压中空纤维超滤易)
膜更换方式	更换膜	更换膜(内压)或组件(外压)	更换组件	更换组件
膜更换难易	尚可	内压式费时，外压式易	不能	不能
膜更换成本	中	低	较高	较高
对水质要求	较低	低 (50～100 μm 微粒除外)	较高 *FI*＜4	高 *FI*＜3
水质前处理成本	中	低	高	高
要求泵容量	中	大	小	小
主要应用	D，RO，PV，UF，MF	RO，UF	D，RO，GP，UF，MF	D，RO，GP，UF

6.2.4 各种膜分离过程简介

不同膜分离过程使用的膜不同，推动力也不同。下面对几种常用的膜分离过程的原理进行简单介绍。

1. 渗析(Dialysis，D)

图 6-12 为渗析膜分离的示意图。原料液中含有溶剂、溶质 A、溶质 B 以及分散性的胶体物质，膜另一侧的清扫液体是与原料液相同的纯溶剂。原料液以压力 p_1、清扫液以压力 p_2 在膜两侧逆流流动。所用渗析膜为微孔薄膜，允许溶质 A 在浓度差作用下透过，而溶质 B 的分子尺寸比溶质 A 的分子尺寸大，不易或根本不能透过膜。溶质 A 与溶质 B 通过膜的传递称为渗析(又称透析)。分散性的胶体物质不能透过膜。若膜两侧压力相等，则溶剂亦可透过此膜，但传递方向与溶质相反。溶剂的传递称为渗透(Osmosis)。提高原料液侧压力 p_1，使之超过 p_2，则溶剂渗透可以减少乃至消除。

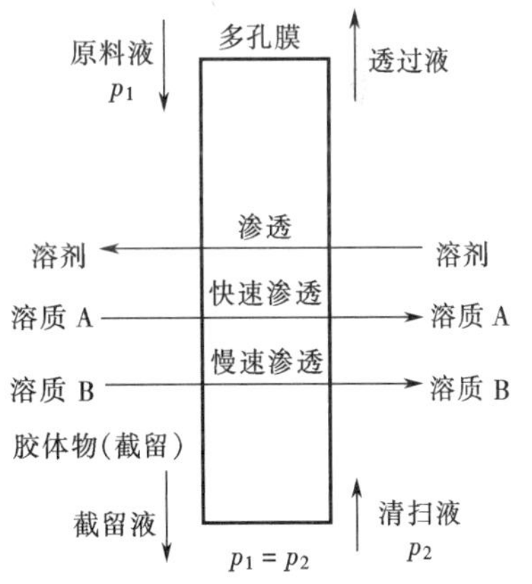

图 6-12 渗析

渗析膜分离过程的产品一个是含有溶剂、溶质 A 和少量溶质 B 的液体(透过液)，另一个是含有溶剂及未透过的溶质 A、B 和胶体物的液体(截留液)。通过渗析操作，理想情况下可以实现溶质 A 与 B 及胶体物的清晰分离。但实际上，即使溶质 B 在膜中不渗透，实现清晰分离也是困难的。

渗析是最早发现、研究和应用的一种膜分离过程，已应用于许多物系的分离。例如，从含 17%～20% NaOH 的半纤维素废液中回收 9%～10% 的纯液态 NaOH；从含金属离子的废酸液中回收铬酸、盐酸、氢氟酸；从含硫酸镍的废酸中回收硫酸；回收啤酒液中的乙醇并生产低酒精度的啤酒；从有机物中回收矿物酸；去除聚合物液体中的低摩尔质量杂质；药物的纯化；等等。渗析膜分离的另一个重要应用是血液透析——清除血液中的尿素、肌苷、尿酸等小分子代谢物，但保留血液中的大分子有用物质和血细胞。血液透析装置又称人工肾。

典型渗析膜材料有亲水性纤维素、醋酸纤维素、聚砜和聚甲基丙烯酸甲酯。典型渗析膜厚50 μm，膜孔径为1.5～10 nm。渗析最常用的膜组件为板框式和中空纤维式。由于渗析膜两侧的压力基本相等，故渗析膜通常做得很薄。

2. 反渗透（Reverse Osmosis，RO）

反渗透是利用孔径小于1 nm的膜通过优先吸附和毛细管流动等作用选择性透过溶剂（通常是水）的性质，对溶液侧施加压力，克服溶剂的渗透压，使溶剂通过膜从溶液中分离出来的过程。

反渗透过程可用如图6-13所示的实例予以说明。假如在渗透开始时，将压力为101.3 kPa、温度为25 ℃的海水（约含溶解盐0.035，质量分数）放入膜的左侧室中，将相同压力和温度的纯水放入膜的右侧室中（见图6-13（a））。所用致密膜只允许水通过而不允许溶解盐通过。由于渗透作用，水将通过膜进入海水中从而将其稀释。当渗透达到平衡时，将出现如图6-13（b）所示的情况，此时左侧压力 p_1 大于右侧压力 p_2，压力差 π 称为渗透压。显然，上述过程是一个混合过程，而不是分离过程。此时若在海水侧加压，即提高膜左侧的压力 p_1，使之超过右侧压力 p_2 与渗透压 π 之和，即 $p_1 - p_2 > \pi$，则溶剂在膜内的传递方向将发生逆转，即左侧海水中的水分子将经膜进入纯水一侧（见图6-13（c）），这种现象称为反渗透，它使得溶剂从溶剂—溶质混合物中部分地分离出来。

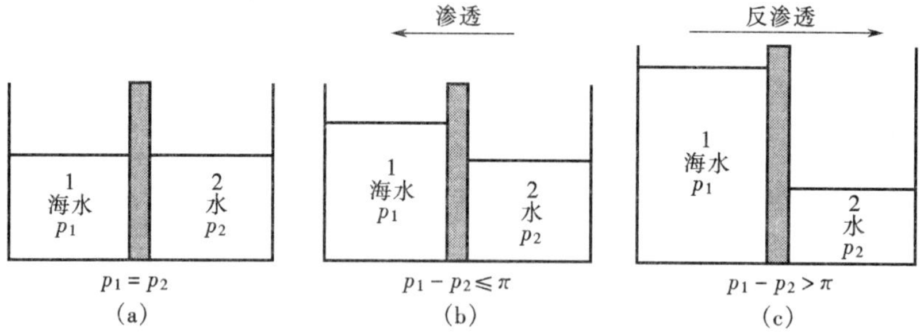

图6-13 渗透和反渗透现象

（a）初始时刻 （b）渗透 （c）反渗透

反渗透膜分离过程如图6-14所示。原料液为溶剂（如水）与可溶性物质（如无机盐类）组成的液体混合物，具有较高的压力 p_1。在膜的另一侧维持一个较低的压力 p_2。分离膜为致密膜，如醋酸纤维素或聚芳酰胺膜，只允许溶剂透过，同时还必须有一定厚度以耐高的压力差。相应地，亦可使用非对称膜或复合膜。反渗透膜分离的产品一个是几乎为纯溶剂的透过液，另一个是原料的浓缩液。然而，反渗透不能达到溶剂和溶质的完全分离，这是因为原料液中的溶剂仅仅有一部分通过膜成为透过液。

目前，反渗透的应用领域已从最初的海水或苦咸水的脱盐淡化，发展到超纯水预处理、废水处理，以及化工、食品、医药、造纸工业中某些有机物、无机物的分离。

3. 超滤（Ultrafiltration，UF）

超滤又称超过滤。超滤是利用孔径在 1～100 nm 范围内的膜具有筛分作用能选择性透过溶剂和某些小分子溶质的性质，对溶液侧施加压力，使大分子溶质或细微粒子从溶液中分离出来的过程。为达到高分离效率，待分离组分的大小一般要相差 10 倍以上。此外，由于超滤膜具有一定的孔径分布，膜的截留摩尔质量应为截留的最低溶质摩尔质量的 1/2 左右。超滤已被广泛地用于某些含有小摩尔质量溶质、高分子物质、胶体物质和其他分散物溶液的浓缩、分离、提纯和净化。尤其适用于热敏性和生物活性物质的分离和浓缩。

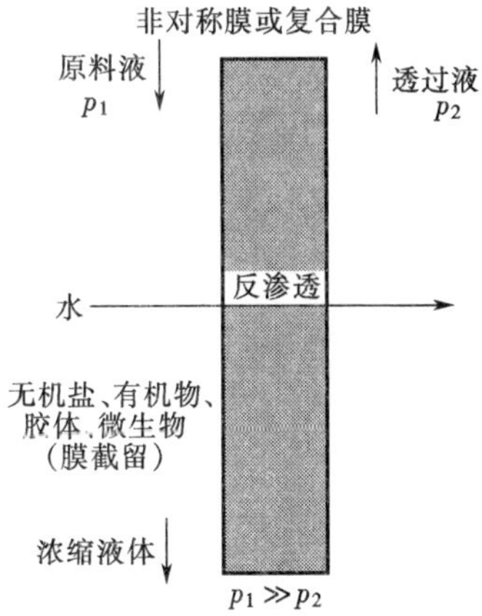

图 6-14 反渗透

4. 微滤（Microfiltration，MF）

微滤又称微孔过滤，与超滤的原理基本相同。它是利用孔径在 0.1～10 μm 的膜的筛分作用，将微粒细菌、污染物等从悬浮液或气体中除去的过程。微滤是开发最早、应用最广泛的滤膜技术，主要用于制药和食品等行业的过滤除菌、电子工业用超纯水的制备等。

反渗透、超滤、微滤都是在膜两侧静压差推动力作用下进行混合物（主要是液体混合物）分离的膜过程，三者组成了从分离固态微粒到离子的三级膜分离过程。

5. 气体膜分离（Gas Separation，GP）

气体膜分离的基本原理是根据混合气体中各组分在压力差的推动下透过膜的传递速率不同，从而达到分离目的。其过程如图 6-15 所示。原料为含有某些低摩尔质量（$M < 50$ g/mol）组分和少量高摩尔质量组分的气体混合物，具有较高压力 p_1。膜的另一侧不用清扫气体但维持较低压力 p_2，通常 p_2 接近环境压力。分离膜多为致密膜，有时也用微孔膜，膜应该对原料气体中的低摩尔质量组分有高渗透选择性（如图 6-15 所示的组分 A）。如果膜是致密的，这些组分先向膜内溶解，再以一种或多种传递机理通过膜。渗透选择性与膜的溶解性和膜的传递速率有关。气体膜分离的产品一个是富含组分 A 的透过气体，一个是富含组分 B 的截留气体。

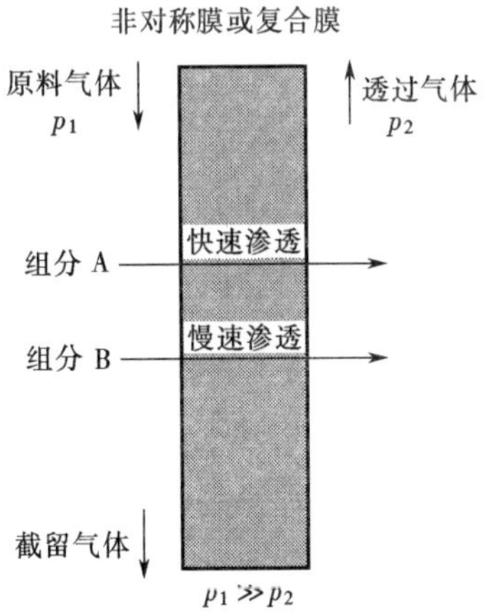

图 6-15 气体膜分离

对不同的膜结构，气体通过膜的扩散传递方式不同，分离机理也存在差异。在各种膜分离过程中，气体分离膜的发展速度最引人注目。自 1980 年以来，利用聚合物致密膜的工业气体分离过程急剧增长，主要应用有：①从甲烷中分离氢；②调节合成气的 H_2/CO 比；③从空气中富集 O_2；④从空气中富集 N_2；⑤天然气和空气的干燥;⑥从空气中除 CO_2 和分离氦;等等。

6. 渗透蒸发(Pervaporation,PV)

渗透蒸发又称渗透汽化。它是利用液体混合物中的组分在膜两侧的蒸气分压差作用下以不同的速率透过膜并蒸发,从而实现分离的过程。渗透蒸发是膜分离过程的一个新的分支,也是热驱动的蒸馏法和膜法相结合的分离过程,其区别于反渗透等膜分离过程之处在于渗透蒸发过程中将产生从液相到气相的相变。由于渗透蒸发过程多使用致密膜,因而通量较小,一般情况下尚难与常规分离技术相竞争,但它所特有的高选择性,使得在某些特定的场合,例如沸点相近的物系、共沸物的分离以及液体混合物中少量组分的分离,采用该过程较为合适。迄今,渗透蒸发已用于有机溶剂脱水、水中少量有机物的分离和有机物与有机物的分离等。

7. 膜蒸馏(Membrane Distillation,MD)

膜蒸馏是一种以温差引起的水蒸气压差为传质推动力的膜分离过程。当两种温度不同的水溶液被疏水微孔膜隔开时,由于膜的疏水性,膜两侧水溶液均不能透过膜孔进入另一侧,但当暖侧溶液的水蒸气压力高于冷侧时,暖侧溶液中的水汽化,水蒸气不断通过膜孔进入冷侧而冷凝,这与常规精馏中的蒸发、传质、冷凝过程十分相似,所以称其为膜蒸馏。严格来说,膜蒸馏是一种采用非选择渗透膜的热渗透蒸发法。膜蒸馏的优点是:过程在常压和较低温度下进行,设备简单、操作方便;有可能利用太阳能、地热、温泉、工厂余热等廉价能源;因为只有水蒸气能透过膜孔,所以蒸馏液十分纯净,可望成为大规模、低成本制造超纯水的有效手段;膜蒸馏也是唯一能从溶液中直接分离出结晶产物的膜过程;膜蒸馏组件很容易设计成潜热回收形式,并具有以高效的小型组件构成大规模生产体系的灵活性。膜蒸馏的缺点是过程有相变、热能利用率低、通量较小,所以目前尚未用于工业生产。

8. 膜萃取(Membrane Extraction,ME)

膜萃取包括固定膜界面萃取(膜萃取)和液膜萃取。

1)固定膜界面萃取

固定膜界面萃取是膜过程和液—液萃取过程相结合的分离技术。与常规的液—液萃取过程不同,膜萃取的传质过程是在分隔料液相和溶剂相的微孔膜表面进行的。例如,在料液相和溶剂相间置以疏水的微孔膜,则溶剂相将优先浸润膜并进入膜孔。当料液相压力等于或略大于溶剂相侧的压力时,在膜孔的料液相侧形成溶剂相与料液相的界面。该相界面是固定的,溶质通过这一固定的相界面从一相传递到另一相,然后扩散进入接收相的主体。从膜萃取的传质过程可见,该过程不存在常规萃取过程中的液滴分散和聚集现象。在膜萃取器中没有设置传动部分,对具有乳化倾向的体系可避免产生乳化,且料液相和溶剂相可在较大范围内调节而不发生液泛现象。几乎所有常规液—液萃取都可以用膜萃取代替,有些膜萃取过程已在工业上得到应用。

2)液膜萃取

模仿生物膜(亲油性)传递物质的机理,应用人工制造的液体膜进行的萃取操作称为液膜萃取。萃取过程中,萃取与反萃取是同时进行、一步完成的。液膜萃取中大多采用乳状液膜。乳状液膜是一种高分散体系，提供了很大的传质比表面积。待分离组分由连续相(外相)经膜相向内相传递。大量细小的乳状液滴与连续相之间巨大的传质比表面积，特别是更为细小的内相微滴使反萃取过程的界面面积比常规萃取的界面面积高出了2~3个数量级，从而促进了液膜萃取过程。20世纪90年代，乳状液膜技术发展为微乳液膜技术。微乳液膜的形成和破乳都比较容易，而且粒径更小、比表面积更大，具有更高的传质速率，大大强化了液膜萃取过程。

目前，膜萃取主要用于金属、有机污染物、芳香族化合物、药物、发酵产物的萃取和萃取生化反应等方面。

9. 电渗析(Electrodialysis,ED)

电渗析是利用离子交换膜能选择性地使阴离子或阳离子通过的性质，在直流电场的作用下使阴、阳离子分别透过相应的膜进行渗析迁移的过程。其中离子交换膜被称为电渗析的"心脏"，它对离子的选择透过性主要是由于膜中孔隙和基膜上带固定电荷的活性基团的作用。目前，电渗析技术已发展成一个大规模的化工单元过程，在膜分离中占有重要地位。它广泛用于苦咸水脱盐，在某些地区已成为饮用水的主要生产方法。随着性能更为优良的新型离子交换膜的出现，电渗析在食品、医药和化工领域将具有广阔的应用前景。

还有一些膜分离技术如膜(气体)吸收、膜吸附、纳滤、膜控制释放已经得到部分工业应用。另外一些膜过程如亲和膜分离、液膜分离、气态膜分离等正在研究和开发中。

6.2.5 膜分离过程的主要传递模型

物质通过膜传递时，根据膜的结构和性质等的不同，其机理也不相同。任一组分通过膜传递都受到该组分在膜两侧的自由能差或化学位差的推动。这些推动力可能是膜上游侧和下游侧之间的压力差、浓度差、电位差或这些因素的综合差异。膜的传递模型可分成两大类。第一类以假定的传递机理为基础，其中包含了被分离物的物理化学性质和传递特性。这类模型又可分为两种不同情况：一是通过多孔型膜流动，主要有孔模型、优先吸附—毛细管流动模型、筛分模型等；二是通过非多孔型膜渗透，有溶解—扩散模型、不完全的溶解—扩散模型、孔隙开闭模型等。第二类以不可逆热力学为基础，称为不可逆热力学模型。它从不可逆热力学唯象理论出发，统一关联了压力差、浓度差、电位差等与渗透速率的关系，以线性唯象方程描述伴生效应的过程，并以唯象系数来描述伴生效应的影响。

下面介绍几个最基本的传递模型。

1. 溶解—扩散模型

根据溶解—扩散模型，组分通过膜传递的主要步骤是：组分首先选择性溶解(或吸附)在膜上游表面，然后在一定推动力的作用下扩散通过膜，再从膜下游表面解吸。该模型适用于组分通过致密膜的传质，如渗透蒸发、气体膜分离和反渗透等。

2. 孔模型

若将流体通过膜孔的流动视为毛细管内的层流，则其流速可用哈根—泊谡叶(Hagen-Poiseuille)定律(均匀圆柱孔)或达西(Darcy)定律(复杂结构孔)表示。流过这类膜时，一般不发生组分分离，除非某种组分由于大小或电荷原因被膜孔物理地排斥。

当流体是气体时，其平均自由程多大于膜孔的直径。在这种情况下，气体分子主要是和孔壁碰撞而不是相互间碰撞，则气体通过膜孔的流动为克努森(Knudsen)流。

3. 筛分模型

把膜的表面看成具有无数微孔，正是这些实际存在的不同孔径的孔眼像筛子一样截留住那些直径相应大于它们的溶质和颗粒，从而达到分离目的。该模型主要用于超滤、微滤等。

4. 优先吸附—毛细管流动模型

当水溶液与具有微孔的亲水膜相互接触时，由于膜的化学性质，它对水溶液中的溶质具有排斥作用，结果靠近膜表面的浓度梯度急剧下降，从而在膜的界面上形成一层被膜吸附的纯水层。这层水在外加压力的作用下进入膜表面的毛细孔，并通过毛细孔流出。该模型主要适用于反渗透脱盐、渗透蒸发脱水和气体分离脱水蒸气等。

此外，对于无机电解质的分离有一些专门的理论。上述各种传递机理和模型均有其特定的适用场合和范围。

6.2.6 浓差极化与膜污染的概念

膜分离过程的传质速率不仅与膜内传质过程有关，还与膜表面的传质条件有关。这里简单介绍浓差极化和膜污染两个概念。在溶液透过膜时，溶质会在膜上游侧与膜的界面上发生溶质积聚，使界面上溶质的浓度高于主体溶液的浓度，这种现象称为膜的浓差极化。膜的浓差极化在实际的膜分离过程中往往不能忽略，特别是超滤、反渗透、渗透蒸发等过程。另一个值得注意的是膜污染。膜污染是指原料液中的某些组分在膜表面或膜孔中沉积导致膜的通量下降的现象。组分在膜表面沉积形成的污染层将产生额外的阻力，该阻力有可能远大于膜本身的阻力而使通量与膜本身的渗透性无关，组分在膜孔中沉积，将造成膜孔变小甚至堵塞，实际上减少了膜的有效面积。减轻浓差极化和膜污染的主要措施有：①对原料液进行预处理，包括调整原料液温度和 pH 值，脱除微生物、悬浮固体和胶体、可溶性有机物、可溶性无机物以及某些特定的化学物质；②提高流速，减薄边界层厚度，或在膜组件内设置湍流促进器、折流挡板等内件，从而提高传质系数；③选择适当的操作压力和温度，避免增加沉淀层的厚度和密度；④制膜过程中对膜进行修饰改性，使其具有抗污染性；⑤定期利用物理的或化学方法对膜进行反冲和清洗。

思考题

1. 何谓结晶？结晶有哪几类基本方法？
2. 溶液结晶操作的基本原理是什么？产生溶液过饱和度的方法有哪几种？
3. 何谓超溶解度曲线？过饱和度对晶核生长速率与晶体的生长速率有何影响？
4. 冷却结晶与移除部分溶剂结晶各自的特点及适用范围是什么？
5. 各种结晶设备的适用场合。

6. 什么是膜分离？其特点有哪些？常用的膜分离过程有哪几种？
7. 简述渗析、反渗透、超滤和气体膜分离的基本原理及适用场合。
8. 试比较膜萃取与常规液—液萃取的根本区别。
9. 电渗析分离的机理是什么？
10. 什么是浓差极化与膜污染？如何减小它们对膜分离过程的影响？
11. 对膜分离设备有哪些性能要求？

Appendix

附录

1. 扩散系数

1)气体扩散系数

系统	温度/K	扩散系数 $\times 10^4/(m^2/s)$	系统	温度/K	扩散系数 $\times 10^4/(m^2/s)$
空气—氨	273	0.198	氢—氩	295.4	0.83
空气—水	273	0.220	氢—氨	298	0.783
	298	0.260	氢—二氧化硫	323	0.61
	315	0.288	氢—乙醇	340	0.586
空气—二氧化碳	276	0.142	氦—氩	298	0.729
	317	0.177	氦—正丁醇	423	0.587
空气—氢	273	0.661	氦—空气	317	0.765
空气—乙醇	298	0.135	氦—甲烷	298	0.675
	315	0.145	氦—氮	298	0.687
空气—乙酸	273	0.106	氦—氧	298	0.729
空气—正己烷	294	0.080	氩—甲烷	298	0.202
空气—苯	298	0.096 2	二氧化碳—氮	298	0.167
空气—甲苯	298.9	0.086	二氧化碳—氧	293	0.153
空气—正丁醇	273	0.070 3	氮—正丁烷	298	0.096 0
	298.9	0.087	水—二氧化碳	307.3	0.202
氢—甲烷	298	0.726	一氧化碳—氮	373	0.318
氢—氮	298	0.784	一氯甲烷—二氧化硫	303	0.069 3
	358	1.052	乙醚—氨	299.5	0.107 8
氢—苯	311.1	0.404			

2)液体扩散系数

溶质 (A)	溶剂 (B)	温度/K	浓度/($kmol/m^3$)	扩散系数 $\times 10^9/(m^2/s)$
Cl_2	H_2O	289	0.12	1.26
HCl	H_2O	273	9	2.7
		273	2	1.8
		283	9	3.3
		283	2.5	2.5
		289	0.5	2.44
NH_3	H_2O	278	3.5	1.24
		288	1.0	1.77

续表

溶质（A）	溶剂（B）	温度/K	浓度/(kmol/m³)	扩散系数×10⁹/(m²/s)
CO_2	H_2O	283	0	1.46
		293	0	1.77
NaCl	H_2O	291	0.05	1.26
		291	0.2	1.21
		291	1.0	1.24
		291	3.0	1.36
		291	5.4	1.54
甲醇	H_2O	288	0	1.28
醋酸	H_2O	288.5	1.0	0.82
		288.5	0.01	0.91
		291	1.0	0.96
乙醇	H_2O	283	3.75	0.50
		283	0.05	0.83
		289	2.0	0.90
正丁醇	H_2O	288	0	0.77
CO_2	乙醇	290	0	3.2
氯仿	乙醇	293	2.0	1.25

2. 塔板结构参数系列化标准(单溢流型)

塔径 D/mm	塔截面积 A_T/m²	塔板间距 H_T/mm	弓形降液管 堰长 l_W/mm	弓形降液管 管宽 W_d/mm	降液管面积 A_f/m²	A_f/A_T	l_W/D
600[①]	0.261 0	300	406	77	0.018 8	7.2	0.677
		350	428	90	0.023 8	9.1	0.714
		400	440	103	0.028 9	11.02	0.734
700[①]	0.359 0	300	466	87	0.024 8	6.9	0.666
		350	500	105	0.032 5	9.06	0.714
		450	525	120	0.039 5	11.0	0.750
800	0.502 7	350 450 500 600	529 581 640	100 125 160	0.036 3 0.050 2 0.071 7	7.22 10.0 14.2	0.661 0.726 0.800
1 000	0.785 4	350 450 500 600	650 714 800	120 150 200	0.053 4 0.077 0 0.112 0	6.8 9.8 14.2	0.650 0.714 0.800
1 200	1.131 0	350	794	150	0.081 6	7.22	0.661
		450					
		500	876	190	0.115 0	10.2	0.730
		600					
		800	960	240	0.161 0	14.2	0.800
1 400	1.539 0	350	903	165	0.102 0	6.63	0.645
		450					
		500	1 029	225	0.161 0	10.45	0.735
		600					
		800	1 104	270	0.206 5	13.4	0.790

续表

塔径 D/mm	塔截面积 A_T/m^2	塔板间距 H_T/mm	弓形降液管		降液管面积 A_f/m^2	A_f/A_T	l_W/D
			堰长 l_W/mm	管宽 W_d/mm			
1 600	2.011 0	450 500 600 800	1 056 1 171 1 286	199 255 325	0.145 0 0.207 0 0.291 8	7.21 10.3 14.5	0.660 0.732 0.805
1 800	2.545 0	450 500 600 800	1 165 1 312 1 434	214 284 354	0.171 0 0.257 0 0.354 0	6.74 10.1 13.9	0.647 0.730 0.797
2 000	3.142 0	450 500 600 800	1 308 1 456 1 599	244 314 399	0.219 0 0.315 5 0.445 7	7.0 10.0 14.2	0.654 0.727 0.799
2 200	3.801 0	450 500 600 800	1 598 1 686 1 750	344 394 434	0.380 0 0.460 0 0.532 0	10.0 12.1 14.0	0.726 0.766 0.795
2 400	4.524 0	450 500 600 800	1 742 1 830 1 916	374 424 479	0.452 4 0.543 0 0.643 0	10.0 12.0 14.2	0.726 0.763 0.798

注:①ϕ600 及 ϕ700 两种塔径是整块式塔板,降液管为嵌入式,弓弧部分比塔的内径小一圈,表中的 l_W 及 W_d 为实际值。

3. 常用散装填料的特性参数

1)金属拉西环特性数据

公称直径 DN/mm	外径 $d\times$高 $h\times$厚 δ /mm×mm×mm	比表面积 a/(m^2/m^3)	空隙率 ε/%	个数 n/m^{-3}	堆积密度 ρ_p/(kg/m^3)	干填料因子 Φ/m^{-1}
25	25×25×0.8	220	95	55 000	640	257
38	38×38×0.8	150	93	19 000	570	186
50	50×50×1.0	110	92	7 000	430	141

2)金属鲍尔环特性数据

公称直径 DN/mm	外径 $d\times$高 $h\times$厚 δ /mm×mm×mm	比表面积 a/(m^2/m^3)	空隙率 ε/%	个数 n/m^{-3}	堆积密度 ρ_p/(kg/m^3)	干填料因子 Φ/m^{-1}
25	25×25×0.5	219	95.0	51 940	393	255
38	38×38×0.6	146	95.9	15 180	318	165
50	50×50×0.8	109	96.0	6 500	314	124
76	76×76×1.2	71	96.1	1 830	308	80

3)聚丙烯鲍尔环特性数据

公称直径 DN/mm	外径 $d\times$高 $h\times$厚 δ /mm×mm×mm	比表面积 a/(m^2/m^3)	空隙率 ε/%	个数 n/m^{-3}	堆积密度 ρ_p/(kg/m^3)	干填料因子 Φ/m^{-1}
25	25×25×1.2	213	90.7	48 300	85	285
38	38×38×1.44	151	91.0	15 800	82	200

续表

公称直径 DN/mm	外径 $d\times$高 $h\times$厚 δ /mm×mm×mm	比表面积 a/(m^2/m^3)	空隙率 ε/%	个数 n/m^{-3}	堆积密度 ρ_p/(kg/m^3)	干填料因子 Φ/m^{-1}
50	50×50×1.5	100	91.7	6 300	76	130
76	76×76×2.6	72	92.0	1 830	73	92

4)金属阶梯环特性数据

公称直径 DN/mm	外径 $d\times$高 $h\times$厚 δ /mm×mm×mm	比表面积 a/(m^2/m^3)	空隙率 ε/%	个数 n/m^{-3}	堆积密度 ρ_p/(kg/m^3)	干填料因子 Φ/m^{-1}
25	25×12.5×0.5	221	95.1	98 120	383	257
38	38×19×0.6	153	95.9	30 040	325	173
50	50×25×0.8	109	96.1	12 340	308	123
76	76×38×1.2	72	96.1	3 540	306	81

5)塑料阶梯环特性数据

公称直径 DN/mm	外径 $d\times$高 $h\times$厚 δ /mm×mm×mm	比表面积 a/(m^2/m^3)	空隙率 ε/%	个数 n/m^{-3}	堆积密度 ρ_p/(kg/m^3)	干填料因子 Φ/m^{-1}
25	25×12.5×1.4	228.0	90.0	81 500	97.8	312
38	38×19×1.0	132.5	91.0	27 200	57.5	175
50	50×25×1.5	114.2	92.7	10 740	54.8	143
76	76×38×3.0	90.0	92.9	3 420	68.4	112

6)金属环矩鞍特性数据

公称直径 DN/mm	外径 $d\times$高 $h\times$厚 δ /mm×mm×mm	比表面积 a/(m^2/m^3)	空隙率 ε/%	个数 n/m^{-3}	堆积密度 ρ_p/(kg/m^3)	干填料因子 Φ/m^{-1}
25(铝)	25×20×0.6	185.0	96	101 160	119.0	209
38	38×30×0.8	112.0	96	24 680	365.0	126
50	50×40×1.0	74.9	96	10 400	291.0	84
76	76×60×1.2	57.6	97	3 320	244.7	63

4. 常用规整填料的特性参数

1)金属孔板波纹填料

型号	理论板数 N_T/(1/m)	比表面积 a/(m^2/m^3)	空隙率 ε/%	液体负荷 U/[$m^3/(m^2\cdot h)$]	F 因子 F_{max}/[$m/s(kg/m^3)^{0.5}$]	压降 Δp/(MPa/m)
125Y	1~1.2	125	98.5	0.2~100	3.0	2.0×10^{-4}
250Y	2~3	250	97.0	0.2~100	2.6	3.0×10^{-4}
350Y	3.5~4	350	95.0	0.2~100	2.0	3.5×10^{-4}
500Y	4~4.5	500	93.0	0.2~100	1.8	4.0×10^{-4}
700Y	6~8	700	85.0	0.2~100	1.6	$(4.6\sim6.6)\times10^{-4}$
125X	0.8~0.9	125	98.5	0.2~100	3.5	1.3×10^{-4}
250X	1.6~2	250	97.0	0.2~100	2.8	1.4×10^{-4}
350X	2.3~2.8	350	95.0	0.2~100	2.2	1.8×10^{-4}

2）金属丝网波纹填料

型号	理论板数 N_T/(1/m)	比表面积 a/(m^2/m^3)	空隙率 ε/%	液体负荷 U/[$m^3/(m^2 \cdot h)$]	F因子 F_{max}/[$m/s(kg/m^3)^{0.5}$]	压降 Δp/(MPa/m)
BX	4~5	500	90	0.2~20	2.4	1.97×10^{-4}
BY	4~5	500	90	0.2~20	2.4	1.99×10^{-4}
CY	8~10	700	87	0.2~20	2.0	$(4.60 \sim 6.60) \times 10^{-4}$

3）塑料孔板波纹填料

型号	理论板数 N_T/(1/m)	比表面积 a/(m^2/m^3)	空隙率 ε/%	液体负荷 U/[$m^3/(m^2 \cdot h)$]	F因子 F_{max}/[$m/s(kg/m^3)^{0.5}$]	压降 Δp/(MPa/m)
125Y	1~2	125	98.5	0.2~100	3.0	2.0×10^{-4}
250Y	2~2.5	250	97.0	0.2~100	2.6	3.0×10^{-4}
350Y	3.5~4	350	95.0	0.2~100	2.0	3.0×10^{-4}
500Y	4~4.5	500	93.0	0.2~100	1.8	3.0×10^{-4}
125X	0.8~0.9	125	98.5	0.2~100	3.5	1.4×10^{-4}
250X	1.5~2	250	97.0	0.2~100	2.8	1.8×10^{-4}
350X	2.3~2.8	350	95.0	0.2~100	2.2	1.3×10^{-4}
500X	2.8~3.2	500	93.0	0.2~100	2.0	1.8×10^{-4}

Reference

参考书目

[1] 柴诚敬, 贾绍义. 化工原理(下册)[M]. 4 版. 北京: 高等教育出版社, 2023.

[2] 贾绍义,柴诚敬. 化工原理——化工传质与分离过程[M]. 3 版. 北京:化学工业出版社,2020.

[3] GREEN D W, SOUTHARD M Z. Perry's chemical engineerings' handbook[M]. 9th ed. New York: McGraw Hill Inc., 2018.

[4] MCCABE W L, SMITH J C, HARRIOTT P. Unit operations of chemical engineering[M]. 7th ed. New York: McGraw Hill Inc., 2004.

[5] 陈敏恒,丛德滋,齐鸣斋,等. 化工原理[M]. 5 版. 北京: 化学工业出版社, 2020.

[6] 谭天恩, 窦梅. 化工原理[M]. 4 版. 北京: 化学工业出版社, 2013.

[7] 袁渭康,王静康,费维扬,等. 化学工程手册(第 2,3 卷)[M]. 3 版. 北京:化学工业出版社, 2019.

[8] 兰州石油机械研究所. 现代塔器技术[M]. 2 版. 北京:中国石油出版社, 2007.

[9] INCROPERA F P,DEWITT D P, BERGMAN T L, et al. Fundamentals of heat and mass transfer[M]. 6th ed. New York: John Wiley & Sons, Inc., 2006.

[10] 柴诚敬,王军,陈常贵,等. 化工原理学习指导[M]. 天津:天津大学出版社, 2022.

[11] 李鑫钢. 现代蒸馏技术[M]. 北京:化学工业出版社, 2009.

[12] GEANKOPLIS C J. Transport processes and separation process principles (includes unit operation)[M]. 4th ed. New Jersey, Prentice Hall PTR, 2018.

[13] SEADER J D, HENLEY E J, ROPER D K. Separation process principles: chemical and biochemical operations[M]. 3rd ed. New York: John Wiley & Sons Inc., 2010.

[14] SEADER J D, HENLEY E J, ROPER D K. Separation process principles: with applications using process simulators[M]. 4th ed. New York: John Wiley & Sons, Inc., 2020.